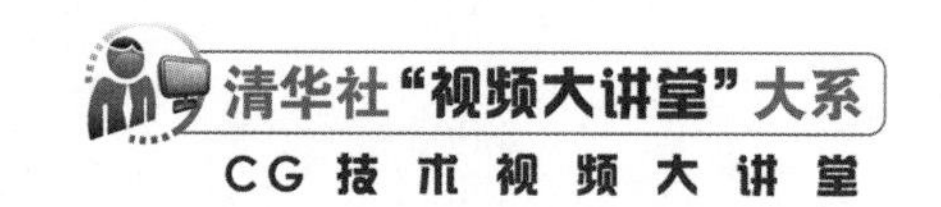

# After Effects 2022 从入门到精通

敬伟 ◎编著

清華大學出版社
北京

## 内容简介

本书是学习After Effects软件的参考用书。通过本书，读者将由浅入深地认识After Effects，了解该软件的各类工具与功能。通过学习合成、图层、时间轴、动画、蒙版和遮罩、三维、效果、抠像、插件脚本等软件功能，配合一系列的案例练习，读者将最终成为精通该软件的高手。本书案例丰富，涉及多个领域，综合多种知识，涵盖了低、中、高级技术要点。本书综合案例配套高清视频讲解，方便读者跟随视频动手练习。读者可通过本书基本理论了解原理，通过基本操作掌握软件技能，通过案例实战灵活掌握软件用法，将知识系统化并进行综合应用，实现创意的发挥，使自己的能力上升到一个新的水平。

本书适合After Effects零基础入门者阅读，也可帮助有一定基础的人员进行深造，还可作为学校或培训机构的教学参考书籍。



**图书在版编目（CIP）数据**

After Effects 2022从入门到精通 / 敬伟编著．—北京：清华大学出版社，2022.1（2023.8重印）
（清华社“视频大讲堂”大系CG技术视频大讲堂）
ISBN 978-7-302-59689-9

Ⅰ. ①A… Ⅱ. ①敬… Ⅲ. ①图像处理软件－教材 Ⅳ. ①TP391.413

中国版本图书馆CIP数据核字（2021）第263031号

**责任编辑：** 贾小红
**封面设计：** 滑敬伟
**版式设计：** 文森时代
**责任校对：** 马军令
**责任印制：** 曹婉颖

**出版发行：** 清华大学出版社
**网　　址：** http://www.tup.com.cn，http://www.wqbook.com
**地　　址：** 北京清华大学学研大厦 A 座　　**邮　　编：** 100084
**社 总 机：** 010-83470000　　**邮　　购：** 010-62786544
**投稿与读者服务：** 010-62776969，c-service@tup.tsinghua.edu.cn
**质量反馈：** 010-62772015，zhiliang@tup.tsinghua.edu.cn
**印 装 者：** 涿州汇美亿浓印刷有限公司
**经　　销：** 全国新华书店
**开　　本：** 203mm×260mm　　**印　　张：** 23　　**字　　数：** 712 千字
**版　　次：** 2022 年 2 月第 1 版　　**印　　次：** 2023 年 8 月第 4 次印刷
**定　　价：** 118.00 元

产品编号：093152-03

# 前言

*Preface*

After Effects是应用非常广泛的图形视频编辑软件，涵盖动画制作、视频特效、后期调色、视频剪辑、视觉设计等多方面的功能，广泛应用于影视媒体及视觉创意等相关行业。电视台和多媒体工作室的影视特效、动画制作、短视频制作、栏目包装、摄像等岗位的从业人员，或多或少都会用到After Effects软件，使用After Effects处理视频及制作动画是上述人员必备的一项技能。

## 关于本书

无论是零基础入门还是想要进修深造，本书都能满足读者的需求。书中几乎涵盖当前最新版After Effects软件的所有功能，从基本工具、基础命令讲起，让读者迅速学会基本操作。本书配有扩展知识讲解，可拓宽读者的知识面。对于专业的术语和概念，配有详细、生动而不失严谨的讲解。对于一些不易理解的知识，配有形象的动漫插图和答疑。在讲解完基础操作后，还配有实例练习、综合案例和作业练习等大量案例，有一定基础的读者可直接阅读本书案例的图文步骤，配合精彩的视频讲解，学会动手创作。

本书内容分为三大部分：A入门篇、B精通篇、C实战篇，另外，在本书内容的基础上，有多门专业深化课程延展。

A入门篇偏重于介绍软件的必学基本知识，让读者从零认识After Effects，了解其主界面，掌握术语和概念，学会基本工具操作，包括图层、时间轴、动画、蒙版和遮罩、三维、效果等。学完本篇，读者便可以应对一般视频处理及动画工作。

B精通篇侧重于讲解进阶知识，本篇将深入讲解After Effects软件，包括文本动画、视频效果的详解、抠像技法、多种调色命令、表达式的深入学习、稳定与跟踪的应用、常用插件与脚本的应用以及相关的系列案例，学完本篇，读者就可基本掌握After Effects软件。

C实战篇提供了若干具有代表性的After Effects综合案例，为读者提供了学习更为复杂的操作方面的思路。

读者还可以学习与本书相关联的专业深化课程，集视频课、直播课、辅导群等多种组合服务于一体，在本书的基础上追加了更多专业领域的After Effects实战案例，更具有商业应用性，更贴近行业设计趋势，有多套实战课程可以选择并持续更新，附赠海量资源素材，完成就业水准的专业训练。读者可以关注“清大文森学堂”微信公众号了解更多信息。

## 视频教程

除了以图文方式学习之外，书中综合案例都配有二维码，扫描二维码，即可观看对应的视频教程。读者不止买到了一本好书，而且还获得了一套优质的视频课程。视频中展示了综

合案例的操作过程，都配有详细的步骤讲解。视频课程为高清录制，制作精良，讲述清晰，利于学习。

## 本书模块

◆ 基础讲解：零基础入门的新手首先需要学习基本的概念、术语等必要的知识，以及各种工具和功能命令的操作和使用方法。

◆ 扩展知识：提炼最实用的软件应用技巧以及快捷方式，可提高工作、学习效率。

◆ 豆包提问：汇聚初学者容易遇到的问题，由动漫形象“豆包”以一问一答的形式给予解答。

◆ 实例练习：学习基础知识和操作之后的基础案例练习，是趁热打铁的巩固性训练，难度相对较小，操作步骤描述比较详细，一般没有视频讲解，是纸质书特有的案例，只需跟随书中的详细步骤讲解操作，即可完成练习。

◆ 综合案例：综合运用多种工具和命令，制作创意与实践相结合的进阶案例。书中除了有步骤讲解，还配有高清视频教程，扫描案例标题之后的二维码即可观看。

◆ 作业练习：书中提供基础素材，提供完成后的参考效果，并介绍创作思路，由读者完成作业练习，实现学以致用。如果需要作业辅导与批改，请看下文“教学辅导”模块关于清大文森学堂在线教室的介绍。

◆ 本书配套素材：扫描本书封底二维码即可获取配套素材下载地址。

另外，本书还有更多增值延伸内容和服务模块，请读者关注清大文森学堂（www.wensen.online）了解。

清大文森学堂-设计学堂

加入社区

◆ 专业深化课程：扫码进入清大文森学堂-设计学堂，了解更进一步的课程和培训，课程门类有视频自媒体剪辑制作、影视节目包装、MG动画设计、影视后期调色、影视后期特效等，也可以专业整合一体化来学习，有着非常完善的培训体系。

◆ 教学辅导：清大文森学堂在线教室的教师可以帮助读者批改作业、完善作品、直播互动、答疑演示，提供“保姆级”的教学辅导工作，为读者梳理清晰的思路，矫正不合理的操作，以多年的实战项目经验为读者的学业保驾护航。详情可进入清大文森学堂-设计学堂了解。

◆ 读者社区：读者选择某门课程后，即加入了由一群志同道合的人组成的学习社区。读者可以在清大文森学堂认识诸多良师益友，让学习之路不再孤单。在社区中，读者还可以获取更多实用的教程、插件、模板等资源，福利多多，干货满满，交流热烈，气氛友好，期待读者加入。

◆ 考试认证：清大文森学堂是Adobe中国授权培训中心，是Adobe官方指定的考试认证机构，可以为读者提供Adobe Certified Professional（ACP）考试认证服务，颁发Adobe国际认证ACP证书。

## 关于作者

敬伟，全名滑敬伟，Adobe国际认证讲师，清大文森学堂高级讲师，著有数套设计教育系列课程。作者总结多年来的教学经验，结合当下最新软件版本，编写为系列软件教程书籍，以供读者参考学习。其中包括《Premiere Pro从入门到精通》《Photoshop从入门到精通》《Photoshop案例实战从入门到精通》《Illustrator从入门到精通》等多部图书与配套视频课程。

本书由清大文森学堂出品，清大文森学堂是融合课程创作、图书出版、在线教育等多方位服务的教育平台。本书由敬伟完成主要编写工作，参与本书编写的人员还有王师备、仇宇、王雅平、田荣跃。本书部分素材来自图片分享网站pixabay.com和pexels.com，以及视频分享网站mixkit.co，书中标注了素材作者的用户名，在此一并感谢素材作者的分享。

本书在编写过程中虽力求尽善尽美，但由于作者能力有限，书中难免存在不足之处，还请广大读者批评指正。

# 目录

Contents

## A 入门篇 基本概念 基础操作

# 目　录

## B 精通篇 进阶操作 实例详解

Learning Suggestions

# 学习建议

## 学习流程

本书包括入门篇、精通篇、实战篇三个篇章，由浅入深、层层递进地对 After Effects 进行了全面、细致的讲解，新手建议按顺序从入门篇开始一步步学起，有一定基础的读者可根据自身情况选择学习顺序。

高手

C 实战提升 — C 实战篇

B 技能精通 — B 精通篇

A 基础入门 — A 入门篇

专业深化 — 在线课堂[1]

综合案例 — 视频精讲

作业练习 — 教学辅导[2]

实例练习

软件基础 — 基础课程

新手

## 配套素材

扫描封底左侧的素材二维码，即可查看本书配套素材的下载地址。本书配套素材包括图片、视频、音频、项目文件等。

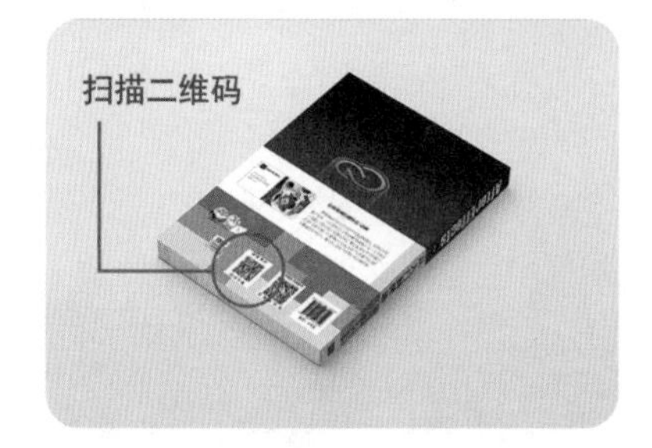


## 学习交流

扫描封底左侧或前言文末的二维码，即可加入本书读者的学习交流群，可以交流学习心得，共同进步，群内还有更多福利等您领取！

## 学习方式

软件基础、实例练习是图书的主要内容，读者可以根据书中的图文讲解学习基础理论与基本操作，再通过实例练习付诸实践。综合案例是进一步的实际操作训练，读者不仅可以阅读分步的图文讲解，还可以通过扫描标题上嵌入的二维码观看视频教程进行学习。

书中每一个作业练习都配有作业思路提示，可以根据配套的作业素材和参考效果文件，进行作业项目的制作练习。清大文森学堂更有教学辅导增值服务，可为读者答疑解惑，直播演示案例做法。清大文森学堂还开设了专业深化课程，请关注"清大文森学堂"微信公众号了解更多信息。

[1] "在线课堂"是由清大文森学堂的设计学堂提供的多门专业深化课程，本书读者有优先报名权并可享多项优惠政策。

[2] "教学辅导"服务由清大文森学堂教师团队有偿提供。

玩转视频特效／动画……

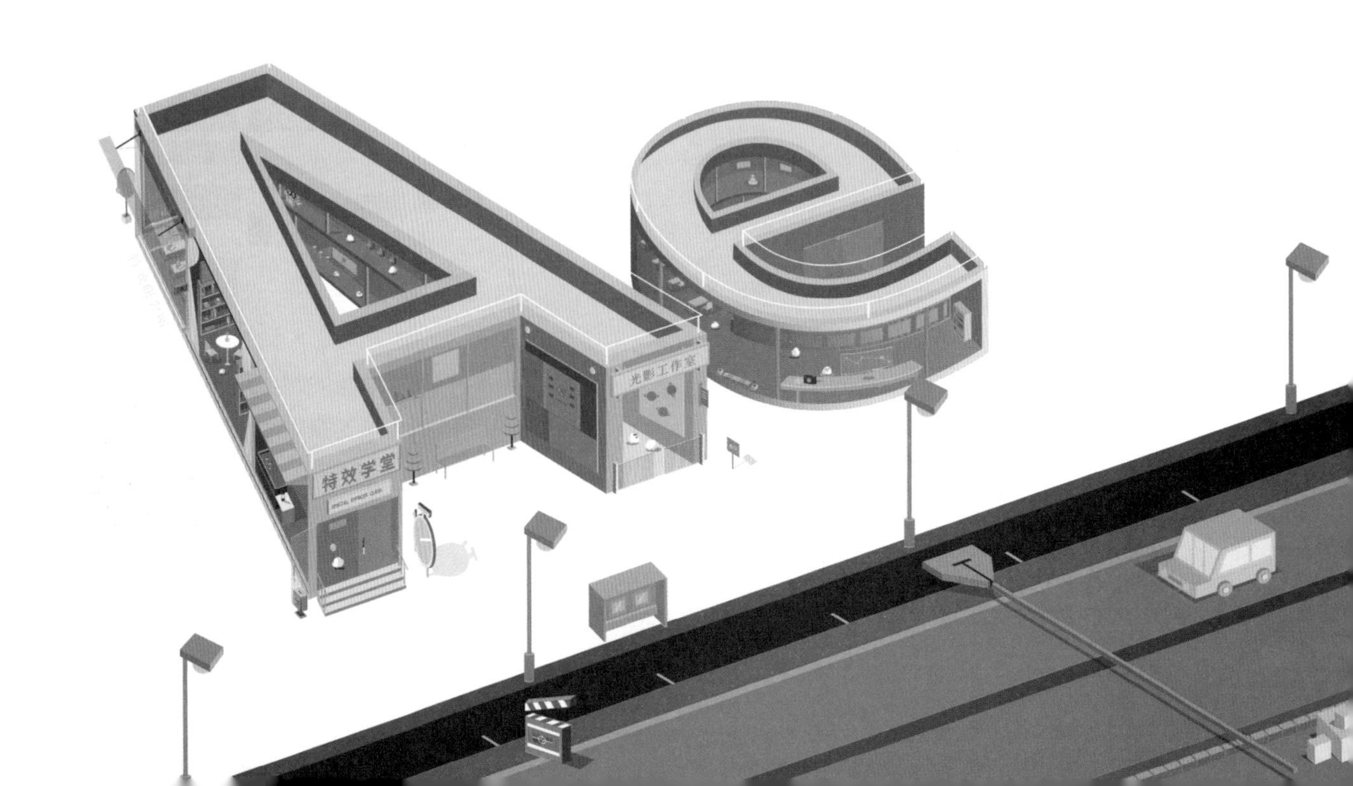

A
入门篇
基本概念 基础操作
本篇将带领读者从零认识 After Effects，了解主界面，了解术语和概念，掌握工作流程。学会本篇，即可使用 After Effects 完成一些基础的合成及动画制作。
扫码观看视频课

# A01课

## 软件介绍

### 了解视频制作软件



After Effects 直译过来就是“后期效果”，除了用于制作视觉效果（Visual Effects，简称 VFX），它还有强大的动态图形动画功能。

## A01.1 AE 和它的小伙伴们

AE 是 Adobe After Effects 的简称，是 Adobe 公司开发的一款图形视频处理软件，也是其 Creative Cloud 系列产品中的重要软件，图 A01-1 所示为 Creative Cloud 部分影视协作软件。

图 A01-1

- Pr 即 Premiere Pro，是非线性剪辑软件，也是 After Effects 重要的配合软件，本系列丛书同样推出了《Premiere Pro 从入门到精通》一书（见图 A01-2），以及对应的视频教程和延伸课程，建议读者与本书同步学习。
- Ps 即 Photoshop，是著名的图像处理软件，也是视频设计制作不可缺少的配合软件，本系列丛书同样推出了《Photoshop 从入门到精通》一书，以及对应的视频教程和延伸课程，建议读者掌握一定的 Photoshop 软件基础，这样学习 After Effects 的过程会更加顺畅。
- Ai 即 Adobe Illustrator，是矢量设计制作软件，广泛应用于平面设计、插画设计等领域，也是 After Effects 重要的配合软件。在制作图形动画的时候，Illustrator 可以发挥出强大的设计制作功能。本系列丛书即将推出《Illustrator 从入门到精通》一书，以及对应的视频教程和延伸课程，建议读者学习了解。

《Premiere Pro 从入门到精通》
敬伟 编著
图 A01-2

- Me 即 Adobe Media Encoder，是媒体编码工具，用于输出视频的格式与编码设置，是最后的输出环节中重要的外置工具。安装 After Effects 软件时，通常会默认安装 Adobe Media Encoder，本书的 A15 课中有针对此软件的专门讲解。
- Au 即 Adobe Audition ，是音频编辑处理软件，影视中的听觉部分至关重要，音频行业具有一定的门槛，行业分工比较明确，建议读者按需求学习音频类软件，或者与专业的相关从业人员配合制作影视作品。

除了上述软件，另外还有多种类型的影视制作相关软件，比如 Davinci、Final Cut Pro X、Motion、Edius、Animate、NUKE、CINEMA 4D、Houdini、3ds Max、Maya 等，以及移动应用 LumaFusion、剪映、快影等，还有 Blibili 推出的 bilibili 云剪辑，都是制作视频的好帮手。本系列丛书将有相关图书或视频课程陆续推出，敬请关注。

## A01.2 AE可以做什么

AE适用于从事设计和视频特效的机构，包括电视台、影视制作机构、动画制作机构、多媒体工作室、个人自媒体等。

- 电影《终结者：黑暗命运》使用了Premiere Pro和After Effects进行剪辑和特效制作（见图A01-3）。

图 A01-3

- 电影《银翼杀手2049》的特效工作室Territory Studio使用After Effects、Photoshop和Cinema 4D打造了新的世界以及炫酷的赛博朋克风格视觉效果（见图A01-4）。

图 A01-4

● 电影《死侍》使用 Premiere Pro 和 After Effects 制作了很多剪辑和特效画面（见图 A01-5）。

图 A01-5

● 三星公司使用 After Effects 制作了丝滑流畅的动态图形动画（Motion Graphics 动画，简称 MG 动画），如图 A01-6 所示。

图 A01-6

● 著名的网络短片作者“华人小胖”（RocketJump）在其作品中大量使用了 After Effects 特效（见图 A01-7）。

图 A01-7

- 美妆博主米歇尔·潘（Michelle Phan）使用 Premiere Pro 和 After Effects 修饰与美化视频（见图 A01-8）。

图 A01-8

- Happy Finish 广告创意公司使用 After Effects 制作 360° VR 视频后期特效（见图 A01-9）。

图 A01-9

- 动画片《辛普森一家》的动画师使用 After Effects 高效地制作二维动画（见图 A01-10）。

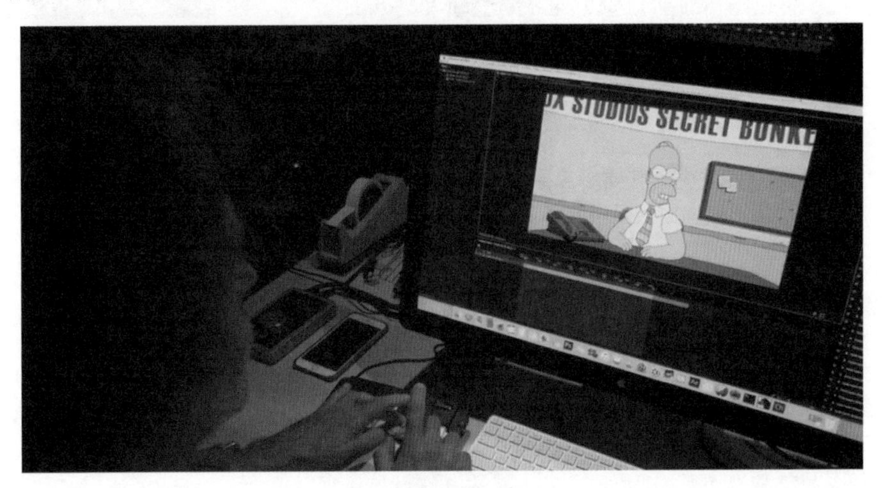


图 A01-10

After Effects 可以被看作是动态的 Photoshop，可以在视频上添加各种效果从而制作出震撼人心的视觉效果。After Effects 可以与其他 Adobe 设计软件无缝衔接，方便为电影、视频、动画等作品添加综合后期特效。

- After Effects 可以制作文字特效、标题动画等（见图 A01-11）。
- After Effects 可以制作复杂多变的图形动画（见图 A01-12）。

图 A01-11

图 A01-12

- After Effects 可以智能抠像制作创意合成（见图 A01-13）。

图 A01-13

- After Effects 具有完善的三维特效设计制作功能（见图 A01-14）。

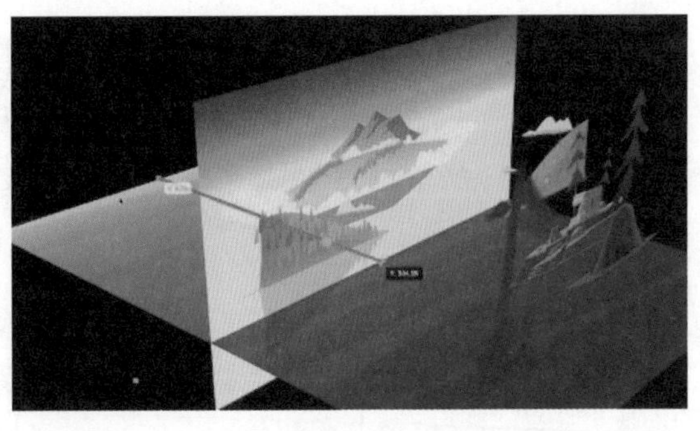

图 A01-14

- After Effects 可以方便地完成视频后期修饰、修复、调整工作（见图 A01-15）。

图 A01-15

影视从业者使用 After Effects 与 Premiere Pro 制作精彩绝伦的视频作品，学会这两款软件即迈入了专业影视制作的行业门槛，不论是学习就业还是兴趣爱好，学习本书以及配套视频课程，都能带来实用的技能和收获。

## A01.3　选择什么版本

本书基于 Adobe After Effects 2022 讲解，从零开始完整地讲解软件几乎全部的功能。推荐读者使用 Adobe After Effects 2022 或近几年更新的版本来学习，各版本的使用界面和大部分功能都是通用的，不用担心版本不符而有学习障碍。只要学会一款，即可学会全部。另外，Adobe 公司的官网会有历年 After Effects 版本更新日志，可以到 adobe.com 了解 After Effects 目前的更新情况。

1993 年 After Effects 1.0 发布，经过多年的发展，软件不断地完善和强化。下面了解一下近年来 After Effects 的版本情况，如图 A01-16 所示，以下版本都可以使用本书来学习。

After Effects CC 2019

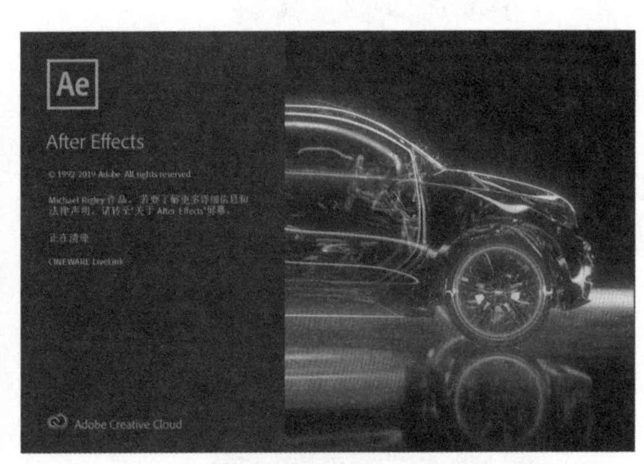


After Effects 2020

图 A01-16

After Effects 2021

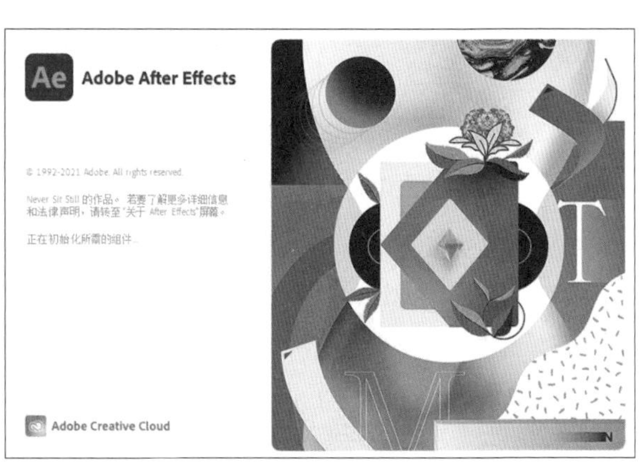


After Effects 2022

图 A01-16（续）

# A01.4 如何简单高效地学习 AE

使用本书学习 After Effects 大概需要以下流程，清大文森学堂可以为读者提供全方位的教学服务。

微信公众号：清大文森学堂

## 1. 了解基本概念

零基础入门的读者通过阅读图书的文字讲解，先学习最基本的概念、术语、行业规则等必要的知识，作为入行前的准备。比如，了解视频格式、帧速率、码率、项目、素材、合成等基础概念，学习更多影视后期相关的基础知识。

## 2. 掌握基础操作

软件基础操作也是最核心的操作，了解工具的用法、菜单命令的位置和功能，学会组合使用软件，善于使用快捷键，可以高效、高质量地完成制作。一回生，二回熟，通过不断训练，将软件应用得游刃有余。

## 3. 配合案例练习

本书配有大量案例，可以扫码观看视频讲解，学习制作过程，用于在掌握基础操作后完成实际应用训练。只有不断地练习和创作，才能积累经验和技巧，发挥出最高创意水平。

## 4. 搜集制作素材

本书配有大量同步配套素材、案例练习素材，包括图片、视频、音频、项目源文件等，扫描封底二维码即可获取下载方式，帮助在读者学习的过程中与书中内容实现无缝衔接。读者在学习之后，可以自己拍摄、搜集、制作各类素材，激活创作思维，独立制作原创作品。

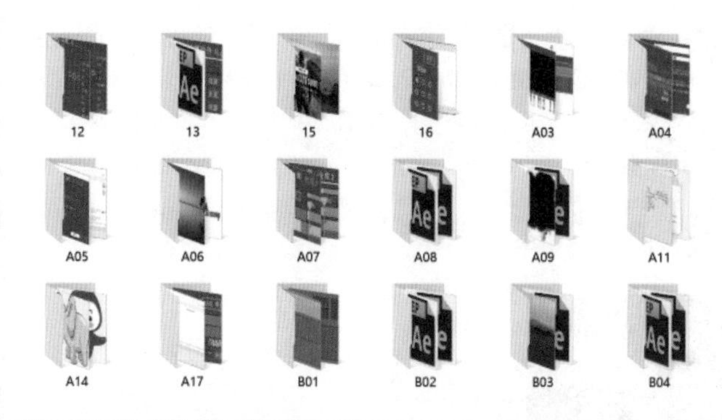


## 5. 教师辅导教学

纵观本"CG技术视频大讲堂"丛书，纸质图书是一套课程体系中重要的组成部分，同时还有同步配套的视频课程，与图书内容有机结合，在教学方式上有多方面互动和串联。图书具有系统化的章节和详细的文字描述，视频课程生动直观，便于观摩操作。除此之外，还有直播课、在线教室等多种教学配套服务供读者选择，在线教室有教师互动、答疑和演示，可以帮助读者解决诸多疑难问题，详情可访问清大文森学堂官网或关注微信公众号了解更多。

## 6. 作业分析批改

初学者在学习和制作案例的时候，一方面会产生许多问题，一方面也会对作品的完成度没有准确的把握。清大文森学堂在线教室的教师可以帮助读者批改作业，完善作品，提供"保姆级"的教学辅导工作，为读者梳理清晰的思路，矫正不合理的操作，用多年的实战项目经验为读者的学习保驾护航。

## 7. 社区学习交流

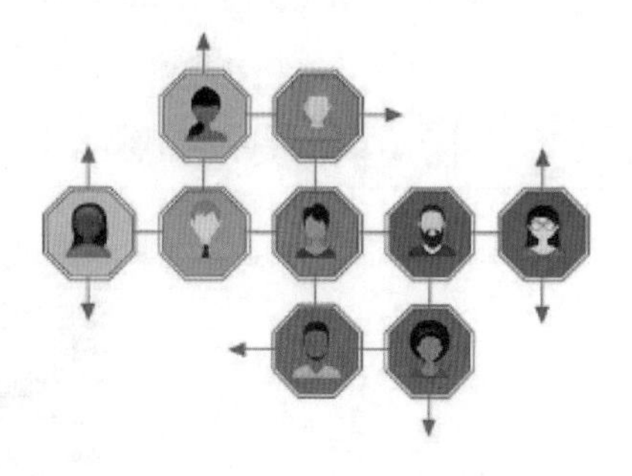

你不是一个人在战斗！读者选择某门课程后，即加入了由一群志同道合的人组成的学习社区。在清大文森学堂，读者可以认识诸多良师益友，让学习之路不再孤单。在社区中，读者还可以获取更多实用的教程、插件、脚本、模板等资源，福利多多、干货满满、交流热烈、气氛友好，期待你的加入。

## 8. 学习专业深化课程

学完本书课程可以达到掌握软件的程度，但只是掌握软件还是远远不够的，对于行业要求而言，软件是敲门砖，作品才是硬通货，所以作品的质量水平决定了创作者的层次和收益。进入清大文森学堂 - 设计学堂，了解更进一步的课程和培训，课程门类有视频自媒体剪辑制作、影视节目包装、MG动画设计、影视后期调色、影视后期特效等，也可以专业整合一体化来学习，有着非常完善的培训体系。

## 9. 获取考试认证

清大文森学堂是 Adobe 中国授权培训中心，是 Adobe 官方指定的考试认证机构，可以为读者提供 Adobe Certified Professional（ACP）考试认证服务，颁发 Adobe 国际认证 ACP 证书，ACP 证书由 Adobe 全球首席执行官签发，可以获得国际接纳和认可。ACP 是 Adobe 公司推出的国际认证体系，是面向全球 Adobe 软件的学习和使用者提供的一套全面科学、严谨高效的考核体系，为企业的人才选拔和录用提供了重要和科学的参考标准。

## 10. 发布 / 投稿 / 竞标 / 参赛

当你的作品足够成熟、完善，可以考虑发布和应用，接受社会的评价。比如发布于个人自媒体，或专业作品交流平台，也可以按活动主办方的要求创作投稿竞标，还可以参加电影节、赛事活动等。Adobe ACP 世界大赛（Adobe Certified Professional World Championship）是一项在创意领域面向全世界 13 ～ 22 岁青年学生的重大竞赛活动。清大文森学堂是 Adobe ACP 设计大赛的赛区承办者，读者可以直接通过学堂来报名参赛。

# 总结

After Effects 是一款功能强大、应用广泛，而且非常有趣的软件，非常适合用户发挥想象力，创造如同梦境一般的神奇世界，让我们开启学习 After Effects 的旅程吧！

读书笔记

登录 Adobe 中国官网 https://www.adobe.com/cn 即可购买 After Effects 软件，也可以先免费试用，功能是完全一样的。下面介绍安装试用版的流程。

## A02.1　After Effects 下载和安装

打开 https://www.adobe.com/cn，在顶部导航栏打开【帮助与支持】菜单，找到【下载并安装】按钮并单击，如图 A02-1 所示。

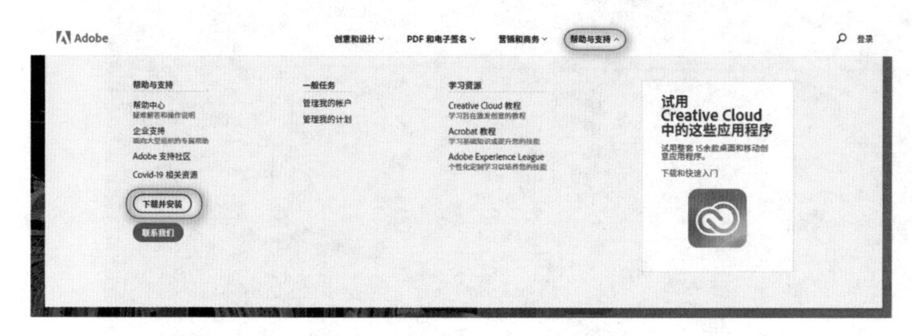


图 A02-1

在接下来的页面中就可以下载 After Effects 的试用版，如图 A02-2 所示。

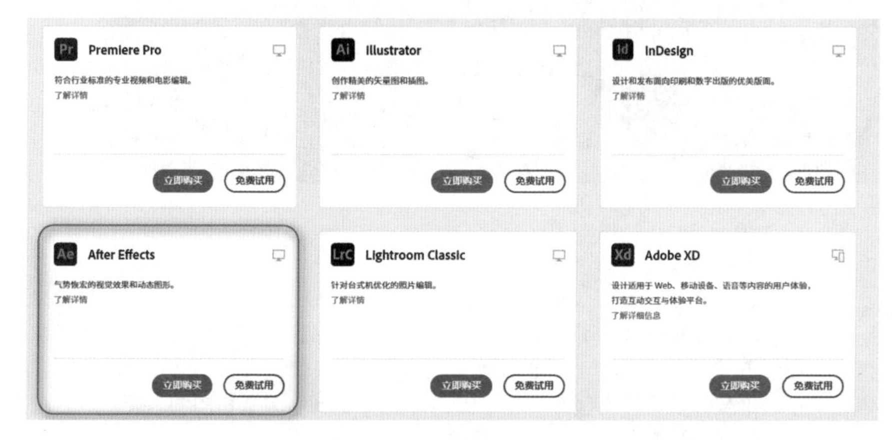


图 A02-2

单击【免费试用】按钮，即可下载安装包，双击安装包就开始安装了。这种方法适用于 Windows 系统和 macOS。试用到期后可通过 Adobe 官方网站或者软件经销商购买并激活。

## A02.2　After Effects 启动与关闭

软件安装完成后，在 Windows 系统的【开始】菜单中即可找到新安装的程序，单击 After Effects 图标即可启动 After Effects；也可以在 macOS 中的 Launchpad（启动台）里找到 After Effects 图标，单击即可启动。

启动 After Effects 后，在 Windows 系统的 After Effects 执行【文件】-【退出】命令，即可退出 After Effects；直接单击右上角的 × 按钮也可退出 After Effects。macOS 的 After Effects 同样可以按此方法操作，还可以在 Dock（程序坞）的 After Effects 图标上右击，选择【退出】选项即可。

保存好 After Effects 项目并退出后，会生成项目文件，格式为 .aep，是 After Effects 的专用格式，如图 A02-3 所示。

图 A02-3

A02课

# 软件安装

开工前的准备

# A02.3 首选项

在使用软件之前，首先需要调整软件的【首选项】，使其更加符合个人的实际操作需求。执行【编辑】-【首选项】-【常规】命令，打开【首选项】对话框，里面有很多功能设置及参数设置，如图 A02-4 所示。下面先来了解几项重要的设置。

图 A02-4

## 1. 磁盘缓存和媒体缓存

After Effects 在工作的时候会产生临时文件，以便用户快速地进行预览和编辑，这些临时文件会暂时保存在电脑硬盘上，就是所谓的【磁盘缓存】。【磁盘缓存】默认开启且设置在 C 盘，但是如果 C 盘容量不够大，缓存文件塞满 C 盘后 After Effects 将无法工作甚至崩溃。为实现磁盘缓存的最佳性能，要将缓存文件存储于 C 盘外不同于源素材的物理硬盘上，且为磁盘缓存文件夹使用分配了尽可能多空间的快速硬盘驱动器或固态存储器（SSD），如图 A02-5 所示。

在 After Effects 中导入某些格式的视频和音频时，它会对这些导入项进行处理并缓存，以便在生成预览时易于访问，即所谓的【媒体缓存】。【媒体缓存】也默认保存在 C 盘，可以更改到其他硬盘，如图 A02-6 所示。

图 A02-5

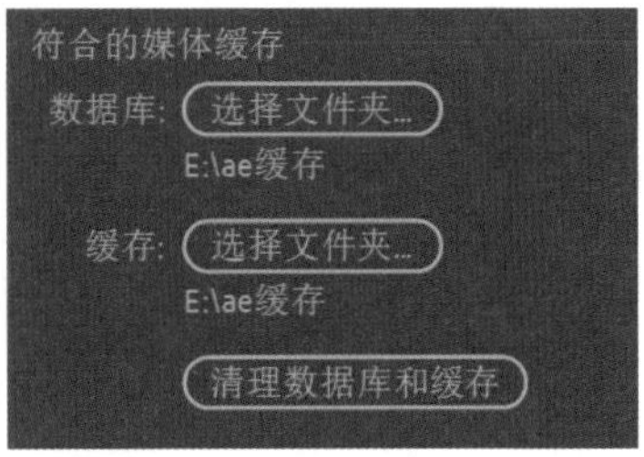

符合的媒体缓存
数据库: 选择文件夹...
E:\ae缓存
缓存: 选择文件夹...
E:\ae缓存
清理数据库和缓存

图 A02-6

阶段工作结束后，可以清理【磁盘缓存】和【媒体缓存】，释放存储空间。

## 2. 自动保存

在工作的过程中，一定要养成勤按【Ctrl+S】快捷键保存的习惯，以防 After Effects 出现问题，软件崩溃，导致白忙一场。但是有时忙起来可能会忘记保存，设置【自动保存】可以将风险降至最低，如图 A02-7 所示。

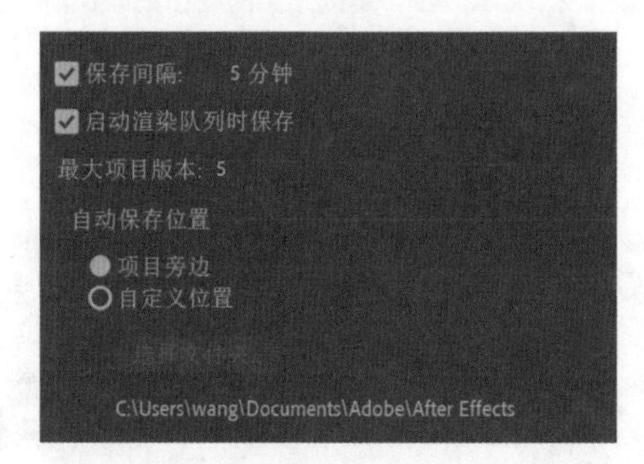


图 A02-7

【保存间隔】指多长时间自动保存一次；【最大项目版本】指自动保存生成的 AEP 项目文件的最大数量；【自动保存位置】默认选择为【项目旁边】，以方便查找，当然也可以通过【自定义位置】选择指定文件夹。

## 3. 导入

【导入】主要设置导入素材的一些属性，如图 A02-8 所示。

【静止素材】默认选择【合成的长度】，导入的图片时长与合成长度相同；如果选择【自定义时长】，导入的图片便是自定义的时间长度，与合成长度无关。

【序列素材】默认的帧速率是 30 帧 / 秒，也就是导入 After Effects 中的序列素材都会是 30 帧 / 秒，与序列素材原帧率没有关系，这里为了方便工作可以更改为合适的帧速率。

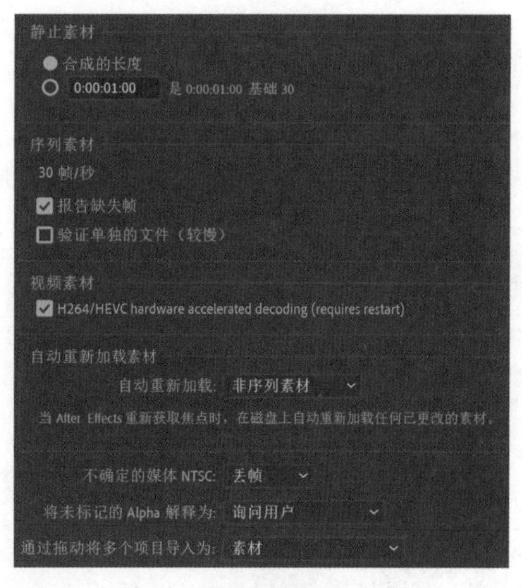


图 A02-8

【自动重新加载素材】指原素材内容修改后，After Effects 会自动进行更新，可以选择自动重新加载的素材类型，如图 A02-9 所示。

图 A02-9

## 4. 内存与性能

【内存】下显示的是当同时开几个软件的时候，After Effects 和其他软件占用的内存，建议 70% 左右的内存给 After Effects；【性能】下的【启用多帧渲染】是默认选中的，启用多帧渲染后，会提升 After Effects 的渲染速度，如图 A02-10 所示。

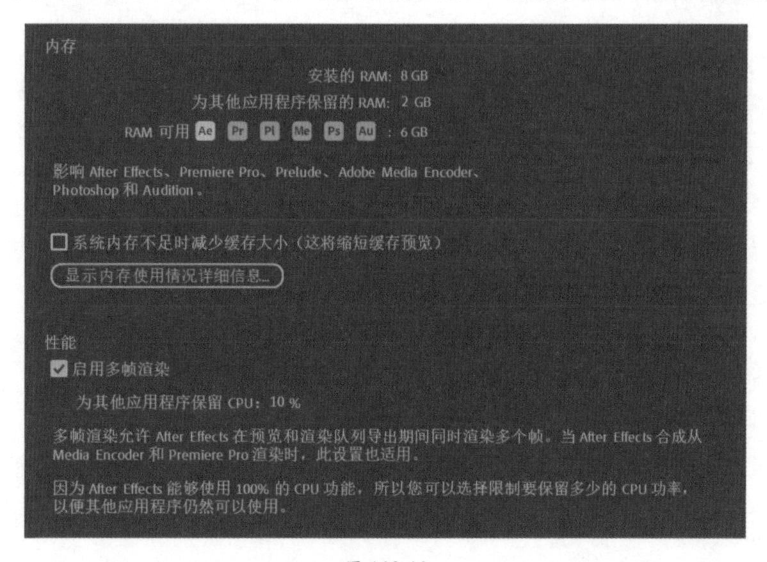


图 A02-10

## A02.4 快捷键设置

使用快捷键可以让工作变得更加高效，After Effects 中有默认的快捷键，也可以对快捷键进行自定义设置。

执行【编辑】-【键盘快捷键】命令，打开【键盘快捷键】对话框，可以看到所有默认快捷键，如图 A02-11 所示。

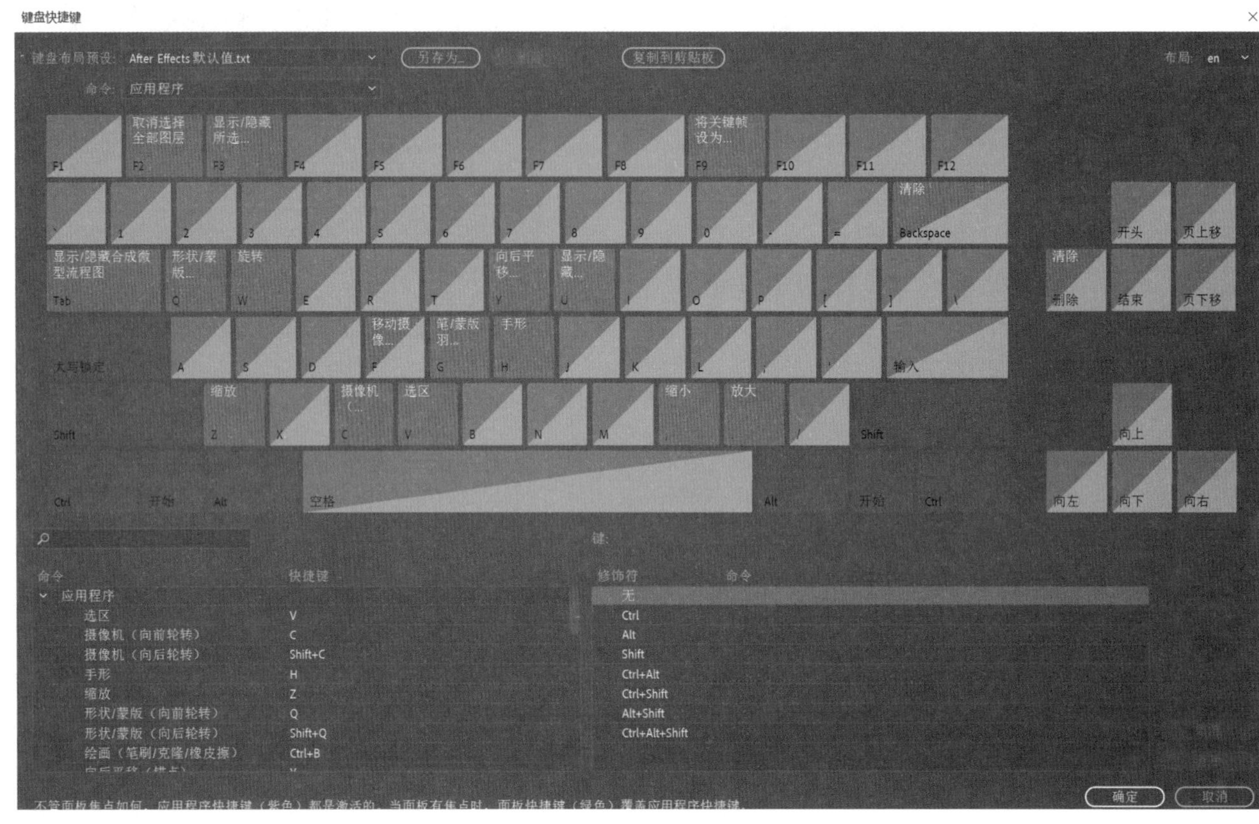


图 A02-11

将鼠标移至某个键上，就可以显示此按键的功能，如图 A02-12 所示。

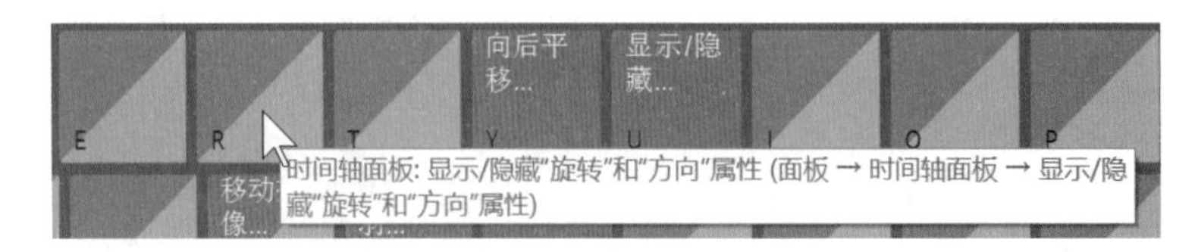


图 A02-12

单击某个按键，界面右下方会显示使用此按键的所有快捷键，例如单击【E】键，其所对应的快捷键如图 A02-13 所示。

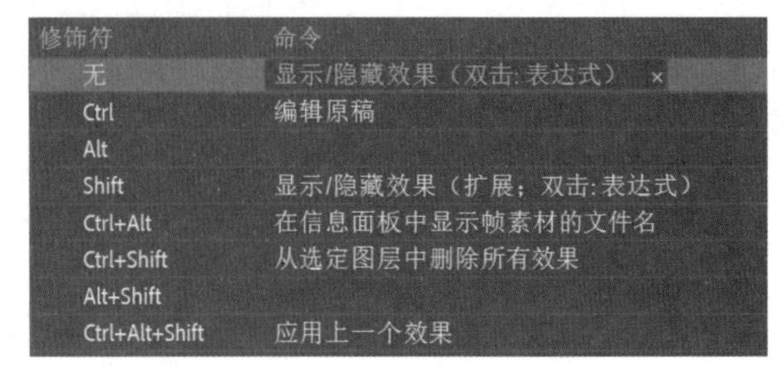

| 修饰符 | 命令 |
| --- | --- |
| 无 | 显示/隐藏效果（双击:表达式） |
| Ctrl | 编辑原稿 |
| Alt | |
| Shift | 显示/隐藏效果（扩展；双击:表达式） |
| Ctrl+Alt | 在信息面板中显示帧素材的文件名 |
| Ctrl+Shift | 从选定图层中删除所有效果 |
| Alt+Shift | |
| Ctrl+Alt+Shift | 应用上一个效果 |

图 A02-13

要快速查看快捷键，只需按住修饰键即可显示，例如按住【Ctrl】键，则会显示【Ctrl+ 某个键】的快捷键，如图 A02-14 所示。

图 A02-14

如果要修改默认快捷键，在左下方快捷键名称上单击，然后在显示的修改框上单击 × 按钮，默认快捷键就会被删除，直接在修改框中重新输入自定义的快捷键就会完成修改，前提是输入的快捷键没有被占用，如图 A02-15 所示。

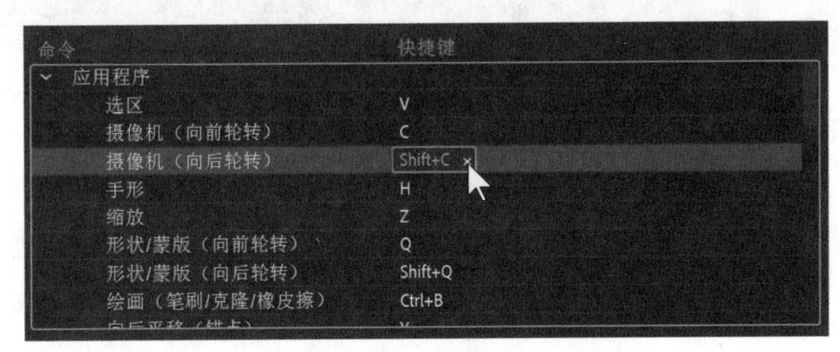


图 A02-15

默认快捷键如无特殊需求尽量不要更改，本书的讲解都是基于默认快捷键进行的。

## 读书笔记

A03课

# 认识界面

欢迎来到特效师的工作间



本课来了解 After Effects 的主界面，认识并熟悉界面是学习软件的第一步。

启动 After Effects，一般默认会显示【主页】窗口，可以新建项目、打开项目或者打开最近使用项。另外，可以在菜单栏中的【编辑】-【首选项】-【常规】中取消选中【启动主屏幕】，关闭主屏幕的显示。

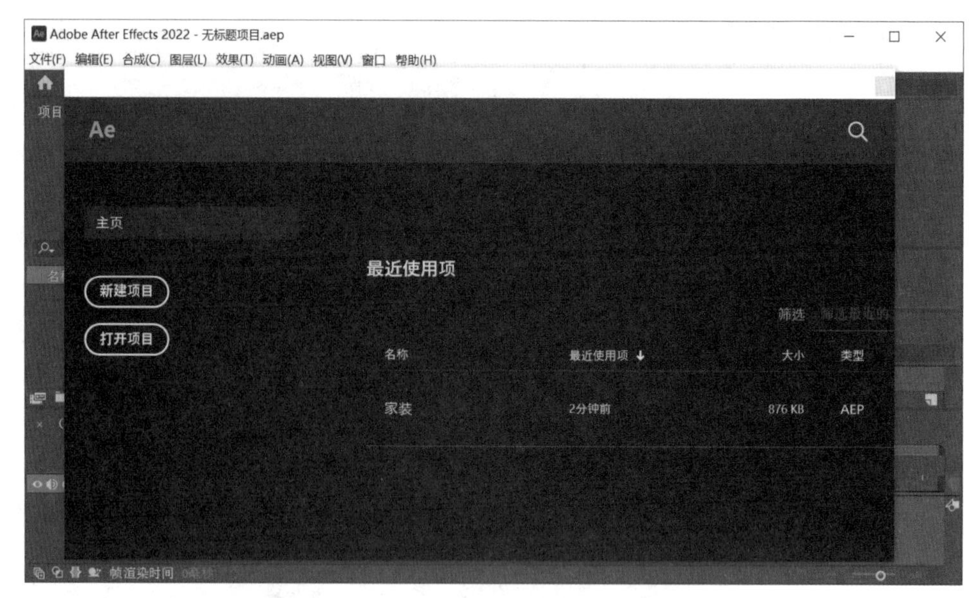


在这里选择【新建项目】选项，就进入了 After Effects 的工作主界面。关于【新建项目】的具体方法，请参阅 A04.2 课。

## A03.1 主界面构成

### 1. 工作区介绍

After Effects 的默认工作区分为以下几个区域，如图 A03-1 所示。

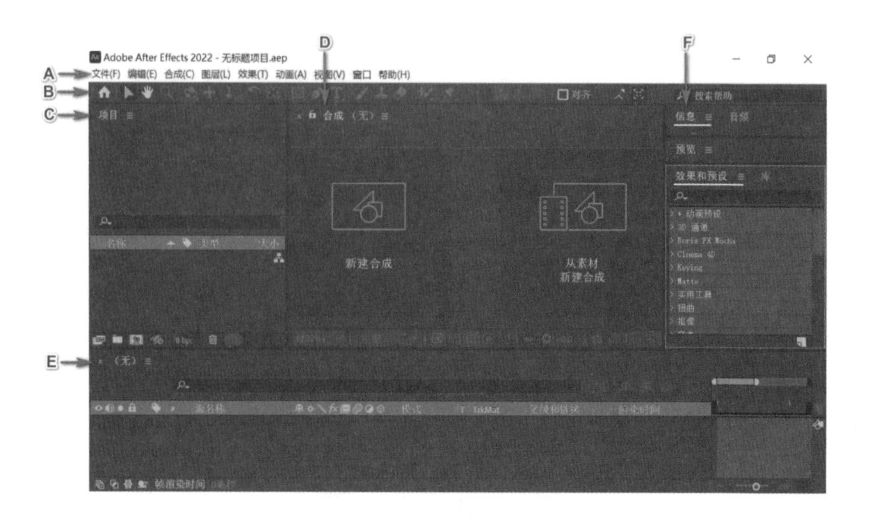


图 A03-1

A 菜单栏　B 工具栏　C【项目】面板　D【查看器】窗口　E【时间轴】面板　F 折叠面板区

## 2. 选择不同的工作区

After Effects 除了默认的工作区，还可以根据工作的需要选择不同的工作区，执行【窗口】-【工作区】命令，会展开一列菜单，如图 A03-2 所示。

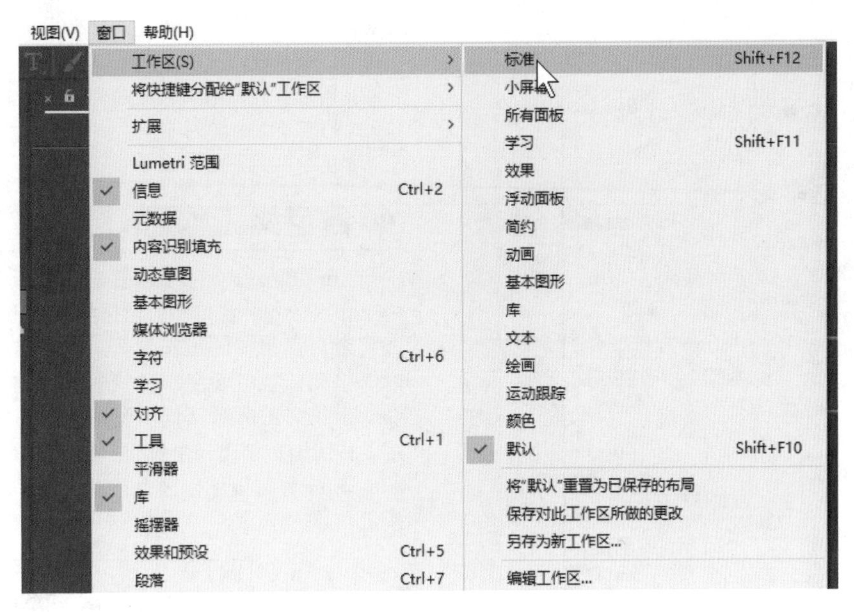


图 A03-2

其中列出了 14 种不同的工作区，如标准、小屏幕、所有面板等，如图 A03-3 所示是执行【学习】命令后的工作区，可以看看和默认工作区有何不同。

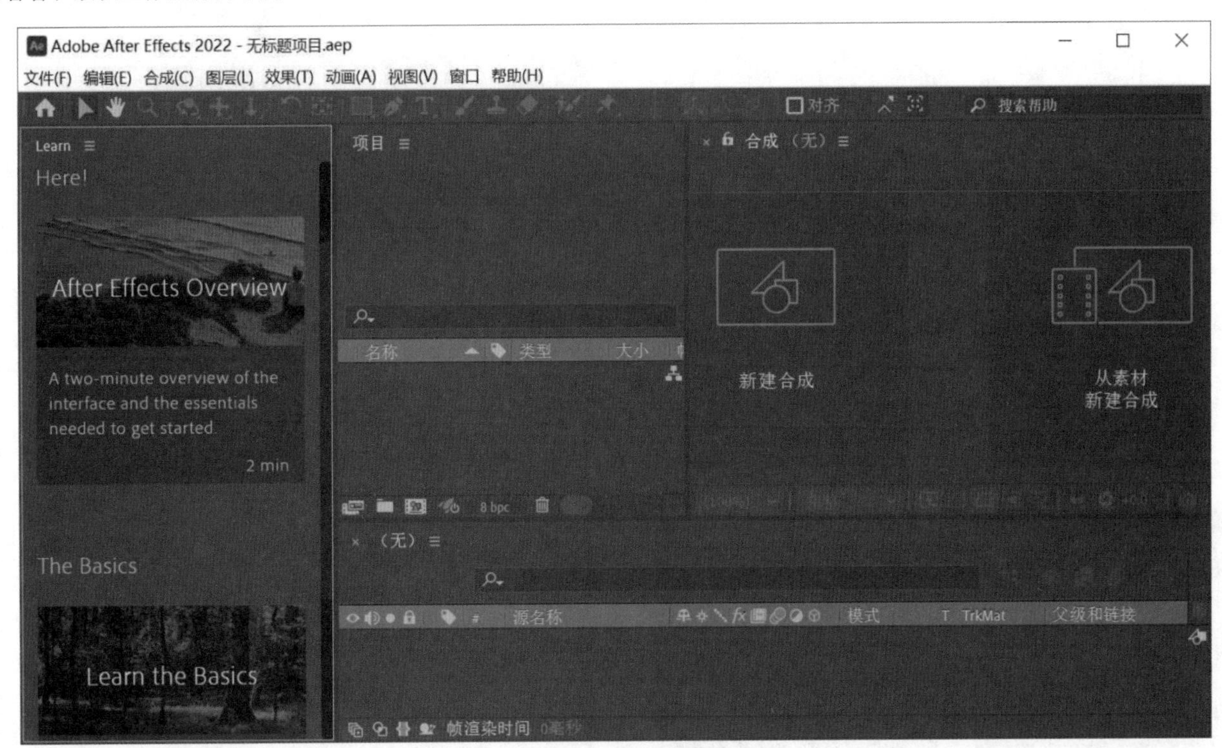


图 A03-3

## 3. 面板

After Effects 界面基本上是由各种功能不同的面板构成，可以通过【窗口】菜单激活或隐藏相应的面板，如图 A03-4 所示。

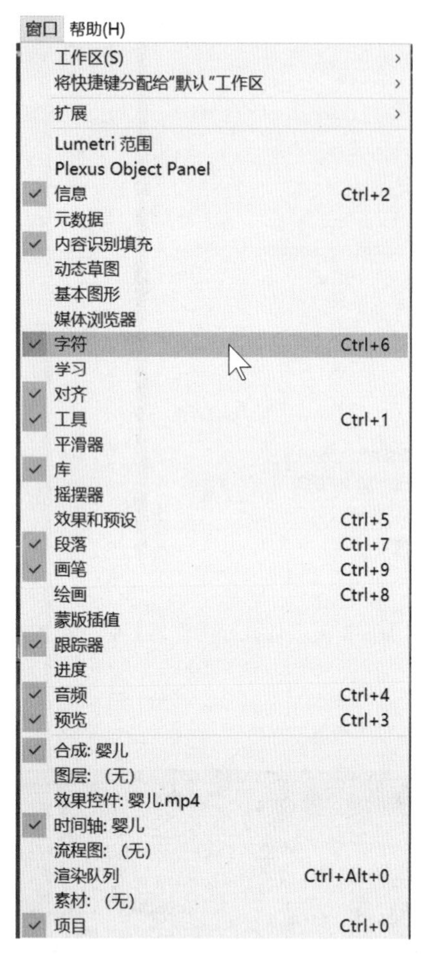

图 A03-4

After Effects 的所有窗口和面板都可以从工作区中独立分离出来，例如把【项目】面板分离出来，操作方法如下。

将鼠标放在【项目】面板顶部的标签上右击，在弹出的菜单中选择【浮动面板】选项，如图 A03-5 所示，项目面板被分离出来，如图 A03-6 所示。

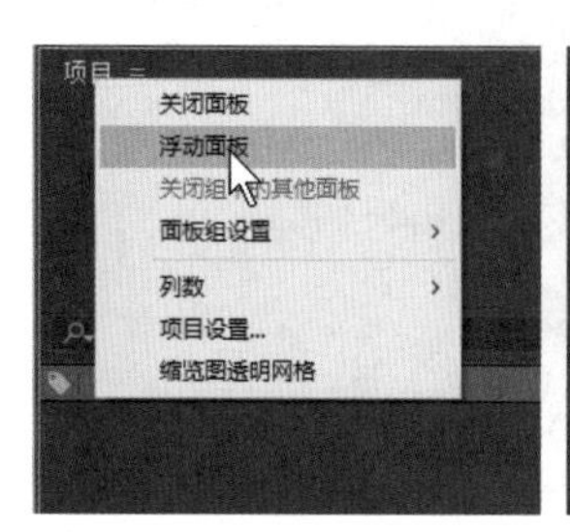

图 A03-5

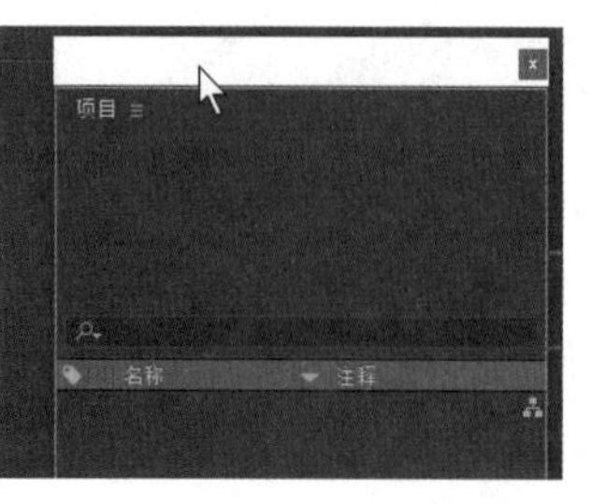

图 A03-6

豆包：“老师，为什么我的面板分离出来后放不回去了？”

要把面板放回去很简单，只需按住面板标题栏拖动，拖到原来面板所在位置，此时会出现阴影区域提示，松开鼠标，面板就回去了。

同理，可以将面板拖动到想要的其他位置，按自己喜欢的布局重新排列面板。

## 4. 自定义工作区

After Effects 中除了内置的几种工作区外，用户还可以将工作区的各种窗口和面板按自己的想法任意组合搭配，形成符合自己习惯的工作界面，将其保存起来，工作时可以随时调用。执行【窗口】-【工作区】-【另存为新工作区】命令，在弹出的对话框中输入新工作区的名字，单击【确定】按钮即可创建一个新的工作区，如图 A03-7 所示。关闭 After Effects 时该工作区会自动保存，下次打开软件时会直接进入该工作区。

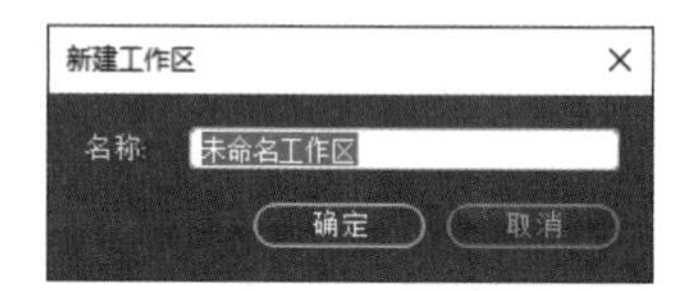

图 A03-7

## 5. 复原工作区

如果调整过的工作区不是自己想要的效果，可以复原工作区。执行【窗口】-【工作区】-【将“标准”重置为已保存的布局】命令，注意双引号里的工作区即当前使用的工作区，重置后即将工作区恢复为初始状态，如图 A03-8 所示。

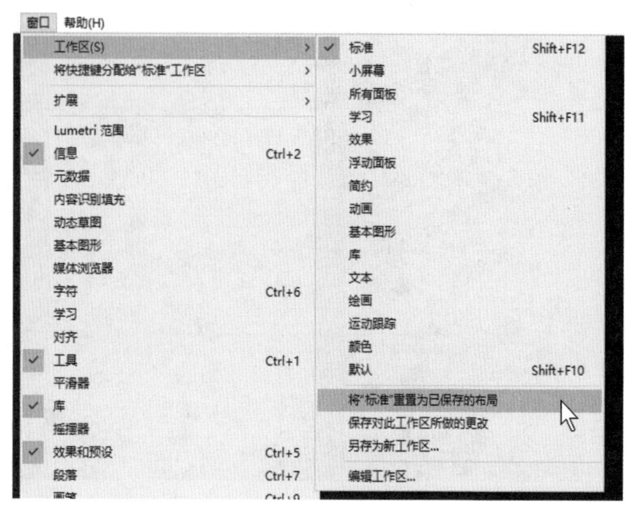

图 A03-8

## 6. 操作空间最大化

更大的操作空间可以使操作更加方便，按【Ctrl+\】快捷键即可隐藏项目名称栏，使操作空间最大化，如图 A03-9 所示。空间最大化后再按【Ctrl+\】快捷键可以恢复原始操作空间。

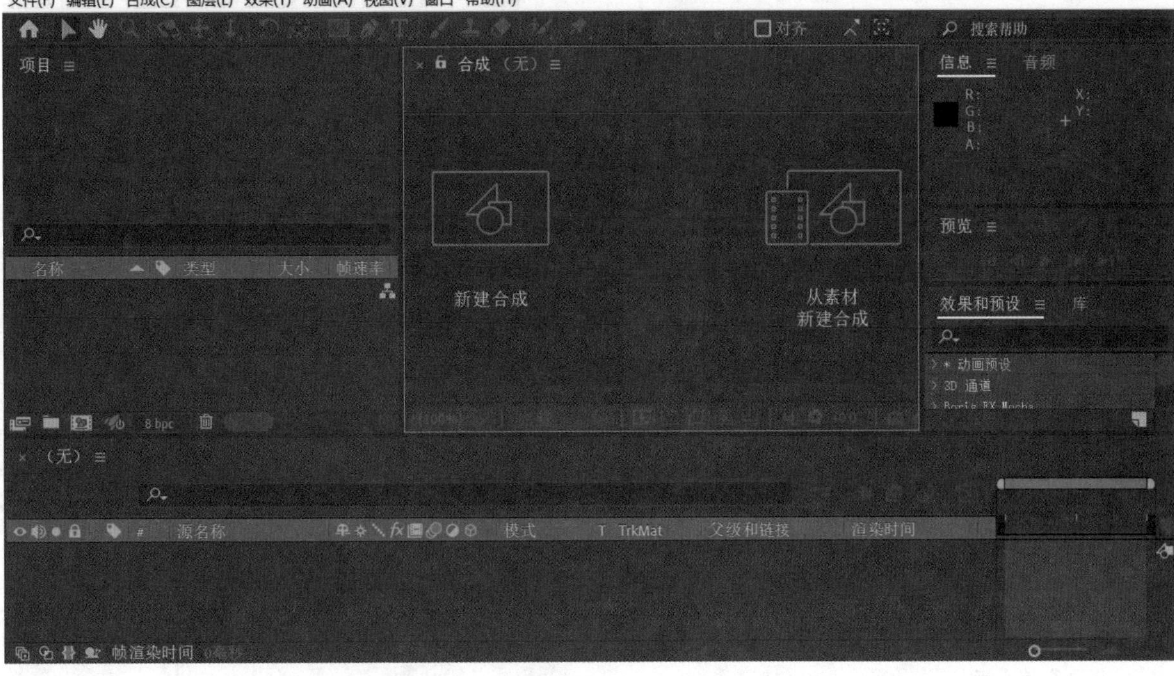


图 A03-9

# A03.2 界面特性

## 1. 菜单栏

After Effects 的顶部是一排菜单命令，单击每个菜单按钮，会弹出下拉菜单，有的菜单还会有二级甚至三级菜单。菜单栏集合了 After Effects 的功能和操作命令，通过菜单的操作可以完成项目管理、项目编辑、调整视图等操作。

## 2. 工具栏

工具栏中包括了 After Effects 进行合成和编辑项目时经常使用的工具，直接单击工具栏中的按钮，即可选择相应的编辑操作，如图 A03-10 所示，其中右下角有小三角的表示工具组，按住鼠标不放即可展开工具组。

图 A03-10

- 【选取工具】：用于选取、移动需要操作的对象。
- 【手形工具】：用于视图的移动。
- 【缩放工具】：用于放大或缩小视图，选中【缩放工具】，按住【Alt】键，【放大工具】将变成【缩小工具】（在三维视图下，按住【Alt】键将变为三维视图操作）。
- 分别为三维图层视图的旋转、平移、推拉工具。
- 【旋转工具】：用于对象的旋转。

- 【向后平移（锚点）工具】：用于改变对象的轴心点位置。
- 【矩形工具】：用于创建矢量形状的工具组，展开工具组分别为【矩形工具】【圆角矩形工具】【椭圆工具】【多边形工具】【星形工具】。
- 【钢笔工具】：用于绘制不规则形状的工具组，展开工具组分别为【钢笔工具】【添加"顶点"工具】【删除"顶点"工具】【转换"顶点"工具】【蒙版羽化工具】。
- 【文字工具】：用于创建文本内容的工具组，展开工具组分别为【横排文字工具】【直排文字工具】。
- 【画笔工具】：必须在【图层查看器】窗口使用，双击图层可以打开【图层查看器】窗口，用于绘制需要的图形。
- 【仿制图章工具】：必须在【图层查看器】窗口使用，使用方法与 PS【仿制图章工具】相同。
- 【橡皮擦工具】：必须在【图层查看器】窗口使用，会将图层擦为透明。
- 【Roto 笔刷工具】：必须在【图层查看器】窗口使用，用于抠出对象的工具组，展开工具组分别为【Roto 笔刷工具】【调整边缘工具】。
- 【人偶位置控点工具】：通过控制点制作图形对象变形动画的工具组，展开工具组分别为【人偶位置控点工具】【人偶固化控点工具】【人偶弯曲控点工具】【人偶高级控点工具】【人偶重叠控点工具】。

SPECIAL **扩展知识**

鼠标在 After Effects 界面的按钮上停留时，会有相应的提示出现，可以帮助大家更好地学习 After Effects。

## 3. 项目面板

【项目】面板用于导入、管理和存储素材，它同时列出了用户导入项目中的所有素材，面板的上方是所选素材的缩略图、尺寸和帧速率等基本信息，如图 A03-11 所示。

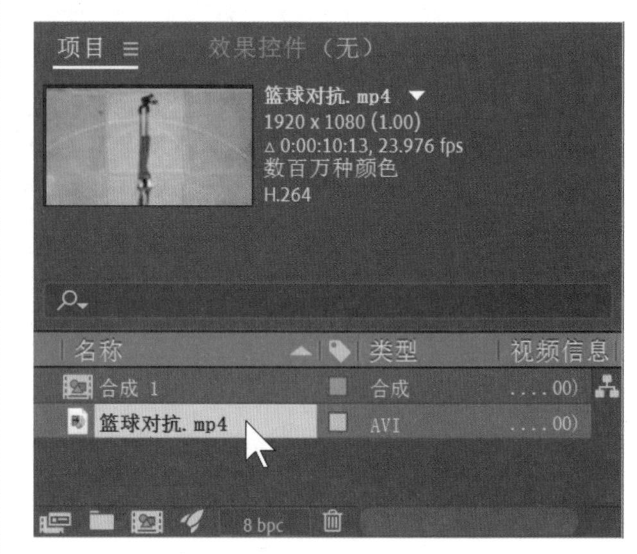


图 A03-11

## 4. 查看器窗口

在创建或打开一个合成后，【查看器】窗口会显示【合成查看器】窗口的内容，如图 A03-12 所示，可以对素材和图层进行监视和预览。【查看器】窗口就好比相机监视器，用于显示各个层的效果，而且可以对层进行直观的调整，包括移动、缩放和旋转等。

图 A03-12

激活【合成查看器】窗口的快捷键是【\】，在【查看器】窗口激活的状态下通过执行【视图】-【新建查看器】命令可以新建一个查看器，如图 A03-13 所示，快捷键为【Ctrl+Alt+Shift+N】。

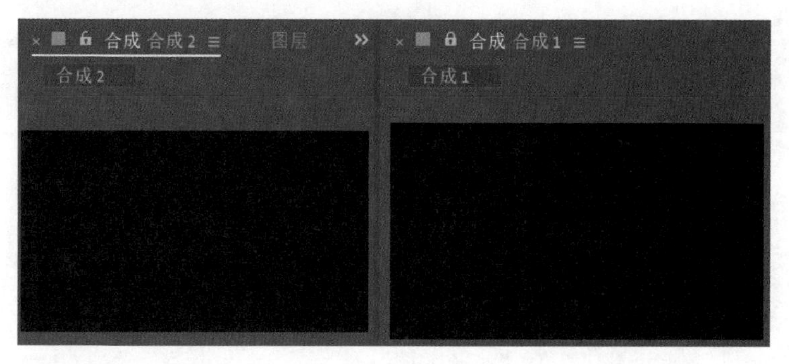


图 A03-13

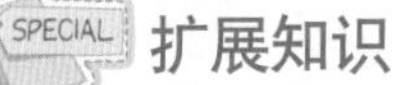

扩展知识

在【查看器】窗口激活的状态下，按【<】键可以缩小视图，按【>】键可以放大视图，按【/】键为视图 100% 显示，按【~】键为视图全屏显示。

## 5. 时间轴面板

【时间轴】面板用于控制对象间的时间关系，包括所有的视频、音频、图片轨道等，用户在其中所做的操作将通过【查看器】窗口表现出来，如图 A03-14 所示。

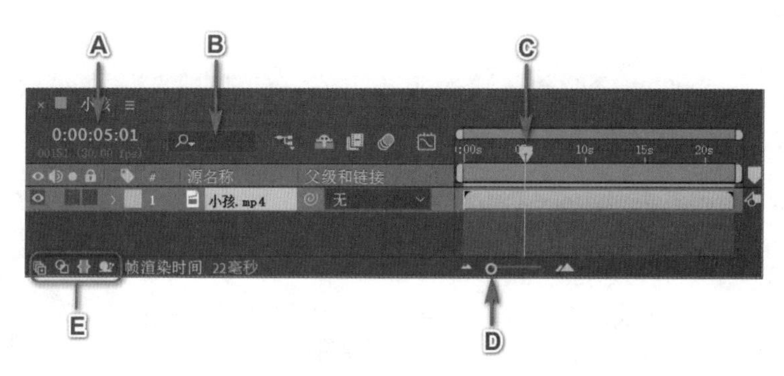


图 A03-14

A 时间码：表示当前时间，单击可以进入编辑状态，输入时间即可观察此时间点的合成画面。默认的显示单位为秒，按【Ctrl】键的同时单击，会变为以帧为单位显示。

B 图层搜索栏：当一个合成中有很多图层的时候，可以在此输入图层名称搜索，被搜索的图层会单独显示。

C 当前时间指示器（CTI）：表示正在查看或者修改的单帧画面，移动或拖到当前时间指示器可以对合成画面进行手动预览，后文中简称为“指针”。

D 缩放滑块：用于缩放时间标尺区域的大小。

E 折叠按钮：从左至右分别控制着【图层开关】【转换控制】【入出点】【渲染时间】面板的折叠与显示。

# 总结

一定要熟悉 After Effects 各个窗口、面板和工具的作用，按自己的操作习惯布局界面是提高工作效率的好方法。界面看上去很复杂，但是经后面的课程拆分讲解后，会发现其实一点也不难，马上来学习下一课吧！

A04课

# 项目与合成

视频项目图纸



用 After Effects 在进行制作时，项目与合成是整个工程的基础，只有新建了项目和合成才能进行之后的一系列工作，合成和工程中的所有素材、文件等都包含在项目里。

## A04.1 After Effects 工作流程

01 新建项目或者打开已有项目。
02 导入项目所需素材。
03 新建合成或者用素材创建合成。
04 在【时间轴】面板中对图层进行动画制作、添加效果，在【查看器】窗口观察画面。
05 播放预览效果。
06 渲染导出成片。

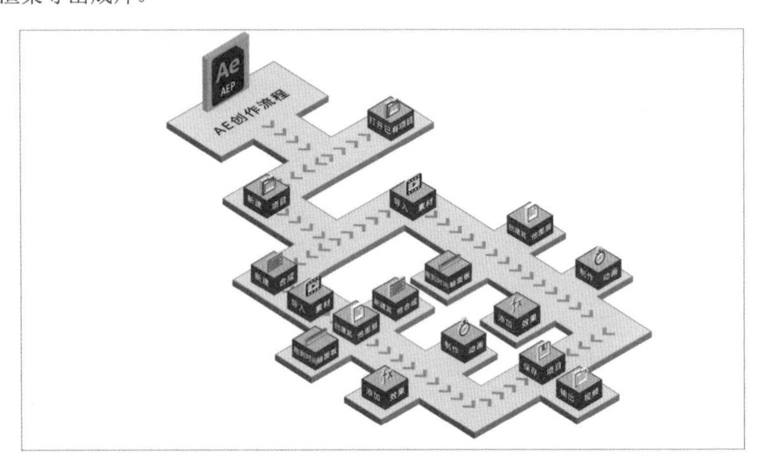


## A04.2 新建项目

### 1. 什么是项目

【项目】是 After Effects 中信息汇总的文件，是整个视频工程的基础，项目中包括【合成】和【素材】处理的数据信息，一个项目最终会以 AEP 格式存储，存储项目并不会改变项目中使用的媒体本身。项目不是实际的视频文件，而是一份精确的图纸，【导出】是施工的过程，做好的项目通过【合成】来导出媒体文件。

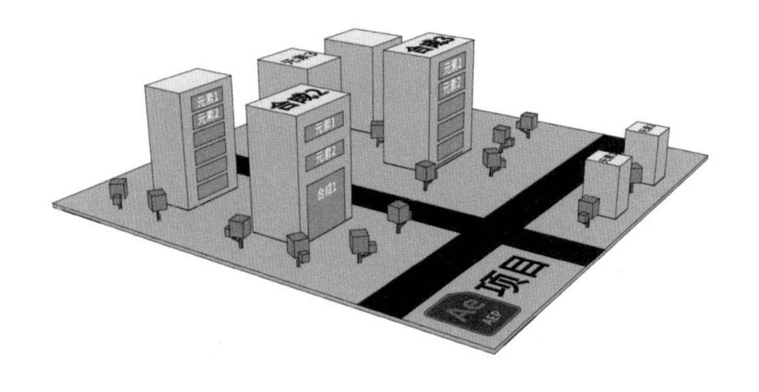

## 2. 新建项目的方法

启动 After Effects 后，首先要新建项目或者打开已有项目，可以在【主屏幕】上直接单击【新建项目】按钮，也可以执行【文件】-【新建】-【新建项目】命令来新建一个项目，此时，After Effects 的各个面板都是空的，如图 A04-1 所示。

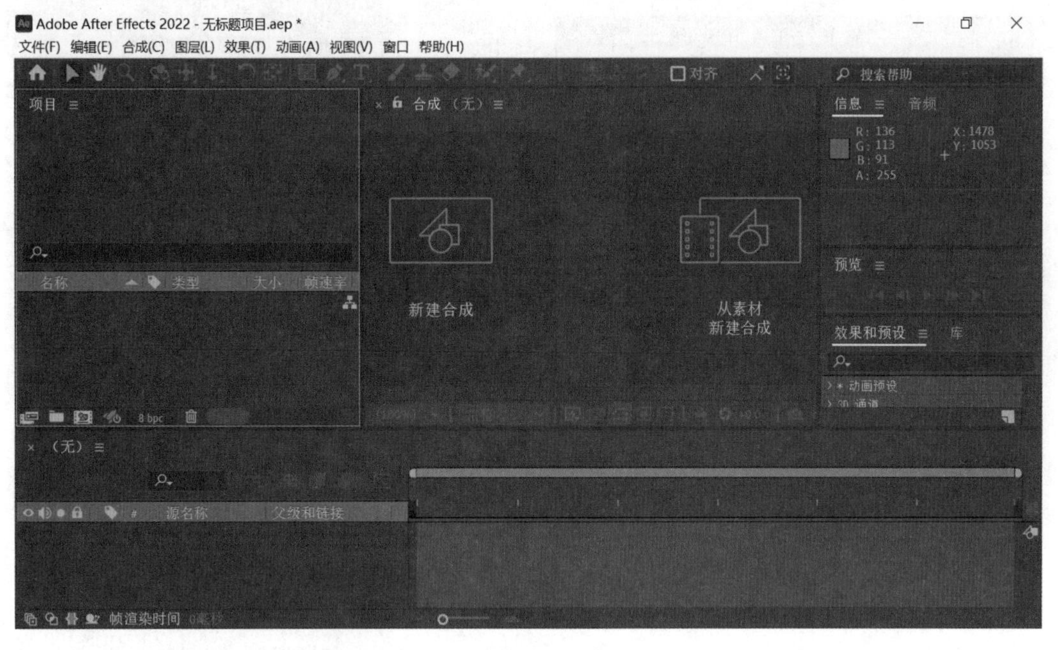


图 A04-1

# A04.3 什么是合成

合成是视频制作的工作空间，是后期输出视频的来源。每个合成均有其自己的尺寸和时间线。

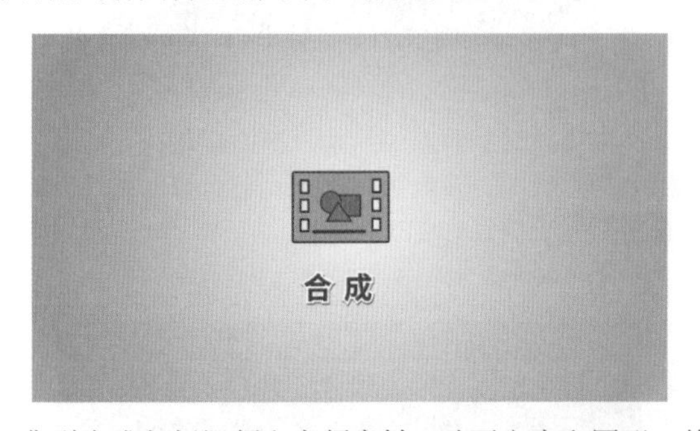


典型合成包括视频和音频素材、动画文本和图形、静止图像等多个图层，甚至多个合成。合成和其他素材一起显示在项目面板中，图标类似一格电影胶片，如图 A04-2 所示。After Effects 中的合成类似于 Premiere Pro 中的序列。

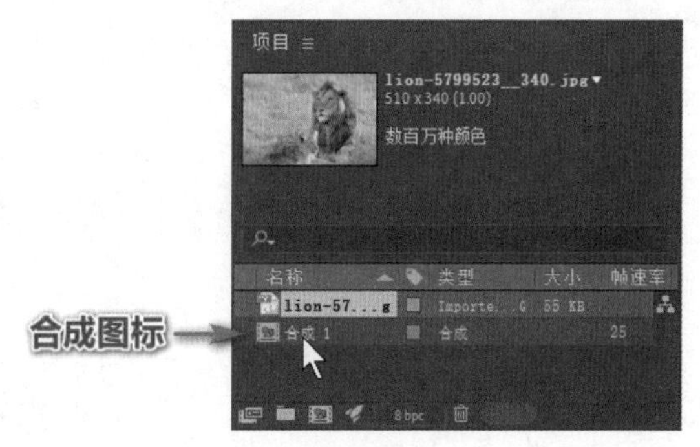


图 A04-2

# A04.4 新建合成

## 1. 新建合成的方法

新建合成之后，【查看器】窗口会自动激活【合成查看器】窗口，用于监视合成画面。

新建合成有如下多种操作方法。

- 执行【合成】-【新建合成】命令，或者按【Ctrl+N】快捷键，打开【合成设置】对话框，如图 A04-3 所示。

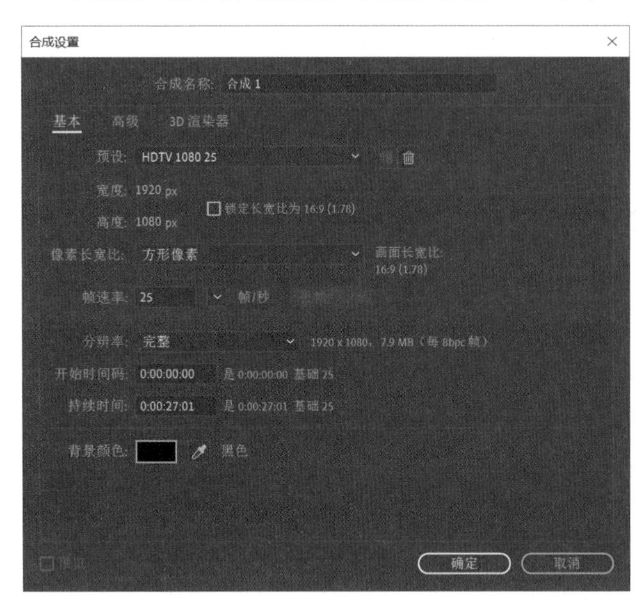


图 A04-3

在【合成名称】中输入新建合成的名称，在此可以设置合成的宽度、高度、帧速率、分辨率、持续时间和背景颜色等，单击【高级】选项卡，在该选项卡中可以对运动模糊进行设置，如图 A04-4 所示。设置完成后，单击【确定】按钮即可。

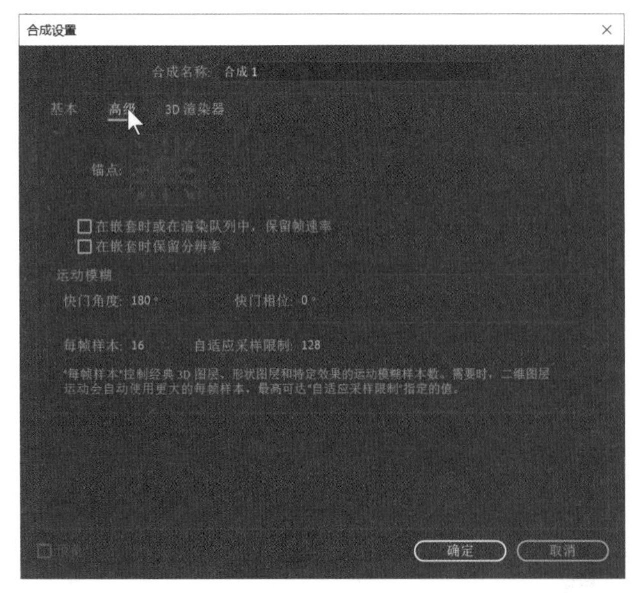


图 A04-4

- 在【项目】面板中右击，在弹出的菜单中选择【新建合成】选项，如图 A04-5 所示。

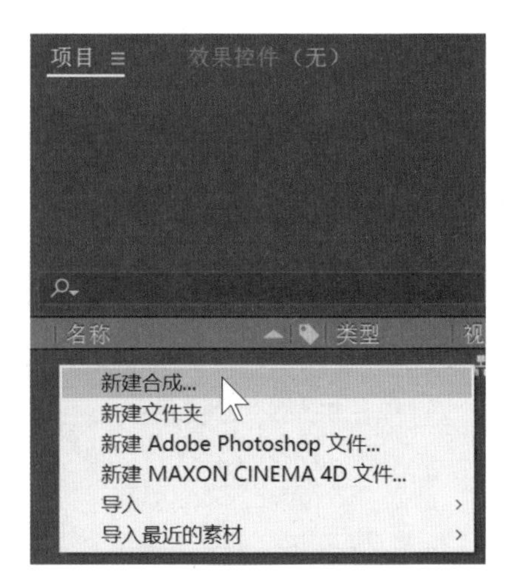


图 A04-5

- 在【项目】面板下方单击【新建合成】按钮，直接新建合成，如图 A04-6 所示。

图 A04-6

- 直接用【项目】面板中的素材来创建合成，选择项目面板中的素材，直接拖曳到【新建合成】按钮上，可以直接新建合成，如图 A04-7 所示。也可以将素材拖曳到空的【时间轴】上，即可新建合成。

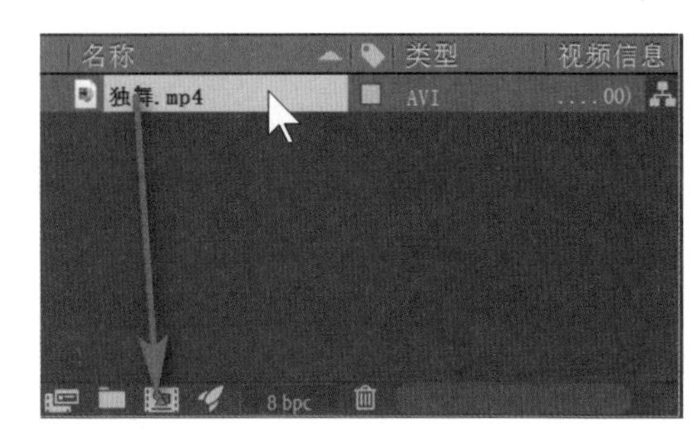


图 A04-7

- 选择素材，再执行【文件】-【基于所选项新建合成】命令，快捷键为【Alt+\】，也可以直接新建合成。

## 2. 重复创建新的合成

一个项目中可以存在多个合成，每个合成可以逐一新建，也可以从已有的合成复制得到，每个合成可以进行单独设置。

在【项目】面板中选择“合成 1”，执行【编辑】-【重复】命令，或者按【Ctrl+D】快捷键，就会得到“合成 1”的副本，此时按下回车键，将合成重命名为“新合成 1”，这样新的合成就创建完成了。“新合成 1”是基于“合成 1”重复创建的新合成，如果修改“新合成 1”的设置，不会对“合成 1”有影响。

# A04.5　合成设置

建好的合成可以重新进行设置，在【时间轴】面板中激活要进行设置的合成，或者在【项目】面板中选择要进行设置的合成，执行【合成】-【合成设置】命令，或者右击在弹出的菜单中选择【合成设置】选项，都会弹出【合成设置】对话框，如图 A04-8 所示，快捷键为【Ctrl+K】。

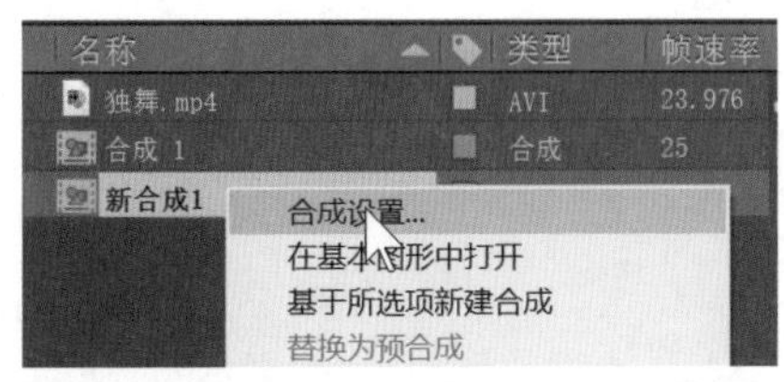


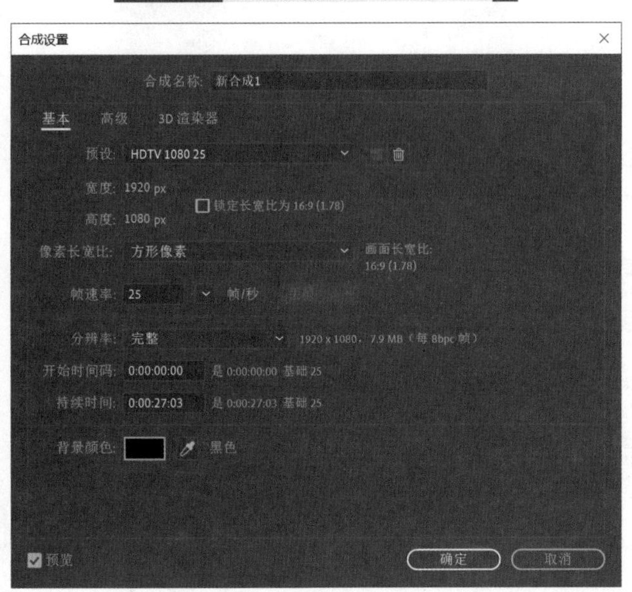


图 A04-8

打开【预设】下拉列表框，After Effects 提供了很多种预设，这些预设已经设置好了视频制式、视频尺寸、像素长宽比、帧速率等，选择一个预设，这些参数值都会随之发生改变，如图 A04-9 所示。

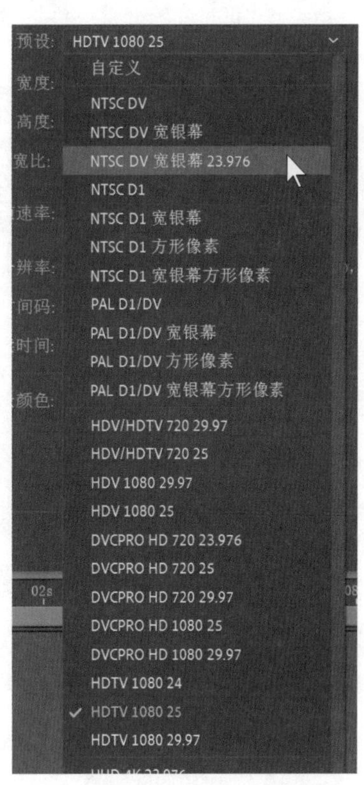


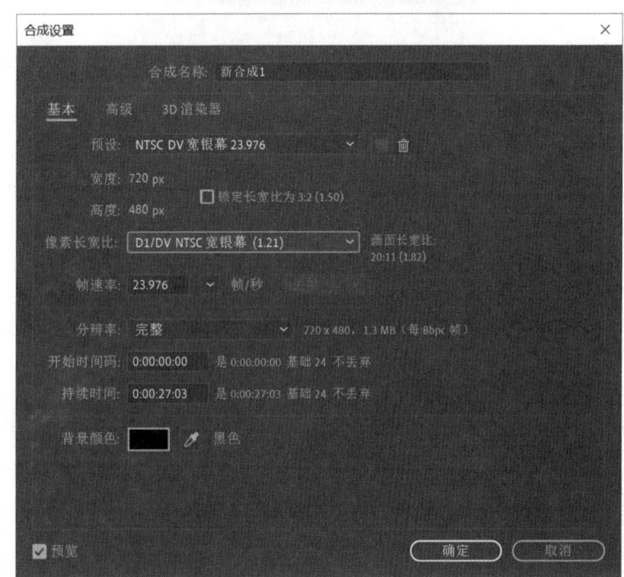


图 A04-9

选择【自定义】就可以设置视频的尺寸、像素长宽比、帧速率、分辨率等属性。

【分辨率】下有 5 个选项，如图 A04-10 所示，分辨率越高画面越清晰，预览越吃力；分辨率越低画面越模糊，预览越流畅，请根据电脑配置和实际工作情况选择合适的分辨率。这里设置的分辨率等同于【查看器】窗口下的【分辨率 / 向下采样系数弹出式菜单】，如图 A04-11 所示，这种分辨率设置的高低与最终输出成片的清晰度没有关系。

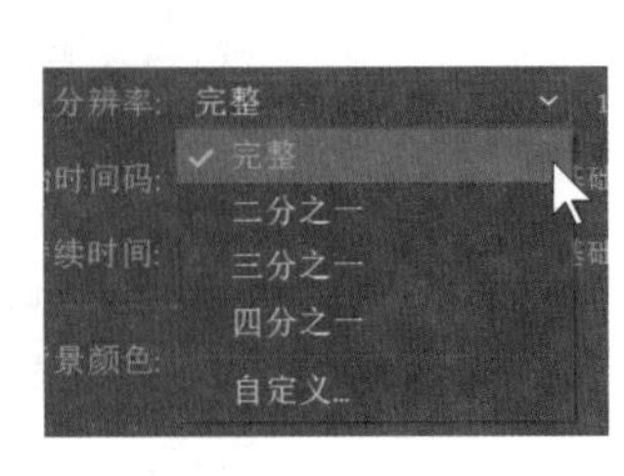


图 A04-10

图 A04-11

【开始时间码】指合成从什么时间开始，默认从 0 秒开始，更改数值后便从此数值开始。

【持续时间】指的是合成的总时间，若将【开始时间码】改为“5:00”,【持续时间】改为“10:00”，结果如图 A04-12 所示。

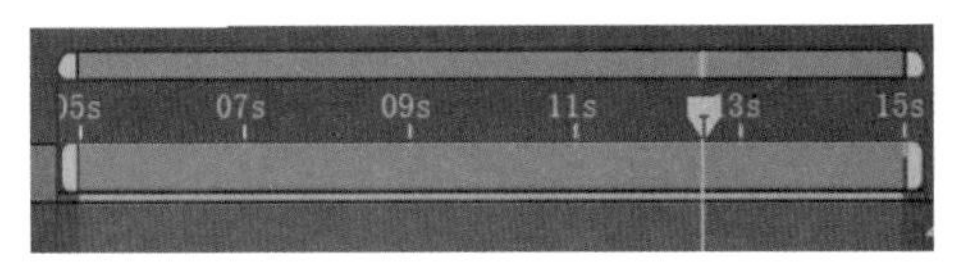


图 A04-12

## A04.6 视频制式

通过选择不同的视频制式，可以确定合成的尺寸、像素长宽比以及帧速率。全球两大主要的视频制式是 NTSC 和 PAL，是根据不同国家的电压和频率来决定的。

- NTSC 制式：NTSC 电视标准用于美、日等国家和地区，北美的电压是 110 V，60 Hz。60 Hz 适用 30 帧，所以 NTSC 制式的帧速率为 29.97 帧 / 秒（fps），标准尺寸为 720 px×480 px。
- PAL 制式：PAL 电视标准用于我国、欧洲等国家和地区，我国的电压是 220 V，50 Hz。50 Hz 适用 25 帧，所以 PAL 制式帧速率为 25 fps，标准尺寸为 720 px×576 px。

## A04.7 视频尺寸

随着芯片的发展，影像技术不断提高，视频的尺寸（俗称分辨率）也经历着重大变化，从标清（SD）到高清（HD），再到超高清（FHD）甚至 4K UHD、8K UHD，画面的清晰度越来越高，如图 A04-13 所示。

图 A04-13

- HD：HD 是英文 High Definition 的简称，是指垂直像素值大于等于 720 的图像或视频，也称为高清图像或高清视频，尺寸一般是 1280 px×720 px 和 1920 px×1080 px（也就是俗称的 720P 和 1080P）。
- 4K UHD：4K UHD 即 4K 超高清，也就是 Ultra HD，是由 4096×2160 个像素构成的，相比于过去的 HD，分辨率提升四倍以上。
- 8K UHD：8K UHD 视频指的是尺寸能够达到 7680 px×4320 px 的视频，这种视频像素量是 4K 的四倍，单帧画面可包含 3000 多万个像素，可以展现更多的画面细节。

- 像素值越高，所包含的像素就越多，图形也就越清晰。
- 像素长宽比：视频画面内每个像素的长宽比的具体比例由视频所采用的视频标准所决定。

## A04.8 帧速率

帧速率是指每秒钟刷新的图片的帧数，也可以理解为图形处理器每秒钟能够刷新的次数，1 张图片即为 1 帧。对于人眼来说，物体被快速移走时不会立刻消失，会视觉暂留 0.1 ～ 0.4 秒，每秒至少要播放 16 张图片，就会在人眼形成连贯的画面。早期的默片电影（无声电影）采用了较低的电影帧速率（见图 A04-14）。

图 A04-14

随着电影技术的成熟，人们开始采取 24 fps 的拍摄和放映速度。直到现在，主流电影依然按照这个标准制作。

一些对作品有更高艺术追求的导演显然不满足于此。2019 年，李安导演的电影《双子杀手》采用了 120 fps 的帧速率（见图 A04-15）。

图 A04-15

相对于 24 fps 而言，120 fps 的画面显示直接将帧速率拔高到 5 倍，超高帧速率不仅使电影看上去无限接近真实，中间的卡顿和抖动也近乎消失为零。对比 24 帧显示，120 帧画面完全没有模糊与“拖影”现象存在。

更高的帧速率可以得到更流畅、更逼真的画面，当然对解码和播放设备也有更高的硬件要求。

## A04.9　合成嵌套

合成里的层可以是合成，嵌套就是一个合成包含在另一个合成中，比如“合成 2”嵌套在“合成 1”里，则“合成 2”在“合成 1”中显示为一个图层，同理“合成 2”里也可以有嵌套图层，如图 A04-16 所示。

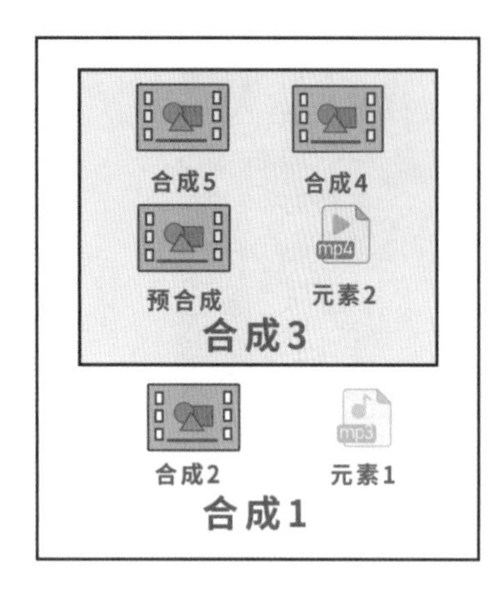


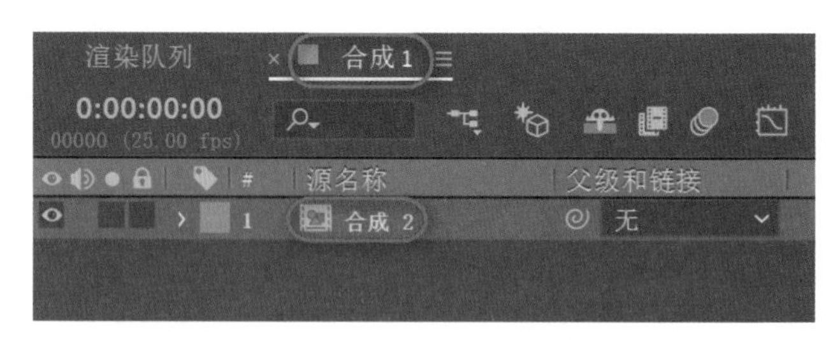


图 A04-16

### 操作方法

01 在嵌套合成时，可以从【项目】面板把合成拖曳到【时间轴】面板中的另一个合成中。

02 如果在【查看器】窗口中的目标合成处于激活状态，那么也可以将其直接拖曳到【查看器】窗口中进行嵌套，如图 A04-17 所示。

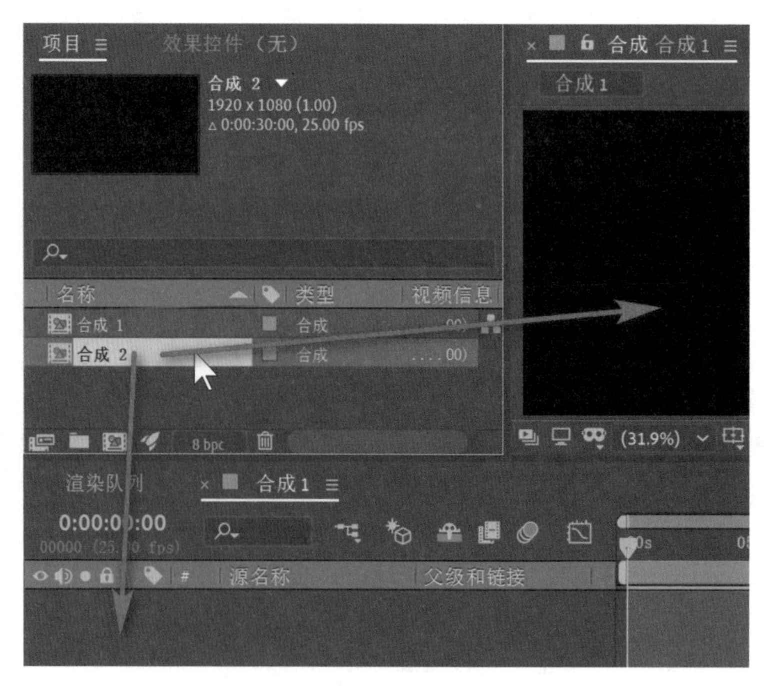


图 A04-17

# A04.10 预合成图层

预合成图层就是将【时间轴】面板中的一个或多个图层合并成一个合成的层，替换原合成中的图层，快捷地生成嵌套层。预合成图层类似于在 Photoshop 中将图层们合并为智能对象图层，预合成图层与普通合成图层属性并无实质区别。

### 操作方法

在时间轴面板中选择需要预合成的图层，执行【图层】-【预合成】命令（Ctrl+Shift+C），或者在选中的图层上右击，在弹出的菜单栏里选择【预合成】选项，此时会弹出【预合成】对话框，单击【确定】按钮完成操作，如图 A04-18 所示。

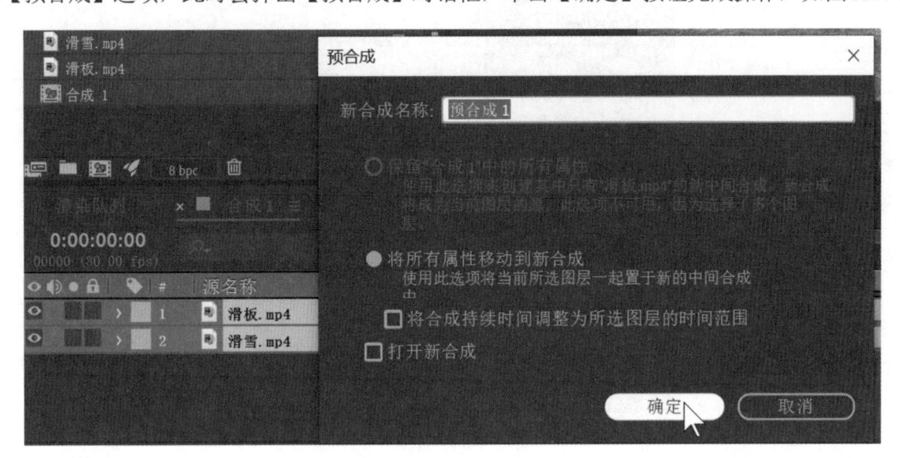


图 A04-18

豆包：“老师，为什么【保留合成中的所有属性】选项是灰色的呢？”

对单个图层执行预合成图层操作时，【保留合成中的所有属性】选项才会激活，表示原图层的所有属性会全部显示在预合成的新图层上。

# A04.11 什么是素材

After Effects 在进行合成制作的时候，首先要将素材导入【项目】面板中，然后将素材拖到【时间轴】面板中进行合成制作。

素材是 After Effects 视频制作的基本元素，是整个 After Effects 项目的一砖一瓦，如图 A04-19 所示。

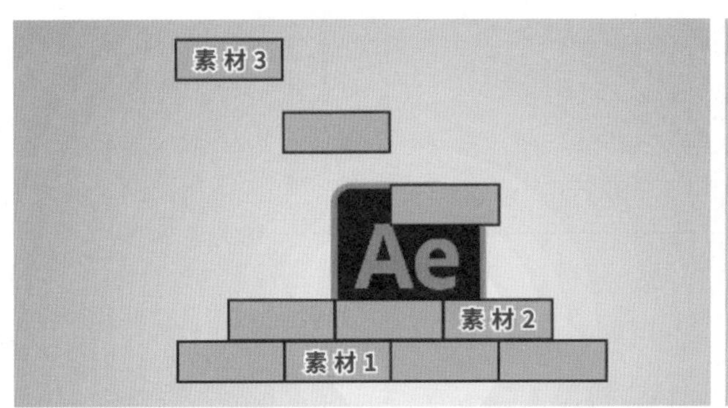


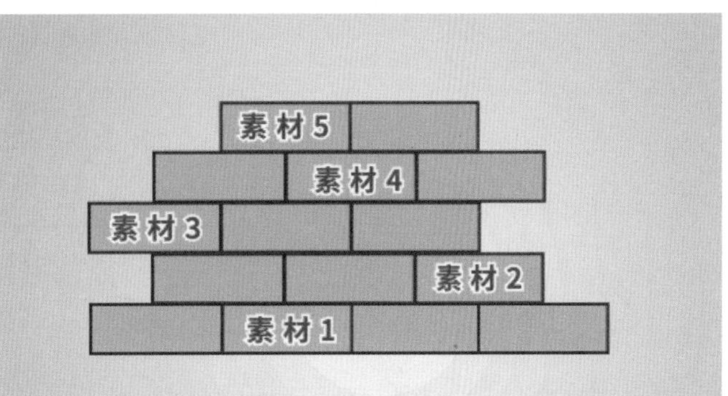


图 A04-19

After Effects 支持导入多种素材，包括图片、3D 模型、矢量图形、纯色、序列、视频、音频、Photoshop 文件、After Effects 项目文件等（见图 A04-20），素材以图层的形式在合成中使用，After Effects 不会对素材本身做任何修改。

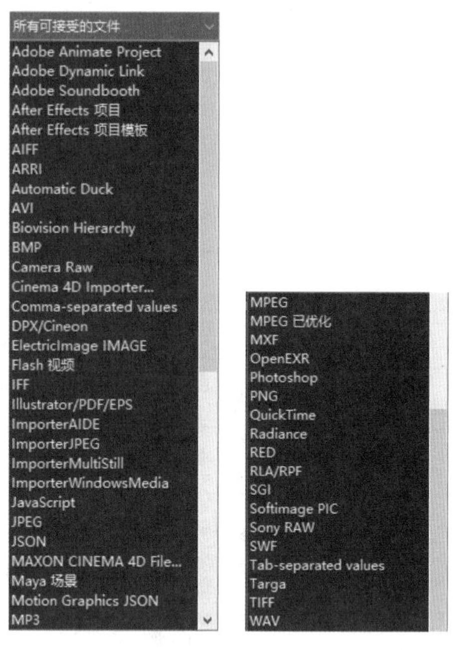


图 A04-20

## A04.12　导入素材文件

- 执行【文件】-【导入】-【文件】命令，可以打开【导入文件】对话框，如图 A04-21 所示，选择要导入的素材单击【导入】按钮，快捷键为【Ctrl+I】。

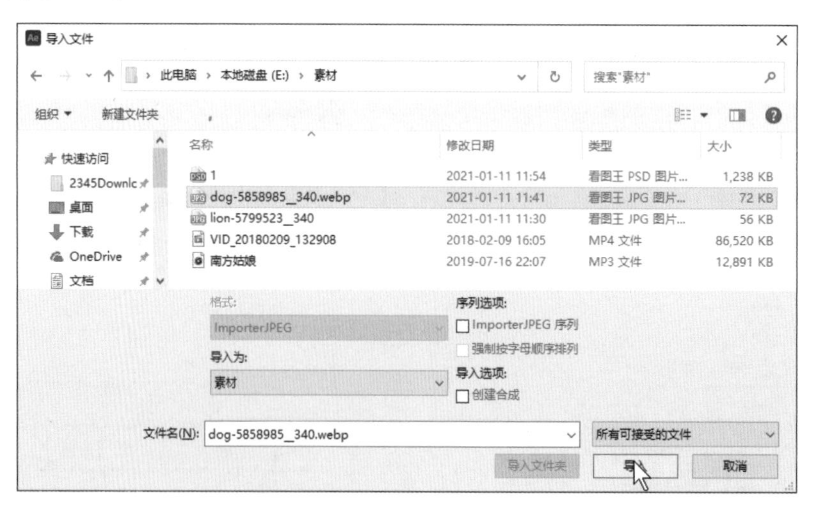


图 A04-21

- 在【项目】面板文件列表区的空白处右击，在弹出的菜单中执行【导入】-【文件】命令，在弹出的【导入文件】对话框中选择要导入的素材。
- 在【项目】面板文件列表区的空白处双击，在弹出的【导入文件】对话框中选择要导入的素材。
- 在文件夹中选择需要导入的素材，用鼠标直接拖曳到【项目】面板中即可。

**扩展知识**

导入序列文件的方法和Photoshop类似，选中序列选项即可导入同类序号的一系列文档。

# A04.13 导入多个素材

在导入素材时，可以一次导入多个素材，执行【文件】-【导入】-【多个文件】命令（Ctrl+Alt+I），弹出【导入多个文件】对话框，如图 A04-22 所示，选择需要导入的素材，单击【导入】按钮，分多次导入素材，直到所有素材导入完毕，按【完成】按钮关闭对话框。

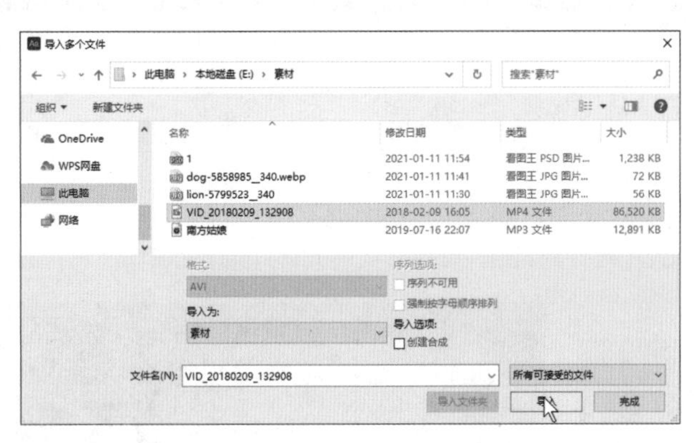


图 A04-22

导入多个素材也可以在文件夹中将需要导入的所有素材全部选中，直接拖曳到【项目】面板中。

# A04.14 导入 Photoshop 图层素材

After Effects 对于 Photoshop 有很好的兼容性，PSD 素材导入 After Effects 有多种方式，不同的导入方式会带来不同的结果，下面一一介绍。

## 1. 将 Photoshop 素材作为图片导入

导入本节提供的素材“1.psd”，在弹出的【导入文件】对话框中选择导入为【素材】，如图 A04-23 所示，在弹出的对话框中选中【合并的图层】单选按钮，如图 A04-24 所示。

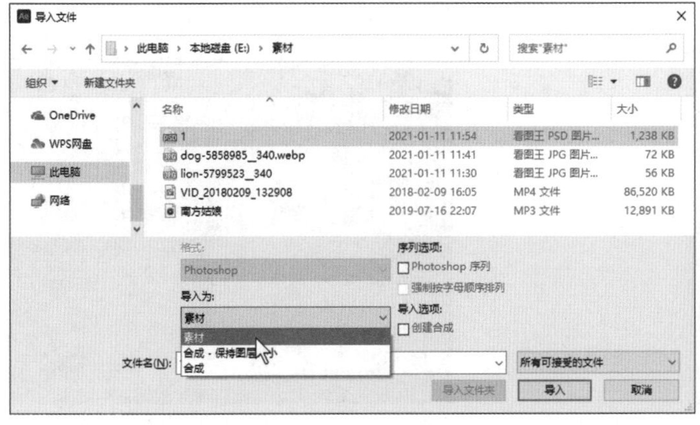

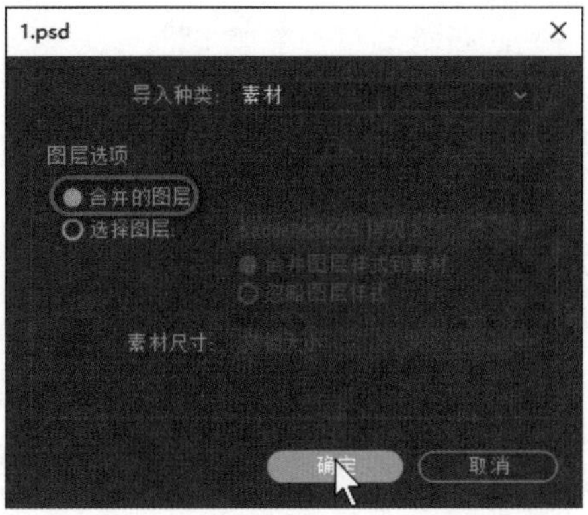

图 A04-23

图 A04-24

单击【确定】按钮，将素材导入项目面板，此时导入的素材为一个合并图层的 PSD 文件，如图 A04-25 所示。

图 A04-25

## 2. 选择 Photoshop 素材中的特定图层

重新导入“1.psd”，在弹出的【导入文件】对话框中选择导入为【素材】，在弹出的对话框中选中【选择图层】单选按钮，右侧下拉菜单中对应的是 PSD 素材的每一个图层，随便选择一个，如图 A04-26 所示。

单击【确定】按钮，将素材导入【项目】面板，此时导入的素材为选中的图层内容，如图 A04-27 所示。

图 A04-26

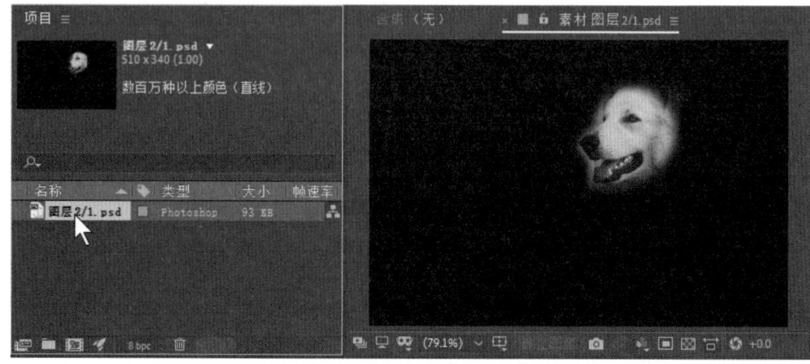


图 A04-27

## 3. 以合成的方式导入 Photoshop 素材

重新导入“1.psd”，在弹出的【导入文件】对话框中选择导入为【合成 - 保持图层大小】，如图 A04-28 所示，在弹出的对话框中选中【可编辑的图层样式】单选按钮，如图 A04-29 所示。

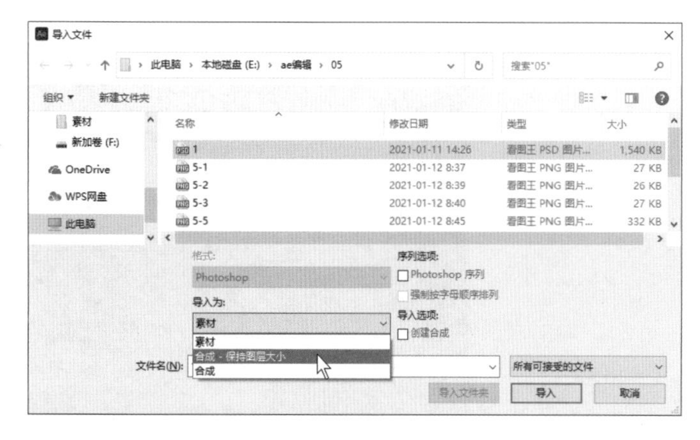


图 A04-28

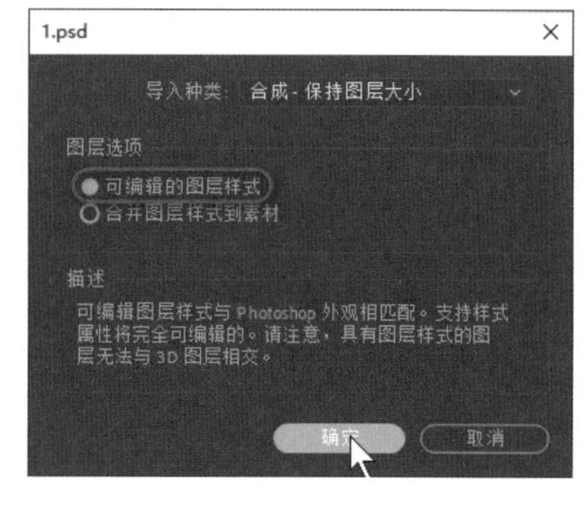


图 A04-29

单击【确定】按钮，将素材导入【项目】面板，此时【项目】面板中自动创建了一个“1个图层”文件夹，文件夹里包含了PSD文件中的所有图层，并且自动创建了“1”合成，合成内含有与PSD文件相同的图层结构，如图A04-30所示。

图 A04-30

扩展知识

- 【导入文件】对话框中，导入为【合成-保持图层大小】与【合成】有所区别。【合成】指读取PSD文件的分层信息，在After Effects中新建一个合成并保持分层状态，每个图层会在【查看器】窗口边缘进行裁剪；【合成-保持图层大小】指当PSD的文件尺寸大于After Effects的合成尺寸时，保持PSD每一图层的大小，不进行裁剪。
- 【图层选项】下【可编辑的图层样式】表示PSD文件本身图层上的图层样式在After Effects中是否可以编辑；【合并图层样式到素材】就是PSD文件图层的样式直接合并到图层上，不在After Effects中编辑。
- 选择素材，按【Ctrl+E】快捷键，或在【项目】面板按住【Alt】键双击素材，可以进行编辑原稿的操作。

# A04.15 管理素材

## 1. 使用文件夹管理素材

【项目】面板中可以创建文件夹用来管理素材，而且可以在文件夹中继续创建子文件夹，这些文件夹只存在于【项目】面板中，不会出现在硬盘中。

常用创建文件夹的方法如下。

- 执行【文件】-【新建】-【新建文件夹】命令。
- 在【项目】面板文件区的空白处单击右键，在弹出的菜单中执行【新建文件夹】命令。
- 直接单击项目面板下方的创建文件夹图标按钮即可。
- 用素材来创建文件夹，选中素材（可多选），将其直接拖曳到【项目】面板下方创建文件夹图标按钮上，就会创建一个包含所选素材的文件夹，如图A04-31所示。

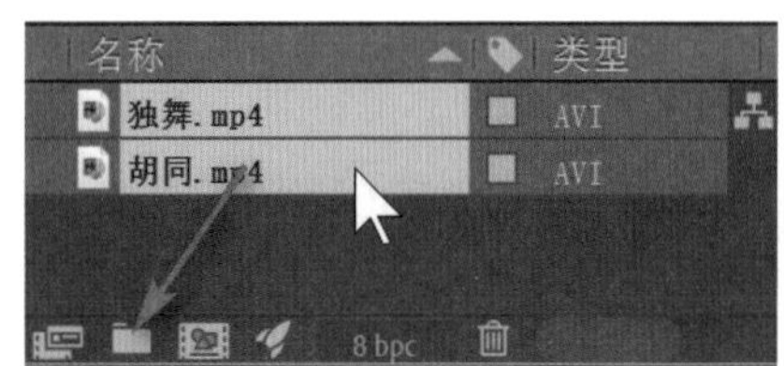

图 A04-31

选中素材直接拖曳到新建的文件夹上，即可将素材移动到文件夹内。也可以将文件夹中的素材移动出来，双击文件夹或者单击文件夹左侧的小三角即可展开文件夹，选中需要移动的素材，直接拖曳出来即可。操作与操作系统中的文件管理类似，都是通用的。

## 2. 整理素材

在进行素材导入时，很多时候会不可避免地导入一些重复素材，这种情况可以进行素材整理，对重复导入的素材进行合并操作，只留下一份。

### 操作方法

执行【文件】-【整理工程（文件）】-【整合所有素材】命令，可以看到【项目】面板中重复的素材被合并，此操作不会对项目产生影响，如图 A04-32 所示。

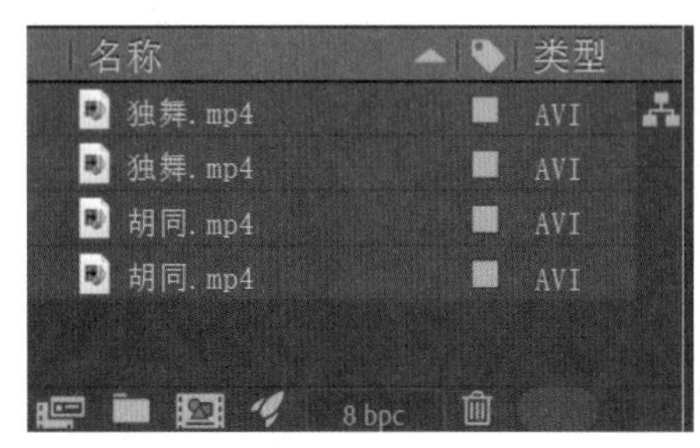

图 A04-32

## 3. 删除未使用素材

一个项目中导入的素材并不能保证都会用到，对于没用到的素材，一个一个找到删除会非常麻烦，After Effects 提供了自动删除未使用素材的功能，自动统计未在合成中使用的素材，并将其删除。

### 操作方法

执行【文件】-【整理工程（文件）】-【删除未用过的素材】命令。

## 4. 减少项目

减少项目比删除未使用的素材清理范围更大，操作时需要先选中一个或多个合成，然后执行【减少项目】命令，则所选合成及其用到的素材不会变动，而其他的素材（包括素材、合成、文件夹等）被全部删除。

### 操作方法

执行【文件】-【整理工程（文件）】-【减少项目】命令。

## 5. 替换素材

After Effects 可以对【项目】面板中的素材进行替换，而且在被替换素材上进行的所有操作都会传递到新的素材上。

### 操作方法

选中要被替换的素材，执行【文件】-【替换素材】-【文件】命令，在弹出的【替换素材文件】对话框中选择替换的素材，单击【导入】按钮完成替换，如图 A04-33 所示。

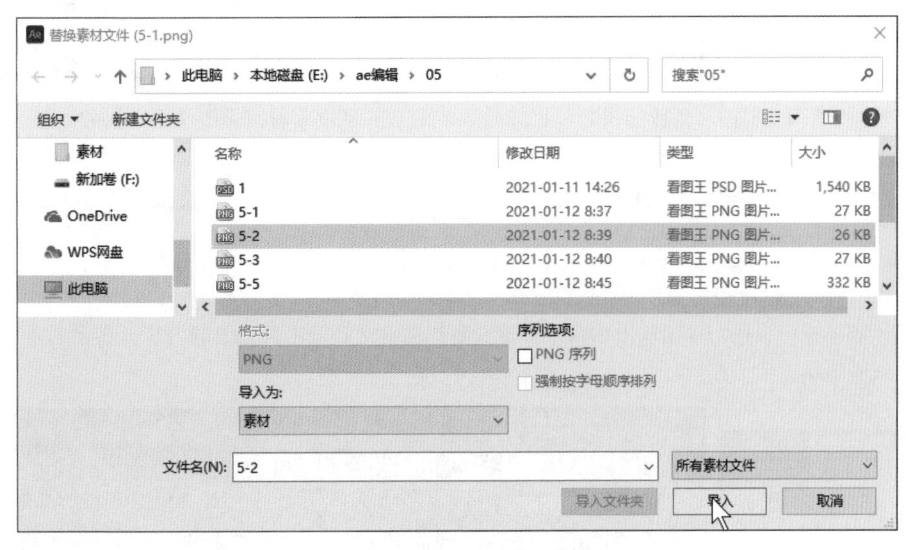

图 A04-33

## 6. 重新加载素材

导入 After Effects 中的素材，如果对原素材进行了修改，那么正常情况下 After Effects 会自动更新为修改后的素材。例如导入的 PSD 文件，如果打开 Photoshop 对原 PSD 文件进行了内容上的修改，那么 After Effects 会实时更新。但是有的时候更新会不及时，此时就需要对素材进行重新加载，那么可以执行【文件】-【重新加载素材】命令或者在【项目】面板中选择素材，右击在弹出的菜单中选择【重新加载素材】选项，快捷键为【Ctrl+Alt+L】，如图 A04-34 所示。

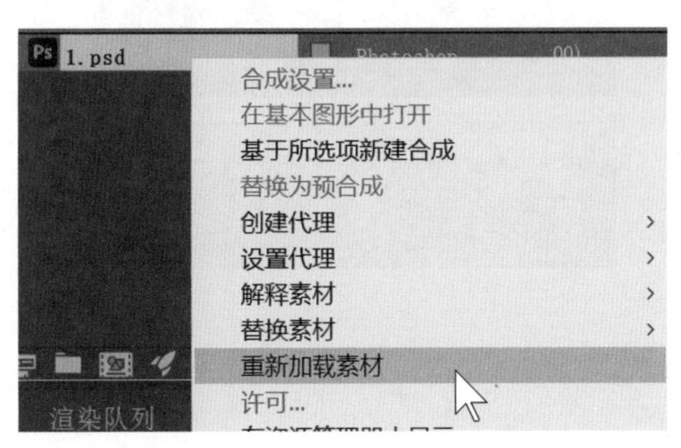


图 A04-34

## 7. 解释素材

在【项目】面板选择素材右击，在弹出的菜单中选择【解释素材】-【主要】选项，或者执行【文件】-【解释素材】-【主要】命令，也可以直接单击【项目】面板左下角的【解释素材】按钮，弹出【解释素材】对话框，如图 A04-35 所示。

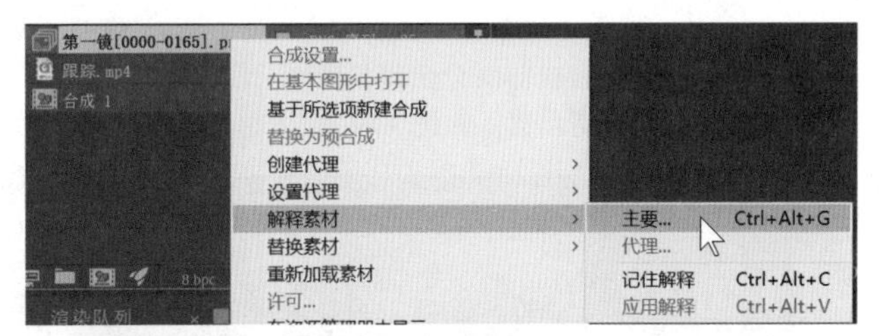


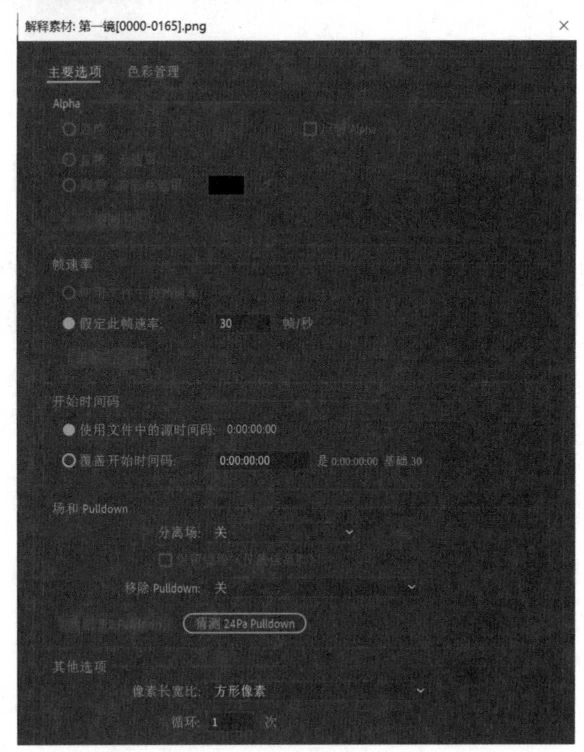


图 A04-35

◆ Alpha：针对的是带有 Alpha 透明区域的素材，可以选择忽略 Alpha 通道或者选择确定的 Alpha 通道种类，如果不能确定 Alpha 通道的种类，就单击【猜测】按钮让 After Effects 自动识别。
◆ 帧速率：用于设置视频或者序列素材的帧速率。对于序列素材，导入 After Effects 后帧速率会变为在【首选项】中设置好的帧速率，可以选中【假定此帧速率】单选按钮更改回原帧速率。
◆ 循环：指的是视频或动画素材循环播放的次数，比如导入一个 GIF 动图素材，更改【循环】的数值，就可以让动图循环播放几次。

## 8. 创建代理

导入超大的高质量素材时，如果计算机配置不够高，会导致合成预览卡顿严重，这时在【项目】面板选择素材右击，在弹出的菜单中选择【创建代理】-【影片 / 静止图像】选项，或者执行【文件】-【创建代理】-【影片 / 静止图像】命令，会自动进入【渲染队列】，调整输出设置，开始输出体积小于原素材的文件（关于影片导出的内容，会在 A15 课讲解），单击【渲染】按钮，如图 A04-36 所示。

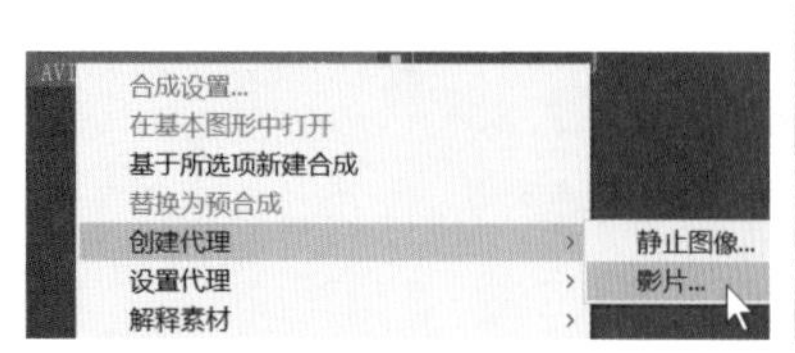

图 A04-36

完成渲染后，素材前面会出现代理图标▣。在【素材查看器】窗口查看变化，开启▣时是代理视频，关闭▣时是原视频，代理视频较小，方便预览，如图 A04-37 所示。开启代理不会影响最终视频输出质量。

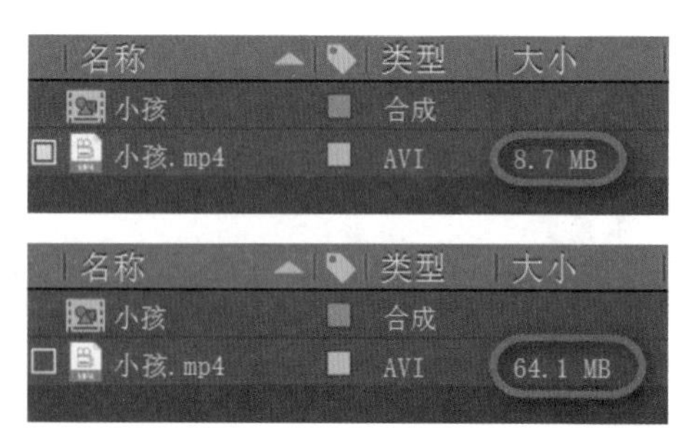


素材作者：Dan Dubassy

图 A04-37

## 9. 设置代理

如果已经具有了小体积的代理文件，在【项目】面板选择素材右击，在弹出的菜单中选择【设置代理】-【文件】选项，或者执行【文件】-【设置代理】-【文件】命令，弹出【设置代理文件】对话框，选择所需的“代理文件”单击【导入】按钮，如图 A04-38 所示。

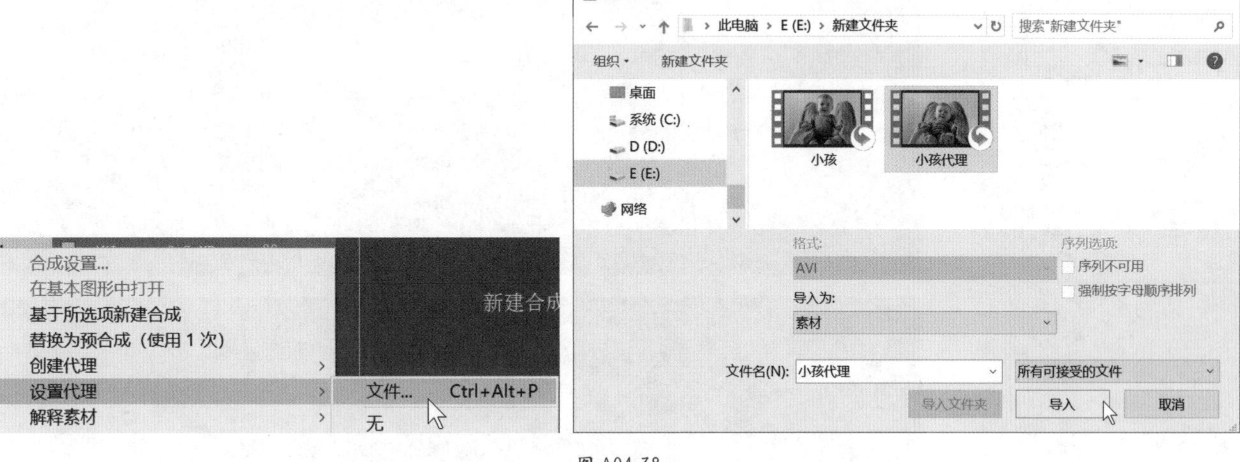


图 A04-38

## 10. 在资源管理器中显示

如果想要快速找到导入的素材在硬盘中的位置，在【项目】面板中选择素材，右击在弹出的菜单中选择【在资源管理器中显示】选项或者执行【文件】-【在资源管理器中显示】命令，即可直接打开素材所在位置的文件夹，如图 A04-39 所示。

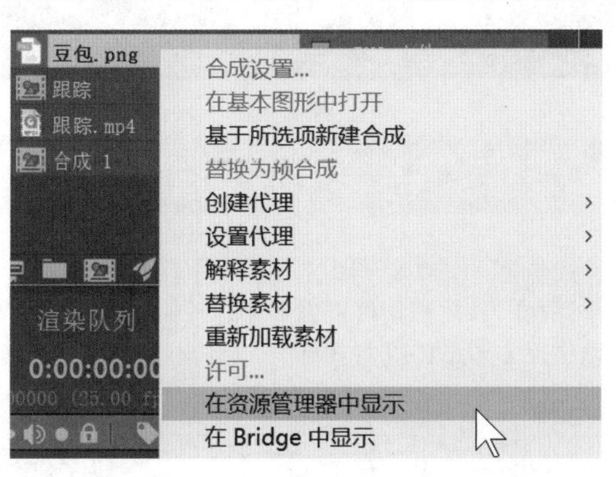


图 A04-39

# 总结

合成就是“合到一起就成了”，是各类视频素材在时间轴上的基本载体，类似于一个一个的视频包。合成既可以嵌套，又可以拆解，可以应对大量复杂的视频动画操作。因为不是所有制作都可以在一个合成中完成，稍微复杂的制作都会用到合成嵌套制作。

# A05课

# 图层属性

## 探索图层的内涵



After Effects 中的素材都是在图层中进行各种特效和合成设置的，图层的相关操作是进行后期合成工作必会的基础技能，比如特效电影的片头就是运用了大量的图层来完成的。

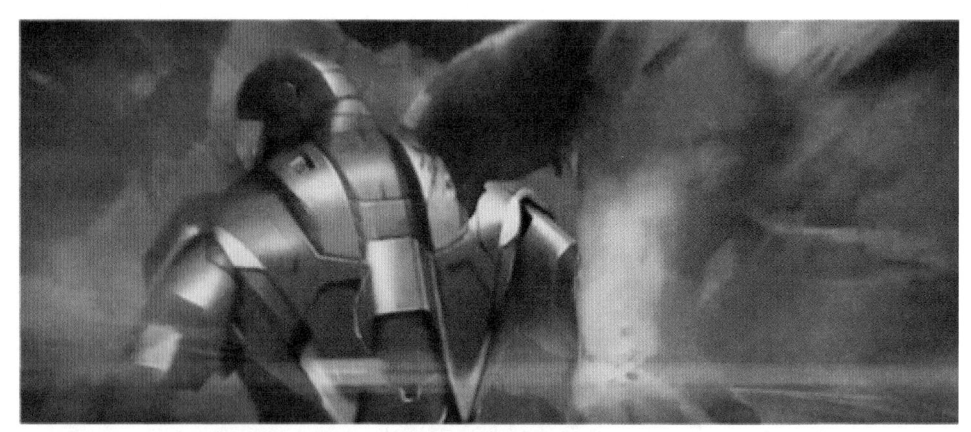

## A05.1 将素材添加到合成

合成包含一个或多个图层，排列在【时间轴】面板中，添加到合成中的任何一个素材都是一个图层。只需把素材拖曳到【时间轴】面板中，After Effects 就会自动生成图层，另外还可以执行【文件】-【将素材添加到合成】命令，快捷键为【Ctrl+/】。

## A05.2 图层的选择

对图层进行操作时，首先要选择图层，After Effects 可以进行单层选择或者多层选择，选中的图层会高亮显示。

### 1. 单层选择

打开提供的项目文件“层 .aep”，图层的选择方法如下。

- 选择单个图层，在【时间轴】面板单击要选择的图层，如图 A05-1 所示。
- 使用【选取工具】▶，在【查看器】窗口中直接选择对象，激活相应的图层。
- 【时间轴】面板中每一层都有序号，1 ～ 9 层分别对应小键盘的数字 1 ～ 9，按相应的数字可直接选中对应的层。对于 10 以及 10 以后的层，可以快速连按两个数字，例如 11 层快速按两次【1】就可以选中，如图 A05-2 所示。

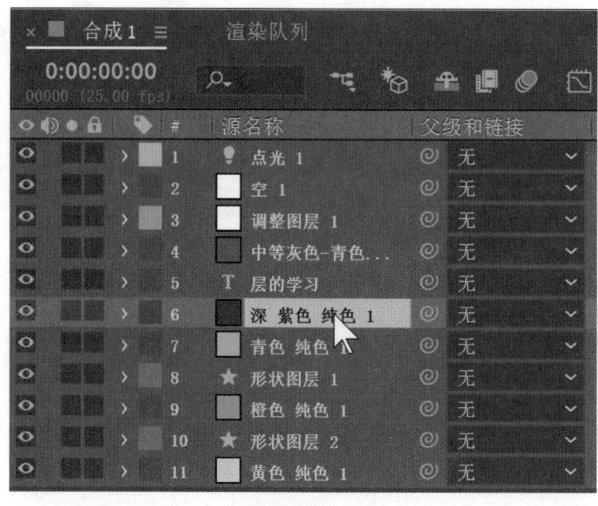


图 A05-1

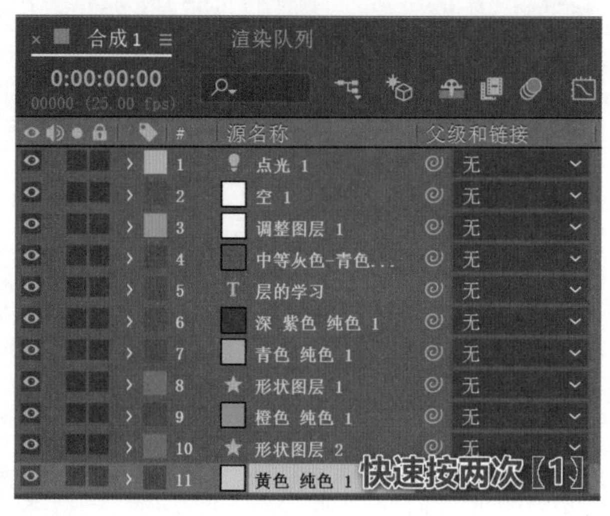


图 A05-2

- 按【Ctrl+ ↑或↓】快捷键可以选择上一层或下一层。
- 选择图层后右击，在弹出的快捷菜单中选择【反向选择】选项，即可反向选择其他图层。

## 2. 多层选择

- 按住【Shift】键的同时单击，可以选择连续多个相邻的图层。
- 按住【Ctrl】键的同时单击，可以选择多个任意图层。
- 直接在【时间轴】面板的左侧用鼠标拖出一个矩形框选图层，如图 A05-3 所示。

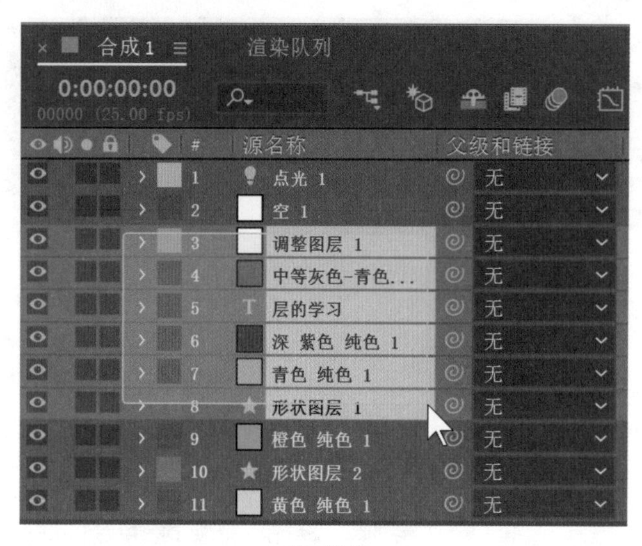


图 A05-3

此外，执行【编辑】-【全选】命令可以选中【时间轴】面板中的所有图层，快捷键为【Ctrl+A】。如果按【Ctrl+Shift+A】快捷键，则会取消全选。

扩展知识

对于多选的层，按住【Ctrl】键单击或者框选这些层，可以取消选择。

# A05.3 图层的顺序调节

图层在【时间轴】面板中的排列顺序与渲染结果直接相关。在【时间轴】面板选中图层，直接向上或向下拖曳，就可以改变图层的顺序；执行【图层】-【排列】命令，在展开的三级菜单中可以看到相应命令以及快捷键，如图 A05-4 所示。

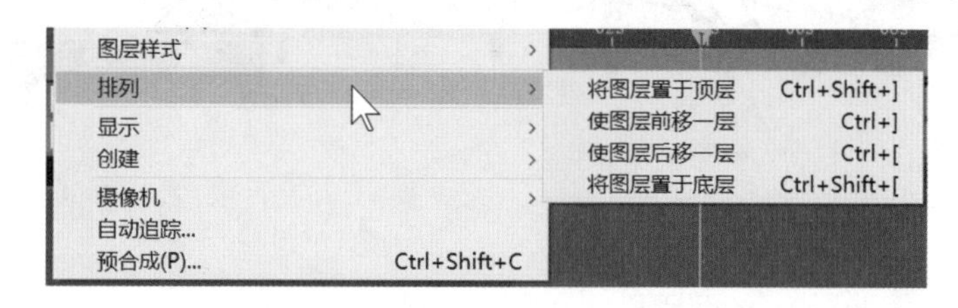


图 A05-4

# A05.4 图层的复制和拆分

## 1. 图层的复制和粘贴

在【时间轴】面板中选择要复制的图层，执行【编辑】-【复制】命令（Ctrl+C），然后执行【编辑】-【粘贴】命令（Ctrl+V），就可以将这个图层复制一份，如图 A05-5 所示。

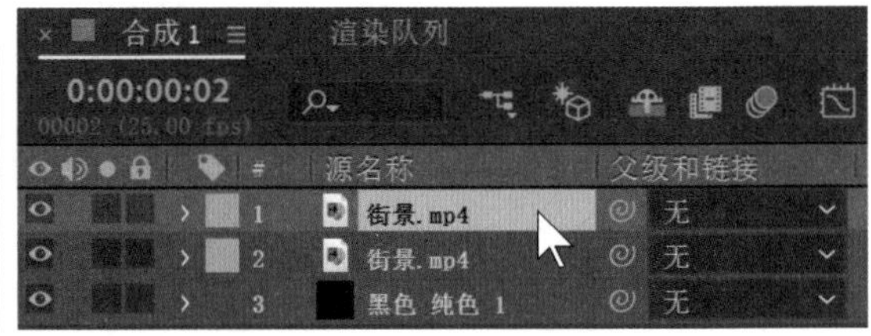


图 A05-5

After Effects 中上面的图层会遮挡下面的图层，所以图层的顺序对于合成来说很重要。用复制 + 粘贴的方法复制图层时，选择图层的顺序会影响粘贴后的图层顺序，先选择的图层在粘贴后位于上面，后选择的图层在粘贴后位于下面。

## 2. 创建图层副本

After Effects 中还有一个创建图层副本的方法，在【时间轴】面板中选择要复制的图层，执行【编辑】-【重复】命令（Ctrl+D），可以直接复制出新的图层。

豆包："老师，复制+粘贴操作与创建图层副本操作都会复制图层，这两种操作有什么区别呢？"

复制+粘贴可以粘贴到同一个合成，也可以粘贴到其他合成；创建图层副本只能在同一个合成内进行。

在同时复制多个图层时，复制+粘贴生成的新层在【时间轴】面板的最上层，而创建图层副本生成的新层都在原图层的下面。

## 3. 图层的拆分

和其他非线性编辑软件一样，After Effects 也可以对图层进行切割操作，所不同的是，After Effects 在切割图层后，前后两部分素材位于不同的图层中。

### 操作方法

选中要进行切割的图层，将指针移动到需要切割的时间点，如图 A05-6 所示，执行【编辑】-【拆分图层】命令（Ctrl+Shift+D），将图层拆分开，如图 A05-7 所示。

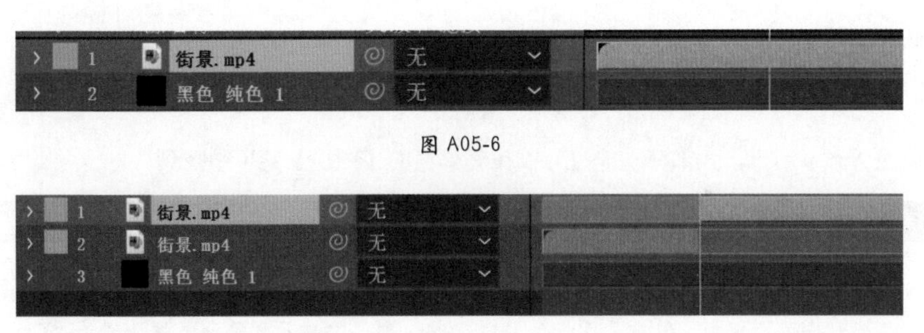


图 A05-6



图 A05-7

## A05.5　图层的混合模式

After Effects 的核心架构就是图层，而混合模式可以控制上层与下层的融合效果，After Effects 中图层的混合模式与 Photoshop 中图层的混合模式类似，用法也类似。关于“混合模式”的详细使用方法，请参阅本系列丛书之《Photoshop 从入门到精通》一书的 B05 课。混合模式的类型如图 A05-8 所示。

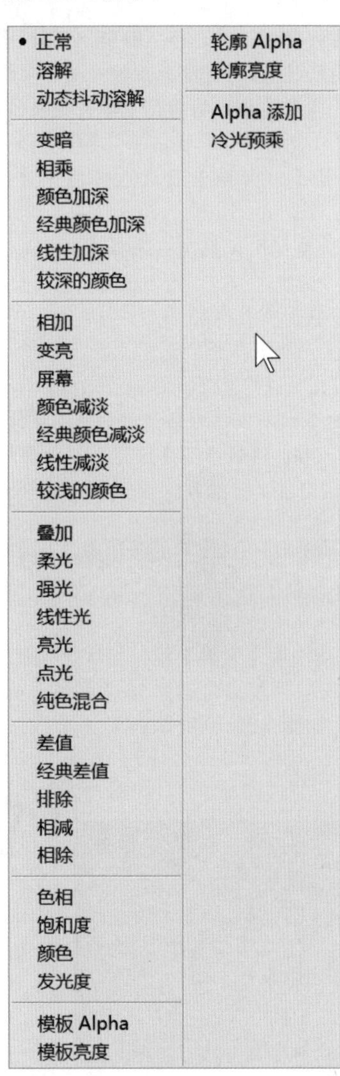


图 A05-8

# A05.6　图层的功能窗格

图层的功能窗格如图 A05-9 所示，大部分功能也可以在菜单栏的【图层】菜单中找到。

\# 源名称 模式 T TrkMat 父级和链接

图 A05-9

- 【视频】：隐藏来自合成的视频，单击此图标可以决定这一图层的显示和隐藏，快捷键为【Ctrl+Alt+Shift+V】。
- 【音频】：使音频静音，含有音频的图层中会出现这个图标，单击可以打开或关闭此图层的音频。
- 【独奏】：隐藏所有非独奏视频，在预览和渲染中只包括当前图层，忽略没有设置此开关的其他图层。
- 【锁定】：阻止编辑图层，锁定图层内容，从而防止所有更改，快捷键为【Ctrl+L】。
- 【标签】：改变标签颜色，使素材更容易被识别。
- 【消隐】：在【时间轴】面板中隐藏图层，需要与【时间轴】面板最上方的配合使用。
- 【折叠】：如果图层是预合成或者嵌套合成，选择此开关，合成里的效果会被计算；如果图层是以矢量图形文件作为源素材的图层，选择此开关，会使图像变得更清晰，但也会增加预览和渲染所需的时间。
- 【质量和采样】：控制图层渲染品质，渲染到屏幕以进行预览。【最佳质量】的快捷键为【Ctrl+U】,【草图】的快捷键为【Ctrl+Shift+U】,【线框】的快捷键为【Ctrl+Alt+Shift+U】;【双线性】具有较快的处理速度，快捷键为【Alt+B】;【双立方】比较占用系统资源，适合图像放大后的渲染，快捷键为【Alt+Shift+B】。
- 【效果】：选择以使用效果渲染图层，此开关不影响图层上各种效果的设置。
- 【帧混合】：可将帧混合设置为三种状态之一：【帧混合】、【像素运动】或【关闭】，主要在慢放素材时使用，使素材播放更流畅。如果没有选择【时间轴】面板顶部的【启用帧混合】开关，则图层的帧混合设置不起作用。
- 【运动模糊】：为图层启用或禁用运动模糊。如果没有选择【时间轴】面板最上方的【启用运动模糊】合成开关，则不考虑图层的运动模糊设置。
- 【调整图层】：将开启此开关的图层设置为调整图层。
- 【3D 图层】：将图层标识为 3D 图层，一个图层开启此开关后，可以受到摄像机和灯光的影响。
- 模式【混合模式】：控制图层的融合模式，可以产生不同的融合效果。
- T【保留基础透明度】：可以将当前层的下面一层作为当前层的透明蒙版。
- TrkMat【轨道遮罩】：通过一个遮罩层的 Alpha 通道或亮度值定义其他层的透明区域。
- 父级和链接【父级和链接】：在不同图层间建立父子关系，使子层保持与父层同样的动画效果。

# A05.7　图层属性

每个图层均具有属性，且都具有一个基本属性组【变换】组，绝大多数属性都可以设置关键帧动画。

新建项目合成，尺寸为 1920 px×1080 px，导入提供的素材“豆包 .png”，展开【变换】属性组，其中包括【锚点】【位置】【缩放】【旋转】和【不透明度】属性，如图 A05-10 所示。

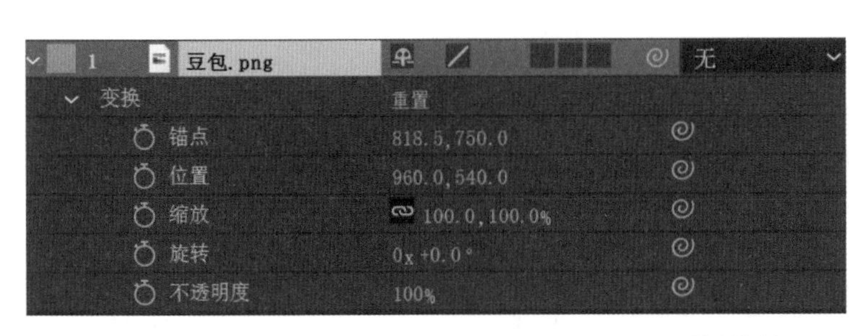

图 A05-10

属性的参数值可以直接单击修改；也可以将鼠标指针放到参数值上，待其变为后左右拖动鼠标改变参数值；还可以通过展开【图层】-【变换】菜单，在其中找到相应属性，输入数值进行调整。

## 1. 锚点

展开【锚点】属性的快捷键为【A】，用来定位图层的中心点，两个属性值分别表示图层在 X 方向和 Y 方向偏离了中心点多少，将属性值改为 0.0,750.0，可以看到豆包向右移动，如图 A05-11 所示。

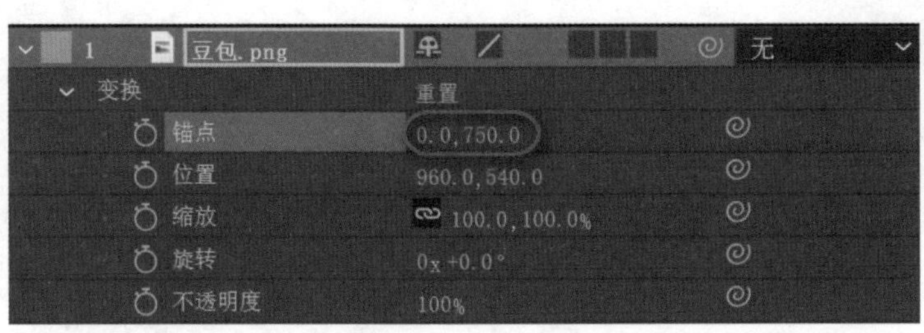

图 A05-11

在实际合成工作中，更改【锚点】的参数改变图层与中心点的距离并不是很常用，尤其对于新手来说不是很好理解，常用的方法为使用【向后平移（锚点）工具】直接改变锚点的位置，图层的位置不变。

## 2. 位置

展开【位置】属性的快捷键为【P】，两个属性值分别用来确定图层 X 轴和 Y 轴的位置，将属性值改为 155.0,540.0 试一下，图层会向左移动，如图 A05-12 所示。修改位置属性的窗口快捷键为【Ctrl+Shift+P】。

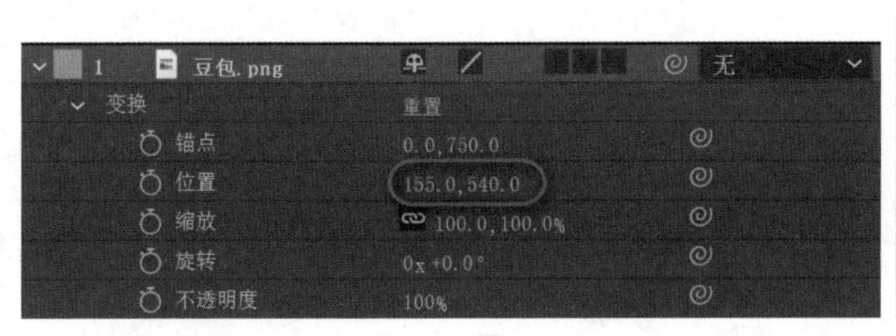

图 A05-12

使用【选取工具】在【查看器】窗口直接选择对象移动可以直接将对象移动到目标位置，【位置】属性值会对应改变。

SPECIAL 扩展知识

改变【锚点】和【位置】的属性值，都是改变图层的位置。两者的不同之处在于，【锚点】属性只改变图层位置，锚点位置不变；【位置】属性值改变，图层位置和锚点一起移动。

## 3. 缩放

展开【缩放】属性的快捷键为【S】，属性值用来确定图层的大小，将属性值改为 50.0,50.0%，可以看到豆包按比例缩小了一倍，如图 A05-13 所示。

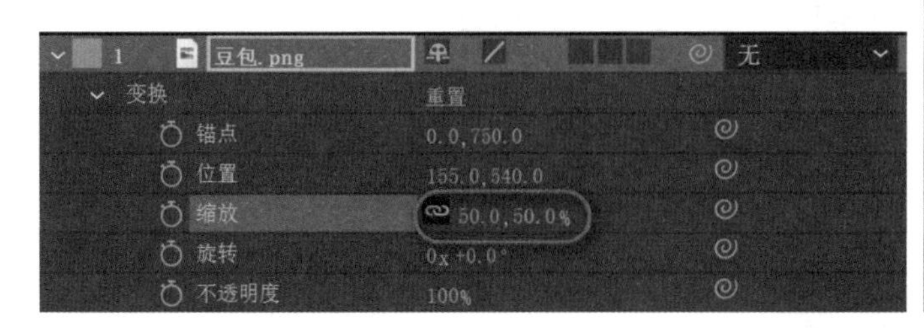

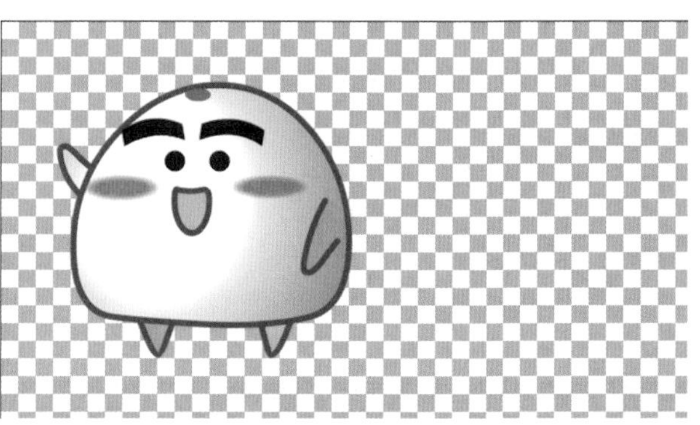

图 A05-13

【缩放】属性可以约束比例，单击关闭后，可以对图层的 X 轴和 Y 轴分别进行缩放，关闭后将参数改为 50.0,20.0%，可以看到豆包被压扁，如图 A05-14 所示。

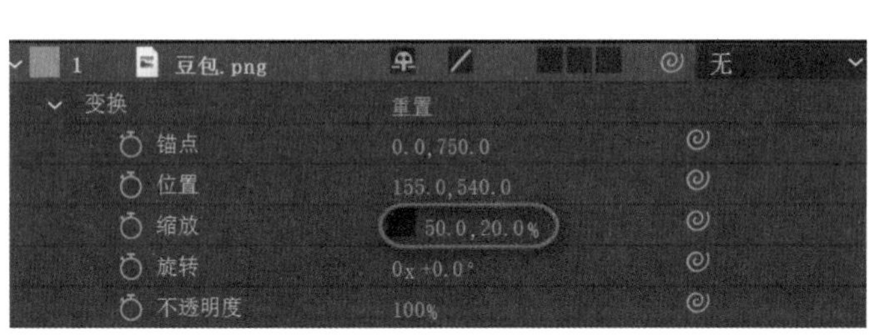

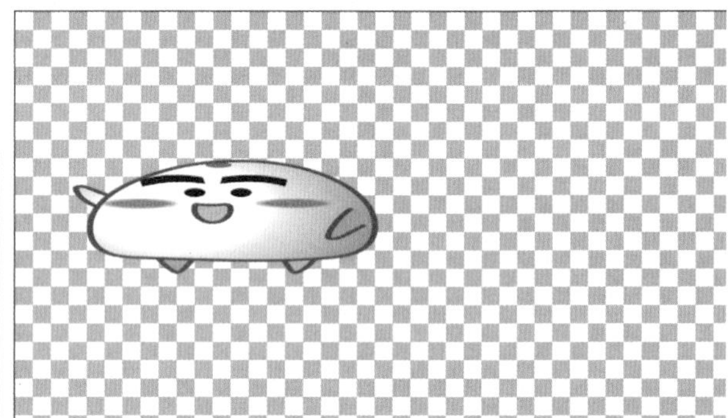

图 A05-14

选择图层后，在【查看器】窗口中，层的周围会出现一圈控制点，如图 A05-15 所示，拖动这些控制点即可对图层进行缩放操作，按住【Shift】键的同时拖动鼠标可以等比例缩放图层。

按住【Alt】键的同时，按小键盘上的【+】键图层扩大 1%，按【-】键图层缩小 1%。

要使图层快速缩放为合成大小，选择图层，执行【图层】-【变换】-【适合复合】命令，或者右击在弹出的菜单里选择【变换】-【适合复合】选项（Ctrl+Alt+F），如图 A05-16 所示。

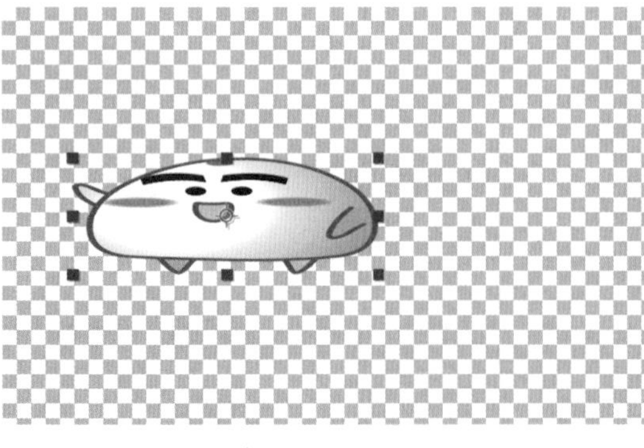

图 A05-15

图 A05-16

要使图层宽度快速缩放为合成的宽度，选择图层，执行【图层】-【变换】-【适合复合宽度】命令，或者右击在弹出的菜单里选择【变换】-【适合复合宽度】选项（Ctrl+Alt+Shift+H），如图 A05-17 所示。

要使图层高度快速缩放为合成的高度，选择图层，执行【图层】-【变换】-【适合复合高度】命令，或者右击在弹出的菜单里选择【变换】-【适合复合高度】选项（Ctrl+Alt+Shift+G），如图 A05-18 所示。

图 A05-17

图 A05-18

## 4. 旋转

展开【旋转】属性的快捷键为【R】，属性值用来确定图层的旋转角度，将参数改为 0x+30.0°，豆包就正向旋转 30°，如图 A05-19 所示。打开【旋转】对话框的快捷键为【Ctrl+Shift+R】，可在对话框中修改旋转属性。

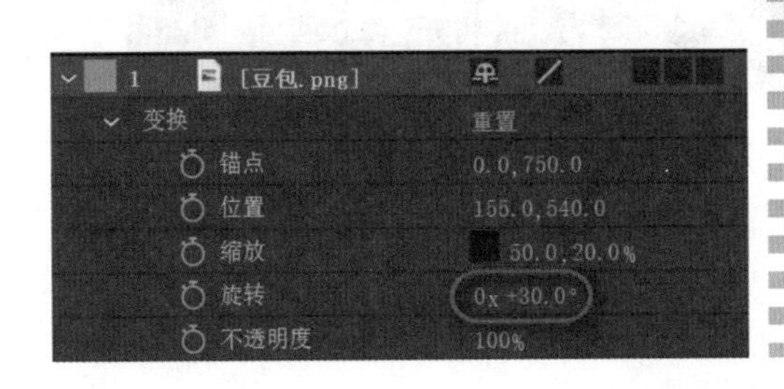


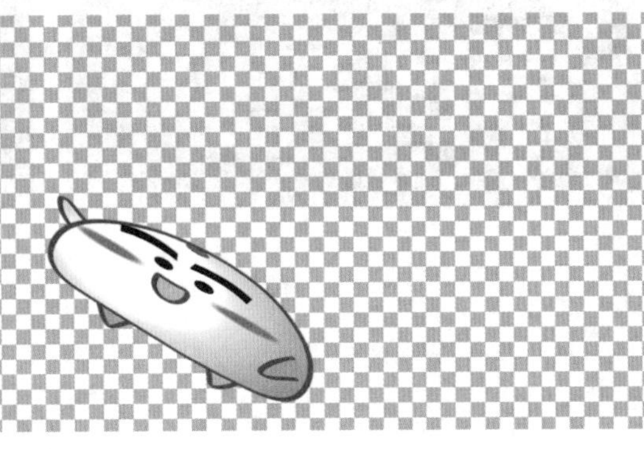

图 A05-19

选择图层，使用工具栏里的【旋转工具】，在【查看器】窗口中直接拖动即可旋转图层，【旋转】属性值会相应改变。小键盘上的【+】【-】键也可以控制层的旋转，按【+】键正向旋转 1°，按【-】键负向旋转 1°。

## 5. 不透明度

展开【不透明度】属性的快捷键为【T】，属性值用来确定图层的不透明度，将参数值改为 50%，豆包就变为半透明，如图 A05-20 所示。打开【不透明度】对话框的快捷键为【Ctrl+Shift+O】，可在对话框中修改不透明度。

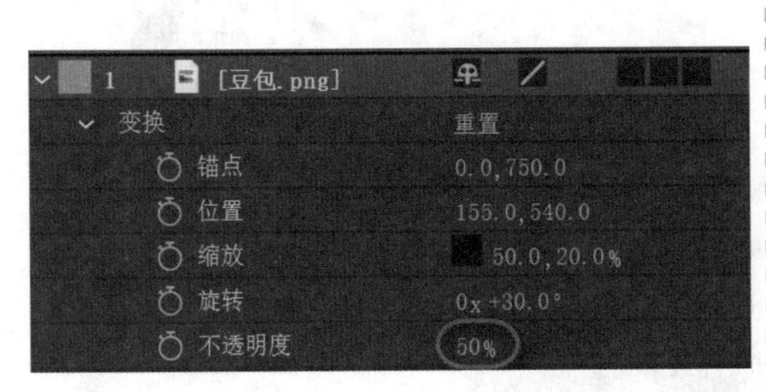


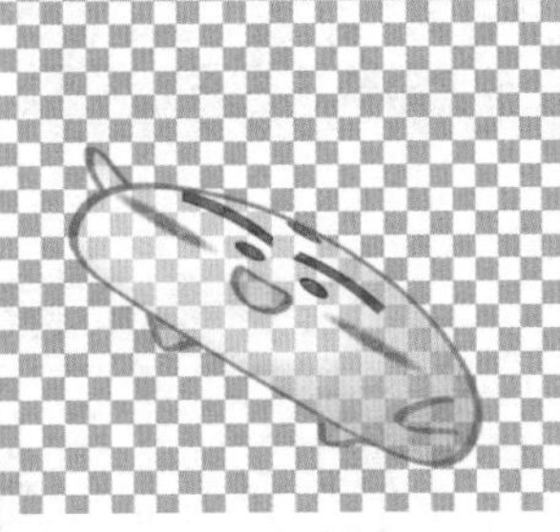

图 A05-20

要想将属性的参数值恢复到初始状态，选择属性右击，在弹出的菜单里选择【重置】选项，即可重置属性值，如图 A05-21 所示。

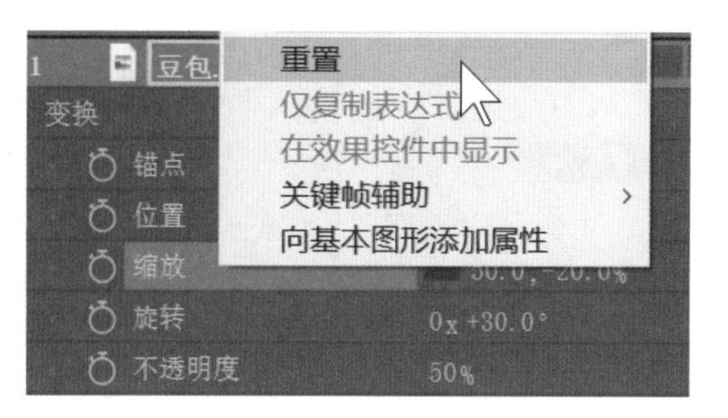


图 A05-21

## 6. 翻转

打开提供的项目文件“翻转图层 .aep”，常用的翻转图层的方法如下。

- 选择图层，执行【图层】-【变换】-【水平翻转】或者【图层】-【变换】-【垂直翻转】命令，完成翻转，结果如图 A05-22 所示。

水平翻转

垂直翻转

图 A05-22

- 在【时间轴】面板选择要翻转的图层，展开【缩放】属性，单击【约束比例】按钮，将水平和垂直方向的链接断开，如图 A05-23 所示。

图 A05-23

更改【缩放】属性的参数值，可以有三种翻转方法，结果如图 A05-24 所示。

100.0,−100.0

−100.0,−100.0

−100.0,100.0

图 A05-24

SPECIAL 扩展知识

图层的旋转、翻转和缩放都是围绕层的锚点进行的，如果改变图层的锚点的位置，所产生的效果也不尽相同，要根据实际制作需要调节锚点的位置以得到合适的变换效果。

选择图层，执行【图层】-【变换】-【视点居中】命令，或者右击，在弹出的菜单里选择【变换】-【视点居中】选项，锚点会移动到合成中心（Ctrl+Home）；选择图层，执行【图层】-【变换】-【在图层内容中居中放置锚点】命令，或者右击，在弹出的菜单里选择【变换】-【在图层内容中居中放置锚点】选项，锚点会移动到图层的中心（Ctrl+Alt+Home）。

## 7. 在时间轴面板显示或隐藏属性

- 要展开或折叠属性组，单击图层或属性组名称左侧的三角形，或者双击属性名称。
- 要展开或折叠所选图层的所有属性，按住【Ctrl】键，并单击三角形。
- 要隐藏属性或属性组，在【时间轴】面板中按住【Alt+Shift】键并单击相应属性名称。
- 选中某属性名称，快速按两次【S】键，即可仅显示该属性，隐藏其他属性。
- 未选择任何层时，按下某属性快捷键，全部图层都会显示该属性。

## 8. 在时间轴面板中复制属性或属性组

要将属性从一个图层复制到另一个图层，选择相应图层的属性，按【Ctrl+C】键，选择目标图层，然后按【Ctrl+V】键。

# A05.8 图层类型

After Effects 中有多种图层的类型，除了导入的视频、图像、音频等作为素材层外，还可以直接创建多种类型的图层。

操作方法为执行【图层】-【新建】命令，选择要创建的图层的类型；或者在【时间轴】面板右击，在弹出的菜单里选择【新建】选项，选择要创建的图层的类型，如图 A05-25 所示。

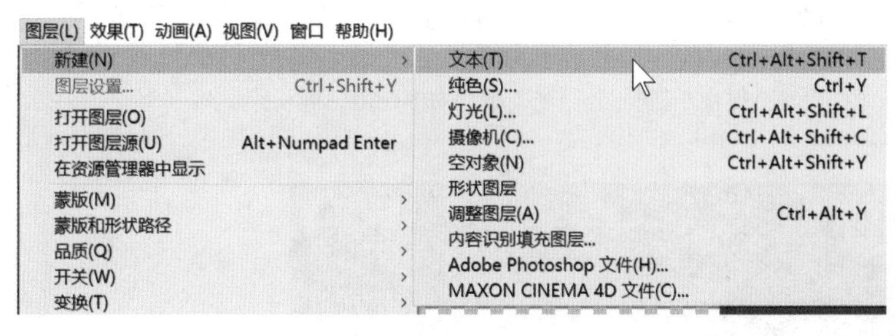

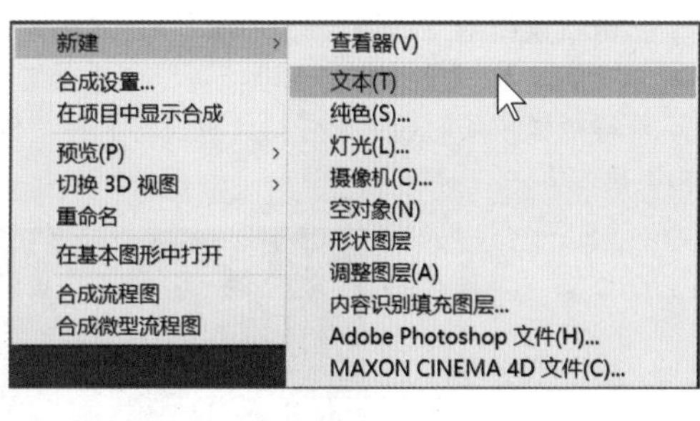


图 A05-25

## 1. 文本层

文本层的功能非常强大，它可以实现丰富的文字效果和动画，执行【图层】-【新建】-【文本】命令，或者在【时间轴】面板右击，在弹出的菜单里选择【新建】-【文本】选项，可以建立文本层，快捷键为【Ctrl+Alt+Shift+T】。

还可以在工具栏中选择T【横排文字工具】（或长按切换为【竖排文字工具】），在【查看器】窗口中单击输入文字；若想生成文本框，选择【横排文字工具】工具后，直接在【查看器】窗口中拖出矩形框即可。

## 2. 纯色层

纯色层是一个纯色的静态图层，执行【图层】-【新建】-【纯色】命令，或在【时间轴】面板右击，在弹出的菜单里选择【新建】-【纯色】选项，可以创建纯色层，快捷键为【Ctrl+Y】。

新建纯色层时会弹出【纯色设置】对话框，可以对纯色层的尺寸、颜色等进行设置，如图 A05-26 所示。

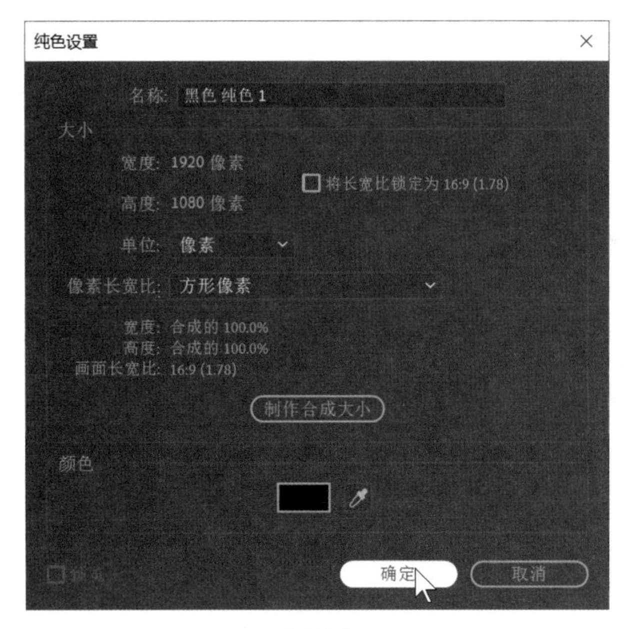


图 A05-26

## 3. 灯光层

灯光层仅对三维图层起作用，执行【图层】-【新建】-【灯光】命令，或者在【时间轴】面板右击，在弹出的菜单里选择【新建】-【灯光】选项，可以创建灯光层，快捷键为【Ctrl+Alt+Shift+L】。

新建灯光层时会弹出【灯光设置】对话框，对灯光的类型、颜色、强度等进行设置，如图 A05-27 所示。

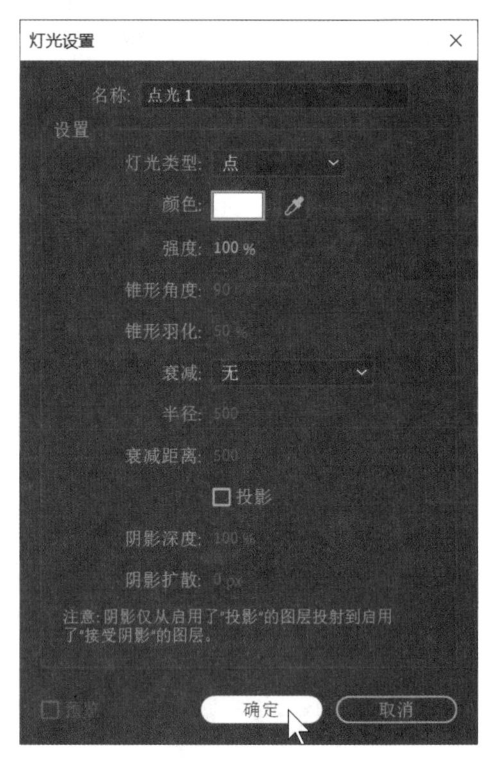


图 A05-27

## 4. 摄像机层

摄像机层仅对三维图层起作用，执行【图层】-【新建】-【摄像机】命令，或者在【时间轴】面板右击，在弹出的菜单里选择【新建】-【摄像机】选项，可以创建摄像机层，快捷键为【Ctrl+Alt+Shift+C】。

新建摄像机层时会弹出【摄像机设置】对话框，可以调节摄像机的焦距、视角等，如图 A05-28 所示。

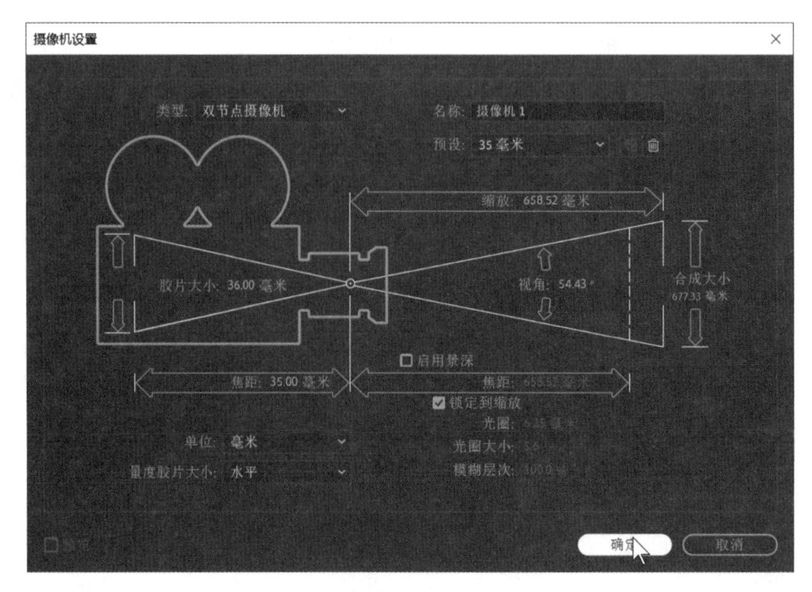


图 A05-28

## 5. 空对象层

空对象层多作为父级使用，以达到分组运动的效果，它不能显示在最终的渲染结果中。执行【图层】-【新建】-【空对象】命令，或者在【时间轴】面板右击，在弹出的菜单里选择【新建】-【空对象】选项，可以创建空对象层，快捷键为【Ctrl+Alt+Shift+Y】。

空对象层在【查看器】窗口中表现出来的是一个小红框，其左上角在合成视图的中心点，如图 A05-29 所示。

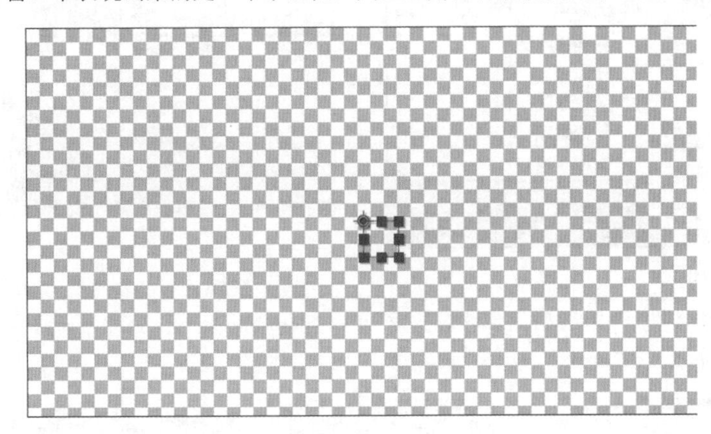

图 A05-29

## 6. 调整图层

调整图层在【查看器】窗口中不显示，也不能显示在最终的渲染结果中，调整图层可以对其下面的所有图层起到效果调节的作用，而对其上面的图层没有影响。执行【图层】-【新建】-【调整图层】命令，或者在【时间轴】面板右击，在弹出的菜单里选择【新建】-【调整图层】选项，可以创建空调整图层，快捷键为【Ctrl+Alt+Y】。

纯色层、灯光层、摄像机层、空对象层、调整图层都可以按【Ctrl+Shift+Y】快捷键再次调整图层设置。

# A05.9 图层样式

After Effects 中的图层样式和 Photoshop 中的图层样式类似，新建项目合成，导入本课提供的素材“日落 .jpg”，新建文本层“LAKE”，如图 A05-30 所示。

素材作者：Pixabay

图 A05-30

选择图层 #1“LAKE”右击，在弹出的菜单里即可看到【图层样式】，一共有 9 种样式，如图 A05-31 所示。

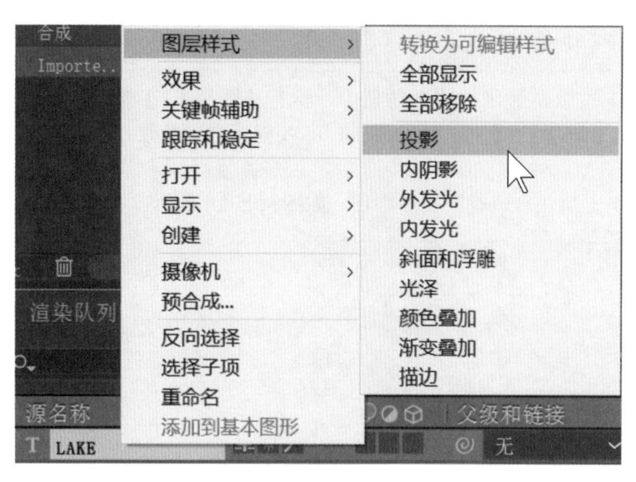


图 A05-31

为图层 #1“LAKE”添加【投影】和【斜面和浮雕】效果，如图 A05-32 所示。

图 A05-32

【图层样式】的详细使用方法可以参阅本系列丛书中的《Photoshop 从入门到精通》的 B03 课。

## A05.10 实例练习——沙漠片头

本实例完成效果如图 A05-33 所示。

剪影素材作者：Corsiva，沙漠素材作者：GregMontani

图 A05-33

### 操作步骤

01 新建项目，新建合成，宽度为 1920px，高度为 1080px，命名为“沙漠片头”。在【项目】面板中导入图片素材“沙漠.jpg”和“剪影.jpg”并拖曳到【时间轴】面板上，如图 A05-34 所示。

图 A05-34

02 选择图层 #1“沙漠. jpg”，在【时间轴】面板中展开【变换】属性，调整【缩放】属性值为 150.0,150.0%，将“沙漠”放大至满屏效果，如图 A05-35 所示。

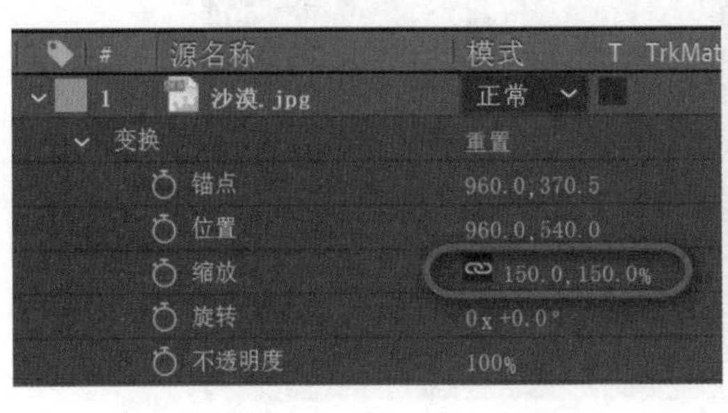

图 A05-35

03 选择图层 #2“剪影. jpg”，拖曳至合成最上方。在【时间轴】面板中将混合模式调整为【屏幕】，调整【变换】-【不透明度】属性值为 85%，使画面可以隐约透出沙漠，如图 A05-36 所示。

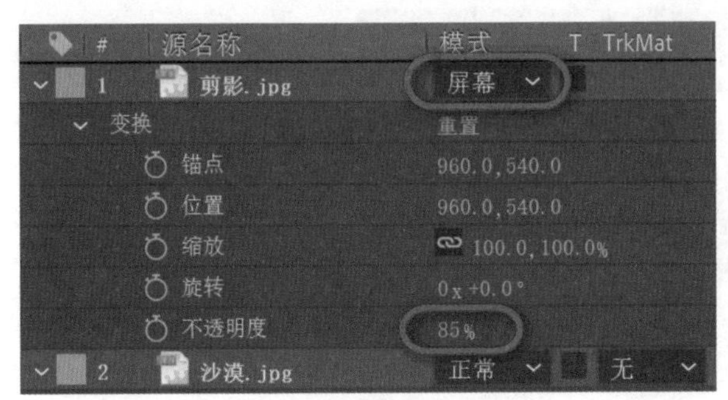

图 A05-36

04 在【时间轴】面板中新建文本图层“沙漠 Deserts”；在【字符】面板中调整【填充颜色】为深棕色；将字体调整为【思源宋体 CN】，开启【仿粗体】T，使文字更为突出，如图 A05-37 所示。

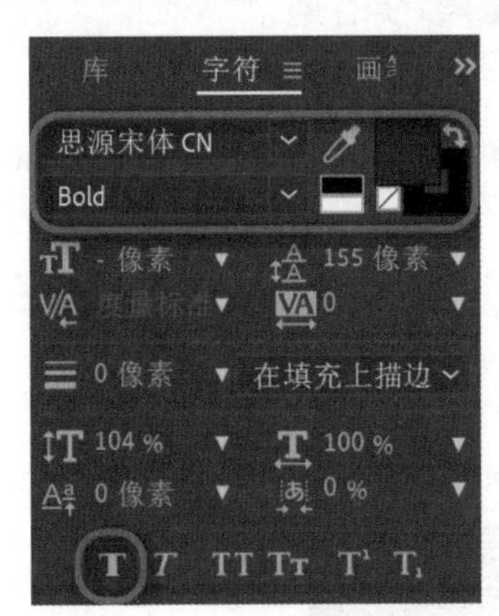

图 A05-37

05 选择图层 #1“沙漠 Deserts”，对文字添加阴影效果：右击在弹出的菜单中选择【图层样式】-【投影】选项，在【时间轴】面板中展开【图层样式】-【投影】属性，调整【不透明度】属性值为 40%，调整【角度】属性值为 0x+170.0°；调整【距离】属性值为 20.0，调整【大小】属性值为 20.0，使阴影更为扩散。可以根据需要继续调整阴影效果，如图 A05-38 所示。

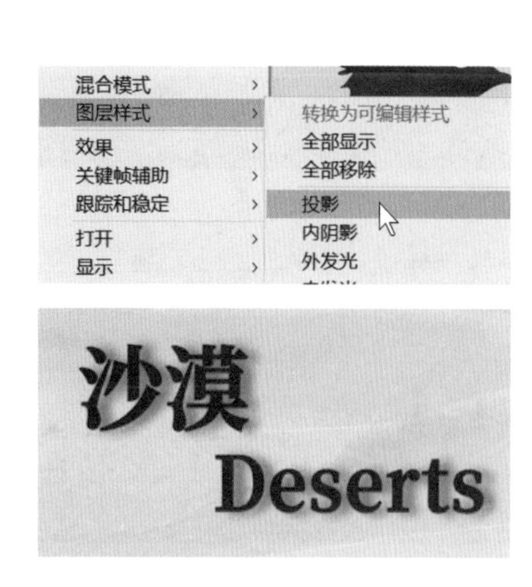


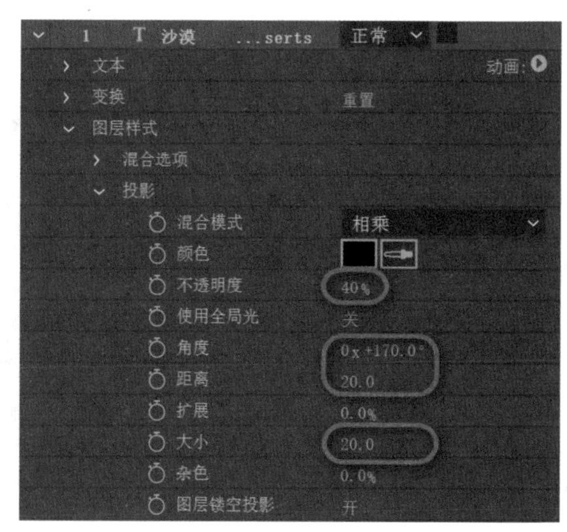


图 A05-38

至此，沙漠片头就制作完成了。

## A05.11 实例练习——旧书店广告

本实例完成效果如图 A05-39 所示。

素材作者：Pixabay

图 A05-39

### 操作步骤

01 新建项目，新建合成，宽度为 1920px，高度为 1080px，命名为“书店”。

02 在【项目】面板中导入本课提供的图片素材“背景.jpg”，将其拖曳到【时间轴】面板上，如图 A05-40 所示。

图 A05-40

03 在【时间轴】面板空白处右击，选择【新建】-【文本】选项，如图 A05-41 所示。

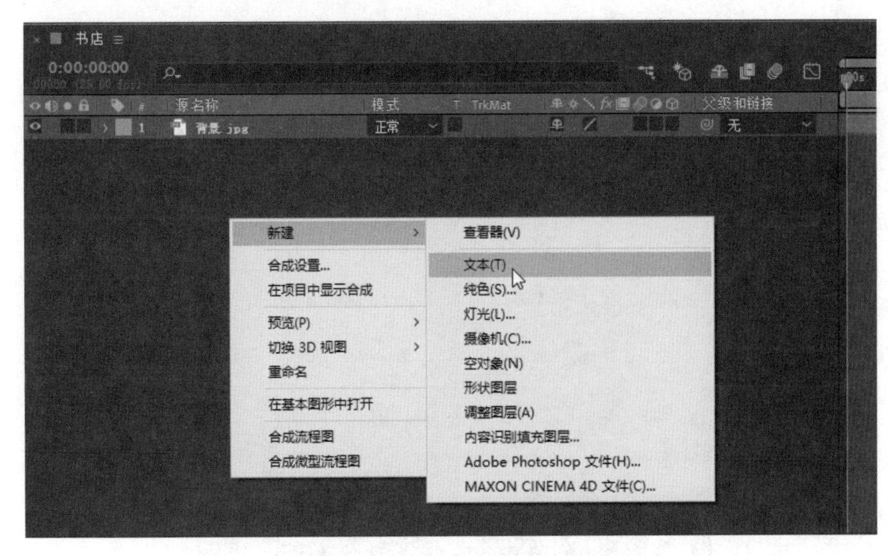


图 A05-41

04 在【查看器】窗口光标处输入文字“陈旧的书籍，最美的相遇。”，如图 A05-42 所示。

05 在【字符面板】中，设置字体为【思源黑体 CN】，字体样式为 Medium，字体颜色为 #4E2C07，字体大小为 83 像素，如图 A05-43 所示。

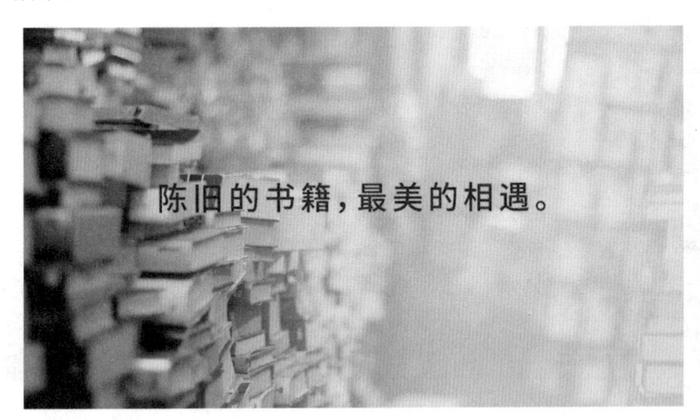


图 A05-42

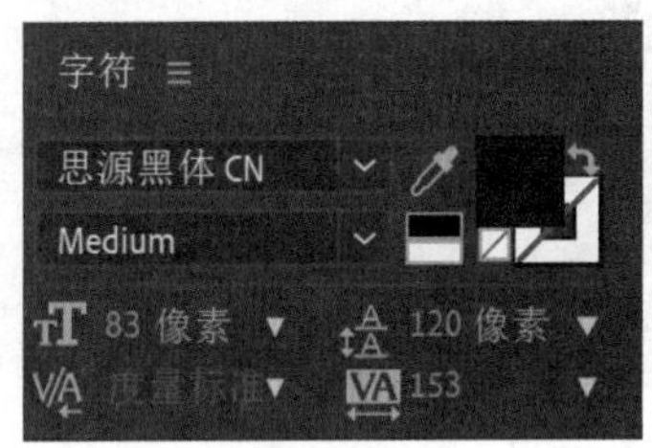


图 A05-43

06 调整文本格式，将【位置】属性的参数改为 1390.2,716.5，效果如图 A05-44 所示。

07 在【时间轴】面板空白处右击，选择【新建】-【纯色】选项，如图 A05-45 所示。

图 A05-44

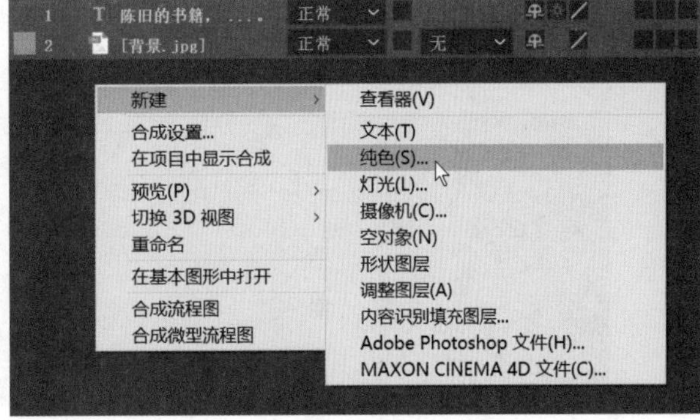


图 A05-45

08 接下来会弹出【纯色设置】对话框，更改名称为“纯色图层”，颜色为 #DF8E2F，如图 A05-46 所示。

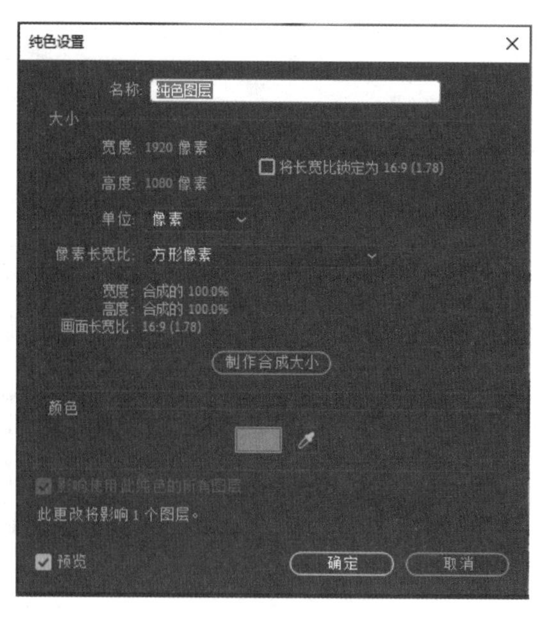


图 A05-46

09 调整图层顺序，并把图层 #2“纯色图层”的混合模式改为【相乘】，如图 A05-47 所示。

图 A05-47

10 调节图层 #2“纯色图层”的图层属性，将【缩放】的属性值改为 29.4,146.1%，将【旋转】的属性值改为 0x+29.0°，将【位置】的属性值改为 1338.0,558.0，将【不透明度】的属性值改为 40%，如图 A05-48 所示。

11 这样旧书店的广告就完成了，效果如图 A05-49 所示。

图 A05-48

图 A05-49

## A05.12 作业练习——啤酒海报

本作业的完成效果参考如图 A05-50 所示。

图 A05-50

### 作业思路

新建项目合成，导入本课提供的素材：新建棕黄色纯色层，更改其与“报纸”的混合模式作为背景；更改其余素材的图层属性及混合模式，设计好构图。

## A05.13 作业练习——小小宇航员广告

本作业的完成效果参考如图 A05-51 所示。

素材作者：pencilparker

图 A05-51

### 作业思路

新建项目合成，导入本课提供的素材；背景用纯色层添加【图层样式】-【渐变叠加】；对文本逐字调节大小，添加【图层样式】-【描边】；将所需素材拖曳至【时间轴】面板，调整其图层属性，摆放至合适位置，选择合适的素材添加【图层样式】-【外发光】效果。

## 总结

图层是 After Effects 的基础，只有掌握了图层的操作，才能为接下来的动画制作做好准备。

A06课

# 查看器与时间轴

在时间维度游览



本课主要学习时间轴面板，和其他非线性编辑软件一样，在 After Effects 中进行合成制作时，也需要确定素材的入点、出点，调整素材的播放速度，添加标记等。

## A06.1 查看器类型

【查看器】窗口就好比相机监视器，用于显示预览效果，而且可以对图层做直观的调整，包括移动、缩放和旋转等，是制作视频时重要的窗口之一。

### 1. 合成查看器

在【项目】面板中双击合成打开【合成查看器】，当对合成进行编辑时，可以在【合成查看器】中监视画面内容，如图 A06-1 所示。

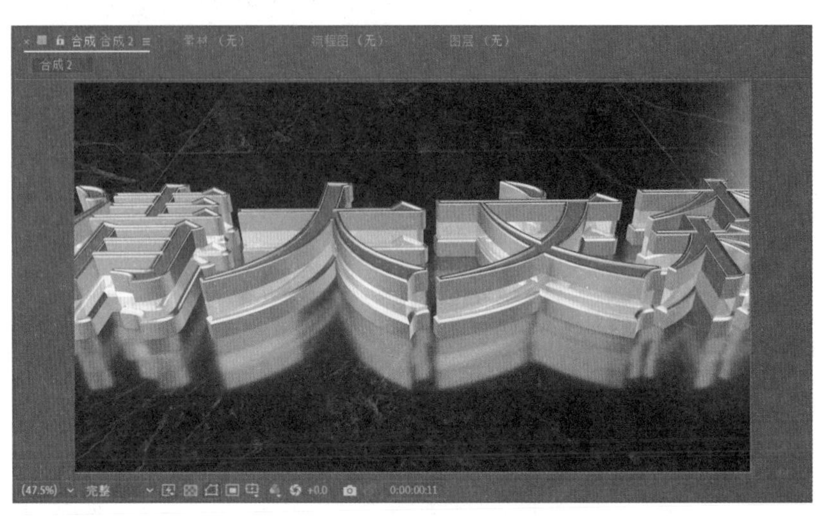

图 A06-1

### 2. 素材查看器

在【项目】面板中双击素材，可以在【素材查看器】中监视画面内容，并可以在查看器内的时间轴上进行素材粗剪，如图 A06-2 所示。

图 A06-2

## 3. 图层查看器

在【时间轴】面板中双击图层，可以在【图层查看器】中监视画面内容，并可以在查看器内的时间轴上修剪素材，如图 A06-3 所示。

图 A06-3

## 4. 流程图查看器

单击【项目】面板右侧的【流程图】按钮，可以打开【流程图查看器】，用来查看合成的流程图，如图 A06-4 所示。

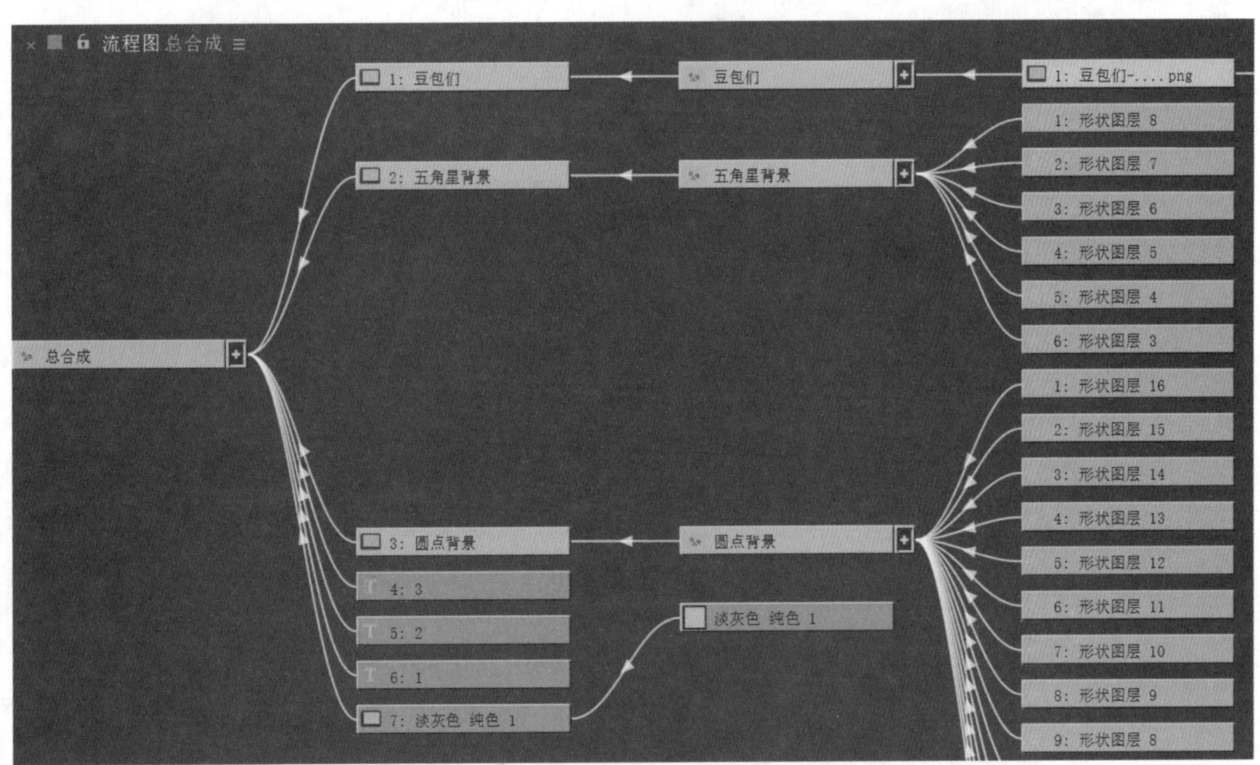


图 A06-4

## A06.2 合成查看器窗口的功能区

(47.5%) 完整 +0.0 0:00:00:00 草图 3D 经典 3D 活动摄像机 1 个...

- 【放大率弹出式菜单】：用于设置视图的放大比率。
- 【分辨率 / 向下采样系数弹出式菜单】：用于设置当前合成的预览分辨率，如图 A06-5 所示。

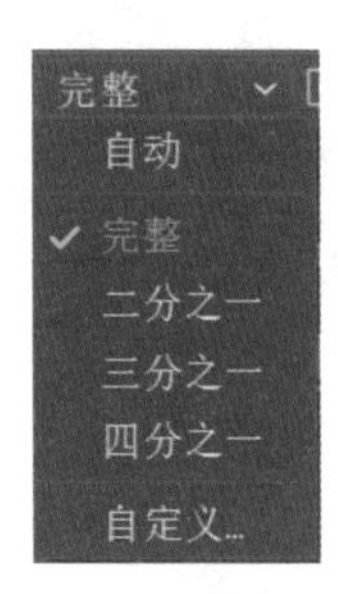


图 A06-5

分辨率数值越大时，图像越清晰，分辨率数值越小时，图像越模糊，图 A06-6 所示为完整分辨率和自定义八分之一分辨率，这里分辨率的高低仅指预览效果，不影响最终输出结果。

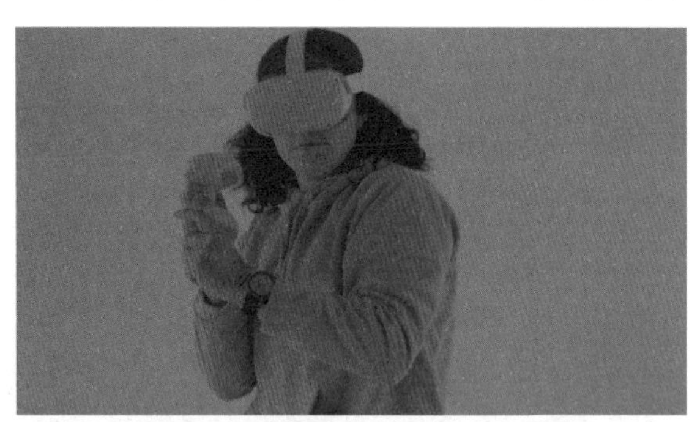

素材作者：Ruben Velasco

图 A06-6

- 【快速预览】：用于设置预览模式，包括最终品质、自适应分辨率、草图、线框、快速绘图。
- 【切换透明网格】：用于显示和隐藏合成背景，隐藏背景后会显示透明网格，如图 A06-7 所示。

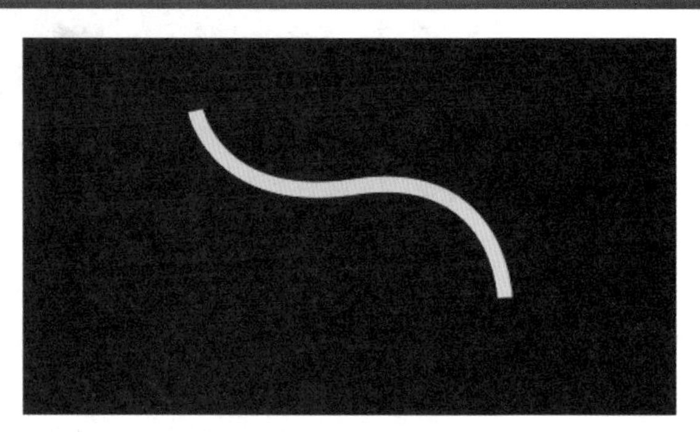

图 A06-7

- 【切换蒙版和形状路径可见性】：开启和关闭用于显示或隐藏蒙版路径和形状路径的数学线型，如图 A06-8 所示。

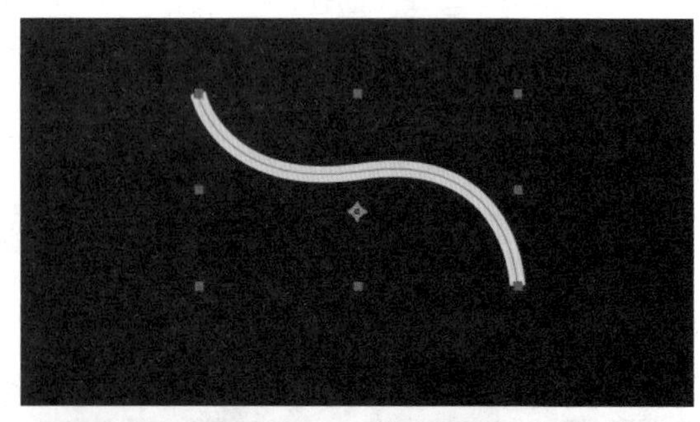

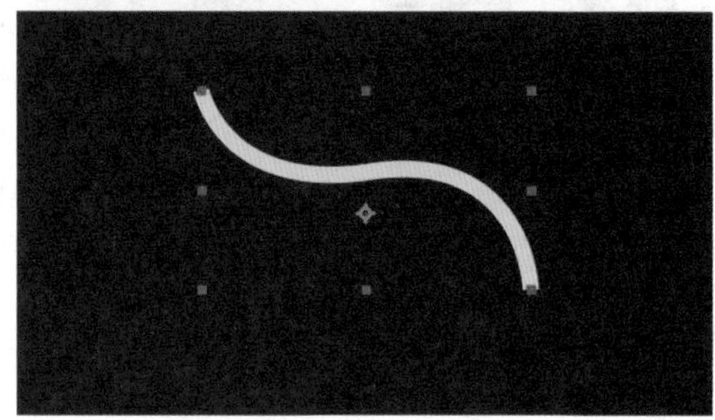

图 A06-8

◆ 【目标区域】：用于设置合成的目标区域。单击【目标区域】按钮，在【查看器】窗口框选，则【查看器】窗口会只显示框内的内容，如图 A06-9 所示。

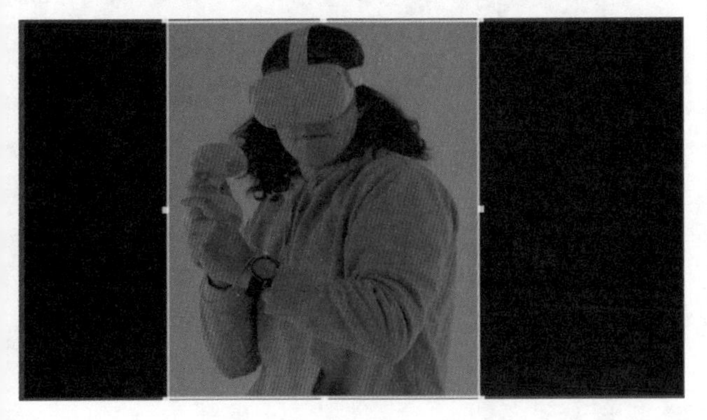

图 A06-9

执行【合成】-【裁剪合成到目标区域】命令，该合成的尺寸就自动更改为所选中的目标区域的尺寸，如图 A06-10 所示。

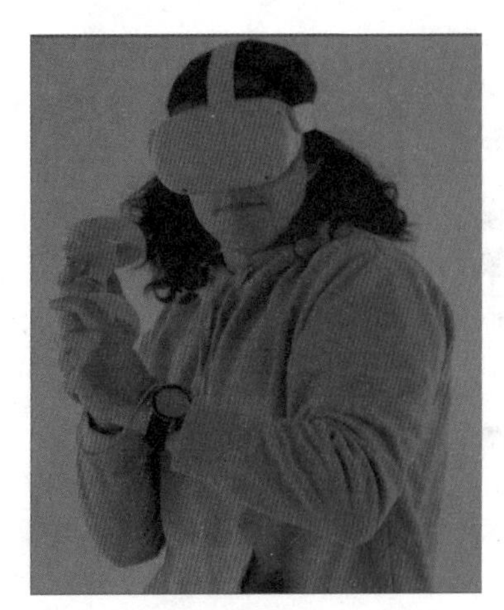

图 A06-10

◆ 【选择网格和参考线选项】：用于设置安全区和参考线的选项，如图 A06-11 所示。

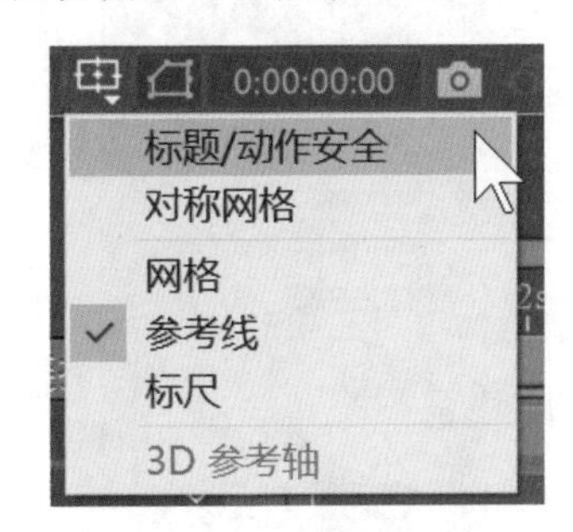


图 A06-11

【标题 / 动作安全】：为视图添加安全框，如图 A06-12 所示。

【对称网格】：对画面添加网格，如图 A06-13 所示。

图 A06-12

图 A06-13

【标尺】：当画面中需要定位时生成标尺，也可以执行【视图】-【显示标尺】命令调出标尺，快捷键为【Ctrl+R】。当光标放在标尺上时会变为 ，此时拖曳鼠标可生成参考线，如图 A06-14 所示。

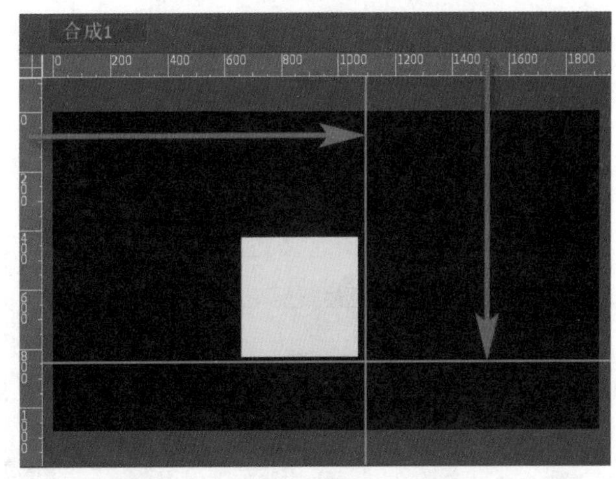


图 A06-14

在【选择网格和参考线选项】下取消选中【参考线】，会隐藏参考线；也可以执行【视图】-【显示参考线】命令，快捷键为【Ctrl+;】。

执行【视图】-【对齐参考线】命令（Ctrl+Shift+;），使用【选取工具】移动图层中的内容靠近参考线时会自动对齐参考线，如图 A06-15 所示。

图 A06-15

执行【视图】-【锁定参考线】(Ctrl+Alt+Shift+;)，会锁定参考线，防止参考线移动位置。

要清除【查看器】窗口中所有参考线，则执行【视图】-【清除参考线】命令。

- 【显示通道及色彩管理设置】：显示和设置合成的 RGB、红色、绿色、蓝色、Alpha 通道等，如图 A06-16 所示。

图 A06-16

- RGB：显示 RGB 通道，如图 A06-17 所示。

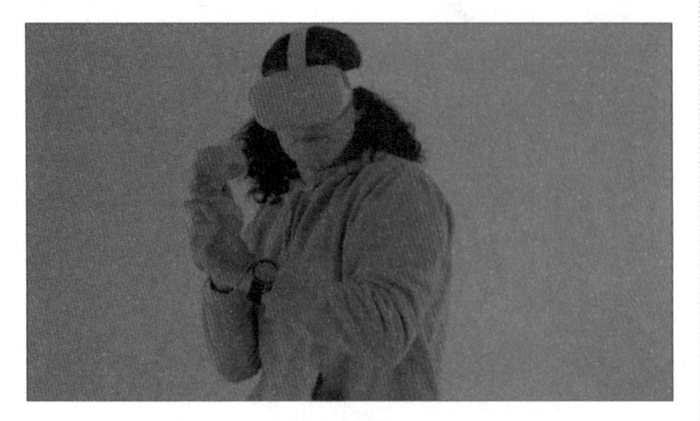

图 A06-17

- 红色：显示红色通道，用灰度级别代表红色光的分布情况，如图 A06-18 所示。

图 A06-18

其余选项可以根据需要自行设置，这里不再一一举例说明。

- 【重置曝光度】：重设视频预览的曝光度，仅影响预览效果，不影响最终输出结果。
- 【调整曝光度】：调整视频预览的曝光度，仅影响预览效果，不影响最终输出结果。
- 【拍摄快照】：用于捕捉或者显示图像内容。
- 【预览时间】：用于显示当前时间，单击弹出【转到时间】对话框，用于设置新的帧或时间。
- 【打开或关闭快速 3D 预览】：开启后可以减少对 3D 图层预览时的延迟，但是会降低画面质量。
- 【3D 平面】：开启草图 3D 后可以使用，开启后会在合成中创建地面增强空间感。
- 【3D 渲染器】：用于选择 3D 渲染器的种类，关于 3D 渲染器，会在 A09 课讲解。
- 【3D 视图弹出式菜单】：用于选择当前视图的种类，如图 A06-19 所示（打开本课提供的项目文件“正面 .aep”）。

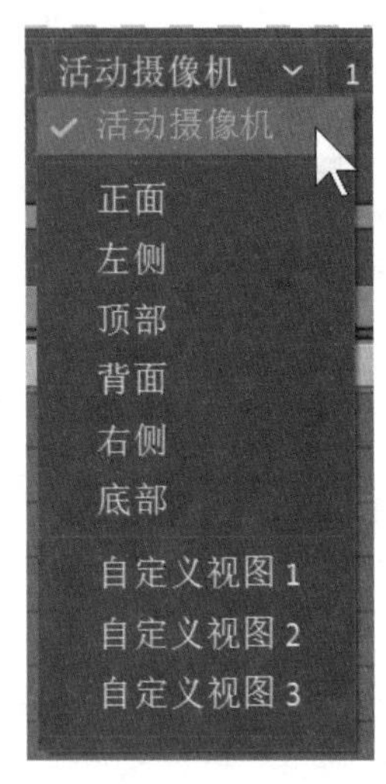


图 A06-19

●【活动摄像机】：显示活动摄像机视图，如图 A06-20 所示。
●【正面】：显示正视图，如图 A06-21 所示。

图 A06-20

图 A06-21

其余视图可以自行选择，观察其区别，这里不再一一举例说明。

◆ 1个... 【选择视图布局】：用于设置视图的布局方式，单视图或者多视图，如图 A06-22 所示。

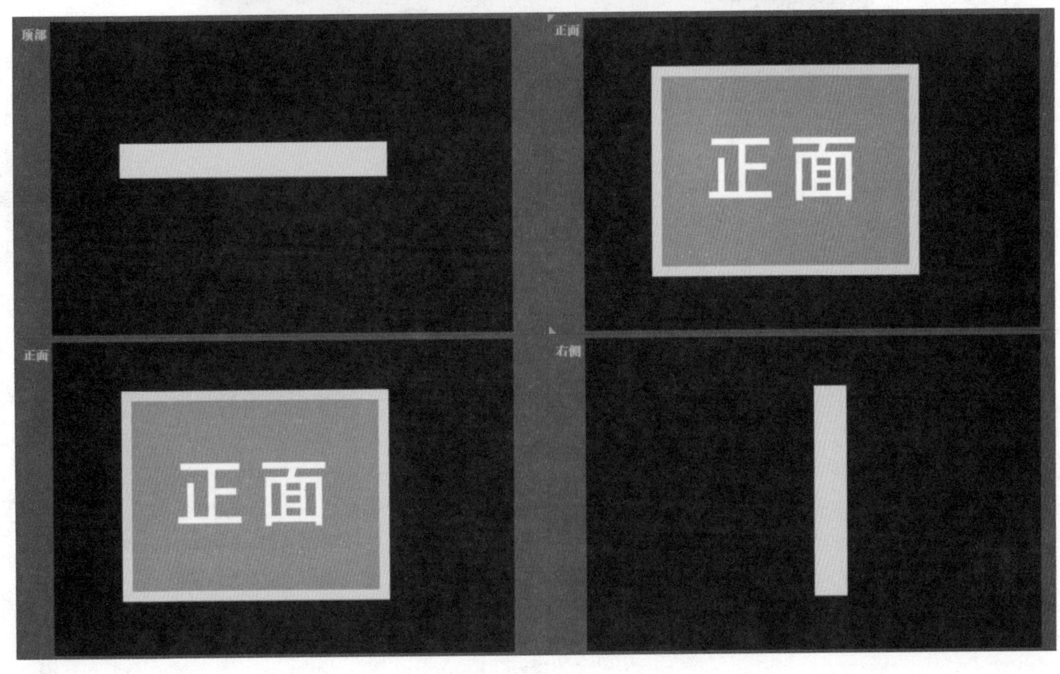

图 A06-22

扩展知识

如果拖动指针时【查看器】窗口下方显示“已禁止刷新”，说明开启了键盘上的【CapsLock】键，关闭即可。

# A06.3 预览面板

【预览】面板用于在【查看器】窗口播放预览合成中的视频与动画效果。

## 1. 面板的调用

执行【窗口】-【预览】命令即可调出【预览】面板，快捷键为【Ctrl+3】。

## 2. 面板介绍

将【预览】面板分为操作区域与设置区域，如图 A06-23 所示。

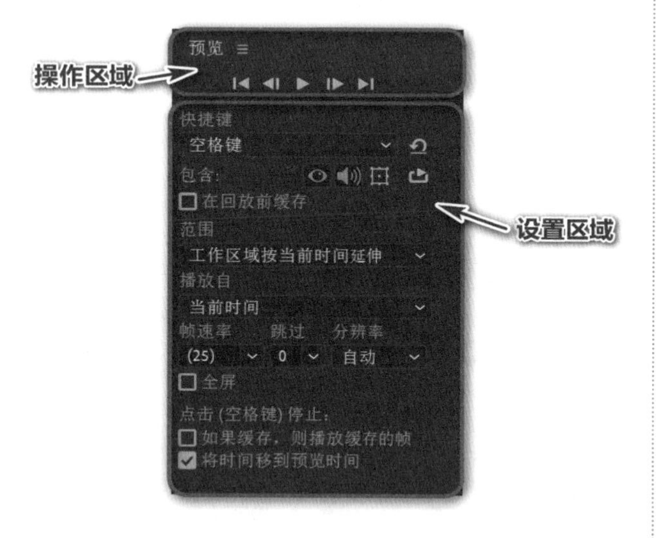


图 A06-23

操作区域主要控制【查看器】窗口的播放与暂停，共 5 个按钮。

- 【第一帧】：将指针移动至时间标尺 0 秒处。
- 【上一帧】：将指针后退 1 帧。
- 【播放】：在【查看器】窗口中播放视频。
- 【停止】：在【查看器】窗口中停止播放视频。
- 【下一帧】：将指针前进 1 帧。
- 【最后一帧】：将指针移动至工作区结尾。

设置区域主要对播放快捷键、预览范围等进行设置。

- 播放快捷键默认设置为空格键，有以下几种可以选择，如图 A06-24 所示。

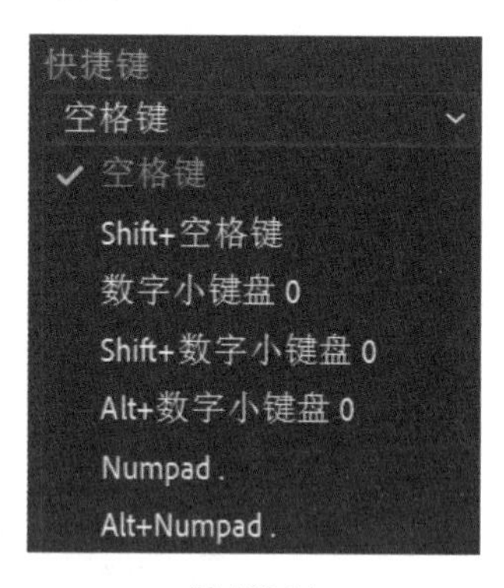


图 A06-24

- 【包含】：指预览中所包含的内容，如图 A06-25 所示。

图 A06-25

  - 激活状态为，预览过程中播放视频。
  - 激活状态为，在预览过程中能听到音频。
  - 激活状态为，在预览过程中显示叠加和图层控件（如参考线、手柄和蒙版）。执行【视图】-【视图选项】命令，可以设置显示图层控件的种类。
  - 单击更改循环选项，为循环播放，为播放一次。

- 【范围】：指预览的范围，可以根据自己的制作需求设置预览的范围，如图 A06-26 所示。

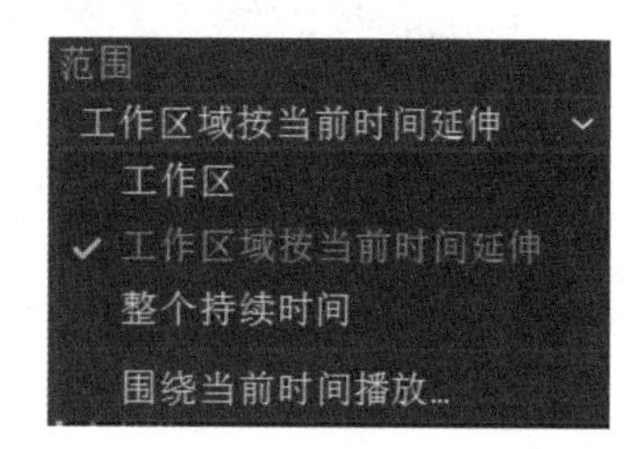


图 A06-26

◆【播放自】：设置从哪里开始播放，可以根据需求更改设置，如图 A06-27 所示。

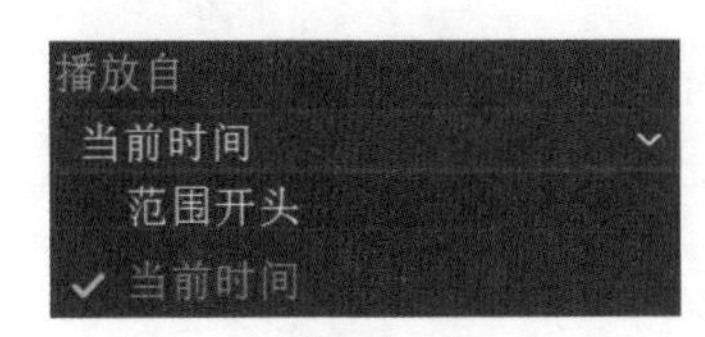


图 A06-27

- 【范围开头】：从选择的范围的开头位置开始播放，如果选择的范围是【整个持续时间】，则从 0 秒处开始播放。
- 【当前时间】：从指针当前位置开始播放。

◆【帧速率】：播放的帧速率，并不影响合成的帧速率，其作用是调整播放速度。

◆【跳过】：选择一定数量的帧跳过渲染和播放，其作用是提高预览播放性能。

◆【分辨率】：这里的分辨率修改只有预览时有效果，不影响最终输出的分辨率。

◆【全屏】：选中该复选框，预览播放时全屏显示，否则在【查看器】窗口显示。

◆【点击停止】：设置停止后指针的位置，如图 A06-28 所示。

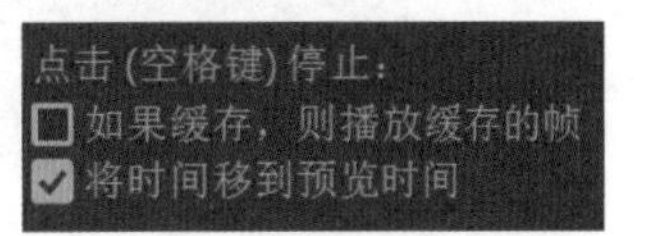


图 A06-28

- 如选中【如果缓存，则播放缓存的帧】复选框，停止预览后，将从缓存范围的起始处重新开始预览播放。
- 如选中【将时间移到预览时间】复选框，停止预览后，指针则停留在单击停止的那一帧。

## A06.4 流程图

在后期制作过程中，会用到很多的素材，创建很多合成，使用流程图就可以很清楚地看到合成中用到了哪些素材，它们分别处在哪个层级。

在流程图中，合成或者素材只能进行选择，并不能对其进行编辑。下面来通过项目案例了解流程图。

打开本课提供的项目文件“流程图实验.aep”，如图 A06-29 所示。

图 A06-29

在【项目】面板中找到【项目流程图】按钮，单击打开项目流程图，会自动打开【流程图查看器】窗口，或者在【时间轴】面板中右击，在弹出的菜单里选择【合成流程图】选项（Ctrl+F11），如图 A06-30 所示。

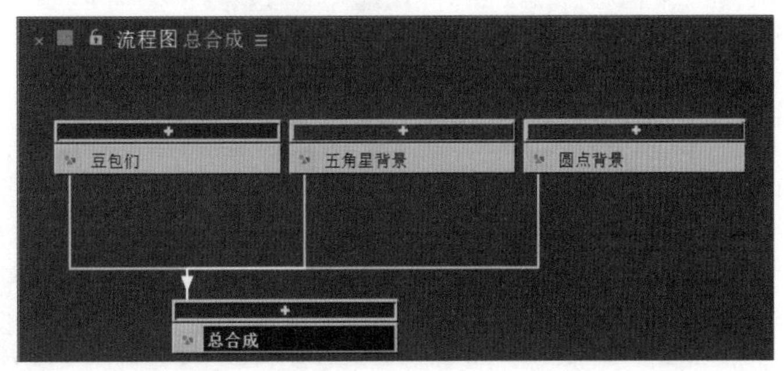


图 A06-30

打开后默认只显示合成之间的包含关系，为了便于观察，需要修改流程图的流动方向，单击【流程图查看器】窗口下的【流动方向】按钮，选择【从右到左】，如图 A06-31 所示。

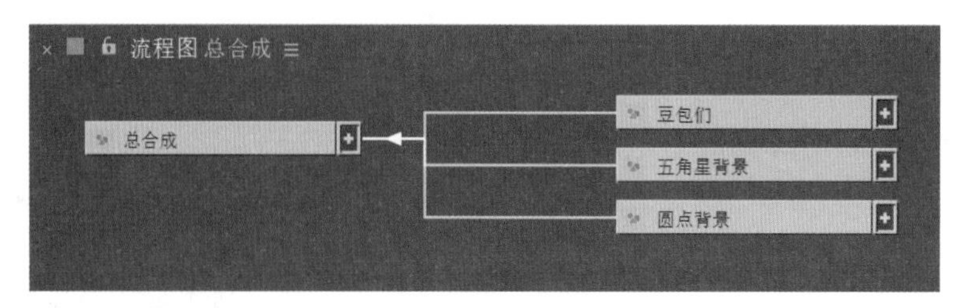


图 A06-31

单击合成后面的按钮会展开合成中所有图层的包含关系，前提是【流程图查看器】窗口下的都处于激活状态，如图 A06-32 所示。

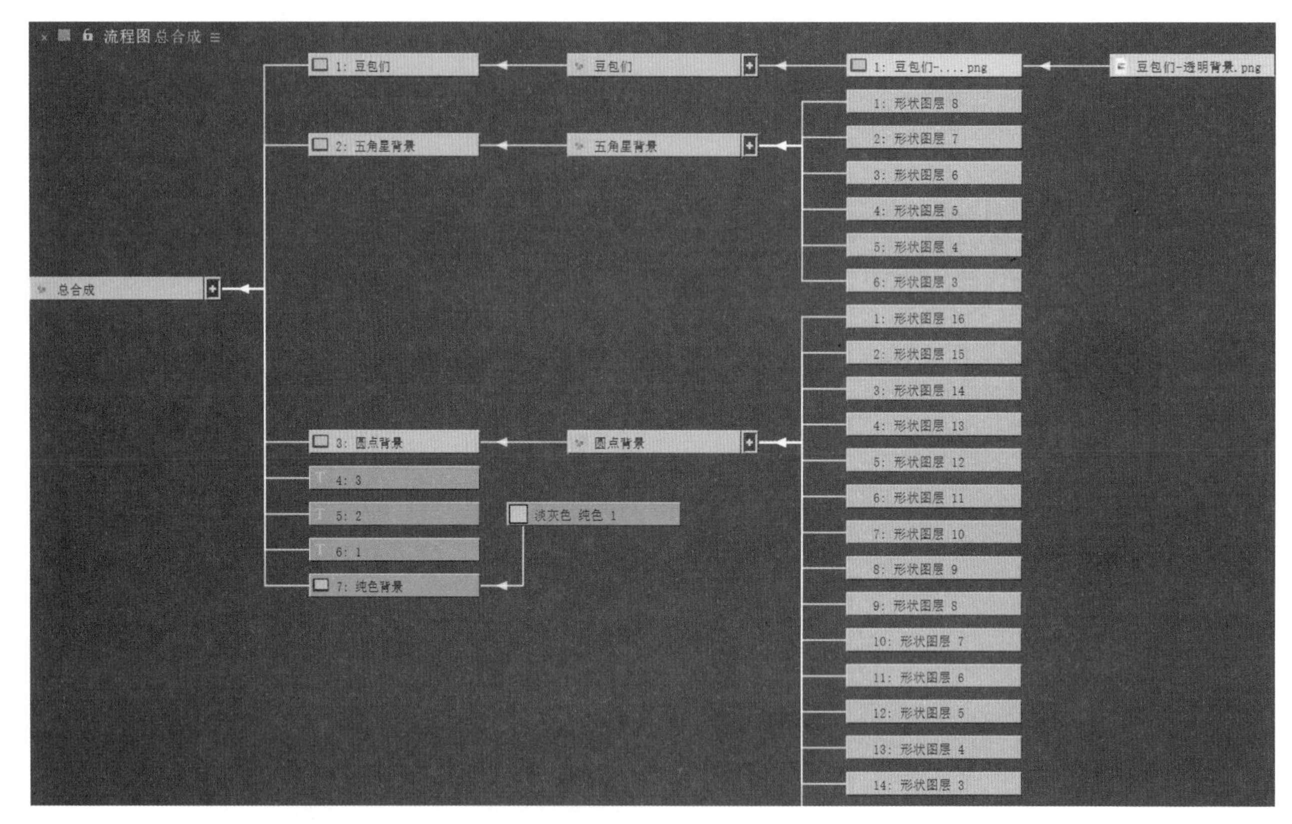


图 A06-32

下面分别讲解【流程图查看器】窗口中这 6 个图标的作用。

- 【显示素材】：当它开启时会变成蓝色的激活状态，只开启它时表示只显示素材在流程图中的层级，如图 A06-33 所示。

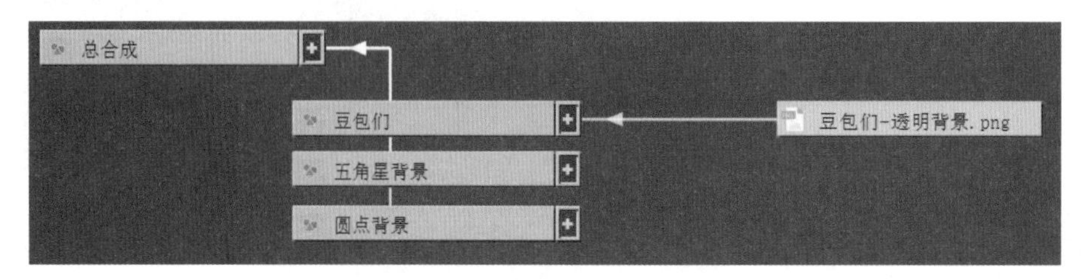


图 A06-33

◆ 【显示纯色】：当它开启时会变成蓝色的激活状态，在流程图中会显示纯色图层所在流程图中的层级，只有在【显示素材】开启时，开启【显示纯色】才会起作用，如图 A06-34 所示。

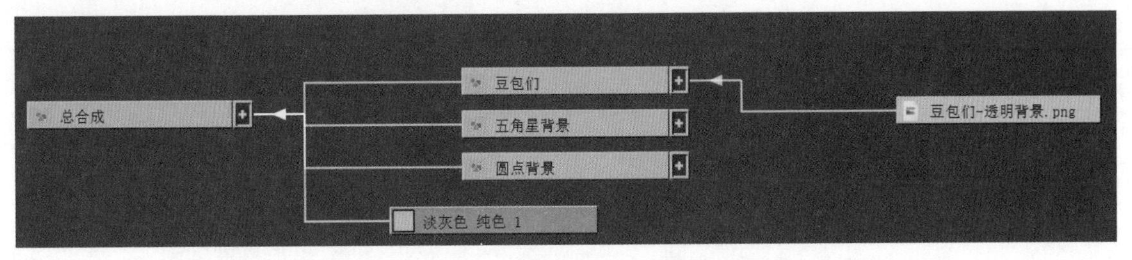


图 A06-34

◆ 【显示图层】：当它开启时会变成蓝色的激活状态，只开启它时，只显示合成作为图层在流程图中的层级，如图 A06-35 所示。

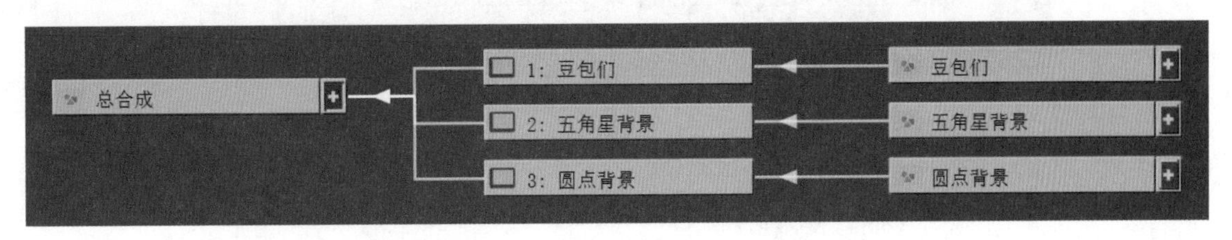


图 A06-35

同时开启【显示图层】和【显示素材】，除纯色层外所有图层在流程图中的层级关系都会显示。

◆ 【显示效果】：当它开启时会变成蓝色的激活状态，图层上添加的效果会在流程图中显示，如图 A06-36 所示。

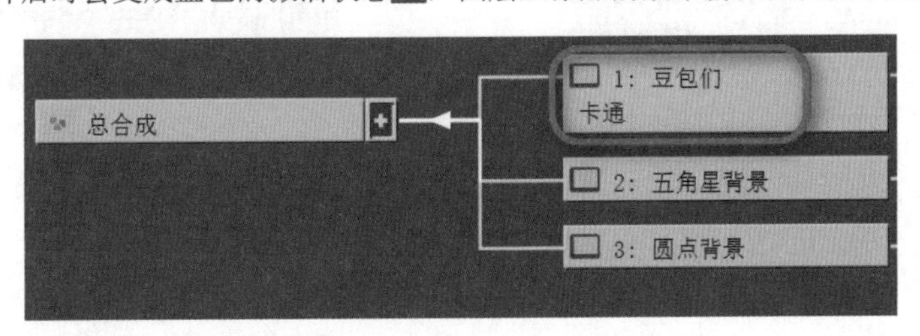


图 A06-36

◆ 【在直线与曲线之间切换】：更改流程图连接线的样式，可以将直线形式更改为曲线形式，如图 A06-37 所示。

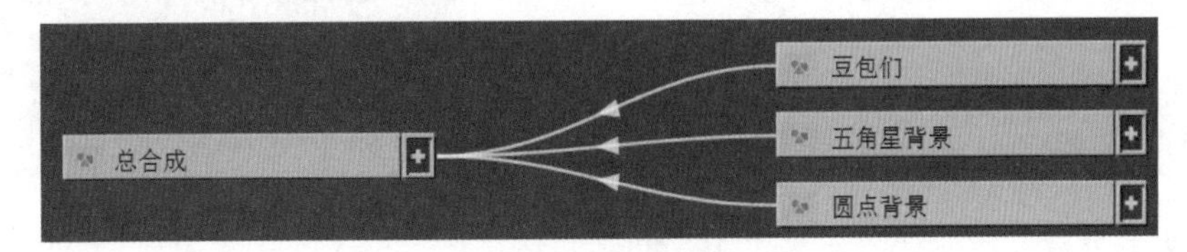


图 A06-37

按住【Alt】键，单击此按钮，然后再单击流程图空白处可以自动整理流程图，使流程图看起来更整齐。

◆ 【流动方向】：更改流程图排列方向，有【自上而下】【自下而上】【从左到右】【从右到左】4 个选项。

## A06.5 时间的可视化操作——时间轴

每个合成都有自己的"时间轴"，时间轴的长度表示合成所持续的时间，以水平方向显示，从左到右表示时间的流逝，如图 A06-38 所示。

图 A06-38

## 1. 时间标尺

【时间轴】面板右侧带有时间刻度的区域是【时间标尺】，【时间标尺】的时间长度即合成的时间长度，如图 A06-39 所示。

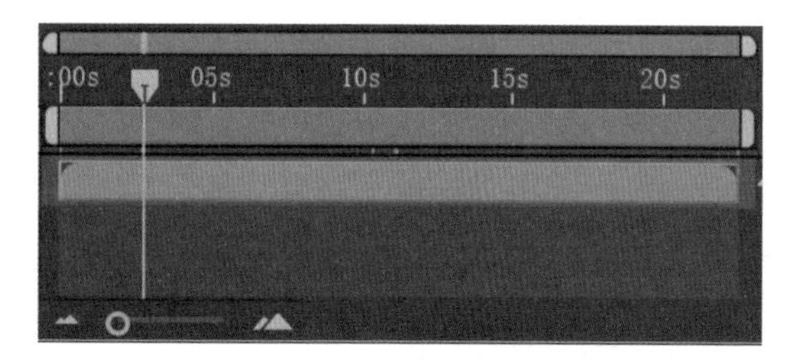


图 A06-39

【时间标尺】默认的显示单位是“秒（s）”，在工作过程中为了便于操作和观察，需要放大或缩小【时间标尺】，方法如下：

- 单击【时间标尺】下方的【放大（时间）】按钮和【缩小（时间）】按钮可以对【时间标尺】进行放大/缩小的操作。
- 拖动中间的滑块进行放大/缩小操作，如图 A06-40 所示。

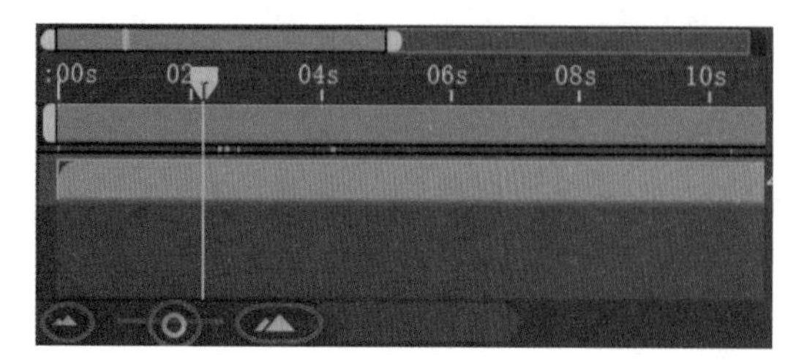


图 A06-40

- 【=】和【-】分别为放大/缩小操作的快捷键。
- 鼠标移动到时间导航器两端，等光标变为后左右拖动鼠标进行放大/缩小操作，如图 A06-41 所示。

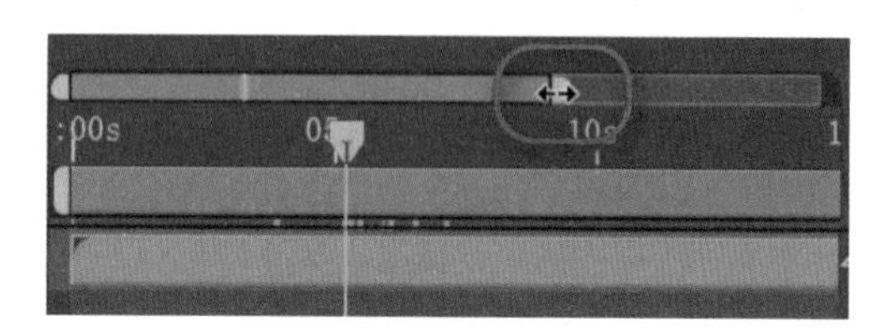


图 A06-41

- 使用【Alt+ 滚轮】快捷键可以进行放大/缩小操作。

持续放大【时间标尺】，显示的时间单位会变为“帧（f）”，如图 A06-42 所示。

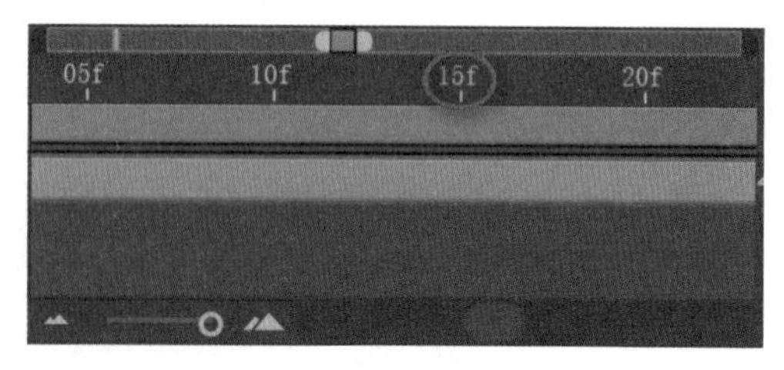


图 A06-42

【时间标尺】放大后，只会显示某一段时间，鼠标移动到如图 A06-43 所示红圈位置的滚动条进行左右拖动可以显示需要的时间位置。

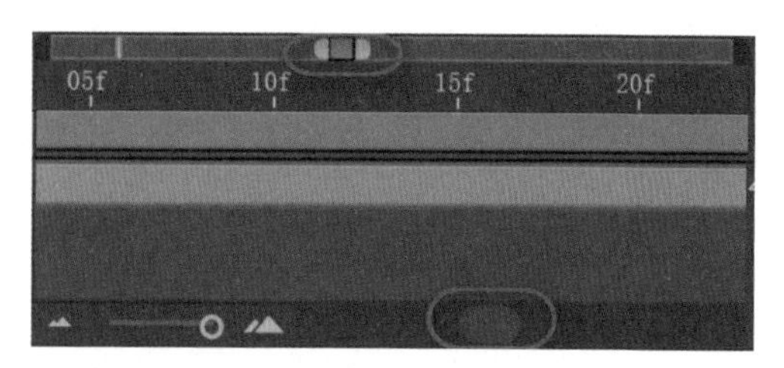


图 A06-43

## 2. 当前时间指示器（指针）

【当前时间指示器】表示正在查看或修改的帧，俗称“指针”。鼠标移动指针即可在【查看器】窗口预览合成画面，如图 A06-44 所示。

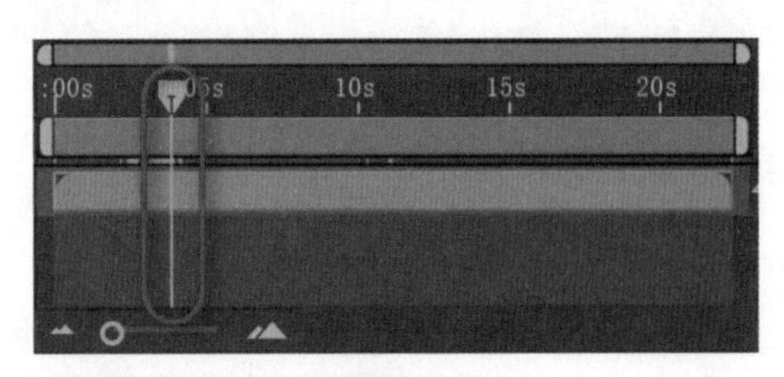


图 A06-44

- 按【PageDown】键指针向右前进一帧，按【PageUp】键指针向左后退一帧。
- 按【Home】键指针移动到工作区开始也就是 0 秒处，按【End】键指针移动到工作区结尾。
- 按【Ctrl+→】快捷键指针向右前进一帧，按【Ctrl+←】快捷键指针向左后退一帧。
- 按【Ctrl+Alt+→】快捷键指针移动到工作区结尾，按【Ctrl+Alt+←】快捷键指针移动到 0 秒处。
- 按【Ctrl+Shift+→】快捷键指针向右前进十帧，按【Ctrl+Shift+←】快捷键指针向左后退十帧。

## 3. 时间码

【时间码】表示的是当前时间，也就是指针所在位置的时间值，如图 A06-45 所示。

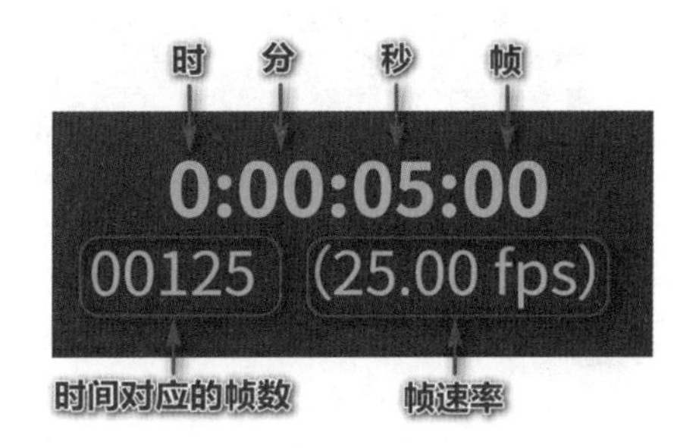


图 A06-45

单击【时间码】，可以直接更改时间值，更改后指针会直接移动到相应的时间点；鼠标移动到【时间码】处，光标会变成，左右拖动鼠标也可更改时间值，指针会随着时间值的改变而移动，如图 A06-46 所示。

图 A06-46

更改“帧”数值时，如果输入数值大于等于帧速率会自动向“秒”进位，例如本合成帧速率为 25，如果输入 0:00:00:25 会自动变为 0:00:01:00，同理“秒”最大可输入值为 59，大于等于 60 会自动向“分”进位，以此类推。

按住【Ctrl】键并单击【时间码】，显示单位会变成“帧（f）”，【时间标尺】上的单位也会相应改变，如图 A06-47 所示。

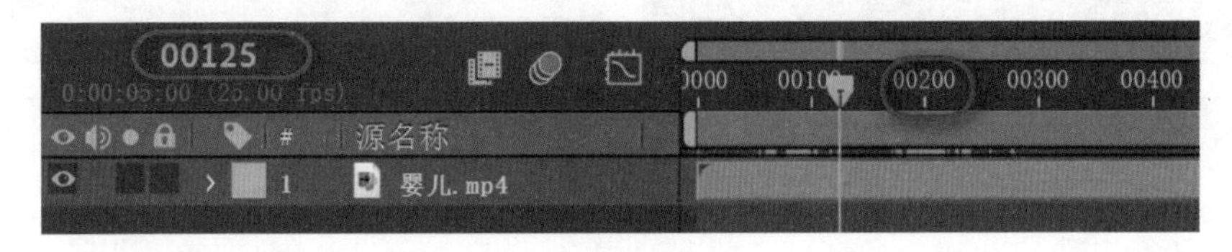


图 A06-47

# A06.6 确定入点和出点

在实际操作的过程中，某些导入的素材仅需要其中的一段长度，确定这段长度的开始位置即为素材的入点，结束位置即为素材的出点；渲染导出的时候，整个合成长度不一定要完整导出，可以只导出选定区域，选定区域的开始位置为入点，结束位置为出点。

## 1. 直接剪辑素材的入点和出点

打开本课提供的项目文件“时间轴.aep”，在【项目】面板双击素材“婴儿.mp4”，素材会显示在【素材查看器】窗口中，如图 A06-48 所示。

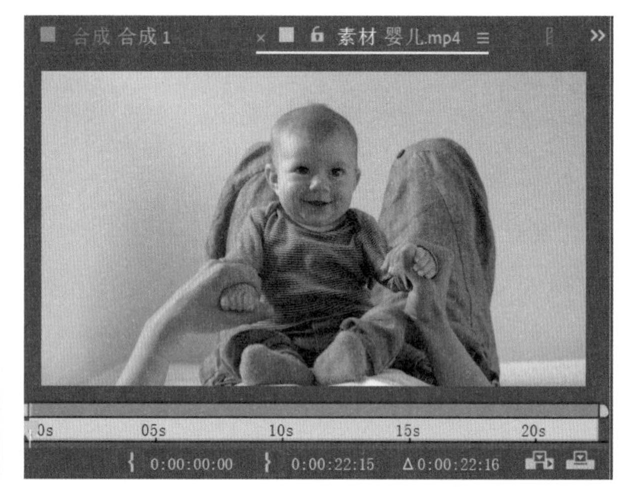


图 A06-48

在【素材查看器】窗口将指针先后移动到目标时间位置，分别单击播放窗口下方的【将入点 / 出点设置为当前时间】按钮，即可确定想要使用的此素材的部分。快捷键是【Alt+[】（设置入点）和【Alt+]】（设置出点），如图 A06-49 所示。

将鼠标移动到入点边缘，光标变成时，向右拖动鼠标到目标时间位置确定入点，如图 A06-50 所示。同理，在出点也可以进行类似操作来修剪出点的位置。

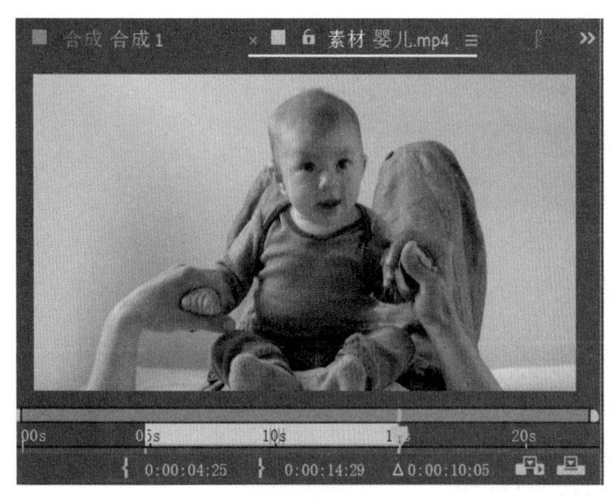


图 A06-49

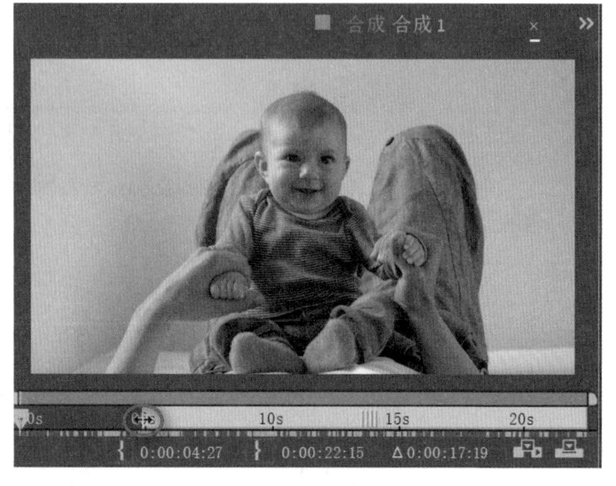


图 A06-50

这就是通过【项目】面板在【素材查看器】中直接剪辑素材的方法，如果该素材已经在合成中使用，这种剪辑方法不会影响到已经在合成时间轴中正在使用的素材。

将确定好入点和出点的素材拖曳至“合成 1”的【时间轴】面板中，入点会自动从 0 秒开始，如图 A06-51 所示。

图 A06-51

也可以使用【素材查看器】窗口下方的【波纹插入编辑】按钮和【叠加编辑】按钮，如果【时间轴】面板中没有其他图层，单击这两个按钮素材都会直接添加到【时间轴】面板且入点自动从指针处开始，如图 A06-52 所示。

图 A06-52

如果【时间轴】面板中有其他图层，单击【波纹插入编辑】按钮，素材会直接添加到【时间轴】面板上位于最上层且入点自动从指针处开始，其他图层的入点会自动移动到图层 #1“婴儿”的出点处，如图 A06-53 所示。

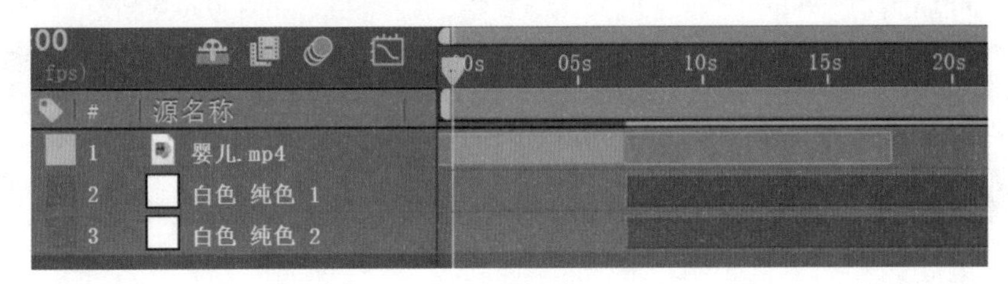


图 A06-53

单击【叠加编辑】按钮，素材会直接添加到【时间轴】面板上位于最上层且入点自动从指针处开始，其他图层不会发生改变，如图 A06-54 所示。

图 A06-54

如果想把在【素材查看器】中确定好的入点和出点还原到初始状态，将光标移动到截取片段中心位置时，光标会变为，此时双击，入点和出点即可还原到初始状态。

## 2. 在时间轴剪辑素材的入点和出点

现在删除“婴儿”图层，将还原了入点和出点的原素材直接拖曳至【时间轴】面板上，选择素材按【Alt+[】快捷键和【Alt+]】快捷键也能确定入、出点，此时入点和出点的位置相对于时间标尺有变化，而素材的绝对位置不会变化，如图 A06-55 所示。

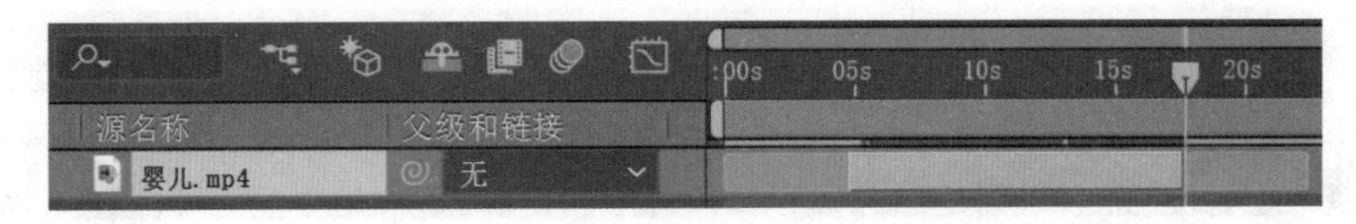


图 A06-55

当鼠标移动到入点边缘，光标变成时，可以修剪入点位置，修剪出点同理。也可以先将指针移动到时间标尺的目标位置，光标变成时，按住 Shift 键直接向右拖动到指针附近，入点会自动吸附到指针位置，实现入点的修剪，如图 A06-56 所示，修剪出点同理。

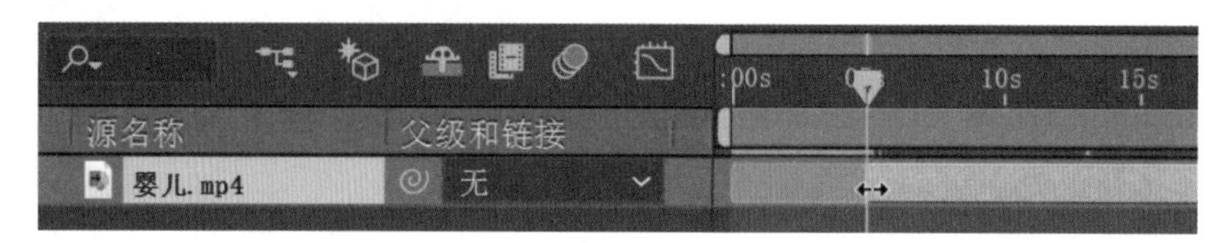


图 A06-56

单击【时间轴】面板左下方的按钮，会展开入点、出点栏，将鼠标移动到入点时间码处，光标会变为，左右拖动鼠标即可修剪入点，如图 A06-57 所示，同理可对出点进行修剪。

图 A06-57

如果移动鼠标到素材入、出点之外的地方，光标会变成，左右拖动鼠标移动素材，素材会移动位置，入点、出点间的画面内容也会发生改变，但素材的入点、出点相对于时间标尺的绝对位置不变，如图 A06-58 所示。

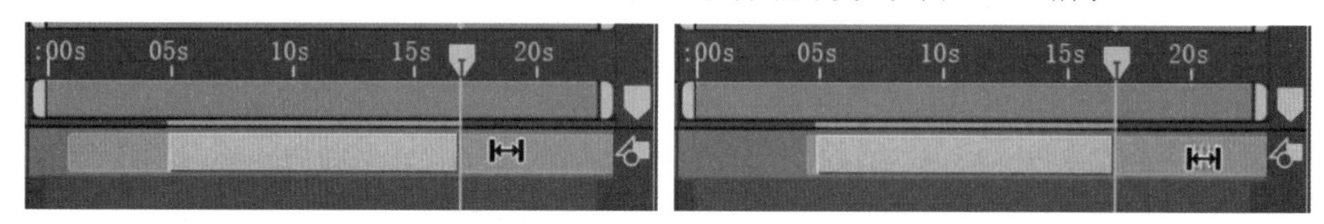


图 A06-58

## 3. 为素材指定时间标尺上的准确位置

◆ 使用指针来定位

将指针移动到时间标尺的指定位置，在【项目】面板选择素材“婴儿 .mp4”，单击【文件】菜单的【将素材添加到合成】命令，即可将素材的入点准确插入指针位置，快捷键是【Ctrl+/】。

移动指针到一个新的时间位置，按住【Shift】键的同时用鼠标将素材拖至指针位置，素材的入点会自动吸附在指针位置，如图 A06-59 所示。

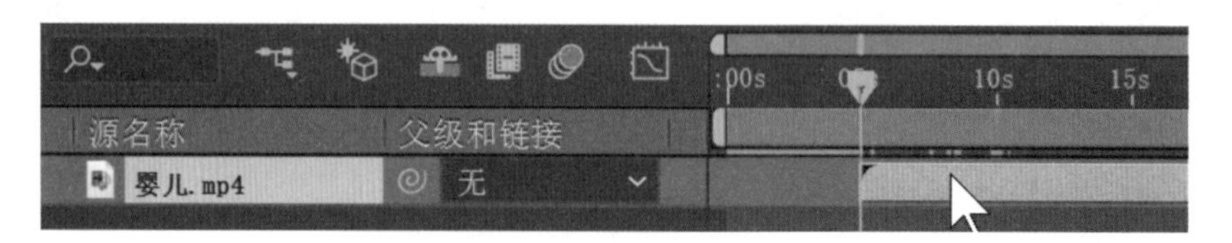


图 A06-59

快捷键：在选中素材的状态下按【[】键，素材的入点会直接移动到目标时间位置；按【]】键，素材的出点会直接移动到目标时间位置。

◆ 指定具体时间码

单击入点处的时间码，会弹出【图层入点时间】对话框，直接输入目标时间，单击【确定】按钮即可将素材入点直接设置到目标时间，如图 A06-60 所示。

图 A06-60

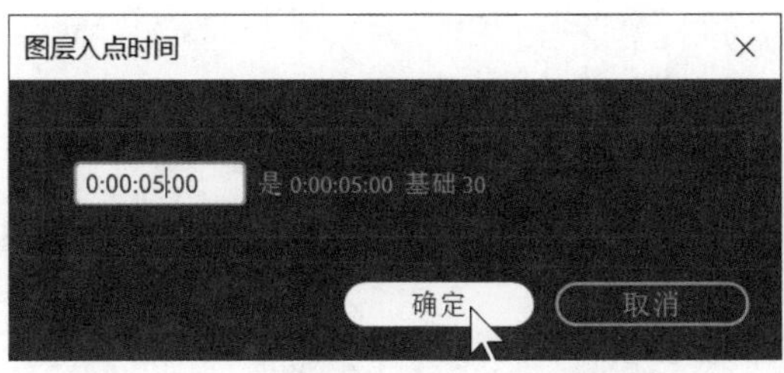

图 A06-60（续）

同理，单击出点栏的时间码，弹出【图层出点时间】对话框，直接输入目标时间，单击【确定】按钮即可将素材出点直接设置到目标时间。

**扩展知识**

在【图层入点时间】对话框中输入时间时，可以直接用小键盘输入后几位数字。比如3秒钟直接输入0300，“03”即为3秒，“00”表示帧数；也可以将“时”“分”“秒”的单位都设为0，只输入帧数，比如要抵达第300帧处，就可以输入“0：00：00：300”，如果该合成的帧速率为30帧/秒，则即可抵达时间轴的第10秒处。

## 4. 设置合成的入点和出点

如果渲染输出时不用渲染整个合成，则需要对合成设置入点和出点。将指针移动到入点目标时间点处，按【B】键即可确认入点；将指针移动到出点目标时间点处，按【N】键即可确定出点，如图 A06-61 所示。

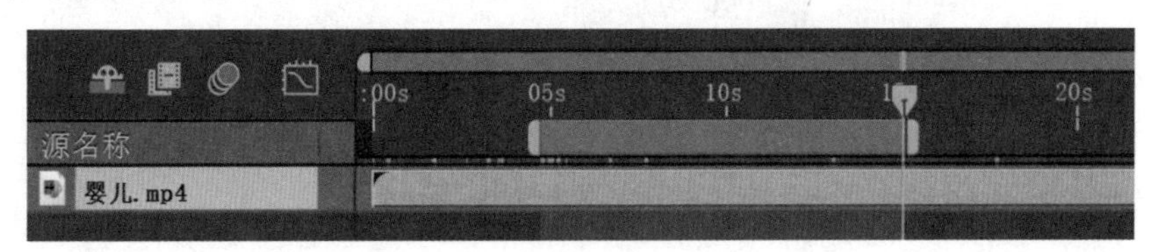


图 A06-61

将鼠标移动到合成入点处，光标会变成，此时左右拖动鼠标可以修剪合成的入点，按住【Shift】键拖动鼠标入点会自动吸附到指针处，如图 A06-62 所示，同理可修剪合成的出点。

对于已经设置好入点和出点的合成，鼠标移动到工作区域，光标会变成，左右拖动鼠标即可对工作区域进行整体移动，双击会将入点和出点还原到初始状态，如图 A06-63 所示。

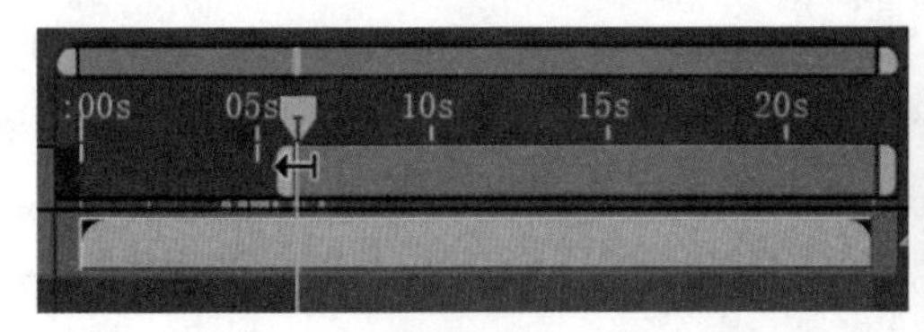


图 A06-62

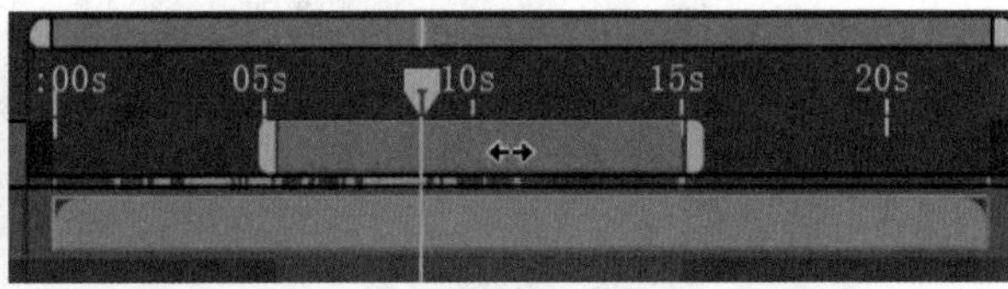


图 A06-63

光标变成后右击在弹出的菜单里选择【将合成修剪至工作区域】选项，或者执行【合成】-【将合成裁剪到工作区】命令，合成长度会变为工作区域的长度，如图 A06-64 所示。

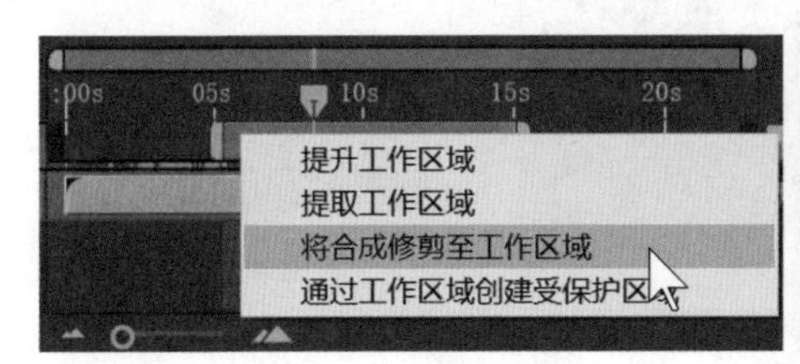


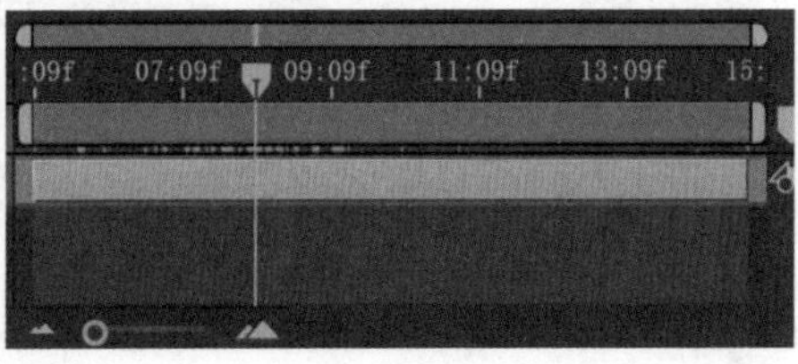


图 A06-64

按【Ctrl+Z】快捷键后退一步，光标变成 后右击，在弹出的菜单里选择【提升工作区域】选项，或者执行【编辑】-【提升工作区域】命令，工作区域内素材会被删除且素材被拆分成两层，工作区域空置，如图 A06-65 所示。

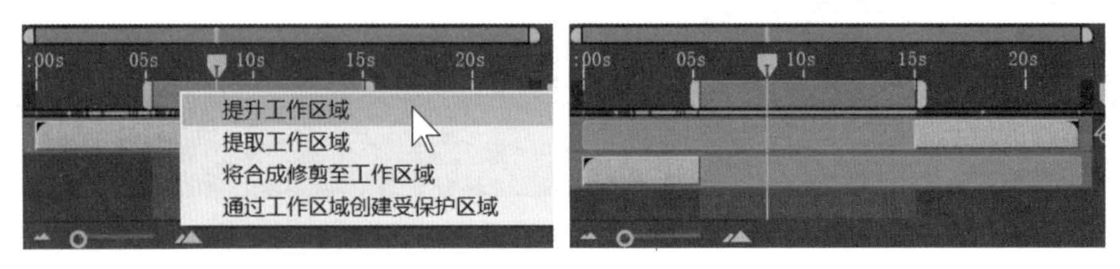


图 A06-65

按【Ctrl+Z】快捷键后退一步，光标变成 后右击，在弹出的菜单里选择【提取工作区域】选项，或者执行【编辑】-【提取工作区域】命令，工作区域内素材会被删除且素材被拆分成两层，尾部素材入点会自动向前与头部素材出点连接，如图 A06-66 所示。

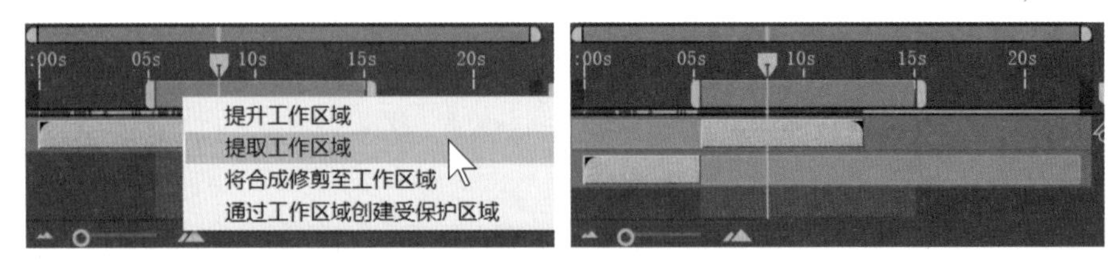


图 A06-66

## A06.7 素材的加速与减速

After Effects 可以改变素材的速度，即可以对素材进行加速或者减速。执行【图层】-【时间】-【时间伸缩】命令，或者在【时间轴】面板右击素材，在弹出的菜单栏里选择【时间】-【时间伸缩】选项，可弹出【时间伸缩】对话框，如图 A06-67 所示。【拉伸因数】控制着素材的速度，在数值为正数的前提下，增大数值速度减慢，减小数值速度加快。比如快放 2 倍速，即调整为 50%；慢放 1.5 倍速，即调整为 150%。

另外，单击 按钮展开伸缩窗格，在【伸缩】属性值上单击，也可以弹出【时间伸缩】对话框进行操作，或者在【伸缩】属性值上左右拖动鼠标，可以直接更改【拉伸因数】，如图 A06-68 所示。

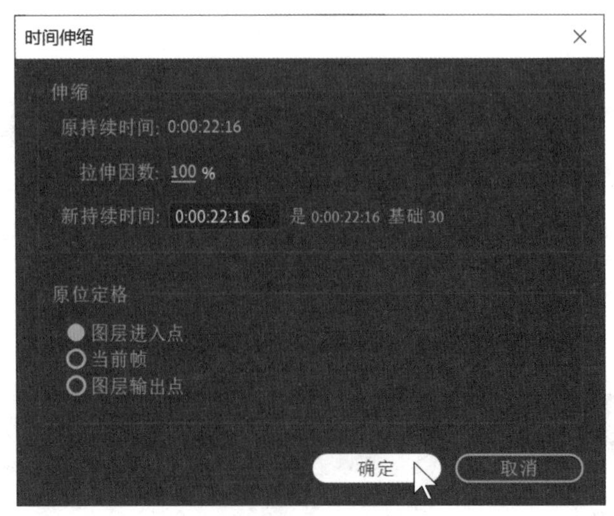


图 A06-67

图 A06-68

对于添加了保护区域的素材，保护区域范围内的内容不受时间伸缩的影响，操作方法如下。

◆ 将素材拖曳至【时间轴】面板的“合成 1”中，并确定好合成的入点和出点，如图 A06-69 所示。

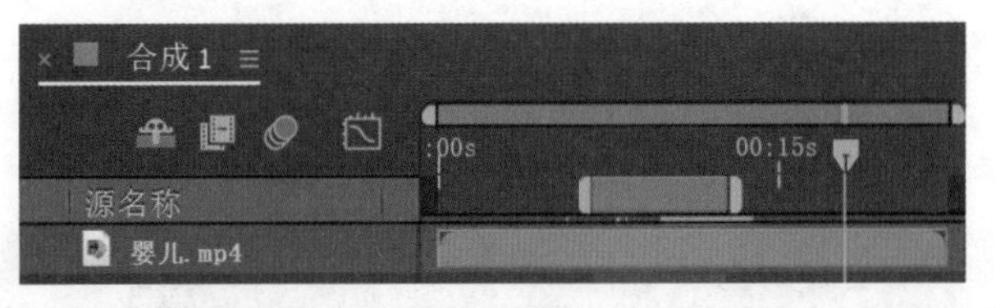


图 A06-69

◆ 鼠标移动至工作区，右击在弹出的菜单中选择【通过工作区域创建受保护区域】选项，结果如图 A06-70 所示。

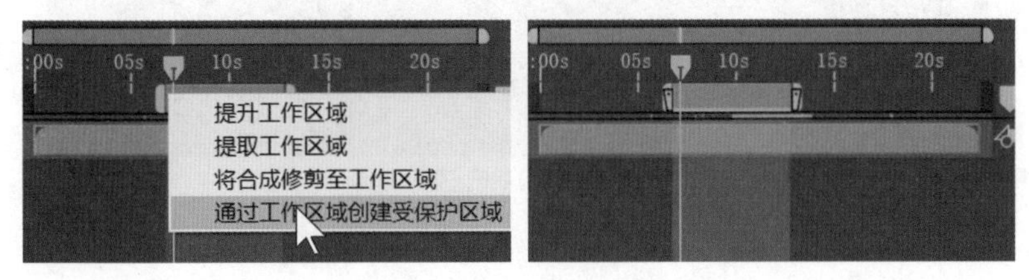


图 A06-70

◆ 将“合成 1”嵌套在“合成 2”中，受保护区域为蓝色高亮显示，如图 A06-71 所示。
此时改变“合成 1”的速度，保护区域内的速度仍保持原速，保护区域之外的部分速度发生改变。

◆ 要想删除保护区域，只需将光标移动到保护区域开头或结尾处等光标变为后，右击在弹出的菜单里选择【删除此标记】选项，如图 A06-72 所示。或者按住【Ctrl】键的同时将鼠标移动到保护区域开头或结尾处等光标变为后单击即可。

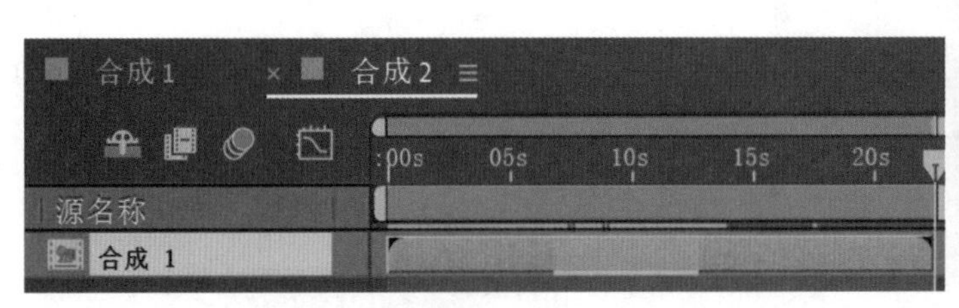


图 A06-71

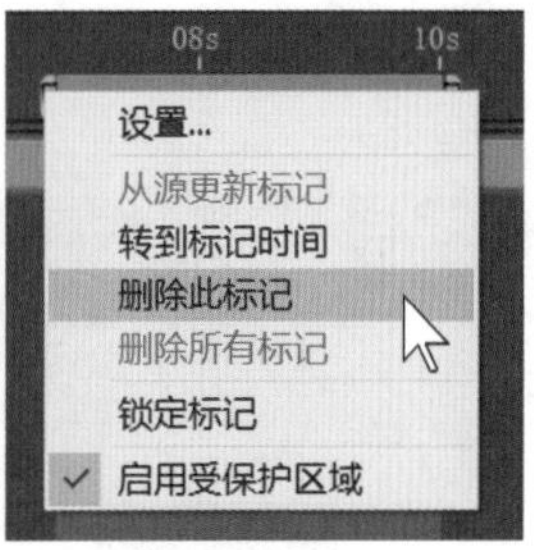


图 A06-72

## A06.8 素材的倒放

素材倒放是一种常见的特效手法，倒放的视频会有一种时间倒流的奇妙效果，比如在电影《信条》中就运用了很多倒放特效（见图 A06-73）。

图 A06-73

After Effects 中常用的倒放方法如下。

- 在【时间轴】面板选中素材，执行【图层】-【时间】-【时间反向层】命令，快捷键为【Ctrl+Alt+R】，即可将素材倒放，倒放的素材在【时间轴】面板会显示蓝色的斜线，如图 A06-74 所示。

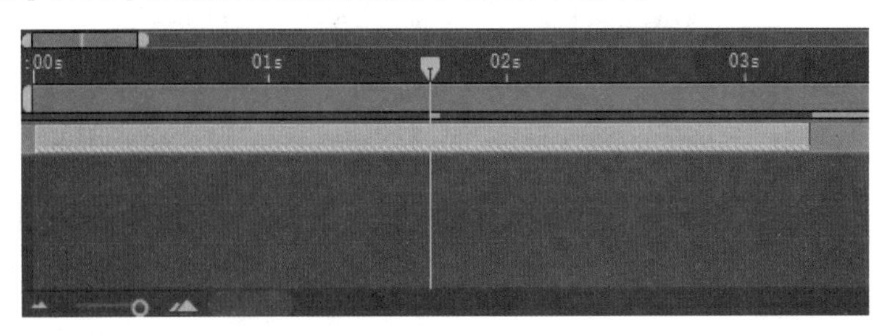


图 A06-74

- 执行【图层】-【时间】-【时间伸缩】命令，在弹出的【时间伸缩】对话框中将【拉伸因数】的值改为 −100，也可以倒放素材，不过这样操作完素材会跑到指针的左侧，还需要在【时间轴】面板调整素材的位置。

豆包：“老师，我把【拉伸因数】改成了−50，素材也倒放了啊？”

【拉伸因数】只要改为负数素材都会倒放，−100为素材按原速度倒放，大于−100倒放速度变快，小于−100倒放速度变慢。

## A06.9　实例练习——自行车视频变速

本实例完成效果如图 A06-75 所示。

素材作者：Edgar Fernández

图 A06-75

### 操作步骤

01 新建项目，在【项目】面板中导入视频素材“骑自行车.mp4”并用视频素材建立合成。

02 选择图层 #1“骑自行车”将指针拖曳至 1 秒处，按【Ctrl+Shift+D】快捷键将图层拆分开。选择图层 #2 将其重命名为“慢放”，单击按钮展开伸缩窗格，在【伸缩】属性值上单击，在【时间伸缩】对话框将【拉伸因数】属性值调整至 300%，制作慢放效果，如图 A06-76 所示。

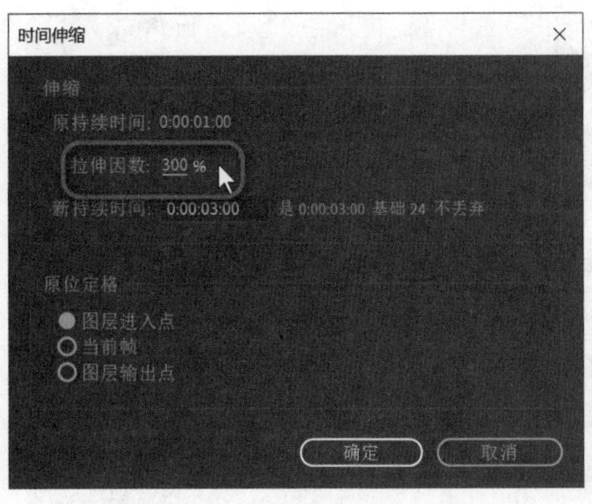


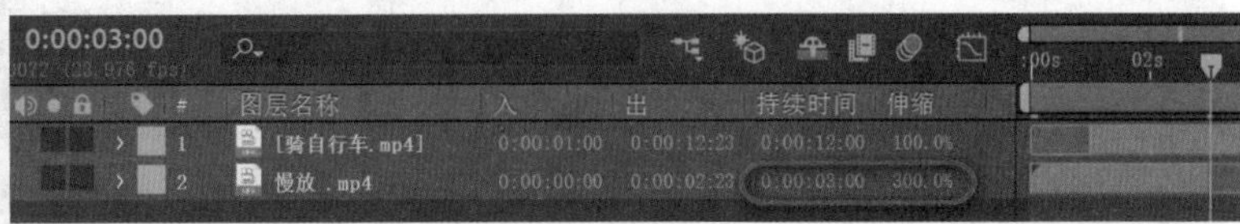

图 A06-76

03 将指针拖曳至慢放出点处（3 秒处），选择图层 #1“骑自行车”，按【[】键设置入点至当前帧，拖曳指针查看视频效果。将指针拖曳至 10 秒处，按【Alt+]】快捷键剪辑层的出点至当前帧，裁去后面片段，如图 A06-77 所示。

图 A06-77

04 选择图层 #1“骑自行车”，按【Ctrl+D】快捷键复制一层，将其重命名为“快速倒放”；选择图层 #1“快速倒放”，把鼠标移动到入点处，光标变成↔时，修剪入点位置，向左拖曳至原始入点，如图 A06-78 所示。

图 A06-78

05 将指针拖曳至 10 秒处，在【伸缩】属性值上单击，在【时间伸缩】对话框将【拉伸因数】参数值调整至 -20%，制作快速倒放效果，按【[】键设置入点至当前帧，如图 A06-79 所示。

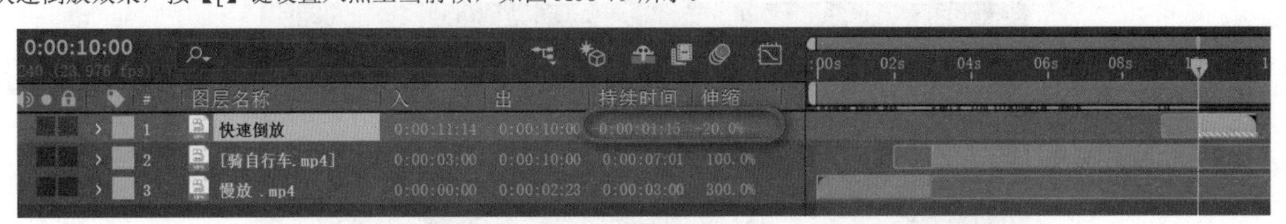

图 A06-79

06 这样自行车视频变速就制作完成了，单击播放按钮或按空格键，查看效果。

# A06.10　作业练习——拳击比赛

本作业的完成效果参考如图 A06-80 所示。

素材作者：Edgar Fernández

图 A06-80

### 作业思路

新建项目，导入需要的素材，按需要对视频进行入、出点剪辑，不同镜头组接时注意人物动作的衔接；“环绕机位”根据所需进行加速操作，“近景”在攻击时进行减速做慢动作操作。

## A06.11 冻结视频画面

在进行合成操作时，有时需要将视频的某一个画面静止不动，定格一段时间。比如在电影《头文字 D》中，有一系列的定格镜头，在静止一段时间后，过渡到下一个镜头。

### 操作方法

将指针移动到需要静止画面的位置，在选中素材的情况下执行【图层】-【时间】-【冻结帧】命令，或者在【时间轴】面板右击素材，在弹出的菜单栏里选择【时间】-【冻结帧】选项，就得到了静止画面。此时素材就相当于一个图片素材，可以任意调整素材的长度，如图 A06-81 所示。

选择素材执行【图层】-【时间】-【在最后一帧上冻结】命令，或者在【时间轴】面板选择素材右击，在弹出的菜单栏里选择【时间】-【在最后一帧上冻结】选项，播放预览，在最后一帧之前正常播放，直至最后一帧才画面静止，一直到合成结束，如图 A06-82 所示。

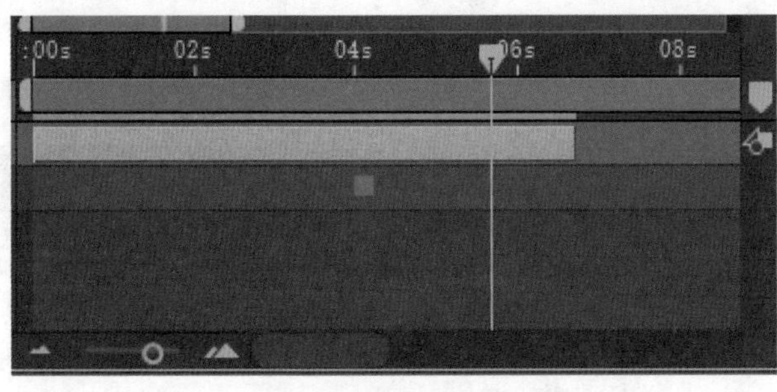


图 A06-81

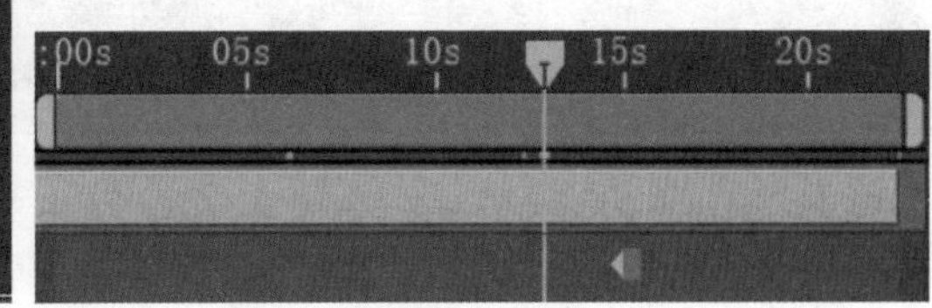


图 A06-82

## A06.12 标记和注释

视频特效制作涉及烦琐的素材操作，需要记录很多时间节点，“标记”可以使我们的操作思路更加清晰，也方便团队协作。标记分为合成时间标记和图层时间标记。

### 1. 合成时间标记

在【时间轴】面板最右侧有一个合成标记素材箱，如图 A06-83 所示；新建合成标记只需将指针放在合成标记素材箱上直接向左拖曳即可，结果如图 A06-84 所示。

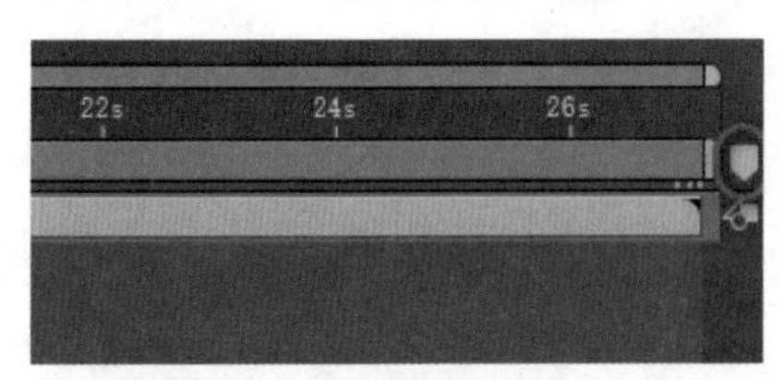


图 A06-83

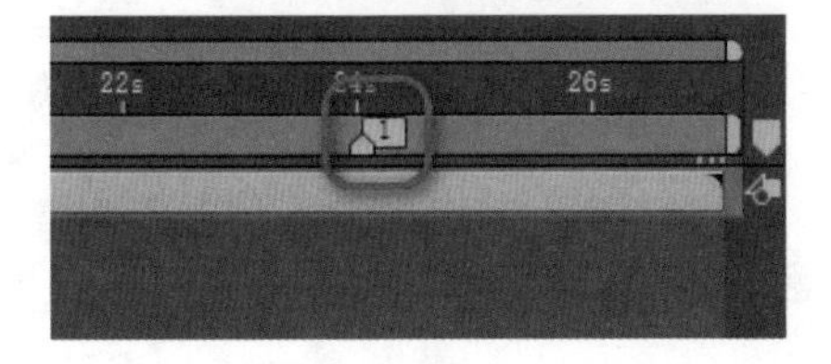


图 A06-84

要删除合成时间标记，只需将设置好的标记再拖回到右侧的合成标记素材箱即可；也可以按住【Ctrl】键，将鼠标指针移动到标记上，等指针变为剪刀形状后左键单击鼠标即可将标记删除。

合成时间标记的位置可以任意更改，直接用鼠标拖曳到需要的位置即可。

### 2. 图层时间标记

在图层被选中的状态下执行【图层】-【标记】-【添加标记】命令，即可添加图层时间标记，结果如图 A06-85 所示，快捷键为小键盘上的【*】键。

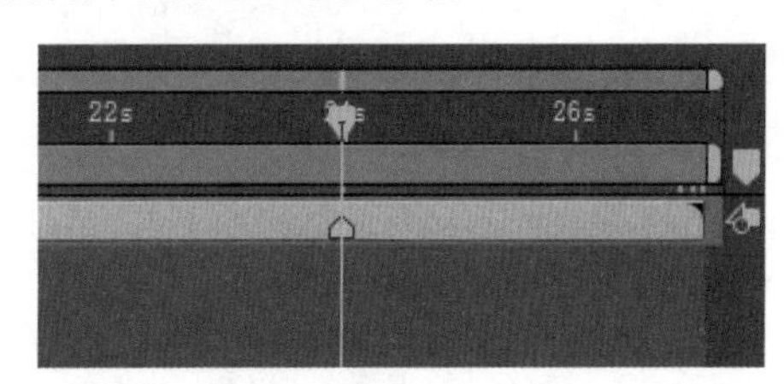


图 A06-85

双击已添加的标记，可以打开【图层标记】对话框添加注释，设置完成后单击【确定】按钮即可，如图 A06-86 所示。

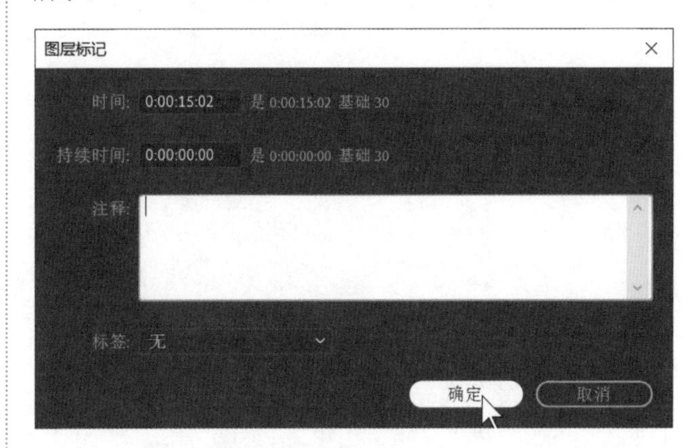


图 A06-86

要删除图层时间标记，按住【Ctrl】键，将鼠标指针移动到标记上，等指针变为剪刀形状后单击即可将标记删除。

图层时间标记的位置也可以任意更改，直接用鼠标拖曳到需要的位置即可。

### 3. 嵌套合成中的标记

对于嵌套合成，因为初始合成会变为另外一个合成的层，所以初始合成中的合成时间标记会自动变为嵌套合成中的图层时间标记，如图 A06-87 所示。

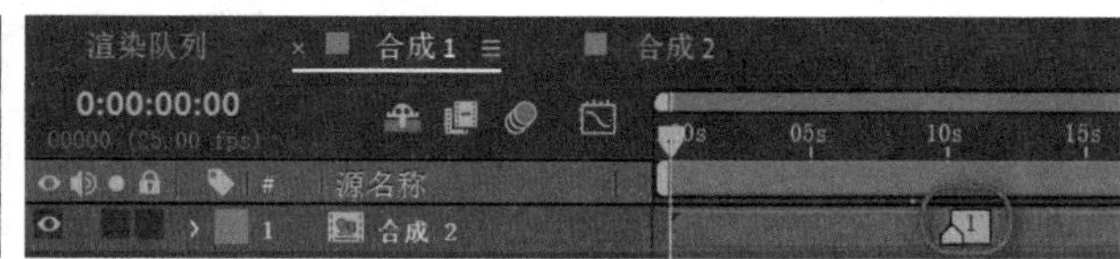


图 A06-87

但是初始合成中的合成时间标记并不会影响嵌套合成中的图层时间标记，比如“合成 2”嵌套在“合成 1”中以后，移动或删除“合成 2”的合成时间标记，“合成 1”中的“合成 2”图层时间标记不会跟着改变。

## 总结

只有确定了合成的入点和出点，才能最终输出正确的视频长度。合成制作过程中，素材的变速、倒放及定格使用频率非常高，要熟练掌握。这些是素材在时间轴上最基本的操作，在后面的课程中会学习到更多的时间轴功能。

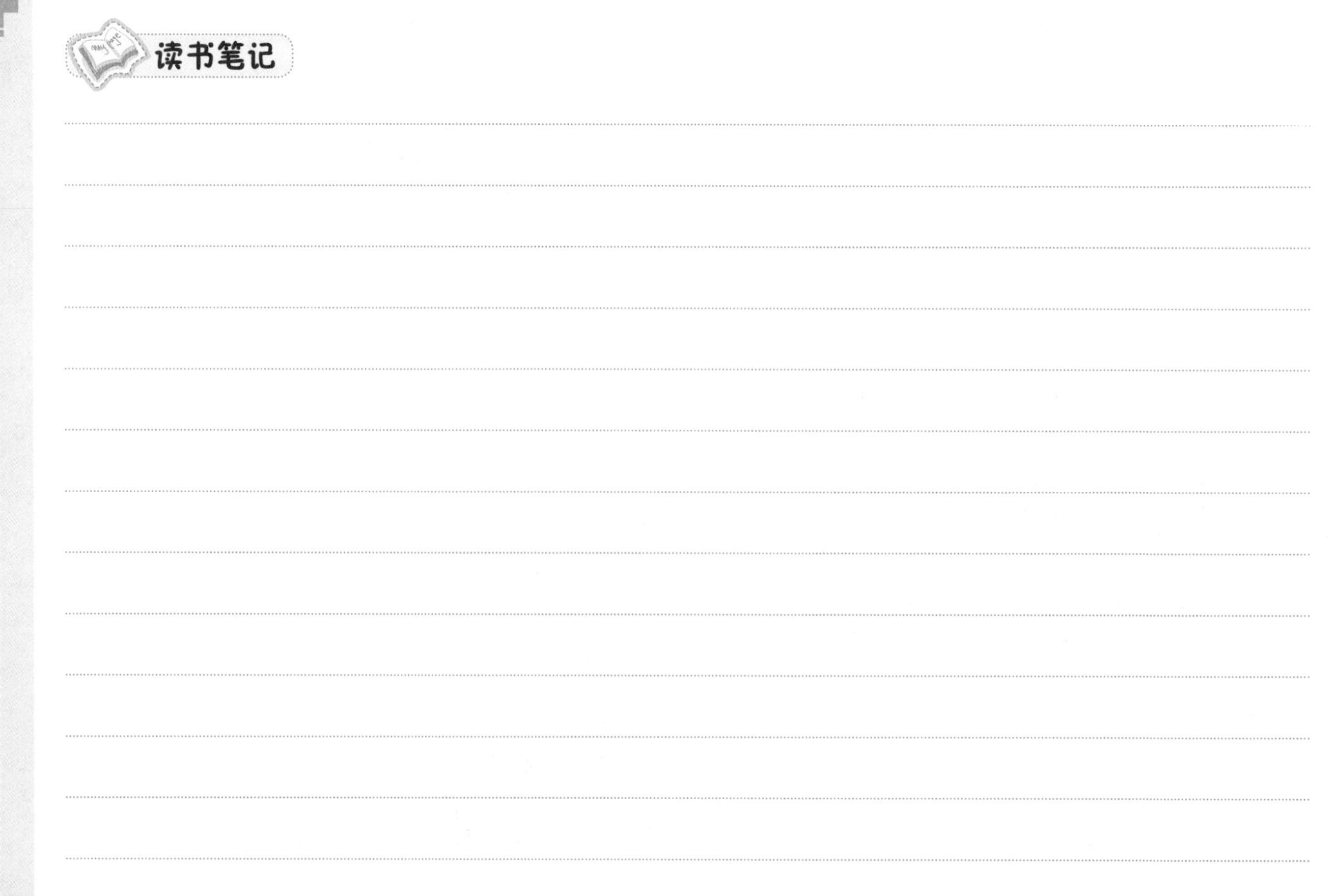

After Effects经常被看作动态的Photoshop，制作动画是它的主要功能，一些动画剧集、演示片、动画电影、动画字幕、MG动画都会使用After Effects来制作，本课就来学习一些基础动画的制作方法。

# A07课

# 基础动画

做动画，我们是专业的！



## A07.1 关键帧动画

关键帧动画是After Effects中最常用的调节动画的方法，可以理解为在不同的时间关键帧的属性不同，软件自动计算出不同属性之间的属性变化而形成动画，如图A07-1所示。图层属性、效果属性、蒙版属性等几乎所有属性都可以创建关键帧动画，本课就来对其进行初步的了解。

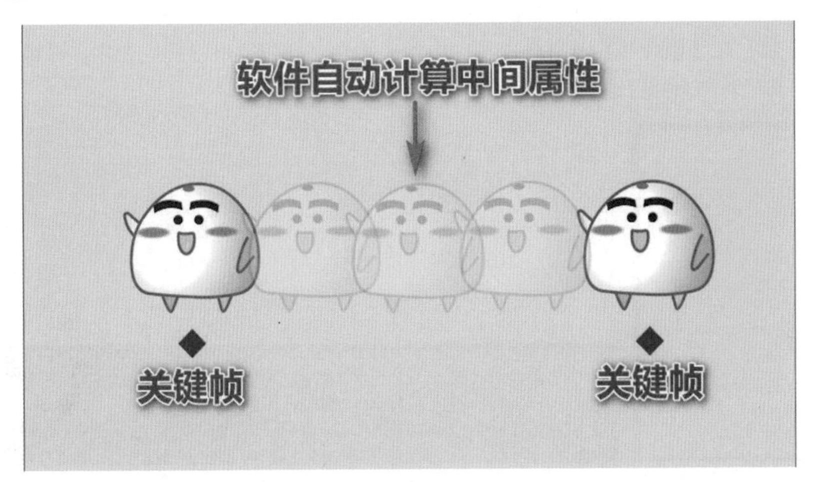


图 A07-1

## 1. 认识关键帧

帧是最小单位的影像画面，相当于电影胶片的一个小格。关键帧类似于动画制作中的“原画”，是角色或者物体运动中比较关键的那一帧。在 After Effects 中，关键帧表现为【时间轴】面板中的一个菱形标记。

打开本课提供的项目文件“基础动画.aep”，如图 A07-2 所示。

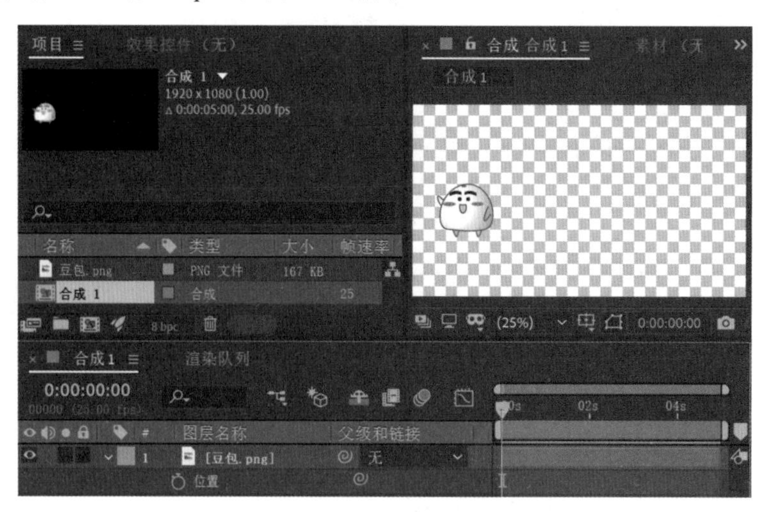


图 A07-2

下面通过一个关键帧动画案例，学习关键帧的使用方法。

展开图层的属性，会发现大部分属性前都有【时间变化秒表】，俗称“码表”。单击码表，按钮会变成激活状态的蓝色；也可以右击属性的名称，在弹出的菜单中单击【添加关键帧】选项。此时【时间轴】面板的指针位置会出现一个关键帧标记。

添加第一个关键帧后，会激活【在当前时间添加或移除关键帧】按钮，将指针移至其他位置，菱形标记变为灰色的时候，单击会在指针位置再添加一个关键帧，如果指针位置有关键帧，单击按钮将会删除关键帧。也就是说，激活码表添加第一个关键帧以后，再次添加关键帧则需要通过【在当前时间添加或移除关键帧】按钮来完成，或者通过修改属性参数自动添加关键帧来完成。激活码表后，如果再次单击码表，此属性的关键帧则会被全部删除。

将指针移动到 0 秒处，对图层 #1“豆包”的【位置】和【旋转】属性单击码表创建关键帧，如图 A07-3 所示。

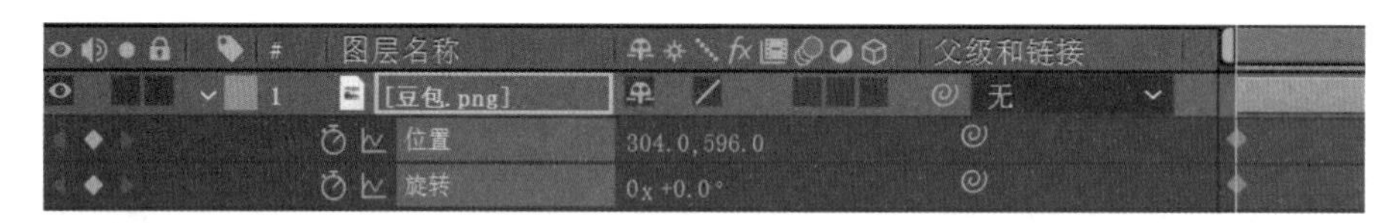


图 A07-3

将指针移动到 1 秒处，使用【选取工具】在【查看器】窗口将豆包向中上部移动，即位置属性发生变化，再将【旋转】属性值改为 0x+180.0°，自动在指针处创建位置和旋转的两个关键帧，如图 A07-4 所示。

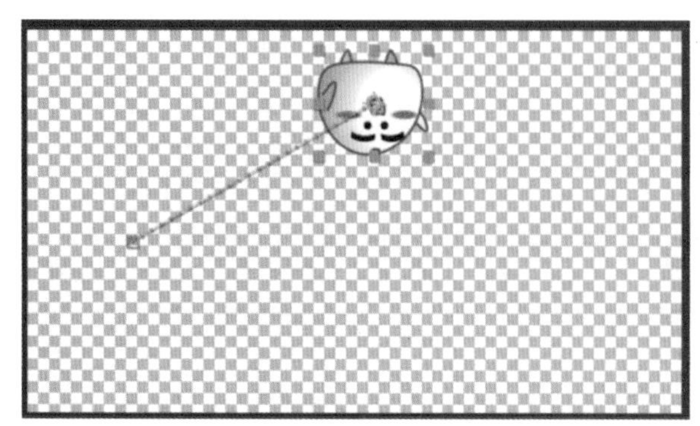

图 A07-4

将指针移动到 2 秒处，使用【选取工具】在【查看器】窗口将豆包向右下部移动，将【旋转】的参数值改为 1x+0.0°，自动在指针处创建两个关键帧，如图 A07-5 所示。

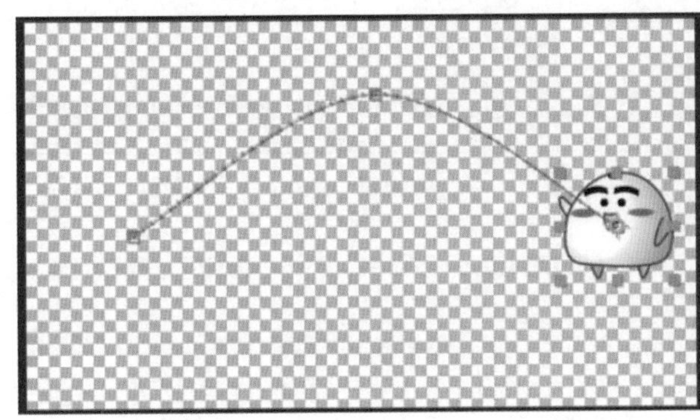

图 A07-5

将指针移动到 0 秒处，按空格键播放，可以看到豆包移动并旋转的动画。

- 选中有关键帧动画的层，按【U】键即可展开所有具有关键帧的属性，不具有关键帧的属性不会展开；如果有关键帧的属性是展开状态，按【U】键则隐藏属性。
- 具有关键帧的属性在展开状态下，按【J】键指针会移动到前一可见关键帧处，按【K】键指针会移动到后一可见关键帧处。

## 2. 关键帧的选择

在制作过程中，会对关键帧进行各种修改，首先就要选择关键帧，下面介绍几种常用的选择关键帧的方法。

- 在【时间轴】面板中单击一个关键帧将其选中，如图 A07-6 所示。

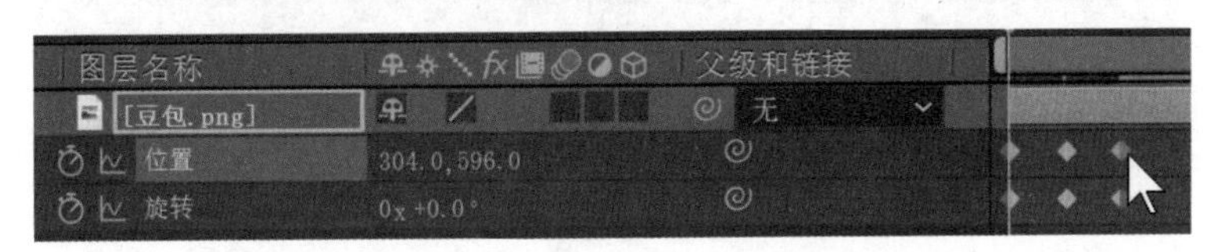


图 A07-6

- 同一个属性下的关键帧，单击属性名称即可将属性下的所有关键帧同时选中，如图 A07-7 所示。

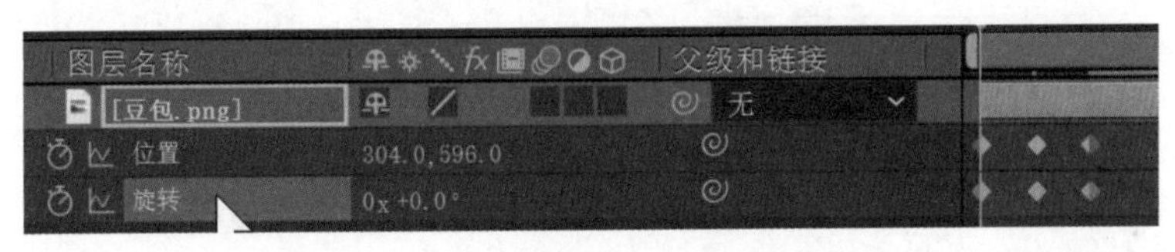


图 A07-7

- 在【时间轴】面板中用鼠标直接框选，可以选中框中的所有关键帧，如图 A07-8 所示。

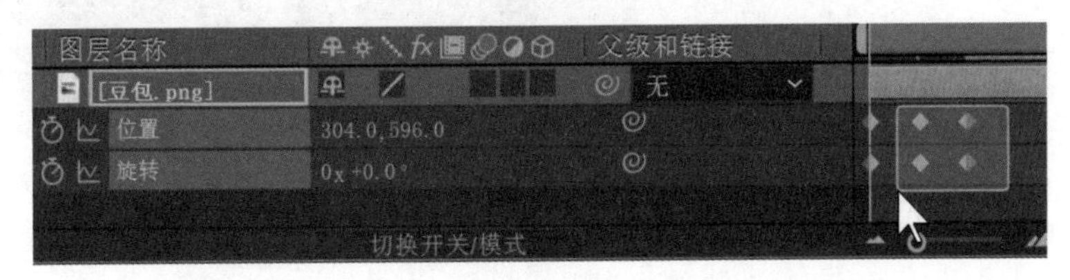


图 A07-8

- 按住【Shift】键的同时单击多个关键帧，可以将它们同时选中；对于已经选中的关键帧，按住【Shift】键的同时单击可以取消选中。

◆ 选择关键帧后右击，在弹出的菜单里选择【选择相同关键帧】选项，和所选关键帧属性值相同的关键帧都会被选中；在弹出的菜单里选择【选择前面的关键帧】选项，所选关键帧左侧同一属性上的关键帧都会被选中；在弹出的菜单里选择【选择跟随关键帧】选项，所选关键帧右侧同一属性上的关键帧都会被选中。

选择关键帧后，按【Delete】键即可删除关键帧。

## 3. 关键帧的移动

◆ 直接拖曳一个关键帧，可将关键帧移动到指定的时间点。如果要拖到指针附近，按住【Shift】键，关键帧会自动吸附到指针上。

◆ 要同时移动多个关键帧，在选中的基础上直接拖曳到指针附近，按住【Shift】键，以其中的一个关键帧为基准，直接吸附到指针上。

◆ 选择关键帧后，按【Alt+ →】快捷键，关键帧向右移动 1 帧；按【Alt+ ←】快捷键，关键帧向左移动 1 帧。

◆ 选择关键帧后，按【Alt+Shift+ →】快捷键，关键帧向右移动 10 帧，按【Alt+Shift+ ←】快捷键，关键帧向左移动 10 帧。

◆ 选中多个关键帧，按住【Alt】键用鼠标移动最右侧关键帧，选中的关键帧间距会变化，也就是动画的持续时间会改变。

## 4. 关键帧的复制

在合成制作时，常常需要重复设置很多参数，这时就要对关键帧进行复制和粘贴。关键帧可以在同一层上进行复制，也可以在不同层间进行复制，还可以在不同合成间进行复制。

◆ 同一层中的关键帧复制

选中【位置】属性关键帧，执行【编辑】-【复制】命令（Ctrl+C），然后将指针移动到需要复制的时间点，例如移动到 3 秒处，执行【编辑】-【粘贴】命令（Ctrl+V），完成关键帧的复制。不管同时复制几个关键帧，第一个关键帧的位置为指针位置，关键帧之间的间隔不变，如图 A07-9 所示。

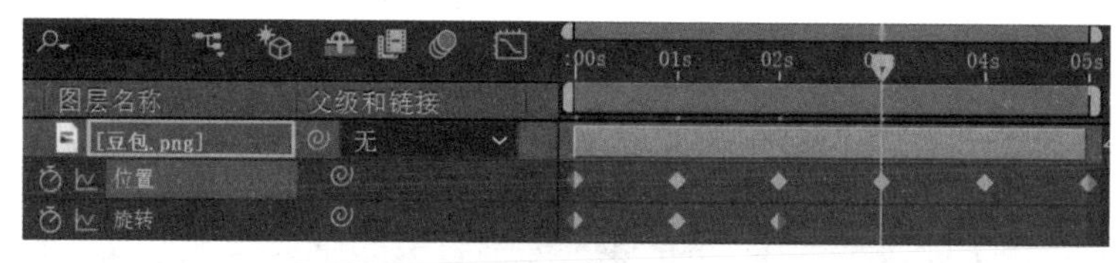


图 A07-9

◆ 不同层之间关键帧的复制

使用【Ctrl+Y】快捷键新建红色纯色层，将【缩放】属性的参数值改为 30.0,30.0%，如图 A07-10 所示。

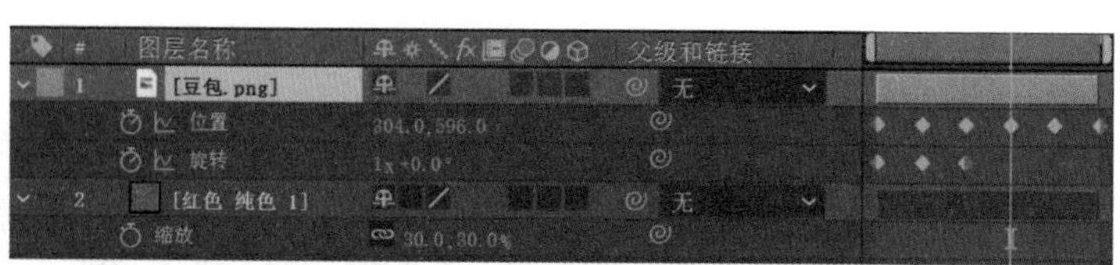


图 A07-10

选择豆包层的所有关键帧，注意：虽然此时图层也是选中状态，但只要关键帧是选中状态，按【Ctrl+C】快捷键复制的就是关键帧，而不是图层本身。

选择纯色层，将指针移动到时间标尺 0 秒处，按【Ctrl+V】快捷键，同一属性上的关键帧就被粘贴到新的图层上，如图 A07-11 所示。

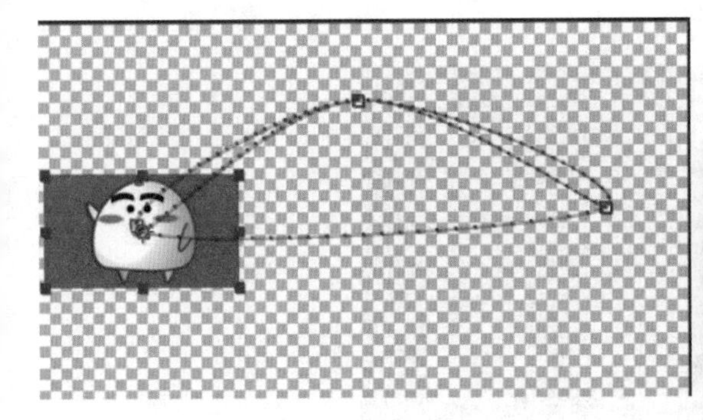
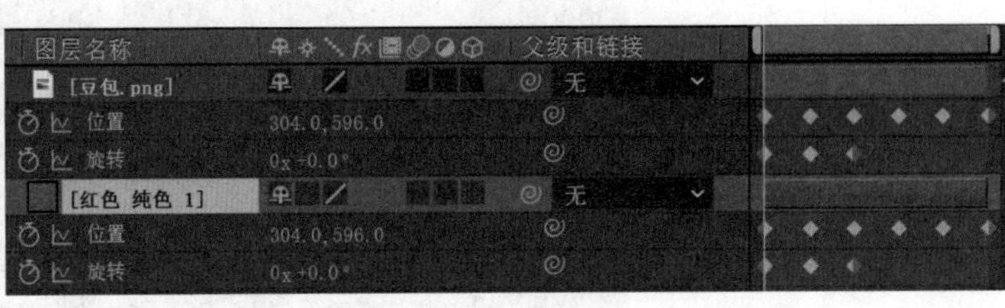


图 A07-11

按空格键播放，可以看到纯色层和豆包的运动轨迹完全相同。

◆ 不同合成之间关键帧的复制

选择要复制的关键帧，按【Ctrl+C】快捷键，选择要粘贴到的合成中的图层，将指针移动到目标点位置，按【Ctrl+V】快捷键，同一属性上的关键帧就被粘贴到新合成的图层上，与不同层之间关键帧的复制类似。

## 5. 关键帧辅助

选择关键帧后右击，在弹出的菜单里选择【关键帧辅助】选项，如图 A07-12 所示，下面分别进行介绍。

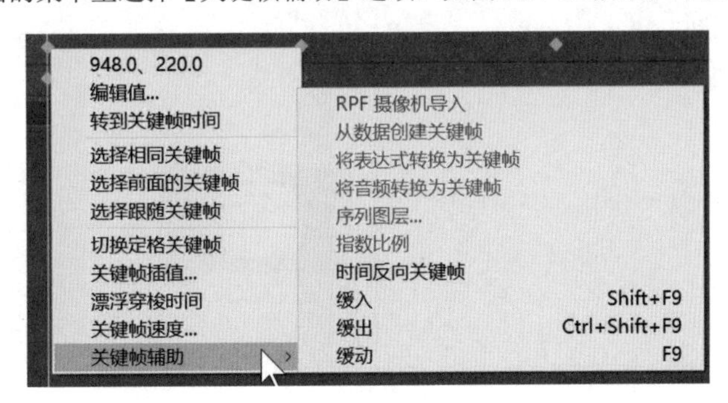


图 A07-12

- 【将表达式转换为关键帧】：属性中有表达式时，此选项被激活，可以将表达式转换为关键帧，表达式会在 A15 课讲到。
- 【将音频转换为关键帧】：只有音频素材会激活此选项，会将音频的振幅转换为关键帧。
- 【时间反向关键帧】：将所选择的关键帧进行反向，使做好的动画有倒放的效果。
- 【缓入】：使入点动画平滑过渡，选择后关键帧会变为▶，快捷键为【Shift+F9】。
- 【缓出】：使出点动画平滑过渡，选择后关键帧会变为◀，快捷键为【Ctrl+Shift+F9】。
- 【缓动】：使入 / 出点动画都平滑过渡，选择后关键帧会变为⧗，快捷键为【F9】。

SPECIAL **扩展知识**

除了【缓入】【缓出】【缓动】，按住【Ctrl】键单击关键帧，关键帧会变为●；选择关键帧右击鼠标，在弹出的菜单里选择【切换定格关键帧】，关键帧会变为◀。

关键帧形态的用法和区别视频课中有具体讲解。

## 6. 关键帧插值

在合成制作过程中，相同的关键帧数值设置不同的关键帧插值，会产生不同的动画效果。选择关键帧右击，在弹出的菜单栏里选择【关键帧插值】选项，会弹出【关键帧插值】对话框，【临时插值】栏和【空间插值】下拉列表框里有不同的插值方式，如图 A07-13 所示。

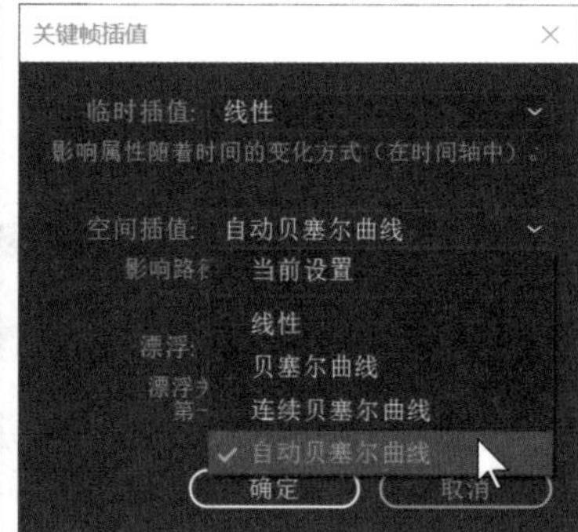


图 A07-13

【临时插值】即时间插值，指的是时间值的插值，一些属性只有时间组件，比如【不透明度】属性。

【空间插值】为空间值的插值，一些属性除了具有时间组件，还具有空间组件，比如【位置】属性。

这里讲解一下不同类型插值方式的区别。

- 自动贝塞尔曲线：【空间插值】默认的插值方式，可以创建平滑的运动效果，运动轨迹如图 A07-14 所示。
- 连续贝塞尔曲线：使用这种方式也可以创建平滑的运动效果，但是可以通过调整手柄来改变运动路径的形状。将豆包【位置】属性的关键帧【空间插值】改为【连续贝塞尔曲线】，运动路径如图 A07-15 所示。

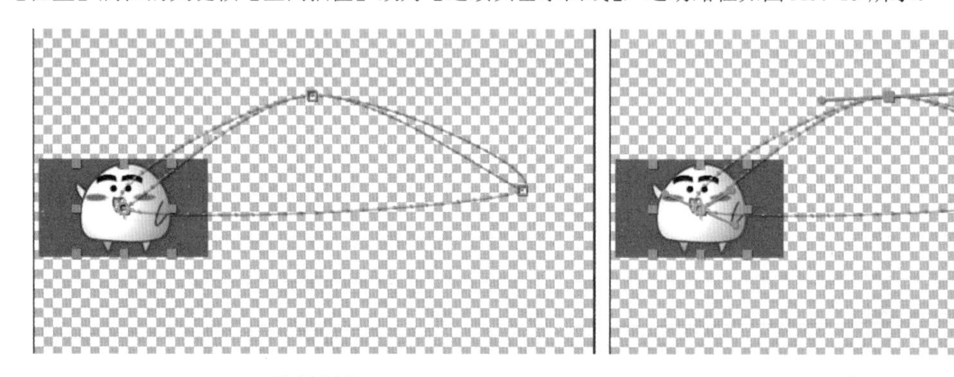

图 A07-14　　图 A07-15

- 贝塞尔曲线：可以更精确地调整运动路径。和【连续贝塞尔曲线】不同的是，【贝塞尔曲线】关键帧两个方向的手柄可以独立调整运动路径，将豆包【位置】属性的关键帧【空间插值】改为【贝塞尔曲线】，调整一侧手柄改变运动路径，如图 A07-16 所示。
- 线性：这种运动方式是匀速的，但效果比较机械。将豆包【位置】属性的关键帧【空间插值】改为【线性】，运动路径如图 A07-17 所示。

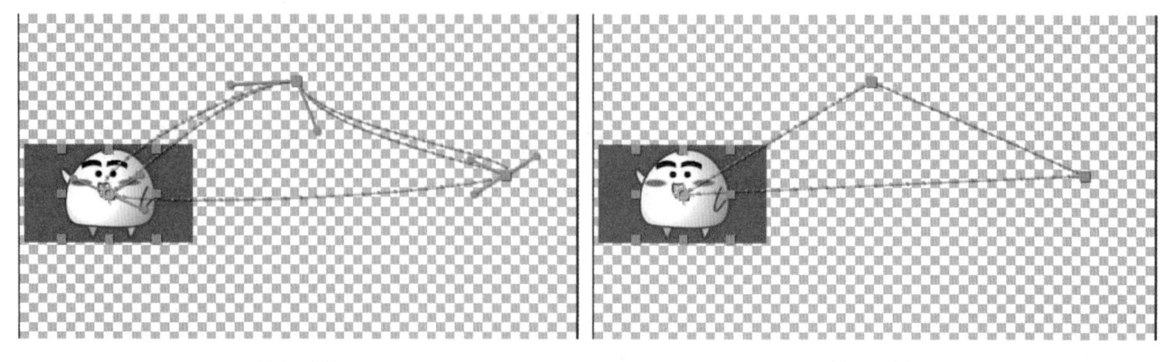

图 A07-16　　图 A07-17

- 定格：只能作为时间插值，这种方式可以改变层属性随时间变换的值，但没有中间过渡。将豆包【位置】属性的关键帧【临时插值】改为【定格】，可以看到关键帧的图形变为■，运动路径上 2 个关键帧直接成了一条直线，和【线性】不同的是直线上缺少了中间的轨迹点，如图 A07-18 所示。

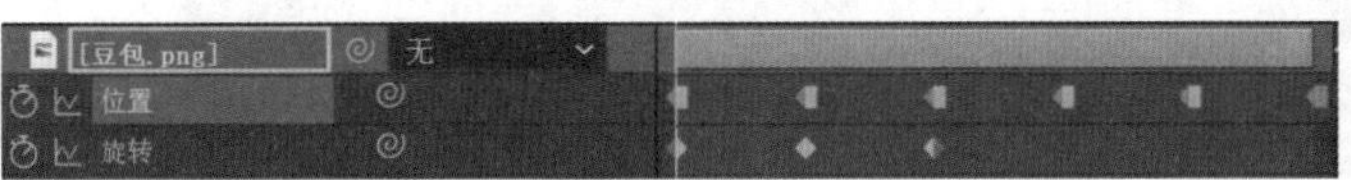


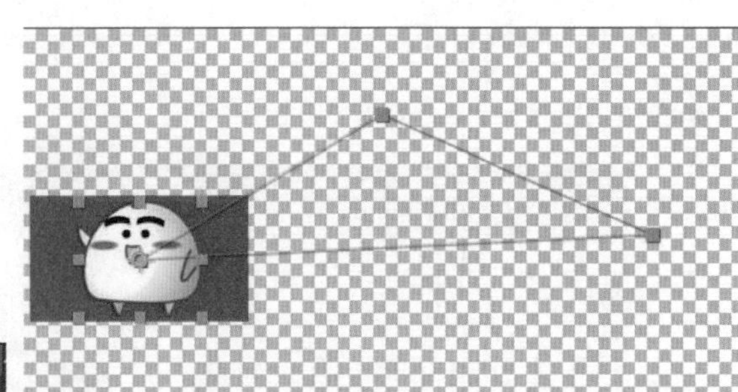

图 A07-18

按空格键播放，会发现豆包在 6 个关键帧的时间处直接跳动闪现，没有了中间的运动过程。

保存项目文件，退出项目。

## 7. 时间重映射

时间重映射就是时间的延长、压缩、回放甚至冻结，是一种重新构造时间的技术手段。

新建项目合成，导入本课提供的视频素材“重映射.mov”并拖入【时间轴】面板，播放素材发现方块做匀速直线运动，【时间轴】面板选择素材执行【图层】-【时间】-【启用时间重映射】命令（Ctrl+Alt+T），在素材头尾会自动添加2个关键帧，如图 A07-19 所示。

在 6 秒处添加一个关键帧，然后将此关键帧移动到 2 秒处，如图 A07-20 所示。

图 A07-19

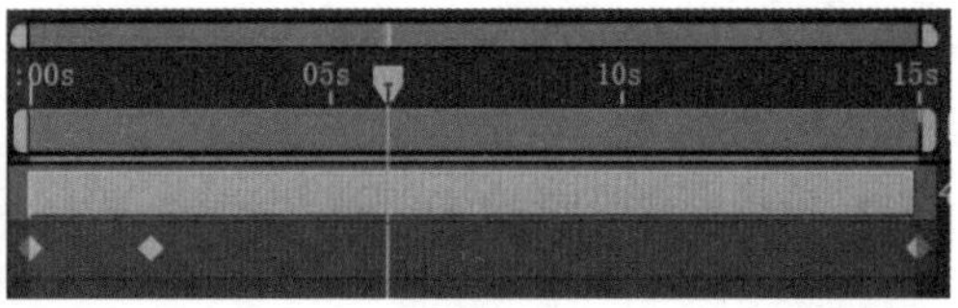

图 A07-20

按空格键播放，发现前 2 秒的时间进行了压缩，对象移动的速度变快了，2 秒后的时间进行了延长，对象运动速度变慢。

SPECIAL **扩展知识**

时间重映射不仅可以改变素材播放速度，还可以使素材结尾定格，只需将素材的出点向右拖曳，拖曳出的部分即为定格时间的长度。

## 8. 图表编辑器

打开之前保存的项目文件“基础动画.aep”，将豆包的【位置】属性的关键帧【临时插值】改为【线性】，选择图层 #1“豆包”图层，在时间轴面板顶部单击按钮，可以打开【图表编辑器】，如图 A07-21 所示。【图表编辑器】可以用来查看和操作属性值、关键帧等，使动画的调节变得更加方便。

【图表编辑器】底部有一些工具按钮，编辑操作主要是通过这些按钮实现的，如图 A07-22 所示。

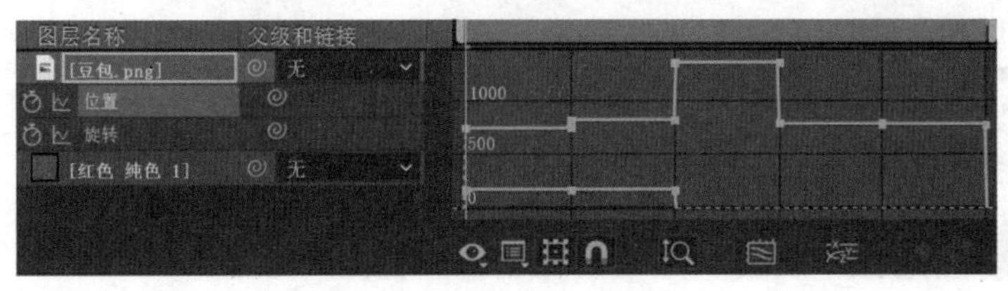


图 A07-21

图 A07-22

## A07.2 实例练习——豆包翻跟头

本实例完成效果如图 A07-23 所示。

图 A07-23

### 操作步骤

01 新建项目，在【项目】面板中导入图片素材“场景.jpg”和“豆包.png”。先将“场景.jpg”拖曳到【时间轴】面板中，自动生成和“场景.jpg”一样尺寸的合成，重命名为“豆包翻跟斗”，帧速率为 25 帧 / 秒；然后将“豆包.png”拖曳到【时间轴】面板中，将图层“豆包”置顶，如图 A07-24 所示。

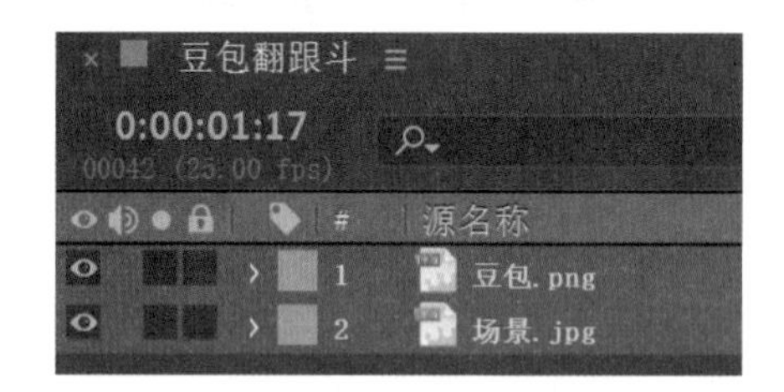


图 A07-24

02 选中图层 #1“豆包”，展开图层属性，将【缩放】属性的参数值改为 43.0,43.0%，使“豆包”在场景中比例协调，如图 A07-25 所示。

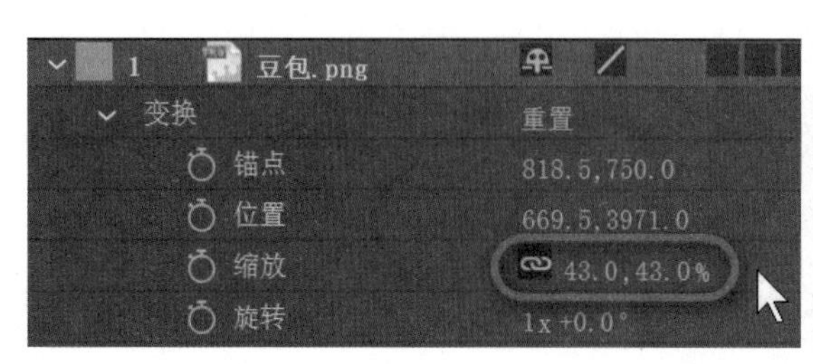

图 A07-25

03 将指针移动到 0 秒处，调整【位置】参数值为 3759.5,2231.0，并单击前面的码表设置关键帧，此时“豆包”在画面之外，如图 A07-26 所示。

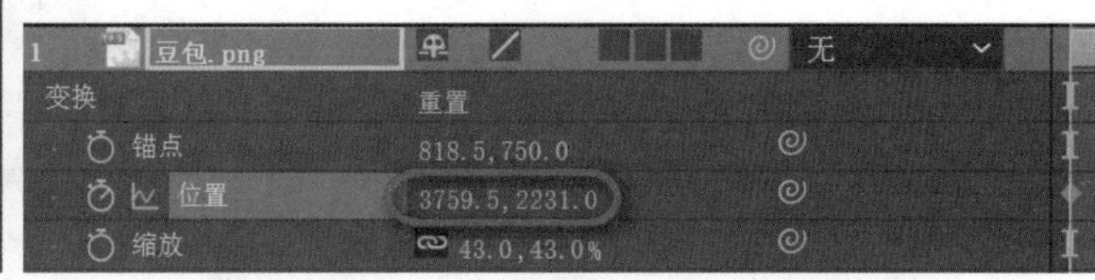


图 A07-26

04 将指针移动至 9 帧处，调整【位置】参数值为 2337.5,2231.0，自动添加第二个位置关键帧，观察“豆包”在【查看器】窗口中的位置，如图 A07-27 所示。

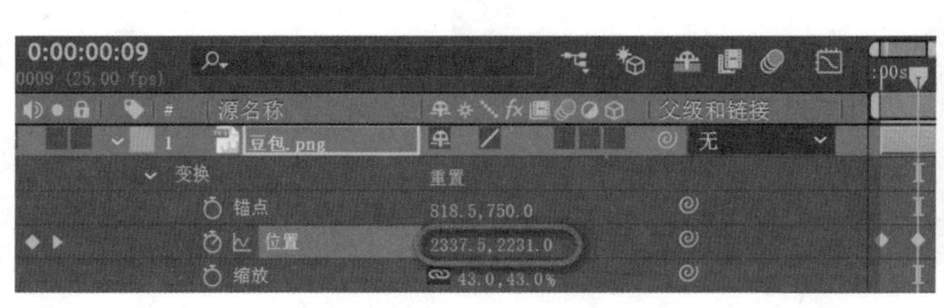

图 A07-27

05 将指针移动至 20 帧处，调整【位置】参数值为 1173.0,1727.0，自动添加第三个位置关键帧，观察“豆包”在【查看器】窗口中的位置。

06 将指针移动至 1 秒 5 帧处，调整【位置】参数值为 669.5,3971.0，自动添加第四个位置关键帧，观察“豆包”在【查看器】窗口中的位置，如图 A07-28 所示。

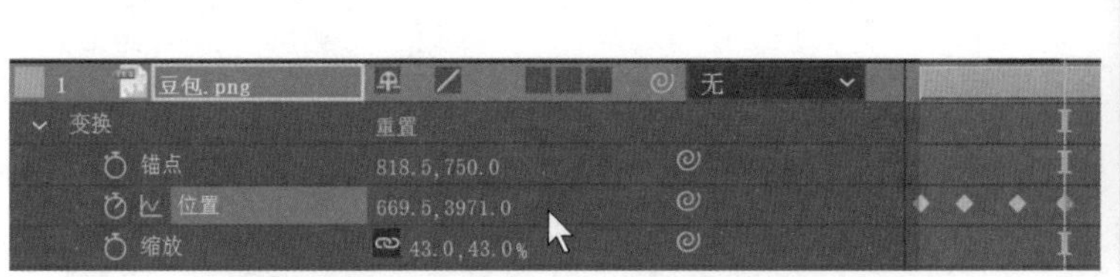

图 A07-28

07 此时豆包的运动路线已经生成，下面来制作翻跟斗动画，将指针移动至 13 帧处，单击【旋转】前面的码表设置关键帧，如图 A07-29 所示。

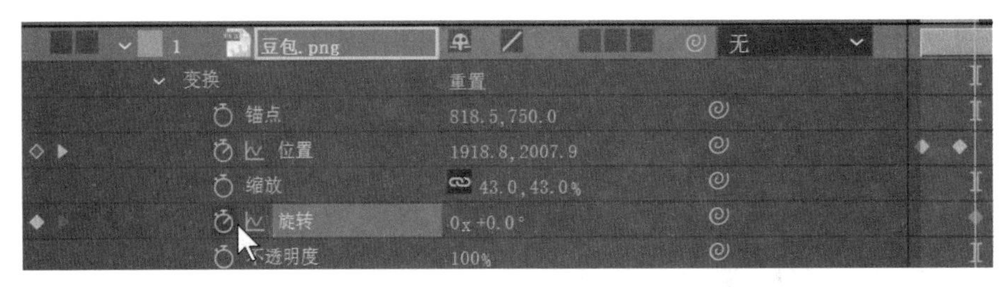


图 A07-29

08 将指针移动至 24 帧处，调整【旋转】参数值为 1x+0.0°，自动添加第二个旋转关键帧，如图 A07-30 所示。

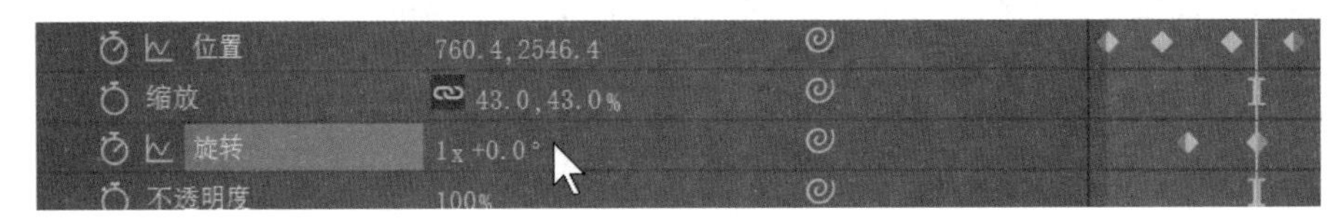


图 A07-30

09 一个简单的豆包翻跟斗动画就制作完成了，如图 A07-31 所示。

图 A07-31

10 为使动画更加丰富，在“豆包”落地时做一个“弹簧”效果，将指针移动至 1 秒 3 帧处，单击【缩放】前面的码表设置关键帧，如图 A07-32 所示。

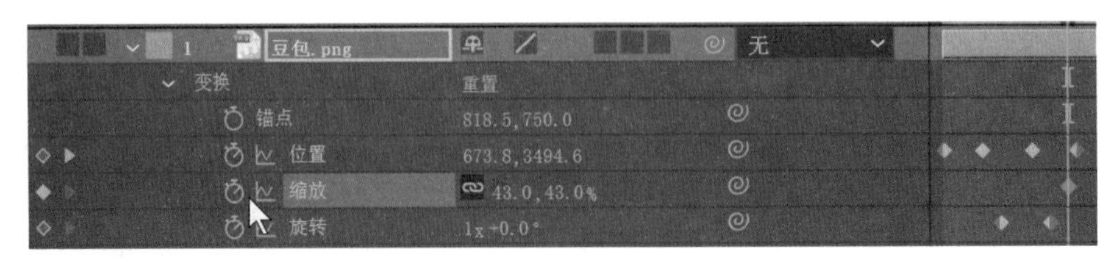


图 A07-32

11 按【PgDn】键两次，指针往后移 2 帧，每隔 2 帧设置 1 个【缩放】关键帧，共设置 4 个【缩放】关键帧，如图 A07-33 所示。

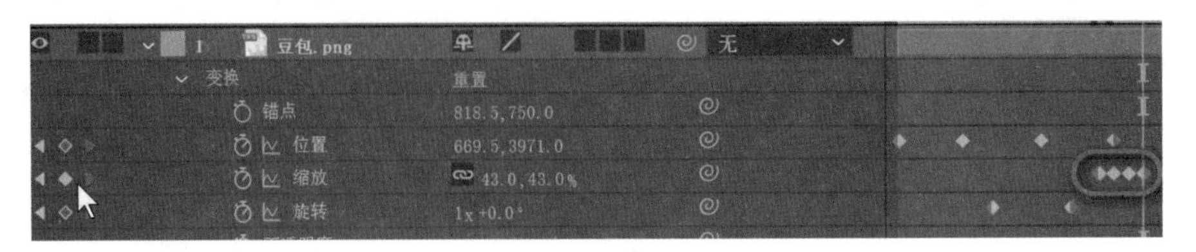


图 A07-33

12 将指针移动至第二个【缩放】关键帧，单击约束比例按钮，将水平和垂直方向的链接断开，调整【缩放】参数值为 36.0,48.0%，并观察“豆包”在【查看器】窗口中的拉伸效果，如图 A07-34 所示。

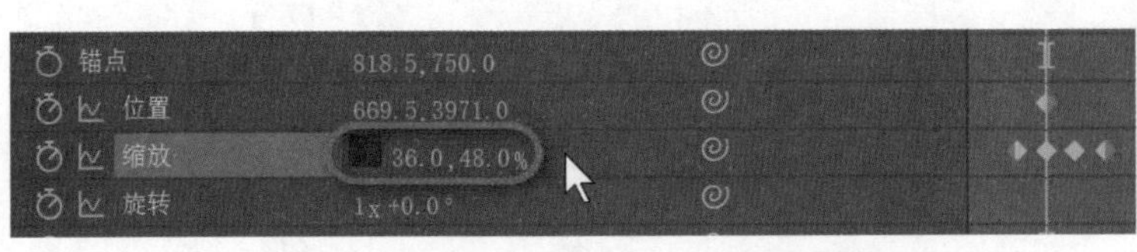

图 A07-34

13 单击【缩放】码表前的转到下一个关键帧 （见图 A07-35），在第三个缩放关键帧处调整【缩放】参数值为 47.0,33.0%，观察“豆包”【查看器】窗口中的压缩效果，如图 A07-36 所示。

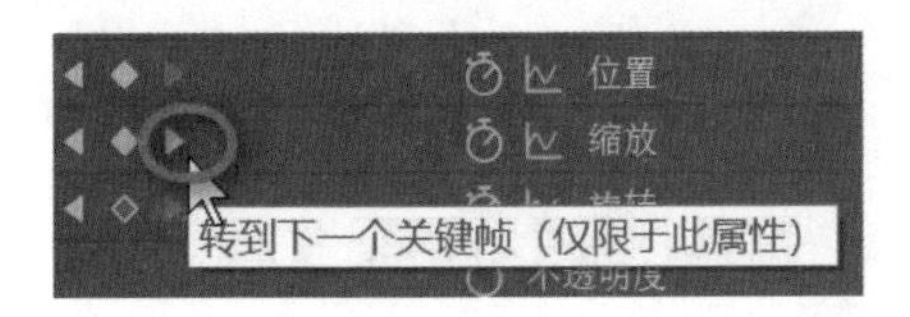


图 A07-35

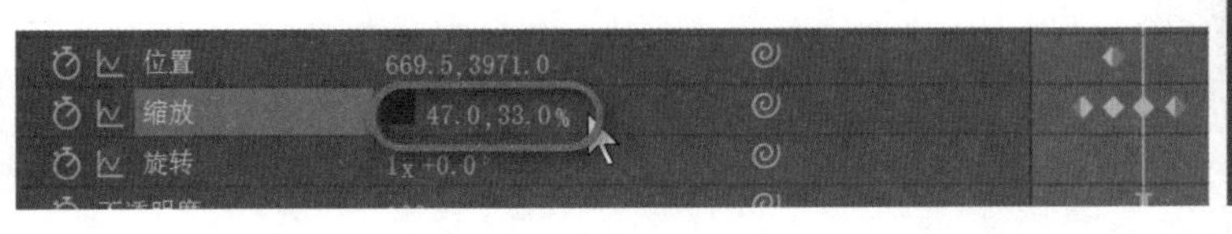


图 A07-36

14 为了使“豆包”的运动曲线更流畅，选择第三个位置关键帧右击，在弹出的菜单栏里选择【关键帧插值】选项，会弹出【关键帧插值】对话框，在【空间插值】中选择【连续贝塞尔曲线】，如图 A07-37 所示。

15 在【查看器】窗口中调整手柄来改变运动路径的形状，使“豆包”的运动曲线更加平滑，如图 A07-38 所示。至此，豆包翻跟斗动画就制作完成了，单击 按钮或按空格键，查看动画效果。

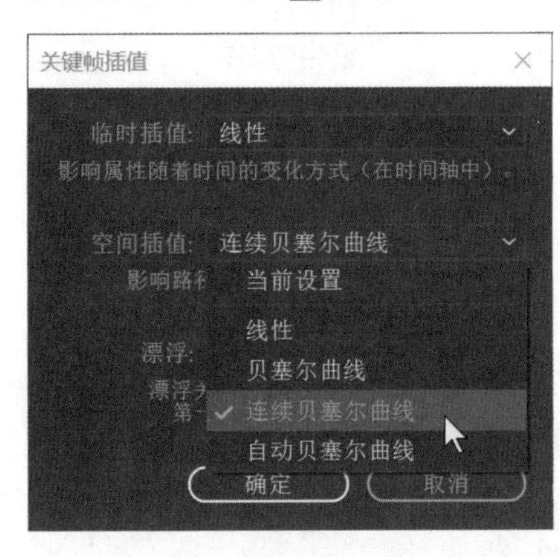


图 A07-37

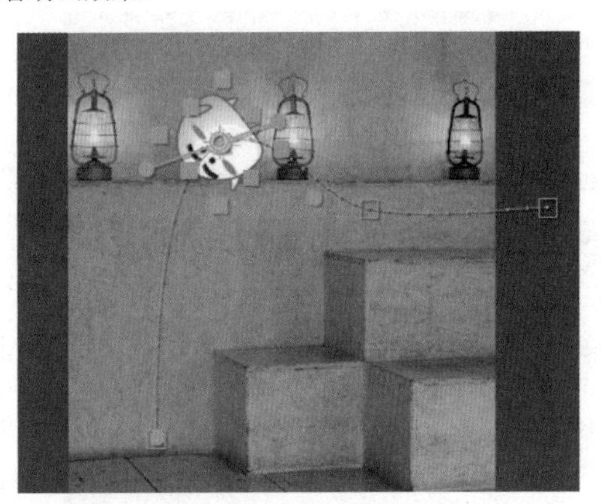

图 A07-38

## A07.3 综合案例——豆包接苹果

本综合案例完成效果如图 A07-39 所示。

图 A07-39

### 操作步骤

01 新建项目，新建合成，命名为“豆包接苹果”，宽度为 1920 px，高度为 1080 px，帧速率为 30 帧 / 秒，合成背景颜色为 #0775BE。在【项目】面板中导入图片素材“苹果.png”和“豆包接果子.png”并将其拖曳到【时间轴】面板，如图 A07-40 所示。

图 A07-40

02 选中图层 #1“苹果”，调整【缩放】参数为 10.0,10.0%，调整【位置】参数为 1344.0,-88.0（将苹果移出画面）并设置关键帧；选中图层 #2“豆包接果子”，调整【缩放】参数为 24.0,24.0%，调整【位置】参数为 350.8,796.9，并设置关键帧，如图 A07-41 所示。

1 [苹果.png] 正常 无
位置 1344.0,-88.0
缩放 10.0,10.0%
2 豆包接果子.png 正常 无 无
位置 350.8,796.9
缩放 24.0,24.0%

图 A07-41

03 将指针位置移动至 1 秒 14 帧处，选中图层 #1“苹果”，调整【位置】参数为 1344.0,765.0；选中图层 #2“豆包接果子”，调整【位置】参数为 1270.8,796.9，效果如图 A07-42 所示。

图 A07-42

04 选中图层 #2“豆包接果子”，全选【位置】关键帧，右击在弹出的菜单中选择【关键帧辅助】-【缓动】选项，快捷键为【F9】，如图 A07-43 所示。

关键帧插值... | 时间反向关键帧
漂浮穿梭时间 | 缓入 Shift+F9
关键帧速度... | 缓出 Ctrl+Shift+F9
关键帧辅助 > | 缓动 F9

图 A07-43

05 单击【位置】关键帧，在时间轴面板顶部单击按钮打开【图表编辑器】，在图表编辑器中右击，在弹出的菜单中选择【自动选择图表类型】选项，如图 A07-44 所示。

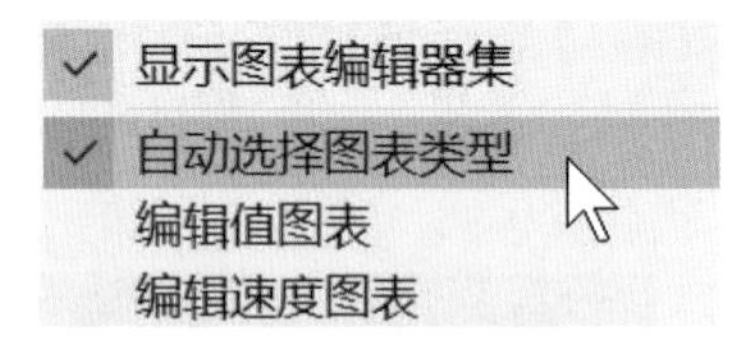


图 A07-44

06 调整手柄改变运动速度，贝塞尔曲线越陡峭速度增加越剧烈，制作“豆包”看到“苹果”下落时加速去接并减速停止的动画，如图 A07-45 所示。

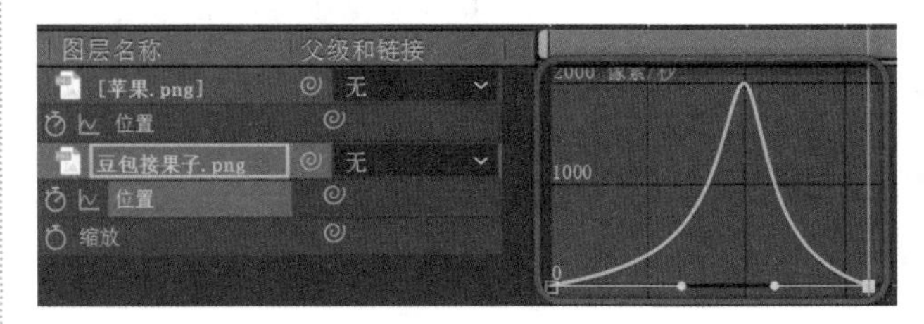


图 A07-45

07 根据上述步骤调整图层 #1“苹果”自由落体运动曲线，如图 A07-46 所示。

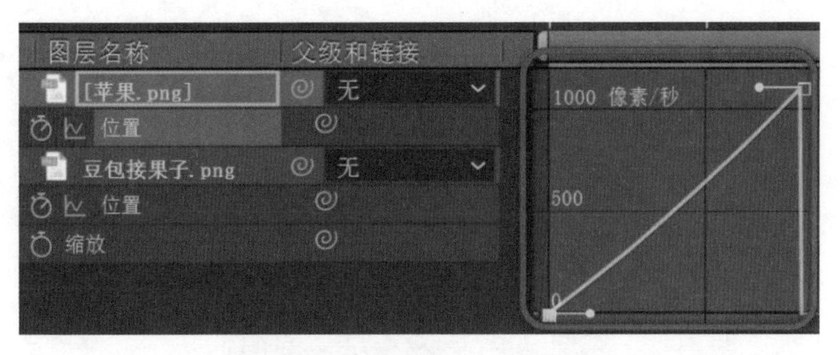


图 A07-46

08 为了使“苹果”能落到“筐子”中，需要给苹果制作蒙版（蒙版的制作和用法会在 A08 课讲解）。至此，豆包接苹果动画就制作完成了，单击▶按钮或按空格键，查看动画效果。

# A07.4　作业练习——游戏机动画

本作业的完成效果参考如图 A07-47 所示。

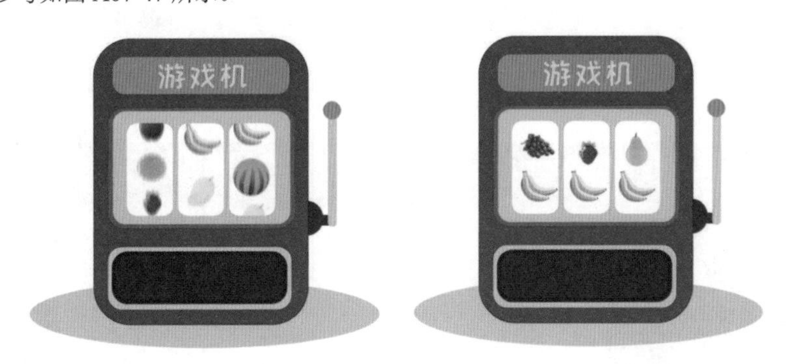


图 A07-47

### 作业思路

打开本课提供的项目文件“游戏机.aep”，为“手柄”的【位置】属性创建关键帧动画，使其下落至“手杆”底部然后回到原位置。使用【锚点工具】将“手杆”的锚点移动到“手杆”底部，为“手杆”的【缩放】属性创建关键帧动画，使其缩放至 0 再回到 100，关键帧位置对应“手柄”的关键帧位置。

使用【图表编辑器】将“手柄”和“手杆”的速度调整为缓入、缓出效果，制作拉动手杆动画。

对三层“水果轨道”的【位置】属性创建关键帧动画，使其下落，注意三层“水果轨道”的下落速度不同，且保证最终香蕉在一条水平线上。

使用【图表编辑器】将三层“水果轨道”的下落速度调整为缓入、缓出效果，并将三层“水果轨道”移动至合成最下层，完成制作水果下落动画。

# A07.5　动画预设

After Effects 中包含有非常多的动画预设，这些动画预设可以直接应用到项目合成中，也可对这些预设进行修改，然后再应用到项目合成中。

## 1. 应用动画预设

动画预设在【窗口】-【效果和预设】面板中，展开【动画预设】组即可看到预设，如图 A07-48 所示，将预设直接拖曳到图层上，或者选中图层双击预设都可应用预设。

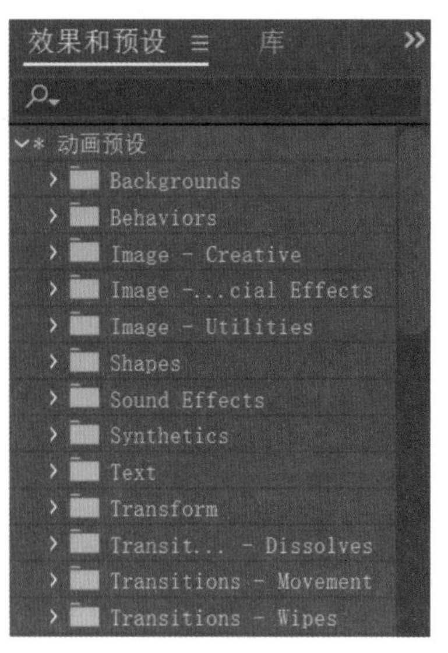


图 A07-48

以一个实例讲解动画预设的用法。

新建项目合成，新建白色纯色层，展开【动画预设】的【Backgrounds】组，将【丝绸】拖曳到纯色层上，如图 A07-49 所示。

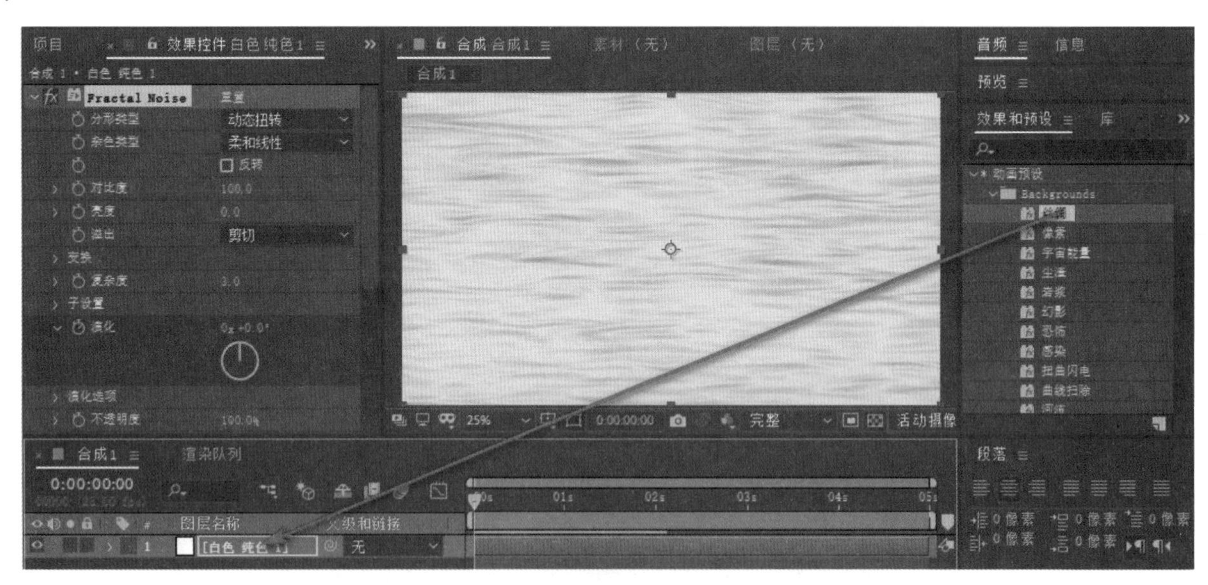


图 A07-49

播放预览可以看到预设【丝绸】的动画效果。

如果想要应用最近使用过的预设，执行【动画】-【最近动画预设】命令，从展开的子菜单中可以看到最近使用的所有预设，直接单击即可。

## 2. 保存动画预设

在合成制作的过程中，把调整好的效果保存为动画预设，在之后的工作中就可以直接调用，能大大提高工作效率。

保存动画预设的步骤如下。

- 对图层添加一个或多个效果，也可以通过关键帧来制作动画效果。对于视频效果的应用，会在后面的 A13 课介绍。
- 在【窗口】-【效果控件】面板中选择要保存为动画预设的效果，或者选择图层属性，执行【动画】-【保存动画预设】命令，弹出【动画预设另存为】对话框，如图 A07-50 所示，设置好文件名称和保存位置，单击【保存】按钮即可。

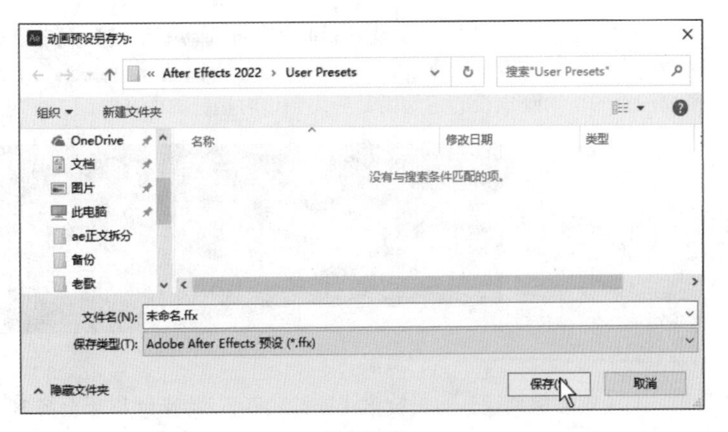


图 A07-50

# A07.6 实例练习——文字动画预设

本实例完成效果如图 A07-51 所示。

素材作者：Zweed_N_roll

图 A07-51

## 操作步骤

01 打开本课提供的项目文件“文字动画预设.aep”，在【时间轴】面板中新建文本层“Adobe After Effects”，将文本居中对齐，如图 A07-52 所示。

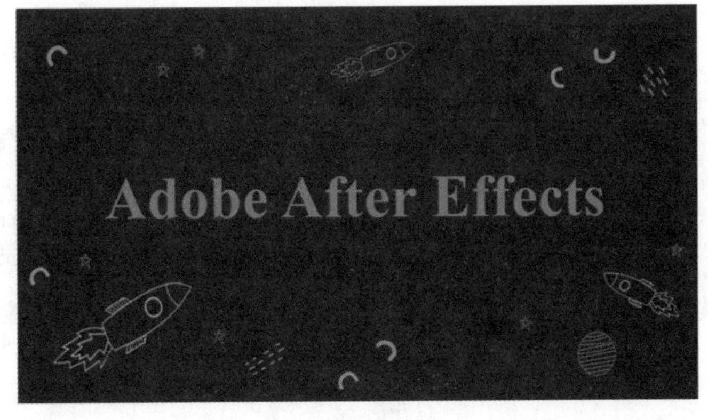


图 A07-52

02 选择图层 #1 “Adobe After Effects”，在【效果和预设】面板中选择【动画预设】-【Text】-【Animate In】-【缓慢淡化打开】，将指针移动至第 0 帧处，将【缓慢淡化打开】拖曳至图层 #1 “Adobe After Effects” 上，一个文字入场动画就制作完成了，如图 A07-53 所示。需要注意的是动画预设的起始帧是应用预设时指针的所在时间。

图 A07-53

03 丰富文字入场动画效果，在【效果和预设】面板搜索【连续跳跃】，将指针移动至第 20 帧处 “文本” 隐约显现时，将效果应用至文本图层，一个跳跃显现的文本动画就制作完成了，如图 A07-54 所示。

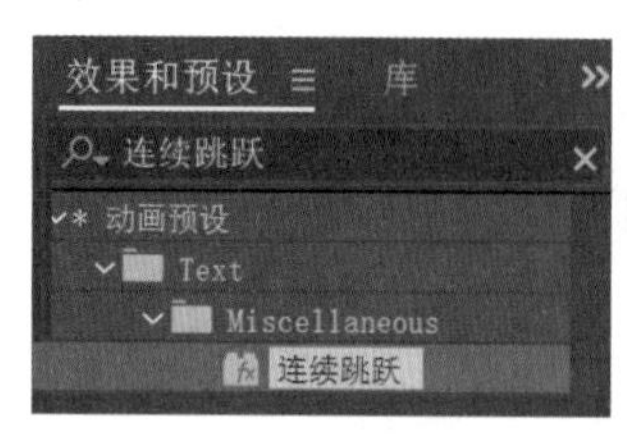

图 A07-54

04 在【效果和预设】面板搜索【蓝色脉冲】，将指针移动至第 0 帧处，将效果应用至文本层，使文本颜色不断变换。在【时间轴】面板中展开【文本】属性，选中【动画 2】-【填充颜色】根据所需调整颜色；想要填充颜色更加明显时，选中【动画 - 摆动填充色相】-【填充色相】调整属性值，如图 A07-55 所示。

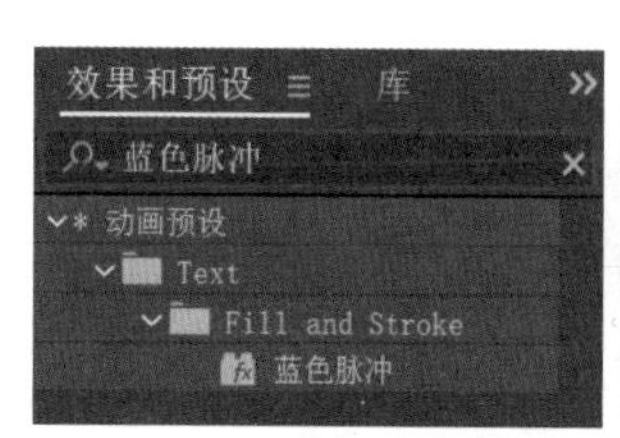

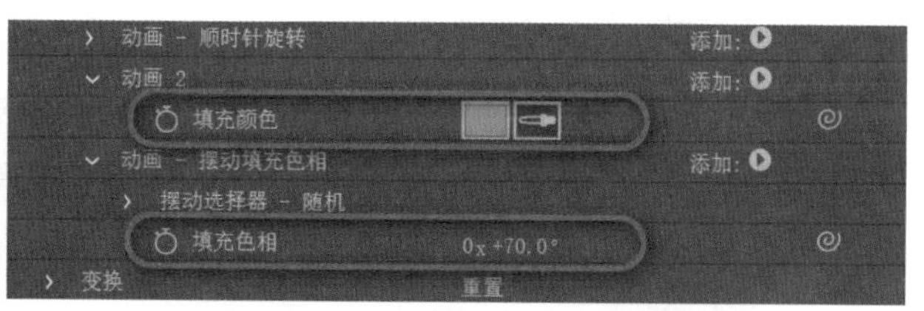

图 A07-55

05 将指针拖曳至 4 秒处，添加结束动画预设，在【效果和预设】面板搜索【淡出缓慢】，将效果应用至文本层，一个文字出场动画就制作完成了，如图 A07-56 所示。

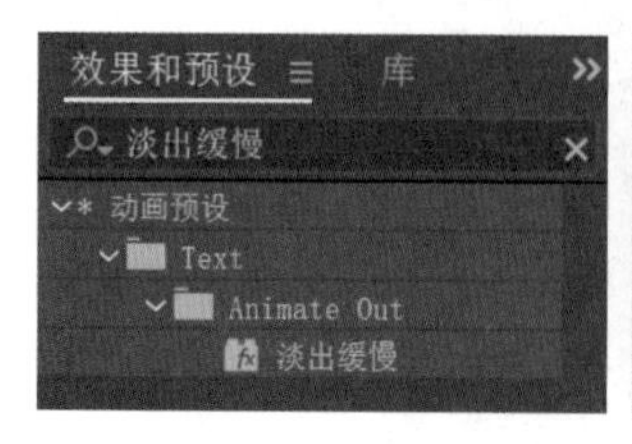

图 A07-56

06 在【时间轴】面板中新建文本层 “从入门到精通”，根据上述步骤使文本颜色不断变换，再将指针拖曳至 1 秒 10 帧处添加【随机淡化上升】动画预设，如图 A07-57 所示。

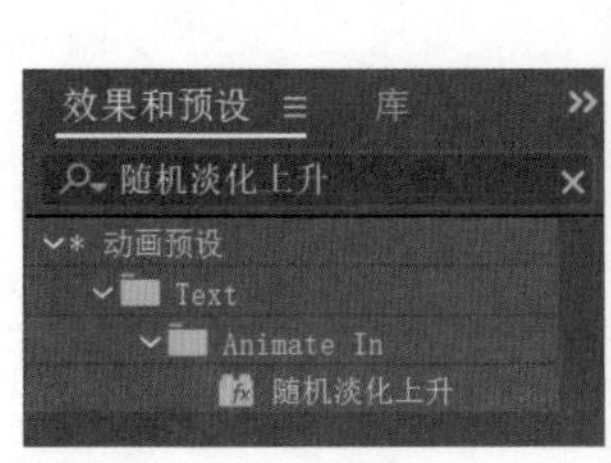

图 A07-57

07 使用快捷键【U】显示关键帧，将指针拖曳至图层 #2“Adobe After Effects”倒数第三个关键帧处，将图层 #1“从入门到精通”【起始】属性的两个关键帧拖曳至当前指针处，制作两个文本同时结束入场的效果，如图 A07-58 所示。

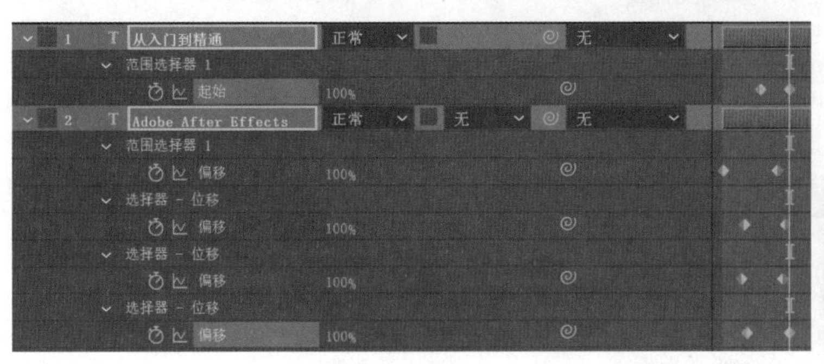

图 A07-58

08 将指针拖曳至 4 秒处，选择图层 #1“从入门到精通”添加【淡出缓慢】动画预设，制作两个“文本”同时出场的效果，如图 A07-59 所示。至此，文字动画预设就制作完成了，单击▶按钮或按空格键播放动画，查看效果。

图 A07-59

## A07.7　父子关系

所谓父子关系，顾名思义，就是父层和子层，子层会继承父层的属性。在 After Effects 中，一个子层只能对应一个父层，但是一个父层可以有一个或多个子层，而在一个合成中可以有多个父层，就像一群爸爸带好多娃。

通过设置父子关系可以很方便地使很多图层做同样的动画，而且只需要控制一个层。如果不设置父子关系而想要达到同样的效果，就必须嵌套合成做动画。

父子级是一个单向关系，子级不能控制父级，父级可以控制子级，父级也可以作为其他图层的子级，这种灵活的操作方式比嵌套合成具有更高的编辑空间。按住【Shift】键建立父子级时，子级会自动匹配父级属性参数。

打开提供的项目文件“父子关系”，可以看到有三个图层，在【时间轴】面板中把子层的父级关联器图标直接拖曳到父层上，如图 A07-60 所示。

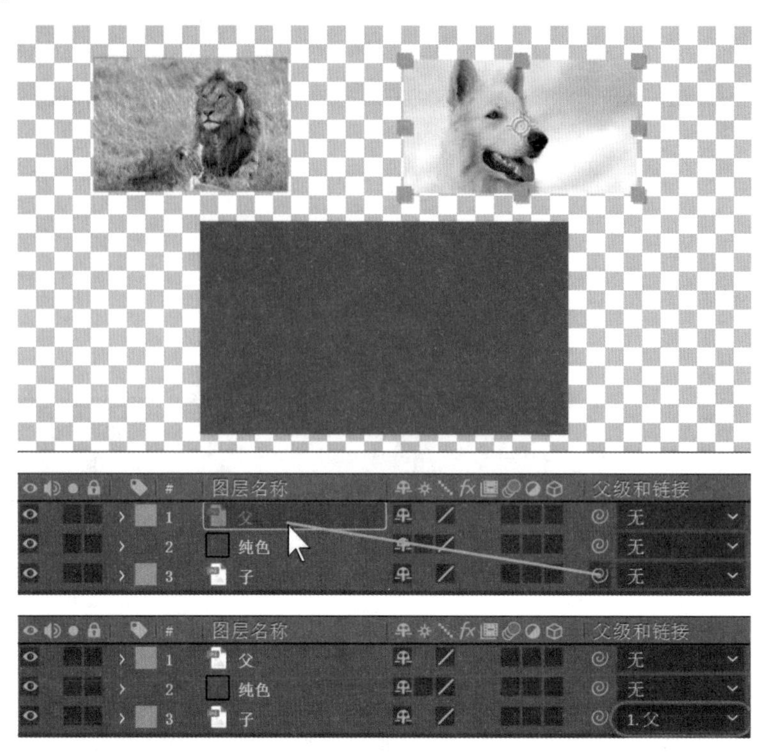


图 A07-60

展开图层 #1“父”的属性，改变其属性值，发现图层 #3“子”跟着一起变化，父子关系建立完成。对图层 #1“父”的属性值做关键帧动画，图层 #3“子”会有相同的动画。

单击【父级和链接】下拉箭头，选择【无】即可断开父子关系；按住【Shift】键重新建立父子关系，发现子层位置会移动到父层处，如图 A07-61 所示。

图 A07-61

注意：父层的属性中，只有【不透明度】属性不能被子层继承。

## A07.8 实例练习——水瓶影子移动

本实例完成效果如图 A07-62 所示。

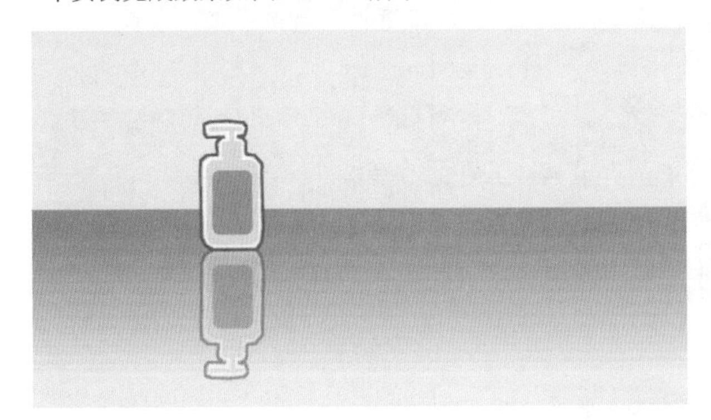
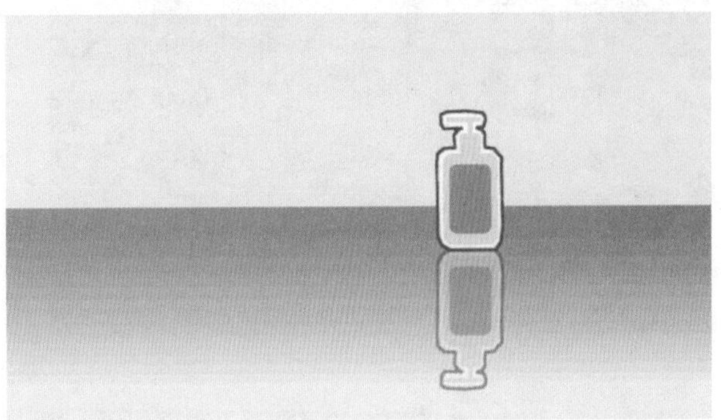

素材作者：Gabby K

图 A07-62

### 操作步骤

01 新建项目，新建合成，命名为“水瓶影子移动”，宽度为 1920 px，高度为 1080 px，帧速率为 30 帧 / 秒。

02 在【项目】面板中导入图片素材“背景.jpg”和“水瓶.png”，将其拖曳到【时间轴】面板中，将图层“水瓶”置顶，如图 A07-63 所示。

03 选中图层 #1“水瓶”，按【Ctrl+C】快捷键，再按【Ctrl+V】快捷键，复制出一层“水瓶”图层，将其重命名为“水瓶影子”，如图 A07-64 所示。

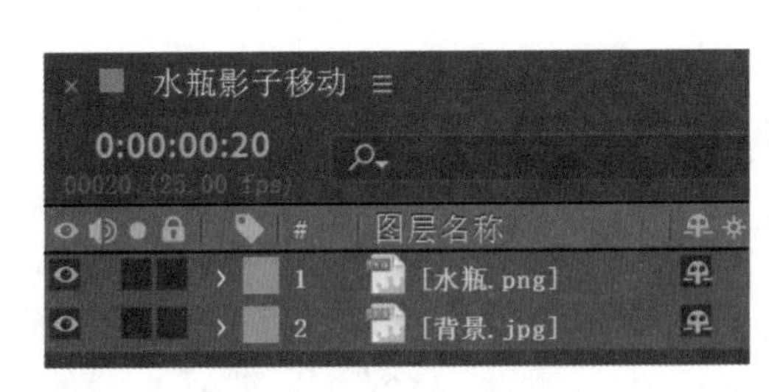


图 A07-63

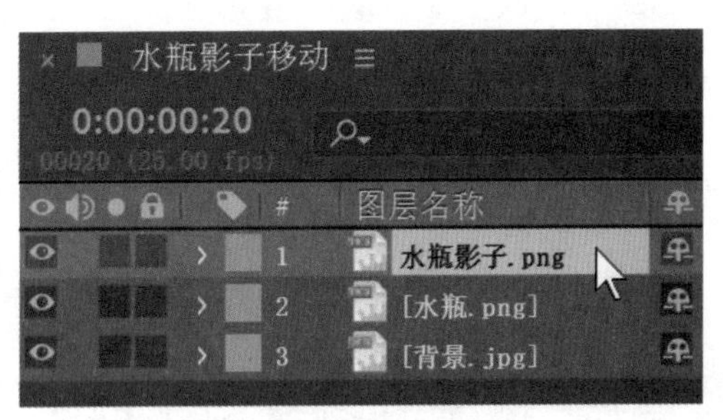


图 A07-64

04 选中图层 #1“水瓶影子”右击，在菜单中选择【变换】-【垂直翻转】选项，如图 A07-65 所示。

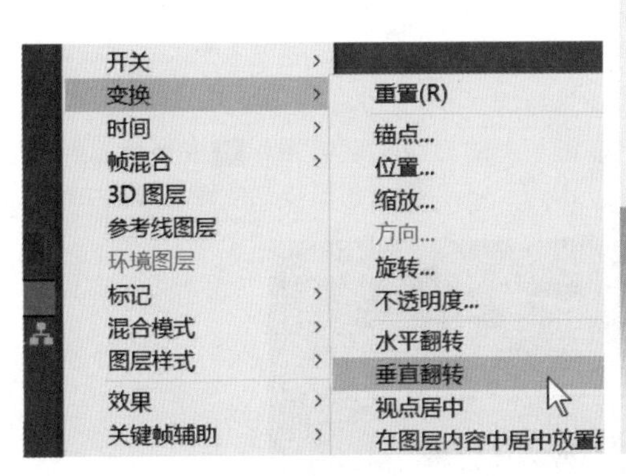

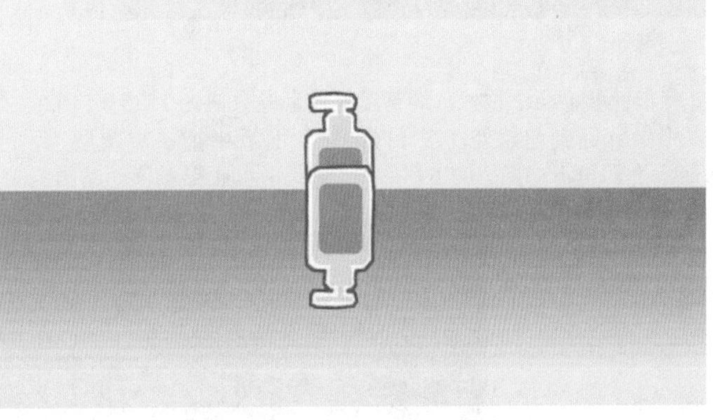

图 A07-65

05 展开图层属性，将【位置】属性的参数值改为960.0,713.0，【不透明度】属性的参数值改为54%，如图A07-66所示。

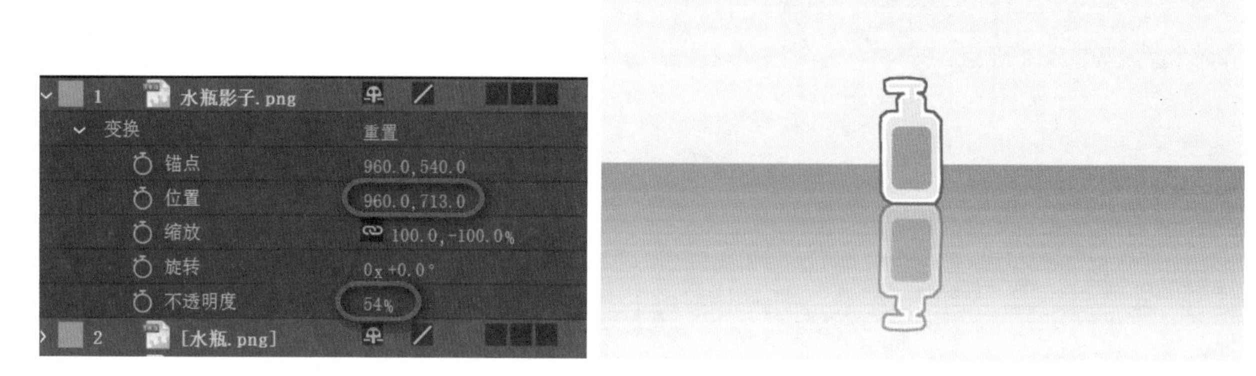


图A07-66

06 选中图层#2“水瓶”，单击【位置】前面的码表设置关键帧，如图A07-67所示。

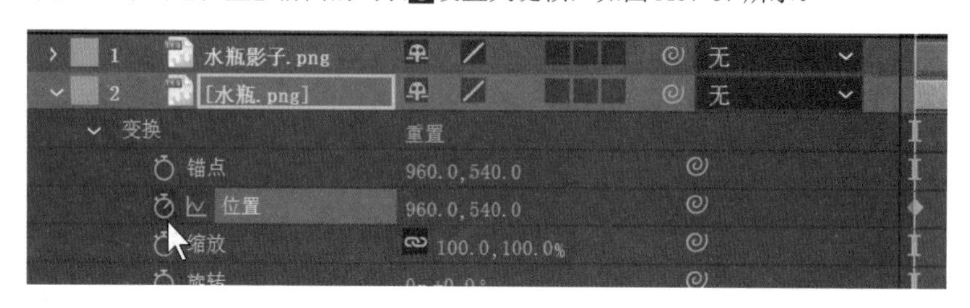


图A07-67

07 将指针移动至1秒处，调整【位置】参数值为544.0,540.0，自动添加第二个位置关键帧，并观察“水瓶”在【查看器】窗口中的位置，如图A07-68所示。

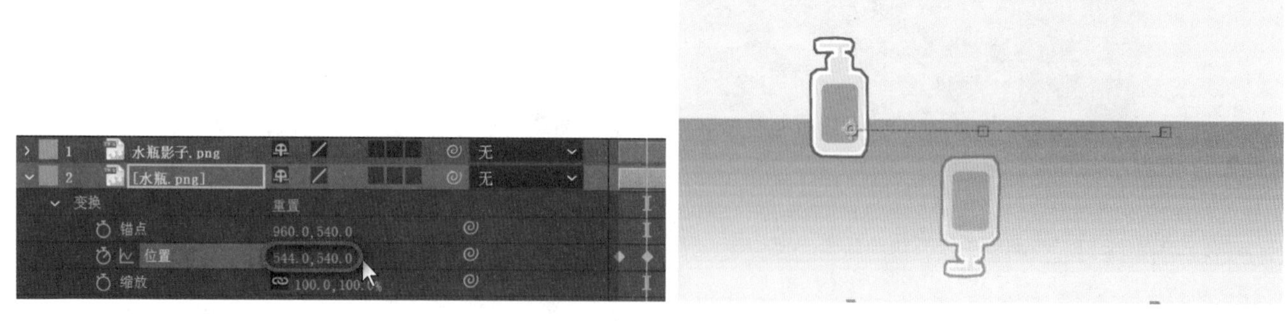

图A07-68

08 将指针移动至2秒处，调整【位置】参数值为1535.0,540.0，自动添加第三个位置关键帧。

09 将指针回到起始处，在【时间轴】面板中把子层图层#1“水瓶影子”的父级关联器图标直接拖曳到父层图层#2“水瓶”上即可，如图A07-69所示。至此，水瓶影子移动动画就制作完成了，单击按钮或按空格键，查看动画效果。

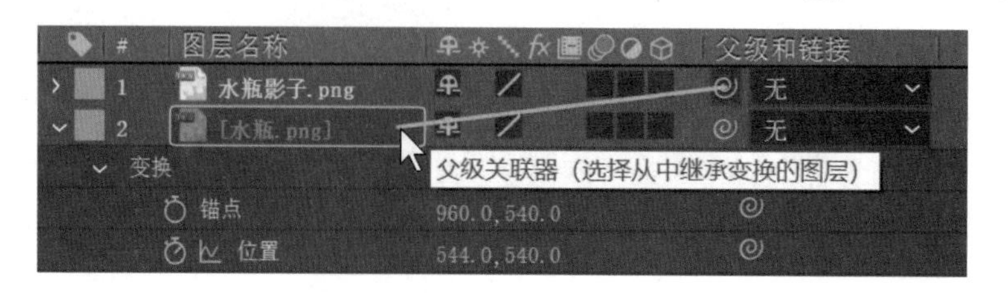

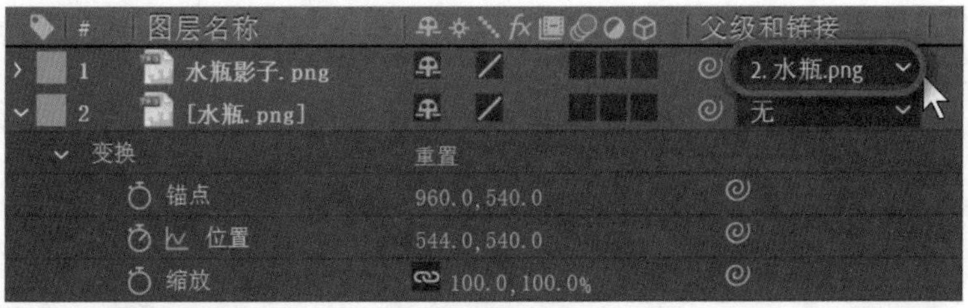

| # | 图层名称 | 父级和链接 |
|---|---|---|
| 1 | 水瓶影子.png | 2.水瓶.png |
| 2 | [水瓶.png] | 无 |
| 变换 | | 重置 |
| 锚点 | | 960.0,540.0 |
| 位置 | | 544.0,540.0 |
| 缩放 | | 100.0,100.0% |

图 A07-69

## A07.9 综合案例——挖掘机动画

本综合案例完成效果如图 A07-70 所示。

挖掘机素材作者：RealMotion，城市素材作者：Clker-Free-Vector-Images

图 A07-70

### 操作步骤

01 打开本课提供的项目文件“挖掘机动画.aep”，在【时间轴】面板中新建“空对象”，选择图层 #2 ～ #9，全部作为图层 #1“空 1”的子级，使挖掘机跟随空对象移动，如图 A07-71 所示。

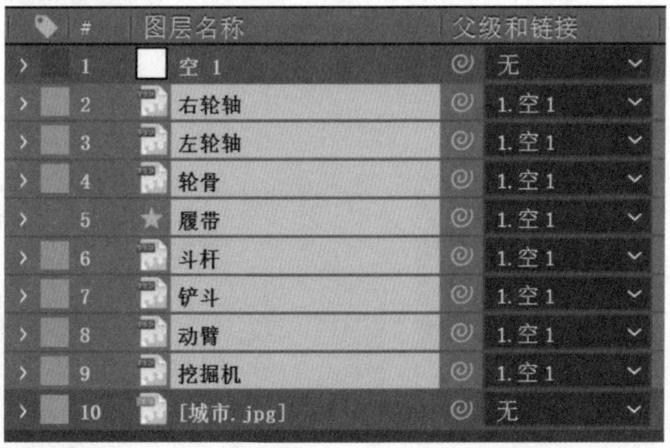

| # | 图层名称 | 父级和链接 |
|---|---|---|
| 1 | 空 1 | 无 |
| 2 | 右轮轴 | 1.空 1 |
| 3 | 左轮轴 | 1.空 1 |
| 4 | 轮骨 | 1.空 1 |
| 5 | 履带 | 1.空 1 |
| 6 | 斗杆 | 1.空 1 |
| 7 | 铲斗 | 1.空 1 |
| 8 | 动臂 | 1.空 1 |
| 9 | 挖掘机 | 1.空 1 |
| 10 | [城市.jpg] | 无 |

图 A07-71

02 选择图层 #1“空 1”制作挖掘机入场动画。将指针移动至第 0 帧处，按【P】键展开【位置】属性，调整【位置】属性值为 960.0,650.0，将挖掘机向右移出画面，并添加【位置】关键帧；将指针移动至第 2 秒处，将挖掘机向左移动至画面中间，如图 A07-72 所示。

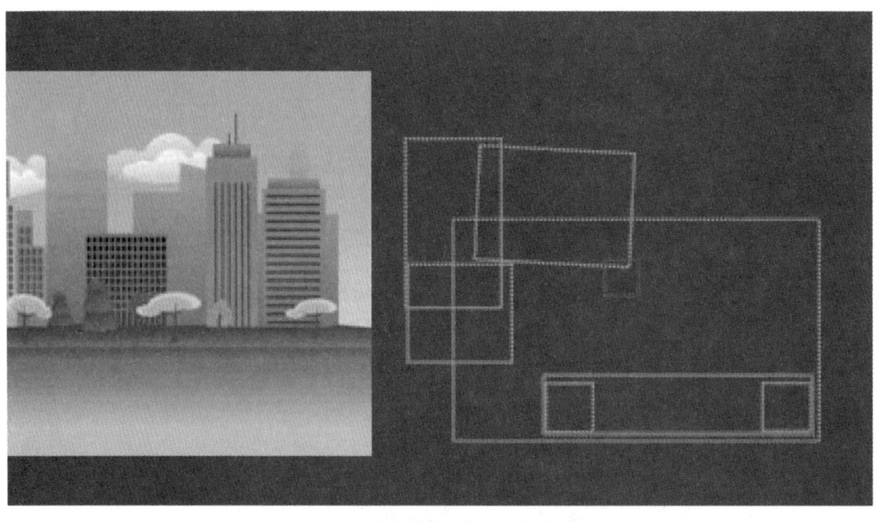

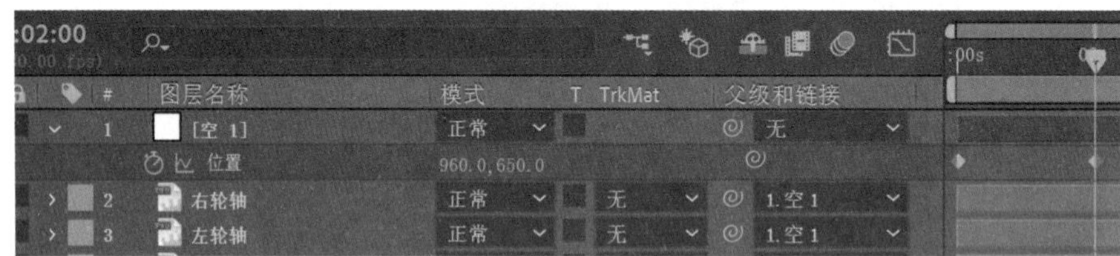

图 A07-72

03 下面制作挖掘机的挖掘动作。选择图层 #6“斗杆”，按【Y】键（锚点工具）在【查看器】窗口中移动锚点至与“动臂”相交处，再调整图层 #7“铲斗”和图层 #8“动臂”的锚点位置，如图 A07-73 所示。

图 A07-73

04 选择图层 #7“铲斗”，作为图层 #6“斗杆”的子级；选择图层 #6“斗杆”，作为图层 #8“动臂”的子级，如图 A07-74 所示。

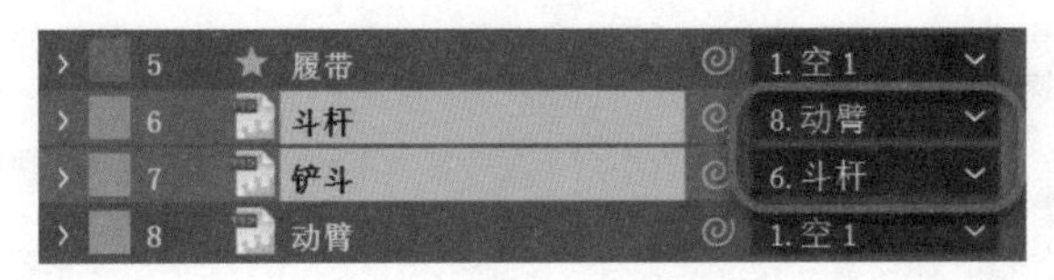


图 A07-74

05 将指针拖曳至第 2 秒处，选择图层 #7“铲斗”和图层 #8“动臂”，按【R】键展开【旋转】属性，添加【旋转】关键帧，作为【旋转】开始帧；将指针拖曳至第 2 秒 10 帧处，调整图层 #7“铲斗”和图层 #8“动臂”【旋转】属性值，制作“动臂”向下降落，“铲斗”下挖动作，如图 A07-75 所示。

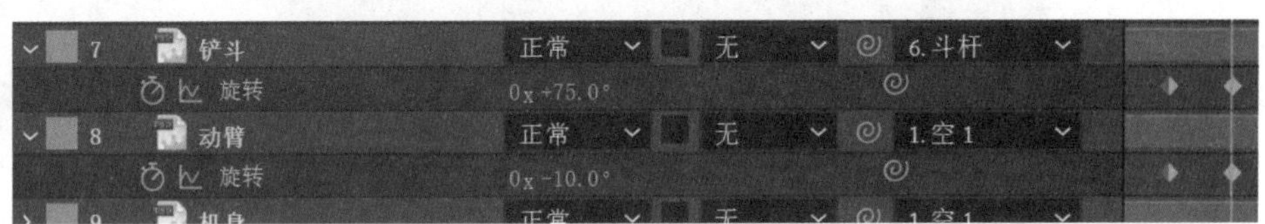


图 A07-75

06 将指针拖曳至第 2 秒 20 帧处，选择图层 #7“铲斗”调整【旋转】属性值，制作“铲斗”挖起动作。选择图层 #6“斗杆”添加【旋转】关键帧，作为【旋转】开始帧，如图 A07-76 所示。

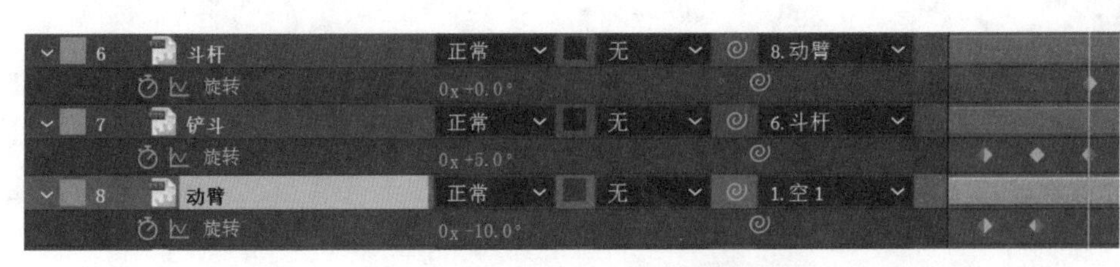

图 A07-76

07 将指针拖曳至第 3 秒处，选择图层 #8“动臂”调整【旋转】属性值，制作“动臂”向上抬起动作。选择图层 #6“斗杆”添加【旋转】关键帧，制作向内回收效果，如图 A07-77 所示。

6 斗杆 正常 无 8. 动臂
旋转 0x +20.0°
7 铲斗 正常 无 6. 斗杆
旋转 0x +5.0°
8 动臂 正常 无 1. 空 1
旋转 0x +0.0°

图 A07-77

08 选择图层 #1“空 1”制作挖掘机出场动画。添加【位置】关键帧，作为出场预备帧；拖曳指针至合成结束处，调整【位置】属性值，使挖掘机向左移动移出画面，如图 A07-78 所示。

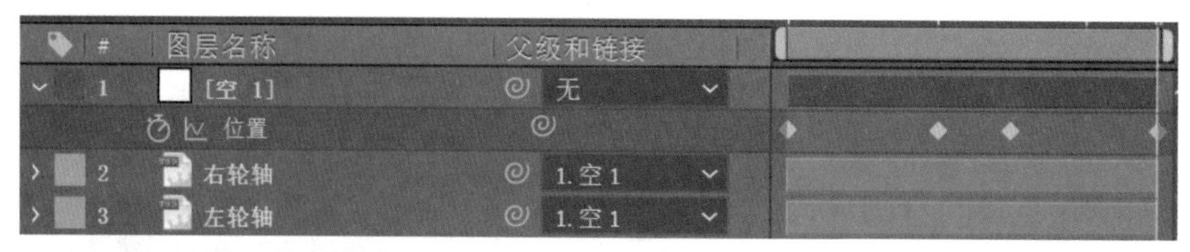

图 A07-78

09 接下来制作挖掘机履带运动效果。选择图层 #2“右轮轴”，根据图层 #1“空 1”关键帧位置添加【旋转】关键帧，调整【旋转】属性值使右轮轴旋转，开启运动模糊开关，如图 A07-79 所示。

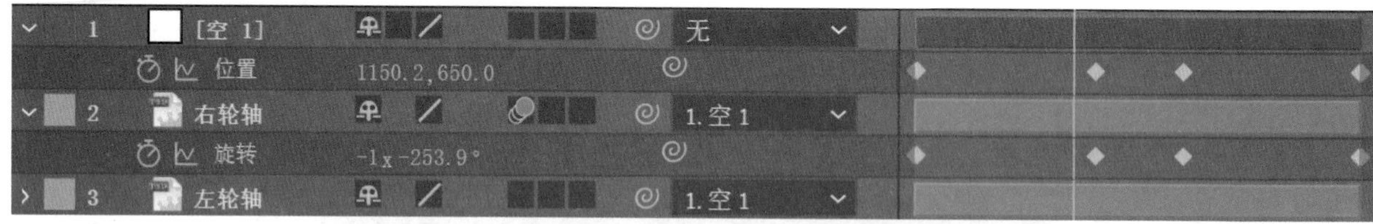

图 A07-79

10 将指针移动至 0 帧处，选择图层 #2“右轮轴”的【旋转】属性，复制并粘贴至图层 #3“左轮轴”，开启运动模糊开关，如图 A07-80 所示。

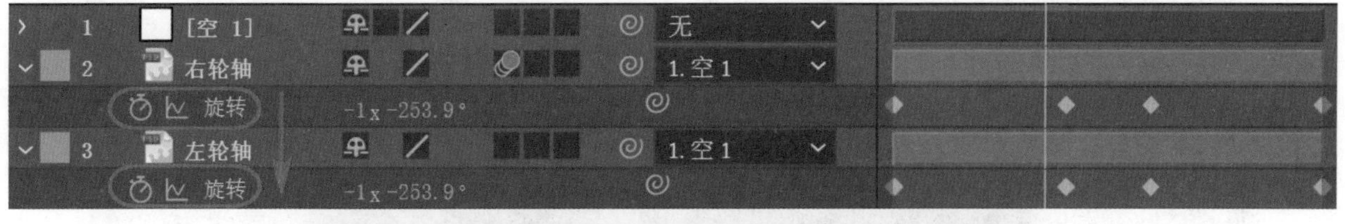

图 A07-80

11 将指针移动至 0 帧处，选择图层 #5“履带”展开【内容】属性，展开【矩形 1】-【描边 1】-【虚线】属性；选择图层 #2“右轮轴”的【旋转】属性，复制并粘贴至图层 #5“履带”【虚线】属性下的【偏移】属性，开启运动模糊开关，如图 A07-81 所示。至此，挖掘机动画就制作完成了，单击按钮或按空格键，查看效果。

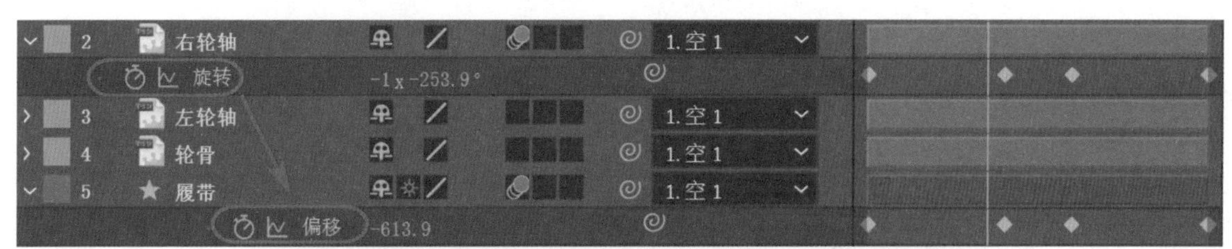


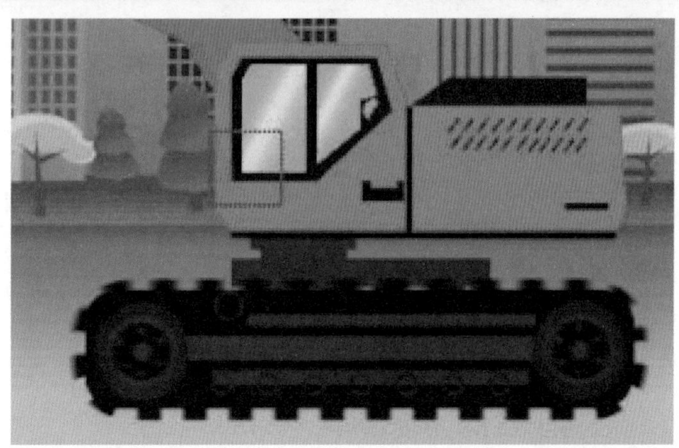

图 A07-81

## A07.10 作业练习——母鸡和小鸡们

本作业完成效果参考如图 A07-82 所示。

母鸡和小鸡素材作者：OpenClipart-Vectors，农田素材作者：OpenClipart-Vectors

图 A07-82

作业思路

新建项目合成，导入提供的素材，为三只小鸡的【位置】属性创建关键帧，分别制作每只小鸡远离母鸡又回到母鸡身边的动画；将三只小鸡都作为母鸡的子级，为母鸡的【位置】属性创建关键帧，制作母鸡从右至左移动的动画。完成小鸡在母鸡身边徘徊并跟随母鸡一起移动的动画。

## 总结

本课主要讲解了一些基础动画的制作，读者要多加练习，熟练掌握关键帧动画与父子关系，这样遇到复杂的动画也能快速上手。

读书笔记

本课主要讲解有关蒙版和遮罩的操作，蒙版和遮罩用于创建更复杂的合成效果，After Effects 中的遮罩和 Photoshop 中的剪切蒙版类似。纪录片《人间世》片头就用到了遮罩的效果。

A08课

蒙版和遮罩

遮住不想见的它



# A08.1 绘制蒙版

## 1. 形状图层绘制蒙版

新建一个项目，导入本课提供的图片素材“礼物.jpg”，用图片素材直接创建合成，如图 A08-1 所示。

素材作者：waichi2021

图 A08-1

在【时间轴】面板选择图层 #1“礼物”，单击工具栏里的【矩形工具】，在【查看器】窗口上单击拖动鼠标，即可创建一个矩形蒙版，如图 A08-2 所示。

图 A08-2

可以看到图片仅在矩形蒙版范围内的内容才会显示，展开矩形工具组，使用其他形状的工具即可绘制出不同形状的蒙版。

在一个图层上，可以多次绘制，绘制许多层蒙版。

**扩展知识**

按住【Shift】键的同时绘制蒙版，可以绘制出正方形、正圆、正多边形等蒙版；按住【Ctrl】键的同时绘制蒙版，则为从中心向外绘制蒙版。

## 2. 钢笔工具绘制蒙版

使用工具栏里的【钢笔工具】可以绘制任意形状的蒙版。比如可以把人物形象用【钢笔工具】抠出来，直接沿人物边缘用【钢笔工具】创建蒙版。关于【钢笔工具】的详细使用方法，请参阅本系列丛书之《Photoshop 从入门到精通》一书的 A25 课。

## 3. 创建和图层大小相同的蒙版

如果要创建和图层大小相同的蒙版，选择图层然后双击工具栏里的形状图层工具即可。比如要绘制一个和图层大小相同的椭圆蒙版，直接双击【椭圆工具】即可完成，如图 A08-3 所示。按【Ctrl+Shift+N】快捷键可以创建和图层大小相同的矩形蒙版。

图 A08-3

# A08.2 使用蒙版

创建蒙版后，图层就会增加【蒙版】属性，可以对蒙版的属性进行调节，如图 A08-4 所示。按【M】键为显示蒙版，快速连按两次【M】键为展开蒙版所有属性，在蒙版显示的状态下按【M】键为隐藏蒙版。

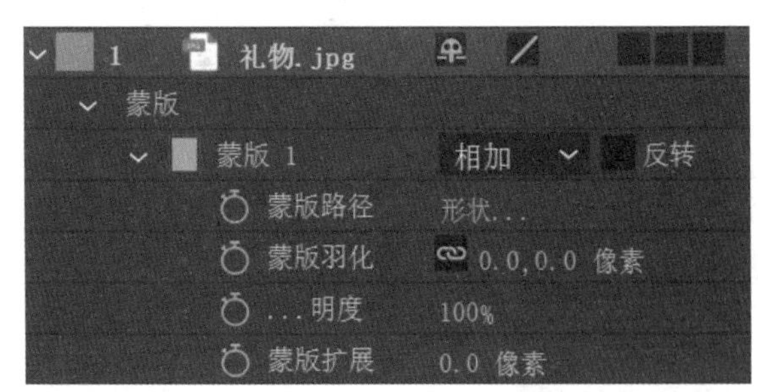


图 A08-4

也可以执行【图层】-【蒙版】命令调节蒙版属性，如图 A08-5 所示。

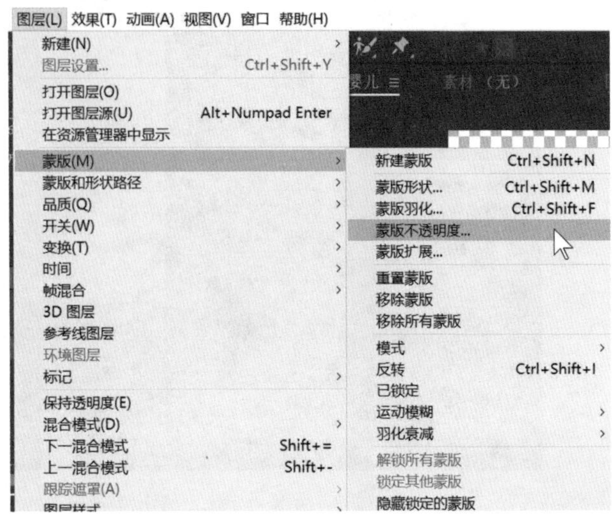


图 A08-5

## 1. 编辑蒙版形状

如果蒙版形状大小不合适，就会涉及编辑蒙版形状的操作，这里介绍一下编辑蒙版形状的方法。

◆ 在【时间轴】面板选择绘制有蒙版图层的蒙版属性，【查看器】窗口中会显示出蒙版路径，如图 A08-6 所示。

图 A08-6

使用【选取工具】双击蒙版路径线，即可生成矩形控件框，也可以执行【图层】-【蒙版和形状路径】-【自由变换点】命令（Ctrl+T）。控件框上有 8 个控制点，如图 A08-7 所示。

图 A08-7

操作方法和 Photoshop 的【自由变换】类似：鼠标拖动控件框可以移动蒙版，鼠标拖动控制点可以调整蒙版的大小；按住【Ctrl】键的同时拖动控制点，即可从中心对称调整蒙版的大小；按住【Shift】键的同时拖动任意一个顶角的控制点，即为按比例调整大小；按住【Ctrl+Shift】键同时拖动任意一个顶角的控制点，即为从中心按比例调整大小；鼠标放到控制点外，光标变为↷时拖动鼠标即可旋转蒙版，调节完毕按回车键确定。

◆ 执行【图层】-【蒙版】-【蒙版形状】命令，或者在时间轴展开蒙版属性，激活左下角的【“转换控制”窗格】按钮，单击【蒙版路径】右边的【形状】（Ctrl+Shift+M），即可弹出【蒙版形状】面板，更改参数值即可改变蒙版形状，如图 A08-8 所示。

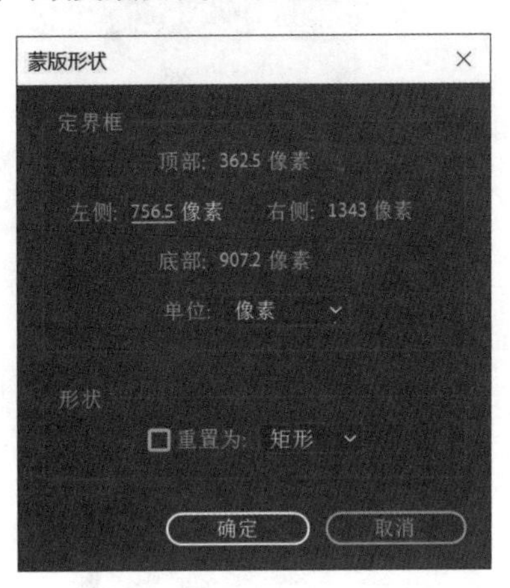


图 A08-8

◆ 选择图层，蒙版周围也会生成 8 个控制点，但是没有控件框，使用【选取工具】移动这 8 个控制点也可以改变蒙版形状。此操作和生成控件框的区别是，画面会和蒙版一起改变形状而且不可以移动和旋转蒙版，如图 A08-9 所示。

图 A08-9

◆ 调节蒙版路径顶点的位置，选择【蒙版路径】属性，使用【选取工具】▶，按住【Shift】键的同时单击蒙版路径顶点，顶点会由实心矩形变成空心矩形，然后拖动顶点即可，如图 A08-10 所示。

图 A08-10

选择蒙版其余属性的时候，蒙版路径顶点会全部变成空心矩形，使用【选取工具】直接拖动顶点即可，如图A08-11 所示。

图 A08-11

或者直接选择图层，蒙版路径的顶点会变成圆点，使用【选取工具】直接拖动圆点即可，如图 A08-12 所示。

图 A08-12

## 2. 羽化蒙版

蒙版绘制出来后边缘是没有柔和过渡的，可以通过对蒙版进行羽化操作柔化边缘。

◆ 在【时间轴】面板中选择绘制有蒙版的图层，展开图层蒙版属性；也可以直接按【F】键，更改【蒙版羽化】的像素值，即可羽化蒙版，如图 A08-13 和图 A08-14 所示。

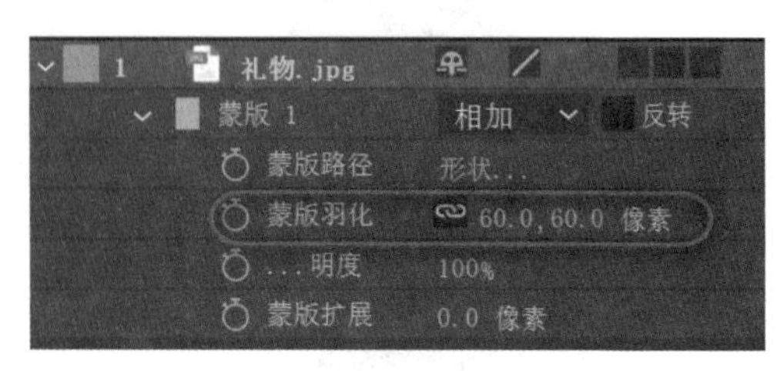


图 A08-13

图 A08-14

◆ 执行【图层】-【蒙版】-【蒙版羽化】命令，或者在【蒙版羽化】属性上右击，在弹出的菜单里选择【编辑值】选项（Ctrl+Shift+F），弹出【蒙版羽化】面板，更改参数值进行羽化，如图 A08-15 所示。

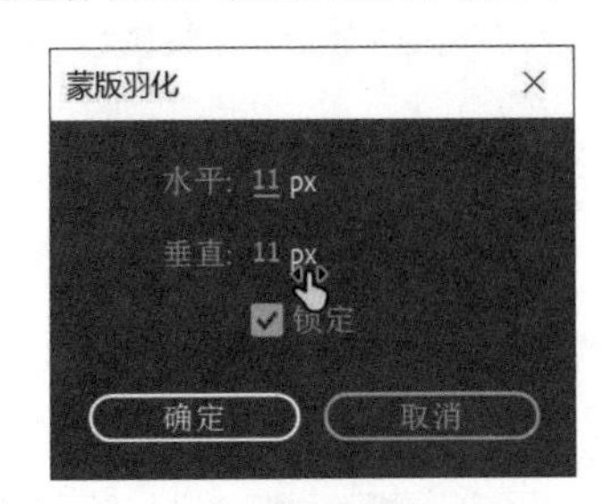


图 A08-15

◆ 单击【钢笔工具】下拉箭头选择【蒙版羽化工具】，将鼠标移动到蒙版路径上，当其变为时单击左键创建“羽化点”，如图 A08-16 所示。

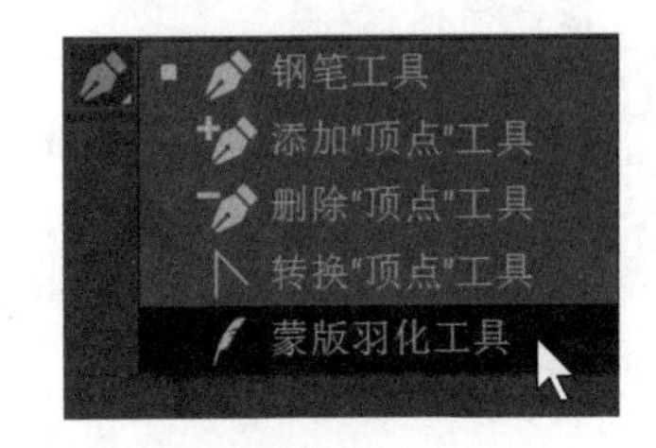

图 A08-16

可创建多个羽化点，羽化点被选中时变为黑点，直接拖动羽化点即可调整羽化范围，羽化点距离蒙版路径越远，羽化范围越大，据此可自定义羽化形状和范围，如图 A08-17 所示。

图 A08-17

按住【Alt】键，将鼠标移动到羽化点上，当光标变为时，按住鼠标左键拖动，可以调节羽化范围的张力，如图 A08-18 所示。

图 A08-18

要删除羽化点，只需选择羽化点按【Delete】键即可；或者按住【Ctrl】键将鼠标移动到羽化点上，等光标变为时单击鼠标。

蒙版羽化有【平滑】和【线性】两种衰减方式，选择创建的蒙版，执行【图层】-【蒙版】-【羽化衰减】命令，如图 A08-19 所示。

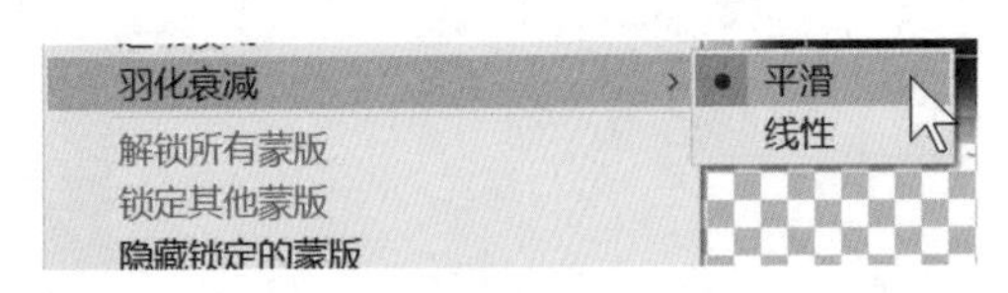


图 A08-19

## 3. 蒙版不透明度

调整蒙版的不透明度也很简单，直接更改蒙版属性的【蒙版不透明度】参数值 蒙版不透明度 100%（连按两次【T】键）即可；或者执行【图层】-【蒙版】-【蒙版不透明度】命令，弹出【蒙版不透明度】对话框，更改参数即可，将参数值改为50，结果如图A08-20所示。

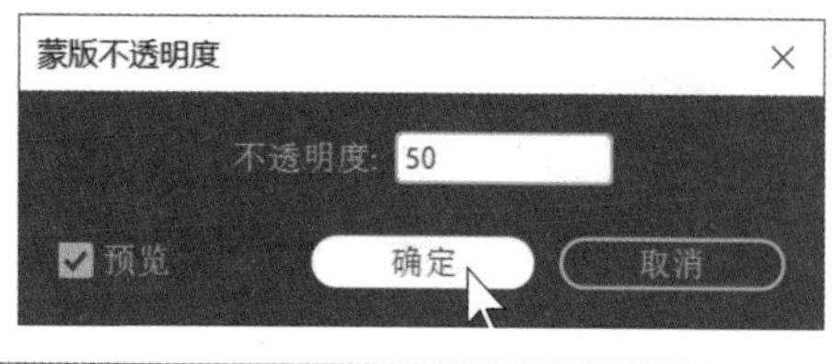

图 A08-20

## 4. 蒙版扩展

展开蒙版属性，调节【蒙版扩展】的属性值，即可以在蒙版路径不变的情况下缩小或者放大蒙版的范围；或者执行【图层】-【蒙版】-【蒙版扩展】命令，弹出【蒙版扩展】对话框，调节【扩展】的属性值，如图A08-21所示。

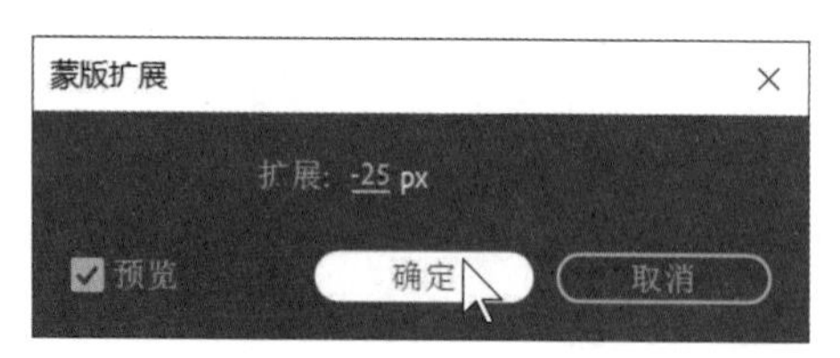

图 A08-21

## 5. 重置蒙版

选择【蒙版路径】属性，右击在弹出的菜单中选择【重置】选项，蒙版会变成和图层大小相同的矩形蒙版，和最初绘制的蒙版形状无关；选择其余三个蒙版属性，右击在弹出的菜单中选择【重置】选项，可以将蒙版属性重置为初始状态，如图A08-22所示。

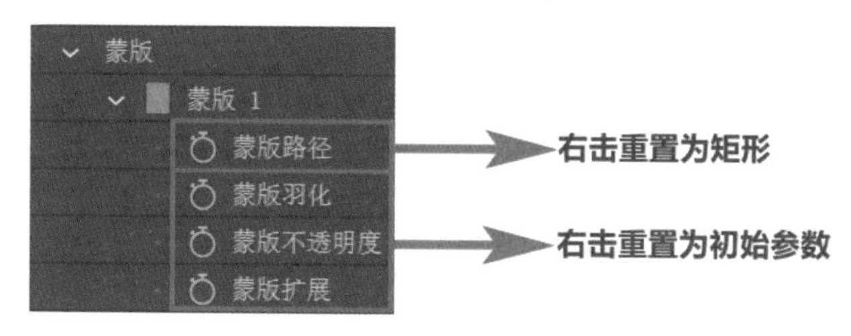


图 A08-22

执行【图层】-【蒙版】-【重置蒙版】命令，会将蒙版所有属性重置为初始状态，蒙版形状也会变为和图层大小相同的矩形蒙版。

## 6. 蒙版模式

蒙版模式有多种复合模式，如图A08-23所示；也可以执行【图层】-【蒙版】-【模式】命令更改蒙版模式，其中【变亮】【变暗】【差值】为色彩复合。

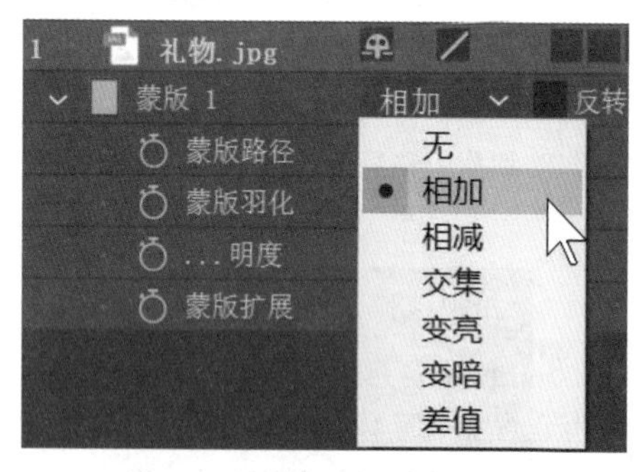


图 A08-23

一个图层上如果绘制了多个蒙版，这些蒙版可以选择【相加】【相减】【交集】形状复合方式，会产生不同的效果。

在图层#1“礼物”上绘制一个圆形蒙版和一个矩形蒙版，两个蒙版叠加一部分，模式都选择【相加】，结果如图A08-24所示。

将两个蒙版的模式改为【相减】，结果如图A08-25所示，可以看到蒙版范围为两个蒙版的相减效果。

图 A08-24

图 A08-25

将两个蒙版的模式改为【交集】，结果如图 A08-26 所示，可以看到蒙版范围为两个蒙版的交集。

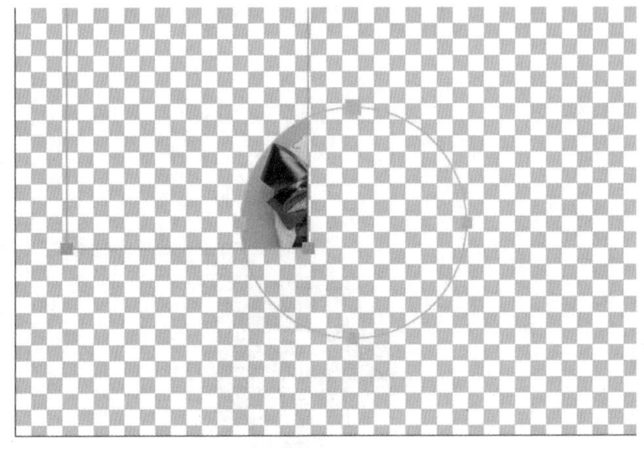

图 A08-26

选中【反转】复选框，表示蒙版范围反转，快捷键为【Ctrl+Shift+I】。比如在【相加】模式下选中反转复选框，结果如图 A08-27 所示。

图 A08-27

## 7. 复制和删除蒙版

蒙版可以在同一个层间复制粘贴，也可以在不同层之间复制粘贴，操作方法如下。

- 在同一个层间复制：选择图层并创建出需要的“蒙版 1”，展开图层蒙版属性，选择“蒙版 1”，使用【Ctrl+D】快捷键，即可复制出“蒙版 2”，如图 A08-28 所示。

图 A08-28

- 在不同层间进行复制：选择图层并创建出需要的“蒙版 1”，展开图层蒙版属性，选择“蒙版 1”，按【Ctrl+C】快捷键，然后选择要粘贴的新层，按【Ctrl+V】快捷键即可将蒙版粘贴到新图层上。

要删除蒙版，只需选择需要删除的蒙版，按【Delete】键即可，也可以执行【图层】-【蒙版】-【移除蒙版】命令。

如果要删除所有蒙版，在【时间轴】面板中选择包含蒙版的层，执行【图层】-【蒙版】-【移除所有蒙版】即可。

## 8. 蒙版动画

蒙版有四个属性，分别是【蒙版路径】【蒙版羽化】【蒙版不透明度】【蒙版扩展】，每个属性都有码表，都可以创建关键帧动画。

接下来通过一个实例介绍蒙版动画的制作。

新建一个项目，导入本课提供的图片素材“舞台.jpg”与“暗舞台.jpg”，用图片素材“舞台.jpg”创建合成，如图 A08-29 所示。

素材作者：Peggy_Marco

图 A08-29

为图层 #1“舞台”绘制圆形蒙版，【蒙版羽化】属性值改为 60.0,60.0 像素，如图 A08-30 所示。

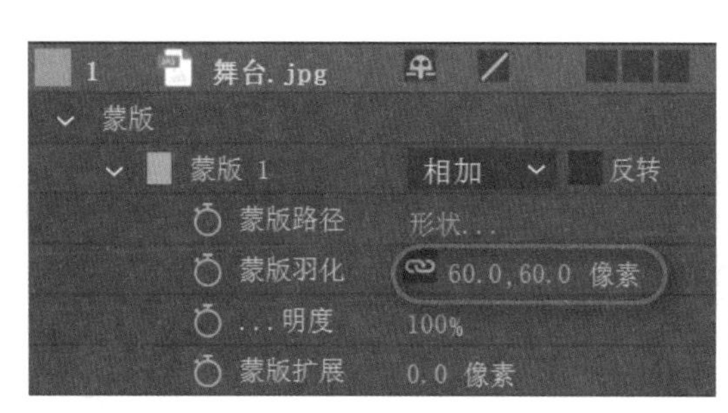


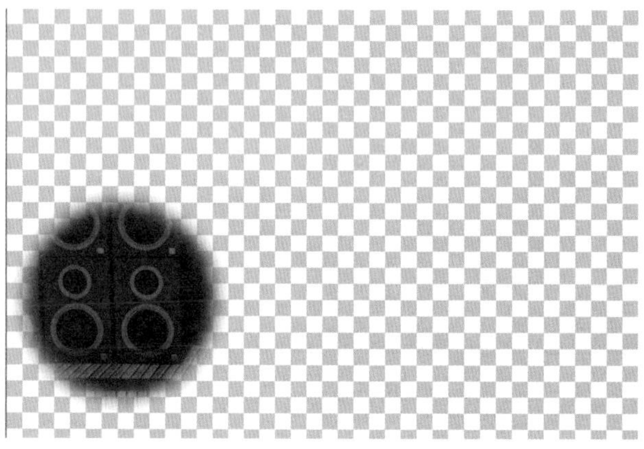

图 A08-30

将指针移动到 0 秒处，为【蒙版路径】创建关键帧；然后将指针移至 2 秒处，双击蒙版轮廓生成调整框，将蒙版水平向右移动到人物位置自动生成关键帧，如图 A08-31 所示。

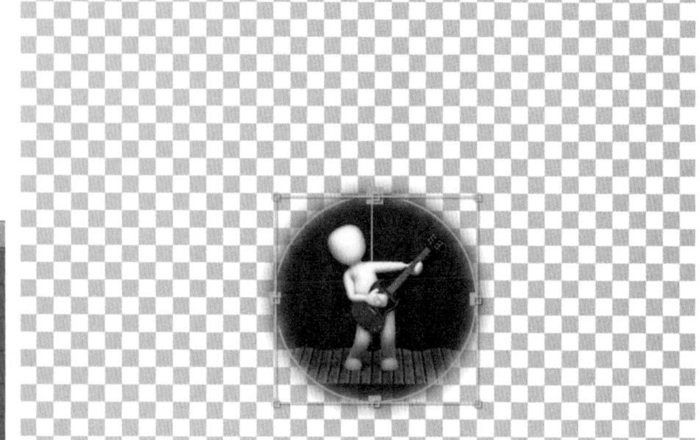

图 A08-31

从【项目】面板中将素材“暗舞台.jpg”拖曳至【时间轴】面板，放到底层，如图 A08-32 所示。

按空格键播放，发现创建了一个蒙版路径位移动画，效果类似于探照灯，如图 A08-33 所示。

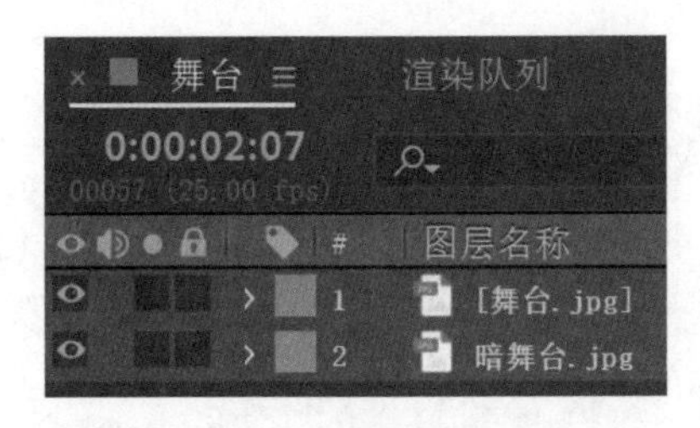


图 A08-32

图 A08-33

## A08.3　绘制形状

在没有选择图层的情况下，使用形状图层工具直接在【查看器】窗口绘制，可以绘制形状图形。

新建项目合成，使用【矩形工具】直接在【查看器】窗口绘制，工具栏中的【填充】用来调节图形的颜色，【描边】用来调节图形描边的颜色与宽度，如图 A08-34 所示。

图 A08-34

单击【填充】和【描边】，可以打开【填充选项】和【描边选项】对话框，用来调节渐变等细节，如图 A08-35 所示。

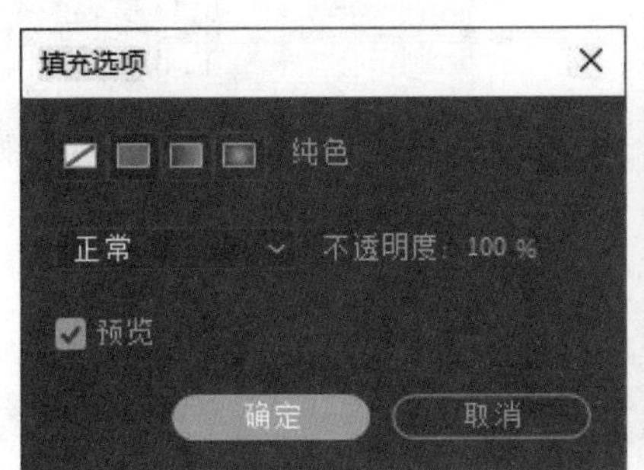


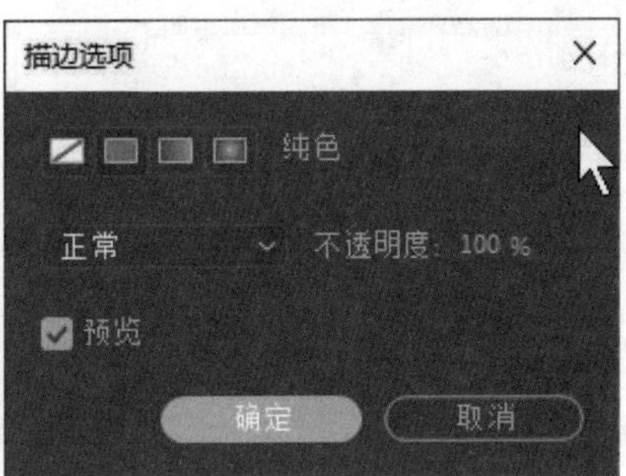


图 A08-35

- 【工具创建形状】激活的状态下，可以在图层上继续绘制形状，如图 A08-36 所示。

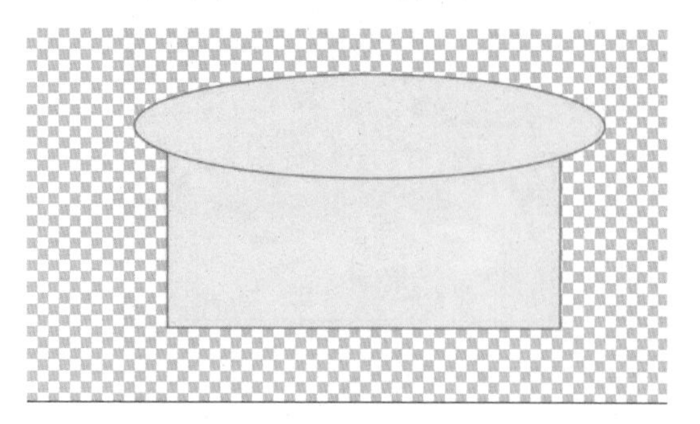

图 A08-36

- 【工具创建蒙版】激活的状态下，则可以创建该图层的蒙版，如图 A08-37 所示。

图 A08-37

在【时间轴】面板展开形状图层的属性，可以看到比普通图层多了【内容】属性，如图 A08-38 所示。

图 A08-38

展开【内容】属性，所包含属性如图 A08-39 所示。

图 A08-39

- 【形状】：形状图形的混合模式，当一个形状图层中有两个及以上形状图形的时候起作用。
- 【路径】：控制路径方向是否反转。
- 【描边】：描边的颜色、不透明度等基本属性的调节，以及设置描边为虚线、调节描边锥度及波形等，如图 A08-40 所示。

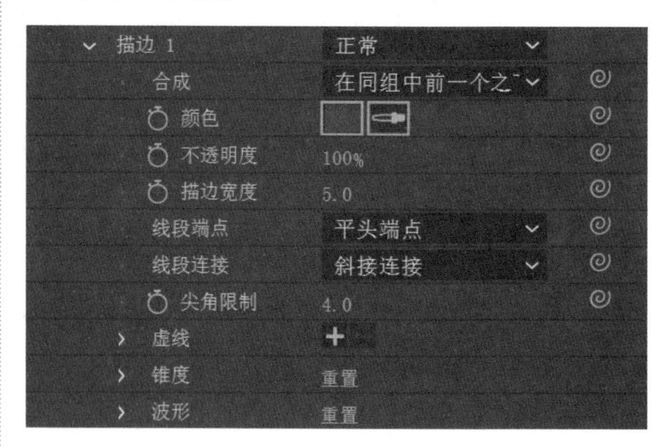


图 A08-40

- 【填充】：填充颜色、不透明度等属性的调节，如图 A08-41 所示。

图 A08-41

- 【变换：形状】：图形位置、比例、倾斜等基本属性的调节，如图 A08-42 所示。

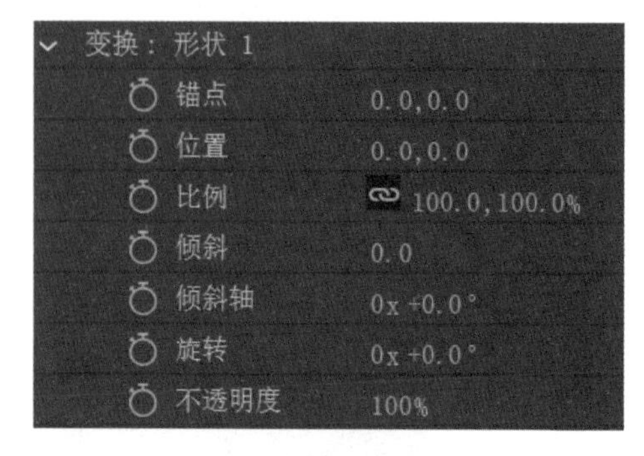


图 A08-42

## A08.4 添加按钮

新建项目合成，新建圆形形状图层，【内容】属性右侧有一个【添加】按钮，如图 A08-43 所示。

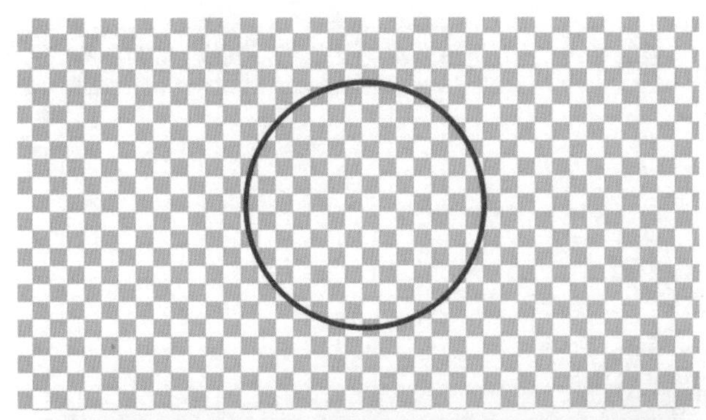

图 A08-43

单击【添加】按钮会弹出可以添加的内容，可以分为四个部分，如图 A08-44 所示。

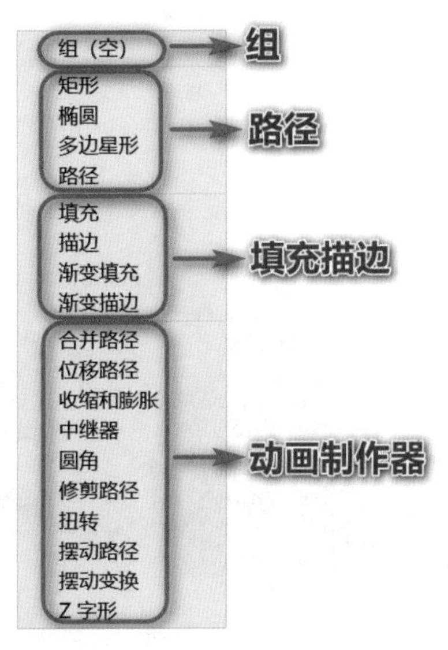


图 A08-44

- 组：在形状图形下新建一个组。
- 路径：在形状图形上新建路径。例如新建一个【矩形】路径，如图 A08-45 所示。

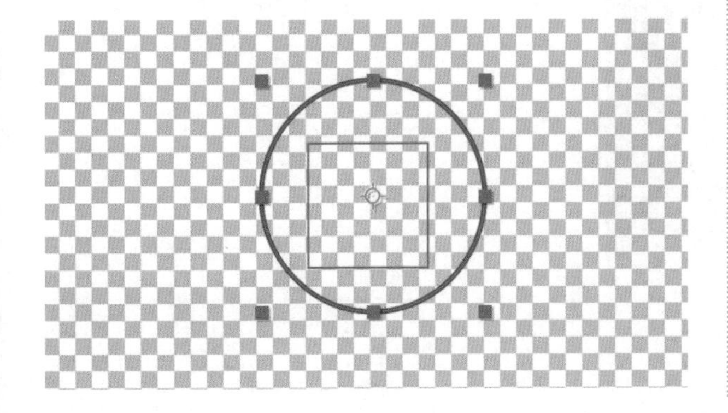

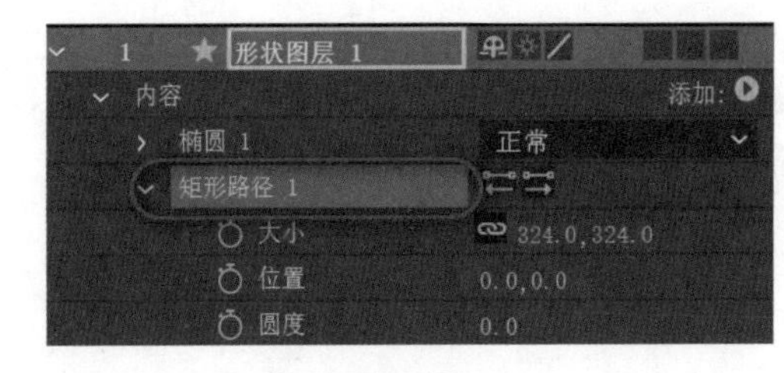


图 A08-45

- 填充描边：在形状图形上新建填充或描边。例如新建一个红色填充，如图 A08-46 所示。

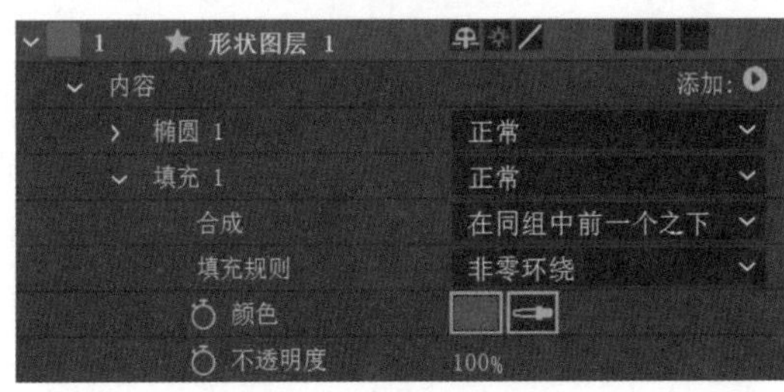


图 A08-46

- 动画制作器：在形状图形上新建实现不同动画效果的制作器。例如新建一个【修剪路径】动画制作器，调节【开始】【结束】【偏移】的属性值，即可控制路径的生长和偏移，如图 A08-47 所示。

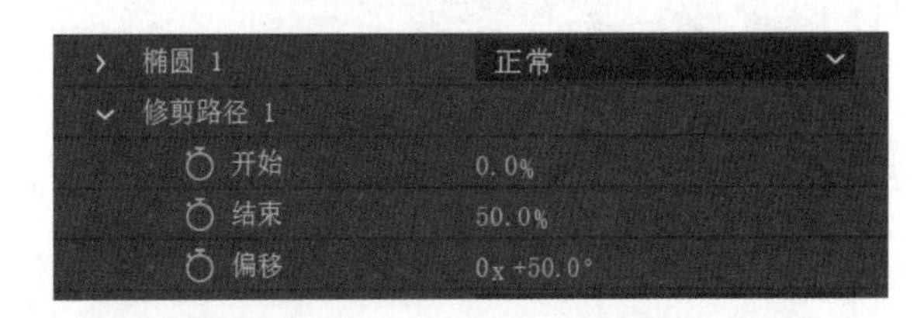


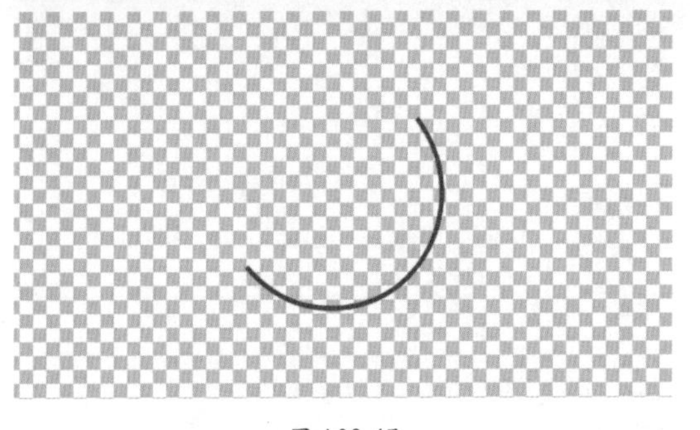

图 A08-47

## A08.5 实例练习——虫子吃苹果

本实例完成效果如图 A08-48 所示。

苹果素材作者：MostafaElTurkey36，虫子素材作者：OpenClipart-Vectors

图 A08-48

### 操作步骤

01 新建项目，新建合成，宽度为 1920 px，高度为 1080 px，帧速率为 30 帧 / 秒，将合成命名为“虫子吃苹果”。在【项目】面板中导入图片素材“虫子. png”和“苹果. png”并拖曳到【时间轴】面板上。

02 全选图层 #1 和图层 #2，使用快捷键【S】展开【缩放】属性，调整【缩放】属性值至合适比例，如图 A08-49 所示。

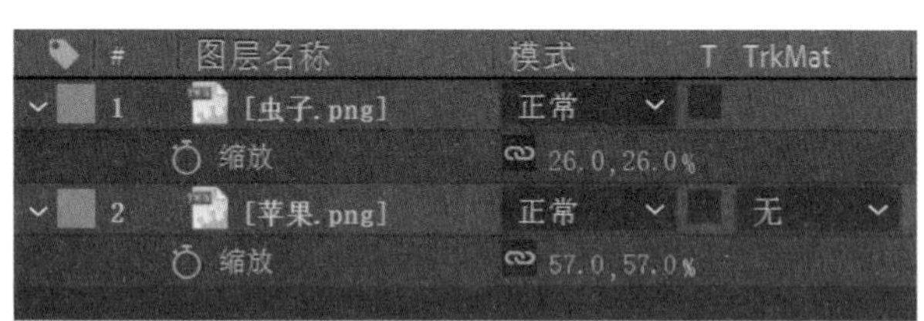

图 A08-49

03 选择图层 #1“虫子”，使用【人偶位置控点工具】在【查看器】窗口中添加虫子操控点，如图 A08-50 所示。

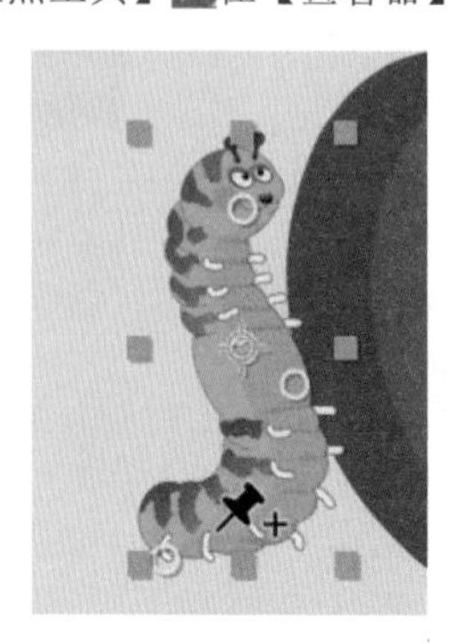

图 A08-50

04 将指针移动至第 6 帧处，在【查看器】窗口移动虫子头部【操控点 1】，自动生成关键帧，如图 A08-51 所示。

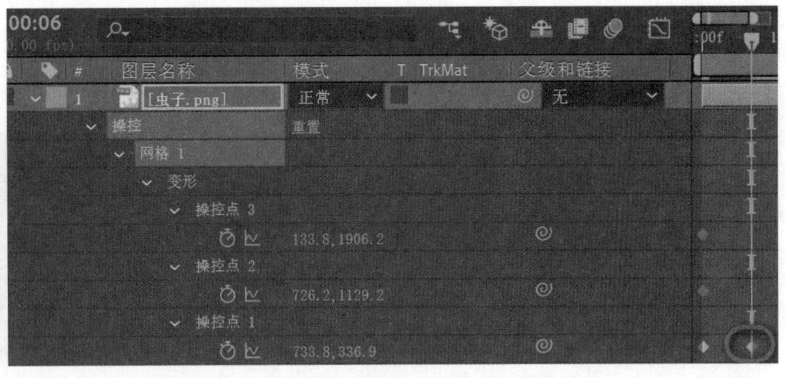


图 A08-51

05 根据上述步骤，每隔 6 帧移动一次【操控点】，制作虫子向苹果内部运动的效果，如图 A08-52 所示。

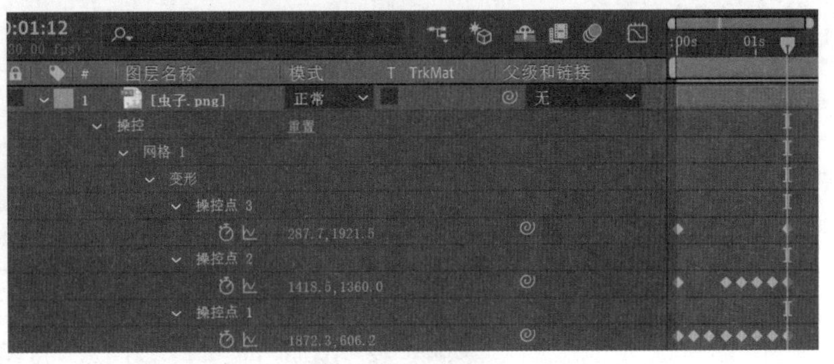


图 A08-52

06 选择图层 #2 “苹果”，使用【钢笔工具】绘制苹果被吃的效果，将指针移动至第 6 帧，在【查看器】窗口绘制被咬第一口时的蒙版。在【时间轴】面板展开蒙版属性调整蒙版模式为【相减】，并单击【蒙版路径】前面的码表设置关键帧，如图 A08-53 所示。

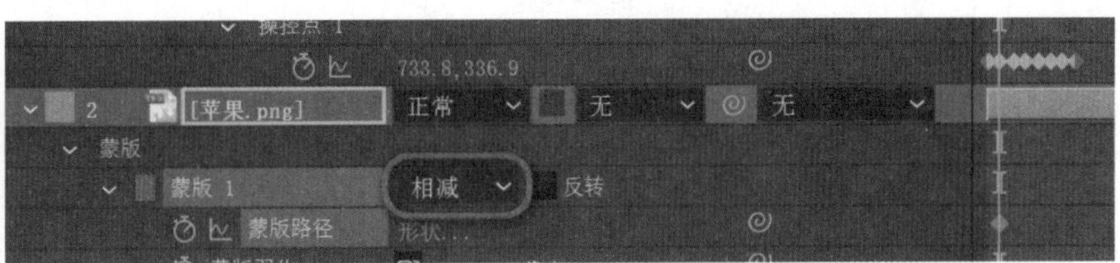


图 A08-53

07 将指针拖曳至第 0 帧，拖曳蒙版远离苹果，露出完整苹果，如图 A08-54 所示。

08 将指针拖曳至【操控点 1】的第 3 个关键帧处，根据虫子位置移动蒙版，如图 A08-55 所示。

图 A08-54

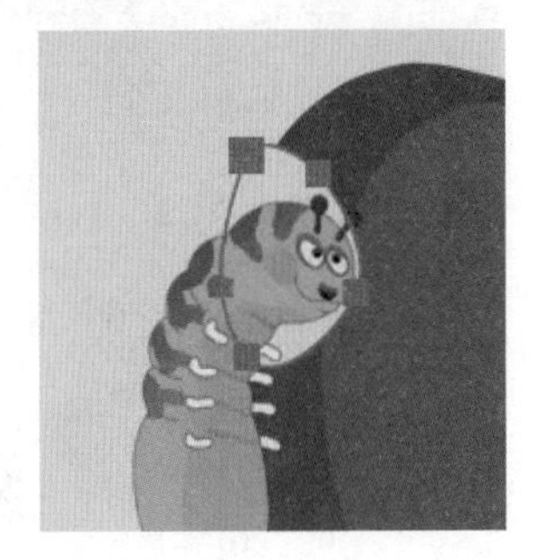

图 A08-55

09 根据上述步骤，根据虫子位置移动蒙版顶点，制作苹果被吃的效果，如图 A08-56 所示。至此，虫子吃苹果动画就制作完成了，单击▶或按空格键，查看效果。

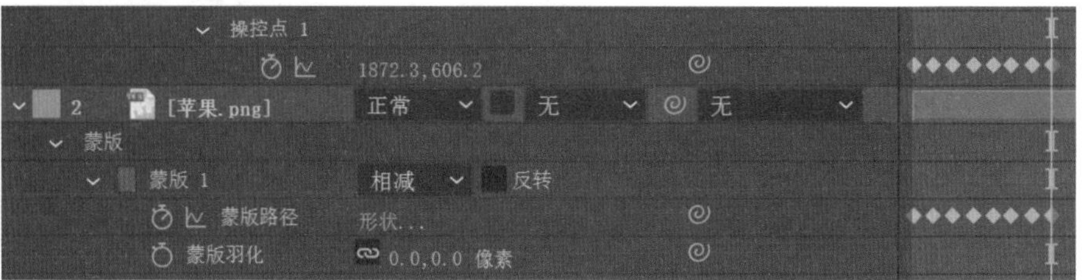


图 A08-56

## A08.6 综合案例——外星人蒙版动画

本综合案例完成效果如图 A08-57 所示。

素材作者：DavidRockDesign

图 A08-57

### 操作步骤

01 新建项目，新建合成，命名为“外星人蒙版动画”，宽度为 1920 px，高度为 1080 px，帧速率为 25 帧 / 秒，背景色为黑色。

02 在【项目】面板中导入图片素材“外星人. jpg”，将其拖曳到【时间轴】面板上。选中图层 #1“外星人”，单击工具栏里的【椭圆工具】，在【查看器】窗口上单击拖动鼠标，调节“蒙版手柄”创建一个和地球一样大的椭圆蒙版（将【查看器】窗口画面比例放大到 200%，单击工具栏里的【手型工具】，在【查看器】窗口上拖动画面），如图 A08-58 所示。

图 A08-58

03 展开图层属性，选择【蒙版】-【蒙版路径】选项，在【查看器】窗口中全选顶点，如图 A08-59 所示。将蒙版移动至画面右中侧“黄星星”处，如图 A08-60 所示。

图 A08-59

图 A08-60

04 将指针移动至 12 帧处，将【蒙版羽化】属性的参数值改为 130.0,130.0 像素，意为一点光斑，单击【蒙版路径】和【蒙版羽化】前面的码表设置关键帧，如图 A08-61 所示。

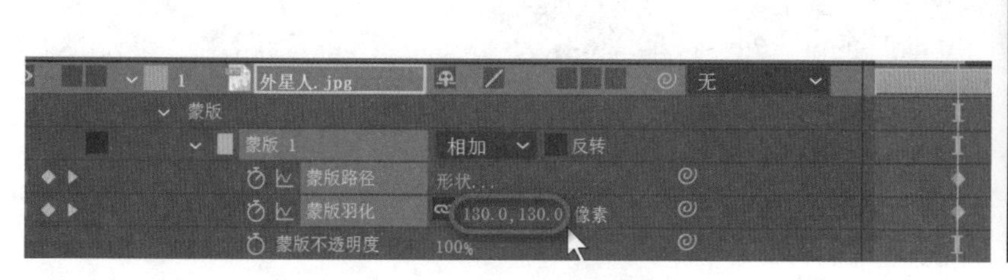


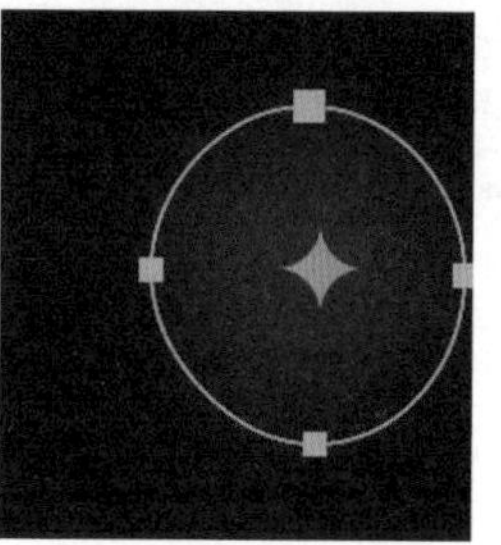

图 A08-61

05 将指针移动至 18 帧处，全选顶点将蒙版移动至画面右中侧“白星星”处，自动添加第 2 个蒙版路径关键帧，光斑从黄星星移动到了白星星，营造出找星星的感觉，如图 A08-62 所示。

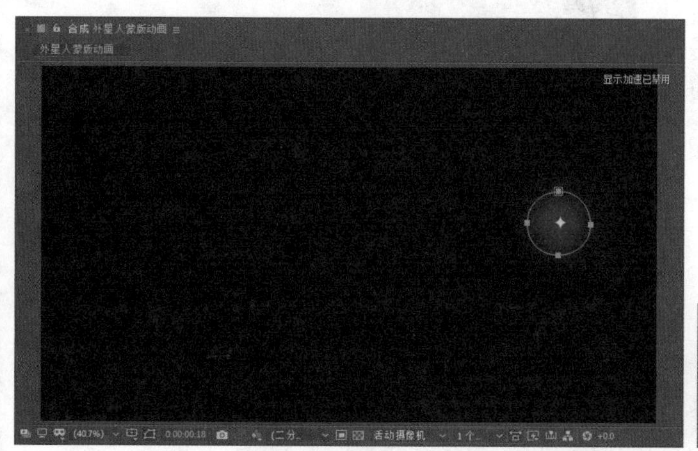


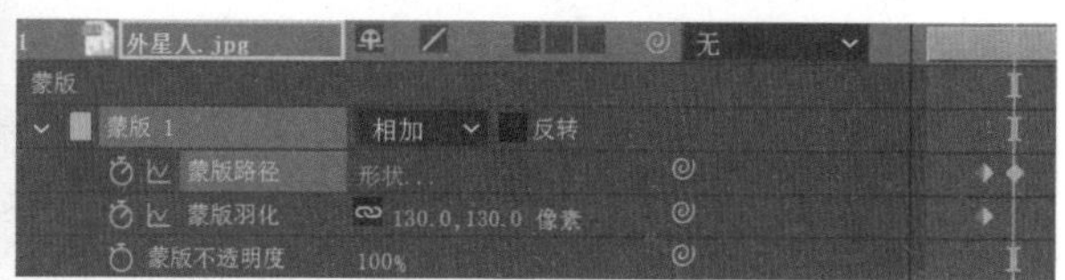


图 A08-62

06 将指针移动至 1 秒 12 帧处，单击【在当前时间添加关键帧】添加第 3 个蒙版路径关键帧，如图 A08-63 所示。

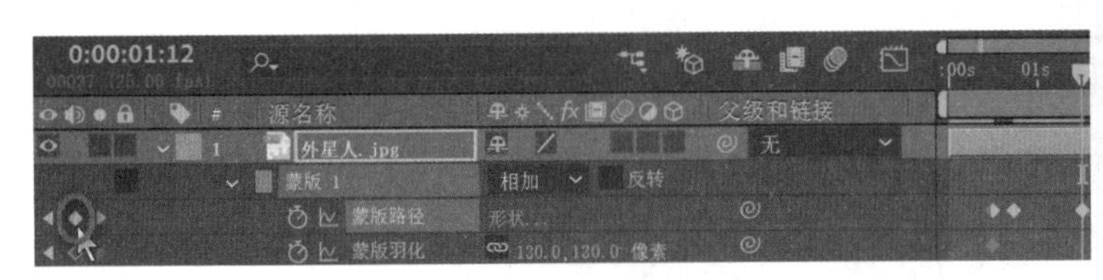

图 A08-63

07 将指针移动至 1 秒 18 帧处，全选顶点将蒙版移动至画面“地球”处，自动添加第 4 个蒙版路径关键帧，意为光斑终于找到了地球，如图 A08-64 所示。

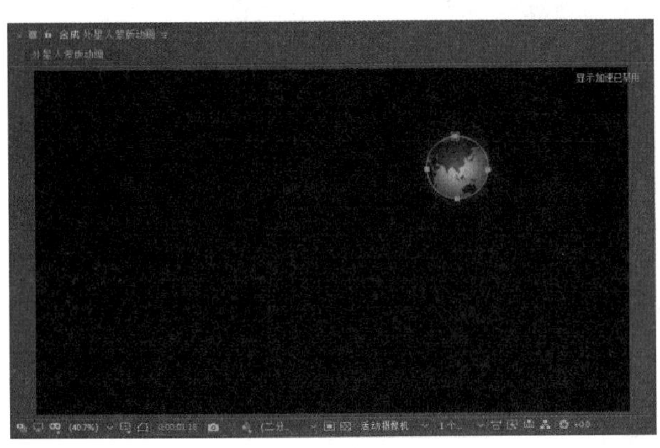

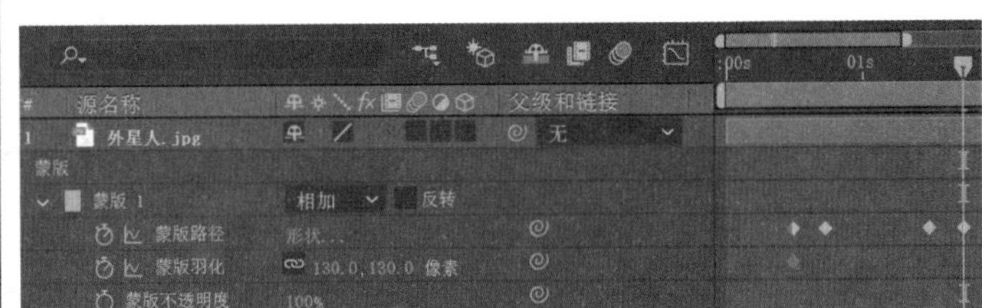

图 A08-64

08 将指针移动至 1 秒 23 帧处，全选顶点将蒙版移动至画面地球左半部分（不要露出“外星人”），自动添加第 5 个蒙版路径关键帧，做出一种惯性的动态效果，如图 A08-65 所示。

09 将指针移动至 2 秒 2 帧处，全选顶点将蒙版移动至画面地球右半部分，自动添加第 6 个蒙版路径关键帧，如图 A08-66 所示。

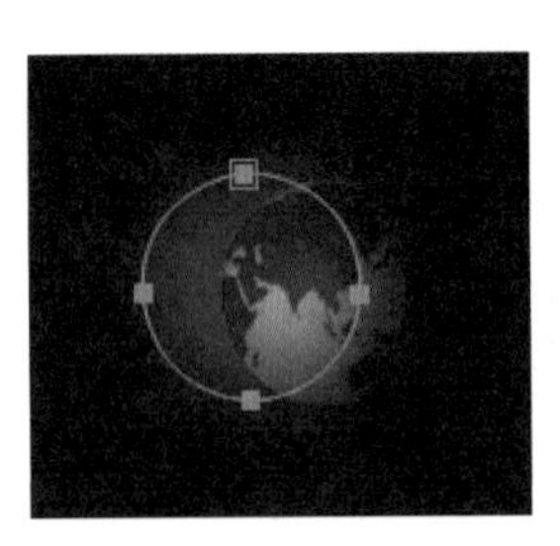

图 A08-65

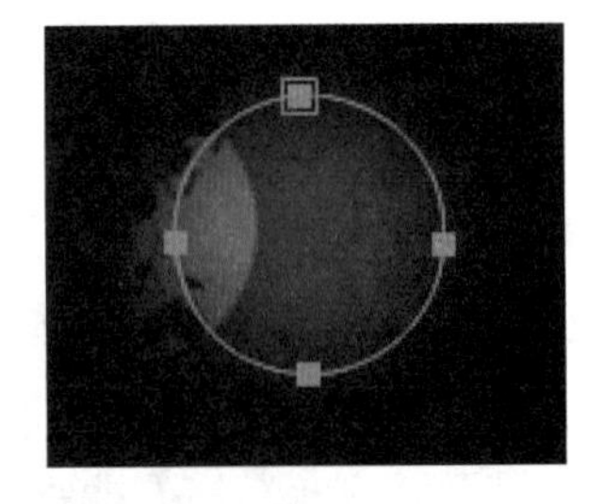

图 A08-66

10 选中【蒙版路径】属性第 4 个关键帧，按【Ctrl+C】快捷键将指针移动至 2 秒 7 帧处，按【Ctrl+V】快捷键复制出第 7 个蒙版路径关键帧，完成光斑惯性的左右摆动效果；并添加第 2 个蒙版羽化关键帧，此关键帧为结束羽化效果的预备帧，如图 A08-67 所示。

图 A08-67

11 将指针移动至 2 秒 9 帧处，将【蒙版羽化】属性的参数值改为 0.0,0.0 像素，自动添加第 3 个蒙版羽化关键帧，羽化效果消失，如图 A08-68 所示。

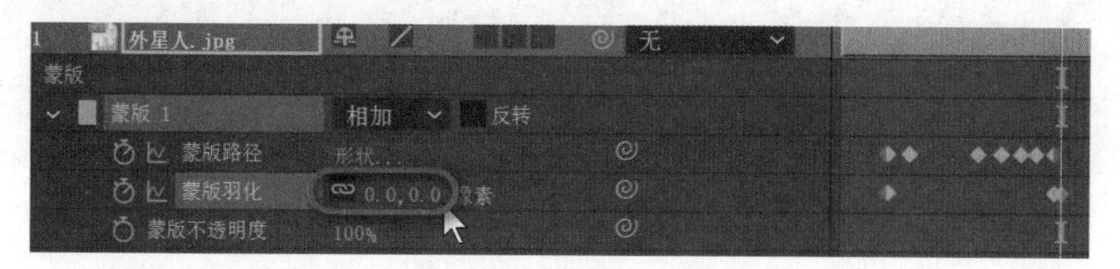


图 A08-68

12 将指针移动至 2 秒 14 帧处，单击【蒙版扩展】前面的码表设置关键帧，作为下一帧扩展动画的预备帧，如图 A08-69 所示。

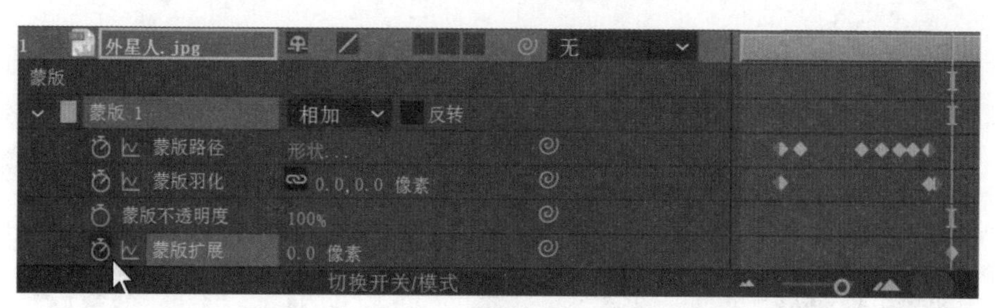


图 A08-69

13 将指针移动至 3 秒 14 帧处，将【蒙版扩展】属性的参数值改为 1541 像素（将画面全部显现即可），自动添加第 2 个蒙版扩展关键帧，简单的外星人蒙版动画就制作完成了。

为了使动画更加丰富，下面调整【蒙版不透明度】做出星星闪烁的效果。

14 将指针移动至合成起始处，单击【蒙版不透明度】前面的码表设置关键帧，按【PgDn】键转到下一帧，每隔 4 帧设置一个关键帧，共设置 4 个【蒙版不透明度】关键帧，如图 A08-70 所示。

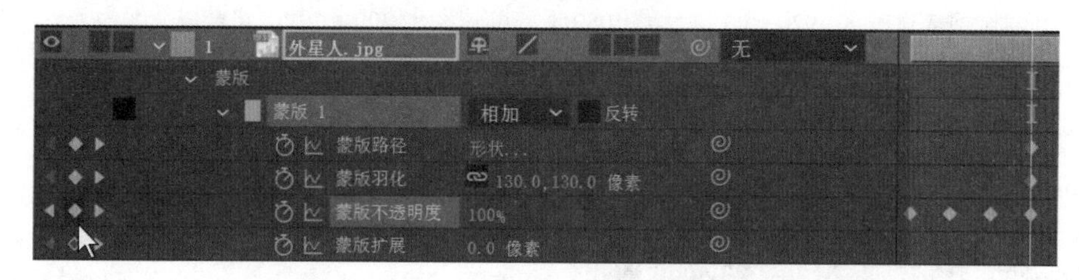


图 A08-70

15 将第 1 个【蒙版不透明度】关键帧参数值改为 0%，第 3 个【蒙版不透明度】关键帧参数值改为 50%，这样一个闪烁效果就制作好了，拖曳指针观看效果，如图 A08-71 所示。

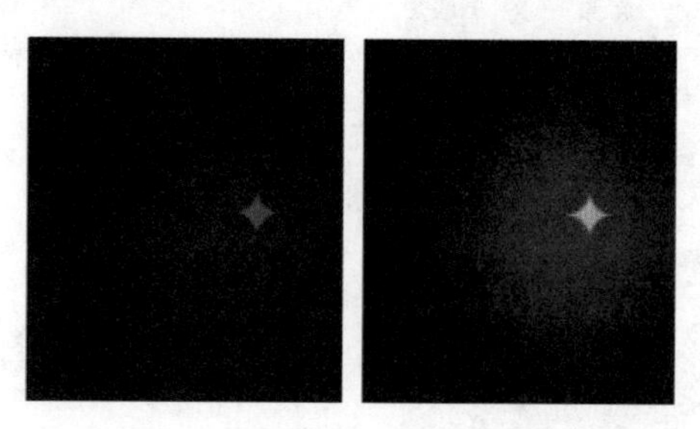

图 A08-71

16 将指针移动至 20 帧处，设置第 5 个【蒙版不透明度】关键帧，继续每隔 4 帧设置一个关键帧，再设置 5 个【蒙版不透明度】关键帧，如图 A08-72 所示。将第 6 和第 8 个【蒙版不透明度】关键帧参数值改为 50%，外星人蒙版动画的制作就大功告成了，单击按钮或按空格键，查看动画效果。

图 A08-72

## A08.7 综合案例——动物变换

本案例完成效果如图 A08-73 所示。

素材作者：mohamed_hassan

图 A08-73

### 操作步骤

01 新建项目，新建合成，宽度为 1920 px，高度为 1080 px，帧速率为 30 帧 / 秒，将合成命名为“动物变换”，合成颜色设置为 #F0EC8D。在【项目】面板中导入图片素材“动物剪影.png”，并将其拖曳到【时间轴】面板上。选择图层 #1“动物剪影”执行【图层】-【自动追踪】命令，在【自动追踪】窗口中选择【当前帧】并单击【确定】按钮，After Effects 会自动沿着素材轮廓创建蒙版，如图 A08-74 所示。

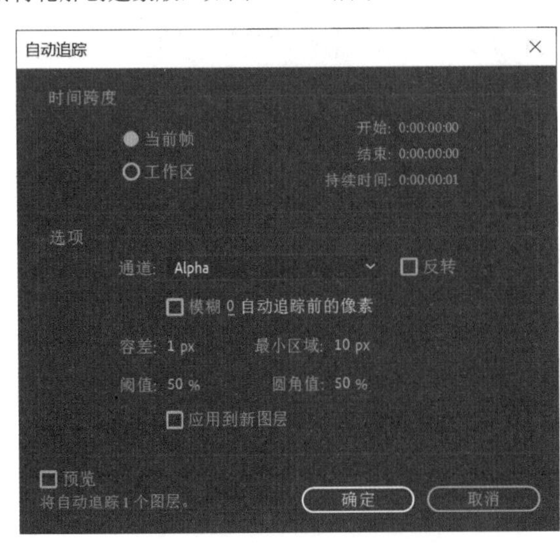

图 A08-74

02 新建纯色层并将其重命名为“动物变换”，颜色设置为黑色。选择图层 #2“动物剪影”，在【查看器】窗口中选中“猫”形状的蒙版执行复制命令，选择图层 #1“动物变换”执行粘贴命令，双击蒙版将蒙版移动至画面中间位置。在【时间轴】面板展开【蒙版】属性，调整蒙版模式为【相加】，为了方便观察，将蒙版颜色调整为红色，关闭图层 #2“动物剪影”的显示，如图 A08-75 所示。

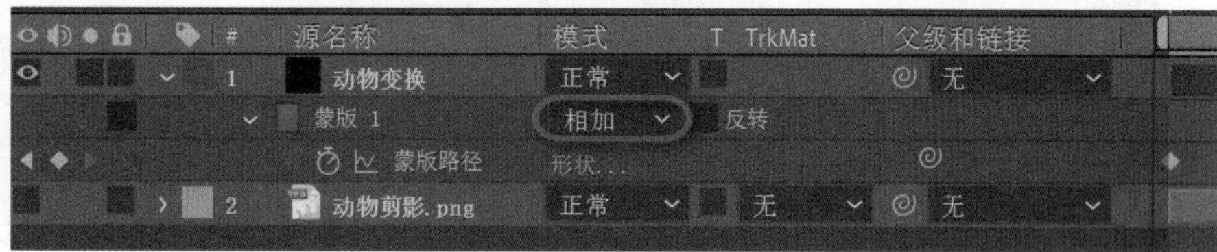


图 A08-75

03 将指针拖曳至第 5 帧处，选中“猫尾巴”处的蒙版顶点，双击旋转并移动蒙版；选中“猫头”处的蒙版顶点，双击旋转并移动蒙版，制作低头的效果，如图 A08-76 所示。

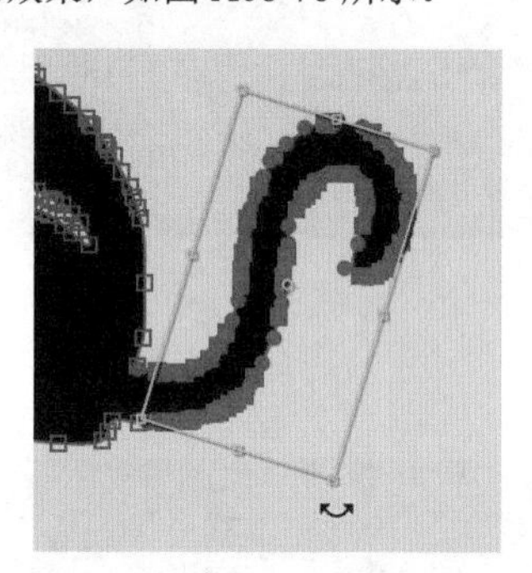
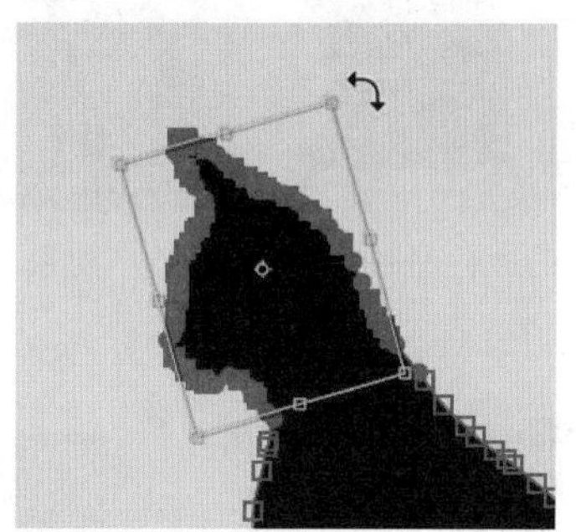

图 A08-76

04 将指针拖曳至第 10 帧处，将第一个关键帧复制至第 10 帧处，这样一个猫咪动画就制作完成了，如图 A08-77 所示。

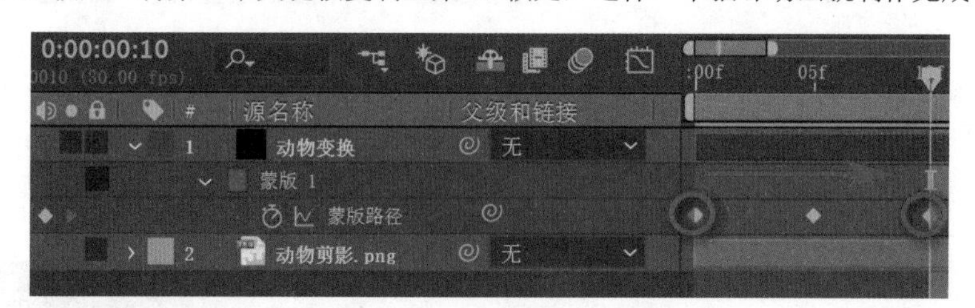


图 A08-77

05 为了延长动画效果，将指针拖曳至第 15 帧处，将第 2 和 3 个关键帧复制至第 15 帧处，如图 A08-78 所示。

图 A08-78

06 选择图层 #2“动物剪影”，选中“狗”形状蒙版的【蒙版路径】关键帧进行复制，将指针拖曳至第 25 帧处，选择图层 #1“动物变换”的【蒙版 1】-【蒙版路径】执行粘贴命令。为了方便移动蒙版位置，在“猫”蒙版处建立“参考线”，将“狗”蒙版移动至“参考线”处，如图 A08-79 所示。

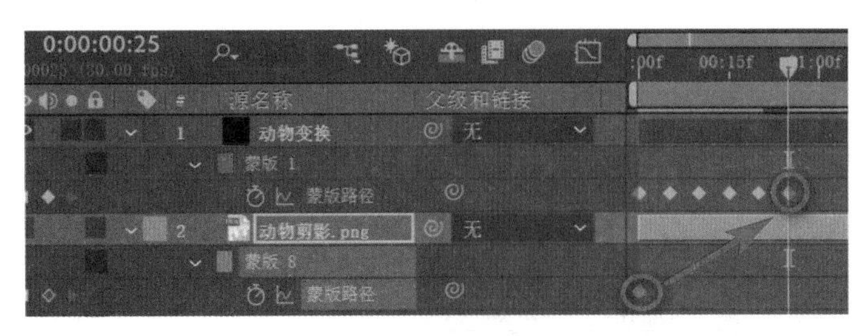

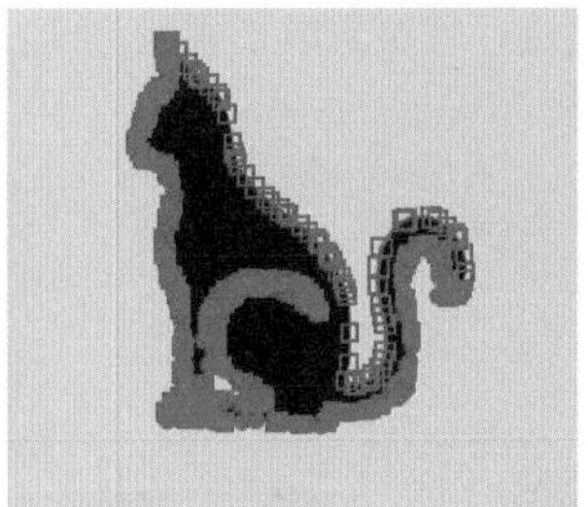
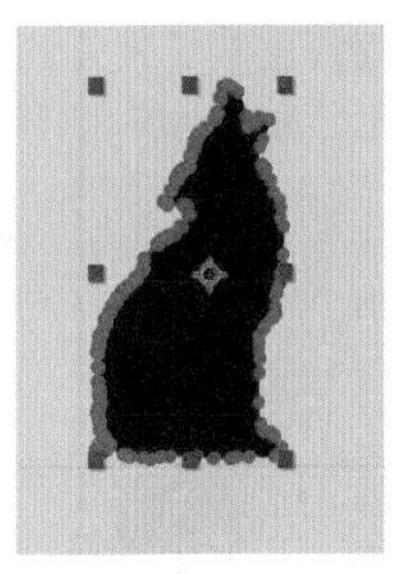

图 A08-79

07 根据上述步骤制作狗吠动画，如图 A08-80 所示。

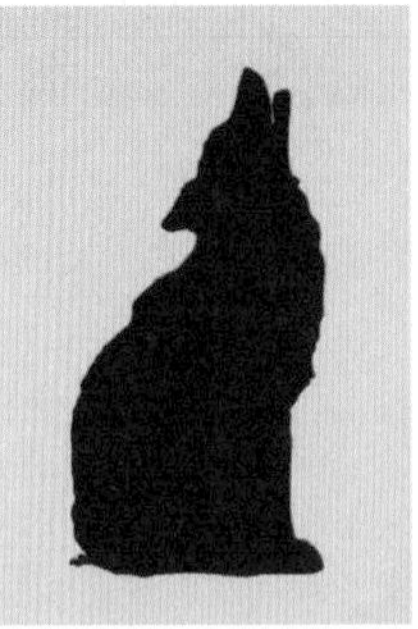
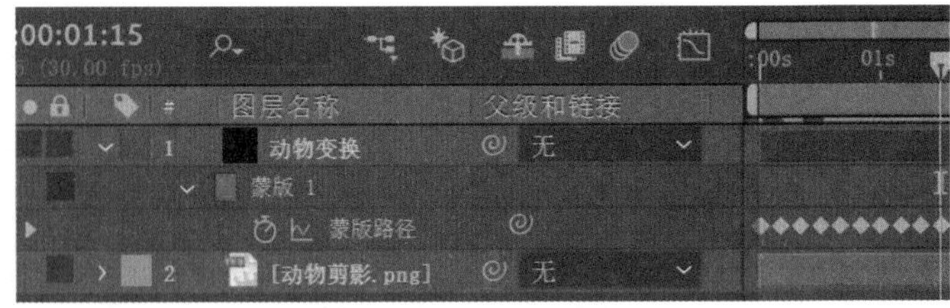


图 A08-80

08 根据上述步骤自由添加蒙版动画，如图 A08-81 所示。

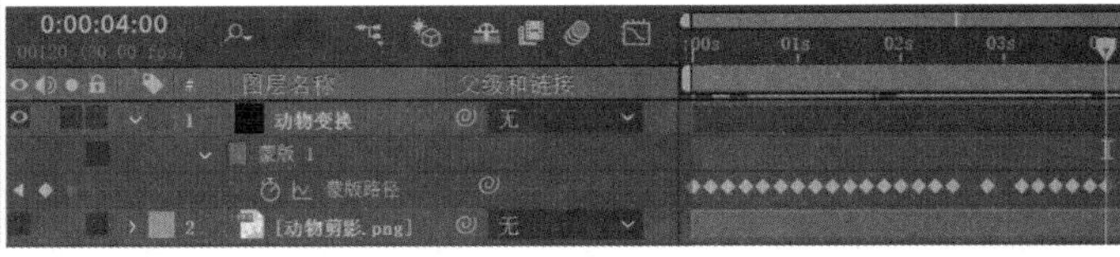


图 A08-81

09 观察到在动物进行变换时顶点有交错的现象，这时需要确立一个蒙版顶点，根据顶点进行变换。例如在“狗”与“大象”蒙版进行变换时，选中“狗”蒙版最高的一个顶点，执行【图层】-【蒙版和形状路径】-【设置第一个顶点】命令，如图 A08-82 所示。

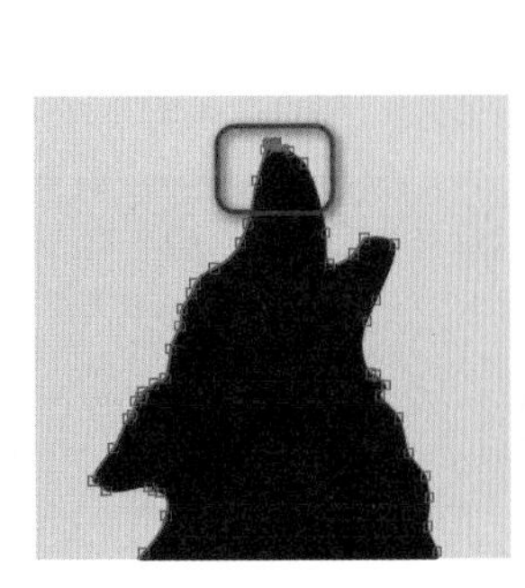

图 A08-82

10 选中“大象”蒙版最高的一个顶点，同样根据上述步骤【设置第一个顶点】，这样就会围绕着“第一个顶点”进行变化，如图 A08-83 所示。这样动物变换动画就制作完成了，单击▶按钮或按空格键，查看效果。

图 A08-83

## A08.8 作业练习——飞机拖尾动画

本作业完成效果参考如图 A08-84 所示。

素材作者：OpenClipart-Vectors

图 A08-84

### 作业思路

打开本课提供的项目文件“飞机拖尾动画.aep”，使用【钢笔工具】绘制飞机飞行曲线，并将曲线调整为虚线；使用【锚点】工具将“飞机”的锚点移动到机尾，复制“飞行曲线”的【路径】属性，粘贴到“飞机”的【位置】属性上，“飞机”便会沿着路径运动；为“飞行曲线”添加【修剪路径】，为【结束】属性创建关键帧动画，使“飞行曲线”随着“飞机”运动出现。

## A08.9 作业练习——变形动画

本作业完成效果参考如图 A08-85 所示。

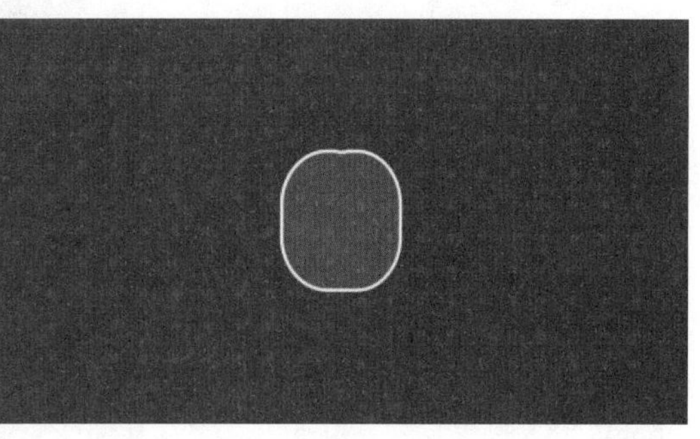

图 A08-85

### 作业思路

新建项目合成，导入提供的背景素材，使用【矩形工具】绘制一个矩形，为矩形的【圆度】属性创建关键帧动画，使其从圆形变为矩形；选择绘制的矩形，用【椭圆工具】在矩形上接着绘制一个圆形，使用添加按钮添加【合并路径】，制作衣领效果，为圆形的【位置】属性创建关键帧，使衣领动态出现。

选中【内容】下的【矩形 1】【圆形 1】和【合并路径 1】，添加【组合形状】效果；使用【矩形工具】绘制左边的袖子，并用添加按钮添加【中继器】，复制出右边的袖子，选择【内容】下的【矩形 1】与【中继器 1】添加【组合形状】效果。

使用添加按钮添加【合并路径】，完成衣服的绘制；添加【修剪路径】效果，制作衣服出现的动画；为衣服填充黄色，并为颜色的【不透明度】属性创建从 0 至 100 的关键帧动画。

## A08.10 轨道遮罩

After Effects 中的轨道遮罩和 Photoshop 中的剪切蒙版类似，也是需要两个图层创建效果。当在一个图层上通过一个形状显示另一个图层时，就需要设置轨道遮罩，一个图层作为遮罩层，一个图层填充遮罩。

新建一个项目，导入本课提供的视频素材“背景.mp4”，用视频素材创建合成，新建文字层“虚幻”，如图 A08-86 所示。

素材作者：Edgar Fernández

图 A08-86

展开图层 #2“背景”的轨道遮罩栏，发现一共有 5 个模式，选择【Alpha 遮罩“虚幻”】，如图 A08-87 所示，预览播放视频，犹如给文字添加了动画效果。

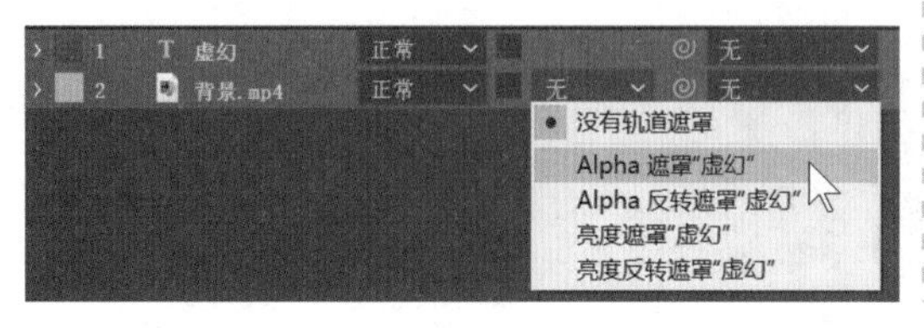

图 A08-87

选择其余模式，效果如图 A08-88 所示。

Alpha 反转遮罩“虚幻”

亮度遮罩“虚幻”

亮度反转遮罩“虚幻”

图 A08-88

◆ Alpha 遮罩：Alpha 遮罩读取的是遮罩层的轮廓和不透明度信息。将图层 #1“虚幻”的【不透明度】改为 50%，将图层 #2“背景”的轨道遮罩选择【Alpha 遮罩“虚幻”】，结果如图 A08-89 所示。

图 A08-89

如果遮罩层本身就是半透明的素材，例如玻璃、水面等，虽然【不透明度】的属性值为 100%，但是最终结果也是半透明的，因为系统读取的是图像自身的 Alpha 透明度信息。

◆ 亮度遮罩：读取的是遮罩层的亮度信息，白色最亮，呈现结果最清晰；黑色最暗，结果为完全透明。将图层 #1“虚幻”的颜色改为灰色，图层 #2“背景”的轨道遮罩选择【亮度遮罩“虚幻”】，结果如图 A08-90 所示。

图 A08-90

## A08.11 实例练习——水墨照片

本实例完成效果如图 A08-91 所示。

水墨素材作者：EdgarFernández，照片素材作者：Jordan Benton

图 A08-91

### 操作步骤

01 新建项目，新建合成，宽度为1920px，高度为1080px，帧速率30帧/秒，命名为“水墨照片”，背景色为白色。

02 在【项目】面板中导入素材“照片.jpg”和“水墨.mp4”，将其拖曳到【时间轴】面板上，如图A08-92所示。

03 展开图层#2“照片”的轨道遮罩栏，选择【亮度反转遮罩“水墨.mp4”】，如图A08-93所示。

图 A08-92

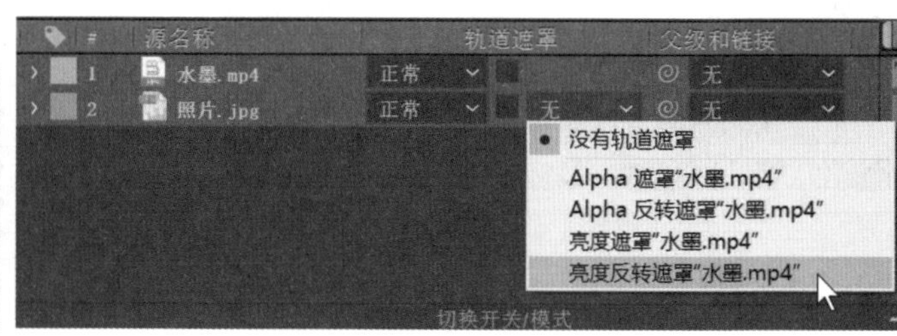


图 A08-93

04 至此水墨照片就制作完成了，单击▶按钮或按空格键查看效果，如图A08-94所示。

图 A08-94

## A08.12 综合案例——旅行社广告

本综合案例完成效果如图A08-95所示。

湖素材作者：PolitUnion，山水素材作者：Themanicpsycho

丹霞素材作者：se7enyaoyao，江南素材作者：caimenghappy

图 A08-95

### 操作步骤

01 打开本课提供的项目文件“旅行社.aep”，新建淡灰色纯色层，放到最上层，选择图层#1“淡灰色纯色2”，在画面右侧绘制正六边形蒙版，蒙版模式选择【相减】，如图 A08-96 所示。

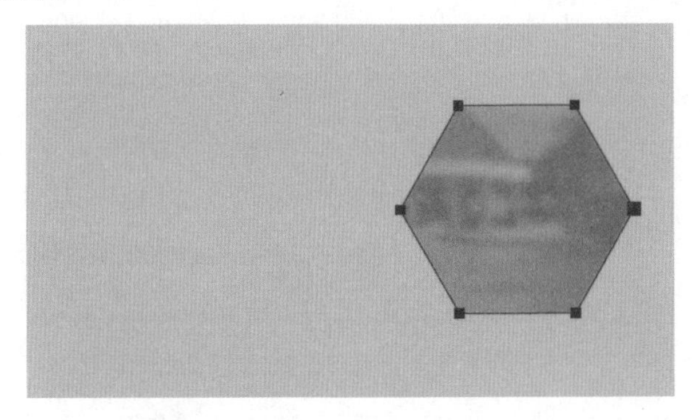

图 A08-96

02 展开蒙版属性，将指针移动到 11 帧处，双击蒙版路径生成矩形控件框，按住【Ctrl+Shift】键的同时放大蒙版至露出全部背景画面，然后为【蒙版路径】属性创建关键帧，如图 A08-97 所示。

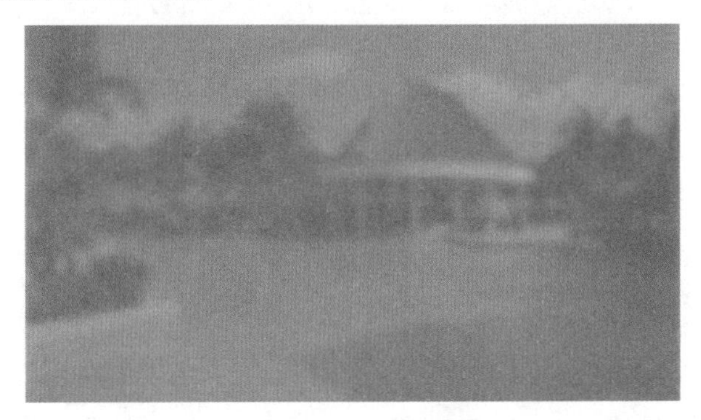

图 A08-97

03 将指针移动到 0 秒处，按住【Ctrl+Shift】键的同时缩小蒙版至消失，【蒙版路径】自动创建关键帧，将【蒙版羽化】属性值改为 10.0,10.0 像素，背景多边形放大出现效果制作完成，如图 A08-98 所示。

04 新建正六边形"形状图层 1"放到最上层，【填充】选择为【径向渐变】，中心为白色，外部为灰色，【描边】选择【无】，使图层 #1"形状图层 1"中心与图层 #2"淡灰色纯色 2"的蒙版中心重合，如图 A08-99 所示。

图 A08-98

图 A08-98（续）

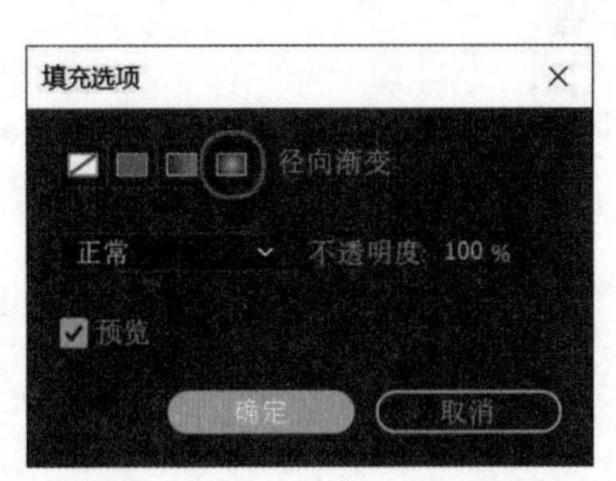


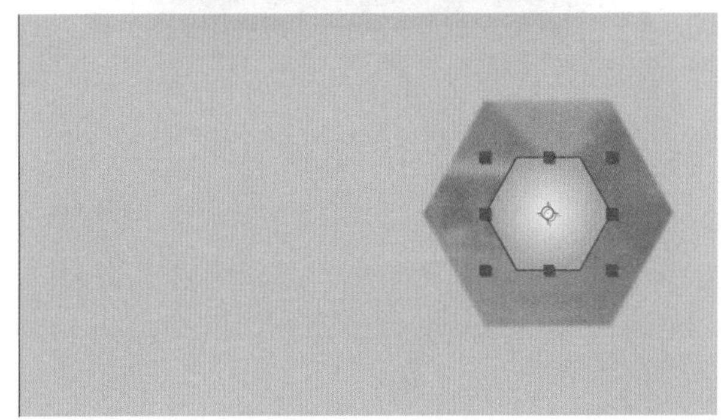

图 A08-99

05 展开图层 #1"形状图层 1"的【缩放】属性，将指针移动到 0 秒处，将【缩放】属性值改为 0.0,0.0% 并创建关键帧，指针移动到 11 帧时间处，调整【缩放】属性值，使图层 #1"形状图层 1"放大到如图 A08-100 所示位置，自动创建关键帧。

图 A08-100

06 选择图层 #1“形状图层 1”，按【Ctrl+D】快捷键复制一层，将上层命名为“绿边”，“绿边”的【填充】选择为【无】，【描边】选择为浅绿色。选择图层 #1“绿边”右击，在弹出的快捷菜单中选择【图层样式】-【斜面和浮雕】选项，【样式】选择为【浮雕】，如图 A08-101 所示。

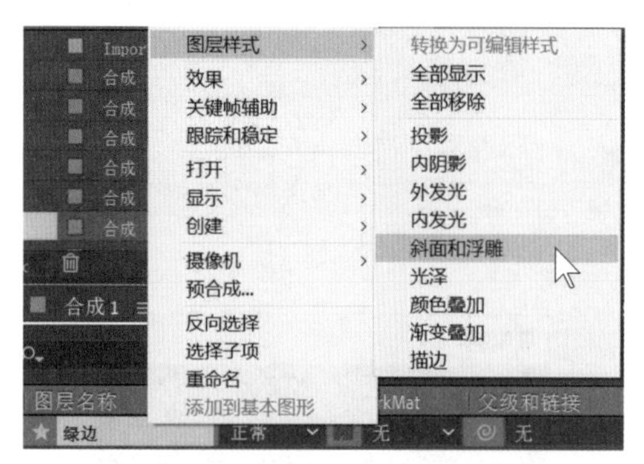

图 A08-101

07 选择图层 #2“形状图层 1”，按【Ctrl+D】快捷键复制一层，将上层命名为“大图遮罩”，在【项目】面板中将素材“湖.jpg”拖曳至【时间轴】面板，放到“大图遮罩”下面，将图层 #3“湖”的轨道遮罩选择为【Alpha 遮罩“大图遮罩”】，【缩放】属性值改为 85.0,85.0%，并移动至合适位置，如图 A08-102 所示。

图 A08-102

08 选择图层 #2“大图遮罩”，按【U】键展开关键帧，全选关键帧统一向后移动 7 帧，使图形 #3“湖”与图层 #4“形状图层 1”的出现有个时间差，如图 A08-103 所示。

图 A08-103

09 选择图层 #3“湖”，指针移动到 14 帧处，为【缩放】属性创建关键帧，指针移动到 6 秒 14 帧处，【缩放】属性值改为 100.0,100.0%，自动创建关键帧，制作图层 #3“湖”慢慢放大的效果，使画面不是太呆板。

10 按照上述步骤制作 6 个圆形小图，唯一不同的是小图内的图片不做慢慢放大效果，小图在大图出现后再一同出现，6 个小图排成一列，画面的中间小图与大图对应，其余三个在画面外，如图 A08-104 所示。

图 A08-104

11 指针移动到 3 秒处，选择所有小图展开【位置】属性，为【位置】属性创建关键帧，指针移动到 4 秒处，所有小图统一向上移，直至原本位于画面底部的小图到画面中间，自动创建关键帧。将“大图遮罩”复制一层，作为下一张大图的遮罩层，在小图向上移动的过程中对应的大图缩放出现，并且出现后也做慢慢放大效果，如图 A08-105 所示。

图 A08-105

12 重复制作步骤，大图展示两秒后小图向上移，对应大图出现并慢慢放大，如图 A08-106 所示。

图 A08-106

13 绘制矩形形状图层并命名为“文字底”,【不透明度】属性值改为 60%，新建文本层“说走就走旅行社”，如图 A08-107 所示。

图 A08-107

14 将“大图遮罩”复制一层作为“文字底”的遮罩层，调节“大图遮罩”关键帧位置使“文字底”在小图出现后紧接着出现，为文本层绘制蒙版，将【蒙版羽化】属性值改为 15.0,15.0，为【蒙版路径】创建关键帧动画，制作文字从上至下的出现效果，如图 A08-108 所示，至此“旅行社广告”制作完成，播放预览效果。

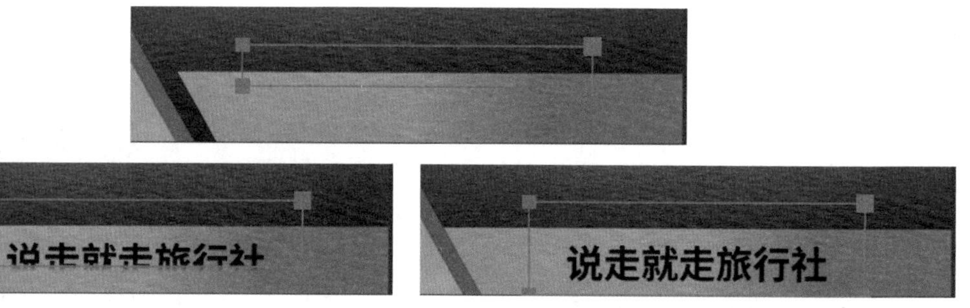


图 A08-108

# 总结

本课主要讲解了蒙版的绘制、蒙版的属性和属性动画以及形状图层和轨道遮罩。在实际工作过程中，蒙版和遮罩的应用频率非常高，一定要多加练习，牢牢掌握。

读书笔记

本课主要讲解 After Effects 中三维合成的相关知识，虽然 After Effects 是一款二维图像的合成和特效制作软件，但是其三维合成功能同样强大，在实际动画制作中经常会应用三维效果。

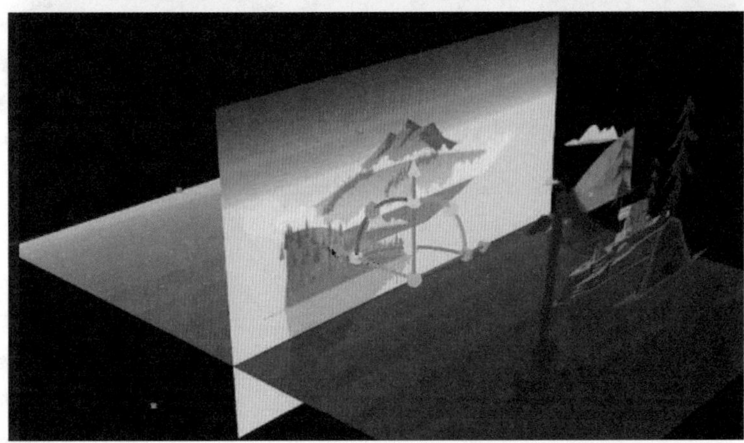

A09课

# 三维合成

多一维空间，多一度精彩



## A09.1　使用 3D 图层

### 1. 创建 3D 图层

创建 3D 图层非常简单，在【时间轴】面板上打开三维图层开关或者选择图层执行【图层】-【3D 图层】命令即可。

新建项目合成，新建纯色层，打开三维图层开关，展开图层属性，会看见增加了三维属性，【查看器】窗口会出现三维坐标轴，X 轴为红色，Y 轴为绿色，Z 轴为蓝色，如图 A09-1 和图 A09-2 所示。

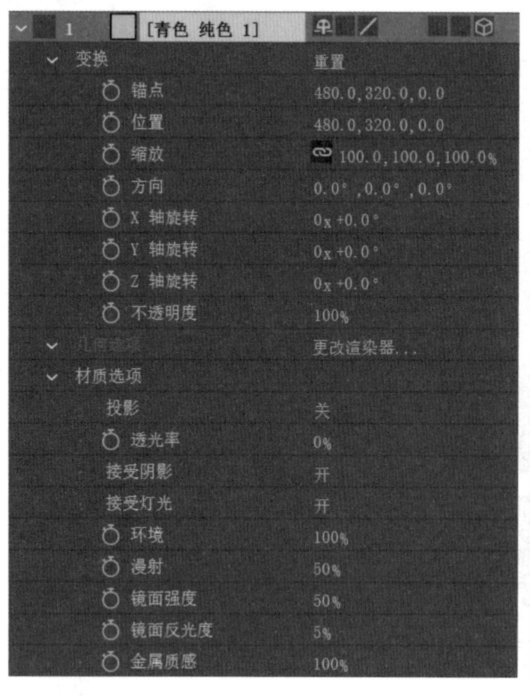


图 A09-1

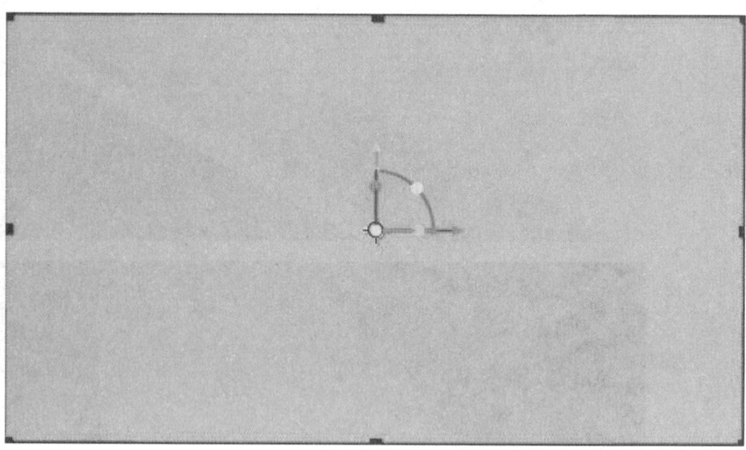

图 A09-2

## 2. 3D 图层的旋转

对于 3D 图层，除了常规的平面旋转，还可以沿纵向旋转，常用的旋转方法如下。

- 使用工具栏里的【旋转工具】直接在【查看器】窗口中拖动。
- 展开图层属性，更改【方向】属性的参数值，即可旋转图层。
- 展开图层属性，更改【X 轴旋转】【Y 轴旋转】【Z 轴旋转】的参数值，图层会分别围绕 X、Y、Z 轴旋转。

豆包：“老师，既然都是旋转图层，为什么要设置【方向】和【旋转】两个属性呢，它俩的区别是什么？”

通过【方向】和【旋转】属性都可以旋转图层，但是在对图层旋转制作动画时，二者之间有区别。比如将图层沿 X 轴旋转 700°，用【旋转】属性制作动画图层会旋转一圈多，但是用【方向】属性图层会直接转动到指定方向，也就是实际转动了 −20°，省去了中间转动的过程。

## 3. 移动锚点

锚点即为坐标轴的原点，很多时候为了得到想要的效果必须移动锚点，操作方法如下。

选择需要移动锚点的 3D 层，使用工具栏里的【向后平移（锚点）工具】，在【查看器】窗口上将鼠标放到锚点上，直接将锚点拖动到需要的位置即可。

## 4. 3D 渲染器

3D 渲染器用来确定合成中的 3D 图层可以使用的功能，以及它们与 2D 图层交互的方式，可以在【合成设置】面板中选择 3D 渲染器的种类，有【经典 3D】和【CINEMA 4D】两种，如图 A09-3 所示。

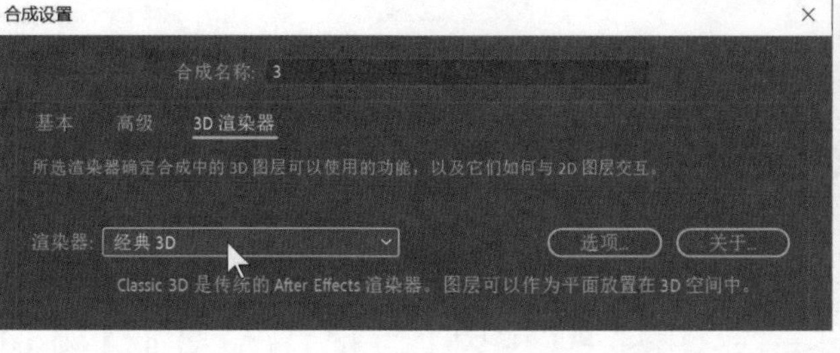


图 A09-3

**扩展知识**

在进行合成制作时，有时会需要隐藏或显示坐标轴，在【时间轴】面板上选择要隐藏或显示坐标轴的层，执行【视图】－【显示图层控件】命令即可隐藏或显示坐标轴，快捷键为【Ctrl+Shift+H】。

如果选择【CINEMA 4D】渲染器，那么图层的混合模式会消失，想要在3D图层下使用图层混合模式，要用【经典3D】渲染器。

## A09.2 实例练习——CINEMA 4D 渲染器应用

本实例完成效果如图 A09-4 所示。

图 A09-4

### 操作步骤

01 新建项目，新建合成，命名为“CINEMA 4D 渲染器应用”，宽度为 1920 px，高度为 1080 px，帧速率为 30 帧/秒，选择【3D 渲染器】,【渲染器】选择【CINEMA 4D】，单击【确定】，如图 A09-5 所示。

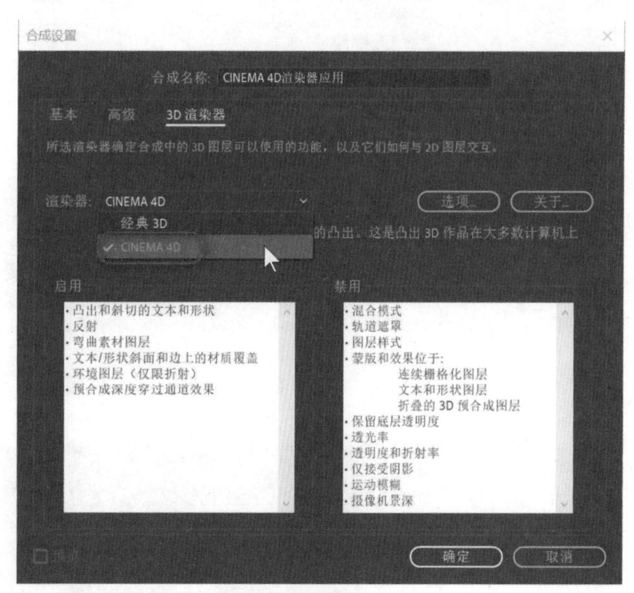


图 A09-5

02 在【时间轴】面板中新建文本层“CINEMA 4D”，添加黑色描边并打开三维图层开关；选中图层 #1“CINEMA 4D”，展开【几何选项】属性，制作立体的 3D 效果；将【斜面样式】改为【凸面】，调整【斜面深度】参数为 5.0，调整【凸出深度】参数为 90.0，如图 A09-6 所示。

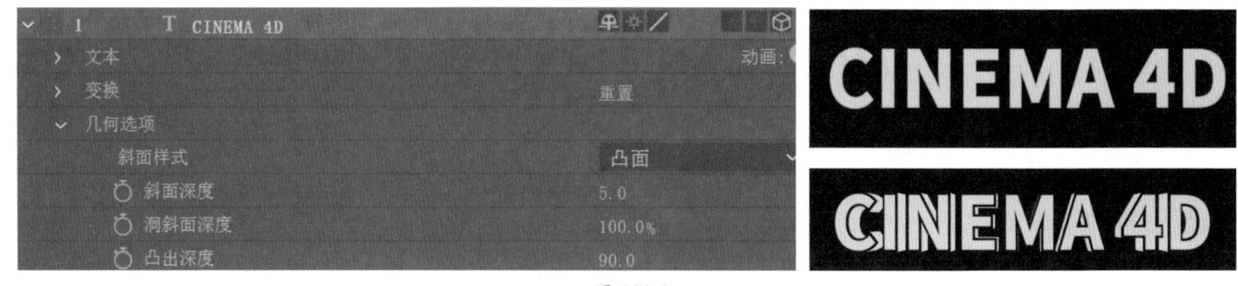


图 A09-6

03 调整透视方向，展开【变换】属性，调整【位置】参数为347.8,378.9,0.0，调整【方向】参数为6.8°, 23.0°, 357.6°，如图A09-7所示。

图 A09-7

04 想给“文本”添加环境光时，在【项目】面板中导入图片素材“星空.jpg”并拖曳至【时间轴】面板中，选中图层#2“星空”执行【图层】-【环境图层】命令，这时图层会显示图标，如图A09-8所示。

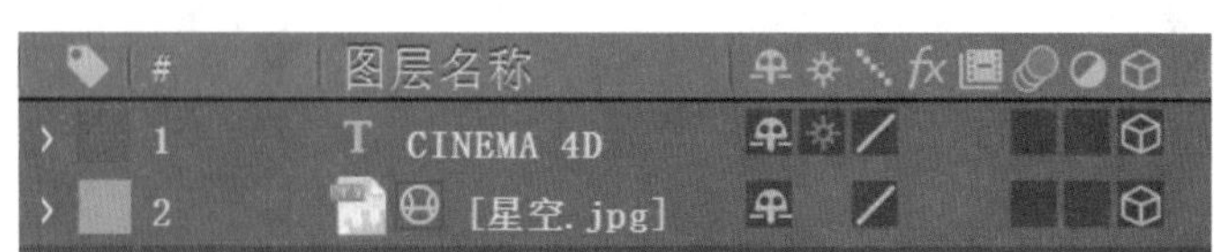


图 A09-8

05 双击选中图层#1“CINEMA 4D”展开【材质选项】属性，增强反射效果，调整【反射强度】参数为72%，调整【反射衰减】参数为22%，如图A09-9所示。

图 A09-9

06 至此，具有反射效果的 3D 文本就制作完成了，单击▶按钮或按空格键，查看效果，如图 A09-10 所示。

图 A09-10

## A09.3 作业练习——立体饼干盒动画

本作业完成效果参考如图 A09-11 所示。

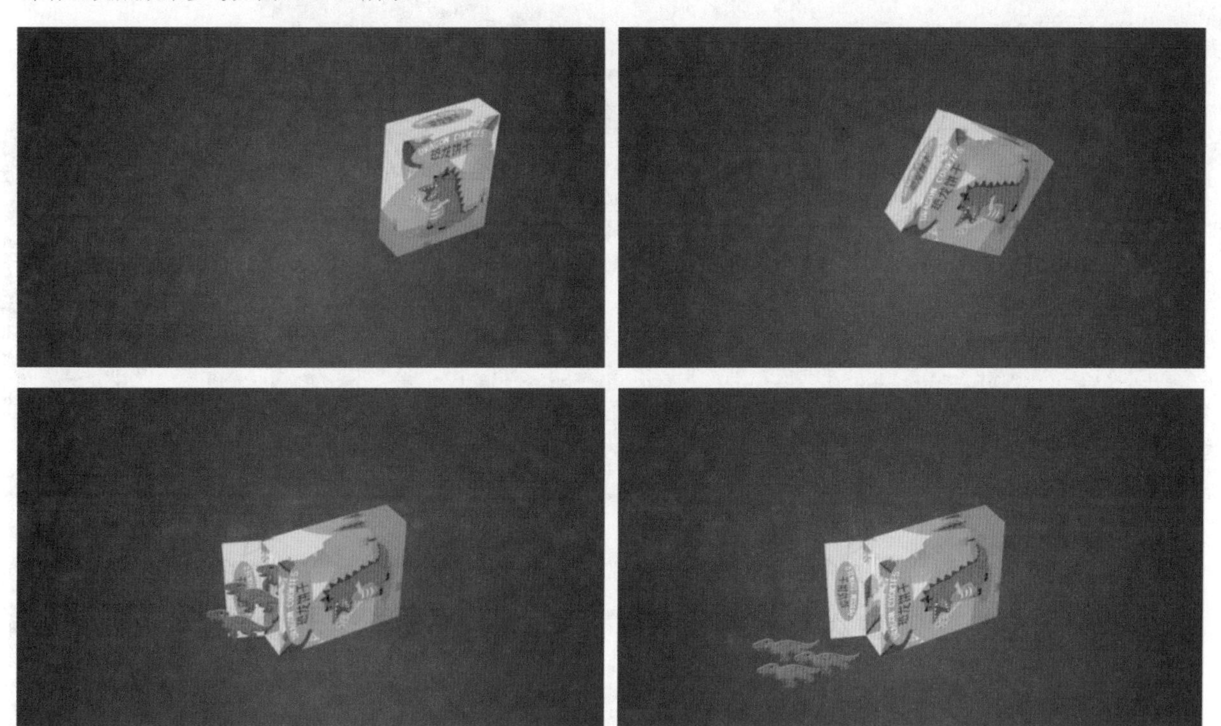

图 A09-11

### 作业思路

打开本课提供的项目文件“立体饼干盒动画. aep”，使用【锚点工具】将各个面的锚点移动到折线处，并将各个面的 3D 图层开关打开，调整【方向】属性，弯折各个面成为一个盒子。

新建空对象，将其移动到饼干盒的左下角，并将各个面都作为“空对象”的子级，为空对象的【方向】属性创建关键帧动画使饼干盒倒下，倒下后为饼干盒盖子的【方向】属性创建关键帧，制作盖子打开的动画。

将“饼干”置于“饼干盒”内，为【位置】和【方向】属性创建关键帧动画，制作“饼干”飞出落地时由“站立”翻转至“平躺”的动画。

## A09.4 摄像机

摄像机仅对 3D 图层起作用，使用摄像机可以对 3D 图层进行任意角度观察。

## 1. 创建和设置摄像机

打开本课提供的项目文件“摄像机.aep”，执行【图层】-【新建】-【摄像机】命令，打开【摄像机设置】对话框，如图 A09-12 所示。

- 类型：有双节点摄像机和单节点摄像机，单节点摄像机围绕自身定向，而双节点摄像机具有目标点并围绕该点定向。
- 名称：新建摄像机的名称，默认用新建的摄像机序号作为名字，可以自行更改。
- 预设：展开组合会看到里面有很多摄像机镜头组合的预设，如图 A09-13 所示。

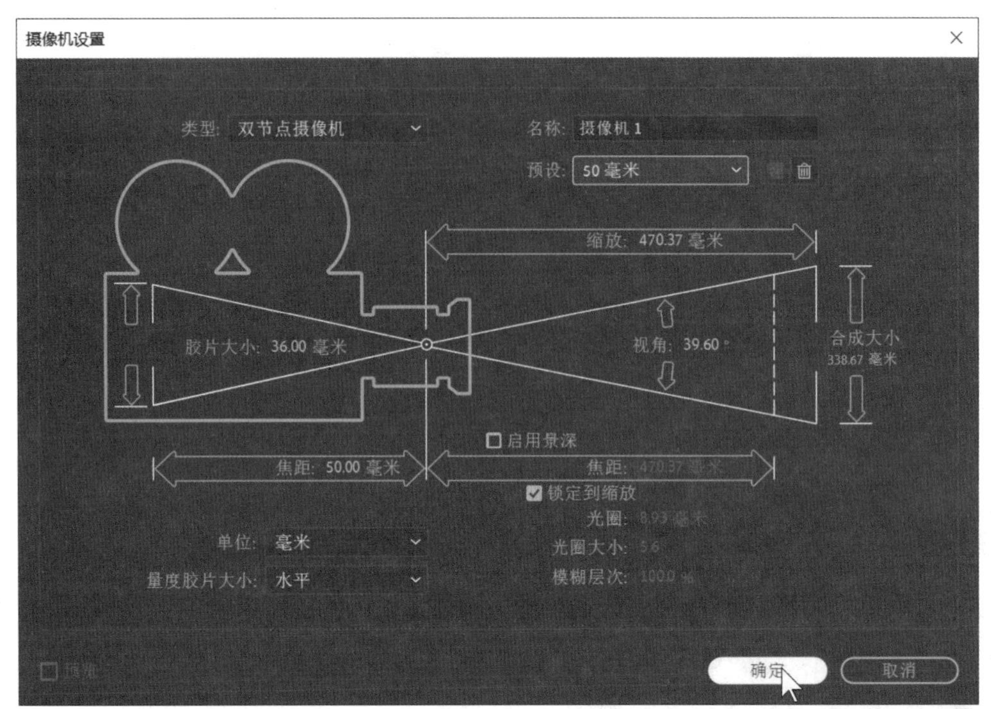


图 A09-12

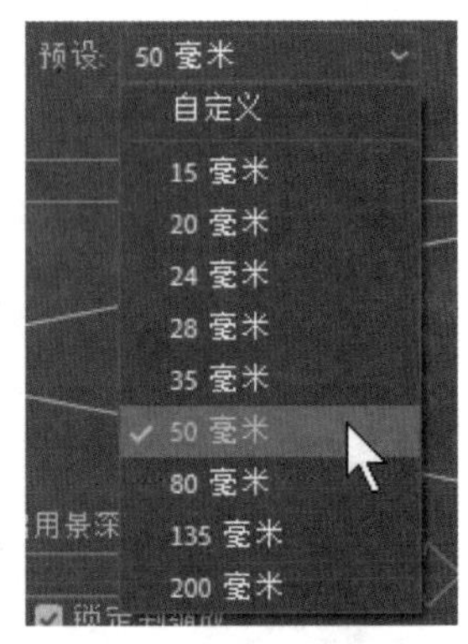


图 A09-13

每个预设对应着不同的缩放、视角、光圈的预设。

- 缩放：表示摄像机到图像之间的距离，数值增大视野范围就缩小。
- 胶片大小：与合成大小的尺寸相对应，数值增大视野随之增大，数值减小视野随之缩小。
- 视角：焦距、胶片大小和缩放决定着视角的大小，也可以自定义视角的大小，视角的大小与视野的宽窄相对应。
- 启用景深：模拟真实摄像机的景深，启用后，可以使焦点距离范围外的图像变模糊。
- 焦距：即胶片到摄像机镜头的距离，短焦距为广角，长焦距为长焦。
- 单位：使用像素、英寸或毫米单位。
- 量度胶片大小：描述合成画面的水平、垂直、对角的大小。
- 锁定到缩放：选中此项后，表明焦距和缩放值的大小相匹配。

参数设置好后，单击【确定】按钮即可创建摄像机，选择摄像机层，展开摄像机的属性，如图 A09-14 所示。

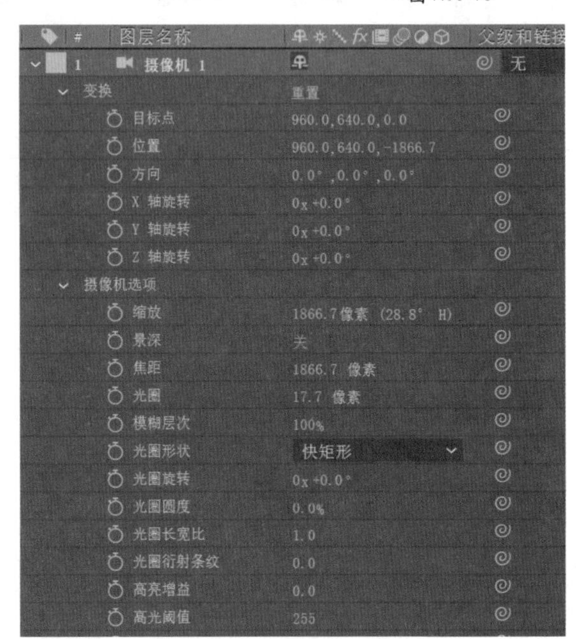


图 A09-14

【变换】属性下是摄像机图层的一些基本属性，和其他层的【变换】属性类似。

【摄像机选项】属性为摄像机特有的参数属性，创建摄像机时的一些设置好的参数可以在这里进行修改。

## 2. 摄像机动画

摄像机动画就是模仿现实中的运动镜头，调节摄像机的位置或者参数，得到类似现实中“推、拉、摇、移、跟”等的运镜效果。

下面通过一个例子介绍摄像机动画。

打开项目“摄像机.aep”，新建摄像机 1，在【查看器】窗口中选择【自定义视图 1】，如图 A09-15 所示。

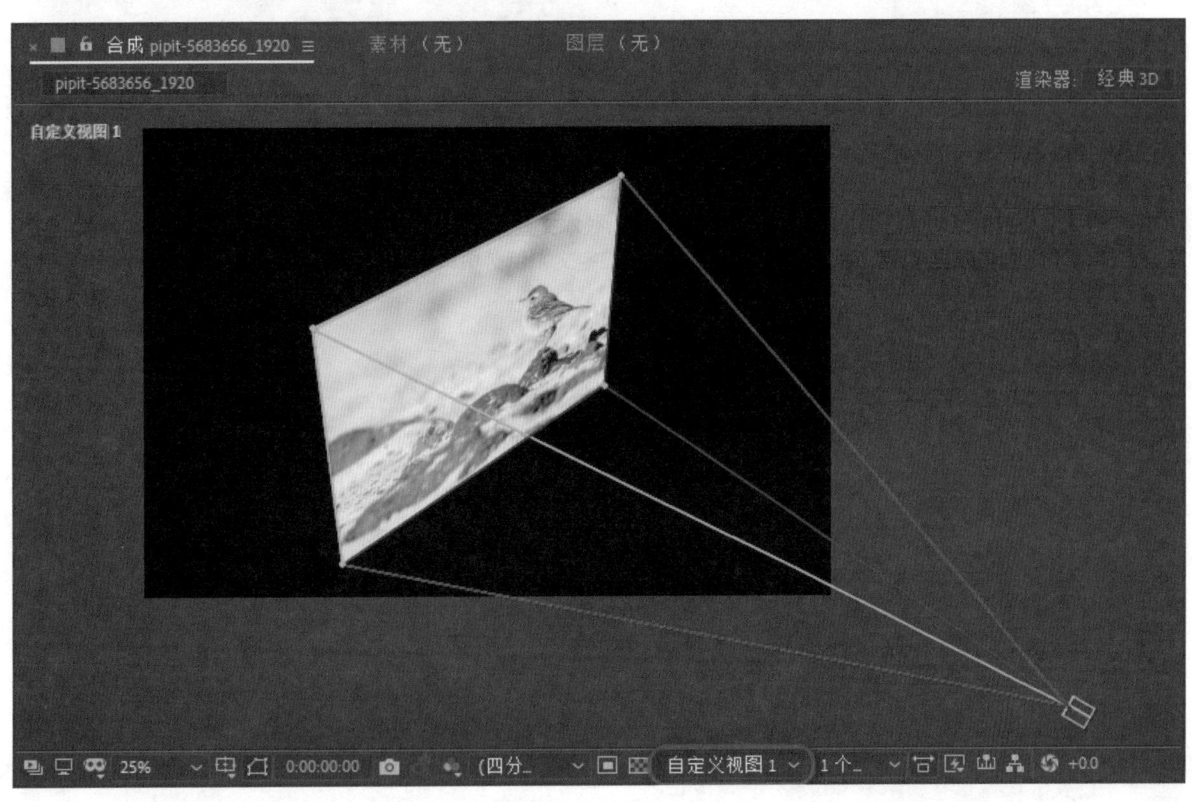


素材作者：rzierik

图 A09-15

展开图层 #1“摄像机 1”的图层属性，将指针移动到 0 秒处，在【位置】属性上创建关键帧，如图 A09-16 所示。

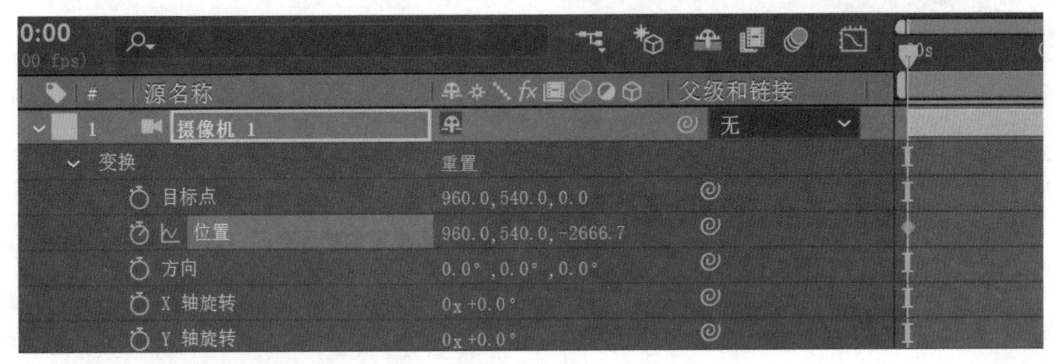


图 A09-16

将指针移动到 3 秒处，将光标移动到摄像机 Z 轴上，沿 Z 轴方向向图片移动摄像机，到达合适的位置，如图 A09-17 所示。

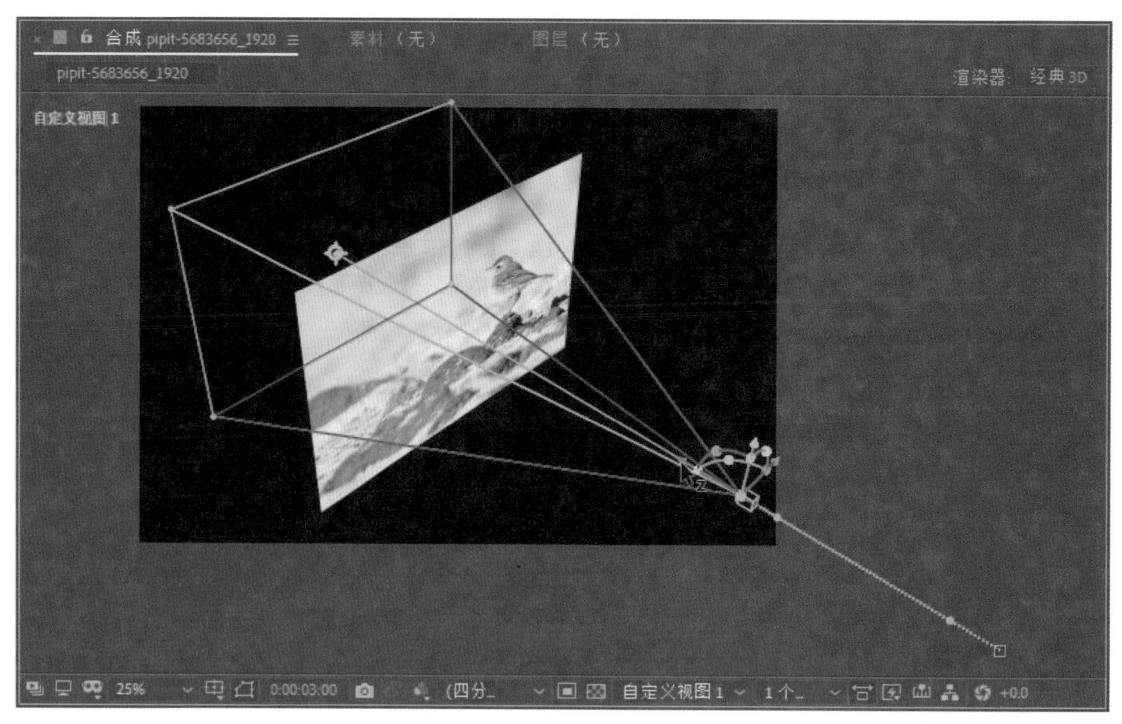

图 A09-17

将视图切换为【活动摄像机】，按空格键播放，可以看到制作了一个推镜头的摄像机运动画面。

## A09.5 综合案例——家装广告

本综合案例完成效果如图 A09-18 所示。

卧室素材作者：qimono，客厅素材作者：Pexels
客厅 2 素材作者：newhouse，客厅 3 素材作者：Engin_Akyurt

图 A09-18

### 操作步骤

01 新建项目，新建合成，宽度为 1920 px，高度为 1080 px，帧速率为 30 帧 / 秒，持续时间为 15 秒，导入本课提供的素材“客厅.jpg”“客厅 2.jpg”“客厅 3.jpg”“卧室 .jpg”，并将其拖曳至【时间轴】面板。

02 将四个图层分别进行预合成操作，选择【将所有属性移动到新合成】，并开启【3D 图层】，如图 A09-19 所示。

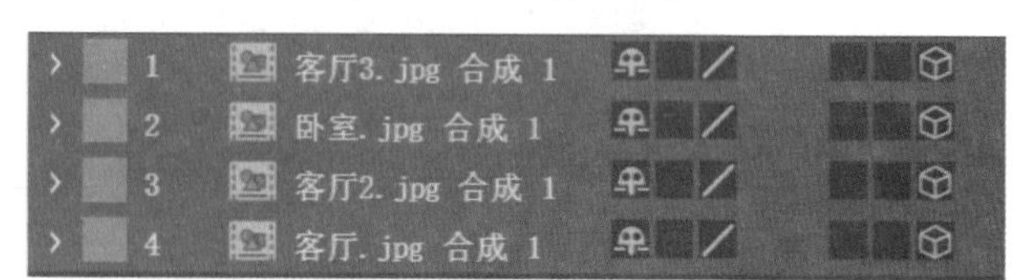


图 A09-19

03 将视图布局选择为【2 个视图 - 水平】，将左侧视图选择为【自定义视图 1】，选择图层 #2“卧室. jpg 合成 1”，使用【锚点工具】在【查看器】窗口按住【Ctrl】键将锚点移动到左侧边界处，并将图层 #2“卧室. jpg 合成 1”的【Y 轴旋转】属性值改为 0x+90.0°，如图 A09-20 所示。

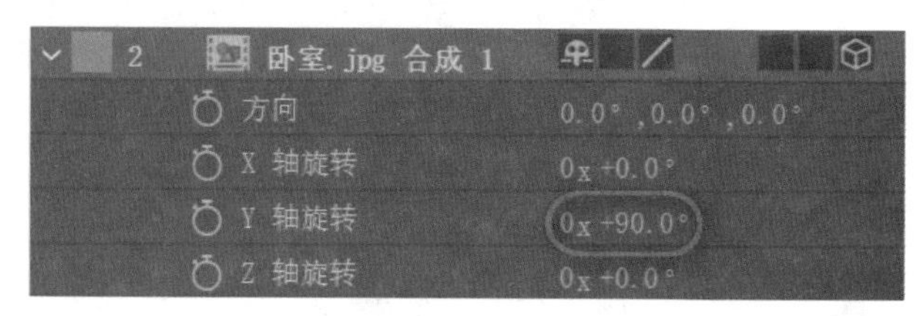


图 A09-20

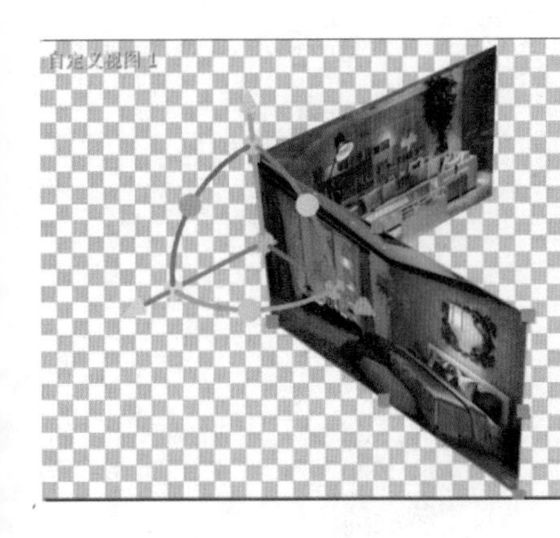

图 A09-20（续）

04 按上述步骤将四个图层拼成一个没有顶和底的盒子，如图 A09-21 所示。

图 A09-21

05 新建摄像机层，【预设】选择【自定义】，【胶片大小】为 34.00 毫米，如图 A09-22 所示。

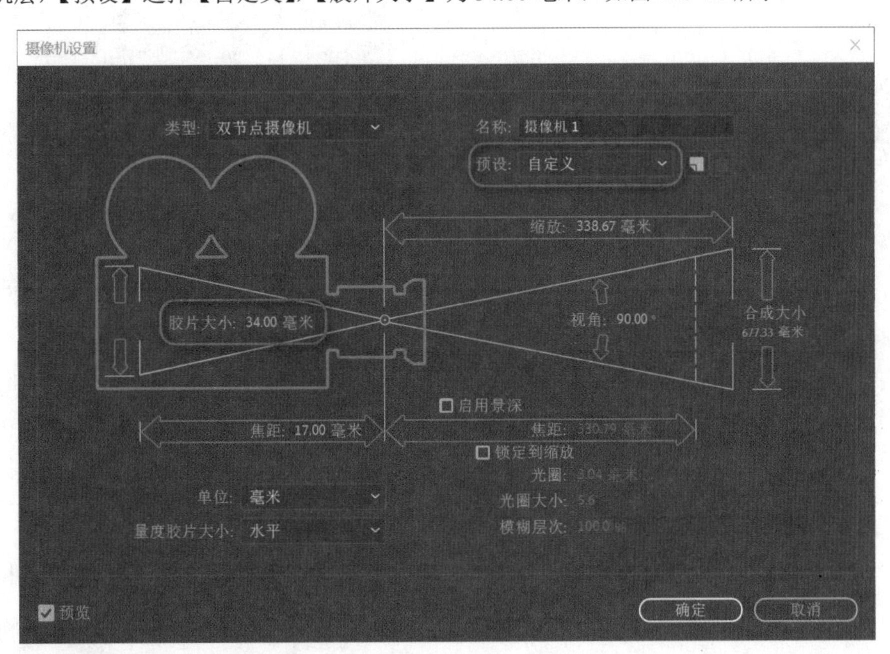


图 A09-22

06 将图层 #1“摄像机 1”的【位置】属性值改为 960.0,540.0,−960.0，使摄像机位于盒子的中心，如图 A09-23 所示。

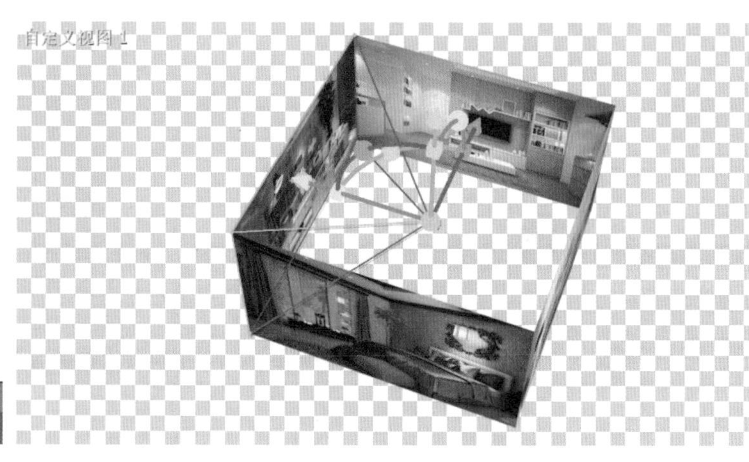


图 A09-23

07 将指针移动到0秒处，为图层#1“摄像机1”的【Y轴旋转】属性创建关键帧，将指针移动到2秒15帧处,【Y轴旋转】属性值改为0x+10.0°，自动创建第2个关键帧；将指针移动到3秒处，【Y轴旋转】属性值改为0x+90.0°，自动创建第3个关键帧；将指针移动到5秒15帧处，【Y轴旋转】属性值改为0x+100.0°，自动创建第4个关键帧；将指针移动到6秒处，【Y轴旋转】属性值改为0x+180.0°，自动创建第5个关键帧；将指针移动到8秒15帧处,【Y轴旋转】属性值改为0x+190.0°，自动创建第6个关键帧；将指针移动到9秒处，【Y轴旋转】属性值改为0x+270.0°，自动创建第7个关键帧，摄像机镜头旋转动画制作完成，如图A09-24所示。

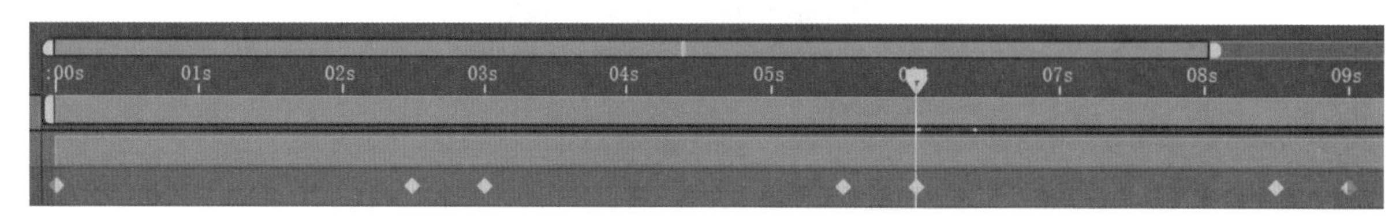


图 A09-24

08 播放预览动画，发现在旋转的过程中顶部和底部有空白，如图A09-25所示。

图 A09-25

09 选择图层#2“客厅3.jpg合成1”，连续按【Ctrl+D】复制两层，对复制出的两个图层执行【图层】-【变换】-【垂直翻转】命令，然后一个沿Y轴向上移动，一个沿Y轴向下移动，直到和原图刚好相接填补漏空，如图A09-26所示。

10 同理将其余三个画面也都填补好，如图A09-27所示。

图 A09-26

图 A09-27

11 新建空对象层，将【位置】属性值改为960.0,540.0,−960.0，使其位于盒子中心，将指针移动到9秒处，为图层#2“空1”的【位置】属性创建关键帧；将指针移动到15秒处，【位置】属性值改为895.0,540.0,−960.0，自动创建第2个关键帧；创建父子关系，将摄像机作为空对象的子级，向前推镜头，动画制作完成，如图A09-28所示。

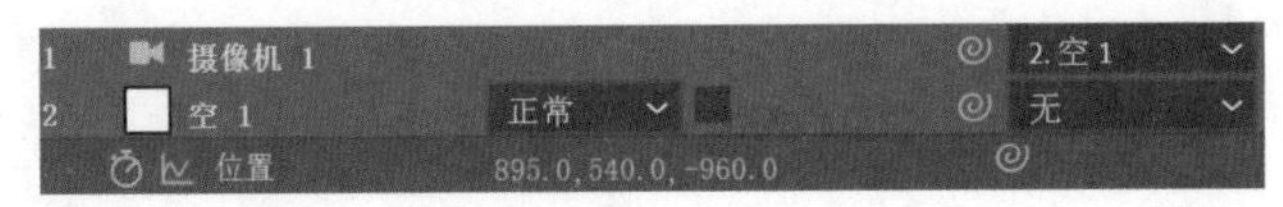


图 A09-28

12 新建圆角矩形“形状图层1”，【描边】为【线性渐变】，【填充】颜色为深棕色，降低【不透明度】，如图A09-29所示。

13 新建文本层“室内好装修”，导入本课提供的素材“金属贴图.jpg”，拖曳至【时间轴】面板的文本层下面，将贴图层的轨道遮罩选择为【Alpha遮罩“室内好装修”】；导入本课提供的素材“装饰.psd”，放到合适位置，如图A09-30所示。

图 A09-29

图 A09-30

14 将广告语和电话号码补充完整，如图A09-31所示。

| | | | | |
|---|---|---|---|---|
| 1 | T 139xxxxxxxx | 正常 | | |
| 2 | ★ 形状图层 2 | 正常 | | 无 |
| 3 | T 十年经验 省心... | 正常 | | 无 |
| 4 | T 室内 好装修 | 正常 | | 无 |
| 5 | [金属贴图.jpg] | 正常 | | Alpha |
| 6 | Ps [装饰.psd] | 正常 | | 无 |
| 7 | ★ 形状图层 1 | 正常 | | 无 |

图 A09-31

15 选择图层#1～图层#7进行预合成，命名为“广告”，导入本课提供的素材“水墨.mp4”，拖曳至【时间轴】面板的“广告”上层，将图层#1“水墨”和图层#2“广告”的入点都设置到8秒24帧处，如图A09-32所示。将图层#2“广告”的轨道遮罩选择为【亮度反转遮罩“水墨.mp4”】，使“广告”以水墨效果出现。至此家装广告动画制作完成，播放预览效果。

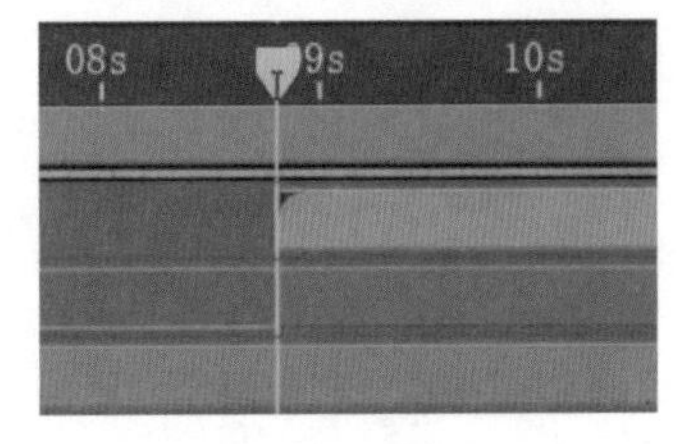


图 A09-32

# A09.6 灯光

灯光也是仅对 3D 图层起作用，使用灯光可以为 3D 图层添加光照和阴影的效果。

## 1. 创建和设置灯光

打开本课提供的项目文件“灯光.aep”，执行【图层】-【新建】-【灯光】命令，弹出【灯光设置】对话框，如图 A09-33 所示。

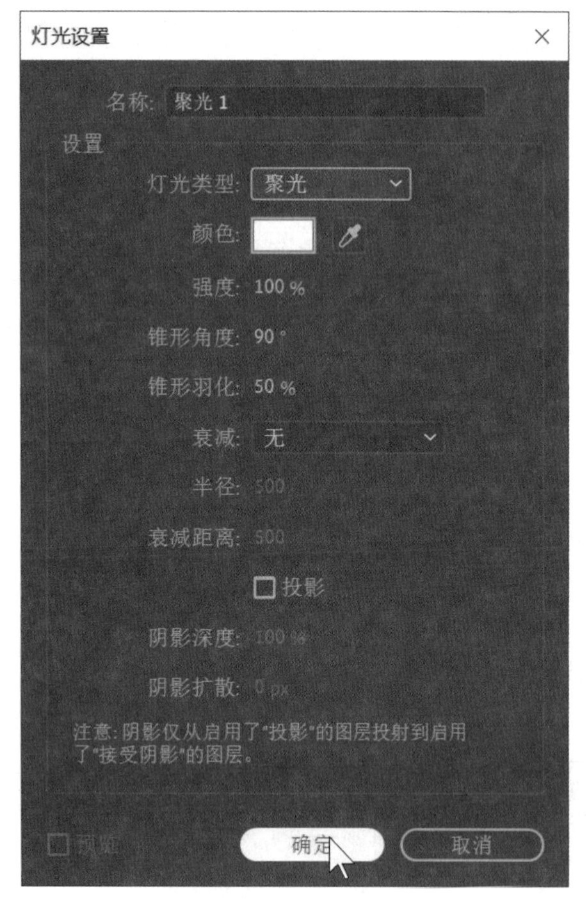


图 A09-33

- 名称：创建灯光的默认名称，以灯光类型的序号命名，可以自定义名称。
- 灯光类型：展开有四种灯光类型，分别为“平行”“聚光”“点”“环境”。
- 颜色：用于设置灯光的颜色。
- 强度：调节灯光的强度，即灯光的亮度。
- 锥形角度：灯光照射时锥形角度的大小，针对聚光灯。
- 锥形羽化：设置聚光灯灯光边缘的柔和程度，对其他类型的光无效。
- 衰减：控制灯光的衰减效果，启用后可以使灯光轮廓区过渡柔和，启用“衰减”后，“半径”和“衰减距离”才会被激活，“环境光”不能进行衰减设置。
- 投影：启用后，灯光会在层上产生投影，环境光不可用。
- 阴影深度：设置投影颜色深度，启用投影后此项激活。
- 阴影扩散：设置投影的柔和度，启用投影后此项激活。

设置好参数，单击“确定”创建灯光。

3D 图层属性中的【材质选项】属性影响灯光的最终效果，展开图层 #2“鸟”的属性，【材质选项】属性如图 A09-34 所示。

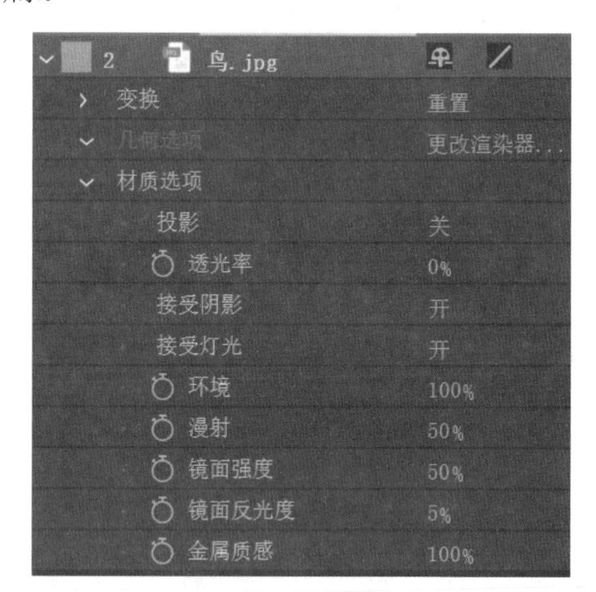


图 A09-34

- 投影：打开或者关闭投影效果。
- 透光率：表示灯光是否可以穿过图层，更改参数值来确定灯光穿过图层的百分比。
- 接受阴影：表示图层是否接受其他图层投射的阴影。
- 接受灯光：图层是否接受灯光的照射。
- 环境：图层对环境光的反射率。
- 漫射：设置图层的漫射率。
- 镜面强度：设置图层镜面反射的强度。
- 镜面反光度：设置图层上反光程度的大小，100% 反光最弱，0% 反光最强。
- 金属质感：决定图层上高光的颜色，100% 质感最强，0% 质感最弱。

## 2. 移动灯光、旋转和缩放

灯光图层和其他图层一样，也可以进行移动、旋转和缩放操作，创建好灯光后，【查看器】窗口会显示灯光和坐标轴，如图 A09-35 所示。

图 A09-35

使用工具栏里的【选取工具】或者【旋转工具】单击灯光上的某个坐标轴进行拖动，即可移动或旋转灯光。

展开灯光属性，调节【位置】和【旋转】属性的参数值也可以移动和旋转灯光。

# A09.7 综合案例——香槟展示

本综合案例完成效果如图 A09-36 所示。

墙面素材作者：Pixabay，地面素材作者：Pixabay，香槟素材作者：OpenClipart-Vectors

图 A09-36

### 操作步骤

01 新建项目，新建合成，命名为“香槟展示”，宽度为 1920 px，高度为 1080 px，帧速率为 30 帧 / 秒，背景色为黑色。

02 在【项目】面板中导入图片素材“香槟. png”“地面. jpg”和“墙面. jpg”并拖曳到【时间轴】面板中，在【时间轴】面板上打开三维图层开关，如图 A09-37 所示。

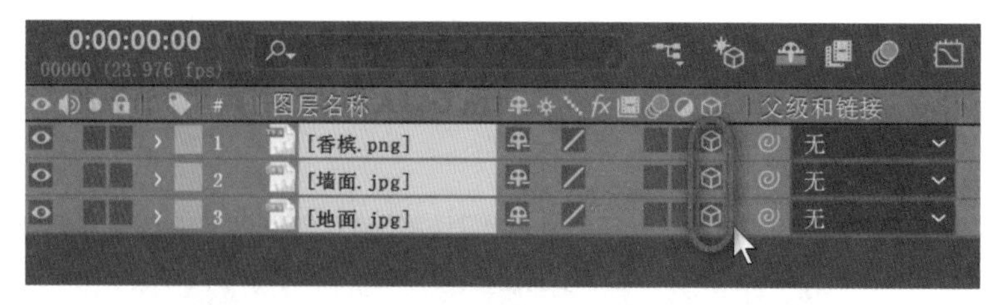


图 A09-37

03 在【时间轴】面板上右击，在弹出的菜单中选择【新建】-【摄像机】选项。在【摄像机设置】对话框中，【预设】选择 35 毫米。

04 在【查看器】窗口中“视图分布”选择【2 个视图 - 水平】，如图 A09-38 所示。选中图层 #3“墙面”，将【位置】属性的参数值改为 1394.0,420.0,2567.0，调整参数时，时刻观察【查看器】窗口右侧画面，如图 A09-39 所示。

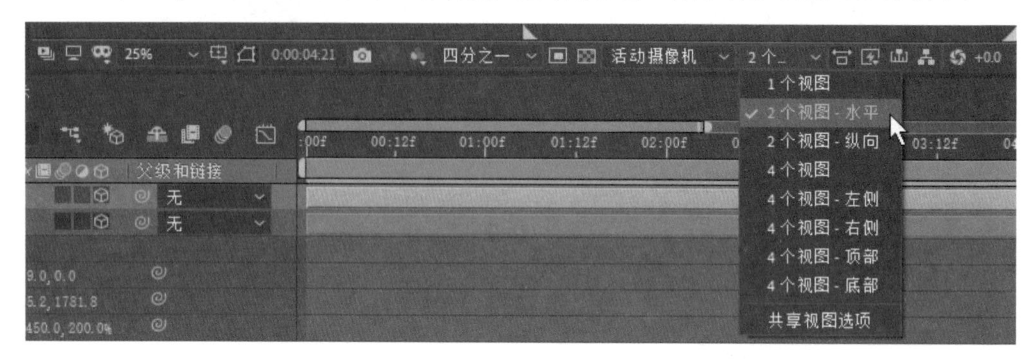


图 A09-38

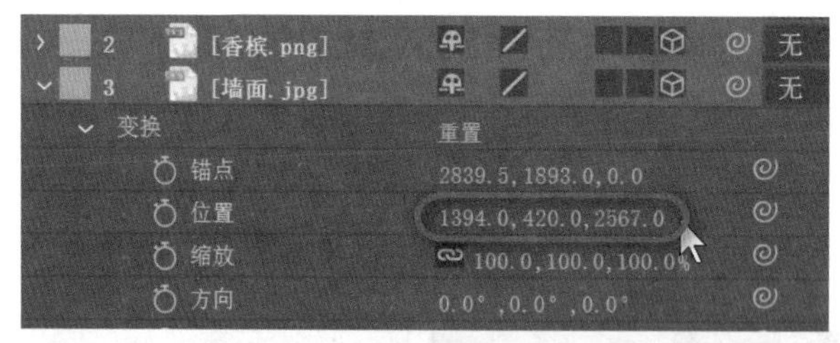


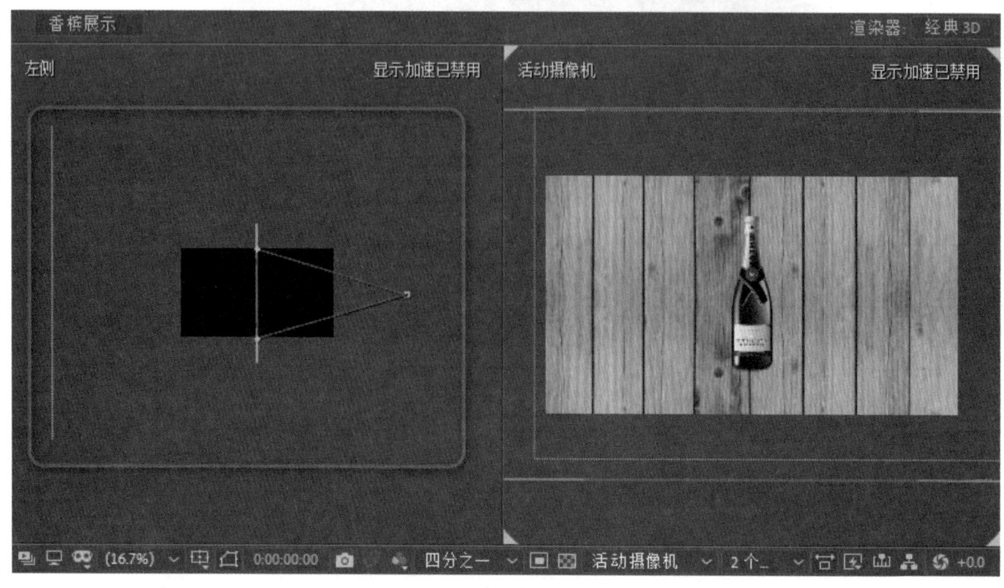


图 A09-39

05 选中图层#4“地面”，将【位置】属性的参数值改为925.0,1175.0,1093.0，将【方向】属性的参数值改为270.0°,0.0°,0.0°，将【缩放】属性的参数值改为184.0,184.0,184.0%，如图A09-40所示。

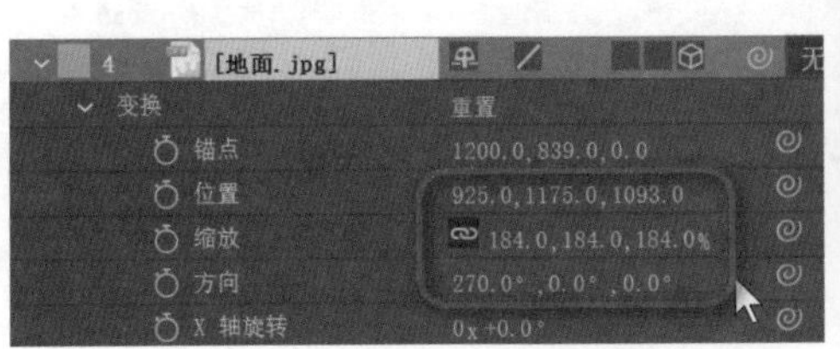


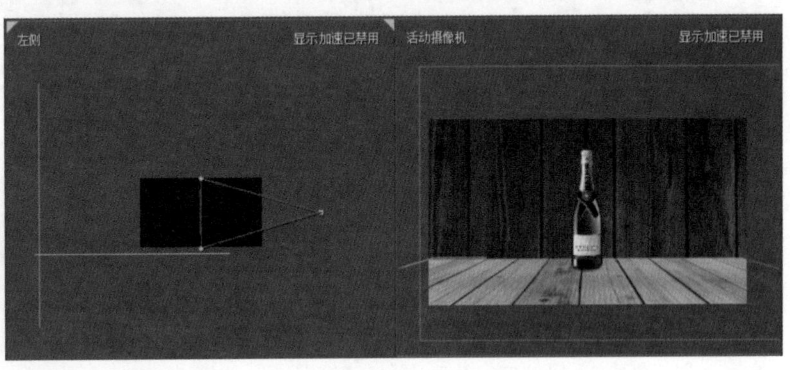


图 A09-40

06 选中图层#2“香槟”，将【位置】属性的参数值改为960.0,730.0,761.0，将【缩放】属性的参数值改为130.0,130.0,130.0%，完成三维场景的搭建，如图A09-41所示。

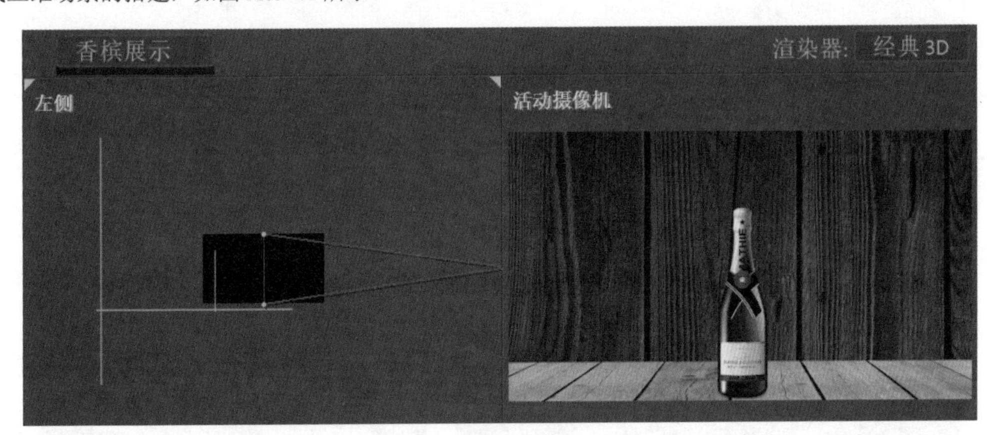


图 A09-41

07 选中图层#1“摄像机”将指针移动至1秒处，单击【目标点】【位置】【缩放】前面的码表设置关键帧，将【目标点】属性的参数值改为960.0,604.0,0.0，将【位置】属性的参数值改为960.0,540.0,−2574.0，将【缩放】属性的参数值改为3100.0像素，如图A09-42所示。

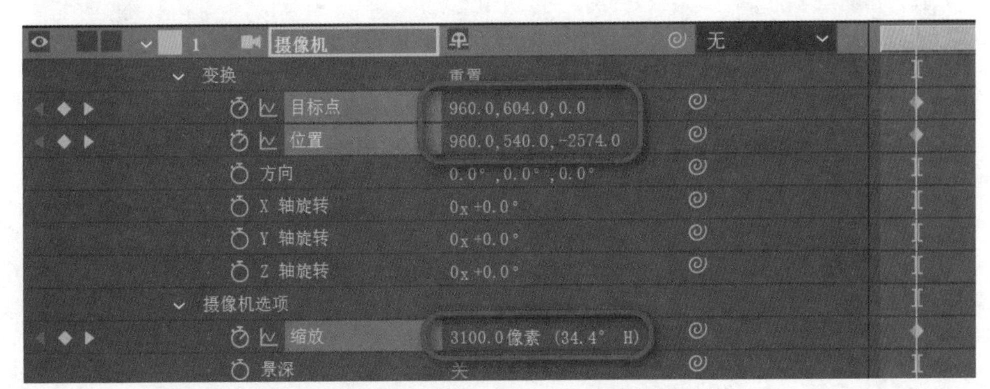


图 A09-42

08 将指针移动至3秒处，将【目标点】属性的参数值改为549.0,654.0,−478.0，将【位置】属性的参数值改为−18.0,279.0,−2200.0，将【缩放】属性的参数值改为4400.0像素，这样便设置了一个镜头运动，如图A09-43所示。

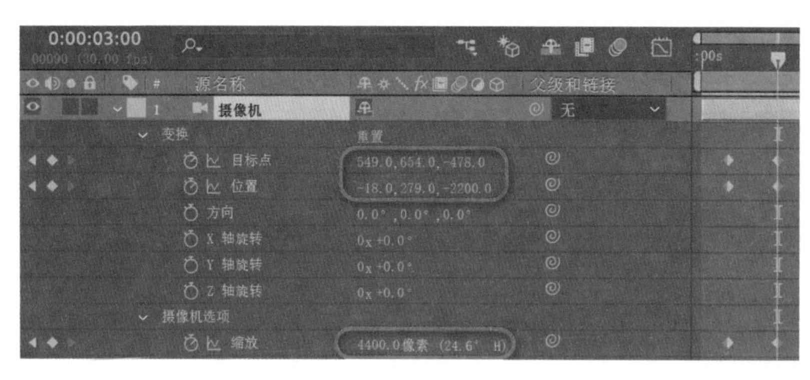

图 A09-43

09 将指针移动至5秒处，将【目标点】属性的参数值改为960.0,604.0,0，将【位置】属性的参数值改为960.0,540.0,−2574.0，将【缩放】属性的参数值改为2600.0像素，如图A09-44所示。至此，一个摄像机动画就制作完成了，拖曳指针观看效果。

10 在【时间轴】面板上右击，在弹出的菜单中选择【新建】-【灯光】选项，在【灯光设置】对话框中，将【灯光类型】选择为【点】，如图A09-45所示。

图 A09-44

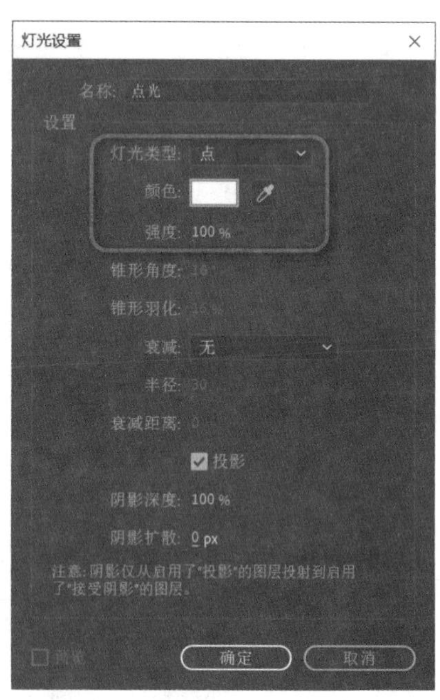


图 A09-45

11 选中图层#3“香槟”，将【材质选项】中【投影】属性切换至【开】，如图A09-46所示。

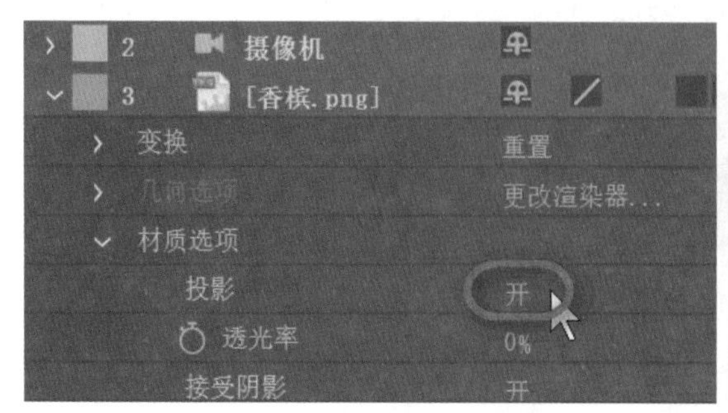

图 A09-46

⑫ 做一个灯光从左到右移动的效果，选中图层 #1 "点光"，将指针移动至 1 秒处，单击【位置】前面的码表设置关键帧，将【位置】属性的参数值改为 −16.0,460.0,−666.0，如图 A09-47 所示。

图 A09-47

⑬ 将指针移动至 5 秒处，将【位置】属性的参数值改为 2033.0,460.0,−666.0，灯光从左到右，影子便从右到左，画面生动了起来，如图 A09-48 所示。

图 A09-48

⑭ 此时发现环境较暗，在【时间轴】面板上右击，在弹出的菜单中选择【新建】-【灯光】选项，弹出【灯光设置】对话框，【灯光类型】选择【环境】，将【强度】参数值改为 40%，如图 A09-49 所示。

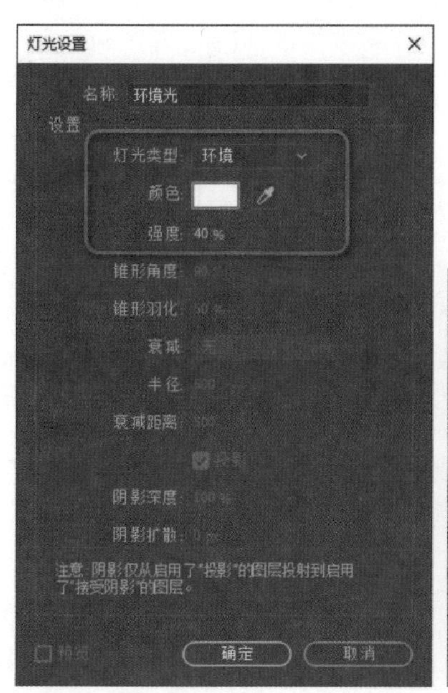

图 A09-49

15 为使效果更真实，选中图层#2“点光”，在【灯光选项】中将【阴影扩散】属性的参数值改为38.0像素，如图A09-50所示。至此，香槟展示动画就制作完成了，单击▶按钮或按空格键，查看效果。

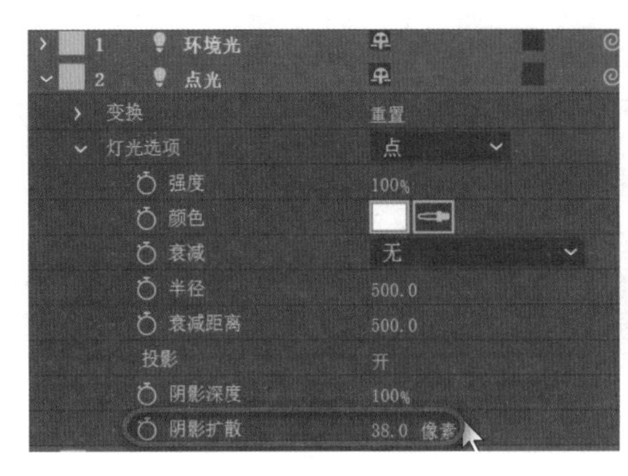

图 A09-50

# 总结

三维功能也是After Effects中非常重要的功能，尤其是摄像机动画，在实际工作中，摄像机动画的应用频率是非常高的，一定要掌握好。

读书笔记

After Effects 中的文本可以制作出丰富的动画效果，本课先来学习文本的基础知识。

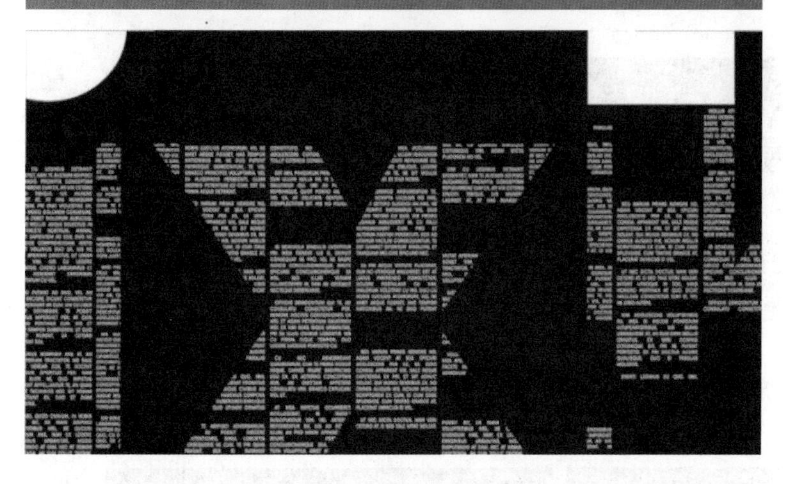


A10课

基础文本

望文生义，字字珠玑



## A10.1 文本面板

与文本相关的面板有【字符】面板和【段落】面板，如图 A10-1 所示。

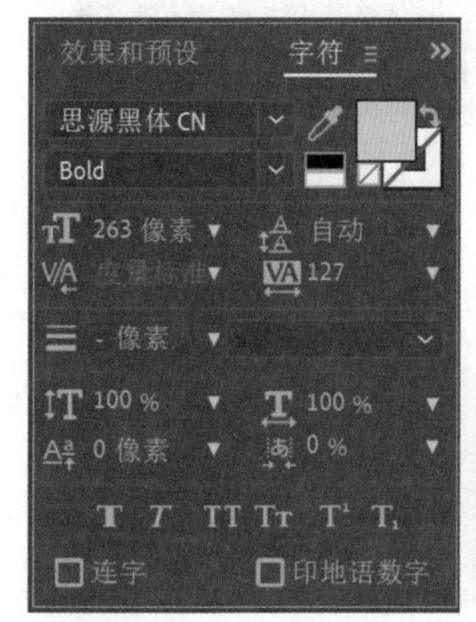


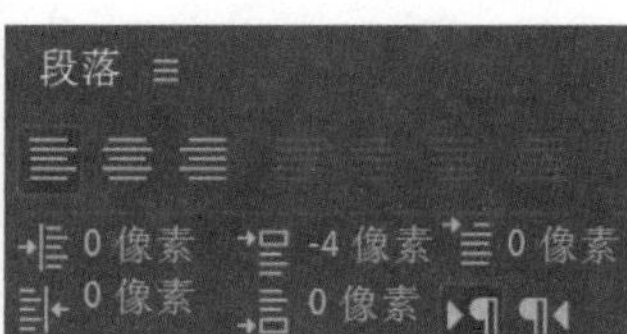


图 A10-1

【字符】面板用来调节文本的字体、大小、颜色、间距等；【段落】面板用来调节文本段落的对齐方式及段落样式。

# A10.2 创建文本

## 1. 创建点文本

创建点文本常用的方法如下。

- 新建项目，新建合成，执行【图层】-【新建】-【文本】命令，或者在【时间轴】面板上右击，在弹出的快捷菜单里选择【新建】-【文本】选项，会在【查看器】窗口的中心出现文本光标，处于输入文本的状态。
- 直接双击【文字工具】T，也可以创建文本层。
- 单击工具栏里的【文字工具】T（Ctrl+T），在【查看器】窗口中单击，可以直接在单击的位置开始输入文本。

## 2. 创建段落文本

单击工具栏里的【文字工具】T，在【查看器】窗口上直接拖出一个矩形文本框，可以在文本框范围内输入段落文字，如图 A10-2 所示。

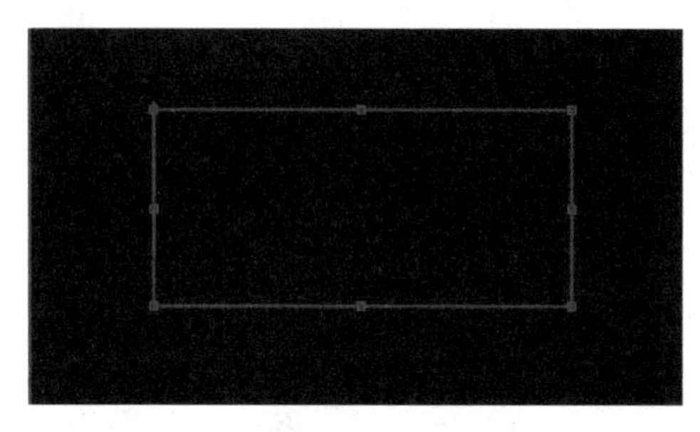

图 A10-2

段落文字输入完成后，可以对文本框的大小进行调整，在文本框处于激活的状态下，在【查看器】窗口中直接拖动文本框控制点，可以改变文本框大小且文本的大小不变，如图 A10-3 所示。

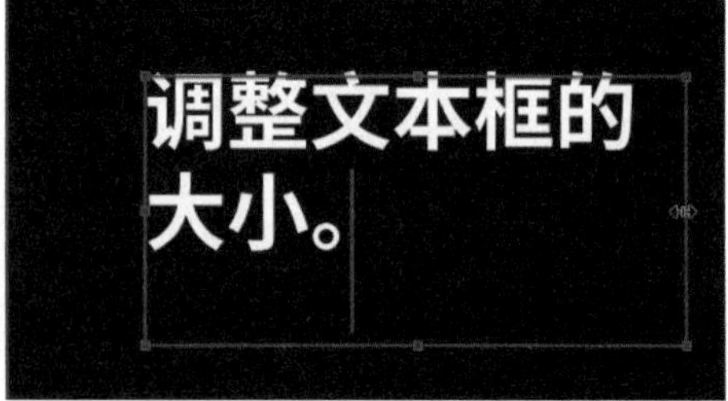


图 A10-3

按住 Shift 键的同时拖动文本框为按比例缩放文本框，按住【Ctrl】键的同时拖动文本框为从文本框中心缩放。

SPECIAL 扩展知识

使用文本框可以将文本限制在文本框范围内，使编辑工作更加方便，但是如果文本过多而超出文本框范围，超出的部分将不被显示，这时候就需要放大文本框。

## 3. 点文本和段落文本的转换

After Effects 中的点文本和段落文本之间可以互相转换，操作方法如下。

选择要转换的文本图层，在【查看器】窗口中使用【文字工具】右击，在弹出的快捷菜单里选择【转换为点文本】或【转换为段落文本】选项，如图 A10-4 所示。

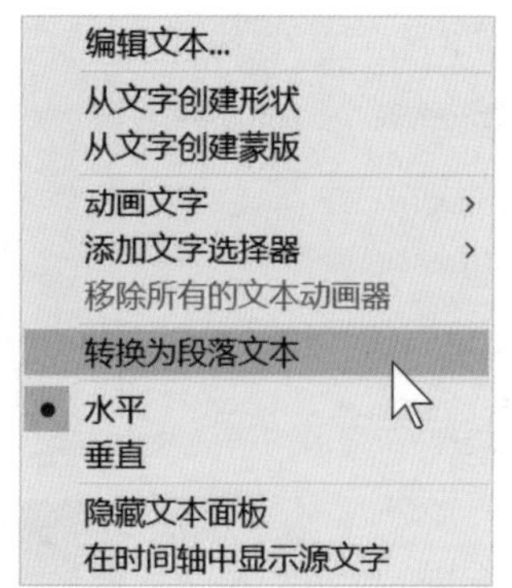


图 A10-4

## 4. 改变文本方向

创建文本的时候除了可以直接创建水平文本或者竖直文本外，水平文本和竖直文本之间也可以互相转换，操作方法如下。

选择要转换的文本图层，在【查看器】窗口中使用【文字工具】右击，在弹出的快捷菜单里选择【水平】或【垂直】选项，如图 A10-5 所示。

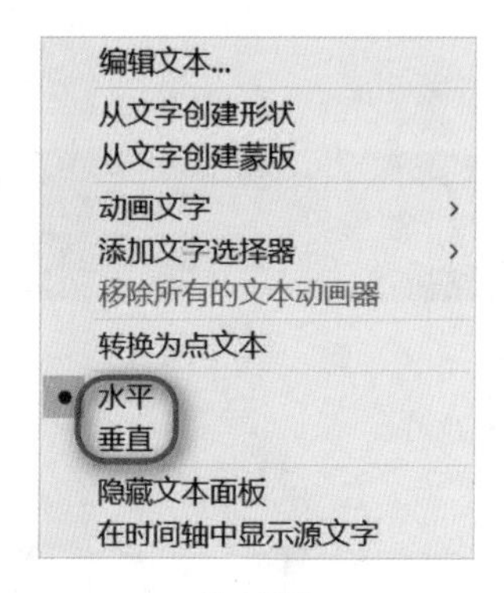


图 A10-5

## 5. 导入 Photoshop 文本

Photoshop 中的文本可以导入 After Effects 中并且仍然可以编辑，导入 PSD 文件的方法在 A04.14 节中已经讲过，编辑 Photoshop 中的文本操作方法如下。

将本课提供的素材“1.psd”以【合成 - 保持图层大小】的种类导入 After Effects，选择【可编辑的图层样式】，导入后选择文本层执行【图层】-【创建】-【转换为可编辑文字】命令，即可对文本进行编辑，如图 A10-6 所示。

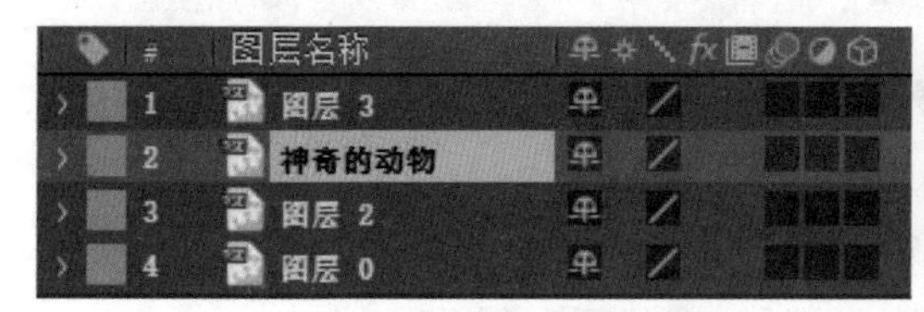

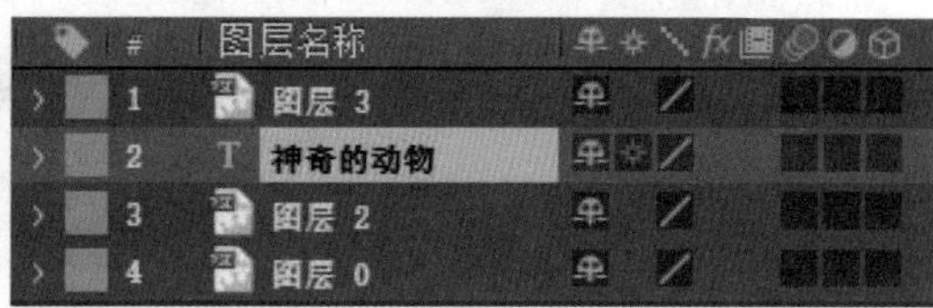


图 A10-6

豆包：“老师，为什么我在【字符】面板更改文字的基本属性不起作用呢？”

在输入状态下更改文字的属性是不起作用的，要更改文字的基本属性，应该在【时间轴】面板选中文本层退出输入状态，此时在【字符】面板更改属性即可生效。


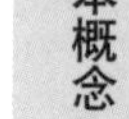

# A10.3　文字创建形状和蒙版

使用文本可以直接生成形状和蒙版，下面就来学习操作方法。

## 1. 创建形状

新建项目，新建合成，新建文本层“文本学习”，如图 A10-7 所示。

在图层 #1“文本学习”上右击，在弹出的快捷菜单里选择【创建】-【从文字创建形状】选项，如图 A10-8 所示。

图 A10-7

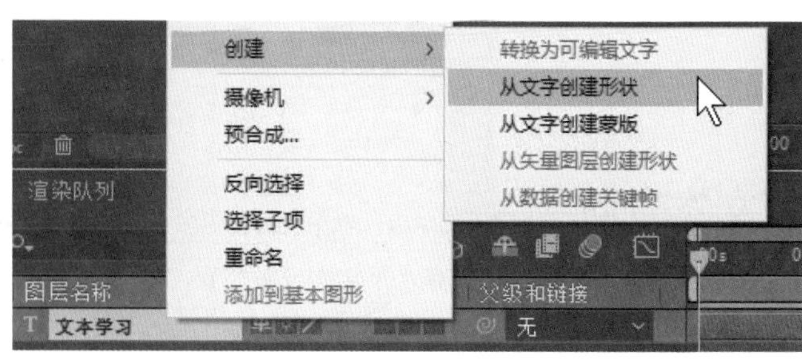


图 A10-8

形状图层会自动添加到文本层上面，文本层隐藏，形状层默认填充的颜色为文本颜色，没有描边，如图 A10-9 所示。

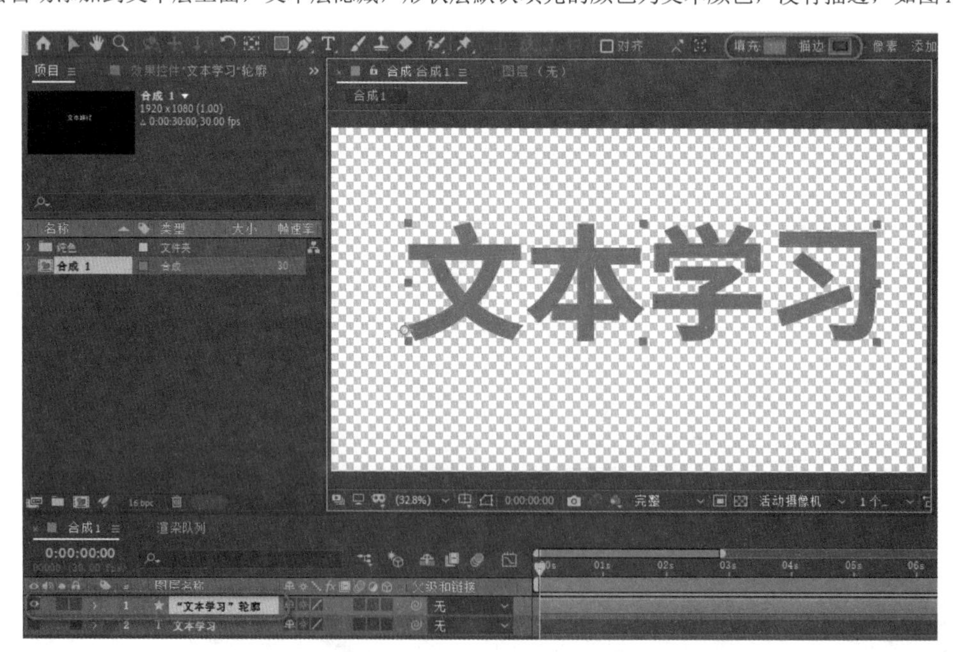


图 A10-9

展开形状图层的【内容】属性，可以看到【文】【本】【学】【习】四个形状图层，如图 A10-10 所示。

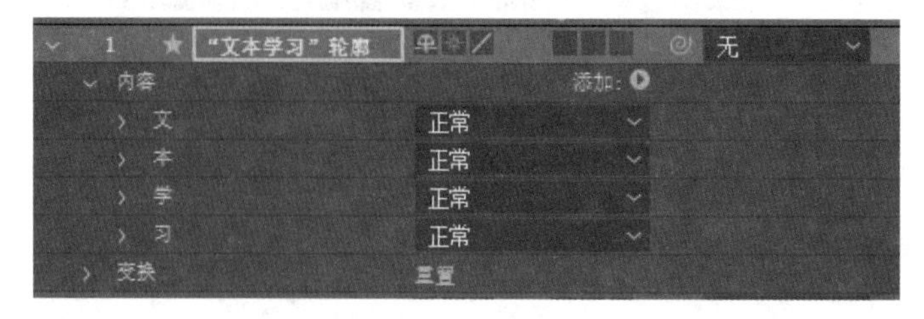


图 A10-10

继续展开其属性，每个形状图层下包含【描边】【填充】【变换】等属性，可以分别对每个形状图层的各个属性单独进行调整，如图 A10-11 所示。

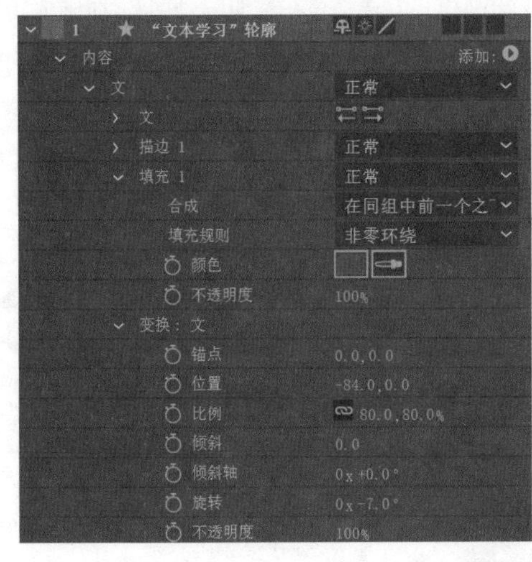

图 A10-11

## 2. 创建蒙版

删除形状图层，在图层 #1“文本学习”上右击，在弹出的快捷菜单里选择【创建】-【从文字创建蒙版】选项，如图 A10-12 所示。

蒙版图层会自动添加到文本图层上面，文本图层隐藏，蒙版默认是在白色纯色层上，如图 A10-13 所示。

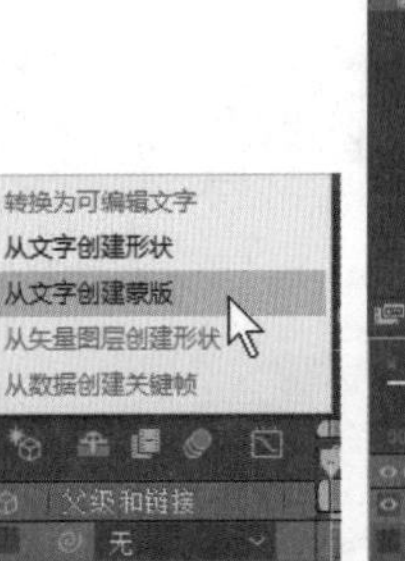

图 A10-12

图 A10-13

此时就可以调整蒙版的形状，任意更改每个文字的形状，如图 A10-14 所示。

图 A10-14

有了蒙版，就可以实现很多动画效果，例如可以添加描边并制作描边的生长动画。

选择蒙版图层，执行【效果】-【生成】-【描边】命令（视频效果会在 A12 课讲解），在【描边】效果中选中【所有蒙版】复选框，【颜色】设置为红色，【画笔大小】设置为 4.0，【绘画样式】选择【在透明背景上】，如图 A10-15 所示。

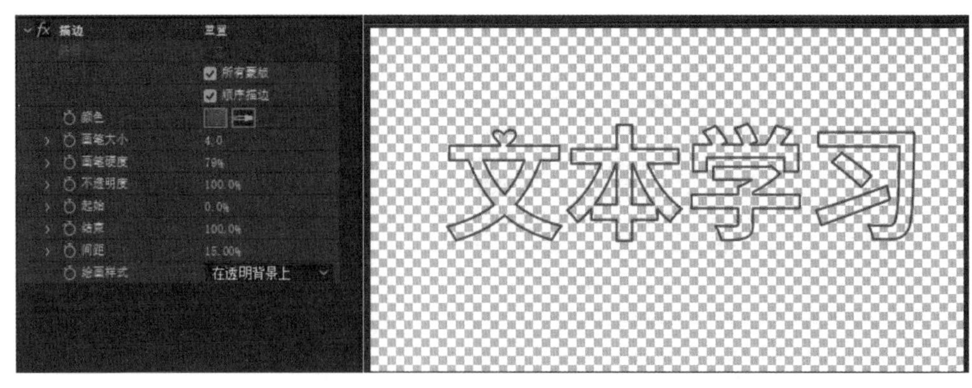


图 A10-15

将指针移动到 0 秒处，将【描边】效果的【结束】属性值改为 0.0%，创建关键帧；将指针移动到 2 秒处，将【描边】效果的【结束】属性值改为 100.0%，自动创建第 2 个关键帧。这样描边生长动画就制作完成了，如图 A10-16 所示。

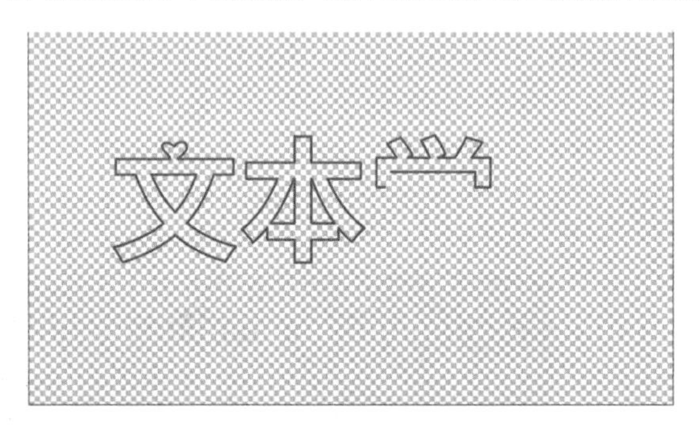

图 A10-16

## A10.4 实例练习——文字颜色变换

本实例完成效果如图 A10-17 所示。

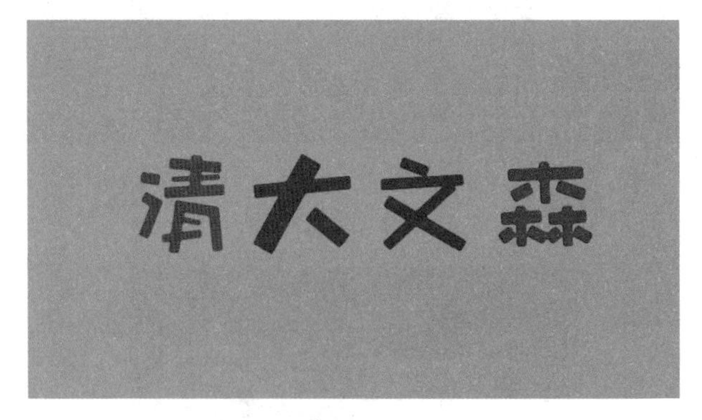


图 A10-17

### 操作步骤

01 新建项目，新建合成，命名为“文字颜色变换”，宽度为 1920 px，高度为 1080 px，帧速率为 30 帧 / 秒，合成背景颜

色调整为 #21D092。新建文本层“清大文森”。

02 在图层 #1“清大文森”上右击，在弹出的快捷菜单里选择【创建】-【从文字创建形状】选项。

03 制作文字逐个展现效果，展开形状图层的【内容】属性，调整【清】【大】【文】【森】4 个形状图层的【填充】-【不透明度】设置；将指针拖曳至 0 秒处调整【清】-【不透明度】参数为 0% 并设置关键帧；在 15 帧处将【不透明度】参数调整为 100%，即制作了一个淡入动画，如图 A10-18 所示。

图 A10-18

04 全选【清】-【不透明度】关键帧并复制（Ctrl+C），粘贴（Ctrl+V）至【大】【文】【森】形状图层【不透明度】属性上，4 个字就都有了淡入效果。

05 移动【不透明度】关键帧错开位置，如图 A10-19 所示，4 个字的动画效果有了时间差，会依次淡入显示。

图 A10-19

06 制作颜色变化效果，将指针拖曳 15 帧处设置【清】-【填充】-【颜色】关键帧，作为颜色变化开始帧；在 1 秒处将【颜色】调整为红色，展开【颜色】属性可以看到颜色变化，如图 A10-20 所示。

图 A10-20

07 在 1 秒 15 帧处将【颜色】调整为蓝色，如图 A10-21 所示。

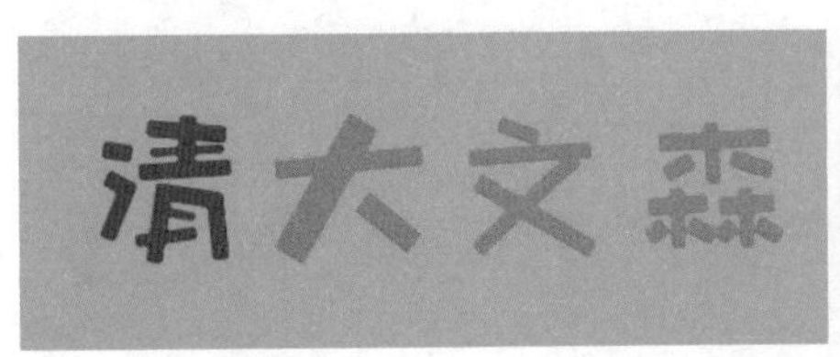

图 A10-21

08 在 2 秒处将【颜色】调整为白色，如图 A10-22 所示。

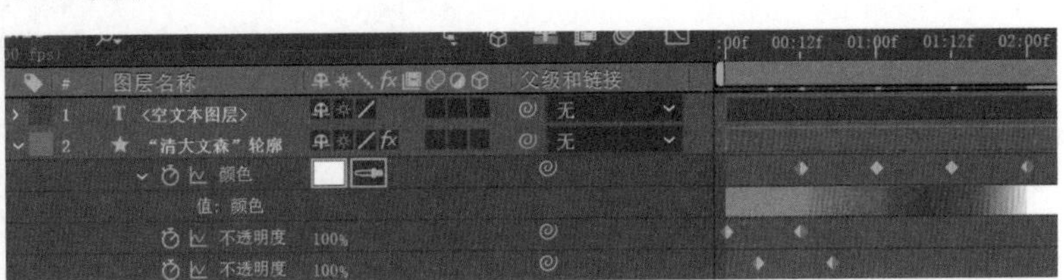

图 A10-22

09 全选【清】-【颜色】关键帧并复制（Ctrl+C），分别粘贴（Ctrl+V）至【大】【文】【森】形状图层【不透明度】第2个关键帧处的【颜色】属性上，如图A10-23所示，这样文字颜色变换效果就制作完成了。

图 A10-23

## A10.5 综合案例——文本多重描边效果

本综合案例完成效果如图A10-24所示。

素材作者：ID 7089643

图 A10-24

### 操作步骤

01 新建项目，新建合成，宽度为1920 px，高度为1080 px，帧速率为30帧/秒，合成命名为"多重描边"；新建两层纯色图层，分别命名为"背景""窗口"，选择图层#1"窗口"，绘制椭圆蒙版，蒙版模式选择为【相减】，并执行【图层样式】-【投影】命令，如图A10-25所示。

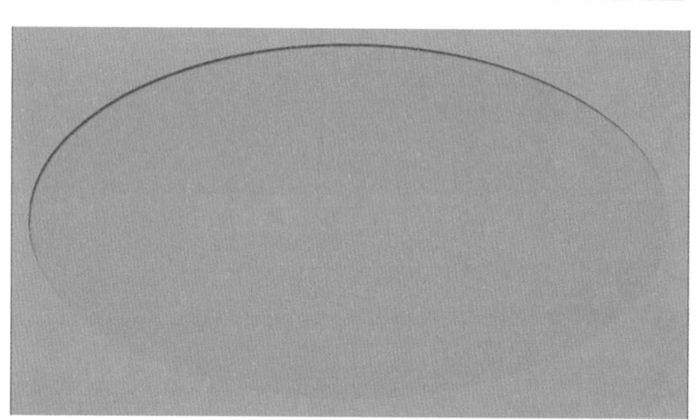

图 A10-25

02 导入本课提供的素材"卡通动物.png"，放于图层#1"窗口"下方，绘制蒙版将小动物一个个抠出，并沿"窗口"弧线摆放，如图A10-26所示。

图 A10-26

03 新建文本层"宝宝成长日记"，选择文本层右击，在弹出的菜单中选择【创建】-【从文字创建形状】选项，选择新生成的形状图层，重命名为"描边"，【填充】选择【无】，【描边】为红色，如图A10-27所示。

图 A10-27

04 选择图层 #1“描边”，展开【内容】属性，添加【修剪路径】，将指针移动到 0 秒处，为【开始】和【结束】属性创建关键帧，属性值都为 0.0%；将指针移动到 2 秒处，【开始】和【结束】属性值都改为 100%，自动创建关键帧；全选关键帧，按【F9】键将关键帧设置为缓动，并全选【结束】关键帧统一向右移动 1 秒，制作描边生长并消失的动画效果，如图 A10-28 所示。

图 A10-28

05 选择图层 #1“描边”，按【Ctrl+D】快捷键复制一层，展开【内容】属性，添加【位移路径】，并将【位移路径】移动到【修剪路径】上方，将【数量】属性值改为 8.0，更改描边颜色，原路径会扩大 8，如图 A10-29 所示。

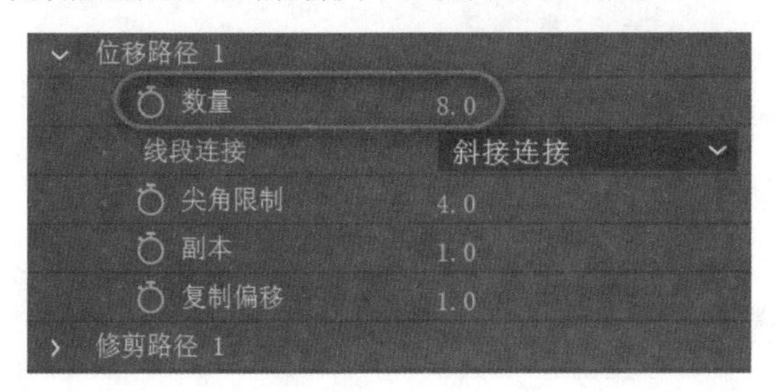


图 A10-29

图 A10-29（续）

06 重复上述步骤，将“描边”多复制几层，对【数量】属性赋不同的值，改变描边颜色，如图 A10-30 所示。

图 A10-30

07 选择文本图层，重复执行【创建】-【从文字创建形状】命令，命名为“标题”，展开【内容】属性，更改每个字【填充】属性的【颜色】，如图 A10-31 所示。

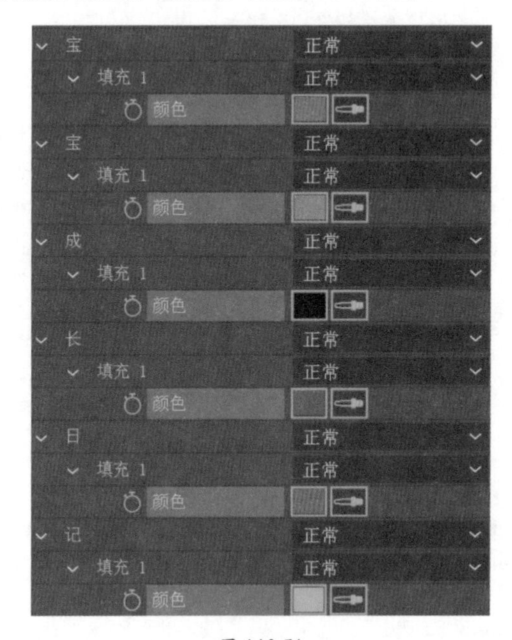


图 A10-31

08 选择“标题”，为【不透明度】属性创建关键帧，使其从 2 秒开始到 3 秒完全显现，并执行【图层样式】-【投影】命令，如图 A10-32 所示。

图 A10-32

09 全选标题图层和所有描边图层进行预合成，命名为“标题动画”，为每个小动物的【位置】属性创建关键帧动画，使其在 3 秒内从左至右依次出现，将图层 #1“标题动画”的入点设置到小动物全部出现后，如图 A10-33 所示。

图 A10-33

10 导入本课提供的素材“气球. png”，将其置于“标题动画”的下层，为其【位置】属性创建关键帧动画，使其在 1 秒到 3 秒从底部升到顶部，并为【位置】属性创建抖动表达式，使其轻微晃动，如图 A10-34 所示。至此，文本多重描边效果制作完成，播放预览效果。

图 A10-34

## A10.6 作业练习——Mountains 牌登山鞋广告

本作业完成效果参考如图 A10-35 所示。

雪山素材作者：Dan Dubassy，登山鞋素材作者：stux

图 A10-35

### 作业思路

新建项目合成，导入提供的素材，创建文本，开启【3D 图层】开关，将【渲染器】调整为【CINEMA 4D】，展开文本层的【几何选项】属性，调整属性值，使文本变为立体字；将素材“山.jpg”作为【环境图层】，展开文本层【材质选项】属性，调节属性值，为文本添加材质。

选择文本，执行【从文字创建形状】命令，制作文字逐个下落的效果，文本下落完成后，“登山鞋.png”改变不透明度渐变地显现出来。

## 总结

学会了文本面板和文本创建方法，大家要多练习，熟练掌握其操作，为接下来的文本动画制作做好准备。

### 读书笔记

A11课

# 音频属性

来点好声音



在视频处理软件中，基本都包含音频方面的功能，After Effects 也不例外。本课就来学习 After Effects 中关于音频操作的一些基础知识。

## A11.1 音频属性

### 1. 导入音频

在 A04.12 课中已经讲解了音频文件的导入方法，After Effects 支持的音频格式有 MID、WAV、MP3、AIF 等，导入后音频可以作为一个图层在合成中使用，导入一段音频素材，如图 A11-1 所示。

图 A11-1

可以看到在音频图层中音频开关自动打开。展开音频图层，发现有【音频】和【波形】两个属性，如图 A11-2 所示。

图 A11-2

- 【音频电平】参数也可以通过【窗口】-【音频】面板的滑块来控制，调整声音的大小，波形也会随着改变。
- 波形可以直观地显示音乐的节奏变化以及关键的声音事件。
- 按小键盘的【.】键，可以仅预听音频。

## 2. 视频的音频属性

视频通常会包括音频轨道，所以视频素材同样具有音频属性，展开音频属性，设置方法与纯音频图层的设置相同。

# A11.2 音频面板

【音频】面板可以调节声音的大小，可以直观地观察音量是否在安全区域，如图 A11-3 所示。

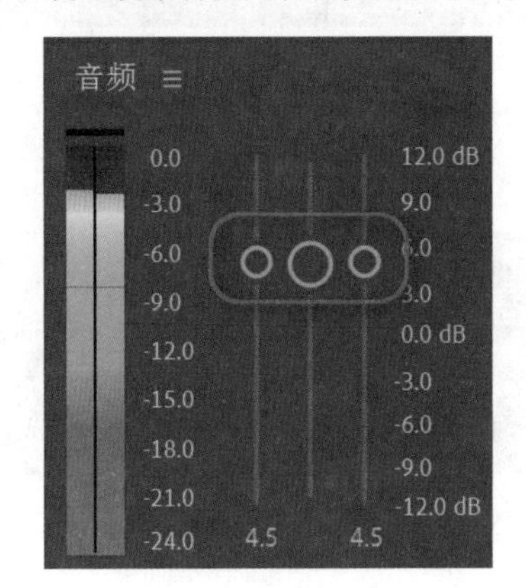


图 A11-3

在播放音频时，【音频】面板最左侧将在绿色、黄色、红色间波动，绿色表示声音大小在安全范围内，黄色表示警告范围，红色表示声音太大且超出了安全范围。

红框内的滑块用来调节声音的大小，左侧的滑块调节左声道，右侧的滑块调节右声道。滑块两侧的两列数值以不同单位表示音量的数值。

# A11.3 综合案例——为视频声音制作淡出效果

新建项目，新建合成，导入本课提供的视频素材“骑行.mp4”，使用视频素材创建合成，如图 A11-4 所示。

素材作者：Edgar Fernández

图 A11-4

操作步骤

01 展开图层 #1“骑行”的【音频】属性，如图 A11-5 所示。

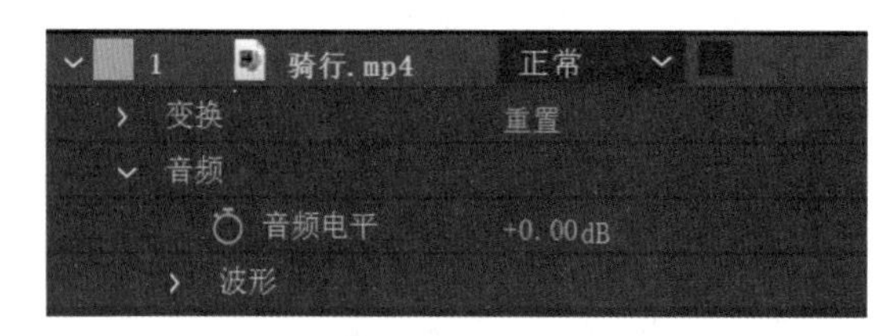


图 A11-5

02 将指针移动至 10 秒处，为【音频电平】创建关键帧，将指针移动到工作区结尾，将【音频电平】的属性值改为 −40.00dB，自动创建第二个关键帧，如图 A11-6 所示，至此声音淡出效果制作完成。

图 A11-6

## 总结

After Effects 的音频编辑功能并不是很强大，掌握好处理音频的一些基本功能就可以。在【效果】-【音频】菜单中，还有进阶的声音特效功能，B 篇中会再提及。音频的深入编辑应使用专业的音频编辑软件完成，比如 Adobe Audition。

After Effects 的视频效果可以类比为 Photoshop 里的“滤镜”，它可以通过创建关键帧动画来实现动态特效，制作出各种酷炫的效果。本课讲解视频效果的基础知识，掌握视频效果的应用方法，视频效果的详细用法及案例会在 B02 ～ B07 课讲解。

# A12课

# 视频效果

特效！AE特效！



## A12.1 视频效果概述

After Effects 内置了很多种视频效果，都可以应用到图层上，使静止图像、视频或音频发生改变，犹如给视频施加了魔法一般。

这些视频效果也可以说是一个个“插件”，每个效果都可以在 AE 安装目录下的“Plug-ins”文件夹下找到，如图 A12-1 所示。

« Support Files › Plug-ins › Effects　　搜索"Effects"

| 名称 | 修改日期 | 类型 | 大小 |
|---|---|---|---|
| Keylight | 2021-01-11 20:58 | 文件夹 | |
| mochaAE | 2021-01-11 20:58 | 文件夹 | |
| 3D Camera Tracker.aex | 2021-01-11 20:58 | Adobe After Effe... | 2,489 KB |
| 3DGlasses.aex | 2021-01-11 20:58 | Adobe After Effe... | 65 KB |
| AddGrain.aex | 2021-01-11 20:58 | Adobe After Effe... | 177 KB |
| Alpha_Levels.aex | 2021-01-11 20:58 | Adobe After Effe... | 38 KB |
| ApplyColorLUT.aex | 2021-01-11 20:58 | Adobe After Effe... | 113 KB |
| Arithmetic.aex | 2021-01-11 20:58 | Adobe After Effe... | 31 KB |
| Aud_BT.aex | 2021-01-11 20:58 | Adobe After Effe... | 39 KB |
| Aud_Delay.aex | 2021-01-11 20:58 | Adobe After Effe... | 41 KB |
| Aud_Flange.aex | 2021-01-11 20:58 | Adobe After Effe... | 37 KB |
| Aud_HiLo.aex | 2021-01-11 20:58 | Adobe After Effe... | 42 KB |
| Aud_Mixer.aex | 2021-01-11 20:58 | Adobe After Effe... | 32 KB |
| Aud_Modulator.aex | 2021-01-11 20:58 | Adobe After Effe... | 36 KB |
| Aud_ParamEQ.aex | 2021-01-11 20:58 | Adobe After Effe... | 62 KB |
| Aud_Reverb.aex | 2021-01-11 20:58 | Adobe After Effe... | 53 KB |
| Aud_Reverse.aex | 2021-01-11 20:58 | Adobe After Effe... | 30 KB |
| Aud_Tone.aex | 2021-01-11 20:58 | Adobe After Effe... | 46 KB |
| AudSpect.aex | 2021-01-11 20:58 | Adobe After Effe... | 382 KB |
| AudWave.aex | 2021-01-11 20:58 | Adobe After Effe... | 260 KB |
| AutoColor.aex | 2021-01-11 20:58 | Adobe After Effe... | 557 KB |

图 A12-1

关于“插件”的知识，会在 A14 课中讲解。

## A12.2 创建视频效果的方法

创建视频效果的方法有多种，下面以【浮雕】效果为例进行说明。

## 1. 菜单栏创建视频效果

新建项目，导入本课提供的素材“鸟.jpg”，用素材创建合成，在【时间轴】面板中选择图层，执行【效果】-【风格化】-【浮雕】命令，效果被应用于图层，如图 A12-2 所示。

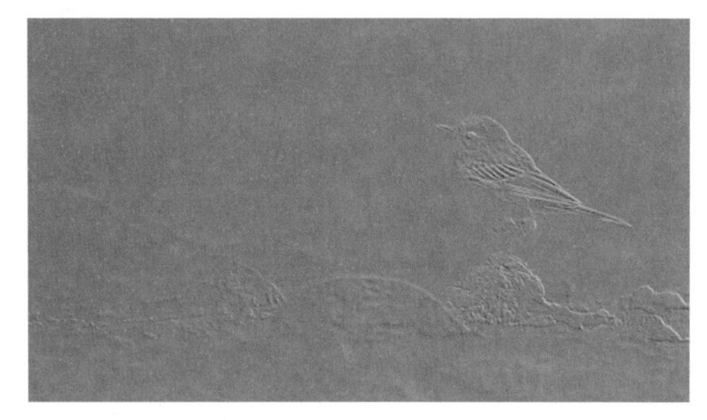

图 A12-2

## 2. 快捷菜单创建视频效果

在【时间轴】面板选择图层右击，在弹出的快捷菜单里选择【效果】-【风格化】-【浮雕】选项；或者在【效果控件】面板的空白处右击，在弹出的快捷菜单里选择【风格化】-【浮雕】选项，效果被应用于图层。

## 3.【效果和预设】面板创建视频效果

在【效果和预设】面板找到【浮雕】效果，直接拖曳到图层上或者双击【浮雕】效果即可应用；还可以在【效果和预设】面板中的搜索框直接搜索“浮雕”效果，将其拖曳到图层上，或者双击【浮雕】效果，如图 A12-3 所示。

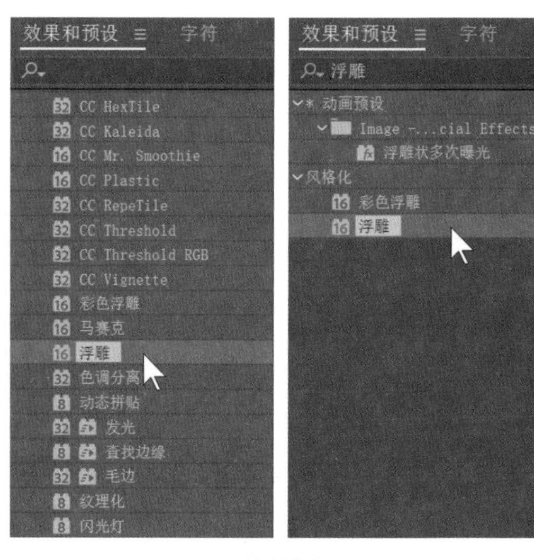


图 A12-3

## 4. 应用上一个效果

应用过一个效果后，【效果】菜单下的【上一个效果】命令就会被激活，可以直接应用，快捷键为【Ctrl+Alt+Shift+E】，如图 A12-4 所示。

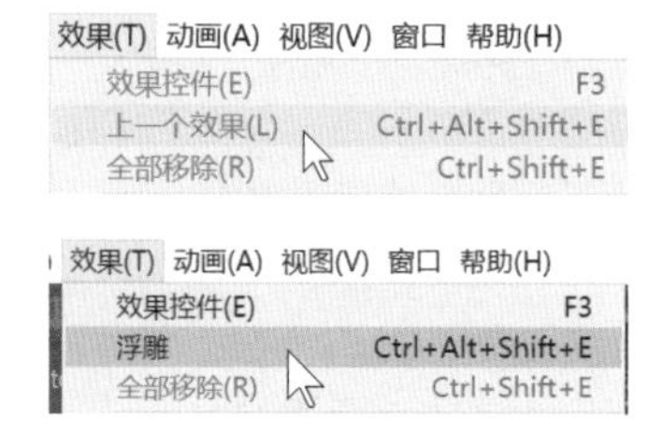


图 A12-4

# A12.3 效果控件面板

将效果应用到图层上后，【效果控件】面板就会打开，如图 A12-5 所示。

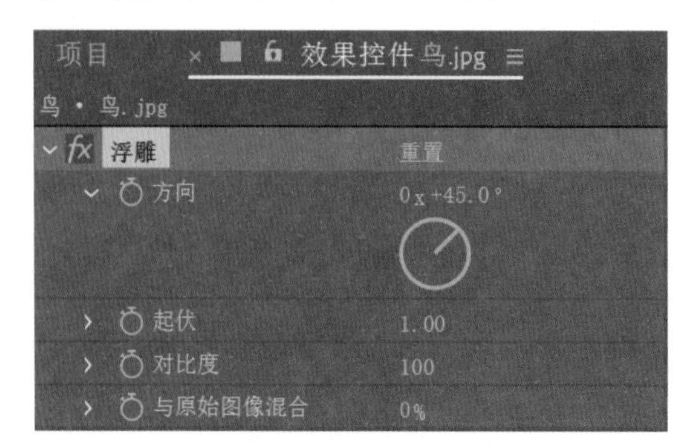


图 A12-5

一个图层上应用的所有效果都会出现在【效果控件】面板上，【效果控件】面板可以看作是“效果属性”编辑器，可以调整效果的选项和参数，也方便为效果制作动画。

## A12.4 视频效果排列顺序的影响

一个图层可以应用多个效果，而后面的效果是基于前面效果生效的情况下建立的。就像是穿衣服，先穿内衣，再穿外衣，如果顺序变了，外观也会改变；如果调整了效果的排列顺序，那么最终效果也会发生改变。

打开本课提供的项目文件“视频效果.aep”，效果顺序和最终效果如图 A12-6 所示。

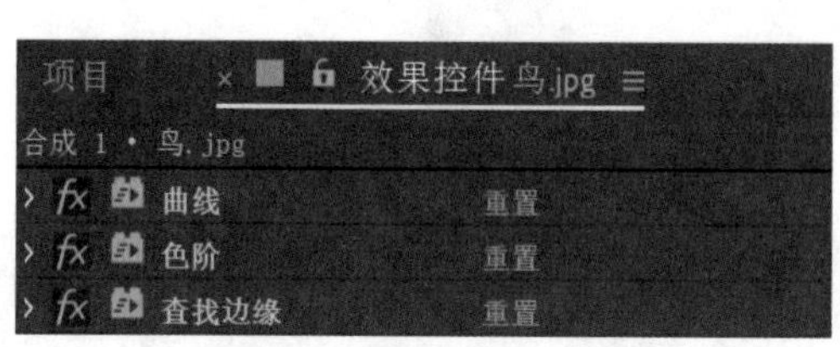

图 A12-6

调整效果的排列顺序，最终效果如图 A12-7 所示。

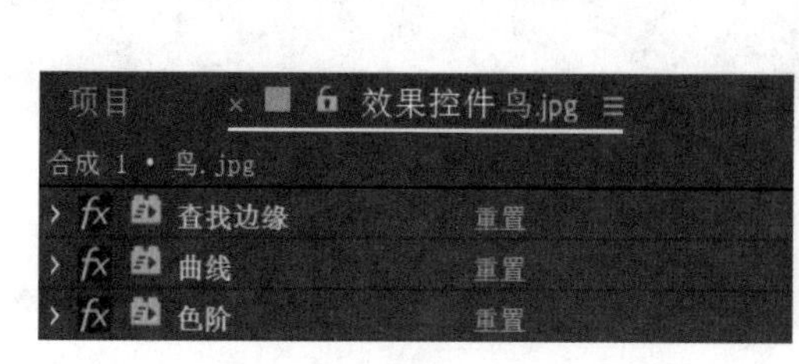

图 A12-7

由此可见，效果的排列顺序对最终呈现的效果有很大的影响，所以在最终效果确定的情况下，不要轻易更改效果的排列顺序。

## A12.5 复制、剪切、粘贴效果

效果可以在同一个图层上进行复制、粘贴，也可以在不同图层和不同合成之间进行复制、粘贴和剪切、粘贴操作。

### 1. 在同一个图层复制、粘贴效果

新建项目，导入本课提供的素材“骑车.mp4”“婴儿.mp4”，使用素材“婴儿.mp4”创建合成，选择图层 #1“婴儿”执行【效果】-【生成】-【四色渐变】命令，在【效果控件】面板将【混合模式】改为【柔光】，如图 A12-8 所示。

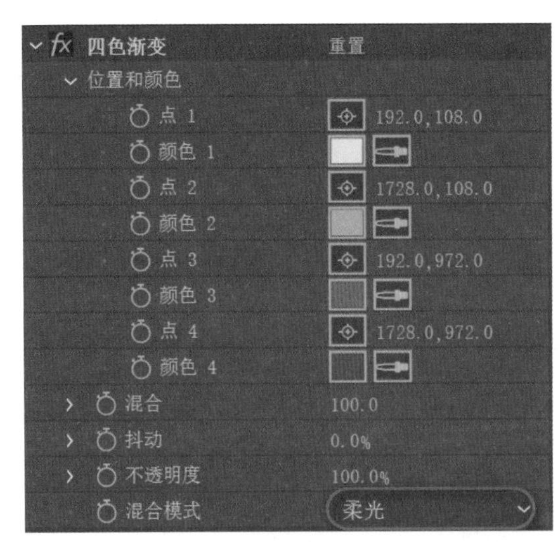

图 A12-8

在【效果控件】面板上选择效果名称，右击选择【复制】(Ctrl+D) 选项，便会在图层 #1“婴儿”上粘贴一个【四色渐变】效果，两个效果叠加显示，可以分别调节属性参数，如图 A12-9 所示。

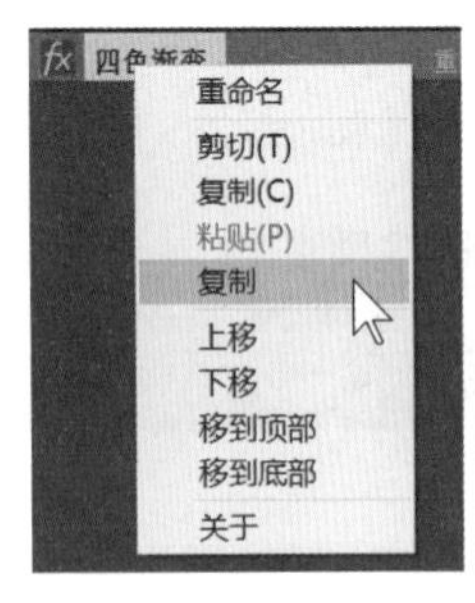


图 A12-9

图 A12-9（续）

## 2. 在不同图层复制（剪切）、粘贴效果

将【项目】面板中的视频素材“骑行.mp4”拖曳到【时间轴】面板，选择图层 #2“婴儿”，在【效果控件】面板上选择效果，右击选择【复制】(Ctrl+C) 或者【剪切】(Ctrl+X) 选项，也可以执行【编辑】-【剪切 / 复制】命令；选择图层 1“骑行”，执行【编辑】-【粘贴】(Ctrl+V) 命令，效果就会粘贴到图层 #1“骑行”上，如图 A12-10 所示。注意如果选择的是【剪切】选项，则图层 #2“婴儿”上的效果就会消失。

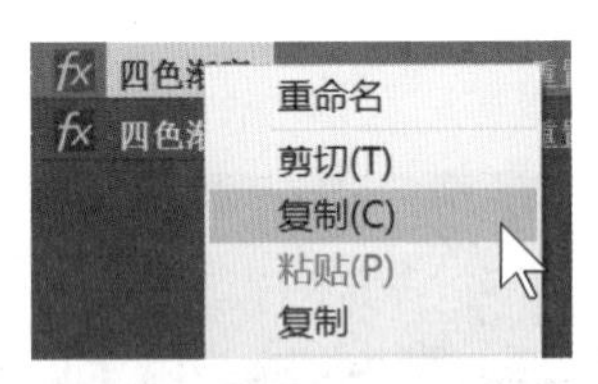

图 A12-10

## 3. 在不同合成之间复制、粘贴效果

使用素材“骑行.mp4”创建合成，选择合成“婴儿”中图层的效果，复制（剪切）进入合成“骑行”，选择图层进行粘贴即可，操作步骤与上面相同。

# A12.6　添加效果关键帧

效果也是一种属性，设置关键帧，随时间发生各种各样的变化，完成各种炫酷的特效制作。

◆ 在【效果控件】面板中操作

在【效果控件】面板中，单击效果属性前面的码表或者按住【Alt】键单击属性名称，都可以创建关键帧。接着 A12.5 课继续操作，进入合成“骑行”，在【效果控件】面板展开【四色渐变】效果的【位置和颜色】属性，将指针移动到 0 秒处，单击四个颜色属性前面的码表创建关键帧；将指针移动到 4 秒处，改变颜色自动创建关键帧，如图 A12-11 所示。

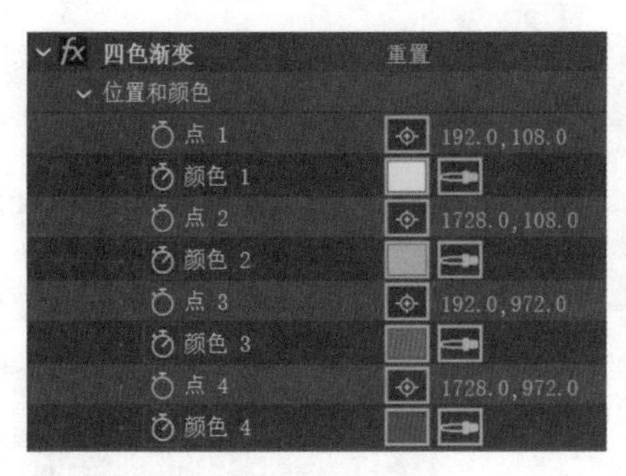


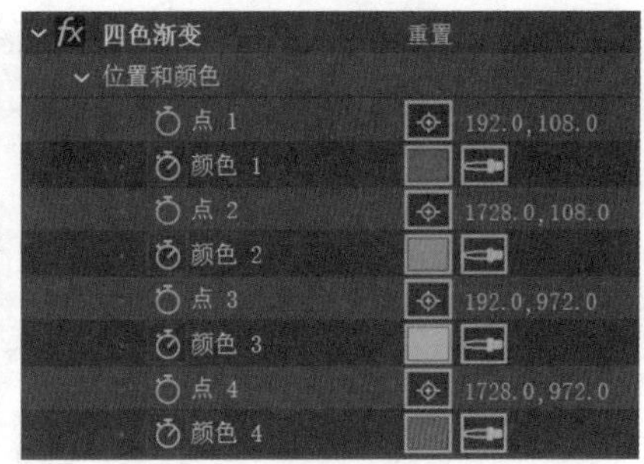


图 A12-11

播放预览，有颜色变化的效果。

◆ 在【效果】属性中操作

在【时间轴】面板上展开图层的【效果】属性，单击属性前的码表也可以完成关键帧动画的制作，如图 A12-12 所示。

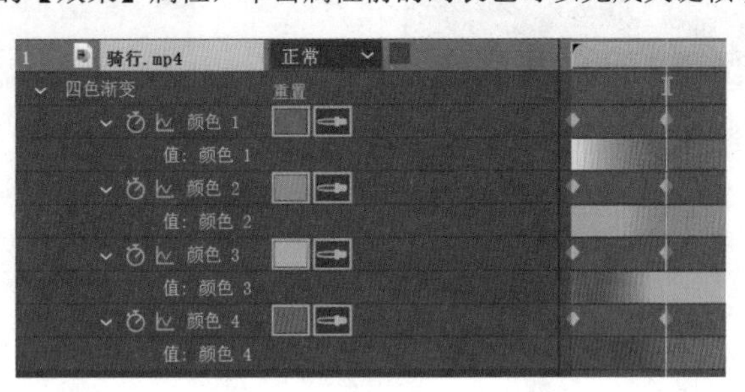


图 A12-12

# A12.7 禁用和删除视频效果

## 1. 禁用视频效果

可以将效果暂时禁用，查看有无效果的状态对比；也可以禁用多个效果，单独查看某个效果。打开项目文件“视频效果.aep”，若要禁用某一个或某几个效果，在【效果控件】面板中关闭其效果开关 即可，如图 A12-13 所示。

图 A12-13

SPECIAL 扩展知识

可以在【时间轴】面板上将图层的【效果开关】关闭，禁用该图层所有的效果，如图 A12-14 所示。

图 A12-14

## 2. 删除视频效果

如果应用效果后发现不合适，就需要删除效果，常用的删除方法如下。

◆ 在【效果控件】面板中选择要删除的效果，直接按【Delete】键。

◆ 要删除图层的所有效果，在【时间轴】面板上选择图层，执行【效果】-【全部移除】命令，快捷键为【Ctrl+Shift+E】。

SPECIAL 扩展知识

还可以从 AE 软件中删除效果，在 AE 的安装目录 / Plug-ins 文件夹下找到并删除效果即可。效果删除后会从【效果】菜单中消失，尽量不要删除软件自带的效果。

## A12.8 综合案例——云层透光效果

本综合案例完成效果如图A12-15所示。

素材作者：Dan Dubassy

图 A12-15

### 操作步骤

01 新建项目，新建合成，宽度为1920 px，高度为1080 px，帧速率为30帧/秒，持续时间设置为6秒，合成命名为“云层透光效果”。在【项目】面板中导入视频素材“云层.mp4”并拖曳到【时间轴】面板上。

02 选择图层#1“云层”应用【效果】-【生成】-【CC Light Sweep】效果，在【效果控件】面板中将【Shape】调整为【Linear】，根据光照方向将【Direction】属性值调整为0x-60°，如图A12-16所示。

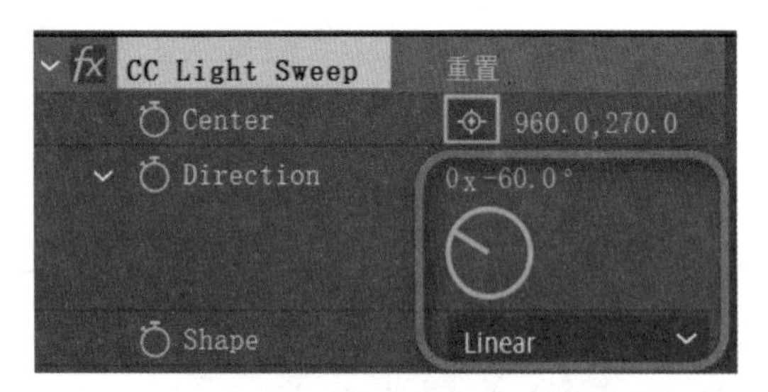

图 A12-16

03 调整【Width】属性值为625.0，使扫光铺满整个画面；将【Edge Thickness】属性值调整为0，调整【Light Color】为#E3902D，使画面整体偏暖，如图A12-17所示。

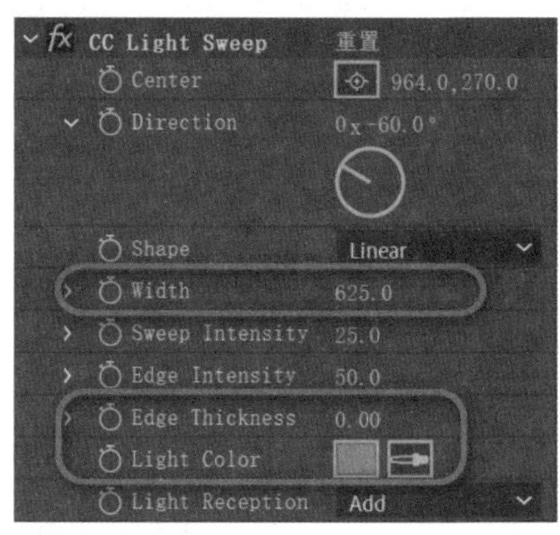

图 A12-17

04 选择图层#1“云层”应用【效果】-【生成】-【CC Light Rays】效果，在【效果控件】面板中取消选中【Color from Source】可以更改光线颜色，调整【Color】为红色，将【Center】点移至画面左侧，使云层颜色更加丰富，如图A12-18所示。

图 A12-18

05 新建“调整图层”将其重命名为“扫光”，选中图层 #2“云层”的【CC Light Sweep】效果执行复制命令，选择图层 #1“扫光”执行粘贴命令；调整【Width】属性值为 145.0，制作一束光，如图 A12-19 所示。

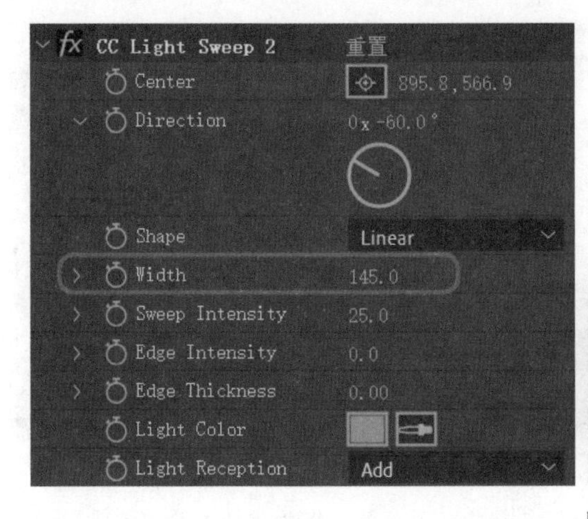

图 A12-19

06 要使光束具有扫光的效果，将指针拖曳至第 0 帧处，选择图层 #1“扫光”在【效果控件】面板中调整【Center】位置至画面右上角，并添加关键帧；将指针移动至合成结尾处，调整【Center】的位置至画面左下角，如图 A12-20 所示。

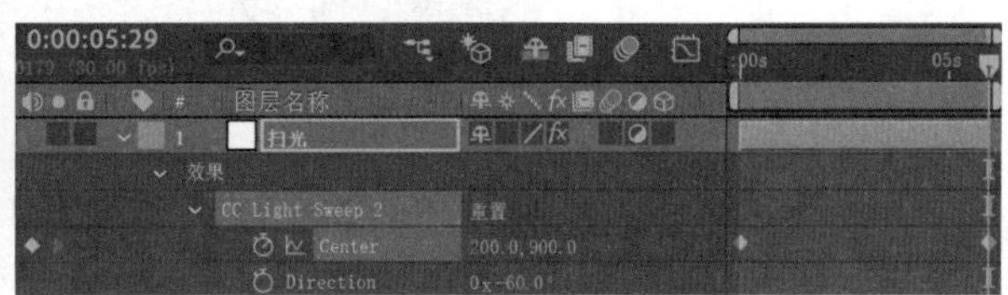


图 A12-20

07 选择图层 #1“扫光”，在【效果控件】面板中选择【CC Light Sweep 2】效果，使用【Ctrl+D】快捷键复制，调整【Width】属性值为 75.0，制作一条窄一些的光束，丰富扫光效果；调整【Sweep Intensity】属性值为 15.0，降低强度，如图 A12-21 所示。

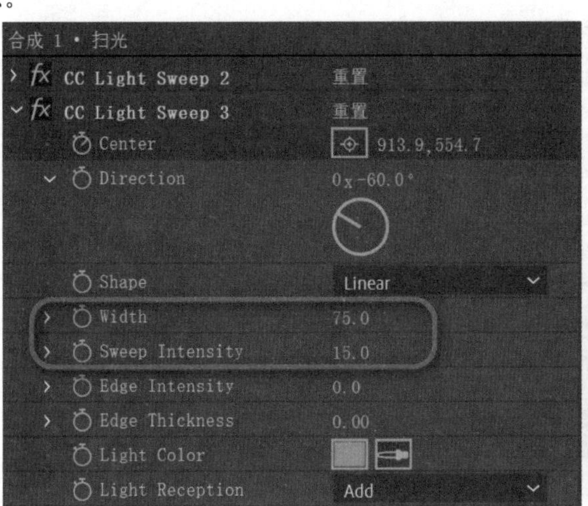

图 A12-21

08 观察到画面中有光线扫过时，云层有些过曝。使用【钢笔工具】沿山体绘制蒙版，选择图层 #1“扫光”将蒙版模式调整为【相减】，调整【蒙版羽化】使光线边缘过渡柔和，如图 A12-22 所示。

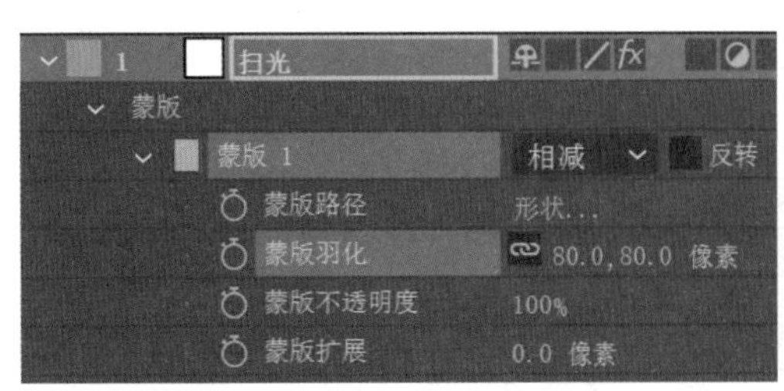

图 A12-22

09 要使光线在山间穿梭，选择图层 #2“云层”，按【Ctrl+D】快捷键复制一层，将其重命名为“树木”，选择图层 #2“树木”拖曳至合成最上方，沿树木绘制蒙版并调整【蒙版羽化】，使其过渡自然，如图 A12-23 所示。这样云层透光效果就制作完成了，单击▶按钮或按空格键，查看效果。

图 A12-23

## A12.9 作业练习——分屏镜像效果

本作业完成效果参考如图 A12-24 所示。

原素材

图 A12-24

完成效果参考

素材作者：Marco López

图 A12-24（续）

### 作业思路

新建项目，导入本课提供的素材“独舞.mp4”并使用素材创建合成；添加【CC Tiler】效果，为【Scale】和【Center】属性创建关键帧，使画面变为四分屏显示；添加【镜像】效果，为【反射角度】属性创建关键帧，使人物上下对称；继续添加【镜像】效果，为【反射中心】属性创建关键帧，使人物左右对称。

## 总结

视频效果可以说是After Effects的核心功能，想要制作出酷炫的视频，离不开视频效果。掌握好创建视频效果的方法，可以为接下来学习视频效果的具体应用做好准备。

A13课

# 表达式
## 用程序员的思维做动画



如果想创建比较复杂的动画，手动创建关键帧会非常的费时费力，这时候就需要用到表达式，本课就来学习表达式的基本概念和基础应用。

## A13.1 表达式概述

表达式就是一小段代码，与脚本类似。AE 的表达式是基于 JavaScript 编写的，视频制作人员一般不需要深入了解 JavaScript，只需要知道 AE 编写表达式的规则就可以快速上手进行动画制作。

## A13.2 创建表达式

创建表达式的方法如下。

新建项目合成，宽度为 1920 px，高度为 1080 px，帧速率为 30 帧 / 秒，导入本课提供的素材“大象.png”，展开图层 #1“大象”的层属性，将大象缩小一点；选择【位置】属性，执行【动画】-【添加表达式】命令（Ctrl+Shift+ =），或者按住【Alt】键的同时单击【位置】属性的码表，也可以添加表达式，如图 A13-1 所示。

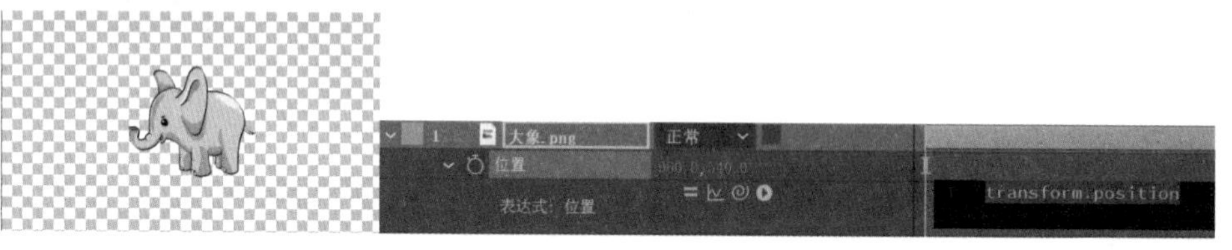


素材作者：creozavr

图 A13-1

可以看到创建表达式后，【位置】的属性值变为红色，添加了默认表达式 transform.position，并出现了 4 个按钮![按钮]。

- ![按钮]按钮用来控制表达式的开启与关闭。
- ![按钮]按钮开启后会在图表编辑器中显示表达式的曲线图。
- ![按钮]帮助构造表达式的关联器，链接到属性上，类似于父子关系。
- ![按钮]单击会打开【表达式语言】菜单，用于帮助快速创建表达式。

单击时间轴中的表达式文本就可以激活表达式编模式，直接输入需要的表达式即可。例如输入抖动表达式 wiggle(5,50)，如图 A13-2 所示。

图 A13-2

播放预览看到“大象”在做无规律抖动的持续动画，其中参数 5 表示抖动的频率，参数 50 表示抖动的幅度，修改这两个参数可以调整抖动的效果。

## A13.3 表达式关联器

【表达式关联器】![图标]的图标和【父级关联器】![图标]相同，区别在于【父级关联器】是链接到图层上，子层会继承父层的除【不透明度】属性外的所有图层属性；【表达式关联器】是链接到属性上，不单指图层属性，通过链接到某个属性上创建一个与此属性关联的表达式。

导入本课提供的素材“企鹅.png”，拖曳至【时间轴】面板，调整大小和位置，如图 A13-3 所示。

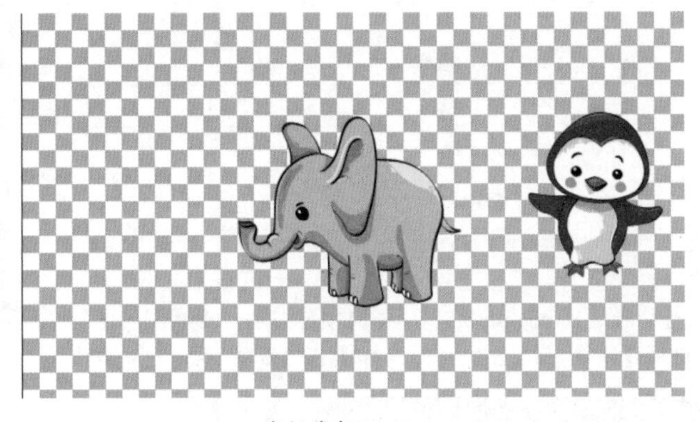

素材作者：creozavr

图 A13-3

展开图层 #1“企鹅”的【位置】属性，添加表达式，使用【表达式关联器】关联到图层 #2“大象”的【位置】属性上，图层 #1“企鹅”的【位置】属性会自动生成一个表达式，如图 A13-4 所示。

此时“企鹅”的【位置】属性关联到“大象”的位置属性上，播放预览，发现“企鹅”和“大象”以相同的方式运动。

继续展开“企鹅”的【旋转】属性，然后链接到“大象”的【位置】属性上，如图 A13-5 所示。

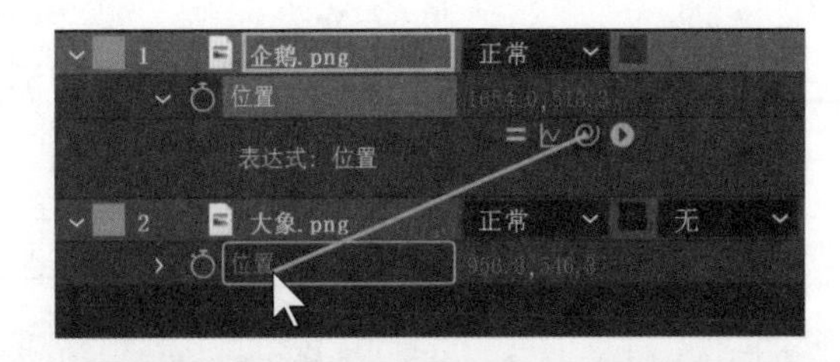

图 A13-4

图 A13-5

播放预览，发现“企鹅”不仅在做和“大象”相同的不规则抖动运动，同时自身在做不规则旋转运动，也就是说“企鹅”的【位置】属性和【旋转】属性都关联到了“大象”的【位置】属性上，而这个效果是之前介绍的父子关系所不能实现的。

## A13.4 常用表达式语言

常用表达式如表 A13-1 所示。

表A13-1

| 名　称 | 表 达 式 | 功　能 |
|---|---|---|
| 抖动表达式 | wiggle（x,y） | x指抖动频率，y指抖动幅度 |
| time表达式 | time*n | 适用于永久运动，n表示属性值 |
| 循环表达式 | loopOut(type=”cycle”,numKeyframes=0) | 关键帧动画的无限循环 |
| 当前值表达式 | value | 当前时间属性值 |
| 索引表达式 | index | 图层检索统计 |

## A13.5 在表达式中使用简单的数学

表达式创建完成后，可以使用简单的数学运算符号对表达式进行调整，常用的数学运算符号如表 A13-2 所示。

表A13-2

| 符　　号 | 函　　数 |
| --- | --- |
| + | 相加 |
| − | 相减 |
| / | 相除 |
| * | 相乘 |
| *−1 | 执行与原来相反的操作，例如逆时针效果 |

数学运算符号的使用方法如下。

新建项目合成，新建“形状图层 1”，为其【旋转】属性添加抖动表达式 wiggle(3,50)，播放预览发现“形状图层 1”做不规则旋转运动。如果想让图层旋转的速度与频率增大 3 倍，可以直接在表达式结尾添加 *3，如图 A13-6 所示。

图 A13-6

## A13.6　删除表达式

删除表达式很简单，按住【Alt】键的同时单击属性的码表或者▣按钮都可以删除表达式，也可以单击表达式文本按【Delete】键删除。

**扩展知识**

*在应用表达式的时候可能会遇到报错的问题，尤其是在套用模板的时候。模板中所应用的表达式总是报错，这是因为中文版 AE 对表达式的识别率不是很高，将 AE 换成英文版基本就能解决报错问题。*

## A13.7　综合案例——云朵循环飘动

本综合案例完成效果如图 A13-7 所示。

素材作者：elicesp

图 A13-7

### 操作步骤

01 新建项目，新建合成，命名为“云朵循环飘动动画”，宽度为 1920 px，高度为 1080 px，帧速率为 30 帧 / 秒，持续时间设置为 3 秒。

02 在【项目】面板中导入图片素材“灯塔.jpg”和“云.png”，将其拖曳到【时间轴】面板上，如图 A13-8 所示。

图 A13-8

03 选中图层 #1“云”，连续按【Ctrl+D】复制出 2 个图层，并分别将它们重命名为“云上”“云中”和“云下”，如图 A13-9 所示。

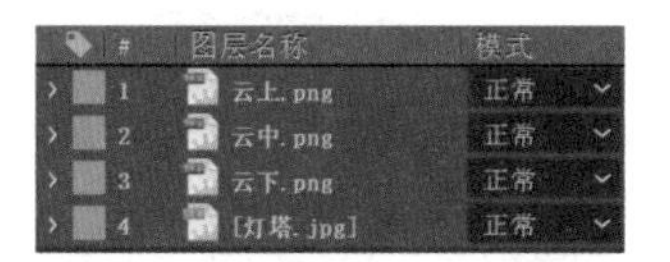


图 A13-9

04 将指针移至【时间标尺】的第 0 帧，调整“云上”“云下”图层的【缩放】属性，使 3 个图层有大小区别。接下来激活 3 个云朵图层【位置】属性的码表，调整各自【位置】属性的参数，如图 A13-10 所示，完成基本构图。

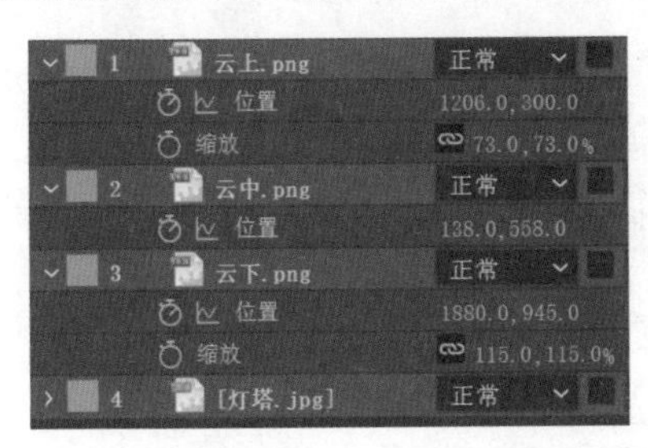

图 A13-10

05 选择图层 #1“云上”制作云朵随风上下飘动的动画，在 15 帧处调整【位置】属性参数制作下降动画，如图 A13-11 所示。

06 在 1 秒处调整【位置】属性参数制作上升动画，如图 A13-12 所示。

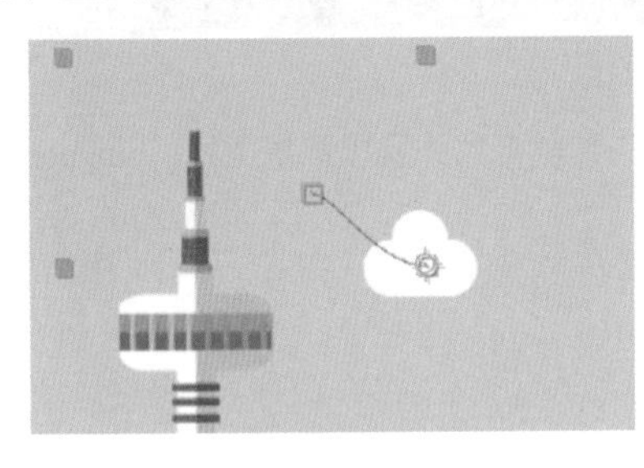

图 A13-11

图 A13-12

07 在 1 秒 15 帧处调整【位置】属性参数制作下降动画，需要注意的是设置关键帧需要为循环动画留出时间，如图 A13-13 所示。

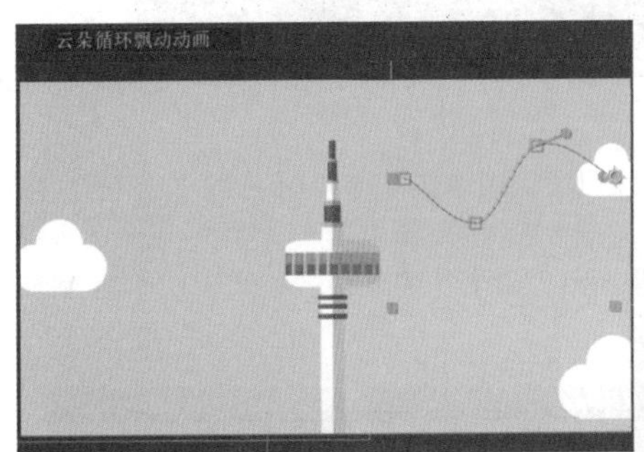

图 A13-13

08 根据上述步骤制作图层 #2“云中”和图层 #3“云下”的飘动动画，如图 A13-14 所示。

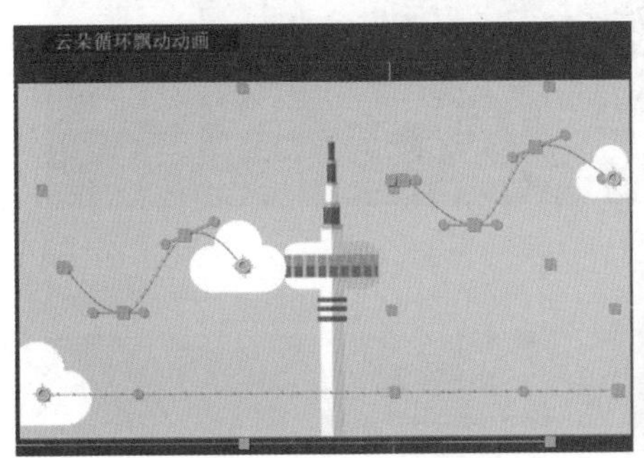


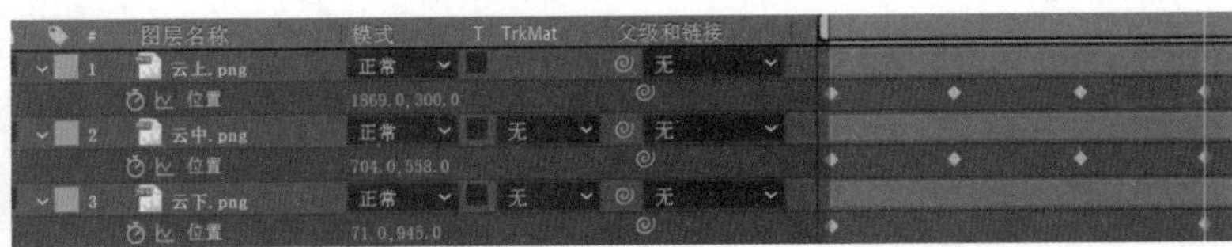


图 A13-14

09 选中图层 #1“云上”，按住【Alt】键的同时单击【位置】属性的码表添加默认表达式，打开“表达式语言”菜单，选择【Property】-【loopOut(type="cycle"，numkeyframes=0)】循环表达式，如图 A13-15 所示。

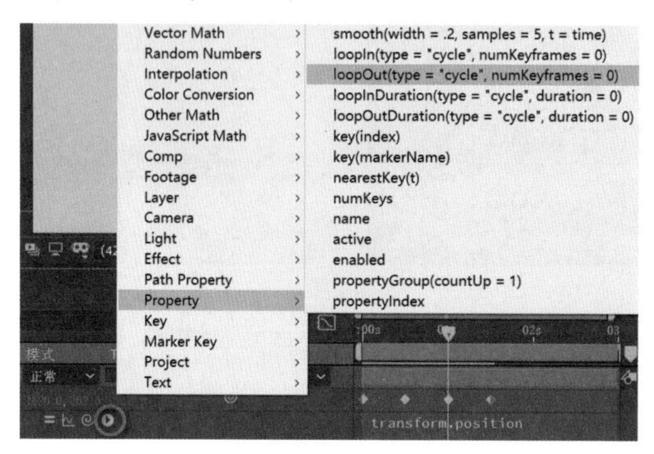


图 A13-15

10 将表达式中的循环方式 cycle 改为 pingpong（cycle：从头到尾再从头到尾常规循环；pingpong：像乒乓球一样，从头到尾再从尾到头循环），如图 A13-16 所示。

图 A13-16

11 选中图层 #2“云中”，按住【Alt】键的同时单击【位置】属性的码表添加默认表达式；选中图层 #3“云下”，按住【Alt】键的同时单击【位置】属性的码表添加默认表达式。

12 选择图层 #1“云上”的循环表达式，复制并粘贴至图层 #2“云中”和图层 #3“云下”的默认表达式中，如图 A13-17 所示。至此，云朵循环飘动动画就制作完成了，播放查看动画效果。

图 A13-17

## A13.8 作业练习——弹幕效果

本作业完成效果参考如图 A13-18 所示。

图 A13-18

作业思路

新建项目合成，导入本课提供的素材“豆包.jpg”，使用【椭圆工具】和【工具创建蒙版】▣绘制眼睛的高光，为【蒙版扩展】属性创建循环表达式，制作眼睛高光闪烁的效果；创建文本层，为文本层制作从右至左移动的动画，并为其【位置】属性创建表达式 value+[0,index*a]，a 值根据文本的大小自行确定，将文本层复制多层，更改每层的文本内容及入点。

# 总结

表达式用得好，会让工作效率大大提高，省去繁杂的创建关键帧过程。本课所讲的表达式基础要理解透彻，掌握常用的表达式语言。

读书笔记

A14课

# 插件与脚本

我承认，我『开挂』了！



除了使用 After Effects 内置的效果，还可以使用外置的插件制作更多特效，本课来学习插件的基础知识。

## A14.1 插件的认识

插件也可以称之为“外挂”，当然这个“外挂”不是作弊用的修改器，而是依托于 After Effects 平台，可以帮助制作者高效完成特殊效果任务的外置程序。安装上这些插件就能和内置效果一样直接使用。当然，没有插件也能正常使用 After Effects，只是内置的效果毕竟有限，而插件的种类丰富，效果强大，是动画与特效创作的好帮手。图 A14-1 所示为一些常用的插件。

图 A14-1

图 A14-1（续）

## A14.2 插件的安装方法

插件和内置效果一样，也会安装到After Effects安装目录下的“Plug-ins”文件夹里。

插件有两种格式，对于AEX格式的插件，直接复制、粘贴到“Plug-ins”文件夹里即可完成安装；对于EXE格式的插件，双击程序进行安装，安装路径设置为“Plug-ins”文件夹即可完成安装。有的插件不需要改变安装路径，会自动搜寻After Effects的安装目录并安装完毕。

插件安装完毕，启动After Effects，在【效果】菜单里即可找到新安装的插件。

以本课提供的磨皮插件为例讲解安装方法，找到磨皮插件Beauty Box AE 4.0.7 CE.exe，双击进行安装，安装完毕后启动After Effects，在【效果】菜单里即可找到，如图A14-2所示。

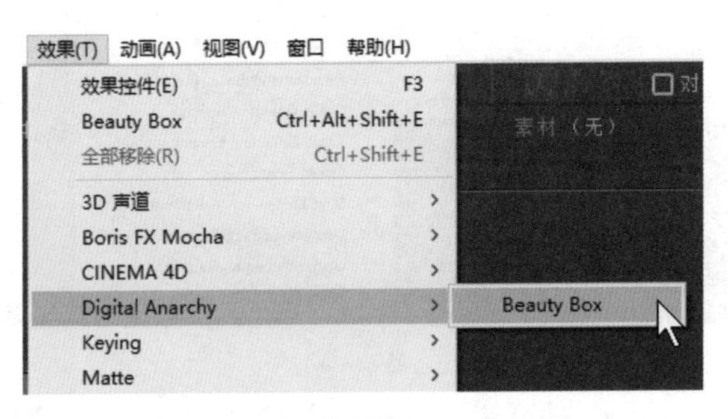


图 A14-2

扩展知识

不要重复安装不同版本的同一个插件，这样可能会导致软件运行出错甚至死机。

## A14.3 脚本的认识

和插件一样，脚本也可以直接安装并使用，能够大大提高工作效率，下面来学习脚本的基础知识。

After Effects的脚本可以理解为一些命令集，执行脚本就是自动执行这些命令，相当于自动化操作。将一些重复步骤或者复杂的操作步骤编写成脚本，就可以在合成工作中一次性生成此类效果，提高工作效率。

After Effects脚本使用Adobe ExtendScript语言，该语言是JavaScript的一种扩展形式。ExtendScript文件的扩展名为.jsx或.jsxbin。

## A14.4　脚本的安装方法

脚本安装在 After Effects 安装目录下的“Scripts/ScriptUI Panels”文件夹里，将需要的脚本粘贴到这个文件夹里即可完成安装。

以本课提供的“重新设置中心点”脚本为例讲解，将脚本复制、粘贴到“ScriptUI Panels”文件夹里，然后启动 After Effects，在【窗口】菜单最下方可以找到新安装的脚本，如图 A14-3 所示。

图 A14-3

如果将脚本直接粘贴到“Scripts”文件夹下，也可以安装成功，不过不会在【窗口】菜单里显示，这种情况就要执行【文件】-【脚本】命令找到脚本，如图 A14-4 所示。

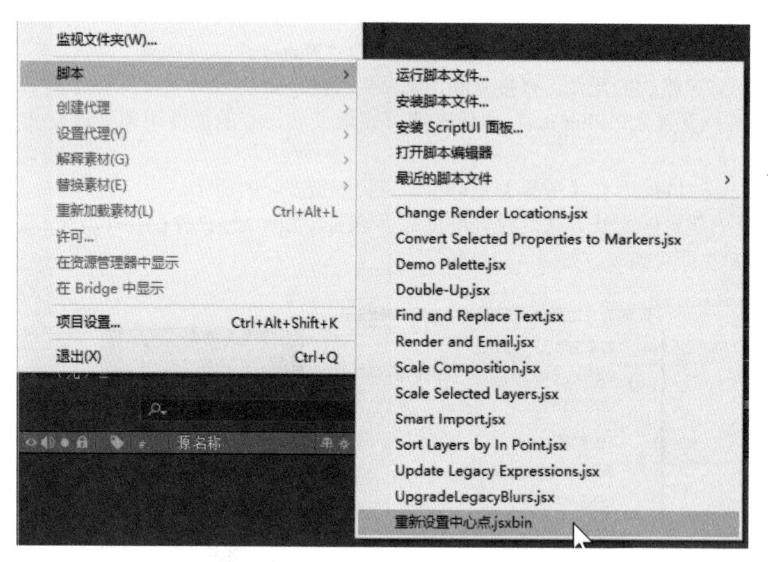


图 A14-4

脚本在没有安装的情况下也可以运行，执行【文件】-【脚本】-【运行脚本文件】命令会弹出【打开】对话框，选择要运行的脚本单击【打开】按钮即可运行，如图 A14-5 所示。

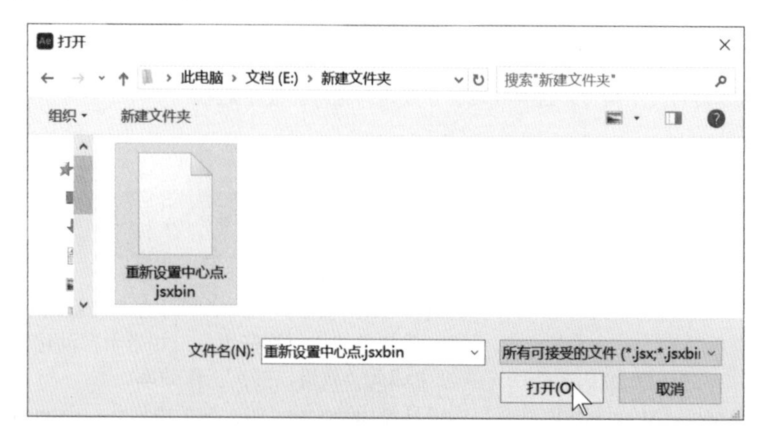


图 A14-5

SPECIAL 扩展知识

有些脚本安装完成后并不能使用，需要允许其写入文件才能运行，执行【编辑】-【首选项】-【脚本和表达式】命令，弹出【首选项】对话框，选中【允许脚本写入文件和访问网络】复选框，即可使用脚本，如图 A14-6 所示。

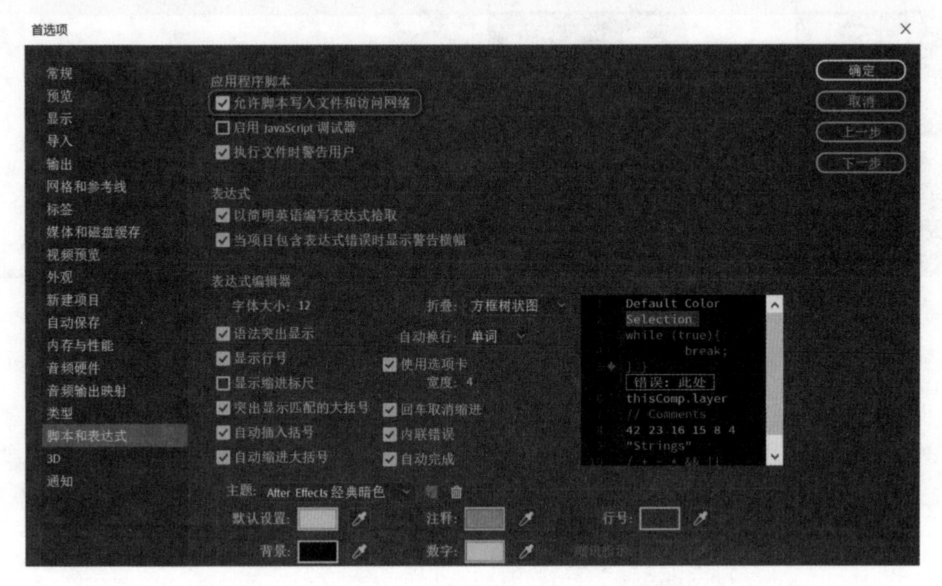


图 A14-6

豆包：“老师，为什么我的脚本明明已经安装成功了，也设置了允许写入文件，但还是不能用呢？”

脚本也是分版本的，同一种脚本也会不停地更新迭代，以支持不同版本的 After Effects，所以在安装前一定要看清楚，选择支持你所使用的 After Effects 版本的脚本。

## A14.5 脚本的应用

脚本安装完毕后就可以直接应用了，下面以刚才安装的“重新设置中心点”脚本为例讲解应用方法。

◆ 新建项目合成，新建“白色纯色 1”，为了更好地观察，将图层的【缩放】属性改为 80.0,80.0%，如图 A14-7 所示，此时中心点在视图中心。

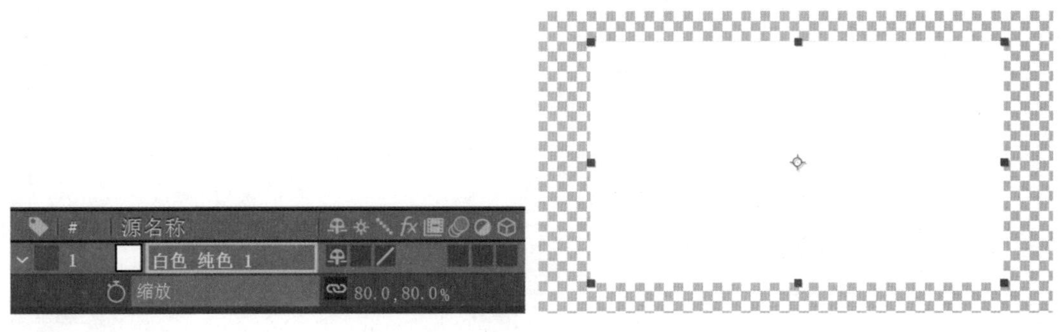


图 A14-7

- 执行【文件】-【脚本】-【重新设置中心点】命令，打开【设置层中心点】对话框，如图 A14-8 所示。
- 选择图层 #1“白色纯色 1”，在【设置层中心点】对话框中选择左上角的圆圈，单击【应用】按钮，发现图层的中心点就跑到了左上角，如图 A14-9 所示。

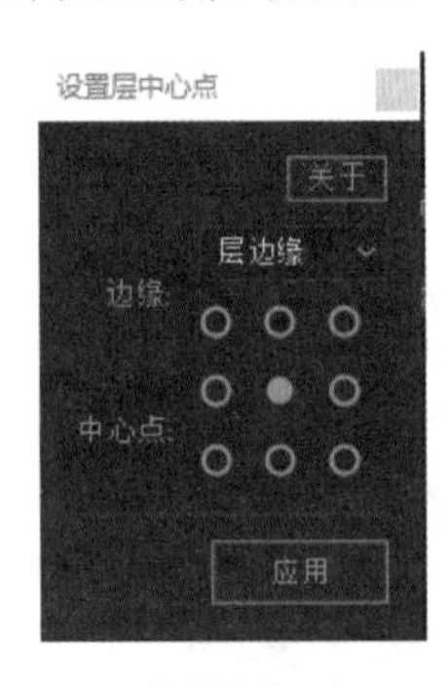


图 A14-8

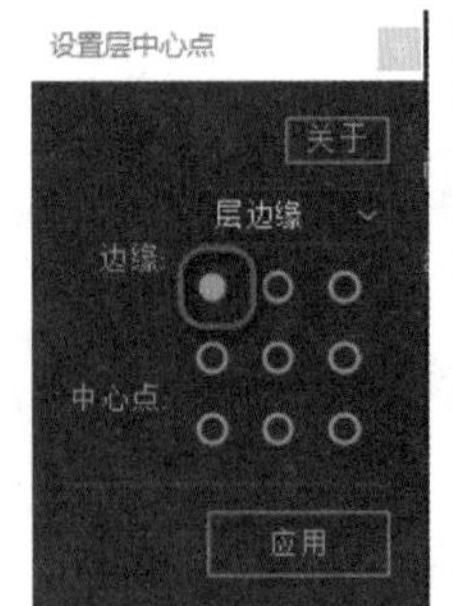


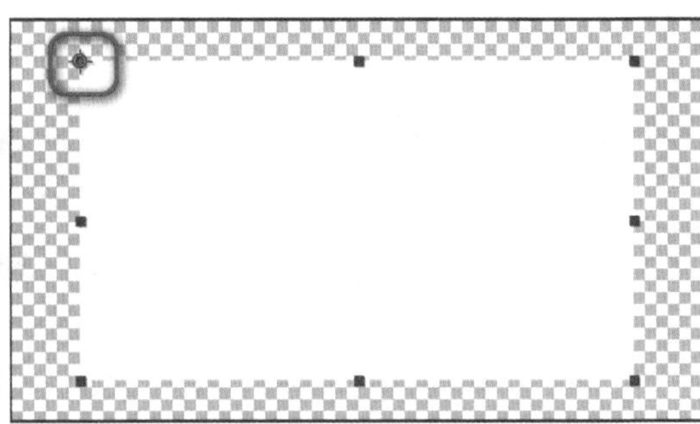

图 A14-9

通过实际应用可以发现，使用脚本可以省去很多操作步骤，非常高效地完成工作，这就是脚本的功能所在。插件和脚本的应用案例会在 B10 课中讲解。

## 总结

本书读者群提供了一系列脚本与插件资源，后续的案例中会经常用到，请扫码加入本书读者群获取资源并展开交流。

加入读者群

读书笔记

合成制作完成以后，渲染输出为影片才算工作完成。本课就来学习渲染的基本知识，掌握渲染的工作流程。

## A15.1　渲染简介

制作 AE 项目的过程，就像是在做小区施工图纸设计，而渲染输出过程可以看作是小区实际施工过程，输出的成品影片则是建好的小区。

渲染是把合成创建成影片的过程，是将合成中的所有图层、设置和其他信息创建为二维图像，指对合成的逐帧渲染，在渲染过程中，不要再进行其他的工作。

施工＝渲染输出

## A15.2　渲染队列

完成合成后即可进行渲染输出，执行【合成】-【添加到渲染队列】命令（Ctrl+M），打开【渲染队列】面板，如图 A15-1 所示。

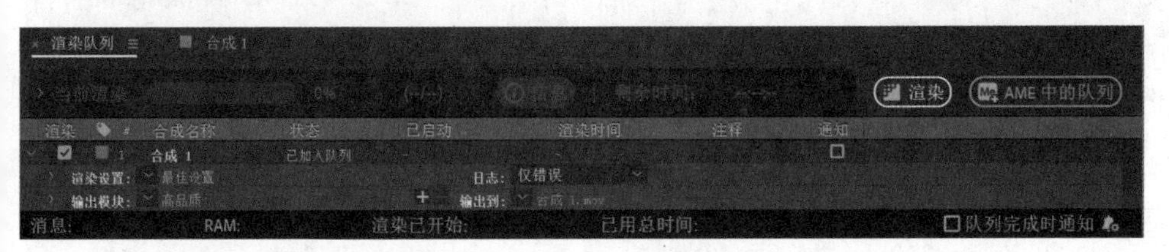


图 A15-1

在【渲染队列】面板中单击【渲染设置】后面的【自定义】或【最佳设置】选项，打开【渲染设置】对话框，可以设置渲染的品质、分辨率、帧速率等，如图 A15-2 所示。

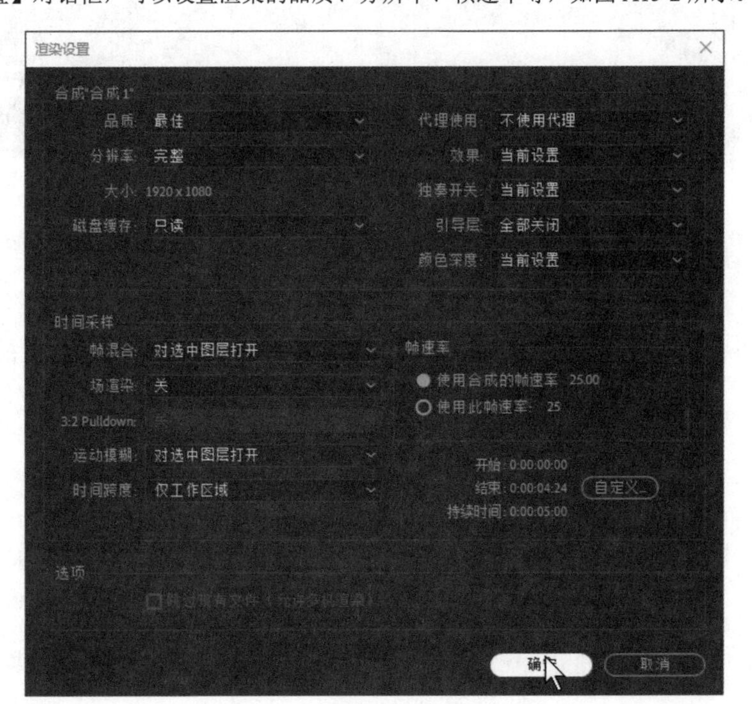


图 A15-2

A15课

渲染输出

最后的施工环节

在【渲染队列】面板中单击【输出模块】后面的【自定义】或【高品质】选项，打开【输出模块设置】对话框，可以对格式、通道、大小、音频输出等进行设置，如图 A15-3 所示。

展开【格式】菜单，会看到 After Effects 所支持输出的文件格式，如图 A15-4 所示。

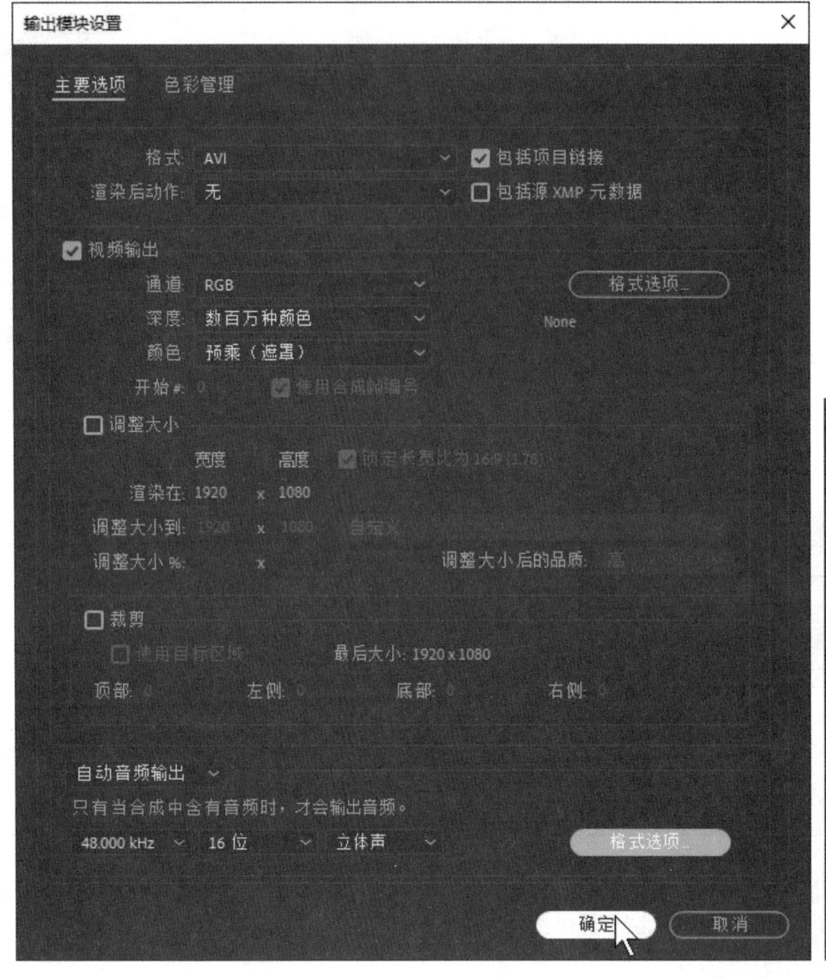


图 A15-3

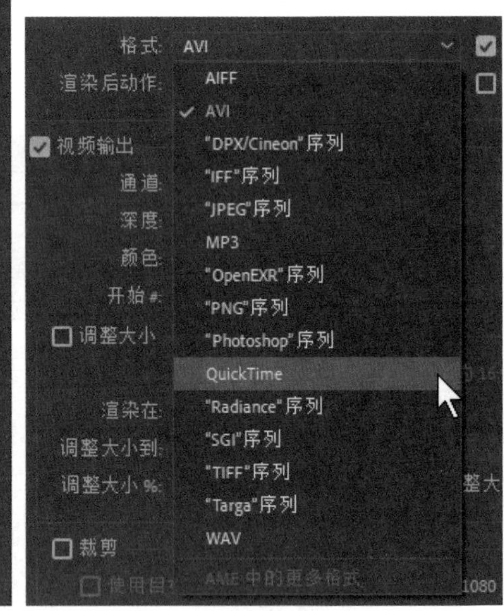


图 A15-4

可以看到支持输出的格式有 AVI 和 MOV 两种视频格式、“PNG”序列等十种序列格式以及 MP3、AIFF 和 WAV 三种音频格式，根据自己的需要进行选择。

- AVI：它是微软公司开发的一种数字音频与视频文件格式，音频和视频按帧交错排列，以此达到音频与视频同步播放的效果。AVI 视频格式的优点是图像质量好，压缩标准可以任意选择；缺点是体积过于庞大，兼容性较低，现在许多播放器不支持播放。
- MOV（Quick Time）：苹果公司开发的一种音频、视频文件格式，所以更适合 macOS 使用和播放，可以输出 RGB+Alpha 带有透明通道的视频，更适用于剪辑。
- WAV：波形音频最早的数字音频格式，无损音频格式文件，体积较大不便于交流和传播。
- MP3：常见的下载歌曲的格式，有损编码，质量不如 WAV，但是体积小，一般只有 WAV 文件的 1/10，方便下载。

还有许多文件格式，如 WMV、MKV、AVCHD 等，在以后的学习和工作中遇到新的格式不用慌，通过逐步的学习，你将掌握更多格式的知识。

如果要输出视频文件，选定格式后就需要对解码器进行选择，以输出 MOV 格式视频为例，输出格式选择“QuickTime”，单击【格式选项】按钮弹出【QuickTime 选项】对话框，展开【视频编解码器】下拉菜单可以看到所支持的编码格式，根据需要选择，如图 A15-5 所示。

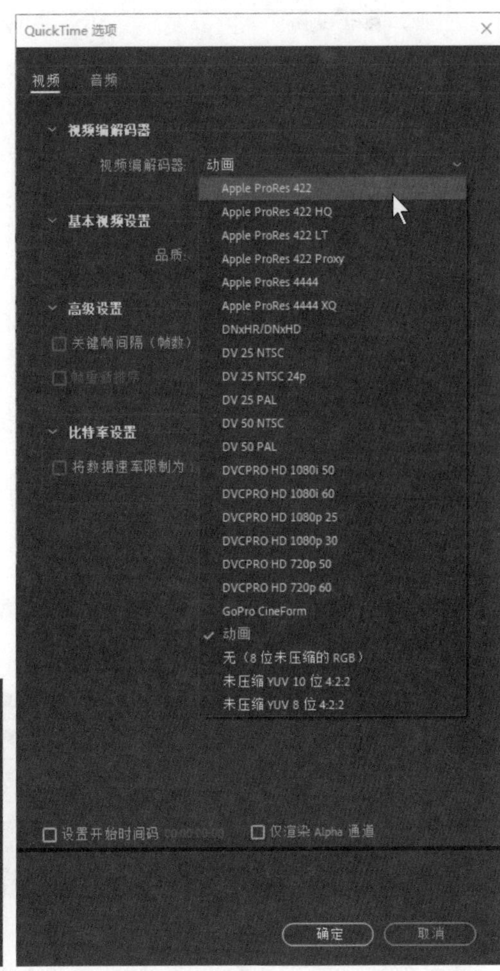

图 A15-5

选择好编码器，就可以进行通道的选择，按需要选择 RGB（彩色通道）、Alpha（透明通道）或者 RGB+Alpha（彩色＋透明通道），如图 A15-6 所示。

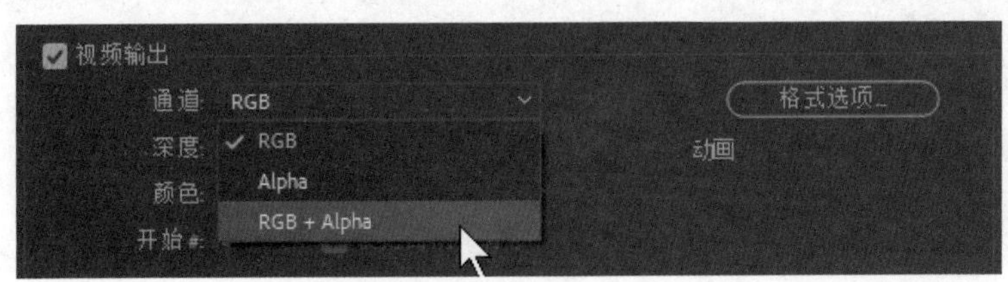


图 A15-6

输出文件的设置完成后，在【输出模块设置】对话框中单击【确定】按钮，在【渲染队列】面板【输出到】旁边的蓝字上单击，打开【将影片输出到】对话框，选择影片的输出位置，单击【保存】按钮，如图 A15-7 所示。

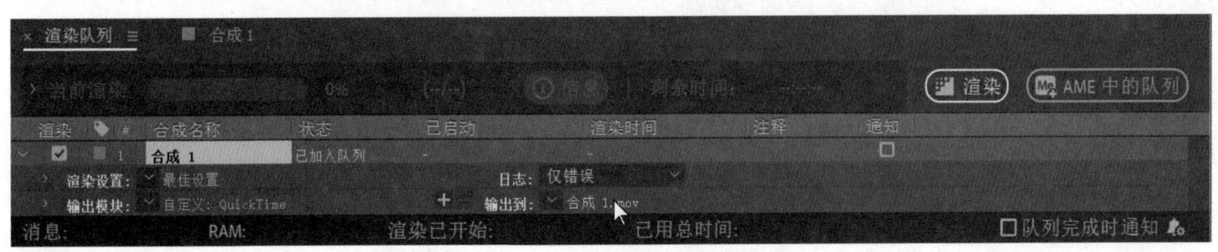

图 A15-7

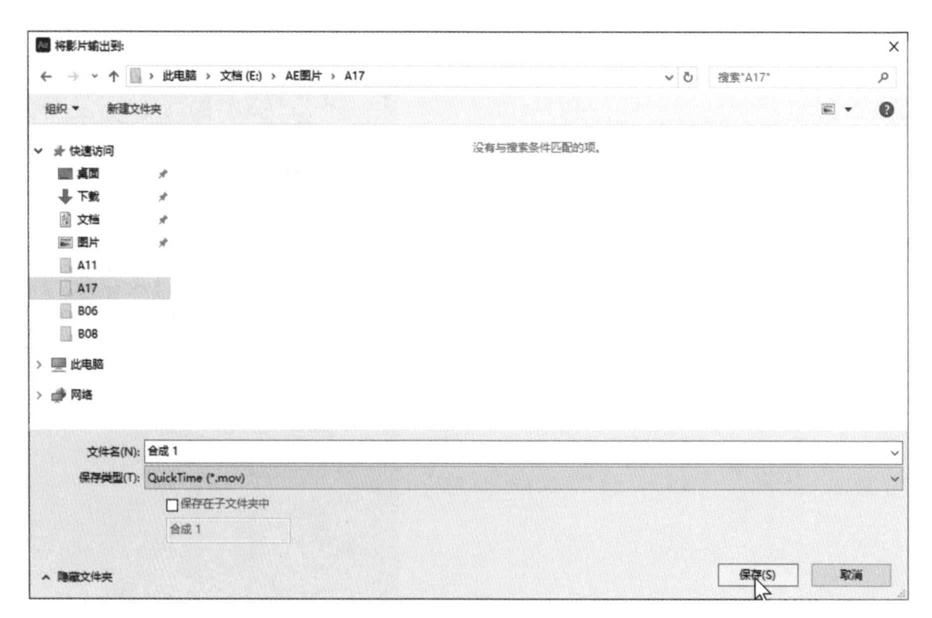


图 A15-7（续）

设置完成后，单击【渲染】按钮进行渲染操作，如图 A15-8 所示。

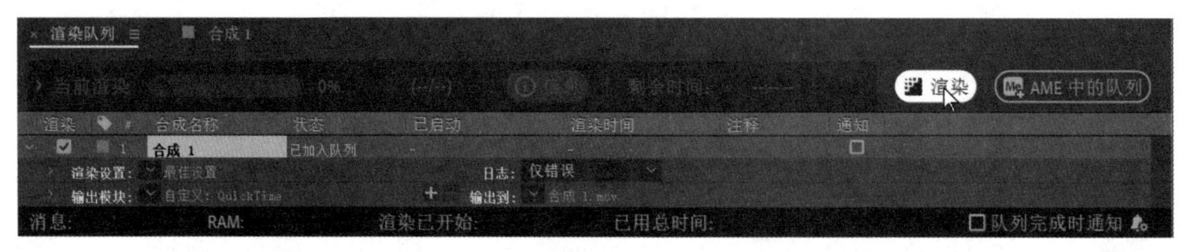


图 A15-8

在【渲染队列】面板中选择要输出的合成，执行【合成】-【添加输出模块】命令，或者单击+按钮，可以添加一个输出模块，可以对新的模块重新设置，可以一次渲染多个不同格式的视频，如图 A15-9 所示。

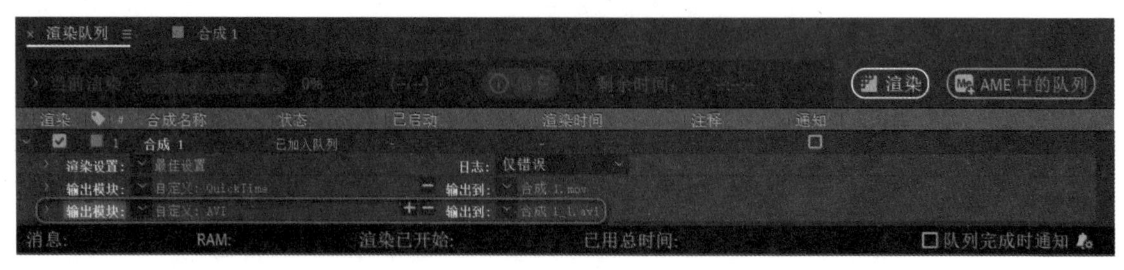


图 A15-9

SPECIAL **扩展知识**

H.264 是常用的编码格式，但是 After Effects 从 CC 2019 版开始去除了 H.264 编码格式，如果想继续输出此编码格式影片，可以安装使用 Adobe Media Encoder 软件，有更多的视频格式可供选择。

After Effects 默认情况下是启用多帧渲染的，启用多帧渲染会提升渲染速度，具体能有多大提升取决于计算机的 CPU 内核数、可用内存和显卡计算能力，这里注意 After Effects 2022 之前的版本是不支持多帧渲染的。

# A15.3 预渲染嵌套合成

对于复杂的嵌套合成，实时渲染显示需要很长时间，调整修改过程中的监视预览环节会占用太多时间，可以对其进行预渲染，将嵌套合成替换为渲染的影片，为操作过程节省大量时间。

预渲染后仍可修改原来的嵌套合成，但是如果改动较大，则需要重新预渲染。

在【项目】面板或监视器窗口中选择要进行预渲染的合成，执行【合成】-【预渲染】命令，打开【渲染队列】面板，如图 A15-10 所示，渲染设置完成后单击【渲染】按钮以渲染合成。

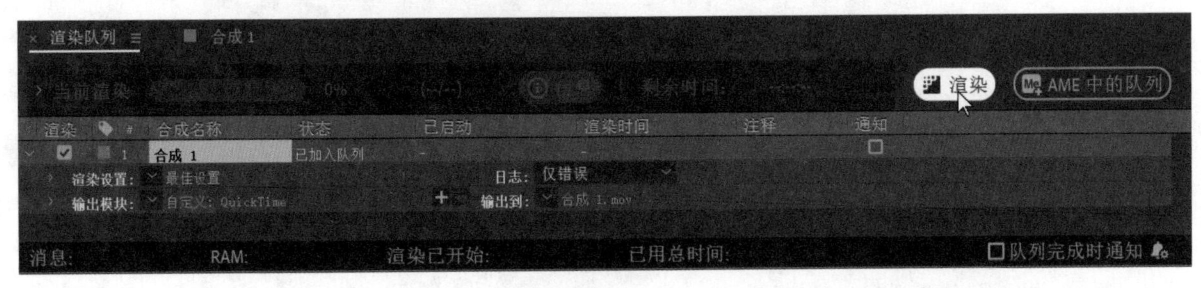


图 A15-10

# A15.4 空闲时缓存帧

当停止对 After Effects 的操作后，After Effects 会在设置的空闲时间后自动开始预览渲染，执行【编辑】-【首选项】-【预览】命令，可在【空闲时缓存帧】下对预览渲染进行设置，如图 A15-11 所示。

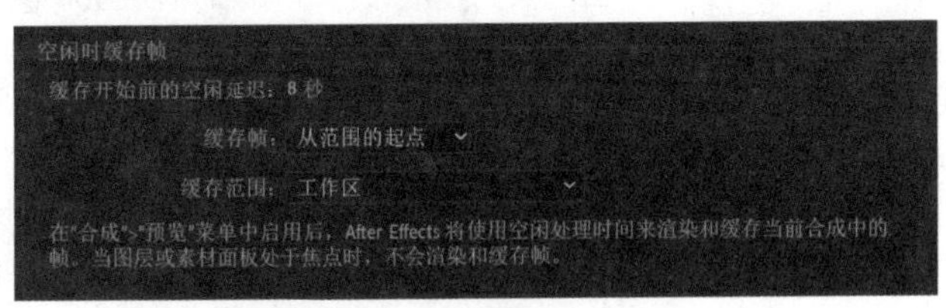


图 A15-11

- 【缓存开始前的空闲延迟】：设置多长时间后开始自动预览渲染，默认时间为 8 秒。
- 【帧缓存】：包括【从当前时间】【围绕当前时间】【从范围的起点】三个选项，如图 A15-12 所示。

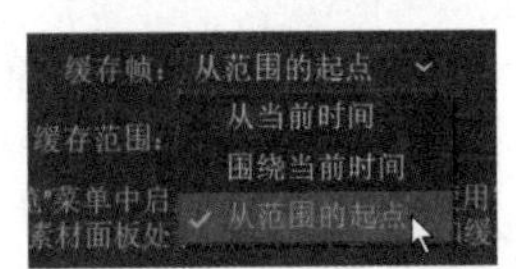


图 A15-12

  - 【从当前时间】：从指针位置向后预览渲染。
  - 【围绕当前时间】：从指针位置同时向前后预览渲染。
  - 【从范围的起点】：从设置的缓存范围的开头位置向后预览渲染。
- 【缓存范围】：包括【工作区】【工作区域按当前时间延伸】【整体持续时间】三个选项，如图 A15-13 所示。

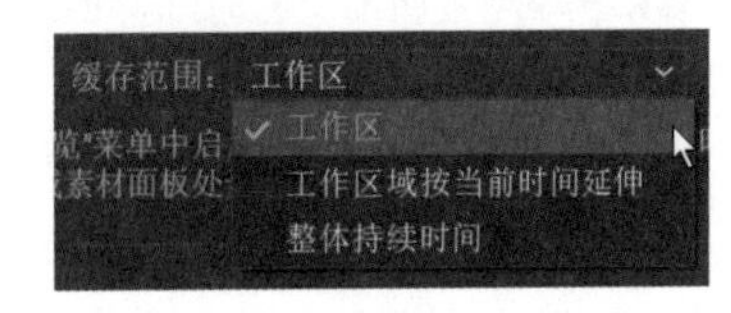


图 A15-13

  - 【工作区】：预览渲染设置的工作区域内的所有帧。
  - 【工作区域按当前时间延伸】：预览渲染从指针位置到工作区域末尾的所有帧。
  - 【整体持续时间】：预览渲染整个合成内的所有帧。

# A15.5 合成分析器

合成分析器的作用是查看 After Effects 合成的详细渲染信息，包括所有图层、效果、样式和蒙版的渲染时间，使用合成分析器可以很方便地发现合成中会增加渲染时间的元素，从而可以据此改善工程，加快工作流程。

单击【时间轴】面板左下角的【展开或折叠渲染时间窗格】按钮，即可启用合成分析器，【时间轴】面板会展开【渲染时间】窗格，如图 A15-14 所示。

图 A15-14

【渲染时间】窗格显示每个图层以及图层的蒙版、图层样式和效果等在当前帧渲染所用的时间，用条形图表示；【帧渲染时间】表示渲染当前帧所用的总时间，如图 A15-15 所示。

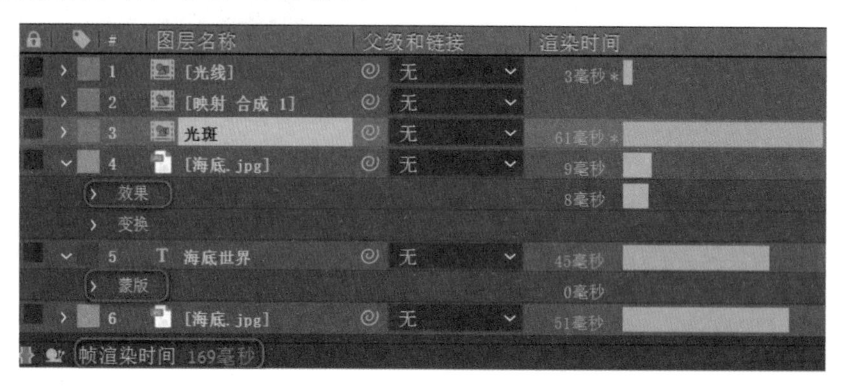


图 A15-15

【渲染时间】窗格根据渲染所需时间长短为每个条形图分配一种颜色，实时或半实时渲染的使用绿色，渲染时间从 100 毫秒开始随着时间的增长颜色将从黄色渐变至红色，渲染时间与颜色的对应关系如图 A15-16 所示。

当图层、效果、蒙版和样式已经全部或部分缓存后，显示的渲染时间值会带有一个星号，渲染时间反映的是渲染尚未缓存的内容和从缓存获取项目所需要的时间，如图 A15-17 所示。

图 A15-16

渲染时间
33毫秒 *
32毫秒
30毫秒

图 A15-17

当某个图层的视频开关处于关闭状态，但是被其他图层的效果引用，那么该效果的渲染时间会包括引用图层所需的时间，而被引用图层的渲染时间显示为空，如图 A15-18 所示。也就是说虽然图层 #2“映射 合成 1”不显示渲染时间，但是图层“海底”的效果【置换图】的渲染时间包括渲染图层 #2“映射 合成 1”的时间。

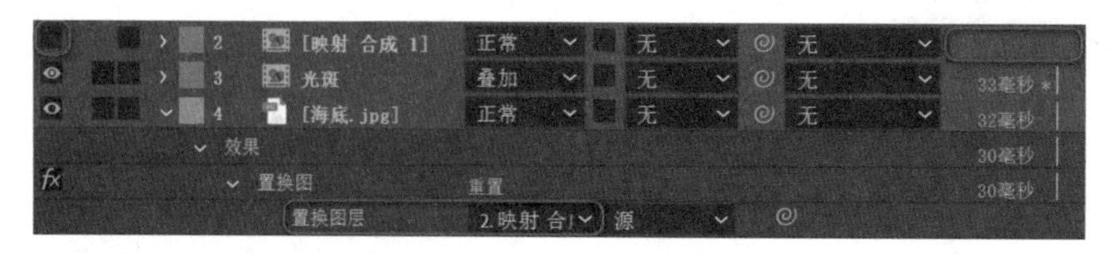


图 A15-18

合成分析器所显示的渲染时间与【合成查看器】中【分辨率 / 向下采样系数弹出式菜单】的设置有关，设置的分辨率越高，所需的时间越长，所以关闭【自适应分辨率】会使显示的时间相对更准确，如图 A15-19 所示。

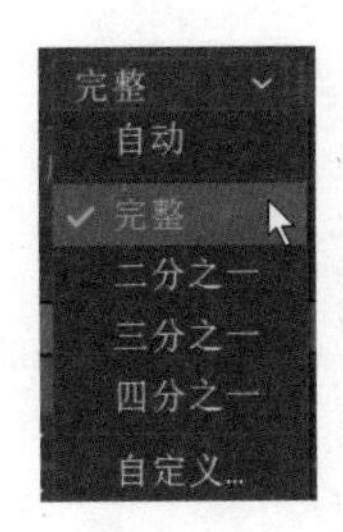

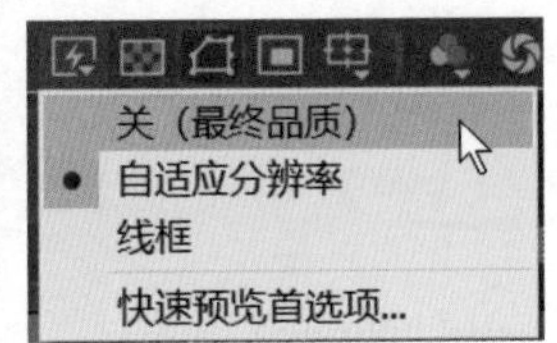


图 A15-19

## A15.6 创建渲染模板

对于经常使用的渲染设置，可以保存为模板，渲染的时候直接使用，操作方法如下。

- 单击【渲染队列】面板右侧的下拉箭头，在弹出的快捷菜单里选择【创建模板】选项，如图 A15-20 所示。

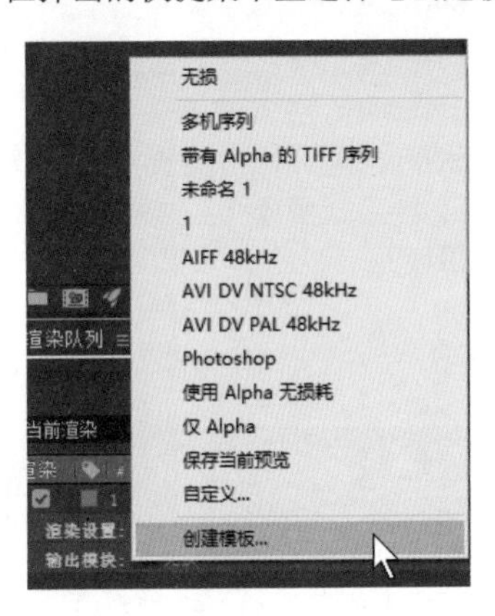


图 A15-20

- 弹出【输出模块模板】对话框，可以进行模板的设置，要创建新的渲染设置模板，单击【新建】按钮，指定渲染设置，然后单击【确定】按钮，输入新模板的名称。
- 要编辑现有渲染设置模板，从【设置名称】菜单中选择模板，单击【编辑】按钮，然后指定渲染设置。

  例如新建模板名称设置为“新建模板 2”，全部设置完成后单击【确定】按钮，如图 A15-21 所示。
- 在之后的渲染工作中就可以直接应用“新建模板 2”了，单击【渲染队列】面板右侧的下拉箭头，在弹出的快捷菜单里可以看到【新建模板 2】选项，单击即可应用，如图 A15-22 所示。

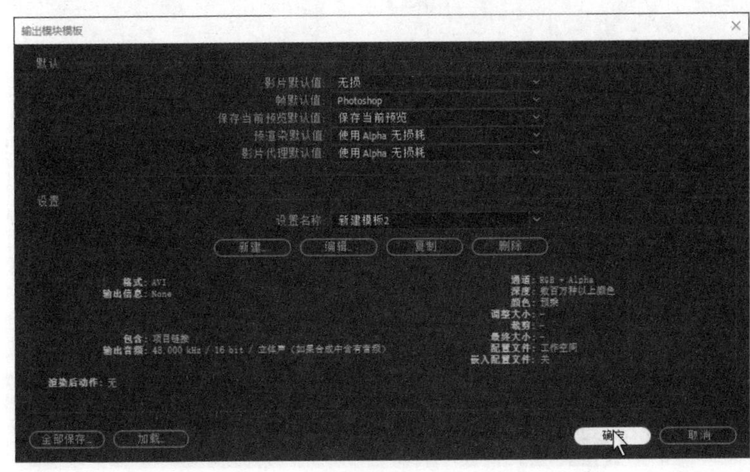


图 A15-21

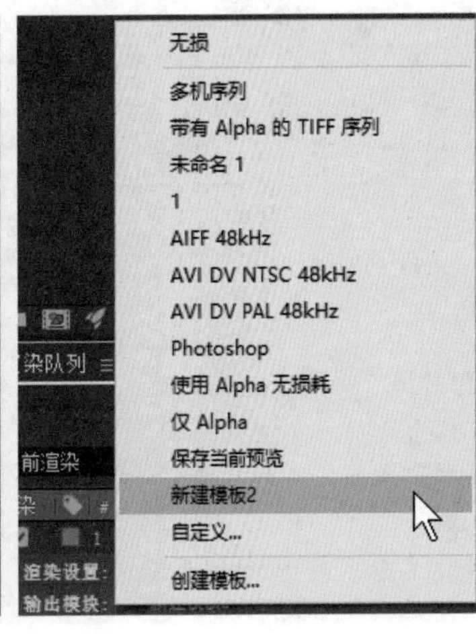


图 A15-22

## A15.7　渲染和导出合成的单个帧

将合成指针位置的画面导出为单帧图片，操作方法如下。

- 执行菜单栏的【合成】-【帧另存为】-【文件】命令，也会打开【渲染队列】面板，选择需要输出的文件格式，指定渲染路径即可。
- 执行菜单栏的【合成】-【帧另存为】-【Photoshop 图层】命令，会弹出【另存为】对话框，指定路径单击【保存】即可，如图 A15-23 所示。

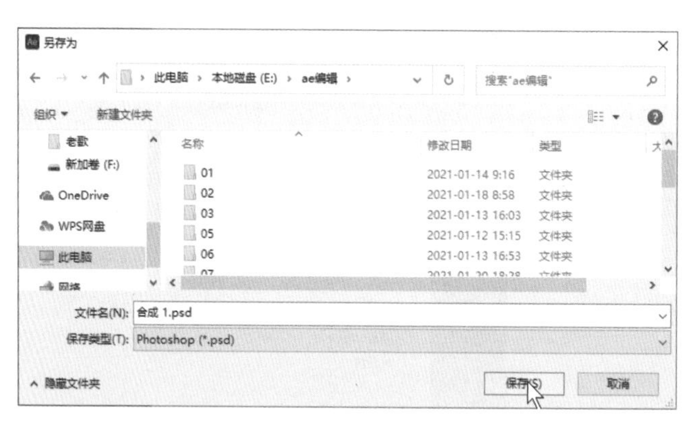


图 A15-23

此种方法输出的 PSD 文件包含 After Effects 合成的单个帧中的所有图层，方便在支持 Photoshop 图层的软件中继续编辑。

## A15.8　Adobe Media Encoder 输出

Adobe Media Encoder（AME）是 Adobe 自带的编码转码软件，内置大量预设，可轻松导入 AE 的合成，并能以队列形式进行批量输出。

AME 可以快速地以最佳质量比压缩视频，提供更多的编码格式，建立项目输出队列，帮助用户优化工作流程。

打开 AME，可以拖放文件到队列中或单击【添加源】按钮选择要编码的源文件，软件界面如图 A15-24 所示。

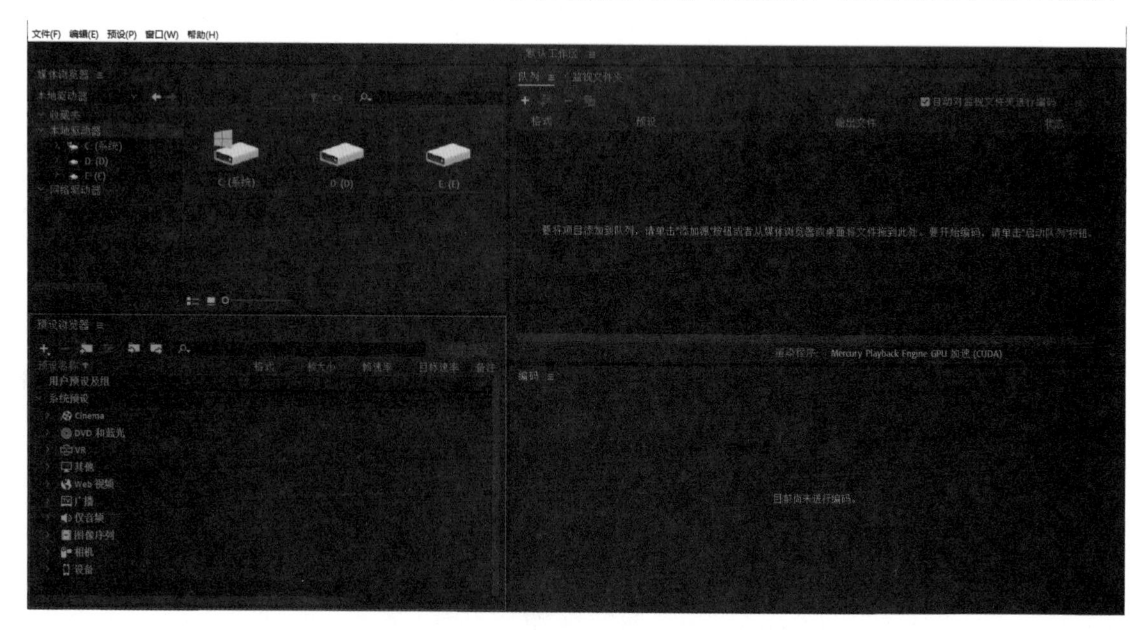


图 A15-24

- 【媒体浏览器】面板：可直接浏览电脑中的文件。
- 【队列 / 监视文件夹】面板：支持多个序列同时转码输出，还可以对视频图像等进行简单拼接。
- 【预设浏览器】面板：可以将不同的预设直接拖曳到队列上的文件上，修改源序列的预设。预设已经根据类型做好了不同的分类，预设浏览器支持【新建预设】、【新建预设组】、【编辑预设】、【导入预设】、【导出预设】等功能，在搜索栏也可以搜索相应预设，方便用户使用。
- 【编码】面板：提供有关每个编码项目的状态的信息，显示每个编码输出的缩略图预览、进度条和完成时间估算。

也可以在【渲染队列】面板中单击【AME 中的队列】按钮，或者执行【合成】-【添加到 Adobe Media Encoder 队列】命令，如图 A15-25 所示。

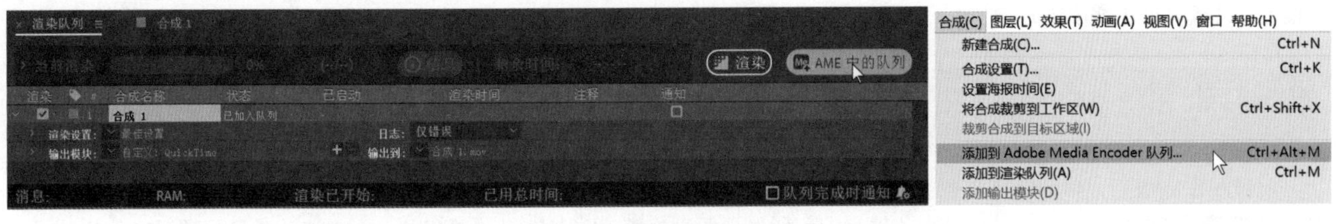


图 A15-25

此时，AME 会连接动态链接服务器，在【队列】面板中单击【格式】或【预设】下的蓝色文本打开【导出设置】窗口，如图 A15-26 所示。

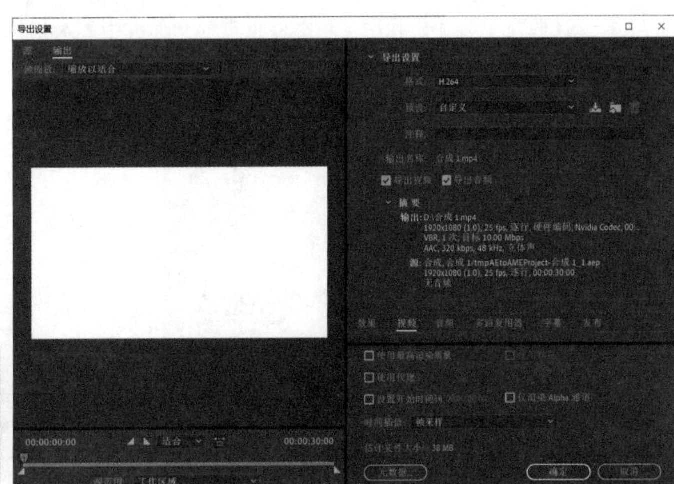

图 A15-26

也可以在下拉菜单中选择格式和预设，如图 A15-27 所示。

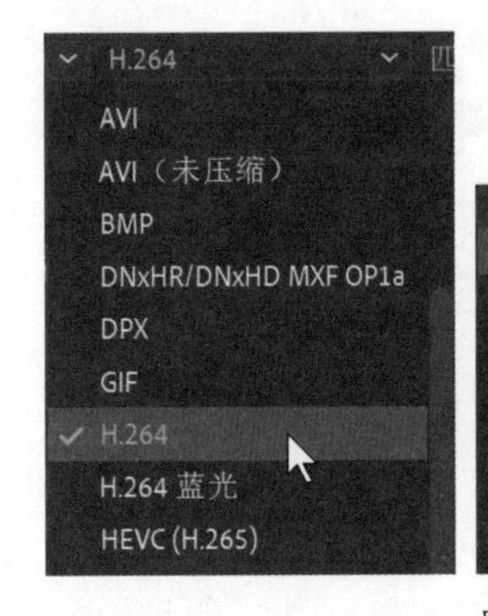

图 A15-27

单击【输出文件】下的蓝色文本设置输出的保存路径及名称，如图 A15-28 所示。

图 A15-28

设置完成，单击【队列】面板右上角的【启动队列】按钮▶即可进行渲染输出。若想同时输出多个合成，单击【队列】面板上的【添加源】+按钮添加合成，设置好后单击▶按钮即可批量输出。

## A15.9 打包项目文件

项目制作完成后，移动项目或者对项目进行备份就需要对项目文件进行打包。在 AE 中，导入的素材并没有复制到项目中，仍然在原来的位置，只是被引用到了项目中，所以要管理好整个项目的素材源文件，否则移动或删除项目文件的时候会导致素材丢失。项目打包可以将项目中包含的素材、文件夹、项目文件等收集到一个统一的文件夹里，保证项目及所有素材的完整性，操作步骤如下。

执行菜单栏的【文件】-【整理工程（文件）】-【收集文件】命令，弹出【收集文件】对话框，【收集源文件】选择【全部】，单击【收集】按钮，弹出【将文件收集到文件夹中】对话框，指定保存路径，单击【保存】按钮，开始打包文件，如图 A15-29 所示。

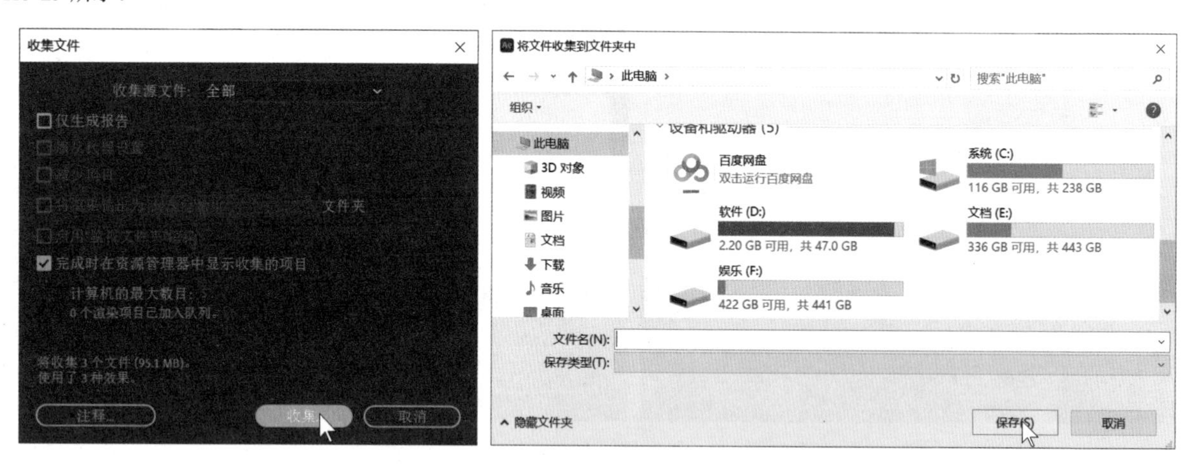


图 A15-29

## 总结

至此，A 篇的基础课程已经学习完毕，大家已经掌握了 AE 的基础应用，可以完成简单的合成工作，接下来的 B 篇将进行进阶学习。

B
精通篇
进阶操作　实例详解
本篇将带领读者深入学习 After Effects 软件，包括文本动画、各类效果详解、表达式详解、稳定与跟踪以及常用插件和脚本的进阶知识以及相关的实例。

# B01课

文本动画

飞扬吧，文字！



文本层和其他层一样，可以制作动画效果，而且文本层具有更多的属性用于创建动画，本课就来学习文本动画的制作。

## B01.1 文本动画预设效果

After Effects 中提供了大量的文本动画预设，在【效果和预设】面板中找到【Text】，展开即可看到文本的动画预设，如图 B01-1 所示。

每组都包含非常多的动画预设，例如展开【3D Text】，如图 B01-2 所示。

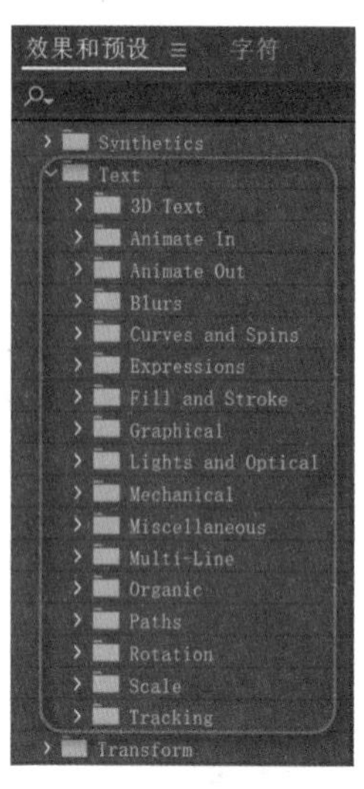


图 B01-1

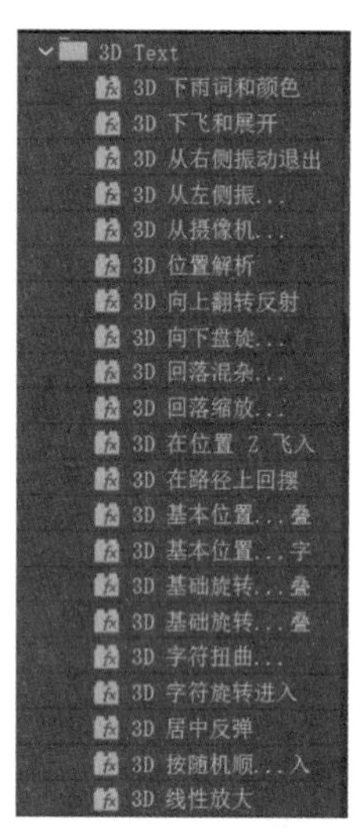


图 B01-2

文本动画预设应用和 A07.5 课所讲的层动画预设应用方法一样，将动画预设直接拖曳到文本图层，或者在【时间轴】面板选择文本层后双击预设即可，这里以【3D 下飞和展开】预设为例进行说明。

新建项目合成，新建文本图层“文本动画预设效果”，将【3D 下飞和展开】预设拖曳到文本层上，如图 B01-3 所示。

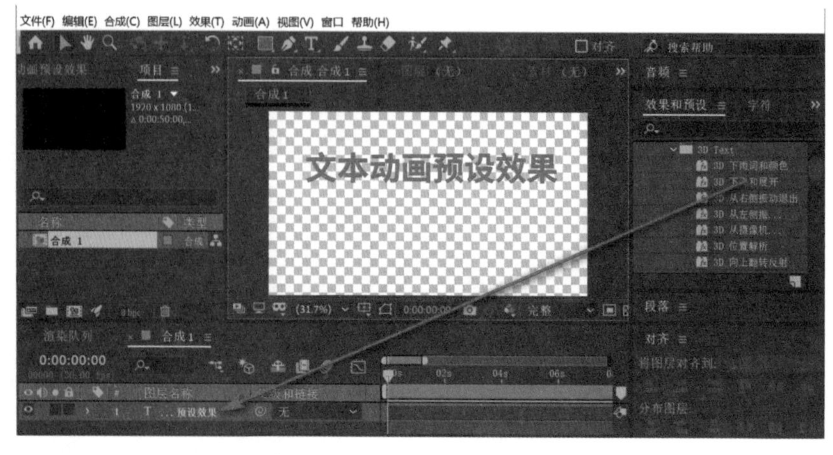


图 B01-3

播放预览，可以看到文本做从上向下飞入并展开的动画，如图 B01-4 所示。

选择文本图层，按【U】键展开动画关键帧，修改关键帧可以对动画进行调整，如图 B01-5 所示。

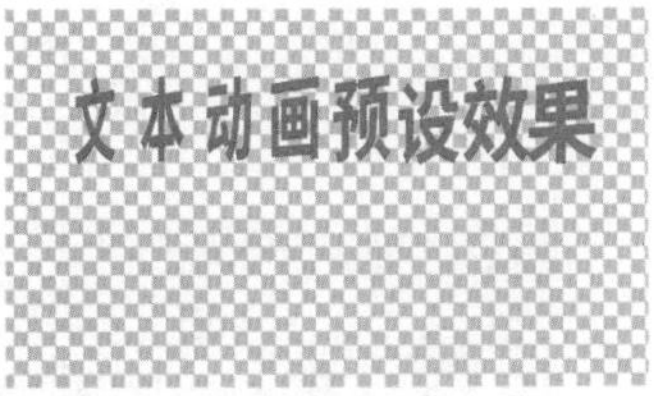

文本动画预设效果

图 B01-4

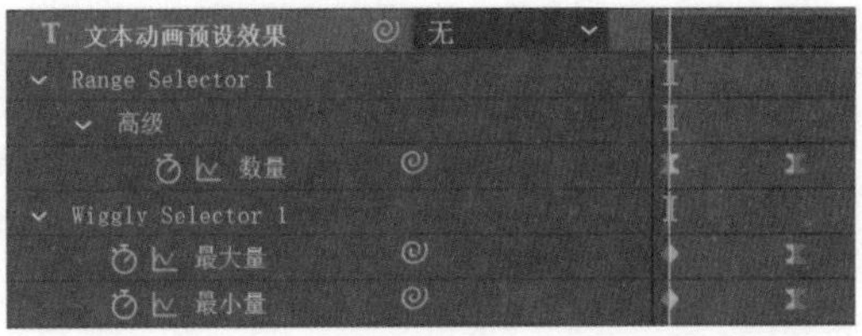

T 文本动画预设效果 无
Range Selector 1
高级
数量
Wiggly Selector 1
最大量
最小量

图 B01-5

## B01.2 源文本

新建项目合成，新建文本图层“动画源文本”，展开文本图层属性即可看到【源文本】属性，如图 B01-6 所示。

图 B01-6

【源文本】属性可以修改文本的内容、颜色、字号、字体等文本属性，下面以修改文本内容、颜色、字号为例来进行说明。

将指针移动到 0 秒处，为【源文本】属性创建关键帧，显示的为定格关键帧■；然后将指针移动到 1 秒处，将文本的内容改为“源文本动画”，颜色改为红色，字号变大，如图 B01-7 所示。

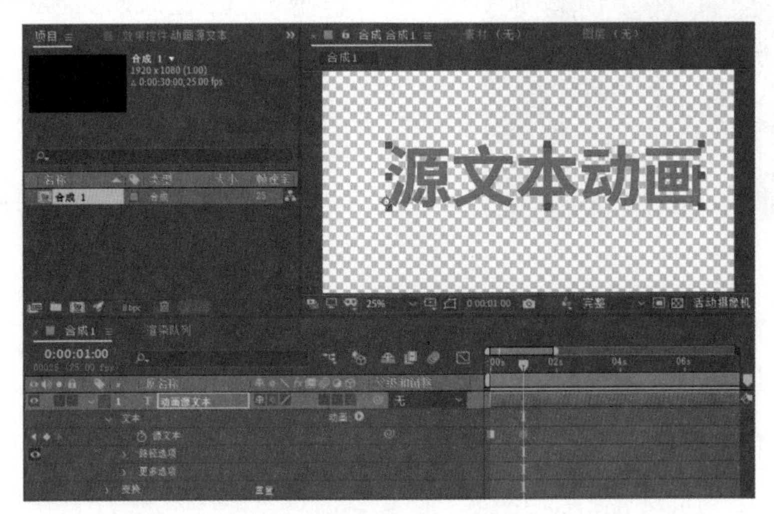


图 B01-7

播放预览可以看到文本在 1 秒处的定格关键帧直接进行内容变换。

## B01.3 文本动画制作器

文本动画制作器为文本图层特有的功能，使用文本动画制作器可以更快捷地为文本制作复杂的动画，一个文本动画器包含一个或多个选择器。

新建项目合成，新建文本图层“文本动画”，展开文本图层的属性，单击 动画: 即可弹出动画制作器的菜单，如图 B01-8 所示。

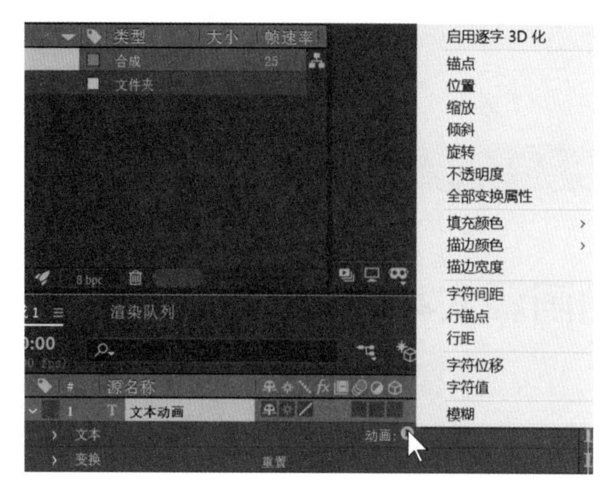


图 B01-8

以缩放动画制作器举例说明，选择【缩放】选项即可添加缩放动画制作器，动画制作器下相应的范围选择器也就同时添加进来，如图 B01-9 所示。

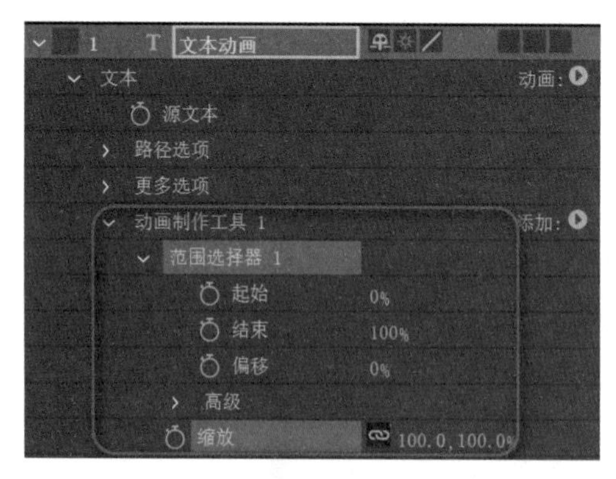


图 B01-9

使用文本动画制作器制作动画，可以不用对属性直接设置关键帧，只需将属性设置为最终值，然后对范围选择器的【起始】【结束】【偏移】等属性设置关键帧，即可得到需要的动画效果。

下面以制作逐字缩小消失的动画为例进行讲解。

最终结果为缩小消失，所以动画制作器的结束值属性为 0，将【缩放】的属性值改为 0，不需要设置关键帧，此时【查看器】窗口中的文本已经缩小至 0，如图 B01-10 所示。

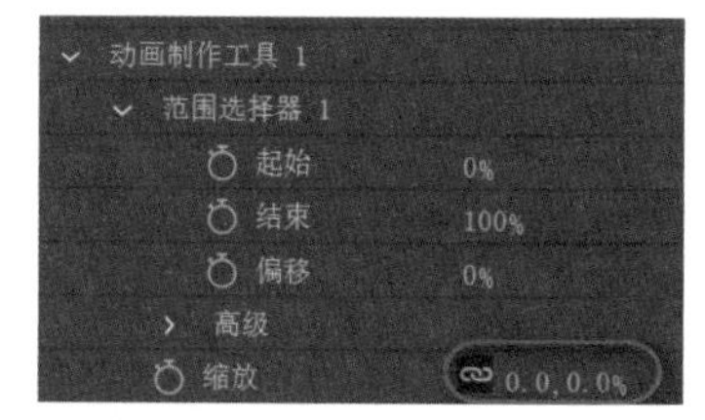

图 B01-10

要制作的效果为逐字缩小消失，此时范围选择器【结束】的属性值为 100%，说明这是最终效果。将指针移动到起始 0 秒处，创建关键帧，将【结束】的属性值改为 0%，即不展示“消失”的最终效果，也就是“否定 + 否定 = 肯定”，所以文字目前是完全显示状态；将指针移动到 2 秒处，将【结束】的属性值改为 100%，自动创建关键帧，完全展示“消失”的效果，如图 B01-11 所示。

图 B01-11

播放预览，发现文本开始做逐字缩小消失动画，如图 B01-12 所示。

图 B01-12

使用文本动画制作器制作动画，可以总结为如下 3 个步骤。

01 选择文本层，为其添加需要的动画制作器。

02 调整动画制作器的最终属性值。

03 为范围选择器属性值设置关键帧动画或表达式，得到最终效果。

范围选择器下的【高级】选项可以对动画进行更细腻的调节，如图 B01-13 所示。

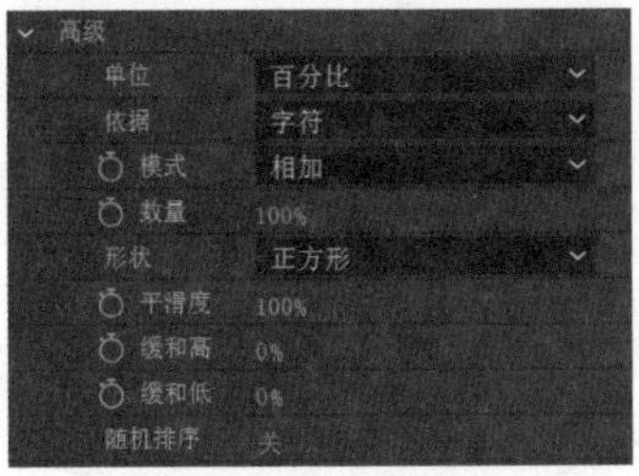

图 B01-13

- 单位：有【百分比】和【索引】2 个选项。
- 依据：动画所依据的对象，有【字符】【不包含空格的字符】【词】【行】4 个选项。如果选择【词】，动画效果会基于词，不是逐字缩小消失而是同时缩小消失，如图 B01-14 所示。

图 B01-14

- 模式：有 6 种模式，如图 B01-15 所示，可以自行尝试，查看不同模式所对应的动画效果。

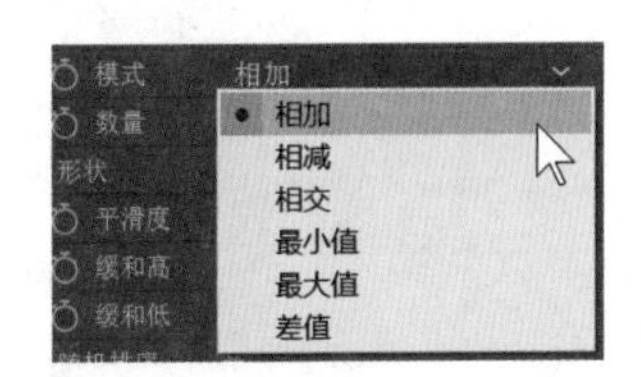


图 B01-15

- 数量：动画完成的百分比，例如将属性值改为 50%，文本还是逐字缩小但不会消失，缩小到 50% 就会停止，如图 B01-16 所示。

图 B01-16

- 形状：文本受【动画制作工具】影响的范围的形状，有 6 种形状可选，如图 B01-17 所示，可以自行尝试，查看不同形状所对应的动画效果。

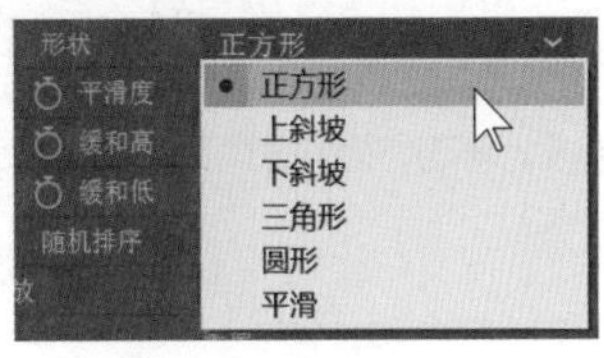


图 B01-17

- 平滑度：动画过程的平滑程度。如果将属性值改为 0，文本会逐字消失，但是没有了缩小的过程。
- 缓和高与缓和低：改变动画的速率。
- 随机排序：打开随机排序，动画过程会随机出现，而不是按设置好的从左到右或从右到左的顺序。

一个文本动画制作器中可以添加多个选择器，单击 添加: 即可弹出菜单，选择要添加的选择器即可，如图 B01-18 所示。

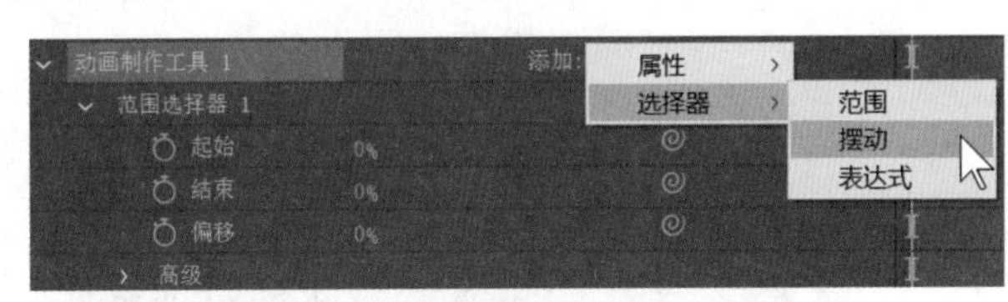


图 B01-18

- 【摆动选择器】可以独立使用，也可以和【范围选择器】配合使用，用来制作在最终效果两侧摆动的动画。
- 【表达式选择器】用来确定文本受【文本动画制作器】影响的程度并且使文本产生随机的变化。

SPECIAL 扩展知识

展开文本图层的【更多选项】属性，可以调节文本的锚点属性，用来得到不同的效果。

【锚点分组】可以指定用于动画效果的锚点是【字符】【词】【行】还是【全部】。

【分组对齐】属性控制字符的锚点相对于组锚点的对齐方式，如图 B01-19 所示。

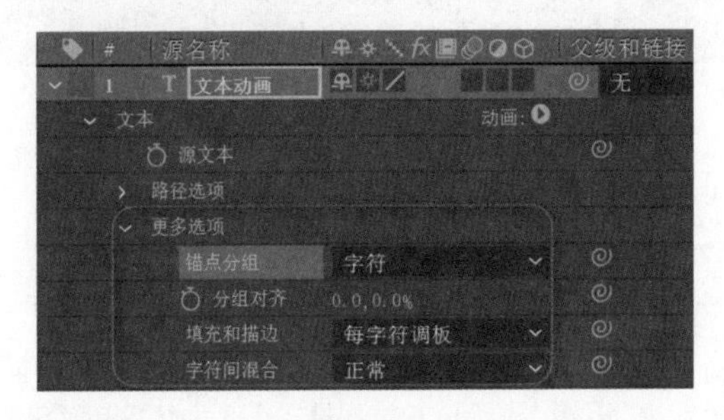


图 B01-19

## B01.4　路径文本

After Effects 可以制作文本沿着路径运动的动画，在文本图层上创建蒙版，蒙版可以是开放的也可以是闭合的，然后将蒙版作为文本的路径就可以为文本设置路径动画。

新建项目合成，新建文本层“路径文本动画”，选择文本图层，创建一个椭圆形蒙版，如图 B01-20 所示。

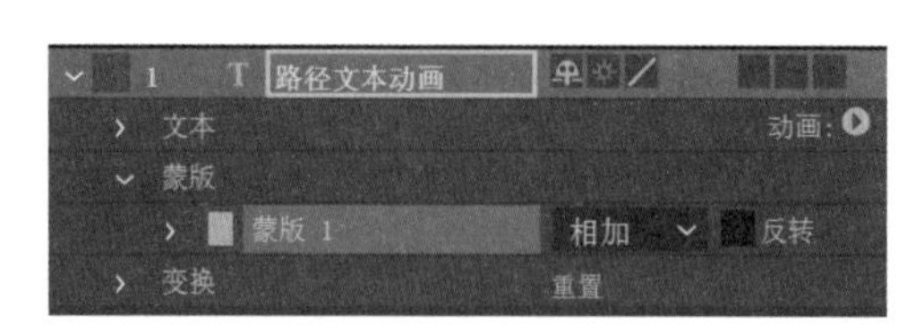

图 B01-20

展开文本图层的【路径选项】属性，【路径】选择【蒙版 1】，此时文本会自动吸附到蒙版路径上，如图 B01-21 所示。

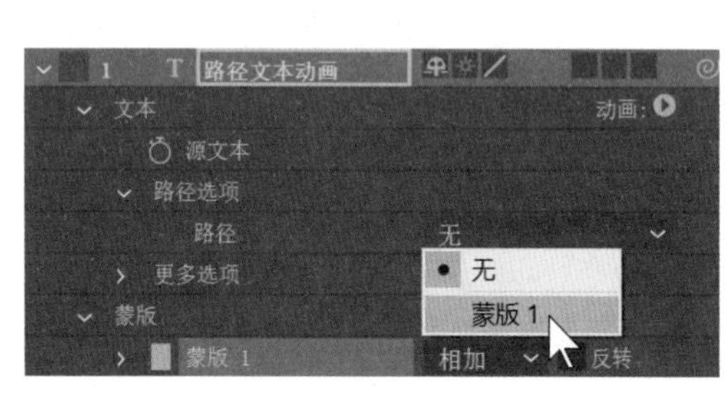

图 B01-21

更改【首字边距】或【末字边距】的参数值，文本即可沿着路径运动。将指针移动到 0 秒处，为【首字边距】创建关键帧，将指针移动到 4 秒处，将【首字边距】的参数值改为 3600.0，自动创建关键帧，如图 B01-22 所示。

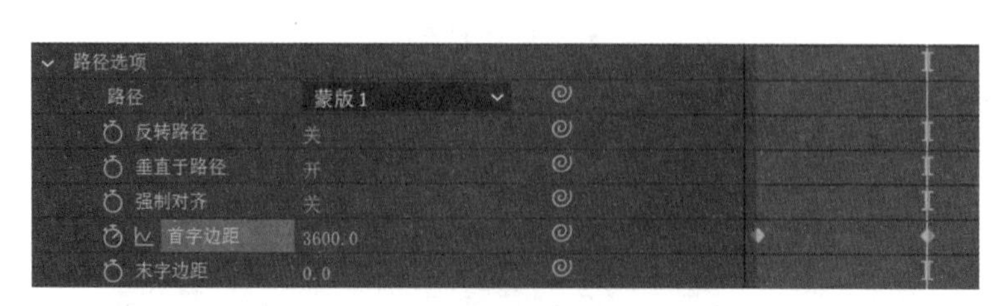

图 B01-22

播放预览，文本沿着路径运动。

豆包：“老师，为什么我修改【末字边距】的参数值没有效果呢？”

只有当文本居中对齐的时候，修改【首字边距】和【末字边距】的参数值才都会有效果；文本左对齐且【强制对齐】关闭的时候，【末字边距】不起作用；文本右对齐且【强制对齐】关闭的时候，【首字边距】不起作用。

# B01.5 实例练习——文森学堂文字动画

本实例完成效果如图 B01-23 所示。

图 B01-23

## 操作步骤

01 新建项目，新建合成，命名为“文森学堂”，宽度为 1920 px，高度为 1080 px，帧速率为 30 帧 / 秒，导入本课提供的素材，将素材拖曳到【时间轴】面板上，如图 B01-24 所示。

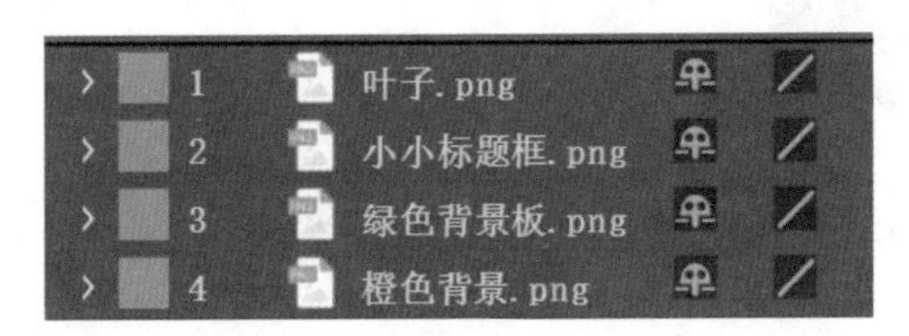


图 B01-24

02 新建 3 个文本图层，内容分别为“文森学堂”“小标题”“小小标题”，在【字符】面板上调整参数值，设置合适的【位置】属性参数，如图 B01-25 所示。

图 B01-25

03 向图层 #6“绿色背景板”和图层 #5“小小标题框”添加【图层样式】-【投影】，【颜色】为 #426E2F，具体参数如图 B01-26 所示。

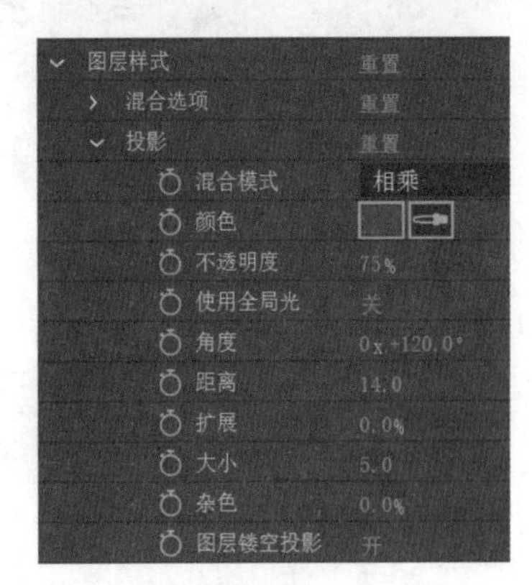


图 B01-26

04 向图层 #3“文森学堂”添加【图层样式】-【投影】，【颜色】为 #9B602B，具体参数如图 B01-27 所示。

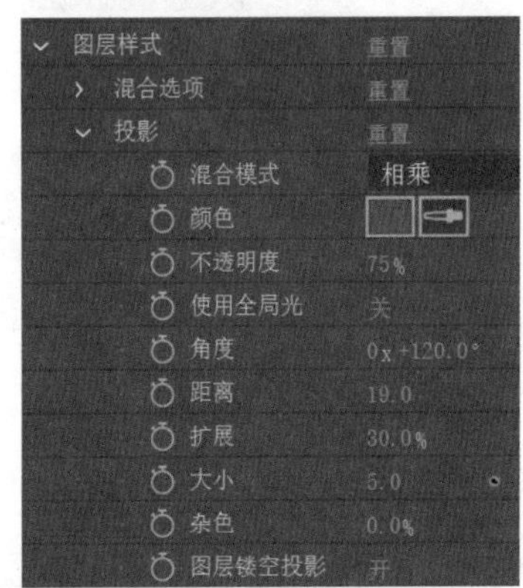

图 B01-27

05 接下来制作动画部分，选择图层 #3“文森学堂”，在【文本动画制作器】中添加【位置】，更改其属性值为 0.0,-9500.0；将指针移动至第 7 帧，单击【偏移】，创建关键帧，属性值为 -100%；然后指针移动至 1 秒 2 帧处，属性值改为 100%；单击图层 #3“文森学堂”，删除第 6 帧以前的素材，添加【摆动】参数如图 B01-28 所示。

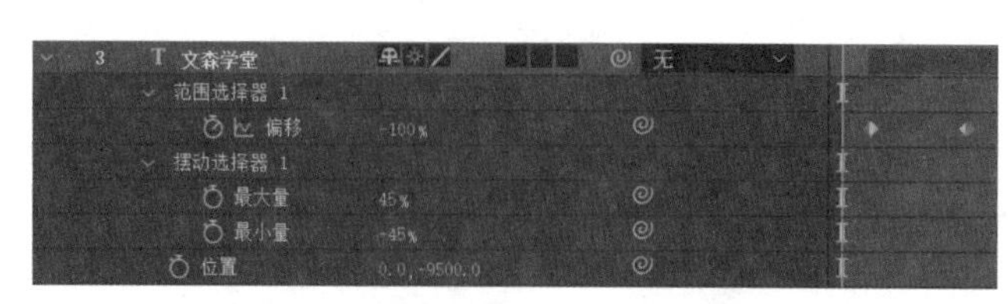


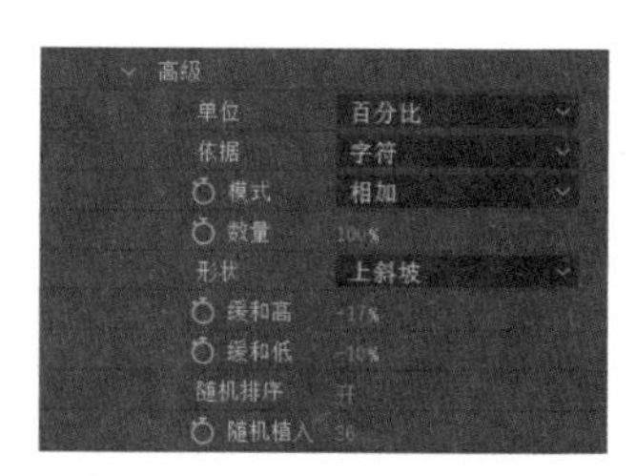


图 B01-28

06 为图层 #6“绿色背景板”的【缩放】属性创建关键帧动画，在第 6 帧和第 13 帧调整其属性值分别为 0.0,0.0 和 100.0,100.0%，如图 B01-29 所示。

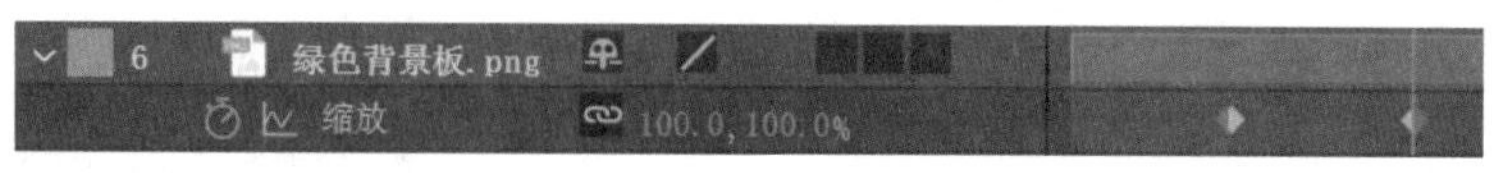


图 B01-29

07 单击图层 #2“小标题”，将指针移动到 12 帧，在【效果和预设】面板搜索框中搜索【打字机】效果，双击添加效果，将第 2 个关键帧移动到第 20 帧，如图 B01-30 所示。

图 B01-30

08 选择图层 #1“小小标题”，在【动画制作工具 1】中添加【位置】和【旋转】属性，具体参数设置如图 B01-31 所示。

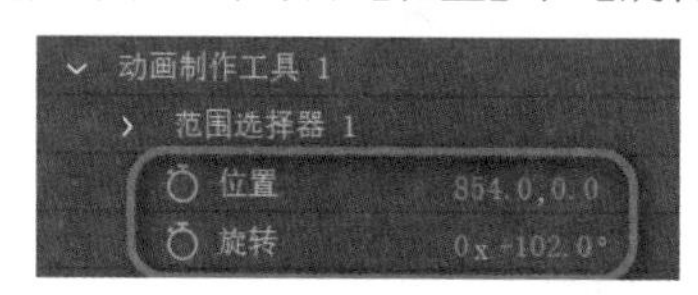


图 B01-31

09 单击【范围选择器 1】，将指针移至 10 帧，在【时间轴】面板中单击【偏移】，创建关键帧，并在第 24 帧时，将【偏移】参数改为 100%，如图 B01-32 所示。

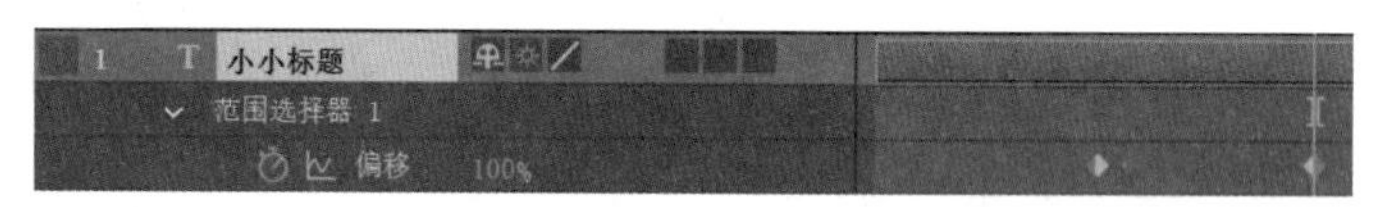


图 B01-32

10 选择图层 #5“小小标题框”，分别在第 9 帧和第 21 帧为【不透明度】属性创建关键帧，制作淡入动画，如图 B01-33 所示。

图 B01-33

11 将图层 #4“叶子”的【锚点】移动至 1234.0,492.0，分别在第 17 帧和 1 秒处为【缩放】属性创建关键帧，其属性值分别为 0.0,0.0% 和 100.0,100.0%。然后在第 1 秒至第 1 秒 21 帧间为【旋转】属性创建弹性关键帧动画，设置关键帧缓动，快捷键为【F9】，如图 B01-34 所示。至此，文森学堂的文字动画就制作完成了，播放预览查看效果。

图 B01-34

## B01.6 综合案例——标志文字动画

本综合案例完成效果如图 B01-35 所示。

图 B01-35

## 操作步骤

01 新建项目，新建合成，命名为“标志文字动画”，宽度为 1920 px，高度为 1080 px，帧速率为 30 帧 / 秒，新建【纯色】图层，【颜色】为 #405929，如图 B01-36 所示。

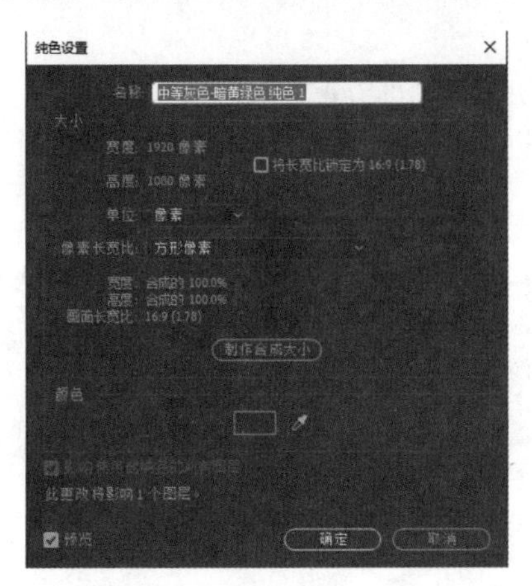


图 B01-36

02 新建文本图层，命名为“环形文字”，并在该图层新建圆形蒙版，如图 B01-37 所示。

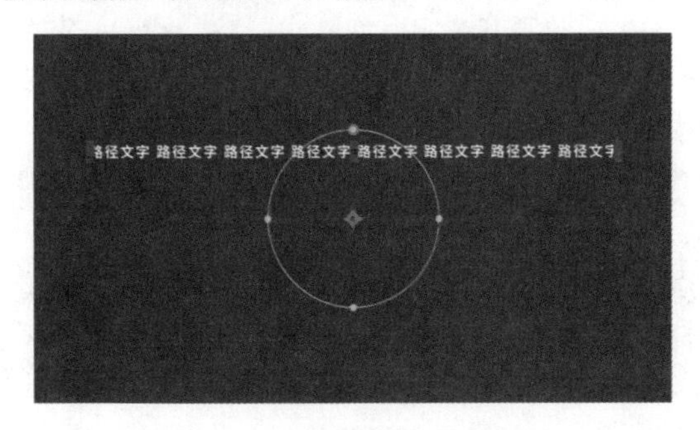

图 B01-37

03 设置【文本】-【路径选项】-【路径】，选择【蒙版 1】，如图 B01-38 所示。

图 B01-38

04 调整使该图层位置处于居中，如图 B01-39 所示。

图 B01-39

05 新建 2 个圆形形状图层，分别命名为“实线”和“虚线”，调整其位置如图 B01-40 所示。

图 B01-40

06 选择图层 #1“虚线”，展开其描边属性，修改【线段端点】和【线段连接】属性，并添加【虚线】，如图 B01-41 所示。

图 B01-41

07 新建圆形形状图层作为环形背景，将【不透明度】改为 29%，将该图层下移至文字图层下，如图 B01-42 所示。

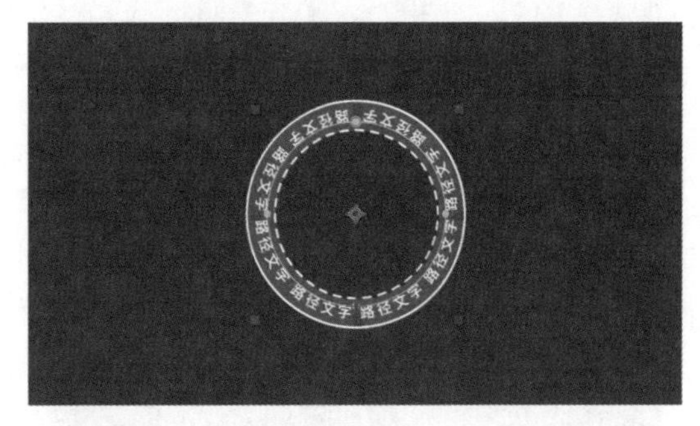

图 B01-42

08 新建圆角矩形形状图层，命名为“标题框”，如图 B01-43 所示。

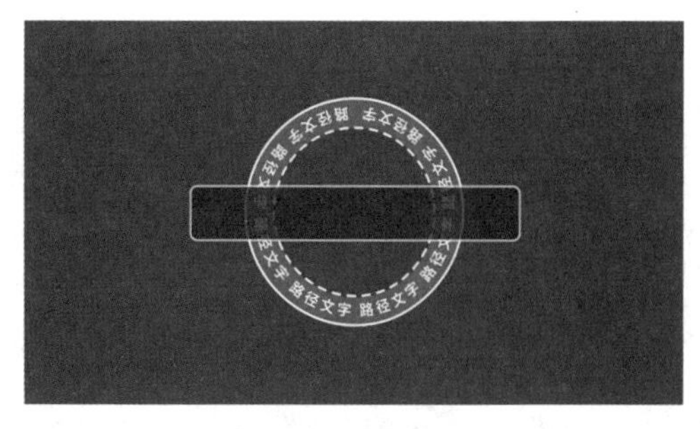

图 B01-43

09 新建文本图层，内容为“Adobe After Effects”，命名为“标题”，具体参数如图 B01-44 所示。

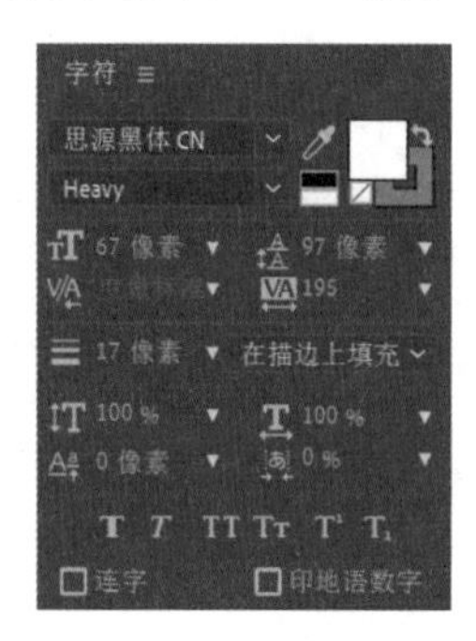


图 B01-44

10 添加【图层样式】-【投影】，【颜色】为 #4C0606，具体参数如图 B01-45 所示。

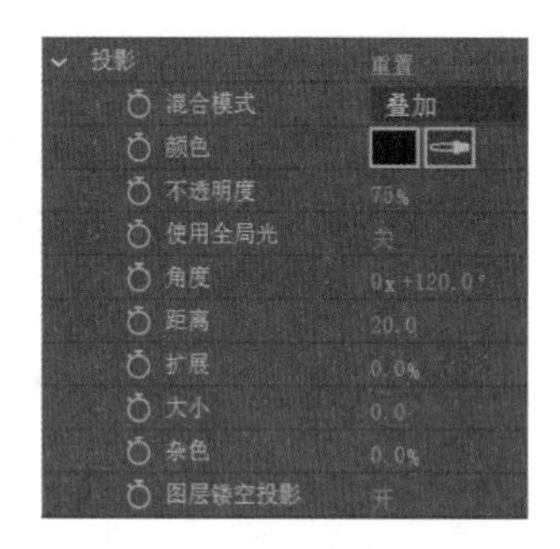


图 B01-45

11 选择图层 #3 至图层 #6 进行预合成，命名为“环形文字动画”。至此，主体部分基本制作完成，下面开始制作动画部分，如图 B01-46 所示。

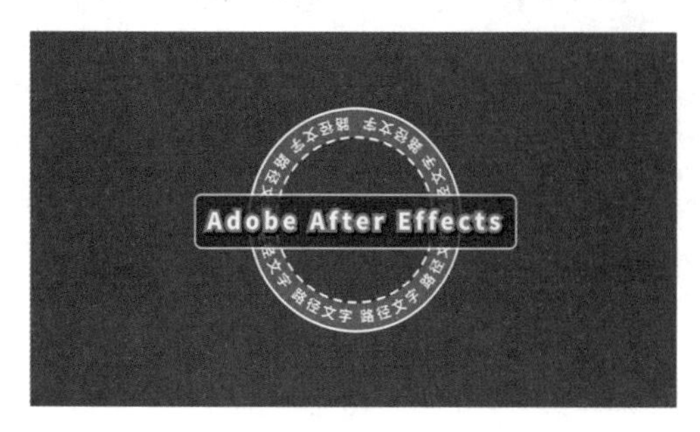


图 B01-46

12 打开“环形文字动画”合成，单击图层 #3“环形文字”，将指针移动到第 0 帧处，在【效果和预设】面板中搜索【缓慢淡化打开】，双击应用，将第 2 个关键帧移动至 2 秒处，如图 B01-47 所示。

图 B01-47

13 在图层 #3“环形文字”的第 0 帧和第 2 秒处建立【旋转】属性的关键帧，其参数分别为 0x ＋ 0.0° 和 1x ＋ 52.0° ，如图 B01-48 所示。

图 B01-48

14 为图层 #1“虚线”和图层 #2“实线”添加【修剪路径】，为【结束】属性在第 6 帧处和第 2 秒处打上关键帧，数值分别为 0.0 和 100.0%，并在第 6 帧和第 10 帧处制作淡入效果动画，如图 B01-49 所示。

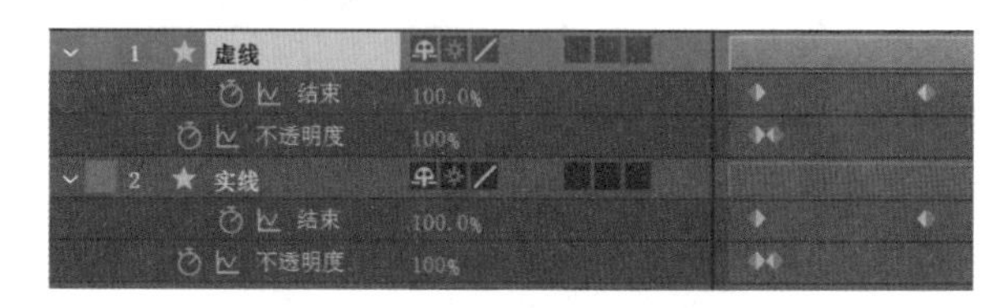


图 B01-49

15 单击图层 #4“环形背景”，在第 2 秒和第 2 秒 7 帧处添加淡入效果动画，这样环形文字部分动画就完成了。

16 回到“标志文字动画”合成，单击图层 #1“标题”，在【文本动画制作器】中添加【位置】，将参数改为 0.0,417.0；单击【范围选择器 1】-【偏移】，分别在第 1 秒 10 帧处和第 2 秒 5 帧处创建关键帧，其参数分别为 0 和 100%，如图 B01-50 所示。

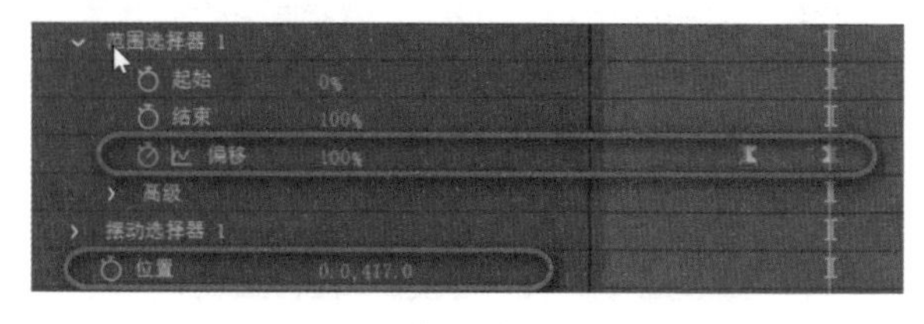


图 B01-50

17 单击添加按钮，添加【摆动选择器】，如图 B01-51 所示。

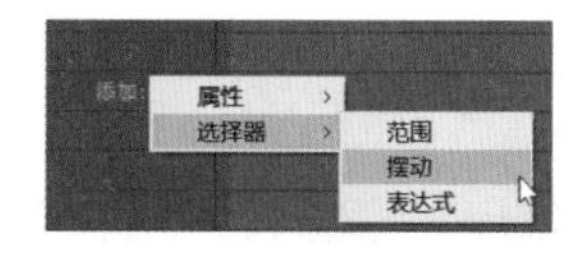


图 B01-51

18 选择图层 #1“标题”的【偏移】关键帧，按【F9】键变为缓动关键帧，在【图表编辑器】里调节缓动速度，如图 B01-52 所示；调整【不透明度】属性，分别在第 1 秒处和第 1 秒 20 帧处建立关键帧，其参数分别为 0% 和 100%。

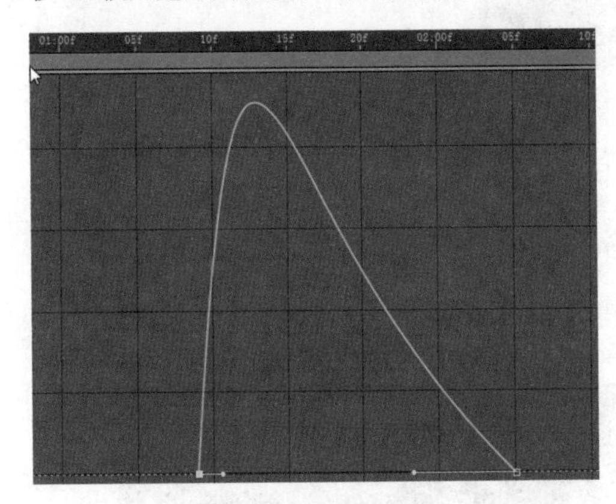


图 B01-52

19 单击图层 #2“标题框”，调节【缩放】属性，分别在第 1 秒 1 帧和第 1 秒 11 帧处创建缓动关键帧，其参数分别为 100.0,0.0 和 100.0,100.0，在【图表编辑器】里调节缓动速度，如图 B01-53 所示。

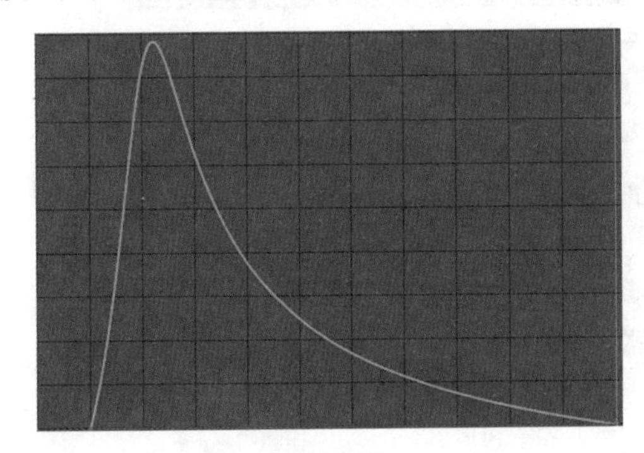

图 B01-53

20 将图层 #1“标题”和图层 #2“标题框”进行预合成，命名为“标题”，至此主体的动画基本制作完成。下面进行一些调整，使动画更加完整和丰富。

21 在“标志文字动画”合成中，将图层 #1“标题”作为图层 #2“环形文字动画”的子级，选择图层 #2“环形文字动画”，在第 2 秒 17 帧至第 3 秒 08 帧之间为【缩放】属性添加弹性关键帧动画，将所有关键帧设置为缓动，如图 B01-54 所示。下面调节一下图层的效果。

图 B01-54

22 对图层 #2“环形文字动画”添加【图层样式】-【投影】，具体参数如图 B01-55 所示。

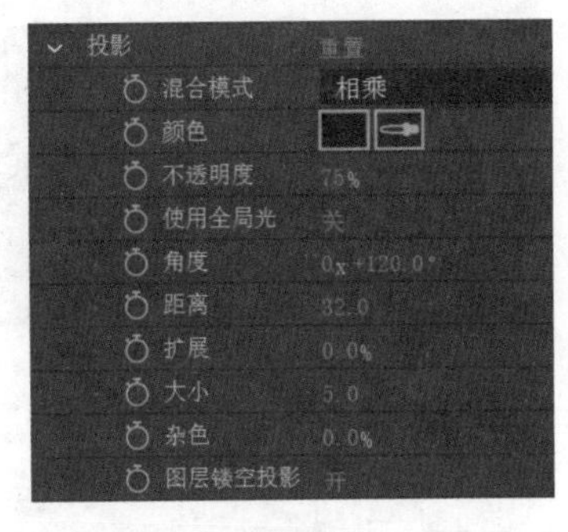


图 B01-55

23 对图层 #1“标题”添加【图层样式】-【投影】，颜色为 #2D5127，具体参数如图 B01-56 所示。

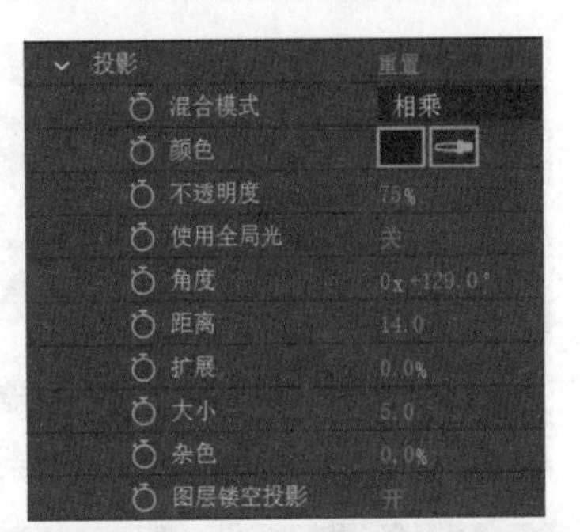


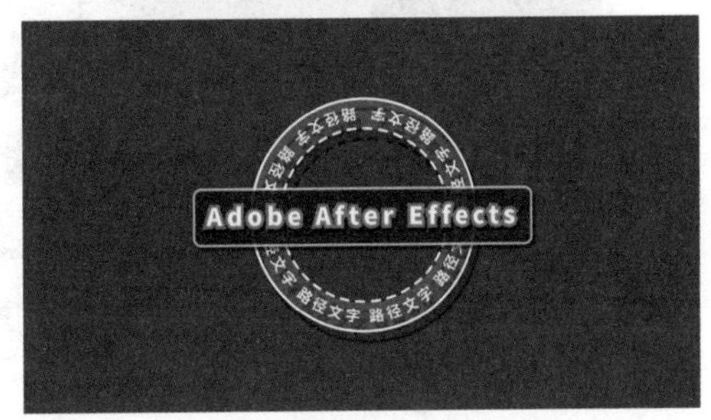


图 B01-56

24 可以在背景上面加一点元素，使画面更加丰富。新建文本图层“Afeter Effects”，具体参数如图 B01-57 所示。

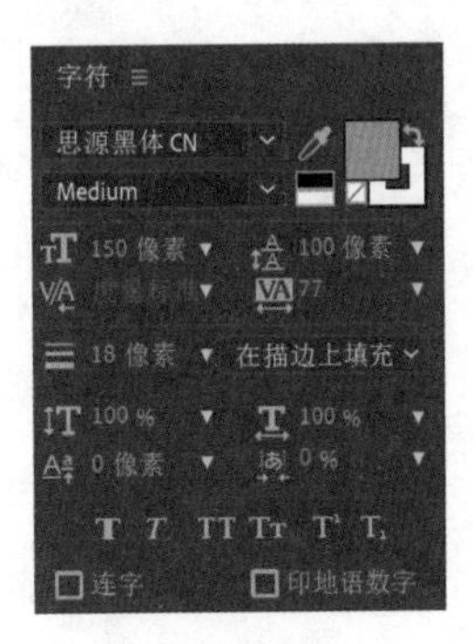


图 B01-57

25 在【时间轴】面板上单击图层 #1“Afeter Effects”，调整其属性，如图 B01-58 所示。至此，标志文字动画就制作完成了，播放预览效果。

图 B01-58

## B01.7 作业练习——文字拆散飞出效果

本作业完成效果参考如图 B01-59 所示。

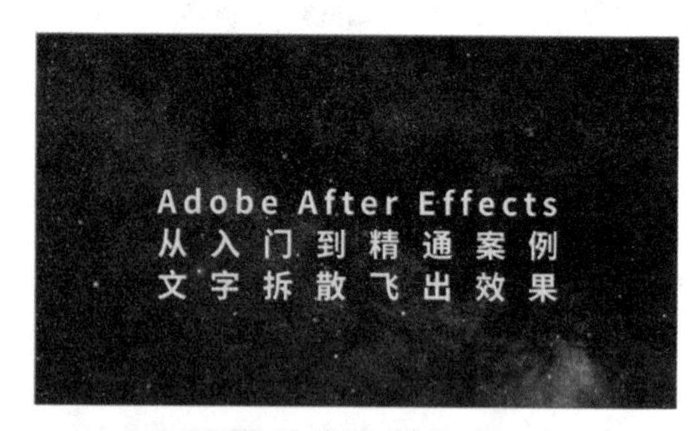

素材作者：Adrian Pelletier

图 B01-59

### 作业思路

新建项目合成，导入提供的素材，新建文本层，添加【蒸发】效果制作文本入场效果；使用文本动画制作器选择【启用逐字 3D 化】，使用【范围选择器】制作文本单字飞出效果；将文本层复制一层并进行预合成，进入预合成内部新建纯色层并添加【分形杂色】效果，纯色层作为文本层的遮罩层；为预合成添加【CC Light Burst】效果制作光线效果。

A 篇已经讲解了 After Effects 视频效果的基础知识，接下来就进入视频效果的进阶学习和案例练习。本课学习视频的添加类效果，也就是在原画面中直接添加的效果。

## B02.1 风格化

【风格化（Stylize）】效果用于在画面上添加一些风格化的效果。

新建项目，导入本课提供的素材“交通.mp4”，使用素材创建合成，如图 B02-1 所示。

素材作者：Francisco Fonseca

图 B02-1

- 阈值（Threshold）：去除颜色，将画面变为高对比度的黑白图，如图 B02-2 所示。

图 B02-2

- 画笔描边（Brush Strokes）：可将画面变成粗糙的油画外观，如图 B02-3 所示。

图 B02-3

B02课

特效特训

添加类效果

- 卡通（Cartoon）：可以简化画面的阴影和颜色，使其变得平滑，从而使画面卡通化，如图B02-4所示。

图 B02-4

- 散布（Scatter）：使画面的像素分散，从而模糊画面，犹如罩上一层毛玻璃，如图B02-5所示。

图 B02-5

- CC Block Load（CC块加载）：使画面块状化，并用该块所在位置的主色调填充块颜色，生成类似马赛克的效果。
- CC Burn Film（CC胶片烧灼）：使画面生成黑色孔洞，犹如胶片被灼烧的效果。
- CC Glass（CC玻璃）：通过分析画面，添加高光及阴影，并产生一些微小变形，模拟玻璃透视效果。
- CC HexTile（CC蜂巢）：可以生成犹如蜂巢的效果。
- CC Kaleida（CC万花筒）：可以生成万花筒效果。
- CC Mr.Smoothie（CC平滑）：使画面的像素融合。
- CC Plastic（CC塑料）：可以生成凹凸的塑料效果。
- CC RepeTile（CC边缘拼贴）：可以将画面的边缘进行水平和垂直的重复拼贴，生成类似于边框的效果。
- CC Threshold（CC阈值）：给画面一个阈值，高于阈值的部分为白色，低于阈值的部分为黑色。
- CC Threshold RGB（CC阈值RGB）：给画面一个阈值，高于阈值的部分亮，低于阈值的部分暗。
- CC Vignette（CC暗角）：给画面添加一个暗角效果。
- 彩色浮雕（Color Emboss）：锐化图像的边缘，生成浮雕的效果，如图B02-6所示。

图 B02-6

- 马赛克（Mosaic）：使画面原始图像像素化，模拟低画面分辨率的显示效果。
- 浮雕（Emboss）：和【彩色浮雕】一样，不过会抑制画面的颜色，如图B02-7所示。

图 B02-7

- 色调分离（Posterize）：减少画面颜色的数量，颜色之间的过渡由渐变转换为突变。
- 动态拼贴（Motion Tile）：可以使画面显示多个子画面并拼贴在一起。
- 发光（Glow）：使画面中较亮部分周围的像素变亮，如图B02-8所示。

图 B02-8

- 查找边缘（Find Edges）：确定画面中的过渡像素，并强化边缘，产生犹如彩笔素描画般的效果。
- 毛边（Roughen Edges）：使画面的边缘产生类似腐蚀的效果。
- 纹理化（Texturize）：使其他层在本层生成类似浮雕的纹理。
- 闪光灯（Strobe Light）：是一个随时间变化的效果，使画面随着时间变化产生闪烁，就像闪光灯一样。



## B02.2 实例练习——素描效果

本实例完成效果如图 B02-9 所示。

素材作者：lshchuk

图 B02-9

### 操作步骤

01 新建项目，导入本课提供的素材“老人.mp4”，并使用素材创建合成。

02 选择图层 #1“老人”，按顺序添加效果【查找边缘】【彩色浮雕】【散布】，参数如图 B02-10 所示。

|  |  |
|---|---|
| fx 查找边缘 | 重置 |
| | 反转 |
| 与原始图像混合 | 0% |
| fx 彩色浮雕 | 重置 |
| 方向 | 0x +45.0° |
| 起伏 | 1.60 |
| 对比度 | 100 |
| 与原始图像混合 | 0% |
| fx 散布 | 重置 |
| 散布数量 | 8.0 |
| 颗粒 | 两者 |
| 散布随机性 | 随机分布每个帧 |

图 B02-10

03 在【项目】面板将素材“老人.mp4”拖曳至【时间轴】面板最上层，重命名为“过渡”，为图层 #1“过渡”绘制蒙版，如图 B02-11 所示。

图 B02-11

04 更改【蒙版羽化】的属性值，并为【蒙版路径】创建关键帧动画，制作从实景过渡成素描画的效果，如图 B02-12 所示。素描效果制作完成，播放预览效果。

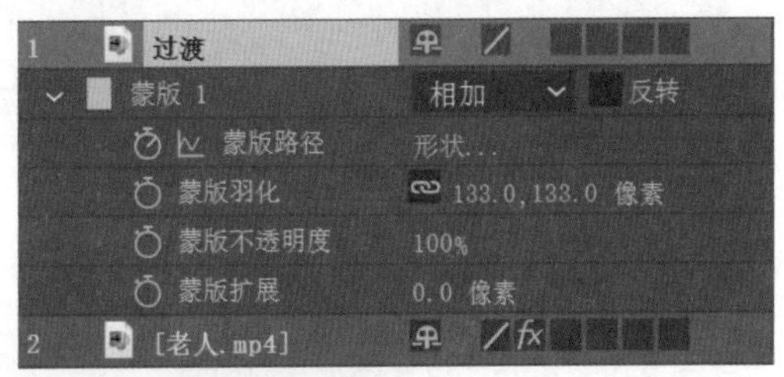

图 B02-12

## B02.3 实例练习——万花筒效果

本实例完成效果如图 B02-13 所示。

素材作者：Alona

B02-13

### 操作步骤

01 新建项目，导入本课提供的素材“芭蕾.mp4”并使用素材创建合成。

02 选择图层 #1“芭蕾”，执行【效果】-【风格化】-【CC Kaleida】命令，在【效果控件】面板将【Size】的属性值改为 100.0，并为【Rotation】属性创建关键帧动画，使两边的四个人物上下往复运动，使画面不单调，如图 B02-14 所示。

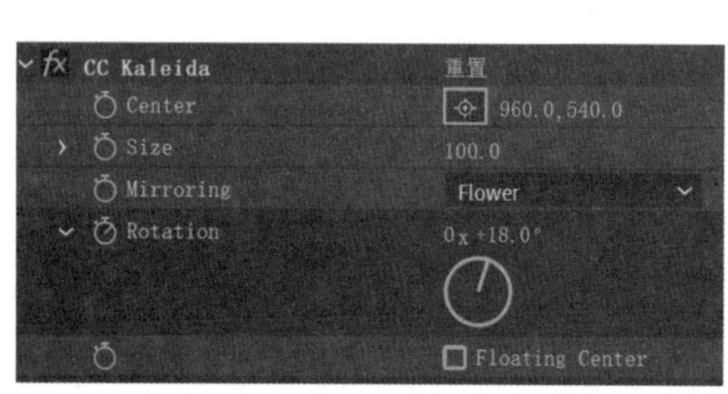

B02-14

03 选择图层 #1“芭蕾”进行预合成，命名为“万花筒”，在【项目】面板将素材“芭蕾.mp4”拖曳至【时间轴】面板最底层，选择图层 #1“万花筒”绘制圆形蒙版，调节蒙版羽化值，只保留两边的四个人物，露出底层人物，如图 B02-15 所示。“万花筒效果”制作完成，播放预览效果。

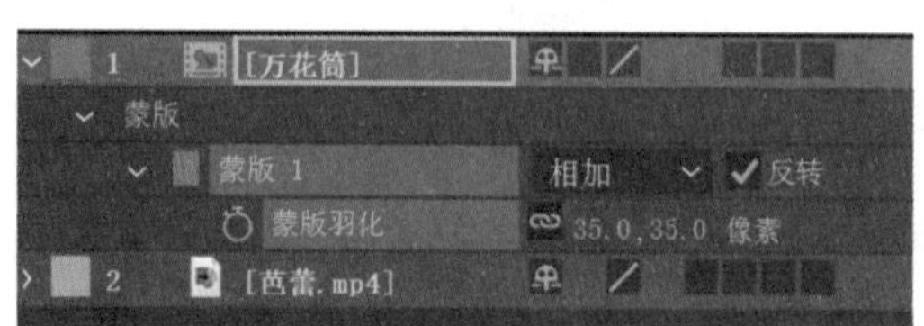

图 B02-15

## B02.4 作业练习——灯光变色效果

本作业原素材及完成效果参考如图 B02-16 所示。

原素材

完成效果参考

素材作者：Edgar Fernández

图 B02-16

### 作业思路

新建项目，导入提供的素材创建合成，添加【发光】效果使画面环境光的颜色改变；添加【CC Vignette】效果添加暗角；为【发光】的【发光强度】属性、【CC Vignette】的【Angle of View】属性以及图层的【不透明度】属性创建关键帧动画，制作出画面闪烁时灯光改变的效果。

## B02.5 模糊和锐化

【模糊和锐化（Blur & Sharpen）】效果用于使画面模糊或者锐化，模糊效果的使用频率很高，将底层画面模糊可以提升空间感，使画面更有质感。

新建项目，导入本课提供的素材“骑车. mp4”，使用素材创建合成，如图 B02-17 所示。

素材作者：Edgar Fernández

图 B02-17

- 复合模糊（Compound Blur）：用另一个图层的明亮度使效果图层中的像素变模糊。明亮度越高越模糊，明亮度越低模糊程度越小。
- 通道模糊（Channel Blur）：可分别使图层的红色、绿色、蓝色或 Alpha 通道变模糊，如图 B02-18 所示。

图 B02-18

- CC Cross Blur（CC 交叉模糊）：可对画面进行水平和垂直模糊处理。
- CC Radial Blur（CC 径向模糊）：可以围绕一个点对图层进行缩放或旋转模糊处理。
- CC Radial Fast Blur（CC 径向快速模糊）：使画面生成放射状模糊，处理速度快，如图 B02-19 所示。

图 B02-19

- CC Vector Blur（CC 矢量模糊）：通道矢量模糊。根据图层的纹理进行模糊，可以添加矢量贴图或者选择不同的通道改变模糊效果。
- 摄像机镜头模糊（Camera Lens Blur）：通过一个图层的亮度和 RGB、Alpha 通道使画面达到如摄像机镜头般的模糊效果。
- 摄像机抖动去模糊（Camera-shake Deblur）：可以使因摄像机抖动而模糊的素材清晰化。
- 智能模糊（Smart Blur）：使画面变模糊的同时保留画面的边缘，如图 B02-20 所示。
- 双向模糊（Bilateral Blur）：使画面变模糊的同时保留画面的边缘。和智能模糊不同的是，【双向模糊】也会使边缘略微模糊，效果更柔和。

图 B02-20

- 定向模糊（Directional Blur）：可以使画面沿各个方向模糊，让画面看起来更有动感。
- 径向模糊（Radial Blur）：围绕一个点进行模糊，模拟摄像机的推拉和旋转效果，如图 B02-21 所示。

图 B02-21

- 高斯模糊（Gaussian Blur）：可以使图像变模糊，柔化图像并去除杂点，如图 B02-22 所示。

图 B02-22

- 快速方框模糊（Fast Box Blur）：之前版本【快速模糊】的升级版，和【高斯模糊】很相似，但是速度更快。
- 钝化蒙版（Unsharp Mask）：提高画面上相邻像素之间的对比度，使画面锐度增大，如图 B02-23 所示。

图 B02-23

- 锐化（Sharpen）：提高画面上相邻像素之间的对比度。和【钝化蒙版】不同的是，【锐化】只是对颜色的边缘进行突出，而【钝化蒙版】是在画面的整体上增加对比度。

## B02.6 扭曲

【扭曲（Distort）】效果主要用于使画面扭曲变形，调整对象的形状。

新建项目合成，导入本课提供的素材“游泳. mp4”，如图 B02-24 所示。

素材作者：Marco López

图 B02-24

- 球面化（Spherize）：使画面产生包裹到球面上的变形效果，如图 B02-25 所示。

图 B02-25

- 旋涡条纹（Smear）：在画面内创建蒙版定义区域，并在区域内对画面进行旋涡扭曲，如图 B02-26 所示。

图 B02-26

- 改变形状（Reshape）：要在画面内创建源蒙版、目标蒙版和边界蒙版，通过调整源蒙版可以调整源蒙版内的形状，边界蒙版外的部分形状不变。
- 镜像（Mirror）：沿对折线拆分画面，可以将一侧画面对折到另一侧，如图 B02-27 所示。

图 B02-27

- CC Bend It（CC 区域弯曲）：确定画面的一个区域，并且可以对这个区域进行弯曲。
- CC Bender（CC 弯曲）：对整个图层进行弯曲。
- CC Blobbylize（CC 融化）：用来制作图层溶解的效果。
- CC Flo Motion（CC 液化流动）：画面上设置两点，使两点处像流体一样凹进去或凸出来。
- CC Griddler（CC 网格变形）：可以将画面分割成若干个网格并进行变形。
- CC Lens（CC 镜头）：可以使图层变形成为镜头的形状。
- CC Page Turn（CC 翻页）：可以使画面有类似书本翻页的效果，如图 B02-28 所示。
- CC Power Pin（CC 四角收缩）：为图层添加四个点对其进行缩放和定位。
- CC Ripple Pulse（CC 波纹扩散）：使画面有波纹扩散的效果，这个效果必须设置关键帧才有作用。

图 B02-28

- CC Slant（CC 倾斜）：使画面有平行倾斜的效果。
- CC Smear（CC 涂抹）：通过画面上的两个控制点生成类似涂抹的效果。
- CC Split（CC 分裂）：在画面上两个控制点间产生撕裂的效果。
- CC Split2（CC 分裂 2）：在画面上两个控制点间产生不对称的撕裂效果。
- CC Tiler（CC 拼贴）：可以产生画面重复的平铺效果，如图 B02-29 所示。

图 B02-29

- 光学补偿（Optics Compensation）：可以添加或者删除摄像机镜头的扭曲效果。
- 湍流置换（Turbulent Displace）：使画面产生如湍流般的扭曲效果。
- 置换图（Displacement Map）：用另一图层作为“置换图层”，用其颜色值置换源图层的像素，产生扭曲。
- 偏移（Offset）：可以将图层进行上下偏移操作，图层内容首尾相接填补空白位置。
- 保留细节放大（Detail-preserving Upscale）：放大图层的同时保留边缘的锐度。
- 变换（Transform）：和图层的【变换】属性基本一样，用于给图层补充可用的变换属性。
- 变形（Warp）：可以使画面弯曲、扭曲或变形，有不同变形样式可供选择。
- 变形稳定器（Warp Stabilizer）：用于使不稳定的素材稳定。
- 旋转扭曲（Twirl）：通过中心点对画面进行旋转扭曲。

- 果冻效应修复（Rolling Shutter Repair）：用于修复移动摄像机拍摄的素材造成的扭曲。
- 波形变形（Wave Warp）：使画面波形扭曲并且产生波形移动的效果。
- 波纹（Ripple）：在画面中模拟水波扩散的效果。
- 边角定位（Corner Pin）：重新定位图层的四个边角，调节每一个边角来扭曲图像。

新建项目合成，导入本课提供的素材“接果子.png”，如图 B02-30 所示。

图 B02-30

- 贝塞尔曲线变形（Bezier Warp）：沿图层的边界生成一个封闭的贝塞尔曲线，通过调节曲线使图层变形，如图 B02-31 所示。

图 B02-31

- 放大（Magnify）：像放大镜一样放大画面的全部或部分区域，如图 B02-32 所示。

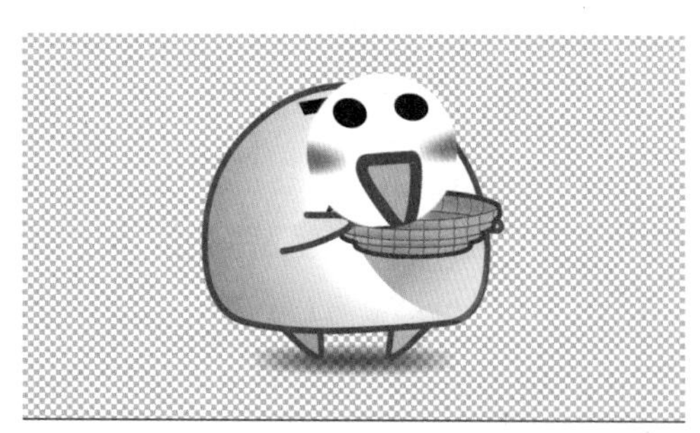

图 B02-32

- 网格变形（Mesh Warp）：在图层上生成网格罩住画面，通过调整网格的每个顶点来扭曲画面，如图 B02-33 所示。

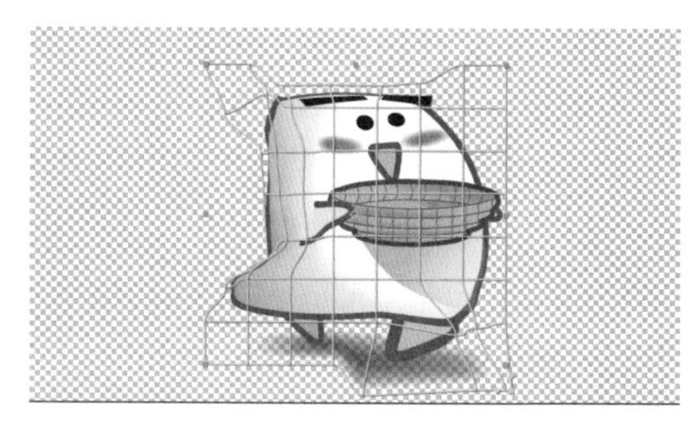

图 B02-33

- 凸出（Bulge）：模拟透过气泡后画面的放大效果，如图 B02-34 所示。

图 B02-34

- 液化（Liquify）：和 Photshop 的【液化】工具效果类似，如图 B02-35 所示。

图 B02-35

- 极坐标（Polar Coordinates）：将画面的直角坐标转换为极坐标，会产生很夸张的扭曲效果，如图 B02-36 所示。

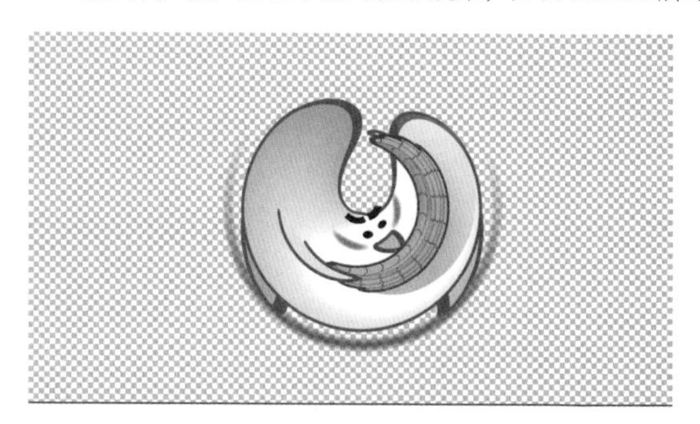

图 B02-36

# B02.7　实例练习——空间扭曲效果

本实例完成效果如图 B02-37 所示。

素材作者：Dan Dubassy

图 B02-37

## 操作步骤

01 新建项目，新建合成，命名为“空间扭曲效果”，宽度为 1920 px，高度为 1080 px，帧速率为 30 帧 / 秒。

02 在【项目】面板中导入视频素材“海滩.mp4”，将其拖曳到【时间轴】面板。

03 新建【调整图层】，将其重命名为“空间扭曲”，选中图层 #1“空间扭曲”执行【效果】-【扭曲】-【CC Bender】命令，在【效果控件】面板中确立扭曲的 Top 和 Base 位置，调节【Amount】参数，制作海水从高处流下的效果，如图 B02-38 所示。

04 选中图层 #1“空间扭曲”执行【效果】-【扭曲】-【CC Power Pin】命令，在【效果控件】面板中调节四点缩放和位置至画面满屏，效果如图 B02-39 所示。

图 B02-38

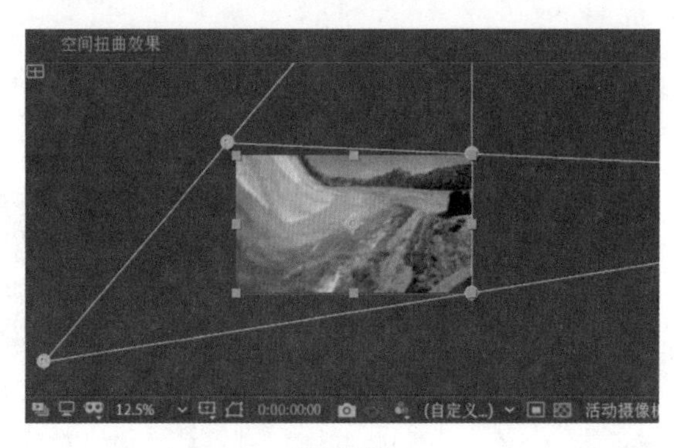


图 B02-39

05 至此，空间扭曲效果就制作完成了，播放预览效果。

# B02.8　综合案例——空间撕裂效果

本综合案例完成效果如图 B02-40 所示。

星空素材作者：Dan Dubassy，太空素材作者：Adrian Pelletier

图 B02-40

## 操作步骤

01 新建项目，导入本课提供的素材“星空.mp4”并用素材创建合成，选择图层 #1“星空”执行【效果】-【扭曲】-

【凸出】命令，制作“星空”凸起效果，将指针移动到1秒处，为【凸出高度】创建关键帧，将指针移动到2秒处，【凸出高度】属性值改为2.5，自动创建第2个关键帧，其余属性值如图B02-41所示。

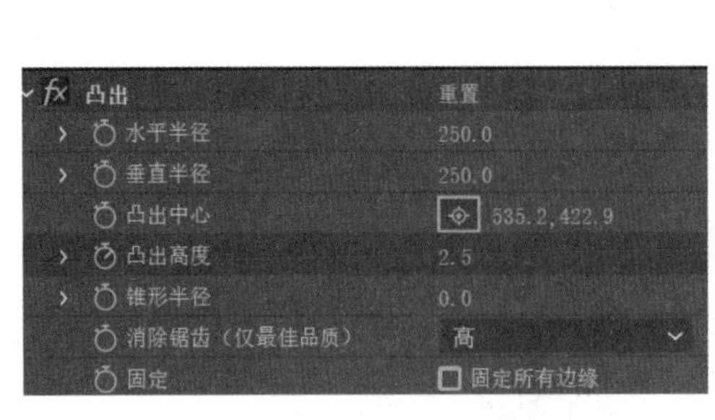

图 B02-41

02 选择图层#1“星空”执行【效果】-【扭曲】-【旋转扭曲】命令，将指针移动到2秒处，为【角度】创建关键帧，将指针移动到4秒处，【角度】属性值改为0x-100.0°，自动创建第2个关键帧，其余属性值如图B02-42所示。

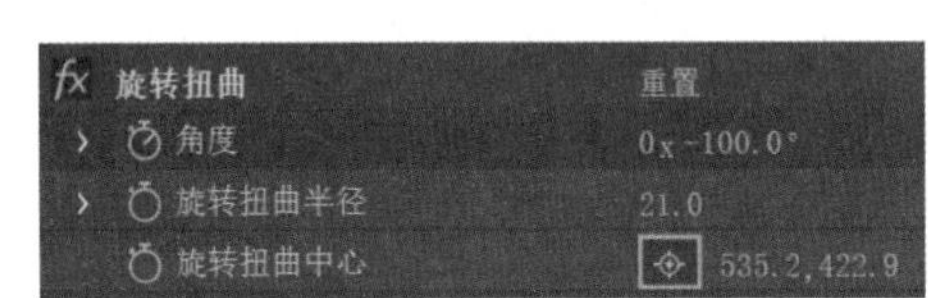

图 B02-42

03 选择图层#1“星空”执行【效果】-【扭曲】-【CC Split】命令，将指针移动到4秒处，为【Split】创建关键帧，将指针移动到6秒处，【Split】属性值改为35.0，自动创建第2个关键帧，其余属性值如图B02-43所示。

图 B02-43

04 导入本课提供的素材“太空.mp4”，拖曳至【时间轴】面板底层，选择图层#2“太空”执行【效果】-【风格化】-【发光】命令，属性值如图B02-44所示。

图 B02-44

05 选择图层#2“太空”，为【旋转】属性创建表达式time*10，使其循环转动，将【缩放】属性值改为65.0,65.0%，并移动到裂缝处，至此空间撕裂效果完成，播放预览效果。

## B02.9 作业练习——蜂巢效果

本作业原素材及完成效果参考如图 B02-45 所示。

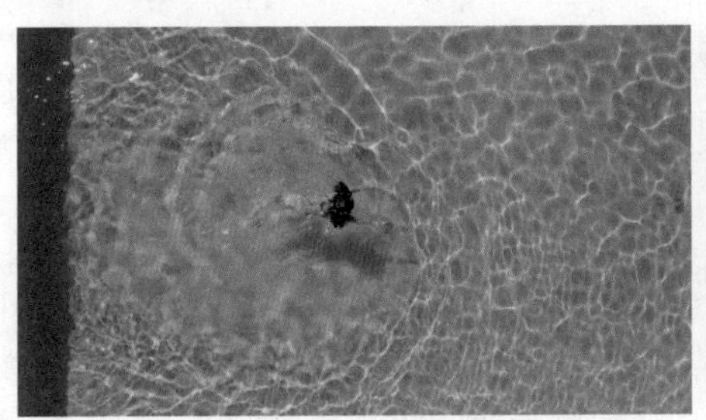
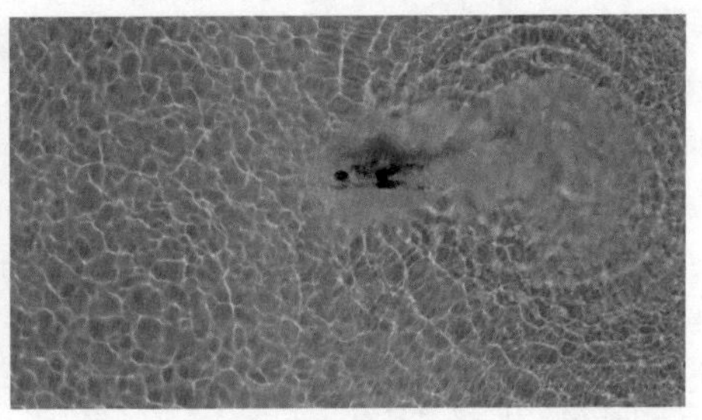

原素材

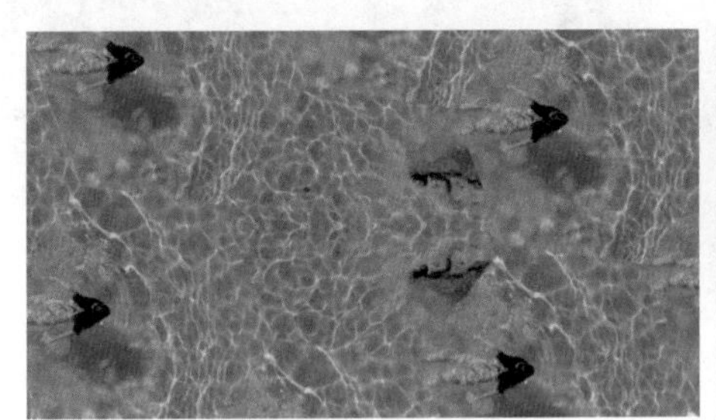
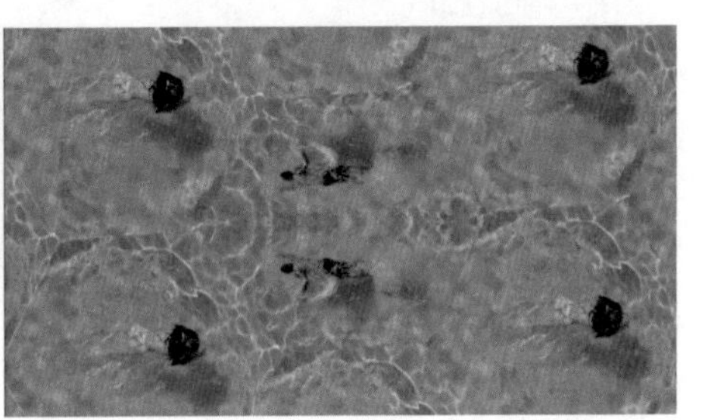

完成效果参考

素材作者：Marco López

图 B02-45

### 作业思路

新建项目，导入本课提供的素材并使用素材创建合成，为图层“泳池”添加【CC HexTile】效果，并为【Rotate】创建关键帧动画使画面转动；对“泳池”进行预合成，沿中间六边形绘制蒙版，露出下层内容，为【蒙版路径】创建关键帧动画，使蒙版随着周围六边形一起转动；为图层“度假”添加【镜像】效果，并将人物移动到中心位置。

## B02.10 杂色和颗粒

【杂色和颗粒（Noise & Grain）】效果用于为画面添加杂色和颗粒效果。

新建项目，导入本课提供的素材“沙漠.mp4”，使用素材创建合成，如图 B02-46 所示。

素材作者：Dan Dubassy

图 B02-46

- 分形杂色（Fractal Noise）：常用来模拟纹理图案，也经常用来模拟云、岩浆、流水等事物，初始状态为杂乱的黑白图，如图 B02-47 所示。

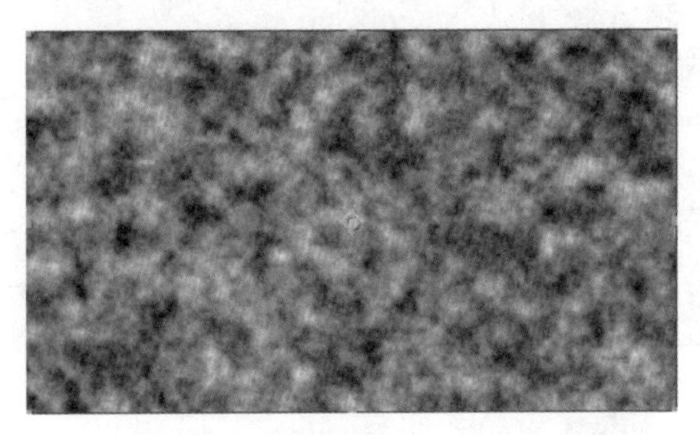

图 B02-47

- 中间值（Median）：将画面的像素替换为像素的平均

值，当【半径】值较小时可以去除画面中的杂色，当【半径】值较大时会产生油画般的效果，如图 B02-48 所示。

图 B02-48

- 匹配颗粒（Match Grain）：用来添加杂色颗粒，识别另外一个图层上的杂色颗粒并添加到本图层上。
- 杂色（Noise）：随意更改画面的像素值，在画面中添加细小杂点，如图 B02-49 所示。

图 B02-49

- 杂色 Alpha（Noise Alpha）：将杂色颗粒添加到 Alpha 通道。
- 杂色 HLS（Noise HLS）：为图层的亮度、色相和饱和度添加杂色颗粒，如图 B02-50 所示。

图 B02-50

- 杂色 HLS 自动（Noise HLS Auto）：将杂色颗粒添加到图层的亮度、色相和饱和度上，不同于【杂色 HLS】的是，【杂色 HLS 自动】会自动为杂色颗粒添加动画。
- 湍流杂色（Turbulent Noise）：可以实现和【分形杂色】基本相同的效果，且渲染的时间更短，更易创建平滑动画，但是不适合创建循环动画。
- 添加颗粒（Add Grain）：在画面中添加杂色颗粒，并且可以为杂色颗粒设置动画，如图 B02-51 所示。

图 B02-51

- 移除颗粒（Remove Grain）：移除画面中的颗粒或杂色，使画面恢复成没有颗粒的样子，如图 B02-52 所示。

图 B02-52

- 蒙尘与划痕（Dust & Scratches）：通过模糊来修补画面中的杂色和划痕，如图 B02-53 所示。

图 B02-53

# B02.11　综合案例——海底世界效果

本综合案例完成效果如图 B02-54 所示。

素材作者：Nicole_80

图 B02-54

## 操作步骤

01 新建项目，新建合成，命名为“海底”，宽度为 1920 px，高度为 1080 px，帧速率为 30 帧 / 秒，导入本课提供的素材“海底.jpg”，拖曳至【时间轴】面板，设置合适的【位置】属性参数，如图 B02-55 所示。

图 B02-55

02 新建合成，命名为“映射”，宽度为 1920 px，高度为 1920 px，帧速率为 30 帧 / 秒，新建纯色层，选择纯色层执行【效果】-【杂色和颗粒】-【分形杂色】命令，如图 B02-56 所示。

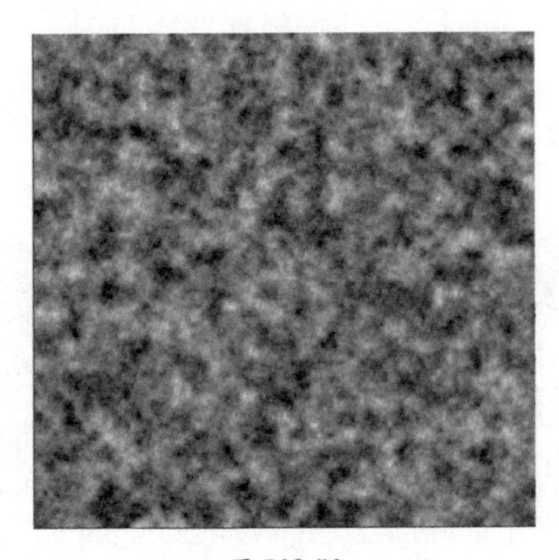

图 B02-56

03 将【分形类型】设置为【动态渐进】，更改属性值，如图 B02-57 所示。

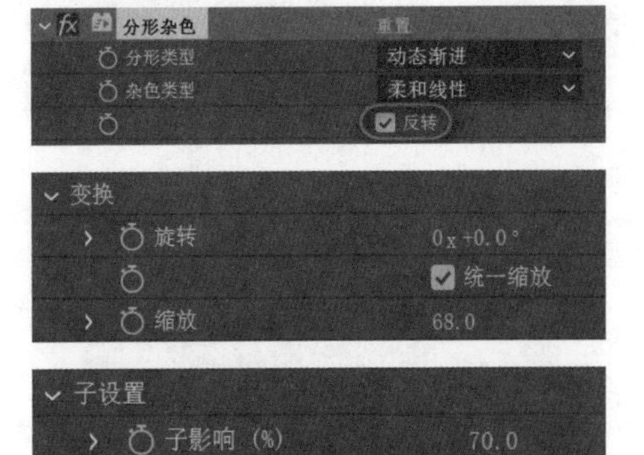


图 B02-57

04 为【演化】属性创建表达式 time*200，模拟水面涌动的效果，如图 B02-58 所示。

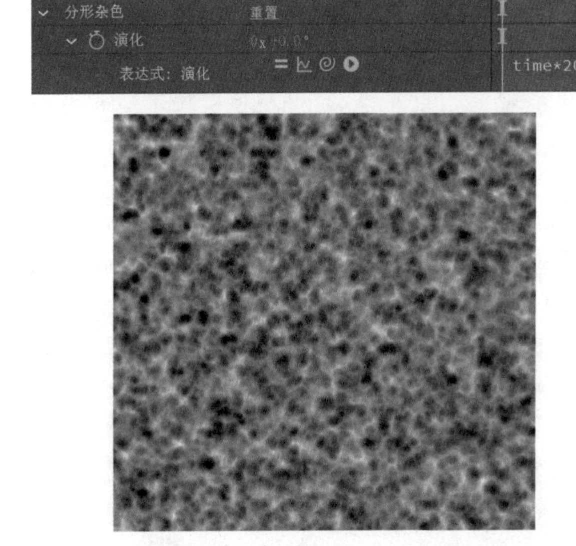


图 B02-58

05 将合成“映射”拖曳至合成“海底”中，置于第一层，开启图层 #1“映射”的【3D 图层】，调节其【X 轴旋转】【缩放】和【位置】属性，使其覆盖住水面，如图 B02-59 所示。

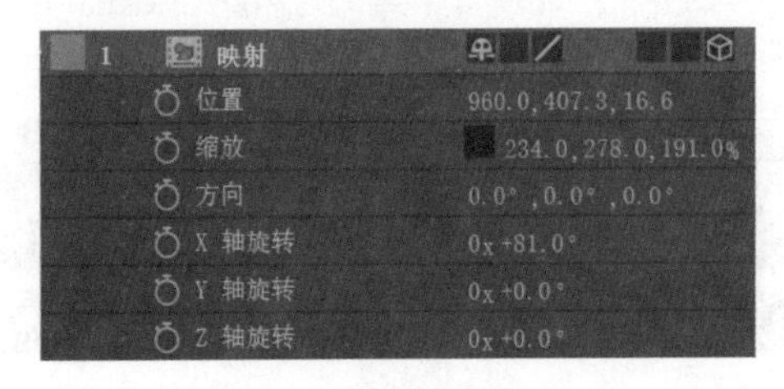


图 B02-59

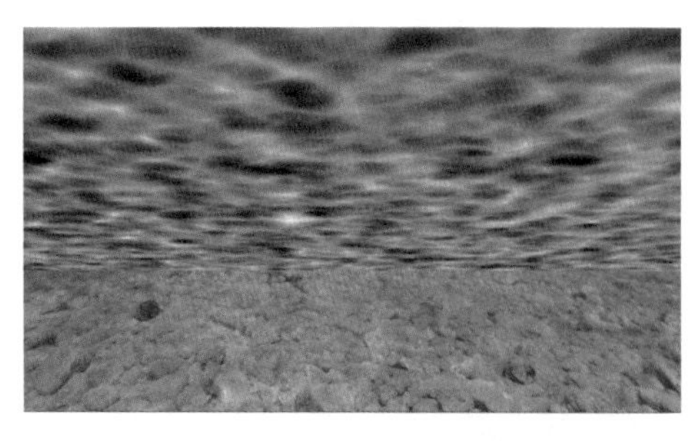

图 B02-59（续）

06 选择图层 #1“映射”绘制蒙版，使其边缘柔和一些，如图 B02-60 所示。

| 1 | 映射 | | |
|---|---|---|---|
| | 蒙版 1 | 相加 | 反转 |
| | 蒙版路径 | 形状... | |
| | 蒙版羽化 | 345.0,345.0 像素 | |
| | 蒙版不透明度 | 100% | |
| | 蒙版扩展 | -215.0 像素 | |

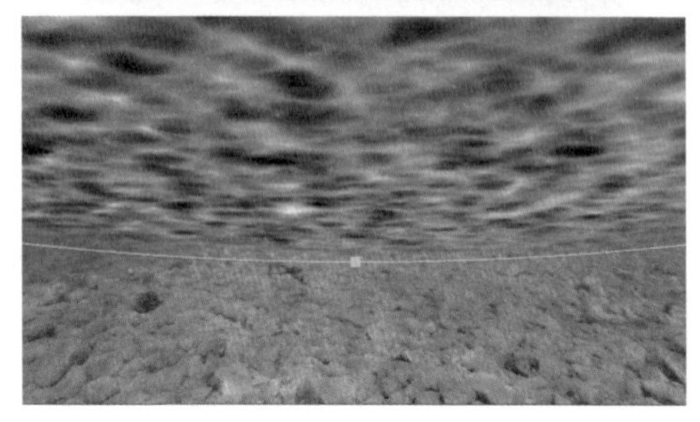

图 B02-60

07 选择图层 #1“映射”进行预合成，选择图层 #2“海底”执行【效果】-【扭曲】-【置换图】命令，【置换图层】选择【1. 映射合成 1】，其余属性值如图 B02-61 所示，播放预览，水面有涌动效果。

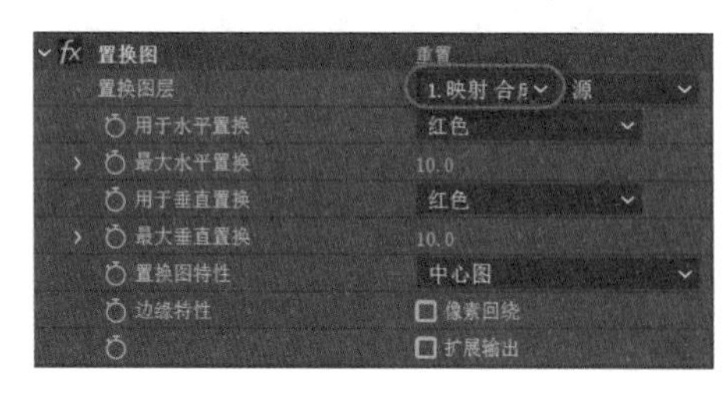


图 B02-61

08 进入合成“映射合成 1”，选择图层 #1“映射”复制并粘贴到合成“海底”中，放于最上层，选择图层#1“映射”执行【效果】-【模糊和锐化】-【CC Radial Blur】命令，模拟水中光线效果，各属性如图 B02-62 所示。

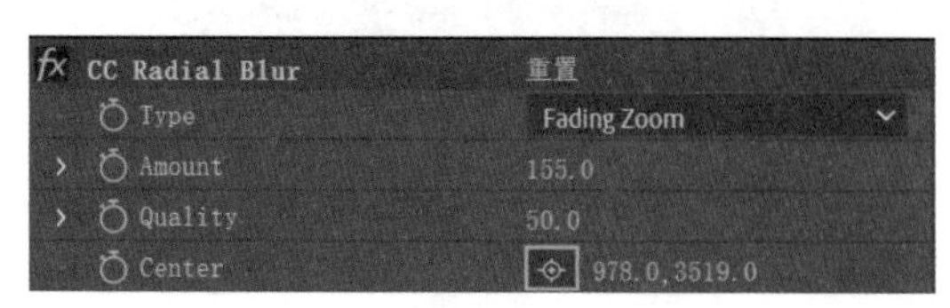


图 B02-62

图 B02-62（续）

09 可以看出此时光线是从水中向上发散，而正确的应为从水面向水中发散。选择图层 #1“映射”进行预合成，命名为“光线”，执行【图层】-【变换】-【垂直翻转】命令，设置合适的【位置】属性参数，并绘制蒙版使光线两端柔和一些，如图 B02-63 所示。

图 B02-63

10 将图层 #1“光线”的混合模式改为【颜色减淡】，使光线更加明显，如图 B02-64 所示。

图 B02-64

11 再次向合成“海底”粘贴一层“映射”，重命名为“光斑”，置于图层 #2“映射合成 1”的下面，调节其【位置】【缩放】和【X 轴旋转】属性，如图 B02-65 所示。

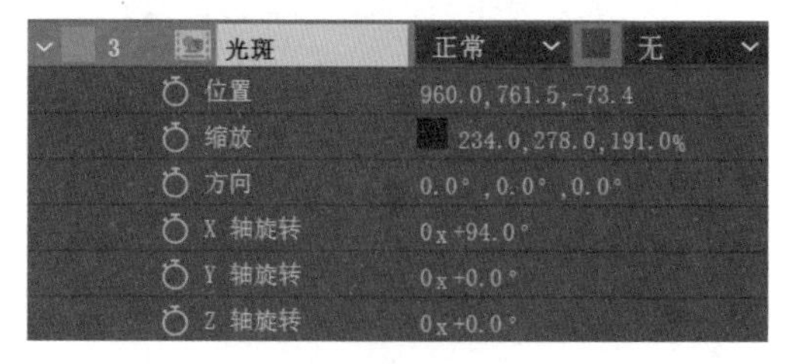


图 B02-65

图 B02-65（续）

12 将图层 #3“光斑”的混合模式改为【叠加】，水底光斑效果制作完成，如图 B02-66 所示，播放预览效果。

图 B02-66

13 新建文本层“海底世界”，置于图层 #3“光斑”的下面，选择图层 #4“海底世界”执行【效果】-【扭曲】-【置换图】命令，【置换图层】选择【3. 光斑】，如图 B02-67 所示。

图 B02-67

14 选择图层 #4“海底世界”执行【效果】-【风格化】-【发光】命令，如图 B02-68 所示。

图 B02-68

15 选择图层 #5“海底”复制一层（Ctrl+D），将文本层移动到两个“海底”层之间，并将图层 #4“海底”的【不透明度】属性值改为 70%，制作文字在水内部的效果，如图 B02-69 所示。

图 B02-69

16 为图层 #5“海底世界”添加【缩放】和【旋转】动画制作器，制作文本从左至右依次放大旋转出现的动画，如图 B02-70 所示。至此，海底世界效果制作完成，播放预览动画。

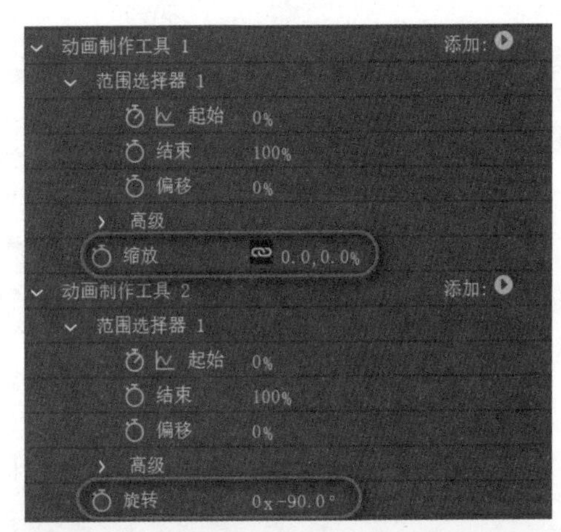

图 B02-70

# B02.12 透视

【透视（Perspective）】效果可以使画面有透视效果，看着有立体的感觉。

新建项目，新建合成，新建文字图层“透视效果”，背景为品蓝色，如图B02-71所示。

图 B02-71

- 3D 眼镜（3D Glasses）：合并左右 3D 视图来创建单个 3D 图像，此效果需要配合 3D 眼镜来观察，如图 B02-72 所示。

图 B02-72

- CC Cylinder（CC 圆柱体）：使画面像圆柱一样卷起来，如图 B02-73 所示。

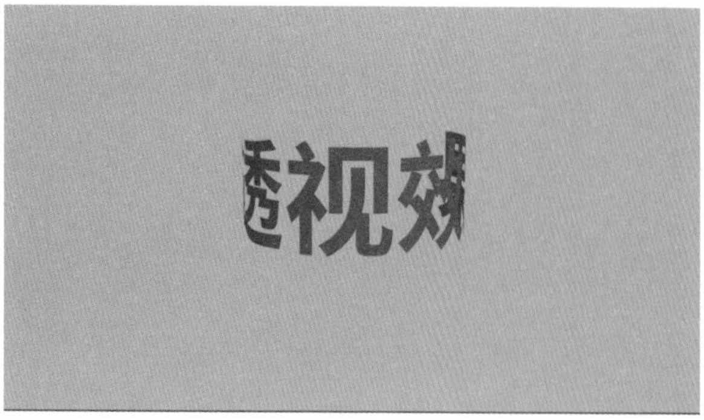

图 B02-73

- CC Environment（CC 环境）：将环境映射到视图上。
- CC Sphere（CC 球体）：使平面的画面内容球体化，如图 B02-74 所示。

图 B02-74

- CC Spotlight（CC 聚光灯）：模拟聚光灯的效果。
- 径向阴影（Radial Shadow）：模拟点光源照射到画面上的投影，如图 B02-75 所示。

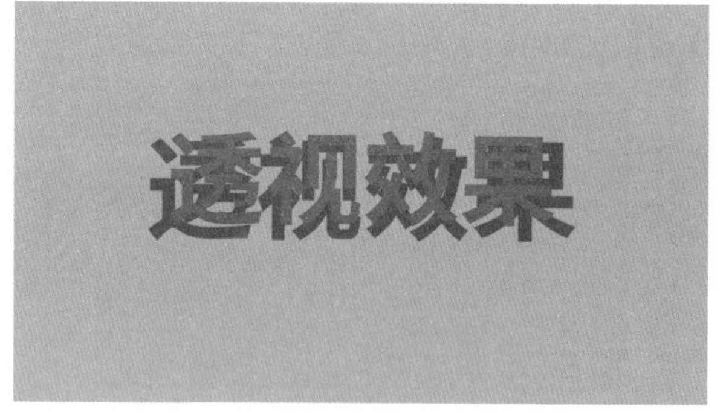


图 B02-75

- 投影（Drop Shadow）：在图层后面添加阴影，阴影的形状由 Alpha 通道决定，如图 B02-76 所示。

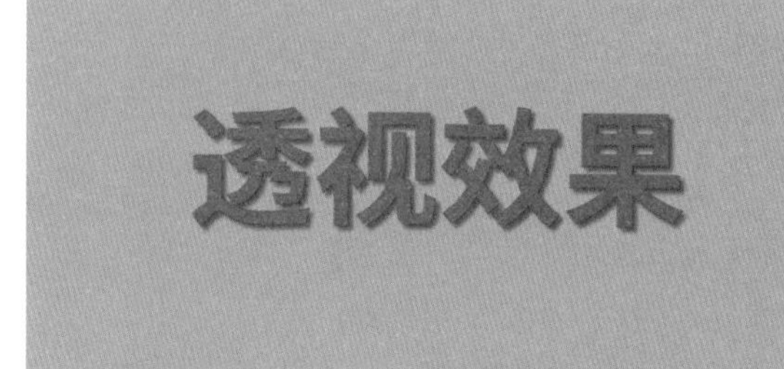


图 B02-76

- 斜面 Alpha（Bevel Alpha）：可为画面的 Alpha 边缘添

加凿刻、明亮的外观，使二维元素看着有三维的效果，如图 B02-77 所示。

图 B02-77

- 3D 摄像机跟踪器（3D Camera Tracker）：对视频素材进行分析，提取摄像机运动和 3D 场景数据。
- 边缘斜面（Bevel Edges）：使图层边缘产生斜面效果。

读书笔记

# B03课

特效特训

模拟生成类效果



本课主要讲解模拟生成类效果，模拟效果主要用于模拟逼真的效果，生成效果可以生成原画面中没有的效果。

## B03.1 模拟

在图层上添加【模拟（Simulation）】效果，有的效果和原图层有关，图层不同效果不同；有的和原图层无关，图层只相当于一个载体，替换图层效果也都一样。

新建项目，导入本课提供的素材“牛奶咖啡.mp4”，使用素材创建合成，如图B03-1所示。

素材作者：Francisco Fonseca

图 B03-1

- 卡片动画（Card Dance）：将图层分解为许多卡片，创建卡片运动的效果，如图B03-2所示。

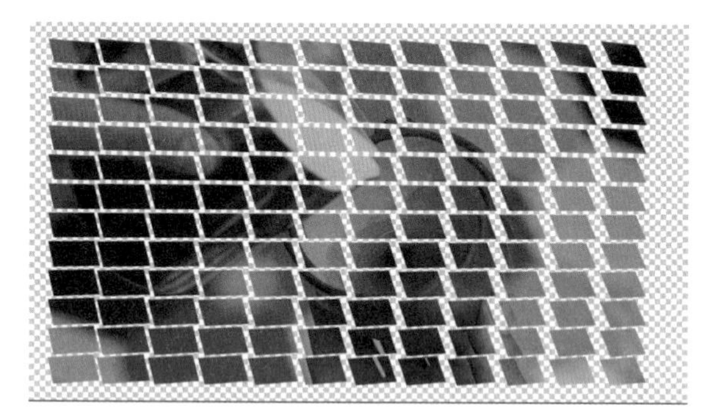

图 B03-2

- 焦散（Caustics）：模拟水中折射和反射的效果，需要另外一个图层作为水面层。
- CC Ball Action（CC 球形粒子）：使画面粒子化，常用来制作画面粒子消散合成动画，如图B03-3所示。

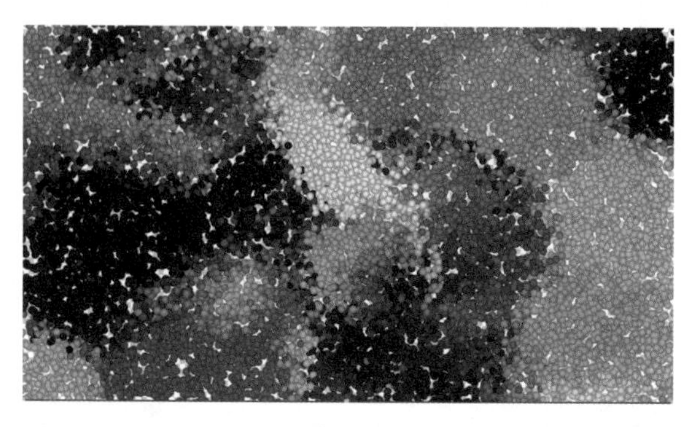

图 B03-3

- CC Bubbles（CC 气泡）：模拟气泡效果，气泡的颜色和源图层有关，如图 B03-4 所示。

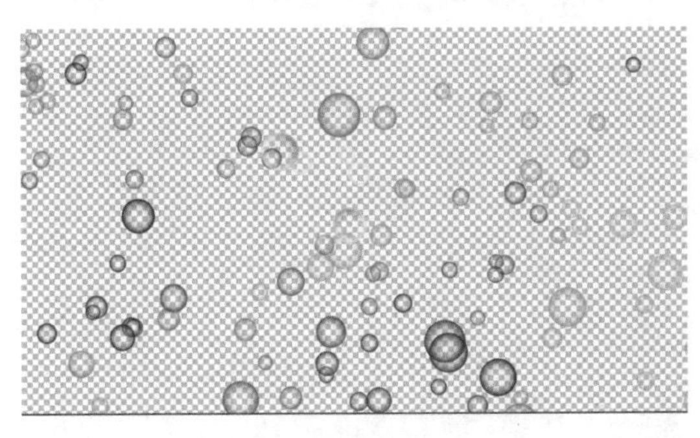

图 B03-4

- CC Drizzle（CC 细雨）：模拟雨滴落入水中的波纹效果。
- CC Hair（CC 毛发）：将画面轮廓用毛发显示出来。
- CC Mr.Mercury（CC 水银流动）：模拟水银滴落流动的效果。
- CC Particle Systems II（CC 粒子仿真系统 II）：粒子仿真系统，可以制作一些简单的粒子特效，此效果与源图层内容没有关系，如图 B03-5 所示。

图 B03-5

- CC Particle Wold（CC 粒子世界）：可以模拟烟花、火焰等非常多的效果，此效果与源图层内容没有关系，如图 B03-6 所示。

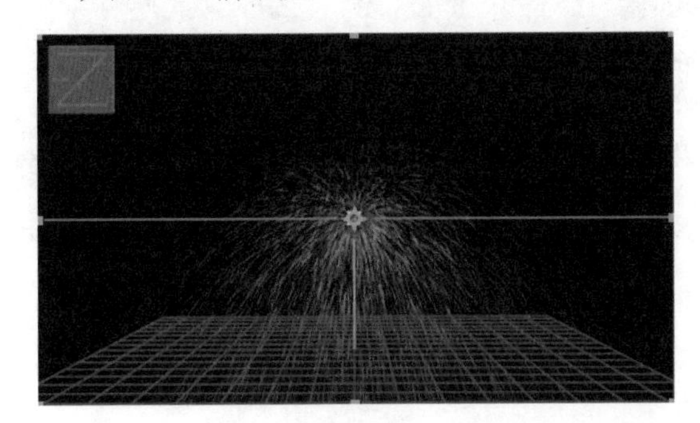

图 B03-6

- CC Pixel Polly（CC 破碎）：使画面呈三角形或方形破碎。
- CC Rainfall（CC 下雨）：模拟下雨的效果。
- CC Scatterize（CC 发散粒子）：使画面粒子化发散，常用来模拟吹散效果。
- CC Snowfall（CC 下雪）：模拟下雪的效果。
- CC Star Burst（CC 星爆）：模拟星空中星球飞行效果。
- 泡沫（Foam）：使图层变为气泡，与源图层内容没有关系，如图 B03-7 所示。

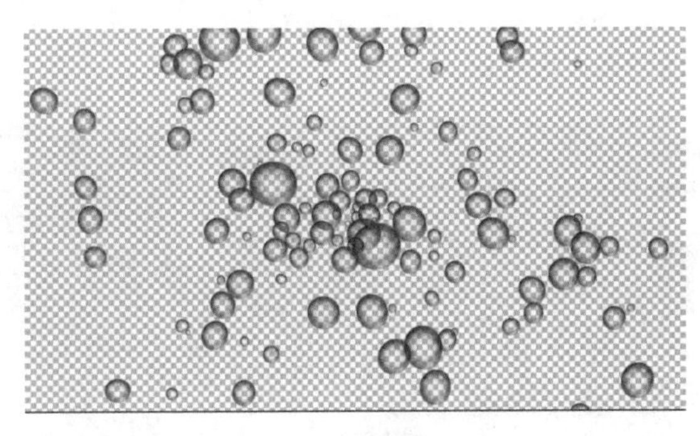

图 B03-7

还可以将气泡替换为任何图片或视频，比如替换为“豆包”，如图 B03-8 所示。

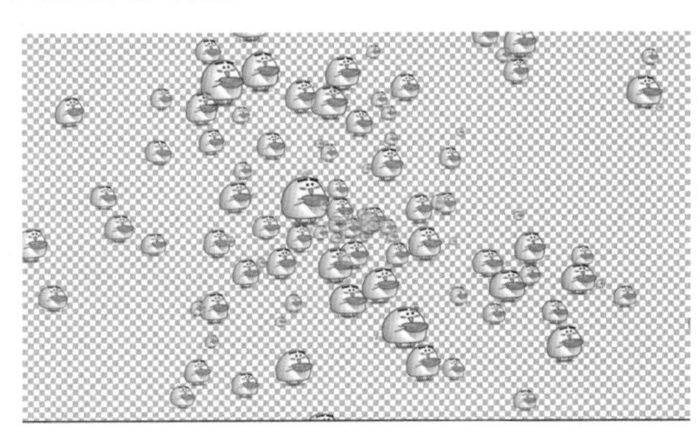

图 B03-8

- 波形环境（Wave World）：用来创建波纹效果的灰度置换图，用来与其他效果相配合，比如与【焦散】效果配合制作水波纹效果。
- 碎片（Shatter）：模拟破碎效果，使画面破碎，如图 B03-9 所示。

图 B03-9

- 粒子运动场（Particle Playground）：可以制作大量相似对象独立运动的动画，和源图层的内容没有关系。

## B03.2 生成

图层上应用【生成（Generate）】效果，大多效果源图层会消失而生成新的效果，有的在源图层形状基础上生成新的效果。

新建项目，导入本课提供的素材“小狗.mp4”，使用素材创建合成，如图 B03-10 所示。

素材作者：Francisco Fonseca

图 B03-10

- 圆形（Circle）：生成圆形图案，可以选择是否和源图层以混合模式进行叠加，如图 B03-11 所示。

图 B03-11

- 填充（Fill）：将图层填充为指定颜色，如图 B03-12 所示。

图 B03-12

- 梯度渐变（Gradient Ramp）：将图层填充为指定的渐变颜色，可以与源图层进行混合，如图 B03-13 所示。

图 B03-13

- 四色渐变（4-Color Gradient）：将图层填充为指定的四色渐变，可以选择是否和源图层以混合模式进行叠加，如图 B03-14 所示。

图 B03-14

- 分形（Fractal）：可渲染曼德布洛特或朱利亚集合，创建多彩的犹如细胞一样的分形纹理。
- 椭圆（Ellipse）：用于直接生成椭圆。
- 吸管填充（Eyedropper Fill）：使用【采样点】位置的颜色填充整个图层。
- 镜头光晕（Lens Flare）：用来模拟摄像机镜头的光晕效果，如图 B03-15 所示。

图 B03-15

- CC Glue Gun（CC 喷胶器）：用来模拟胶水喷射的效果。
- CC Light Burst 2.5（CC 光线爆裂 2.5）：可生成光线爆裂的透视效果，如图 B03-16 所示。

图 B03-16

- CC Light Rays（CC 光芒放射）：可以根据光点在画面上位置的颜色映射出颜色相同的光线。
- CC Light Sweep（CC 扫光）：以画面的某一点为中心，产生扫光的效果。
- CC Threads（线状穿梭）：使画面产生线状编织纹理的效果。
- 光束（Beam）：模拟光束的移动，如激光发射效果，可以选择是否显示源图层，如图 B03-17 所示。

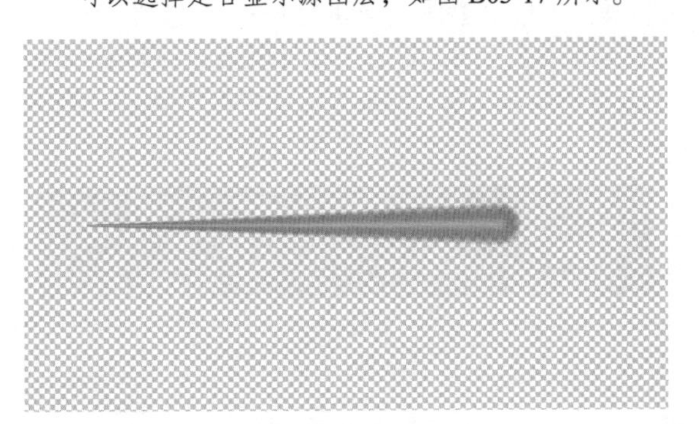

图 B03-17

- 网格（Grid）：生成自定义的网格，可以选择是否和源图层以混合模式进行叠加，如图 B03-18 所示。

图 B03-18

- 单元格图案（Cell Pattern）：创建静态或移动的单元格图案，用作遮罩或置换图等效果的源图片，此效果和源图层内容没有关系，如图 B03-19 所示。

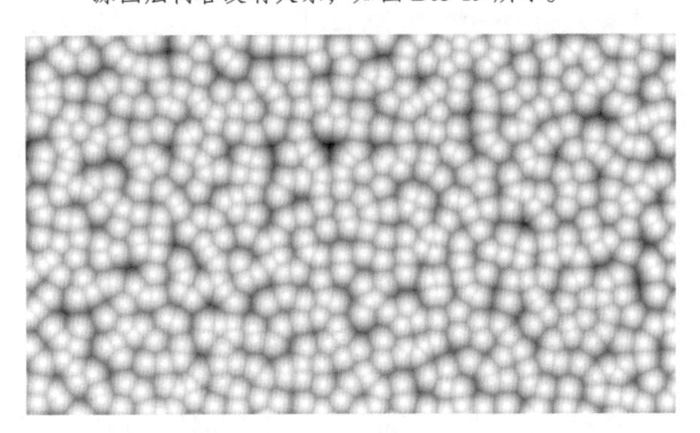

图 B03-19

- 写入（Write-on）：模拟画笔在画面中书写的效果，模拟笔迹和书写过程。
- 勾画（Vegas）：勾画出画面中对象的边缘，也可以将其他层的边缘勾画到当前图层中。
- 描边（Stroke）：需要绘制一条路径，沿路径进行描边，常用来制作生长动画。
- 无线电波（Radio Waves）：生成从中心向外扩散的电波效果，和图层内容没有关系，如图 B03-20 所示。

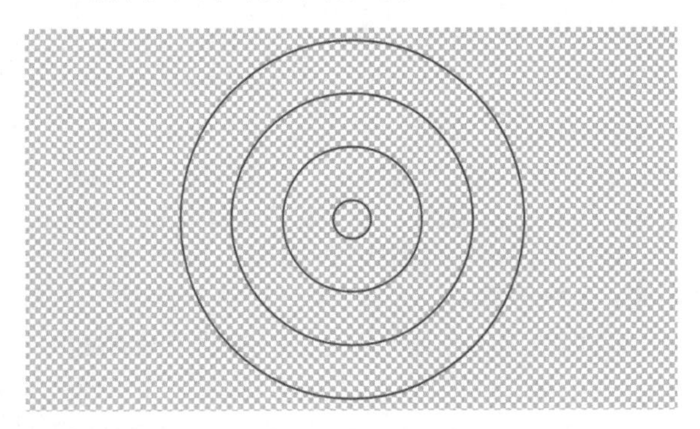

图 B03-20

- 棋盘（Checkerboard）：生成类似国际象棋棋盘格的图案，有一半格子是透明的，可以选择是否和源图层以混合模式进行叠加。

- 油漆桶（Paint Bucket）：使用纯色填充指定的区域，常用于为卡通轮廓的绘图填色。
- 涂写（Scribble）：为画面中蒙版区域内填充类似笔刷涂写的动画效果。
- 音频（Audio Waveform）：生成音频波形。
- 音频频谱（Audio Spectrum）：生成音频频谱。
- 高级闪电（Advanced Lightning）：模拟闪电的效果，可以制作闪电击打动画，可以选择是否显示源图层，如图 B03-21 所示。

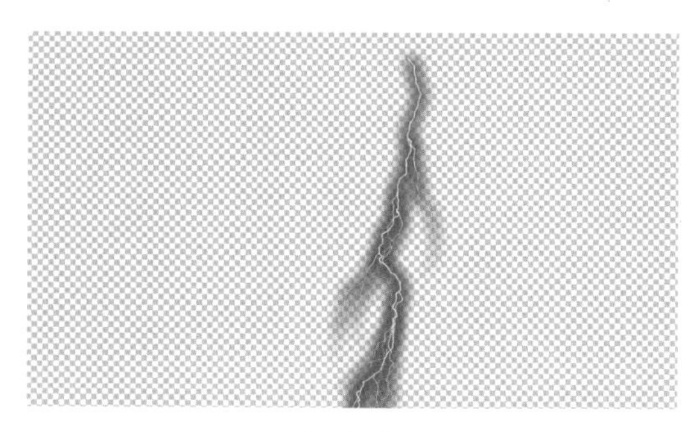

图 B03-21

## B03.3 实例练习——球面化转场效果

本实例完成效果如图 B03-22 所示。

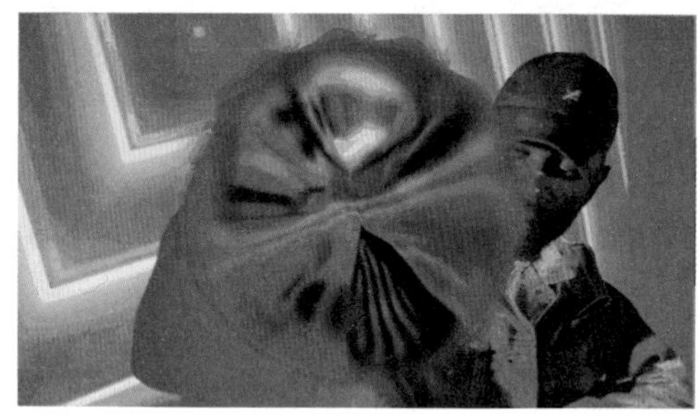

素材作者：Edgar Fernández

图 B03-22

### 操作步骤

01 新建项目，新建合成，命名为“球面化转场效果”，宽度为 1920 px，高度为 1080 px，帧速率为 30 帧 / 秒。

02 在【项目】面板中导入视频素材“人物仰视.mp4”和“人物平视.mp4”并拖曳到【时间轴】面板。

03 选中图层 #1“人物仰视”，查看素材；将图层 #2“人物平视”入点处拖曳至转场处，如图 B03-23 所示。

图 B03-23

04 选中图层 #1“人物仰视”执行【效果】-【扭曲】-【CC Lens】命令，在“转场起始”处添加【Size】关键帧，调整【Size】参数为 500；将指针移动至“转场结束”处，调整【Size】参数为 0，如图 B03-24 所示。

图 B03-24

05 丰富转场效果，选中图层 #1“人物仰视”执行【效果】-【生成】-【CC Light Burst 2.5】命令，制作光线缩放的效果，根据【Size】添加【Ray Length】关键帧，第一个关键帧参数为 0，第二个根据画面效果调整参数，如图 B03-25 所示。球面化转场效果就制作完成了，播放预览效果。

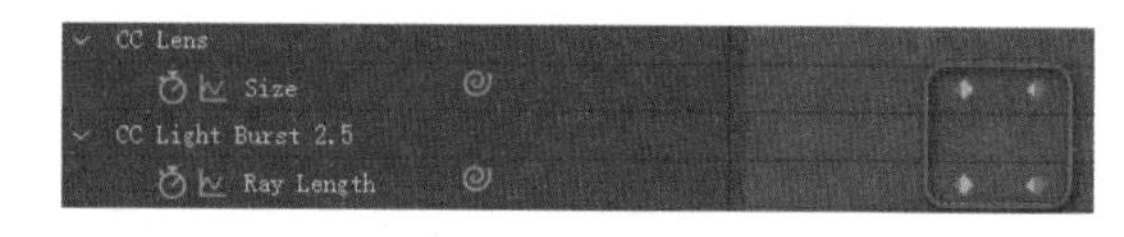


图 B03-25

## B03.4 综合案例——下雨闪电效果

本综合案例完成效果如图 B03-26 所示。

素材作者：Dan Dubassy

图 B03-26

## 操作步骤

01 打开本课提供的项目文件“下雨闪电效果.aep”，选择图层 #1“风景抠除天空”执行【效果】-【模拟】-【CC Rainfall】命令，在【效果控件】面板中将【CC Rainfall】拖曳至【Lumetri 颜色】下方，使下雨效果作用在【线性颜色键】上方，不受抠像效果影响。

02 根据所需雨滴的密度和大小调整【Drops】和【Size】参数，调整【Speed】和【Wind】改变下雨速度和风向，调整【Opacity】使下雨效果更加明显，如图 B03-27 所示。

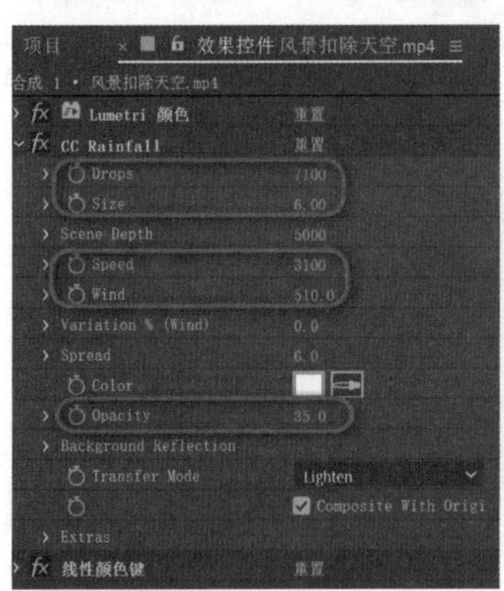

图 B03-27

03 下雨效果制作完成，下面制作闪电效果。新建纯色层并将其重命名为“闪电”，选中图层 #1“闪电”移动至图层“风景抠除天空”下方，执行【效果】-【生成】-【高级闪电】命令，【闪电类型】选择【击打】，在【查看器】窗口中调整【源点】与【方向】的位置，调整【分叉】参数减少闪电分支，如图 B03-28 所示。

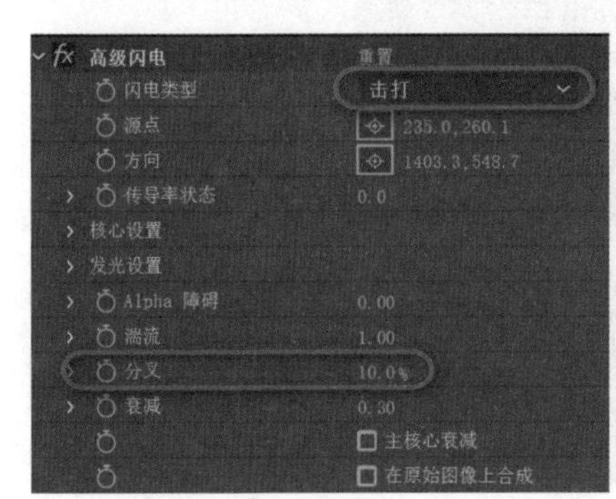

图 B03-28

04 为了使闪电更加真实，进行细微调整。降低【核心设置】-【核心不透明度】属性值；提高【发光设置】-【发光不透明度】属性值；为【传导率状态】属性创建关键帧动画，使闪电有动态效果；在【时间轴】面板中将【混合模式】调整为【经典颜色减淡】，如图 B03-29 所示。

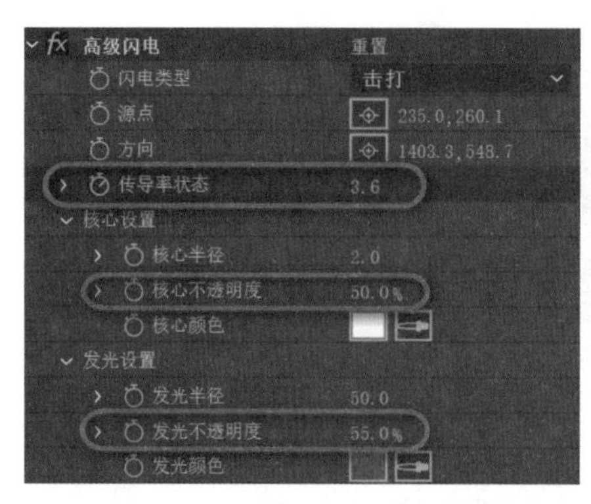

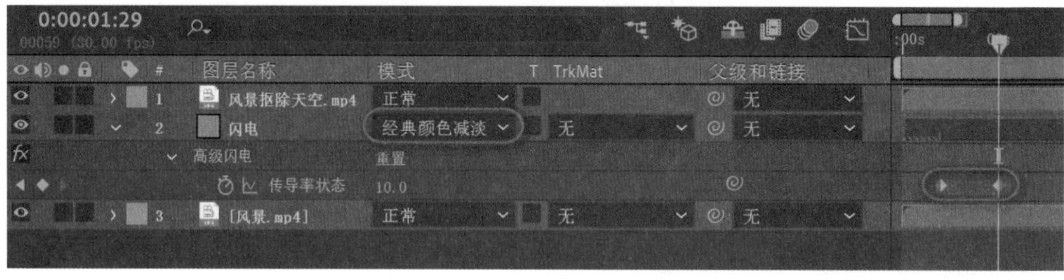


图 B03-29

05 将指针移动至第一个关键帧处，按【Alt+[】快捷键修剪图层入点至当前位置；将指针移动至第二个关键帧处，按【Alt+]】快捷键修剪图层出点至当前位置，如图 B03-30 所示。

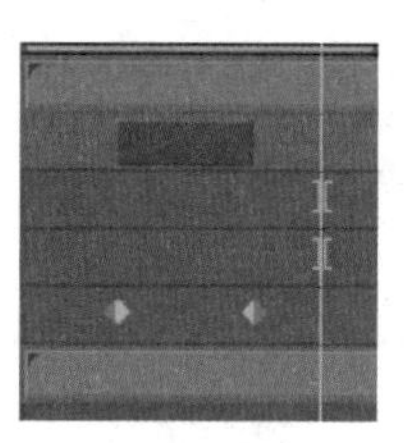

图 B03-30

06 选中图层 #2“闪电”，复制一层（Ctrl+D），在【时间轴】面板中将入点拖曳至所需时间处；根据上述步骤调整闪电效果，如图 B03-31 所示。至此下雨闪电效果制作完成，播放预览效果。

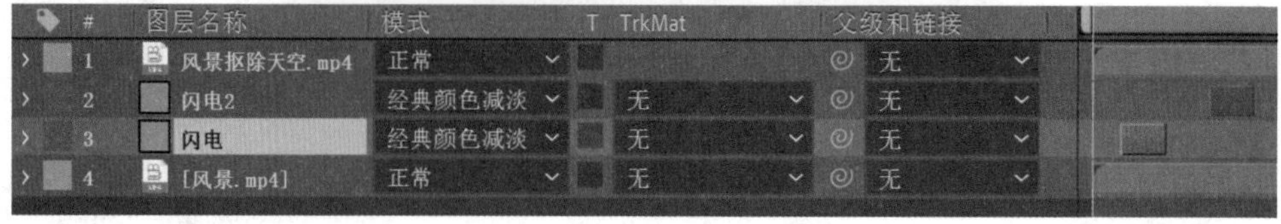


图 B03-31

# B03.5 作业练习——彩虹瀑布效果

本作业原素材及完成效果参考如图 B03-32 所示。

原素材

完成效果参考

素材作者：Ruben Velasco

图 B03-32

### 作业思路

新建项目合成，导入本课提供的素材“瀑布.mp4”并复制两层，为第一层添加【CC Threshold】效果将画面变为黑白图，并绘制蒙版，为【蒙版路径】创建关键帧动画去除下方草丛；将第一层作为第二层的遮罩层，抠出瀑布，选择上两层进行预合成，添加【四色渐变】效果，改变瀑布颜色；为预合成绘制蒙版，对【蒙版路径】创建关键帧，调节羽化值，将石头上的颜色去除。

# B03.6 文本

【文本（Text）】效果用于在画面中生成随机数字或时间码等，如图 B03-33 所示。

图 B03-33

# B03.7 综合案例——梦幻舞蹈录制

本综合案例完成效果如图 B03-34 所示。

素材作者：Edgar Fernández

图 B03-34

## 操作步骤

01 新建项目，新建合成，命名为“梦幻舞蹈录制”，宽度为1920 px，高度为1080 px，帧速率为25帧/秒。在【项目】面板中导入素材“舞蹈.mp4”和“取景框.png”，将“舞蹈.mp4”视频素材拖曳到【时间轴】面板。

02 新建“调整图层”，将其命名为“光效”，选中图层#1“光效”执行【效果】-【生成】-【CC Light Rays】命令，在【效果控件】面板中调整【Intensity】【Radius】和【Warp Softness】参数，【Shape】选项调整为【Square】；调整图层模式为【叠加】，使光线更明显，效果如图B03-35所示。

图 B03-35

03 新建“调整图层”，将其命名为“调整颜色”，选中图层#1“调整颜色”执行【效果】-【生成】-【梯度渐变】命令，在【效果控件】面板中调整【起始颜色】【结束颜色】和【与原始图像混合】参数，效果如图B03-36所示。

图 B03-36

04 将“取景框.png”图片素材拖曳到【时间轴】面板，调整【缩放】参数；选中图层#1“取景框”执行【效果】-【文本】-【编号】命令，在【效果控件】面板中调整【格式】-【类型】为【时间码（25）】；调整所需的填充颜色。

05 至此，梦幻舞蹈录制就制作完成了，播放预览查看制作效果，如图B03-37所示。

图 B03-37

读书笔记

抠像在影视制作中的使用频率非常高。演员在蓝幕或绿幕背景前表演，最终合成到新的背景或场景中，这就应用了抠像的技术。本课主要讲解几种常用的抠像方法。

B04课

特效特训

抠像技法



## B04.1 差值遮罩抠像

使用【差值遮罩（Difference Matte）】抠像效果需要两个图层，除了需要抠像的图层外，还必须要有一个抠像图层的背景层，此效果适用于 8bpc 和 16bpc 颜色。下面用一个例子来学习此效果的用法。

打开提供的项目文件“抠像.aep”，可以看到包含提到的两个图层，如图 B04-1 所示。

素材作者：Mario Arvizu

图 B04-1

选择图层 #1“主持”，执行【效果】-【抠像】-【差值遮罩抠像】命令，在【效果控件】面板中将【视图】选择为【最终输出】，【差值图层】选择为图层 #2“背景”，同时在【时间轴】面板将图层 #2“背景”隐藏，可以看到人物已经被抠出，如图 B04-2 所示。

素材作者：Josh Sorenson

图 B04-2

此时虽然人物已经抠出，但是人物周围还有绿边，这就需要调整【差值遮罩】效果的参数调整细节。

- 匹配容差：指定透明度数量。参数值越小，透明度越低；参数值越大，透明度越高。
- 匹配柔和度：用来柔化边缘，参数值越高越透明。

如果抠像素材不是很好的话，不仅会留有绿边，还可能会将人物处理为半透明效果。如果将【视图】选择为【仅限遮罩】，就可以检查半透明透掉的部分，如图 B04-3 所示。

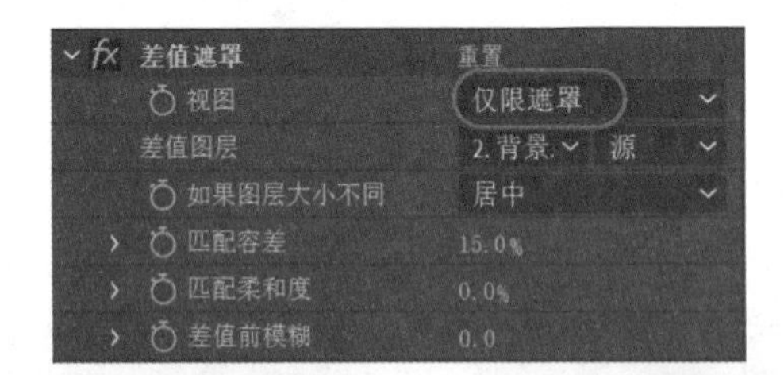

图 B04-3

如果人物身体上有黑色或灰色的部分，说明人物存在透明的区域，本课提供的素材光打得很好，抠像结果显示没有透明的地方。

调整【差值遮罩】下的参数，可以柔化绿边，但是并不能将其完全去除，如图 B04-4 所示。

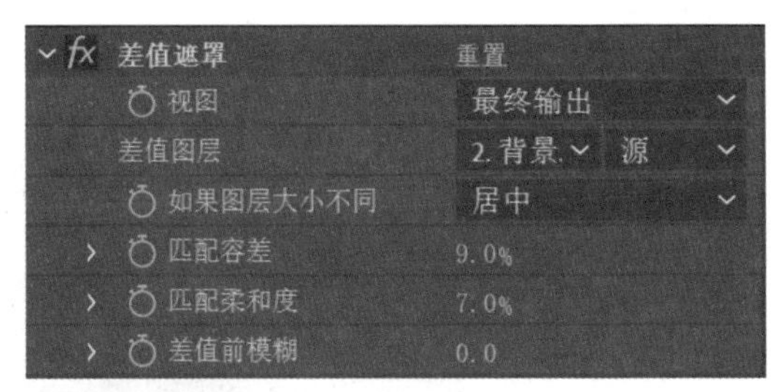

图 B04-4

继续调整参数去掉绿边，人物就会透掉，总是不能得到一个理想的效果，这里就需要继续添加一个【Advanced Spill Suppressor】效果配合【差值遮罩】效果。【Advanced Spill Suppressor】也就是之前版本中的【高级溢出抑制器】，主要用来抑制溢出的颜色。

选择图层 #1“主持”，执行【效果】-【抠像】-【Advanced Spill Suppressor】命令，可以看到溢出的绿色被很好地抑制，如图 B04-5 所示。

| 差值遮罩 | 重置 |
| --- | --- |
| 视图 | 最终输出 |
| 差值图层 | 2. 背景. 源 |
| 如果图层大小不同 | 居中 |
| 匹配容差 | 9.0% |
| 匹配柔和度 | 7.0% |
| 差值前模糊 | 0.0 |
| Advance...uppressor | 重置 |
| 方法 | 标准 |
| 抑制 | 100.0% |
| 校色设置 | |

图 B04-5

播放预览查看最终效果，可以看到人物被比较好地抠出。

**SPECIAL 扩展知识**

作为【差值图层】的背景层可以从素材里截取没有抠除对象的单帧，如果抠除对象从始至终都在画面中，那就通过在 Photoshop 中合并几个帧，用【仿制图章】工具来组合成完整的背景。

# B04.2 颜色范围抠像

【颜色范围（Color Range）】抠像效果的使用频率也很高，此效果适用于 8bpc 颜色，下面用一个例子来讲解用法。

打开本课提供的项目文件“抠像.aep”，颜色范围抠像方法不需要背景，将【时间轴】面板中的背景删除，选择图层 #1“主持”，执行【效果】-【抠像】-【颜色范围】命令，如图 B04-6 所示。

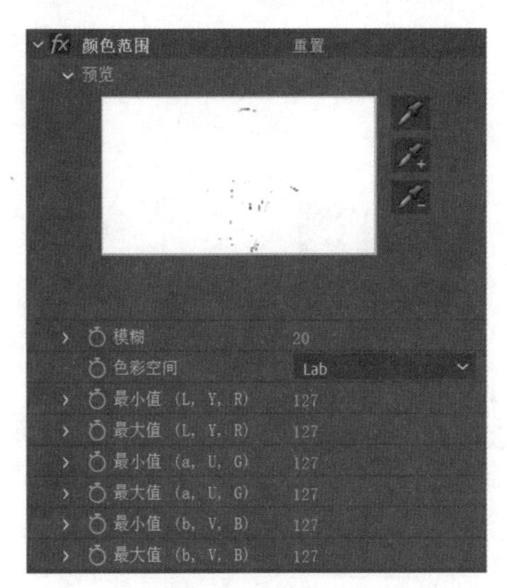


图 B04-6

使用【颜色范围】效果中的吸管工具在【查看器】窗口中的背景色也就是绿色上单击，可以看到单击的部分背景被抠除，如图 B04-7 所示。

图 B04-7

如果单击后绿色背景还有部分没有抠干净，就使用【颜色范围】效果中的加号吸管工具在背景中含有绿色的部分连续单击，直至将绿色大致抠完。

此时人物虽然已经抠出，但是人物轮廓的绿边还是很明显。使用【最小值】【最大值】控件中的滑块可以微调吸管选择的颜色范围，L、Y、R 滑块可以控制指定颜色空间的第一个分量，a、U、G 滑块可控制第二个分量，b、V、B 滑块可控制第三个分量，从上至下依次调整滑块，找到一个最好的效果，如图 B04-8 所示。

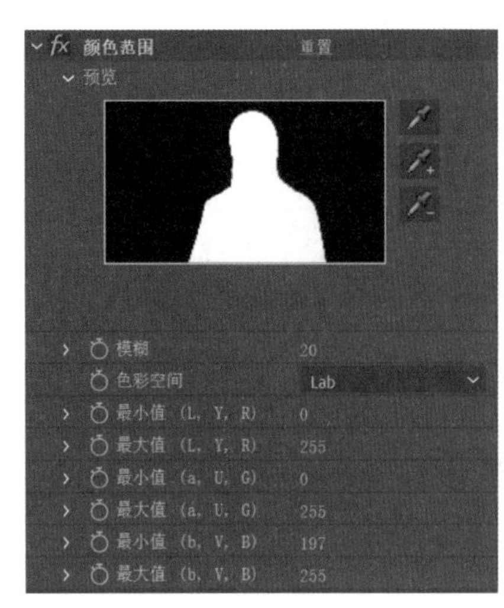

图 B04-8

可以看到效果好了很多，但是细看还是有少许绿边，这时调节参数也很难再去除绿边，需要【Advanced Spill Suppressor】工具抑制溢出的绿色。

选择图层 #1“主持”，执行【效果】-【抠像】-【Advanced Spill Suppressor】命令，最终效果如图 B04-9 所示。

图 B04-9

## B04.3 实例练习——在图书馆工作

本实例完成效果如图 B04-10 所示。

男人和电脑素材作者：Mario Arvizu，图书馆素材作者：Ruben Velasco

图 B04-10

## 操作步骤

01 新建项目，新建合成，宽度为1920 px，高度为1080 px，帧速率为30帧/秒，【持续时间】设置为5秒，合成命名为“图书馆工作”；在【项目】面板中导入素材“男人和电脑.mp4”“代码.jpg”和“图书馆.jpg”，并将视频素材“男人和电脑.mp4”拖曳到【时间轴】面板上。

02 选择图层#1“男人和电脑”执行【效果】-【抠像】-【颜色范围】命令，将画面中的绿色抠除。

03 使用【颜色范围】效果中的吸管工具在【查看器】窗口中的绿色上单击，调整属性值观察【预览】效果，如图B04-11所示。

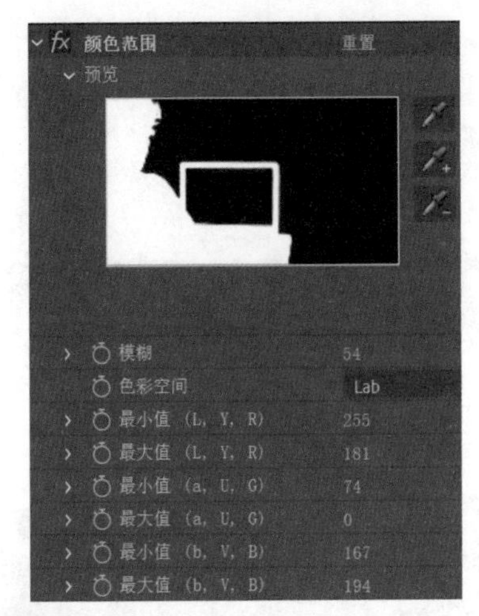

图 B04-11

04 观察到画面中还有绿色边缘，执行【效果】-【抠像】-【Advanced Spill Suppressor】命令，如图B04-12所示。

图 B04-12

05 将图片素材“代码.jpg”拖曳至【时间轴】面板最下方，选择图层#2“代码”，根据电脑大小，调整【缩放】属性值；开启3D开关，调整【方向】属性值，贴合电脑透视角度，如图B04-13所示。

图 B04-13

06 将图片素材“图书馆.jpg”拖曳至【时间轴】面板最下方，如图B04-14所示。

图 B04-14

07 至此，在图书馆工作的效果基本制作完成，为使效果更加完善，在【时间轴】面板中新建文本图层“("PHP 5.2 or greater is required!!!");”，调整字体大小和字体颜色，并开启3D开关，调整【方向】属性值，使文本与图片“代码”文字在同一水平线上，如图B04-15所示。

图 B04-15

08 选择文本图层移动至合成中的“男人和电脑”图层下方，将指针移动至第0帧处，执行【动画预设】-【Text】-【Animate In】-【打字机】命令，制作出打字的效果，如图 B04-16 所示。至此，在图书馆工作效果制作完成，播放预览效果。

图 B04-16

## B04.4 颜色差值键抠像

【颜色差值键（Color Difference Key）】效果将图像分为“遮罩 A”和“遮罩 B”两个遮罩，“遮罩 B”使指定的主色透明，而“遮罩 A”使主色外的其他颜色透明，将这两个遮罩合并为第三个遮罩“α 遮罩”，也就是最终的 Alpha 通道，此效果适用于 8bpc 和 16bpc 颜色。

同样用一个例子来说明【颜色差值键】效果的用法。打开项目文件“抠像.aep”，选择图层 #1“主持”，执行【效果】-【抠像】-【颜色差值键】命令，如图 B04-17 所示。

图 B04-17

可以看到【颜色差值键】下有三个吸管，从上至下三个吸管分别为选择确认主色、在 Alpha 通道中选择透明区域、在 Alpha 通道中选择不透明区域，将这三个吸管分别命名为“键控吸管”“黑吸管”“白吸管”。

将【视图】选择为【已校正 [A，B，遮罩 ]，最终】,【查看器】窗口会分别显示出这四个缩略图，如图 B04-18 所示。

图 B04-18

使用“键控吸管”在【查看器】窗口中的“最终”缩略图的背景色上单击，使用“黑吸管”在【查看器】窗口中的“遮罩”缩略图的背景色上单击，使用“白吸管”在【查看器窗口】中的“遮罩”缩略图的人物身上黑色的部分单击，直至人物整个变为白色，如图 B04-19 所示。

图 B04-19

至此人物基本被抠了出来，但是可以发现人物轮廓还是有绿边，调整【颜色差值键】下的众多参数值，直至所能达到的最好效果，如图 B04-20 所示。

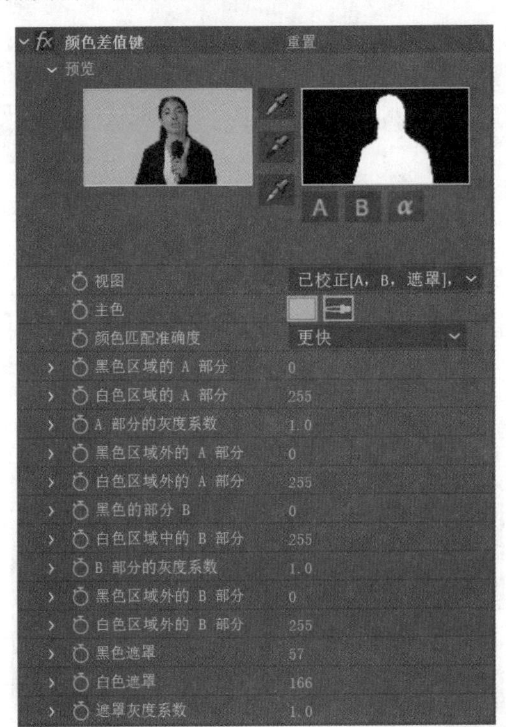

图 B04-20

重复之前讲过的步骤，添加【Advanced Spill Suppressor】效果，最终效果如图 B04-21 所示。

图 B04-21

## B04.5 线性颜色键抠像

【线性颜色键（Linear Color Key）】抠像效果是 After Effects 最早版本中就存在的抠像效果，但在如今使用频率不是很高，因为有了很多新的更加强大的抠像效果，不过掌握这个效果还是非常有必要的。

打开项目文件“抠像.aep”，选择图层 #1“主持”执行【效果】-【抠像】-【线性颜色键】命令，如图 B04-22 所示。

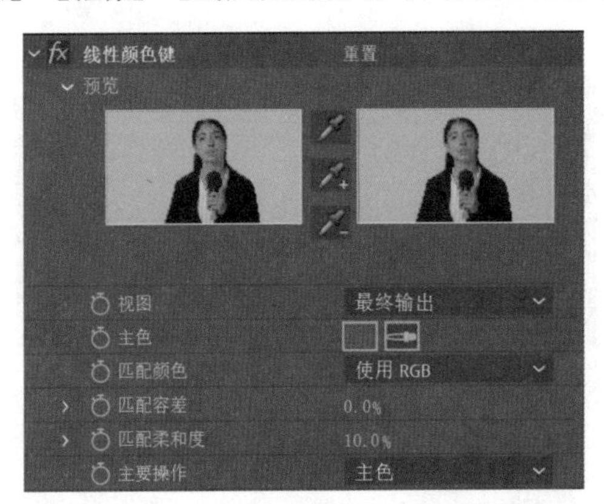


图 B04-22

使用【线性颜色键】中的吸管工具在【查看器】窗口中的绿色背景上单击，发现绿色背景被去除，如图 B04-23 所示。

图 B04-23

可以看到人物轮廓的绿边还是很明显，重复之前讲过的步骤，添加【Advanced Spill Suppressor】效果，最终效果如图B04-24所示。

图 B04-24

【线性颜色键】似乎是最简单、效率最高的抠像方法，这是因为提供的素材的背景和人物身上的光线都很好，适合抠像。在实际工作过程中很难遇到这么合适的素材，届时【线性颜色键】的效果就会不理想。当然，对于这种非常适合抠像的素材，【线性颜色键】的使用频率仍然非常高。

## B04.6 综合案例——公路穿越手机效果

本综合案例完成效果如图B04-25所示。

公路素材作者：Marco López，手机素材作者：Mario Arvizu

图 B04-25

### 操作步骤

01 新建项目，导入本课提供的素材“公路.mp4”并用素材创建合成，持续时间为9秒，选择图层#1“公路”复制一层（Ctrl+D），将上层重命名为“穿越”，选择图层#1“穿越”，沿着公路绘制蒙版，如图B04-26所示。

图 B04-26

02 展开蒙版属性，为【蒙版路径】创建关键帧动画，使蒙版能始终贴合公路。

03 导入本课提供的素材“手机绿屏.mp4”，拖曳到【时间轴】面板上，添加【颜色范围】进行抠像，抠像结束后添加【Advanced Spill Suppressor】效果抑制绿边，移动指针到单手拿手机处，选择图层#1“手机绿屏”执行【冻结帧】命令，调节【缩放】及【位置】属性，结果如图B04-27所示。

图 B04-27

04 将“手机绿屏”移动至“穿越”下层，选择图层#3“公路”，沿手机屏幕绘制蒙版，如图B04-28所示。

图 B04-28

05 在【项目】面板上将素材“公路.mp4”拖曳至【时间轴】面板底层，重命名为“背景”；选择图层 #4“背景”，添加【快速方框模糊】效果，调节属性值，使画面模糊。至此，公路穿越手机效果制作完成，播放预览效果。

# B04.7 Keylight 高级抠像

【Keylight】是使用频率最高的抠像效果，在制作专业品质的抠像方面表现出色，下面用一个例子对【Keylight】效果进行讲解。

打开提供的项目文件“抠像.aep”，选择图层 #1“主持”执行【效果】-【Keying】-【Keylight（1.2）】命令，如图 B04-29 所示。

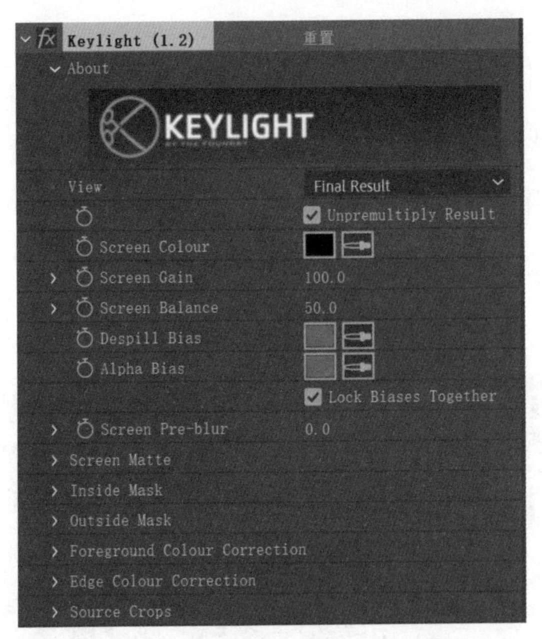


图 B04-29

使用【Keylight】效果中的吸管工具在【查看器】窗口中的背景色上单击，人物很快就被抠出，如图 B04-30 所示。

图 B04-30

可以看到人物被很好地抠出，而且人物轮廓的绿色溢出也抑制得很好，没有绿边。如果人物一开始不能被很好地抠干净，则展开【Screen Matte】并调节参数，得到较好的效果，如图 B04-31 所示。

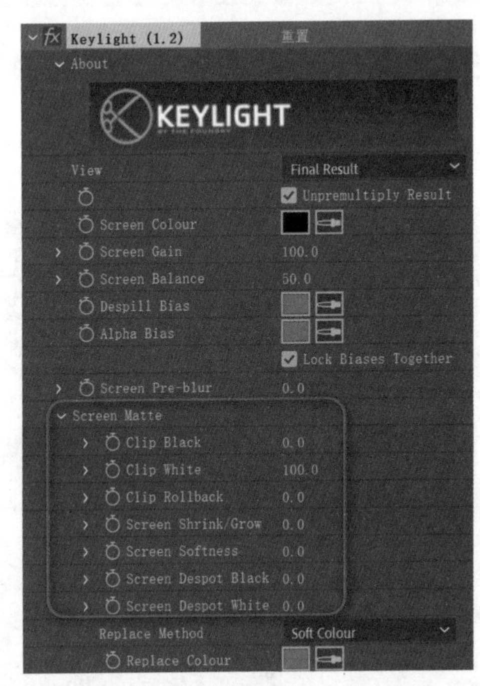


图 B04-31

# B04.8 其他抠像效果

After Effects 还有其他抠像效果，例如【提取】和【内部 / 外部键】，但是这两个抠像效果并不适用于常规的绿幕、蓝幕抠像，下面介绍两种效果的使用环境。

## 1. 提取效果

【提取（Extract）】抠像效果适用于以白色或者黑色为背景拍摄的素材，亮度差异比较大的素材则可以抠出某部分元素。

新建项目合成，导入本课提供的黑底视频素材“手势.mp4”，选择图层 #1“手势”执行【效果】-【抠像】-【提取】命令，如图 B04-32 所示。

要抠除黑背景，需要调整【提取】效果中【黑场】和【黑色柔和度】的参数值，结果如图 B04-33 所示。

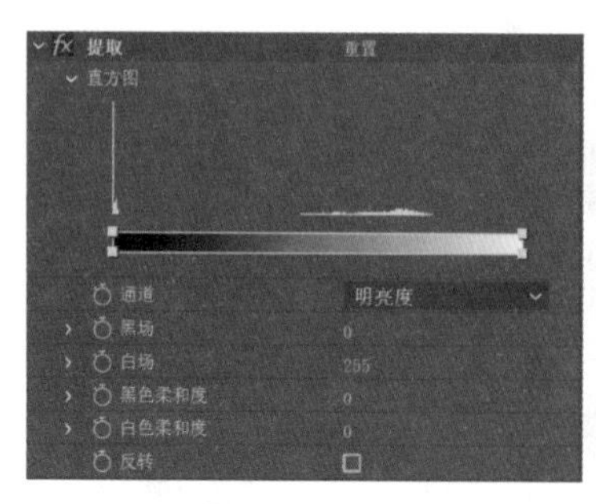

图 B04-32

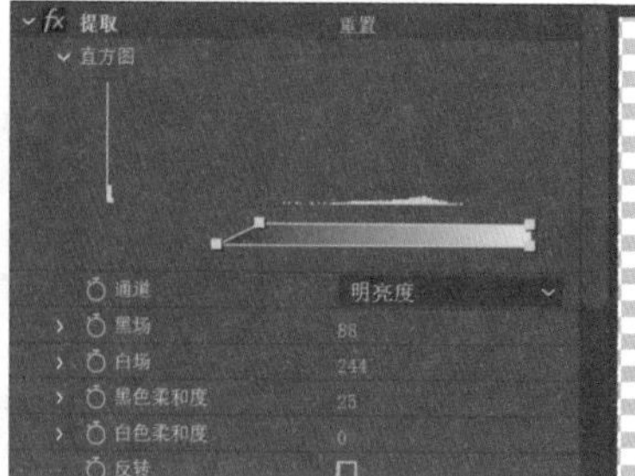

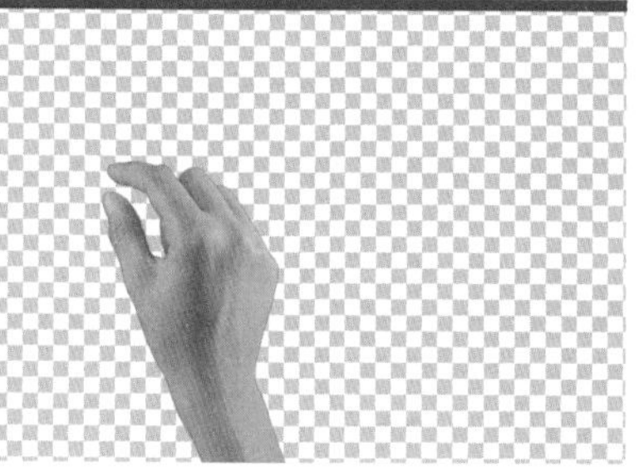

素材作者：Mario Arvizu

图 B04-33

可以看到黑色背景已经全部被抠除了。

同理，如图要扣除白色背景，则应调整【提取】效果中【白场】和【白色柔和度】的参数值。

## 2. 内部 / 外部键效果

要使用【内部 / 外部键（Inner/Outer Key）】抠像效果，需要创建蒙版来确定要隔离的对象的内部和外部，蒙版不用特别精确，不用完全贴合对象的边缘。

打开本课提供的项目文件“抠像.aep”，将指针移动到任意时间点，选择图层 #1“主持”执行【效果】-【抠像】-【内部 / 外部键】命令，使用钢笔工具沿着人物轮廓内部和外围画两个蒙版，分别为“蒙版 1”和“蒙版 2”，蒙版模式都设置为【无】，将【内部 / 外部键】的【前景】选择【蒙版 1】，【背景】选择【蒙版 2】，如图 B04-34 所示。

图 B04-34

修改【内部 / 外部键】中【薄化边缘】【羽化边缘】【边缘阈值】的参数值，调整到最佳状态，并为图层 #1“主持”添加【Advanced Spill Suppressor】效果，最终效果如图 B04-35 所示。

虽然人物已经被很好地抠出，但是却不能播放视频。如果播放视频，随着人物的动作背景会露出来，而且人物会被蒙版遮住，因为蒙版并没有随着人物的动作而改变，如图 B04-36 所示。

图 B04-35

图 B04-36

【内部 / 外部键】效果对于精确抠像有着很好的效果，但是它只能抠取静态图像而不能抠取视频，且钢笔工具绘制蒙版很耗费时间，所以它的使用频率不是很高。

## B04.9　Roto 笔刷工具抠像

很多时候抠像背景并不是纯色，而是实景，这种情况就需要用到【Roto 笔刷工具】。

新建项目合成，导入本课提供的素材“Roto.mp4”，如图 B04-37 所示。

素材作者：Yana

图 B04-37

双击图层 #1“Roto”，进入【图层查看器】窗口，单击工具栏上的【Roto 笔刷工具】，在需要被抠出的人物身上直接绘制，如图 B04-38 所示。

图 B04-38

绘制后人物身上会出现一个选区，如图 B04-39 所示。

图 B04-39

可以看到选区并没有完全贴合人物，使用【Roto 笔刷工具】继续在人身上没有在选区内的区域绘制，直至选区完全贴合人物，如图 B04-40 所示。如果绘制过程中选区超出了人物范围，则按住【Alt】键在超出范围绘制即可。

图 B04-40

切换回总合成，发现人物已经被抠出，但是人物边缘非常粗糙，如图 B04-41 所示。

图 B04-41

继续进入【图层查看器】窗口，在工具栏上展开 Roto 笔刷工具组，选择【调整边缘工具】，在【画笔】面板中选择合适大小的笔刷，沿着人物轮廓绘制，如图 B04-42 所示。

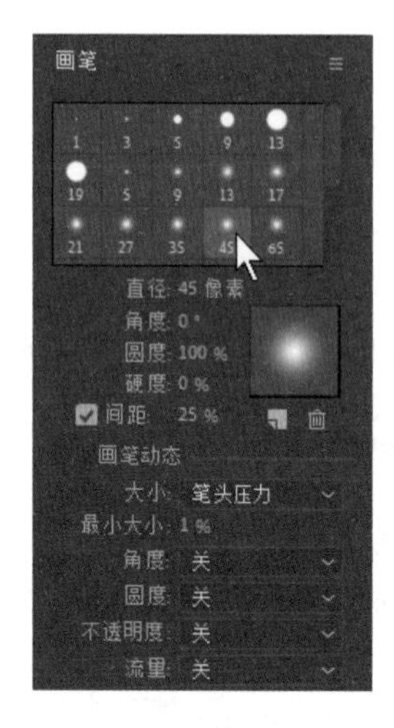

图 B04-42

切换回总合成，发现人物边缘已经变得柔和，选中【Roto 笔刷和调整边缘】效果中的【净化边缘颜色】复选框，去除人物边缘的杂色，如图 B04-43 所示。

图 B04-43

进入【图层查看器】窗口，按空格键播放，软件会自动计算，绘制的选区随着人物的动作而改变，直至计算完成，如图 B04-44 所示。

在计算过程中，选区并不会非常完美地贴在人物身上，不合适的地方需要手动绘制调整选区，直至调整完成，这个过程一定要耐心。

导入本课提供的素材“背景.mp4”，拖曳至【时间轴】面板中，放到“Roto”下面，为图层 #2“背景”添加【高斯模糊】效果，最终结果如图 B04-45 所示。

图 B04-44

背景素材作者：Edgar Fernández

图 B04-45

## B04.10 综合案例——变身卡通效果

本综合案例完成效果如图 B04-46 所示。

素材作者：Edgar Fernández

图 B04-46

### 操作步骤

01 新建项目，导入本课提供的素材“滑板.mp4”并使用素材创建合成，双击图层 #1“滑板”进入【图层查看器】窗口，使用【Roto 笔刷工具】在需要被抠出的人身上直接绘制，直到选区合适为止，如图 B04-47 所示。

02 按空格键自动计算选区，对于没有跟上的选区要手动进行修正，一定要耐心，直至视频中人物被抠出，如图 B04-48 所示。

图 B04-47

图 B04-48

03 选择图层 #1“滑板”，添加【卡通】效果，各属性值如图 B04-49 所示。

| 卡通 | 重置 |
| --- | --- |
| 渲染 | 填充及边缘 |
| 细节半径 | 10.0 |
| 细节阈值 | 0.0 |
| 填充 | |
| 边缘 | |
| 阈值 | 1.20 |
| 宽度 | 1.5 |
| 柔和度 | 0.0 |
| 不透明度 | 100% |
| 高级 | |

图 B04-49

04 选择图层 #1“滑板”进行预合成，命名为“卡通”，将素材“滑板.mp4”从【项目】面板拖曳至【时间轴】面板，放于“卡通”下层；选择图层 #1“卡通”绘制蒙版，【蒙版羽化】属性值改为 100.0,100.0 像素，如图 B04-50 所示，变身卡通效果制作完成，播放预览。

图 B04-50

# B04.11 作业练习——冥想穿越效果

本作业原素材和完成效果参考如图 B04-51 所示。

原素材

完成效果参考

雪山素材作者：Dan Dubassy，海洋素材作者：Marco López

星空素材作者：Adrian Pelletier，森林素材作者：Matthias Groeneveld，女人冥想素材作者：Edgar Fernández

图 B04-51

## 作业思路

新建项目合成，导入本课提供的视频素材，使用【Roto 笔刷工具】将“女人冥想”中的人物抠出，只抠取中间的一段时间就可以；将其余背景素材的入点都设置到抠出人物的时间段内，入点前后错开，制作人物从原场景穿越至不同场景最后穿越回来的效果。

为不同背景都添加【CC Light Burst 2.5】效果并为【Ray Length】属性创建关键帧动画，制作穿梭光线效果；为不同背景的【不透明度】创建关键帧动画，使背景柔和过渡。

B05课

颜色校正

特效特训



在视频制作的过程中，颜色校正是非常重要的一个环节，甚至关乎整个片子的质量。颜色校正一般都是由很多效果共同完成，本课就来学习颜色校正效果及其应用。

## B05.1 颜色基础知识

想要进行颜色校正工作，必须要了解颜色的基础知识，比较常见的颜色模式有 RGB、CMYK、HSB、Lab、灰度等。

计算机生成色彩最常见的模式是 RGB，CMYK 模式是针对印刷设备和媒介的，HSB 模式是用色相、饱和度和亮度来表达色彩的。

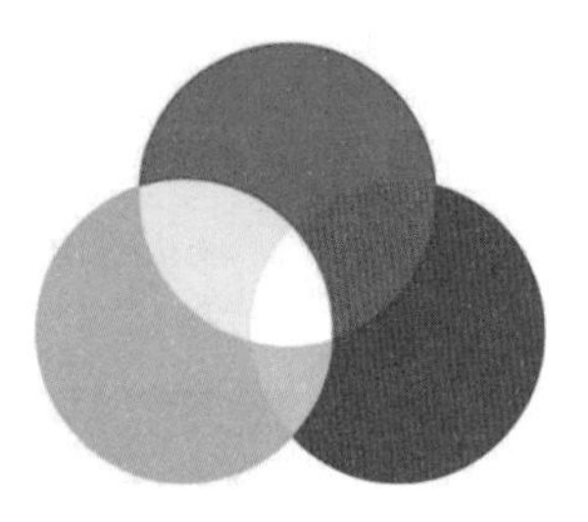

RGB

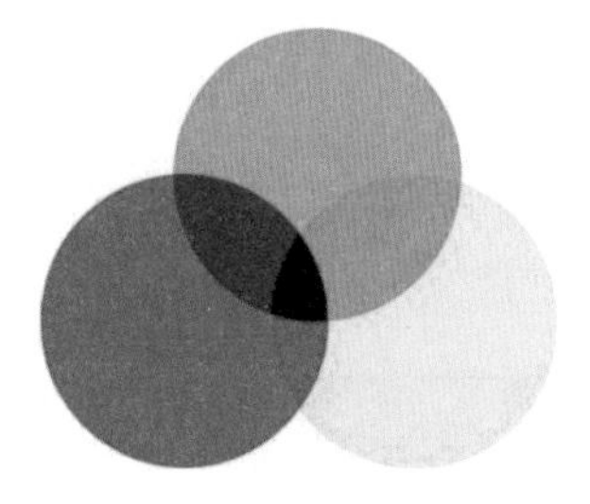

CMYK

详细的色彩原理知识请参阅本系列丛书之《Photoshop 从入门到精通》一书的 A22 课。

## B05.2 颜色校正效果

【颜色校正（Color Correction)】效果下包含多个调色效果，简单的调色需要可能只用到其中某一个效果，而精细的调色工作就需要多个不同的效果组合以达到最终效果。

新建项目合成，导入本课提供的素材“棒球.mp4”，如图 B05-1 所示。

素材作者：Francisco Fonseca

图 B05-1

- 亮度和对比度（Brightness & Contrast）：可以对整个图层的亮度和对比度进行调整，是调整画面色调范围的最基本的方式。

调整【亮度和对比度】的参数值，结果如图 B05-2 所示。

图 B05-2

对比发现画面由之前的雾蒙蒙变得通透。

- 曲线（Curves）：After Effects 的【曲线】效果与 Photoshop 的【曲线】效果非常类似，可以对图像的各个通道进行控制，调节色调范围。

将 RGB 通道中亮的部分向上调，暗的部分向下调，可以提高对比度；还可以将绿色通道曲线和蓝色通道曲线稍微向上调节一点，使树更绿，天更蓝，结果如图 B05-3 所示。

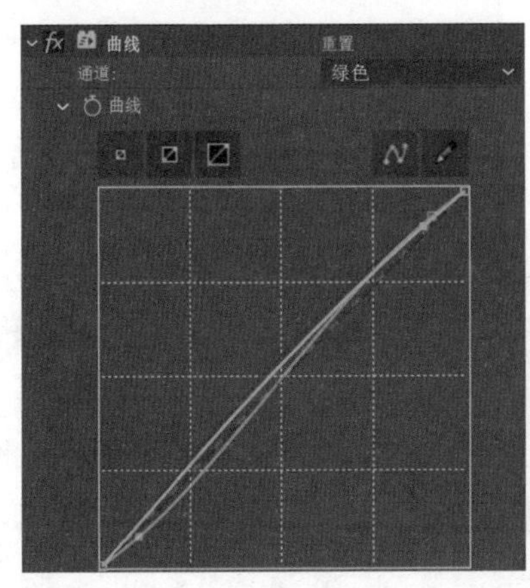

图 B05-3

- 色阶（Levels）：常用的调色效果，主要用于基本的图像质量调整，与 Photoshop 的【色阶】调整类似。

调整色阶的【直方图】或其中的参数值，结果如图 B05-4 所示。

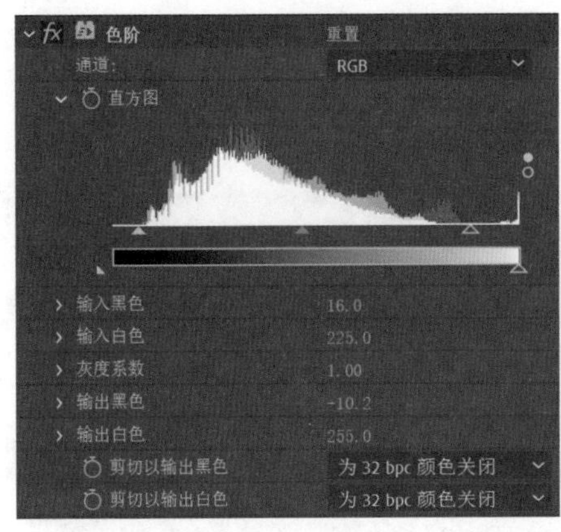

图 B05-4

- 色阶（单独控件）〔Levels (Individual Controls)〕：与【色阶】的效果一样，不同的是可以为每个通道单独调整颜色。
- 色相 / 饱和度（Hue/Saturation）：可调整整个图层或者单个通道的色相、饱和度和亮度。

当【通道控制】选择为【主】时，【主色相】【主饱和度】【主亮度】控制的是整个图层，调节参数值，整个图层都会发生改变，如图 B05-5 所示。

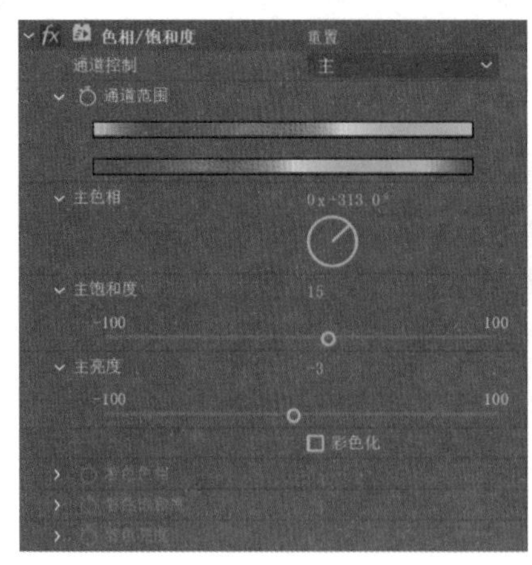

图 B05-5

当【通道控制】选择为某一个颜色通道时，【主色相】【主饱和度】【主亮度】控制的是该颜色通道，例如选择为【蓝色】时，基本只影响天空，如图 B05-6 所示。

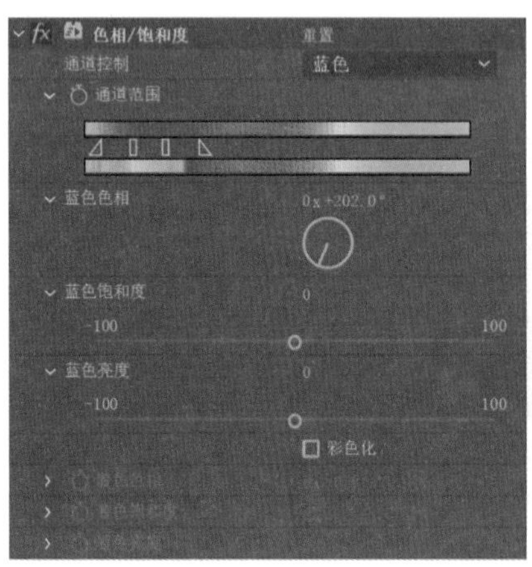

图 B05-6

选中【彩色化】复选框，为整个图层添加颜色，效果和在画面上叠加一层纯色层类似，如图 B05-7 所示。

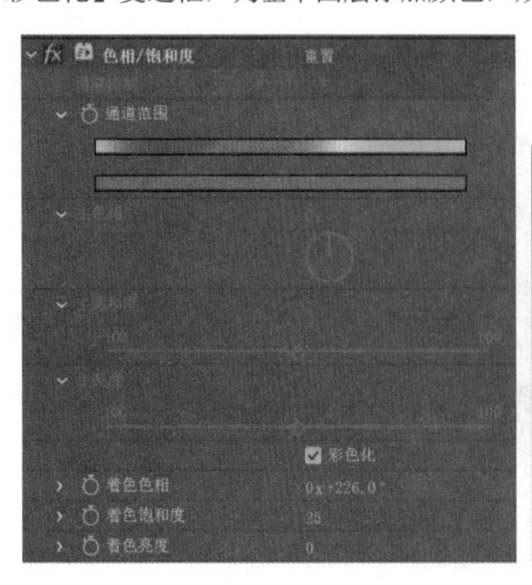

图 B05-7

◉ 保留颜色（Leave Color）：用于保留选择的颜色，删除层中其他的颜色。

使用【保留颜色】中的吸管工具在地面上单击，将【脱色量】的参数值设置为 100.0%，可以发现和地面相近的颜色被保留，其他颜色都被删除，如图 B05-8 所示。

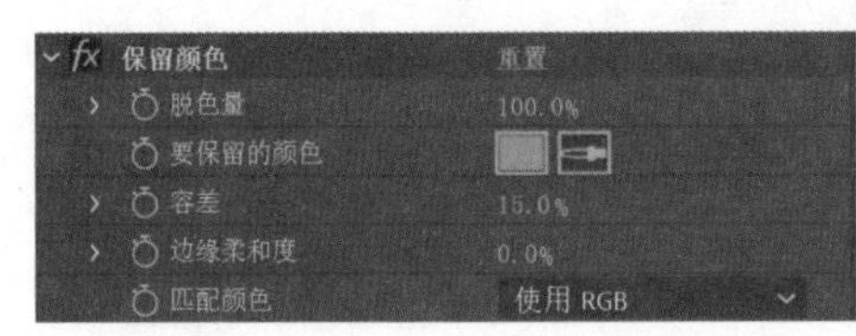

图 B05-8

◉ 更改颜色（Change Color）：用于改变所选颜色的色相、亮度、饱和度，图层中的其他颜色不做改变。

使用【更改颜色】中的吸管工具在天空单击，更改【色相变换】【亮度变换】【饱和度变换】的参数值，结果如图 B05-9 所示。

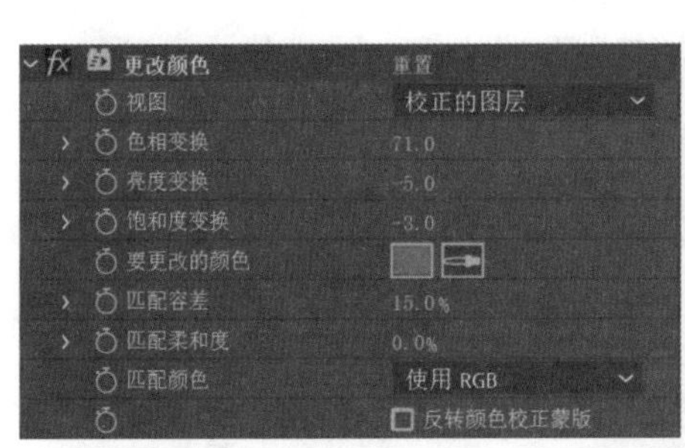

图 B05-9

◉ 更改为颜色（Change to Color）：将画面中所选择的颜色更改为指定颜色的色相、亮度或饱和度，其他颜色不受影响；【更改为颜色】相比【更改颜色】具有更好的灵活性。

◉ 色调（Tint）：用于改变图层的颜色，将画面的颜色替换为【将黑色映射到】和【将白色映射到】指定的颜色之间的值。

设置【将黑色映射到】为黑色，【将白色映射到】为黄色，可以发现图片中暗的部分为黑色，亮的部分为黄色，中间调则为两个颜色的中间值，如图 B05-10 所示。

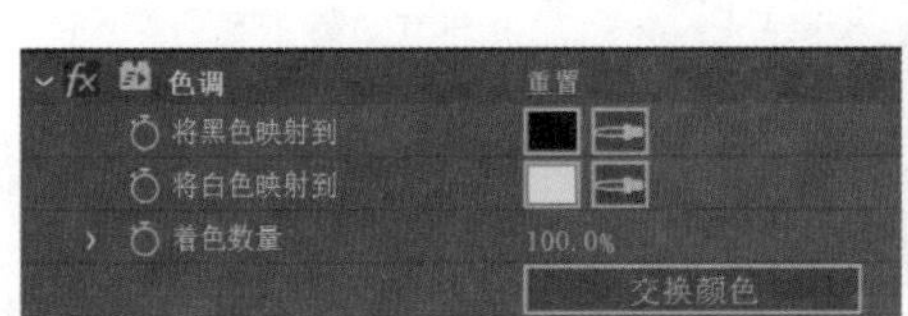

图 B05-10

- 三色调（Tritone）：和【色调】的效果基本一样，只是多了一个【中间调】控制中间调像素的颜色。
- 广播颜色（Broadcast Colors）：制作播出的电视节目时，改变像素的颜色值，保留电视范围中的信号振幅，如今应用不是很多。
- 灰度系数 / 基值 / 增益（Gamma/Pedestal/Gain）：为每个通道独立调整灰度系数、基值和增益。
- 曝光度（Exposure）：模拟摄像机的曝光设置，用于调节画面的曝光程度，可以调节整体的曝光度，也可以调节单通道的曝光度。
- 颜色链接（Color Link）：用另一个图层的平均颜色值为源图层进行着色。
- 通道混合器（Channel Mixer）：混合当前的颜色通道来改变另一个颜色通道的值，改变图像的色调时应用频率很高。
- 阴影 / 高光（Shadow/Highlight）：使图像的阴影部分变亮，减少高光部分，可以用来修复逆光画面。
- CC Color Neutralizer（CC 颜色中和剂）：用于纠正画面的偏色问题。
- CC Color Offset（CC 颜色偏移）：分别调节 R、G、B 三个通道的相位值。
- CC Toner（CC 调色）：和三色调效果基本相同。
- 照片滤镜（Photo Filter）：可以理解为在画面上叠加一层纯色以更改画面的整体色调。
- PS 任意映射（PS Arbitrary Map）：常用来制作文本颜色变化的动画，可以将 PS 的曲线和贴图文件（.acv、.amp）映射到画面。
- 色调均化（Equalize）：和 Photoshop 中的【色调均化】效果类似，重新分布画面的像素值，以达到更均匀的亮度颜色平衡。
- 色光（Colorama）：改变画面的颜色，实现卡通画般的效果，可以设置动画。
- 可选颜色（Selective Color）：改变画面中选择的颜色，而不影响其他主要颜色。

将【可选颜色】效果的【颜色】属性选择为【红色】，更改下面颜色的参数值，可以发现人物皮肤以及地面这些偏红色的部分，颜色随着参数值的改变而发生变化，而其他部分的颜色基本不会改变，如图 B05-11 所示。

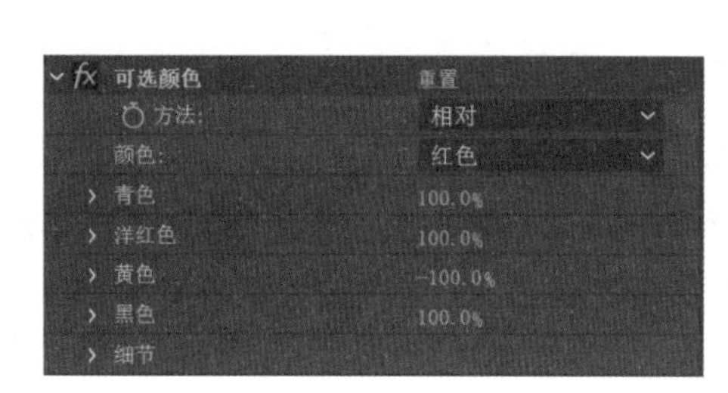

图 B05-11

- 自然饱和度（Vibrance）：改变画面的饱和度，饱和度较低的颜色比饱和度较高的颜色受影响更大，可以用来保护人物肤色不过于饱和而增大其他颜色的饱和度。
- 自动色阶（Auto Levels）：自动处理画面的色阶，使亮的部分更亮，暗的部分更暗。
- 自动对比度（Auto Contrast）：自动处理画面的对比度，使亮的部分更亮，暗的部分更暗。
- 自动颜色（Auto Color）：自动处理画面的对比度和颜色，使亮的部分更亮，暗的部分更暗。
- 颜色稳定器（Color Stabilizer）：根据周围的颜色改变导入素材的颜色，作用和【颜色链接】类似，但是不如【颜色链接】效果方便。
- 颜色平衡（Color Balance）：用于更改图层阴影、中间调和高光的红色、绿色和蓝色的强度。
- 颜色平衡 (HLS)（Color Balance (HLS)）：用于更改画面的色相、亮度和饱和度，此效果主要为了与之前版本 After Effects 中的【颜色平衡 (HLS)】兼容，如今【色相 / 饱和度】效果已经完全能够取代此效果。
- 黑色和白色（Black & White）：将彩色画面转换为黑白画面，可以对不同的颜色通道单独调节增加黑白图的层次感。

## B05.3　实例练习——调整为冷色调效果

本实例原素材及完成效果参考如图 B05-12 所示。

原素材

完成效果参考

素材作者：Edgar Fernández

图 B05-12

## 操作步骤

01 新建项目，导入本课提供的素材“休息.mp4”，并用素材创建合成。

02 选择图层 #1“休息”，添加【Lumetri 颜色】，将【高光色调】向蓝色区域调，使天空变蓝；继续添加【照片滤镜】效果，选择【冷色滤镜（82）】，如图 B05-13 所示。

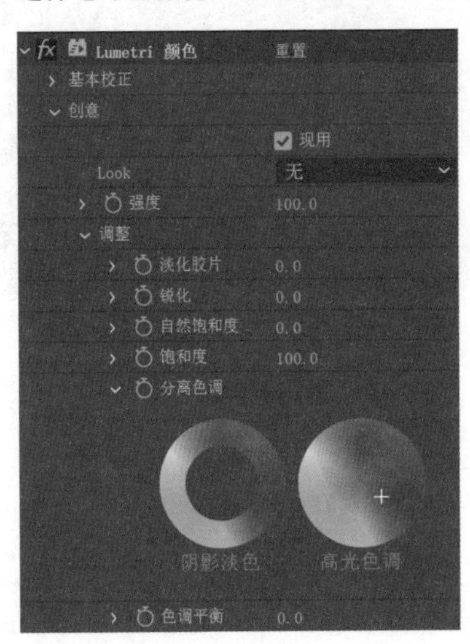


图 B05-13

图 B05-13（续）

03 选择图层 #1“休息”复制一层（Ctrl+D），并将上层重命名为“人物”，双击图层 #1“人物”进入【图层查看器】窗口，使用【Roto 笔刷工具】在人物和柱子上绘制出选区，如图 B05-14 所示。

图 B05-14

04 按空格键自动计算选区，并耐心调整绘制不合适的选区直至整段视频绘制完成。

05 回到总合成，选择图层 #2“休息”，添加【高斯模糊】效果，使背景模糊，如图 B05-15 所示。

图 B05-15

06 创建文本层“Fashion”，放到“人物”下面，将【不透明度】改为 40%，图层模式改为【经典颜色减淡】；将指针移动到 0 秒处，【位置】属性值改为 1926.0,581.0 并创建关键帧；将指针移动到合成结尾，【位置】属性值改为 -1970.0,581.0，制作文本从视频开始到视频结束、从右至左移动的动画，如图 B05-16 所示。

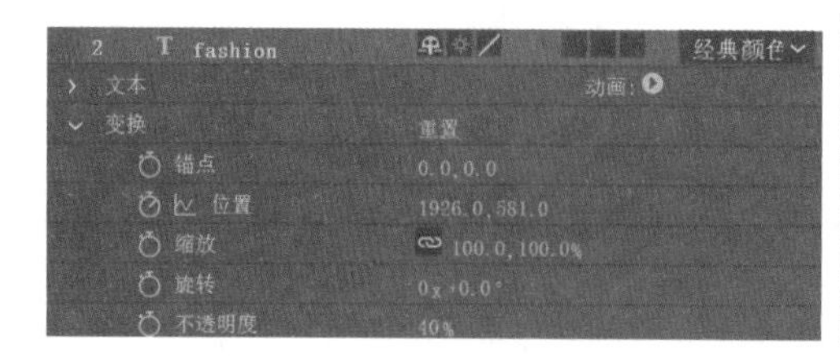

图 B05-16

07 创建文本层“Sports”，放到第一层，【不透明度】改为 80%，并为其添加【高斯模糊】效果；将指针移动到 0 秒处，将【位置】属性值改为 -355.0,1337.0 并创建关键帧；将指针移动到合成结尾，将【位置】属性值改为 1926.0,1337.0，制作文本从视频开始到结束、从左至右移动的动画，如图 B05-17 所示。至此，调整为冷色调效果制作完成，播放预览效果。

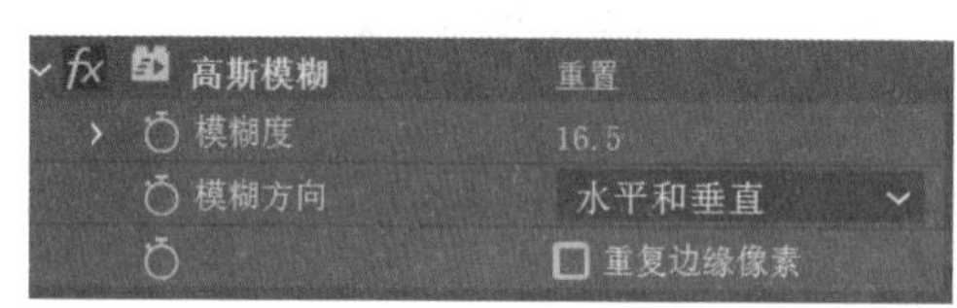


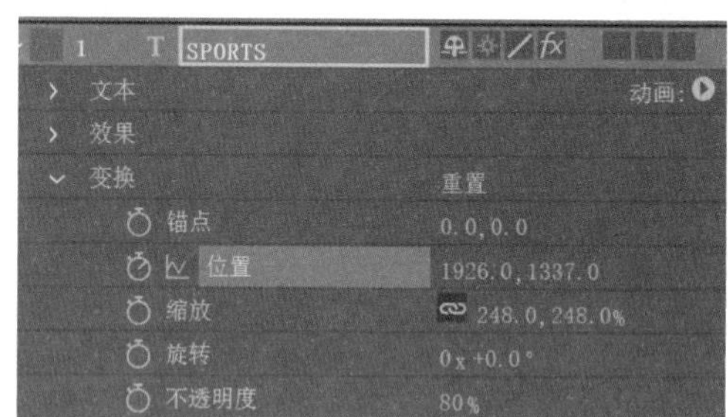


图 B05-17

## B05.4 实例练习——大楼发光效果

本实例完成效果如图 B05-18 所示。

素材作者：Edgar Fernández

图 B05-18

### 操作步骤

01 新建项目，在【项目】面板中导入视频素材“大楼.mp4”，将视频素材拖曳至【时间轴】面板上建立合成，持续时间设置为 6 秒。

02 选择图层 #1“大楼”复制一层（Ctrl+D），将其重命名为“发光效果”；将指针移动至 0 秒处，选择图层 #1“发光效果”沿大楼所需发光处绘制蒙版，为【蒙版路径】属性创建关键帧；将指针移动至合成结尾处，调整【蒙版路径】使蒙版继续贴合大楼，如图 B05-19 所示。

图 B05-19

03 选择图层 #1“发光效果”执行【效果】-【颜色校正】-【保留颜色】效果，在【效果控件】面板中使用【要保留的颜色】的吸管工具，吸取大楼亮部颜色，使发光效果只在该颜色范围内生成，如图 B05-20 所示。

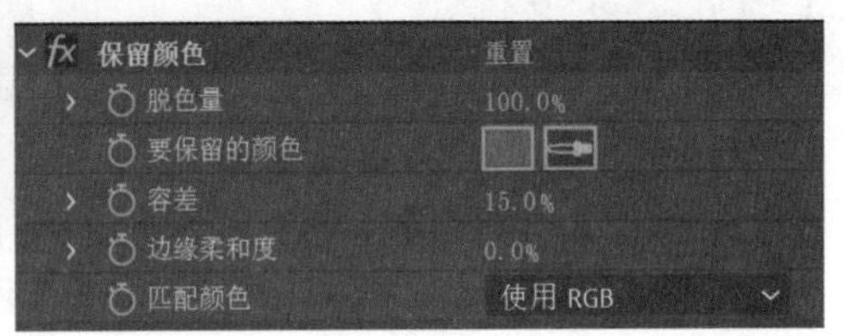


图 B05-20

04 选择图层 #1“发光效果”执行【效果】-【风格化】-【发光】效果，在【效果控件】面板中将【发光颜色】调整为【A 和 B 颜色】；调整【颜色 A】和【颜色 B】，再根据所需调整【发光阈值】和【发光半径】，如图 B05-21 所示。

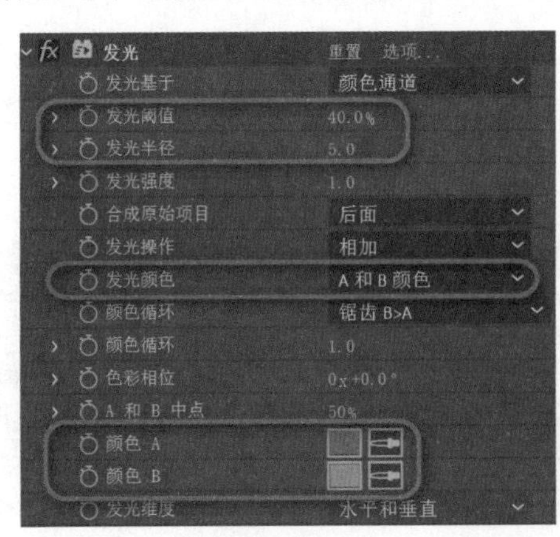

图 B05-21

05 将指针移动至第 0 帧处，选择图层 #1“发光效果”，使发光颜色富有动效，为【色彩相位】属性创建关键帧；将指针移动至第 2 秒处，调整【色彩相位】属性值，如图 B05-22 所示。

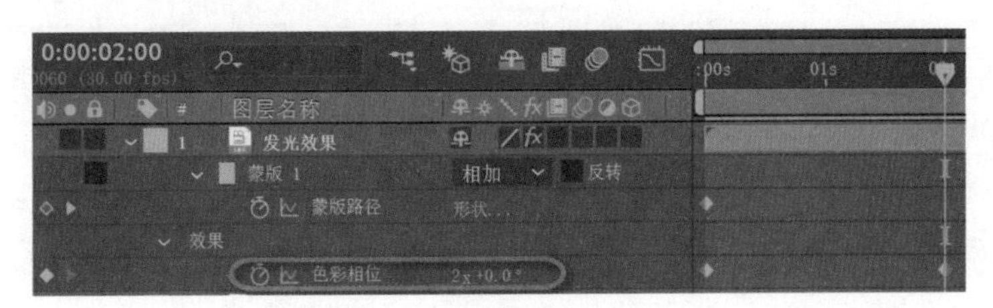


图 B05-22

06 要使发光颜色不断变换，选择图层 #1“发光效果”，按【Ctrl+Shift+D】快捷键将图层拆分开，选择图层 #1 将其重命名为“发光效果 2”，按【U】键显示所有关键帧，全选【色彩相位】关键帧，将起始关键帧拖曳至 2 秒处。

07 选择图层 #1“发光效果 2”，在【效果控件】面板中将【颜色循环】调整为【锯齿 A > B】；调整【颜色 A】和【颜色 B】，再根据所需调整【发光阈值】，如图 B05-23 所示。

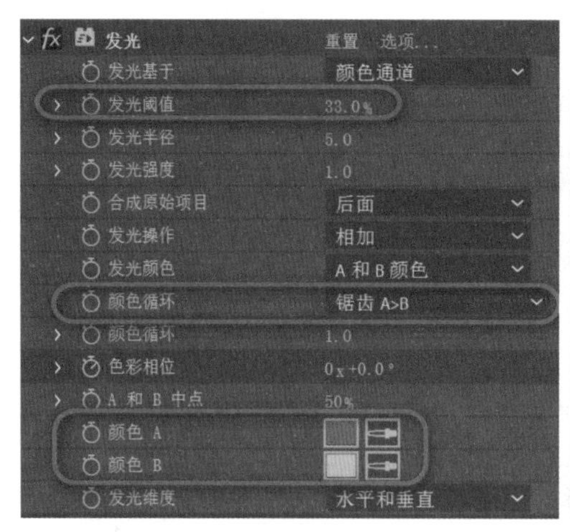

图 B05-23

08 根据上述步骤，将指针移动至第 4 秒处拆分图层（Ctrl+Shift+D），将图层 #1 重命名为“发光效果 3”，并全选【色彩相位】关键帧向右移动，起始关键帧移动至指针处；在【效果控件】面板中调整【发光】效果，如图 B05-24 所示。

09 移动指针，查看视频效果；观察到发光颜色变化有些生硬，将图层 #2“发光效果 2”拖曳至“发光效果”图层下方，将指针移动至第 2 秒处，为图层 #2“发光效果”添加【不透明度】关键帧；将指针移动至第 2 秒 10 帧处，调整【不透明度】属性值为 0%，使其效果之间过渡柔和，并按【Alt+]】快捷键修剪层的出点至当前帧，如图 B05-25 所示。

图 B05-24

图 B05-25

10 根据上述步骤调整图层 #1“发光效果 3”至“发光效果 2”图层下方，使效果之间过渡柔和，如图 B05-26 所示，至此，大楼发光效果就制作完成了，播放预览效果。

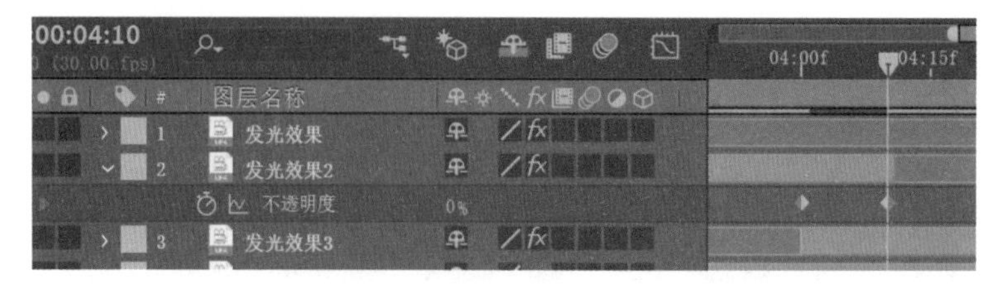


图 B05-26

# B05.5 综合案例——彩虹变色效果

本综合案例完成效果如图 B05-27 所示。

图 B05-27

### 操作步骤

01 新建项目，新建合成，命名为“彩虹变色效果”，宽度为 1920 px，高度为 1080 px，帧速率为 30 帧 / 秒。在【项目】面板中导入视频素材“豆包 .png”，将其拖曳到【时间轴】面板。

02 使用【圆角矩形工具】和【星形工具】绘制出“星星”和“棍子”形状图形，将图层重命名为“星星”和“棍子”。

03 制作“星星”和“棍子”的立体效果，将“棍子”填充调整为【径向渐变】并调整颜色；选中图层 #1“星星”执行【效果】-【透视】-【斜面 Alpha】命令，在【效果控件】面板中调整【边缘厚度】【灯光角度】和【灯光强度】参数，效果如图 B05-28 所示。

图 B05-28

04 选中图层 #1“星星”复制一层（Ctrl+D），将上层重命名为“彩虹发光星星”。

05 选中图层 #1“彩虹发光星星”执行【效果】-【颜色校正】-【色光】命令，添加【相移】关键帧制作色轮循环效果，如图 B05-29 所示。

图 B05-29

06 添加光效使星星发光，选中图层 #1“彩虹发光星星”执行【效果】-【生成】-【CC Light Rays】命令，在【效果控件】面板中调整【Intensity】和【Radius】参数，效果如图 B05-30 所示。

图 B05-30

07 “灯光变色效果”制作完成，播放预览效果，如图 B05-31 所示。

图 B05-31

## B05.6 综合案例——季节变换效果

本综合案例完成效果如图 B05-32 所示。

素材作者：Edgar Fernández

图 B05-32

### 操作步骤

01 新建项目，在【项目】面板中导入视频素材“汽车行驶.mp4”并用素材建立合成。

02 将指针移动至 3 秒处，选择图层 #1“汽车行驶”复制一层（Ctrl+D），将上层重命名为“秋季”；选择图层 #1“秋季”，按【Alt+[】快捷键修剪层的入点至当前帧，执行【效果】-【颜色校正】-【可选颜色】命令，在【效果控件】面板中选取需要调整的【颜色】，降低【青色】的值，提升其他颜色的值，使树叶变成黄色。需要注意的是，调整【黄色】时可以稍微提升【洋红色】的值，使黄色变为暖黄色，更有秋天的感觉，如图 B05-33 所示。

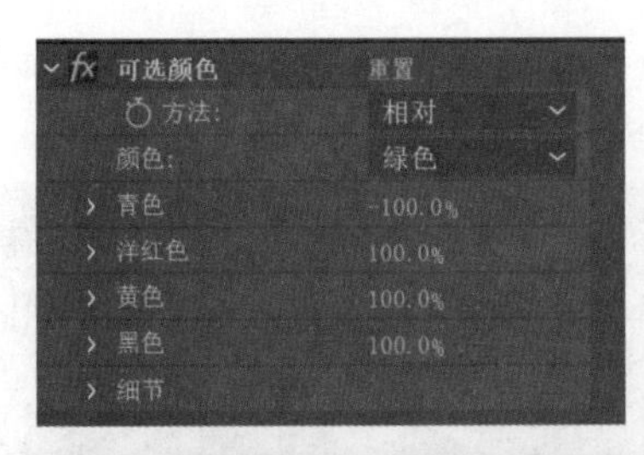

图 B05-33

03 选择图层 #1“秋季”复制一层（Ctrl+D），将上层重命名为“夜晚”；将指针移动至 6 秒处，选择图层 #1“夜晚”，按【Alt+[】快捷键剪辑层的入点至当前帧，制作夜晚的效果；执行【效果】-【颜色校正】-【三色调】效果，在【效果控件】面板中将【高光】和【中间调】颜色调整为蓝色，调整【与原始图像混合】的属性值，夜晚时整体颜色会偏蓝色调，如图 B05-34 所示。

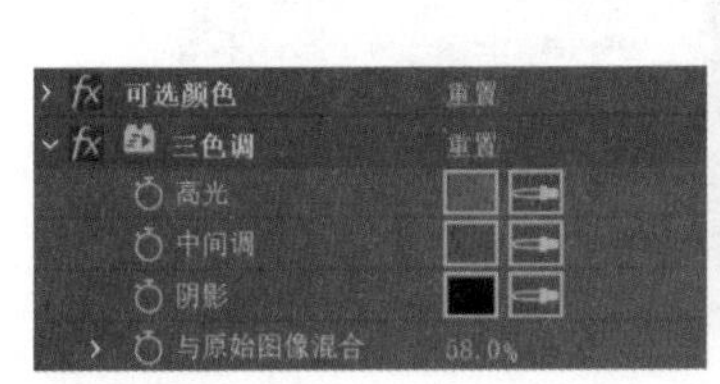

图 B05-34

04 此时画面有些亮，执行【效果】-【颜色校正】-【曲线】效果，在【效果控件】面板中调整曲线，使整体画面变暗，提升蓝色通道，使画面中的蓝色更加明显些，如图 B05-35 所示。

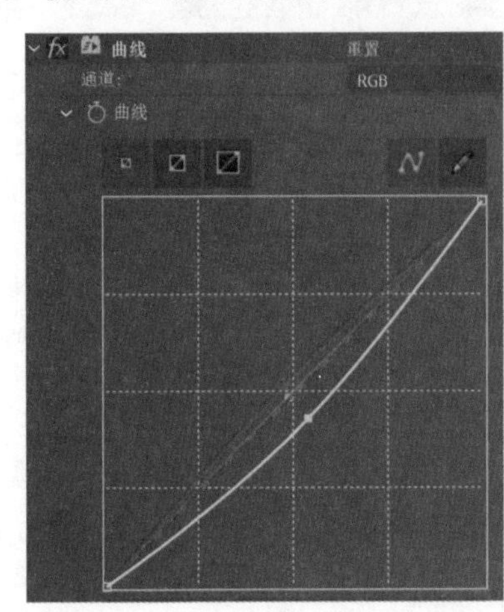

图 B05-35

05 观察到画面的草丛有些亮，执行【效果】-【颜色校正】-【亮度和对比度】命令，在【效果控件】面板中降低【亮度】属性值，提升【对比度】属性值，使明暗对比增强，如图 B05-36 所示。

图 B05-36

06 移动指针，查看视频效果；观察到颜色变化有些生硬，将指针移动至 3 秒处，选择图层 #2“秋季”，为【不透明度】属性创建关键帧，制作逐渐显现的效果，如图 B05-37 所示。

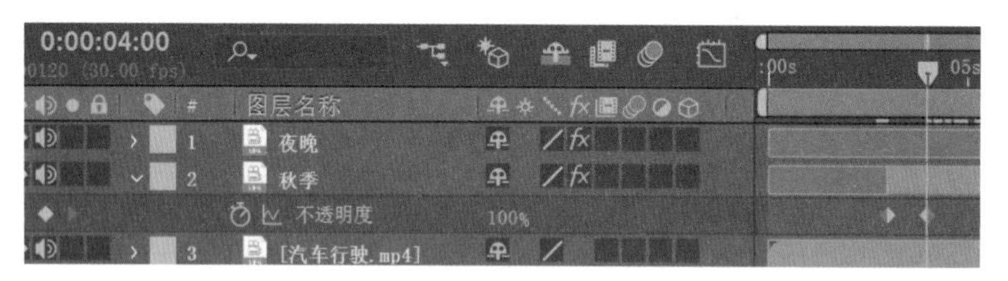


图 B05-37

07 根据上述步骤，将指针移动至 6 秒处，选择图层 #1“夜晚”制作淡入效果，如图 B05-38 所示。至此，季节变换效果制作完成，播放预览效果。

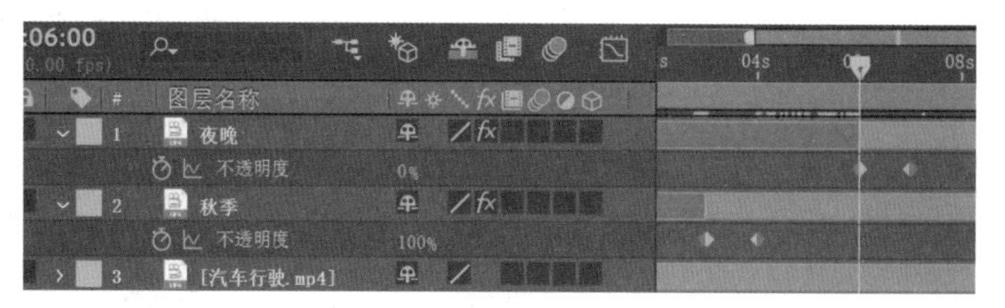


图 B05-38

## B05.7 作业练习——更改保留颜色效果

本作业原素材和完成效果参考如图 B05-39 所示。

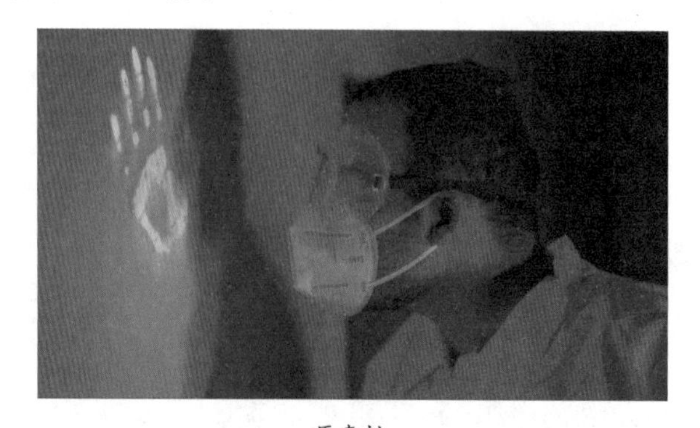

原素材

图 B05-39

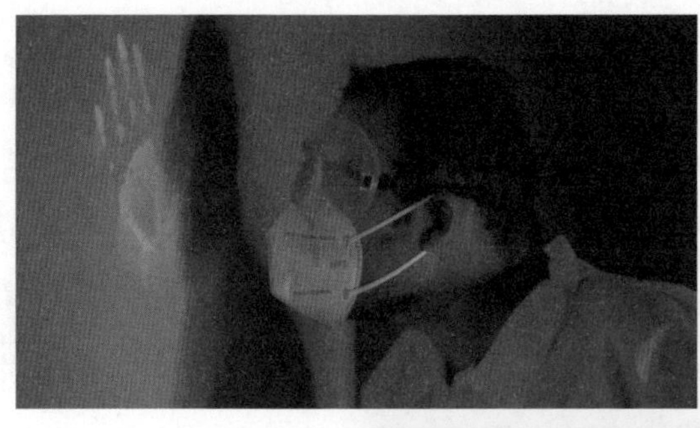

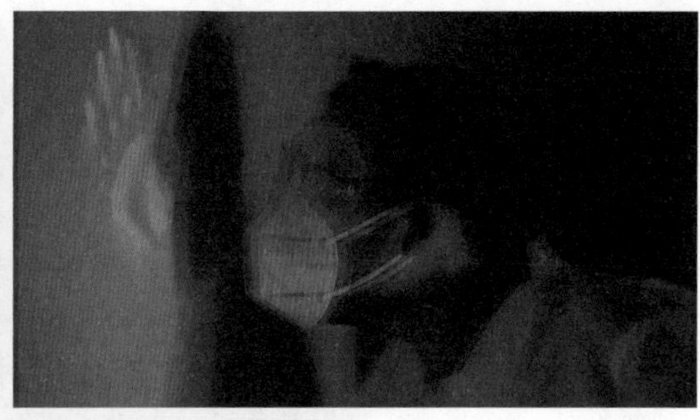

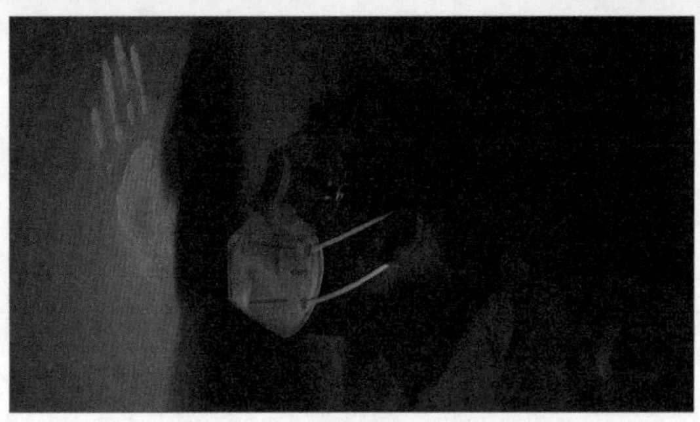

完成效果参考

素材作者：Mario Arvizu

图 B05-39（续）

### 作业思路

新建项目，导入提供的视频素材“采集掌印.mp4”并使用素材创建合成，新建“调整图层 1”添加【保留颜色】效果，将掌印以外的颜色去除；继续添加【曲线】效果使画面变暗突出掌印；为两个效果创建关键帧动画，制作颜色从有到无的过程。

新建“调整图层 2”添加【更改为颜色】效果，将掌印改为红色，为【不透明度】属性创建关键帧动画，使红色透明度显现出来。

将“采集掌印”复制三层，都添加【通道混合器】效果，分别只保留红色、绿色和蓝色通道，更改图层混合模式，并对【位置】属性创建关键帧动画，制作三个颜色通道抖动过程中画面颜色改变的效果。

## B05.8　作业练习——下雪效果

本作业原素材和完成效果参考如图 B05-40 所示。

原素材

完成效果参考

素材作者：Matthias Groeneveld

图 B05-40

作业思路

新建项目，导入提供的视频素材“森林小屋.mp4”并使用素材建立合成，按【Ctrl+D】快捷键复制一层，对第一层先后添加【色调】和【色阶】效果，将颜色调节成雪后的效果，更改混合模式选择合适模式。

将调色层复制一层，绘制蒙版将天空部分单独显示，重新调节【色阶】属性值，解决天空过曝问题。

选择所有图层进行预合成，添加【CC Snowfall】效果，调节各属性值使下雪效果看起来更逼真。

# B05.9 Lumetri 颜色效果

【Lumetri 颜色（Lumetri Color）】效果是 After Effects 提供的专业调色工具，是集合很多调色效果于一身的综合调色效果。

新建项目，导入本课提供的素材“散步.mp4”并使用素材创建合成，如图 B05-41 所示。

素材作者：Ruben Velasco

图 B05-41

选择图层 #1“散步”，执行【效果】-【颜色校正】-【Lumetri 颜色】命令。

## 1. 基本校正

【基本校正】下包含的效果如图 B05-42 所示。

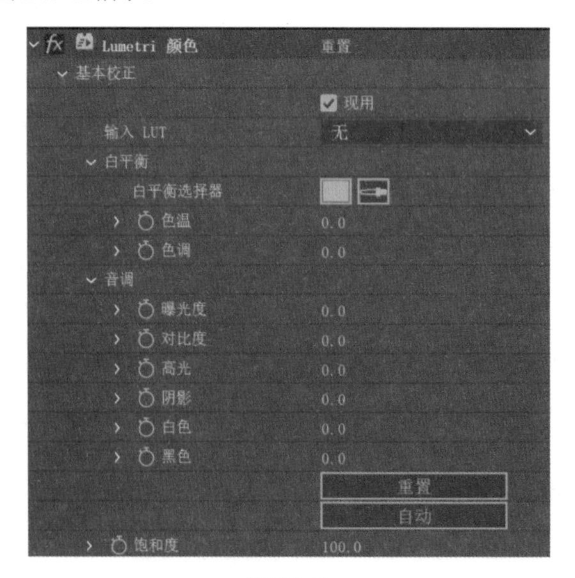


图 B05-42

◆【白平衡】：用来调节画面的白平衡，使用【白平衡选择器】中的吸管在画面上的白色区域单击，会自动计算【色温】和【色调】。例如在画面中上方的白灯上单击，会修正色温偏暖的问题，结果如图 B05-43 所示。

图 B05-43

当然也可以手动更改【色温】和【色调】的参数值来达到想要的白平衡。

◆【音调】下是【曝光度】【对比度】等属性，和 B05.2 课讲解的效果是一样的，可以多多尝试，这里不再赘述。

## 2. 创意

【创意】下包含的效果如图 B05-44 所示。

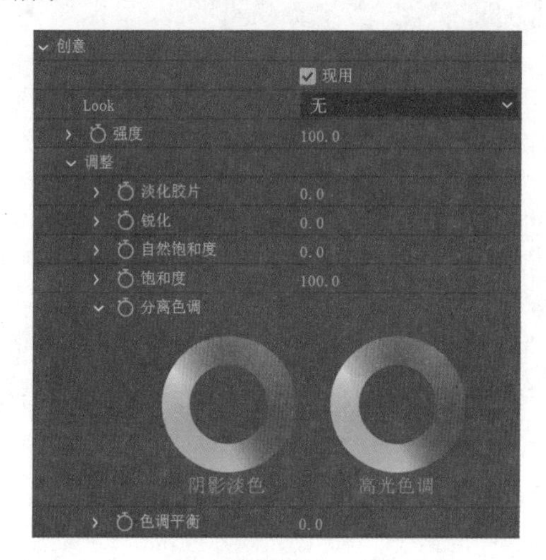


图 B05-44

◆【淡化胶片】：使画面胶片化，类似叠加了一层灰色纯色层。

◆【锐化】：和【模糊与锐化】下的【锐化】效果基本相同。

◆【自然饱和度】和【饱和度】：与 B05.2 课讲解的效果相同，这里不再赘述。

◆【分离色调】：用来调节画面高光和阴影处的色调，将高光色调向蓝色偏移，使天空更蓝；将阴影色调向绿色偏移，使树更绿，如图 B05-45 所示。

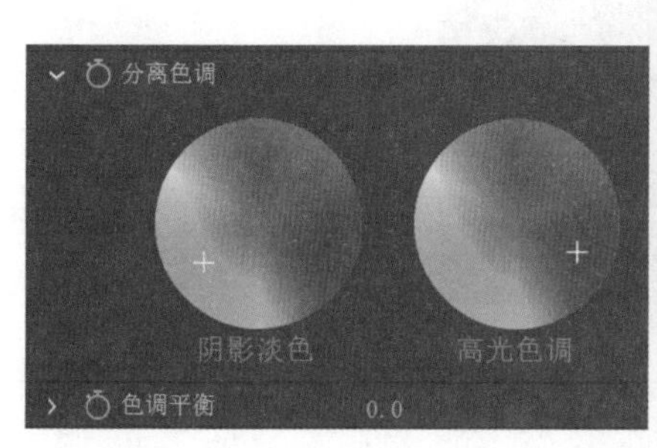

图 B05-45

## 3. 曲线

【曲线】下包含的效果如图 B05-46 所示。

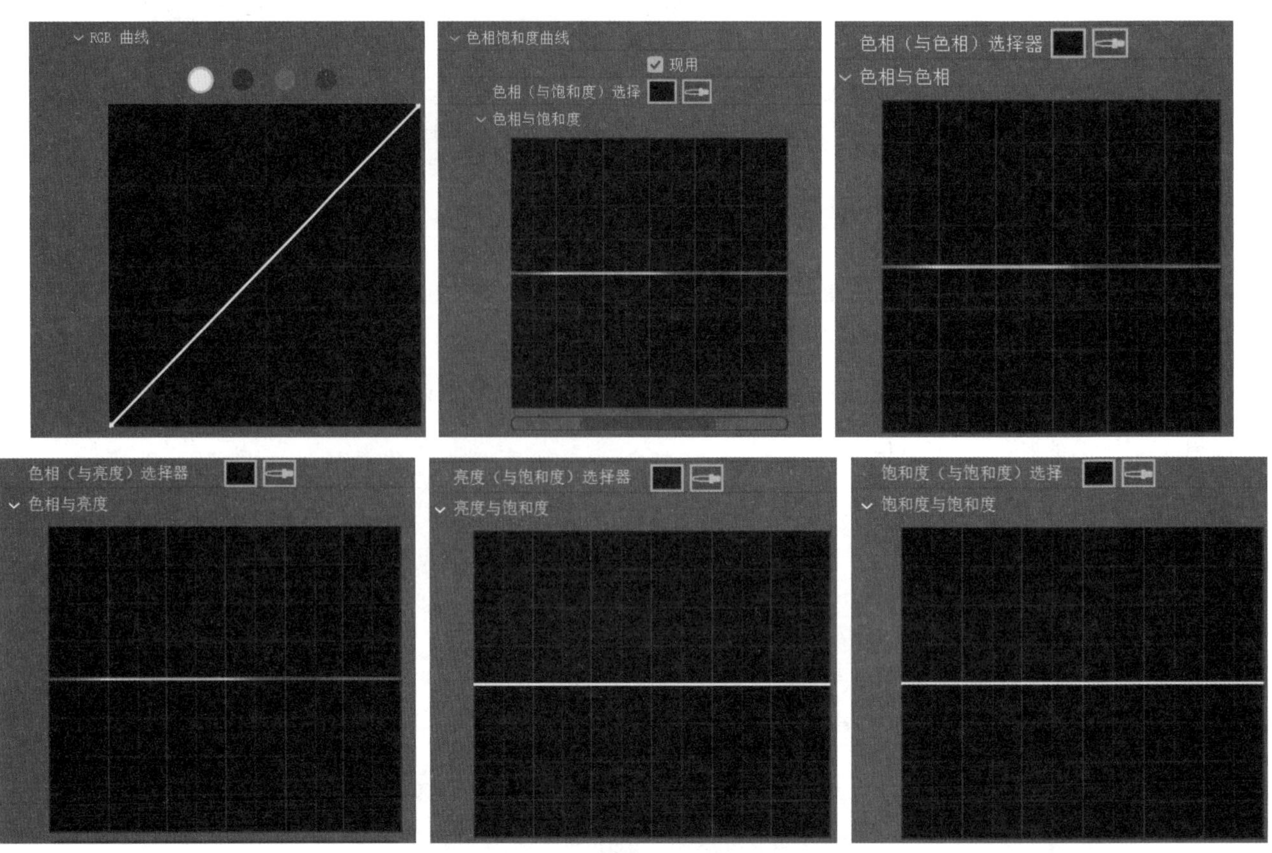


图 B05-46

- 【RGB 曲线】：与 B05.2 课讲解的【曲线】的用法和效果一样。
- 【色相与饱和度】：使用吸管吸取画面中的颜色，调节所选颜色色相范围内的饱和度。例如用吸管吸取画面中紫色的花朵，会在色相与饱和度曲线上自动生成三个点，如图 B05-47 所示。

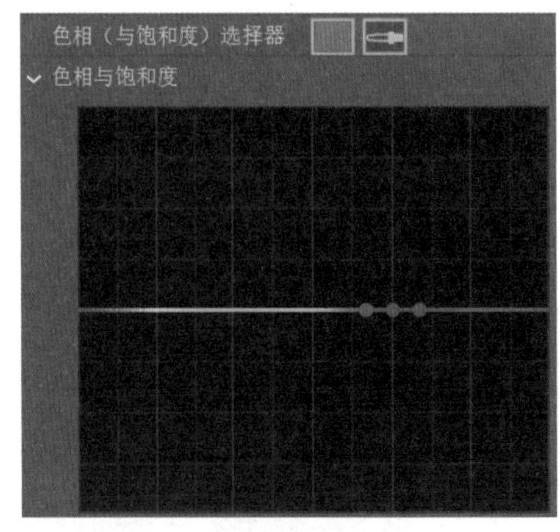


图 B05-47

将紫色的点向下调节，即可降低花朵的饱和度，如图 B05-48 所示。

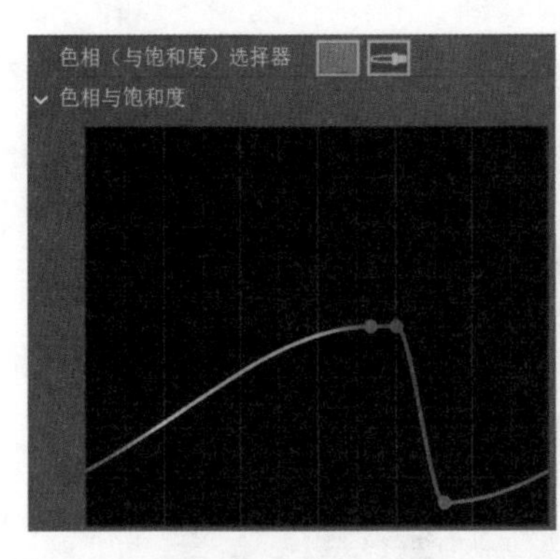

图 B05-48

◆【色相与色相】：使用吸管吸取画面中的颜色，调节所选色相范围内的色相。仍然用吸管吸取紫色花朵，调节曲线可以改变花朵的色相，如图 B05-49 所示。

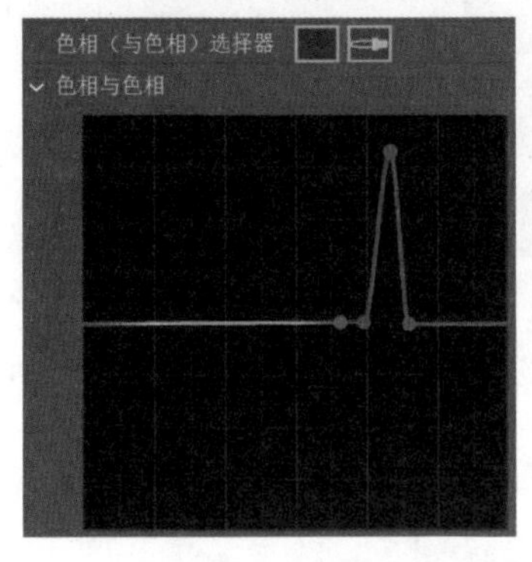

图 B05-49

◆【色相与亮度】：使用吸管吸取画面中的颜色，调节所选色相范围内的亮度。
◆【亮度与饱和度】：使用吸管吸取画面中的某点，调节所选亮度范围内的饱和度，适合用于提升或降低画面中亮处或阴影处的饱和度。
◆【饱和度与饱和度】：使用吸管吸取画面中的某点，调节所选饱和度范围内的饱和度。

## 4. 色轮

【色轮】下包含的效果如图 B05-50 所示。

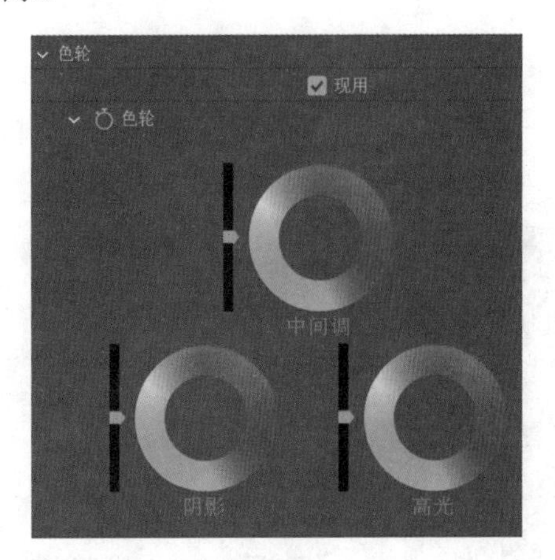


图 B05-50

【色轮】的用法和【色调分离】类似，多了一个中间调可以调节，可以自己尝试调节一下。

## 5. HSL 次要

【HSL 次要】下包含的效果如图 B05-51 所示。

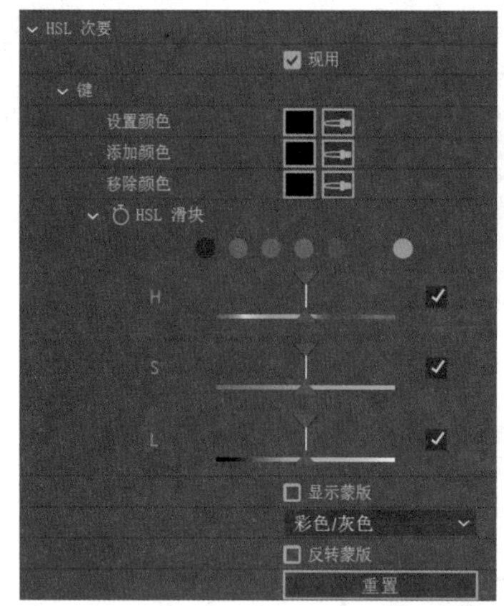


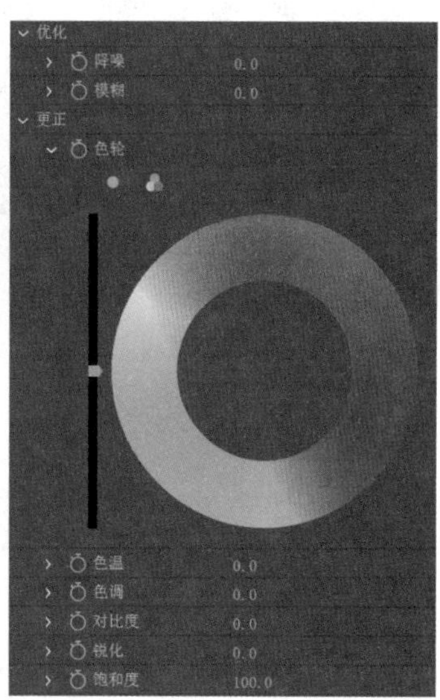


图 B05-51

【HSL 次要】主要用来调节更改画面中所选的颜色，作用和【更改颜色】类似，但是比【更改颜色】的调节精度和可控性更强。

导入本课提供的素材“心形. mp4”，如图 B05-52 所示。

素材作者：Marco López

图 B05-52

使用【设置颜色】的吸管在绿色花朵上单击，选中【显示蒙版】复选框，调节【HSL 滑块】使花朵显示出来，如图 B05-53 所示。

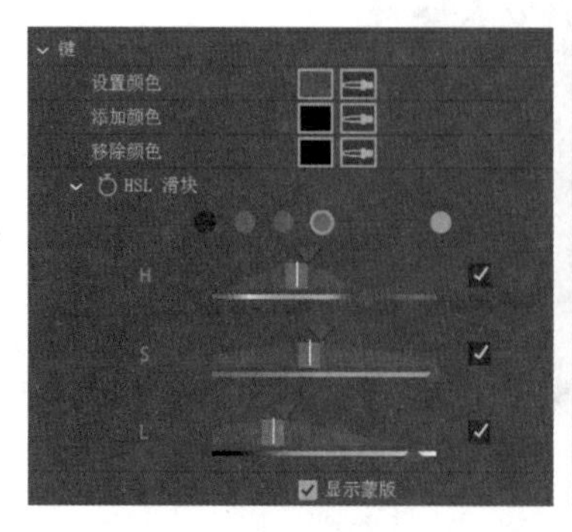


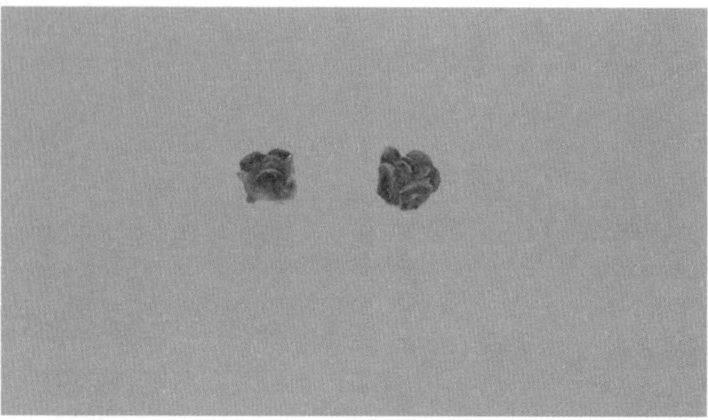

图 B05-53

接下来调节【优化】和【更正】下各属性的参数即可对所选颜色进行更改，如图 B05-54 所示。

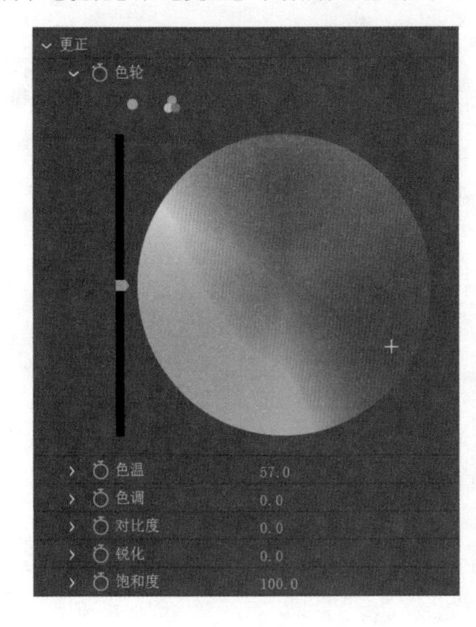

图 B05-54

## 6. 晕影

【晕影】下包含的效果如图 B05-55 所示。

【晕影】主要用来制作画面四角的暗角或者亮角，如图 B05-56 所示。

图 B05-55

图 B05-56

B06课

特效特训

音频及其他



本课讲解音频以及一些其他类型的效果。

## B06.1 音频

After Effects 是一款视频合成与特效制作软件，对于音频只能进行一些简单的效果处理，其包含的【音频（Audio）】效果如图 B06-1 所示。

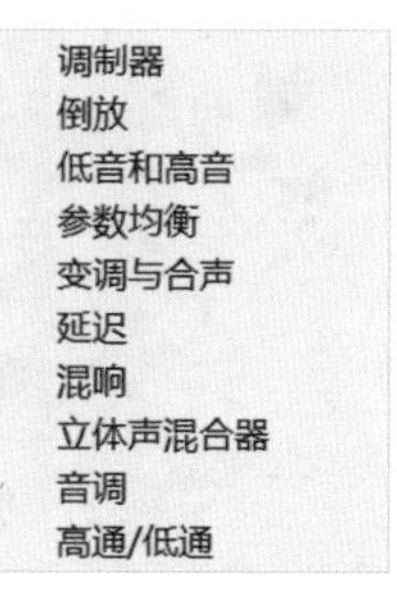


图 B06-1

下面介绍一下这些音频效果。

◆ 调制器（Modulator）：用于设置音频的颤音效果，改变音频的频率和振幅。

参数介绍如下（见图 B06-2）。

| 调制器 | 重置 |
| --- | --- |
| 调制类型 | 正弦 |
| 调制速率 | 10.00 |
| 调制深度 | 2.00% |
| 振幅变调 | 50.00% |

图 B06-2

- 调制类型：要选择的波形类型，有正弦和三角形两种。
- 调制速率：设置速率。
- 调制深度：设置频率。
- 振幅变调：设置振幅。

◆ 倒放（Backwards）：将音频倒着播放，颠倒图层的音频。

◆ 低音和高音（Bass & Treble）：用于调整高低音，可提高或削减音频的低频和高频。

参数介绍如下（见图 B06-3）。

| 低音和高音 | 重置 |
| --- | --- |
| 低音 | 0.00 |
| 高音 | 0.00 |

图 B06-3

- 低音：用于提高或削减低音部分。
- 高音：用于提高或削减高音部分。

◆ 参数均衡（Parametric EQ）：对特定的频率范围强化或减弱，可以增强音乐的效果。

参数介绍如下（见图 B06-4）。

- 网频响应：频率响应曲线，X 轴表示频率范围，Y 轴表示增益值。
- 频率：要修改的频率的中心。
- 带宽：修改频带的宽度。
- 推进 / 剪切：提高或削减指定带内频率振幅的数量。

参数均衡
重置
网频响应
+12 dB
+6 dB
0 dB
-6 dB
-12 dB
0 Hz
21609 Hz
带 1 已启用
频率
1000.0
带宽
20.0
推进/剪切
50.0%
带 2 已启用
频率
5000.0
带宽
20.0
推进/剪切
50.0%
带 3 已启用
频率
10000.0
带宽
20.0
推进/剪切
50.0%

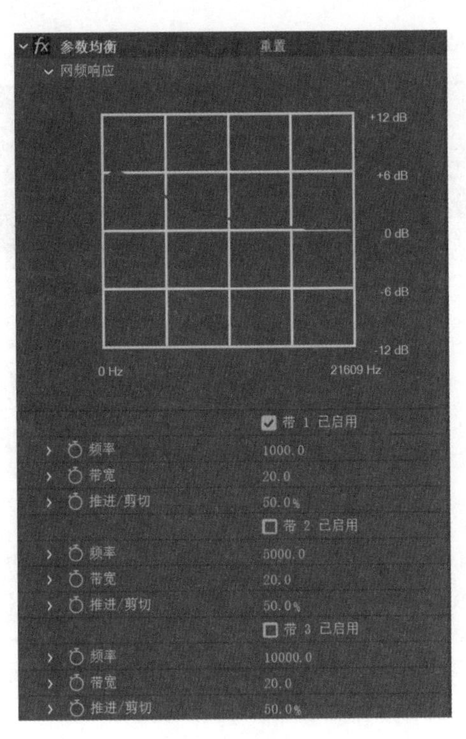

图 B06-4

◆ 变调与合声（Flange & Chorus）：变调用于生成颤音、急促的声音；合声用来设置合声效果，为一人声音或单个乐器声制作多人声音或多种乐器声。

参数介绍如下（见图 B06-5）。

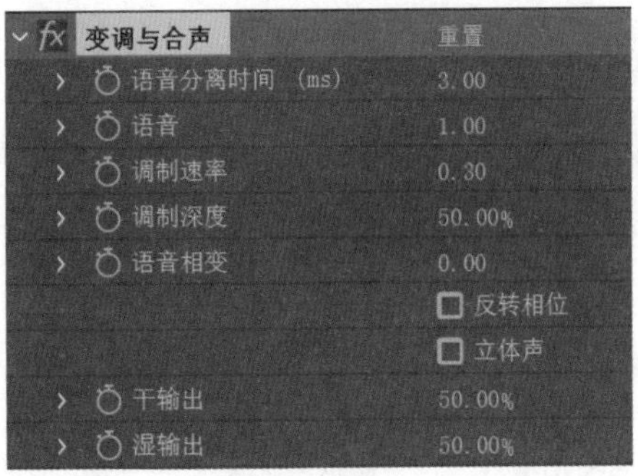

变调与合声
重置
语音分离时间（ms）
3.00
语音
1.00
调制速率
0.30
调制深度
50.00%
语音相变
0.00
反转相位
立体声
干输出
50.00%
湿输出
50.00%

图 B06-5

- 语音分离时间（ms）：分离各语音的时间，以毫秒为单位。使用 6 或者更低的参数用于变调效果，使用更高的参数用于合声效果。
- 语音：经过处理的用于合声的数量。
- 调制速率：设置循环的速率。
- 调制深度：调制量。
- 语音相变：每个后续声音之间的相位差，以度为单位。
- 反转相位：将经过处理的相位反转。
- 立体声：设置为立体声效果。
- 干输出：不经过处理的声音的输出量。
- 湿输出：经过处理的声音的输出量。

◆ 延迟（Delay）：指定一个时间，时间过后重复音频，也就是模拟回声效果。

参数介绍如下（见图 B06-6）。

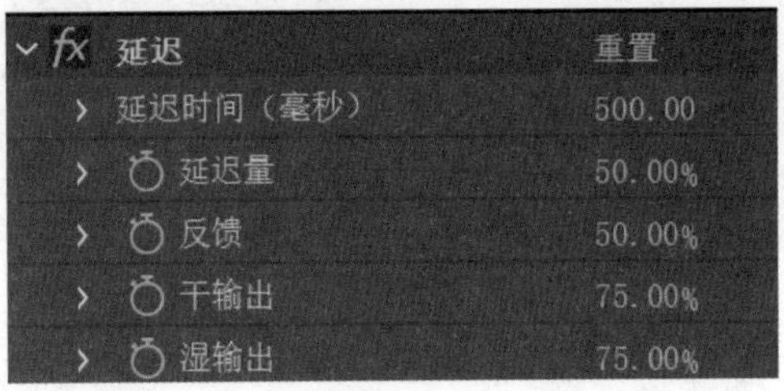

延迟
重置
延迟时间（毫秒）
500.00
延迟量
50.00%
反馈
50.00%
干输出
75.00%
湿输出
75.00%

图 B06-6

- 延迟时间：原始声音与回声之间的间隔时间。
- 延迟量：声音延迟部分的数量。
- 反馈：创建后续回声反馈的回声量。
- 干输出：不经过处理的声音的输出量。
- 湿输出：经过处理的声音的输出量。

◆ 混响（Reverb）：模拟声音随机反射从而模拟声音在空旷环境或室内的效果。

参数介绍如下（见图 B06-7）。

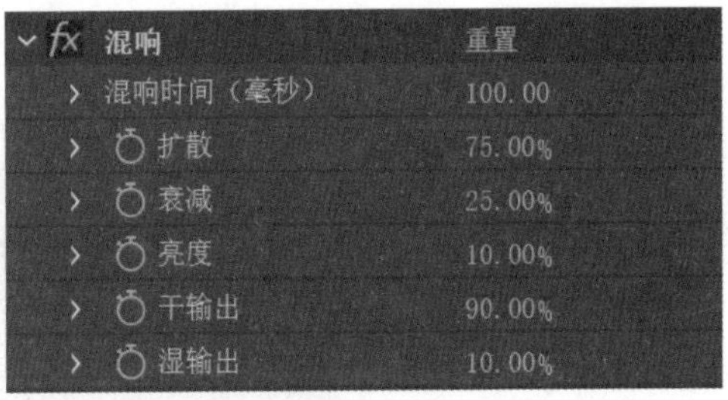

混响
重置
混响时间（毫秒）
100.00
扩散
75.00%
衰减
25.00%
亮度
10.00%
干输出
90.00%
湿输出
10.00%

图 B06-7

- 混响时间（毫秒）：原始音频和混响音频的平均时间。
- 扩散：设置扩散原始音频的量。
- 衰减：效果消失需要的时间。
- 亮度：原始音频中的细节含量。
- 干输出：不经过处理的声音的输出量。
- 湿输出：经过处理的声音的输出量。

◆ 立体声混合器（Stereo Mixer）：可混合音频的左右声道产生立体声效果。

◆ 音调（Tone）：将简单音频进行合成来创建新的声音，最多有 5 种音调来产生和弦，如图层中有原始音频，应用此效果后原音频会被忽略，只播放合成的音调。

参数介绍如下（见图 B06-8）。

- 波形选项：确定要使用的波形的类型，有【正弦】【三角形】【锯子】【正方形】4 种类型。
- 频率：设置 5 个音频的频率，要关闭某一个音调，频率值设为 0.0。
- 级别：更改所有音调的振幅。

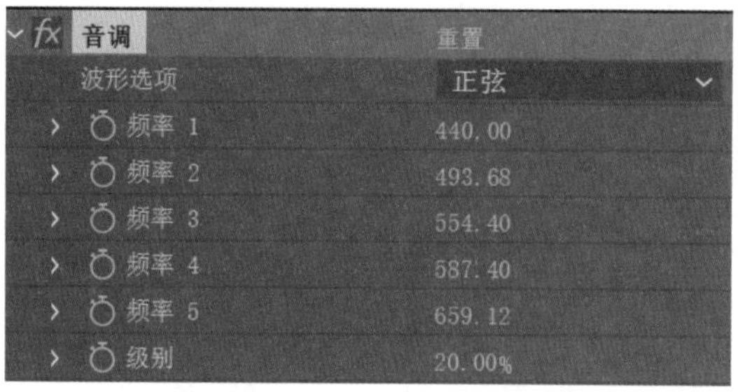

| 音调 | 重置 |
|---|---|
| 波形选项 | 正弦 |
| 频率 1 | 440.00 |
| 频率 2 | 493.68 |
| 频率 3 | 554.40 |
| 频率 4 | 587.40 |
| 频率 5 | 659.12 |
| 级别 | 20.00% |

图 B06-8

◆ 高通 / 低通（High/Low Pass）：可以独立输出高低音。高通允许【屏蔽频率】以上的频率通过，阻止【屏蔽频率】以下的频率通过；低通允许【屏蔽频率】以下的频率通过，阻止【屏蔽频率】以上的频率通过。

参数介绍如下（见图 B06-9）。

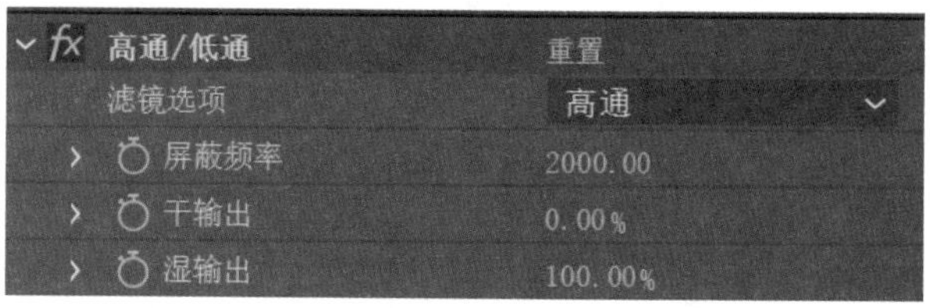

| 高通/低通 | 重置 |
|---|---|
| 滤镜选项 | 高通 |
| 屏蔽频率 | 2000.00 |
| 干输出 | 0.00% |
| 湿输出 | 100.00% |

图 B06-9

- 滤镜选项：用于选择【高通】或【低通】。
- 屏蔽频率：高通以下或低通以上的所有频率都不得通过。
- 干输出：不经过处理的声音的输出量。
- 湿输出：经过处理的声音的输出量。

## B06.2 时间

【时间（Time）】效果可以在画面中生成一些与时间相关的效果，新建项目合成，导入本课提供的素材“健身.mp4”，如图 B06-10 所示。

素材作者：Alona

图 B06-10

◆ 残影（Echo）：字面意思为可以使画面中运动的对象产生残影的效果，如图 B06-11 所示。

◆ 像素运动模糊（Pixel Motion Blur）：为画面中运动的物体或摄像机添加运动模糊效果，使画面看起来更加流畅，如图 B06-12 所示。

图 B06-11

图 B06-12

◆ 时差（Time Difference）：计算两个图层之间的像素差异，产生特殊的效果，如图 B06-13 所示。

图 B06-13

◆ 时间置换（Time Displacement）：需要用到置换图，根据置换图的明亮度扭曲画面，生成各种各样的效果。新建一个纯色层，添加【梯度渐变】效果作为置换图，结果如图 B06-14 所示。

图 B06-14

◆ 时间扭曲（Timewarp）：使画面慢放或者快放，使前几秒或者后几秒的画面出现在【查看器】窗口中。
◆ 色调分离时间（Psterize Time）：将画面锁定到一个固定的帧速率，也就是通常所说的“抽帧”。
◆ CC Wide Time（CC 帧融合）：多重帧融合的效果，会产生重影的效果，如图 B06-15 所示。

图 B06-15

◆ CC Force Motion Blur（CC 强制运动模糊）：强制动态模糊，使画面产生运动模糊效果。

## B06.3　综合案例——闪现舞蹈效果

本综合案例完成效果如图 B06-16 所示。

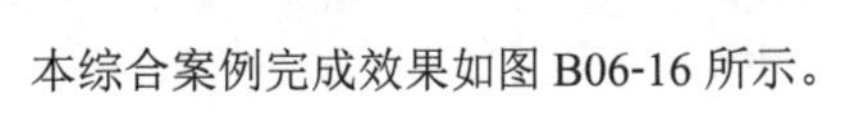

素材作者：Edgar Fernández

图 B06-16

## 操作步骤

01 新建项目，导入本课提供的素材“舞蹈.mp4”并用素材创建合成。

02 选取人物不在一个位置且身体没有重叠的两个时间，生成两张静帧图片，通过绘制蒙版合成没有人物的纯背景，如图 B06-17 所示。对两张图片进行预合成，合成名字为“背景”，置于【时间轴】面板最底层。

图 B06-17

03 选择图层 #1“舞蹈”，添加【差值遮罩】效果，【差值图层】选择为【2. 背景】，调节参数，抠出人物，如图 B06-18 所示。

图 B06-18

04 做人物从天而降的动画，将指针移动到 3 帧处，为图层 #1“舞蹈”的【位置】属性设置关键帧；将指针移动到 0 秒处，向上移动人物直至出画，自动添加第二个关键帧，开启运动模糊开关。

05 选择图层 #1“舞蹈”，将指针移动到 1 秒处，拆分图层（Ctrl+Shift+D），将 1 秒至 4 秒间的内容删除，再删除 4 秒 20 帧以后的内容。移动剩余内容的入点至 1 秒 2 帧处，做人物闪现效果，如图 B06-19 所示。

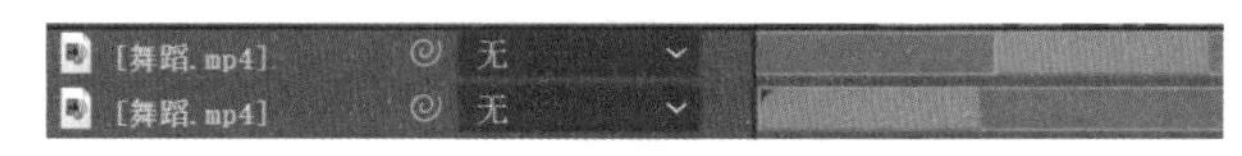


图 B06-19

06 重新将【项目】面板中的“舞蹈”素材拖曳至【时间轴】面板，进行预合成操作，合成名字为“残影”，双击进入“残影”内部。

07 选择图层 #1“舞蹈”，先后添加【时间扭曲】和【残影】效果，将指针移动到 6 秒 14 帧处；为【时间扭曲】下的【速度】属性创建关键帧，属性值为 100；为【残影】下的【残影数量】设置关键帧，属性值为 0。

08 将指针移动到 6 秒 15 帧处，将【速度】属性值改为 800，【残影数量】改为 5，自动创建第二个关键帧。

09 将指针移动到 6 秒 23 帧处，两个属性值不变，设置关键帧，然后前移一帧，将 6 秒 14 帧处的关键帧粘贴过来，制作加速残影效果，如图 B06-20 所示。

图 B06-20

10 用同样的方法在第 9 秒处继续制作加速残影效果。

11 回到总合成，选择图层 #3“残影”，将指针移动到开始出现残影的时间点，删除残影出现之前的部分，将“残影”入点拖曳至 4 秒 24 帧处，如图 B06-21 所示。

图 B06-21

12 对图层 #3“残影”进行拆分，将两段残影间的内容删除一部分，做残影闪现的效果。

13 指针移动到人物手部倒立处，将之后的内容删除。

14 选择图层 #1“舞蹈”，复制一份（Ctrl+D），将上层重命名为“飞出”，找到手部倒立的位置，设置为入点，移动到图层 #4“残影”出点处连接上，如图 B06-22 所示。

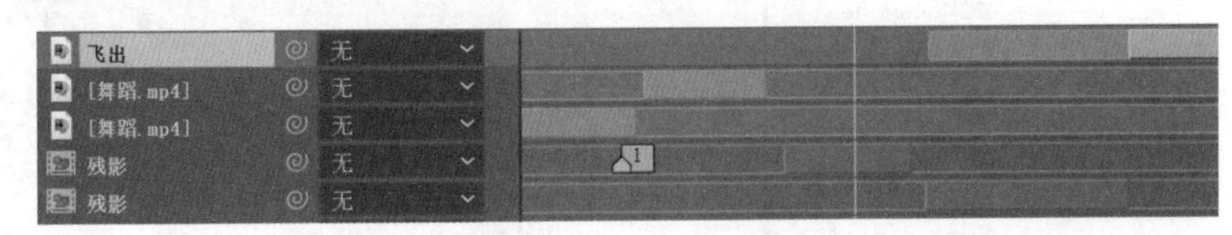


图 B06-22

15 选择图层 #1“飞出”，将【时间伸缩】改为 10%，为人物制作旋转过程中向上飞出画面的动画，开启【运动模糊】，动画时间在 3 帧内。

16 制作传送门，新建合成，命名为“传送”，宽度为 1080 像素，高度为 1920 像素，新建纯色层，添加【分形杂色】效果，如图 B06-23 所示。

17 将【分形杂色】的【对比度】增大，【亮度】降低，【缩放宽度】减小，【缩放高度】增大。

18 为【偏移】和【演化】设置动画，使杂色向上快速流动。

19 添加【色调】效果，将白色替换为其他颜色，如图 B06-24 所示。

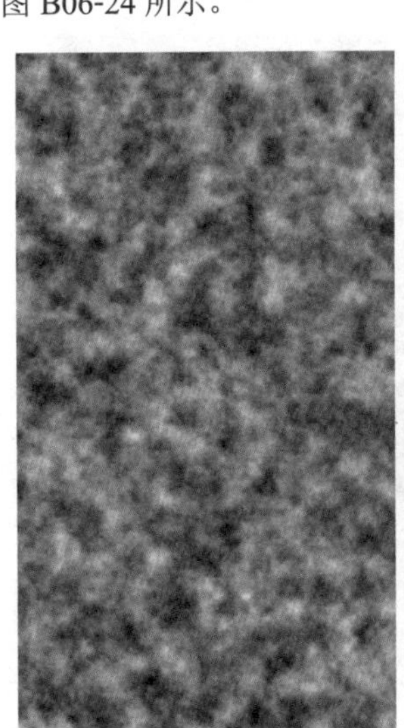

图 B06-23

图 B06-24

20 回到总合成，将“传送”拖曳到【时间轴】面板，放于最上层，混合模式改为【屏幕】，调节大小和位置至合适位置，如图 B06-25 所示。

图 B06-25

21 将除“背景”层和“传送”层之外的所有层整体向后拖曳 8 帧，为“传送”制作蒙版动画，使其从上到下生长出现，并在人物出现后纵向收缩至中心消失。

22 选择图层 #1“传送”，连按【Ctrl+D】快捷键复制两层，使其效果更明显。

23 继续复制一层，调节位置和大小至合适位置，将其放至结尾，如图 B06-26 所示。

图 B06-26

24 将蒙版动画改为从下向上生长出现，在人物飞出画面后纵向收缩至中心消失；同样复制两层，使其效果更明显。至此，闪现舞蹈效果制作完成，播放预览动画。

# B06.4 通道

【通道（Channel）】效果用于在画面中生成一些类似图层混合的效果和合成方面的视频效果。某些中文版本软件也译为【声道】，如图 B06-27 所示。为了便于理解，本书采用【通道】一名，后文不再一一说明。

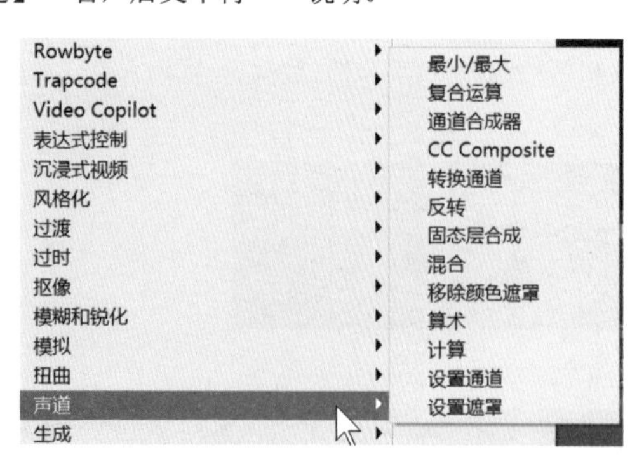


图 B06-27

新建项目，导入本课提供的素材“骑行.mp4”，用素材创建合成，如图 B06-28 所示。

素材作者：Edgar Fernández

图 B06-28

- 最小 / 最大（Minimax）：为指定的通道分配指定半径内该通道的最小值或最大值的像素。例如，使用最小值效果和半径 3 时，黑色环绕的白色纯色区域各边会收缩三个像素，如图 B06-29 所示。
- 复合运算（Compound Arithmetic）：产生和图层混合模式相同的效果，但是效果没有图层混合模式好，【复合运算】现在主要是为了兼容早期版本 After Effects 的【复合运算】效果。
- 通道合成器（Channel Combiner）：用来显示、提取和调整通道值。
- CC Composite（CC 复合）：图层自身通道进行混合，其效果和复制一个图层在两个图层间进行图层混合模式的效果一样。
- 转换通道（Shift Channels）：可将画面中的 Alpha、红色、绿色、蓝色通道替换为其他通道的值。
- 反转（Invert）：用于反转画面的颜色信息，得到类似底片的效果，如图 B06-30 所示。

图 B06-29

图 B06-30

- 固态层合成（Solid Composite）：相当于建一个纯色层与源图层进行图层间的混合。
- 混合（Blend）：使用【交叉淡化】【仅颜色】【仅色调】【仅变暗】【仅变亮】五种模式进行两个图层之间的混合。
- 移除颜色遮罩（Remove Color Matting）：可以去除带有颜色预乘通道的素材的色晕。
- 算数（Arithmetic）：对图层中红、绿、蓝通道进行多种简单的数学运算。
- 计算（Calculations）：将两个图层的通道进行合并。
- 设置通道（Set Channels）：复制其他层的通道到当前层的颜色和 Alpha 通道中。
- 设置遮罩（Set Matte）：将其他图层的通道设置为本图层的遮罩，可以实现类似轨道遮罩的效果，导入“豆包.psd”作为获取遮罩的图层，效果如图 B06-31 所示。

图 B06-31

## B06.5 实例练习——黑白反转做旧效果

本实例完成效果如图 B06-32 所示。

素材作者：Dan Dubassy

图 B06-32

### 操作步骤

01 新建项目，导入本课提供的素材“花.mp4”并用素材创建合成，如图 B06-33 所示。

图 B06-33

02 选择图层 #1“花”，执行【效果】-【颜色校正】-【色相 / 饱和度】命令，将【主饱和度】的属性值改为 -100，如图 B06-34 所示。

图 B06-34

03 选择图层 #1“花”，执行【效果】-【颜色校正】-【色阶】命令，如图 B06-35 所示。

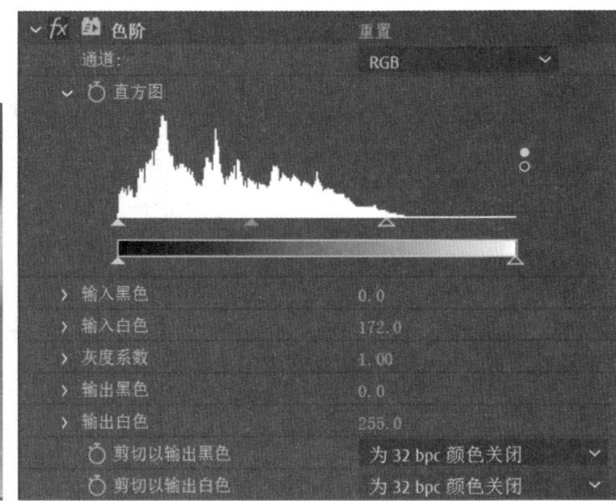


图 B06-35

04 选择图层 #1“花”，执行【效果】-【通道】-【反转】命令，如图 B06-36 所示。

05 选择图层 #1“花”，执行【效果】-【模糊和锐化】-【高斯模糊】命令，将【模糊度】改为 8.0；导入本课提供的素材“宣纸 .psd”，拖曳至【时间轴】面板底层，调节其【缩放】属性放大至整个合成，将图层 #1“花”的混合模式改为【相乘】，如图 B06-37 所示。至此，黑白反转做旧效果制作完成，播放预览查看效果。

图 B06-36

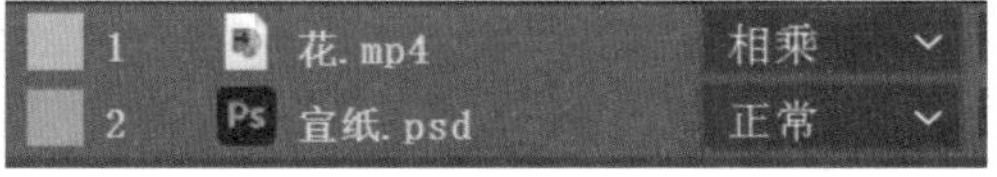


图 B06-37

## B06.6 综合案例——时钟错乱效果

本综合案例完成效果如图 B06-38 所示。

素材作者：Mario Arvizu

图 B06-38

## 操作步骤

01 新建项目，新建合成，命名为“时钟错乱效果”，宽度为 1920 px，高度为 1080 px，帧速率为 30 帧 / 秒，持续时间设置为 3 秒。在【项目】面板中导入视频素材“时钟.mp4”并拖曳到【时间轴】面板上。选中图层 #1“时钟”复制一层（Ctrl+D），将上层重命名为“绿时钟”，如图 B06-39 所示。

图 B06-39

02 选中图层 #1“绿时钟”执行【效果】-【风格化】-【卡通】命令，在【效果控件】面板中将【卡通】效果的【渲染】选择为【边缘】，如图 B06-40 所示。

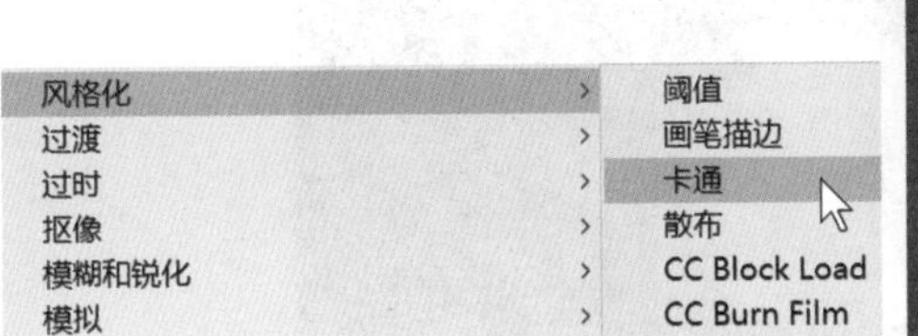


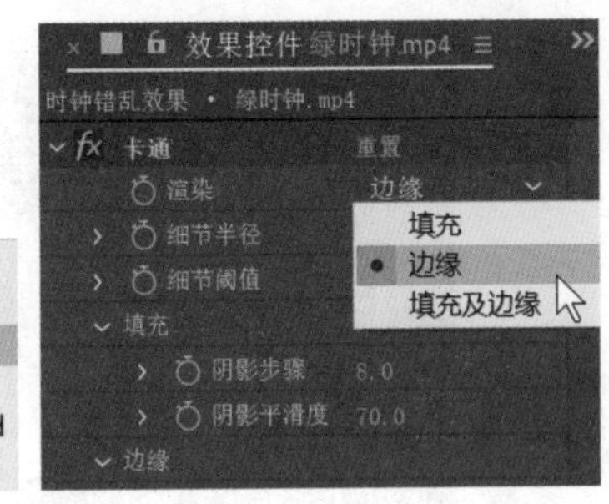

图 B06-40

03 选中图层 #1“绿时钟”执行【效果】-【通道】-【反转】命令，如图 B06-41 所示。

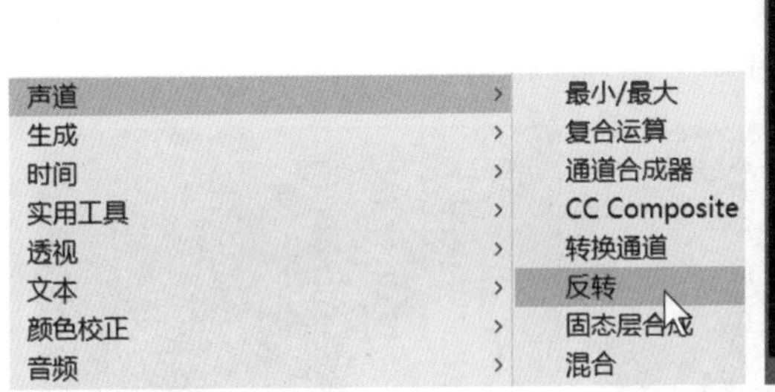

图 B06-41

04 选中图层 #1“绿时钟”执行【效果】-【通道】-【转换通道】命令（见图 B06-42），在【转换通道】中【从 获取 Alpha】选择【绿色】，【从 获取红色】选择【完全关闭】，【从 获取绿色】选择【完全打开】，【从 获取蓝色】选择【完全关闭】，效果如图 B06-43 所示。

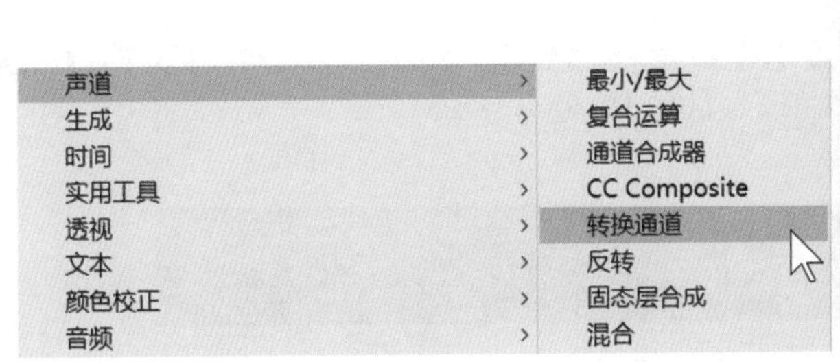


图 B06-42

图 B06-43

05 选中图层 #1“绿时钟”，连续按【Ctrl+D】键复制出两个图层，重命名为“红时钟”和“蓝时钟”，如图 B06-44 所示。

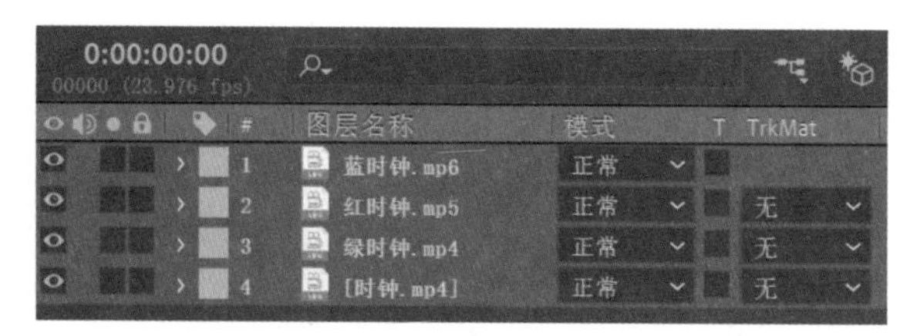


图 B06-44

06 选中图层 #2“红时钟”，在【转换通道】中【从 获取 Alpha】选择【红色】,【从 获取红色】选择【完全打开】,【从 获取绿色】选择【完全关闭】,【从 获取蓝色】选择【完全关闭】(关闭图层 #1“蓝时钟”的可视化，查看效果)，如图 B06-45 所示。

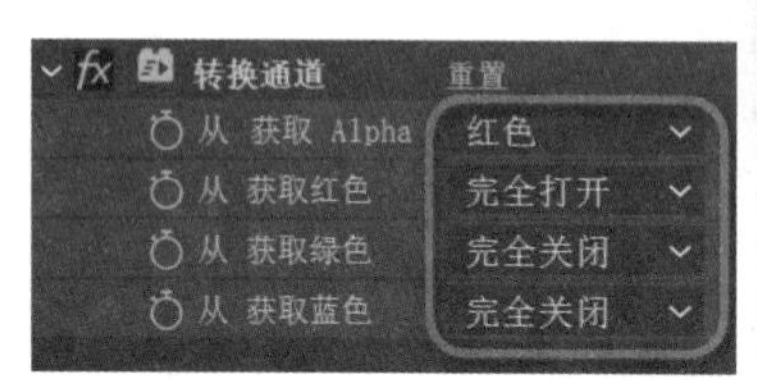

图 B06-45

07 选中图层 #1“蓝时钟”，在【转换通道】中【从 获取 Alpha】选择【蓝色】,【从 获取红色】选择【完全关闭】,【从 获取绿色】选择【完全关闭】,【从 获取蓝色】选择【完全打开】，如图 B06-46 所示。

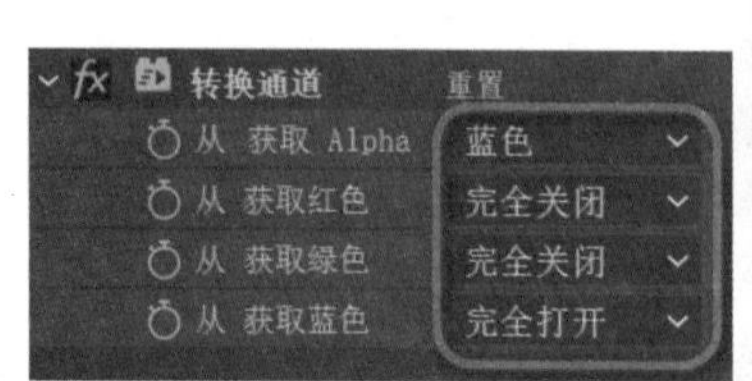

图 B06-46

08 选中图层 #3“绿时钟”，将指针移动至 12 帧处，按【S】键展开缩放属性，单击层属性【缩放】前面的码表设置关键帧；将指针移动至 1 秒 7 帧处，将【缩放】属性的参数值改为 110.0,110.0%，自动添加第二个缩放关键帧，制作轻微放大的动画，如图 B06-47 所示。

图 B06-47

09 选择第一个缩放关键帧，复制并粘贴到时间轴 2 秒处，将第二个缩放关键帧复制并粘贴到 1 秒 20 帧处，制作轻微缩小回归原大小的动画，如图 B06-48 所示。

图 B06-48

10 同理制作“红时钟”“蓝时钟”的左右位移动画，动画起始时间可以稍微往后一些，错开展示动画的时间，如图 B06-49 所示。

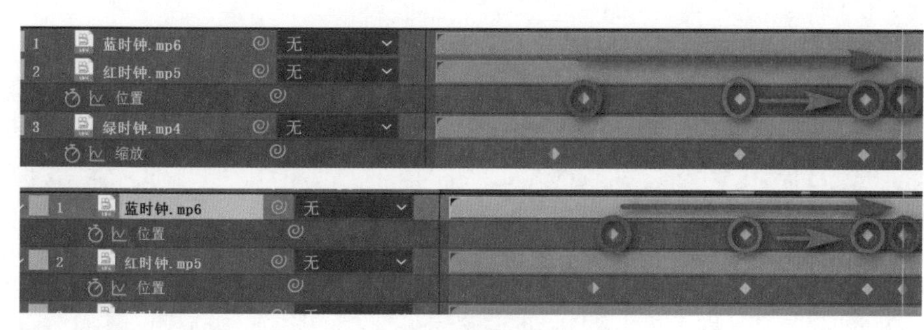


图 B06-49

11 错乱效果初步完成，可以拖曳指针查看其运动效果，如图 B06-50 所示。

12 为使错乱感更强，可以再增加一个模糊变化的效果。全选图层 #1 至 #3，右击在弹出的菜单中选择【预合成】选项，命名为“错乱效果”，选中【将所有属性移动到新合成】单选按钮，如图 B06-51 所示。在新的合成上做整体的模糊变化效果，同样制作模糊效果属性的关键帧动画即可。

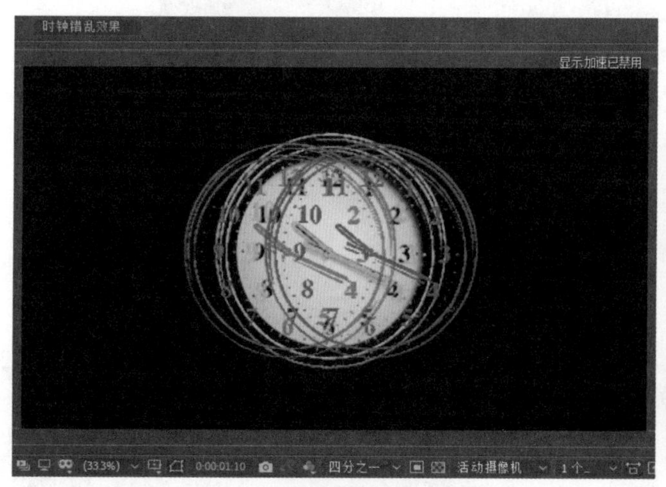


图 B06-50

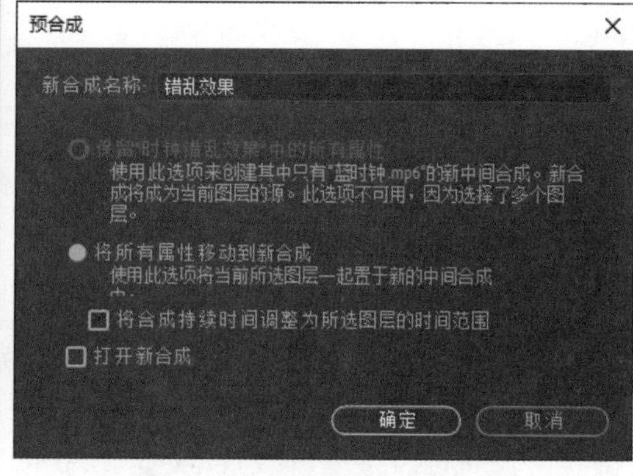


图 B06-51

13 为新的合成执行【效果】-【模糊和锐化】-【高斯模糊】命令（见图 B06-52），设置两个变化的【模糊度】关键帧，产生一段模糊变化效果。这样时钟错乱效果就制作完成了，播放预览效果。

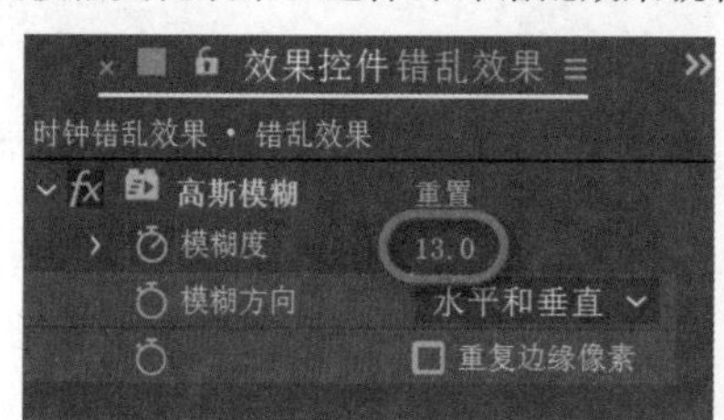

图 B06-52

# B06.7 遮罩

【遮罩（Matte）】效果常用来配合抠像工作，下面介绍各个效果的用法，关于抠像的知识可以回看 B04 课。

◆ 调整实边遮罩（Refine Hard Matte）

- 打开提供的项目文件“遮罩效果.aep”，执行【Keylight】命令，使用【Keylight】中的吸管在绿背景上单击，结果如图 B06-53 所示。
- 此时人物轮廓是模糊的，选择图层 #1“商务”执行【效果】-【遮罩】-【调整实边遮罩】命令，调节参数值，可以发现人物轮廓变得清晰，如图 B06-54 所示。

素材作者：FrameStock

图 B06-53

| fx 调整实边遮罩 | 重置 |
| --- | --- |
| 羽化 | 4.0 |
| 对比度 | 80.0% |
| 移动边缘 | -13.0% |
| 减少震颤 | 50% |
| 使用运动模糊 | ☑ |
| 运动模糊 | |
| 净化边缘颜色 | ☑ |
| 净化 | |
| 数量 | 100% |
| 扩展平滑的地方 | ☐ |
| 增大半径 | 0.0 |
| 查看地图 | ☐ |

图 B06-54

◆ 遮罩阻塞工具（Matte Choker）

- 在进行抠像工作的时候，经常会把对象主体抠得半透明或者缺失像素，而且很难调整，这时候就需要【遮罩阻塞工具】了。针对上一步操作，删除【调整实边遮罩】效果，回到图 B06-53 所示的效果，发现人物主体有像素缺失，而且背景没有抠干净，切换到【Screen Matte】格式可以看得更清楚，如图 B06-55 所示。

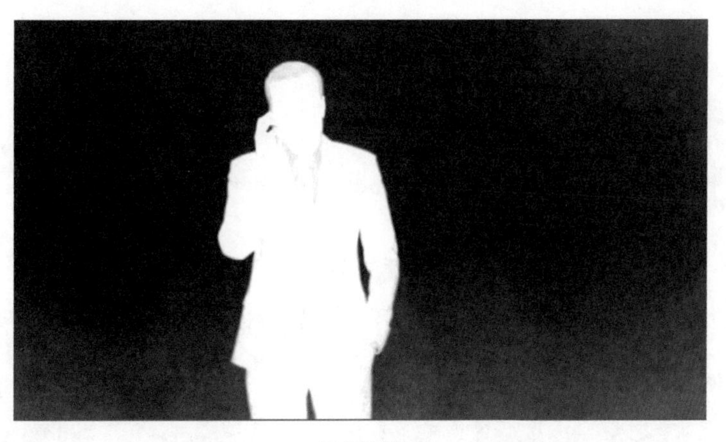

图 B06-55

- 选择图层 #1“商务”执行【效果】-【遮罩】-【遮罩阻塞工具】命令，可以看到人物已经完全变实，没有了像素缺失，背景也变得干净，如图 B06-56 所示。

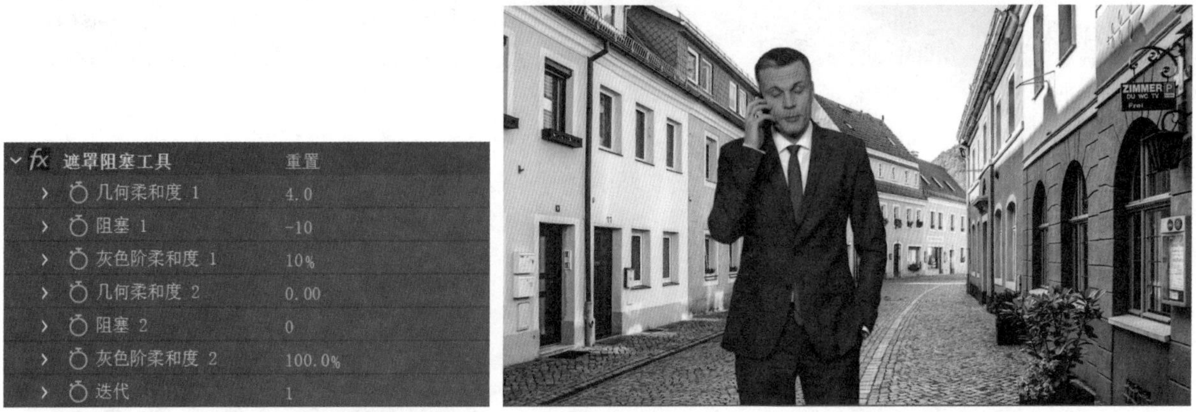

fx 遮罩阻塞工具 重置
几何柔和度 1 4.0
阻塞 1 -10
灰色阶柔和度 1 10%
几何柔和度 2 0.00
阻塞 2 0
灰色阶柔和度 2 100.0%
迭代 1
ZIMMER P
DU WC TV
Frei


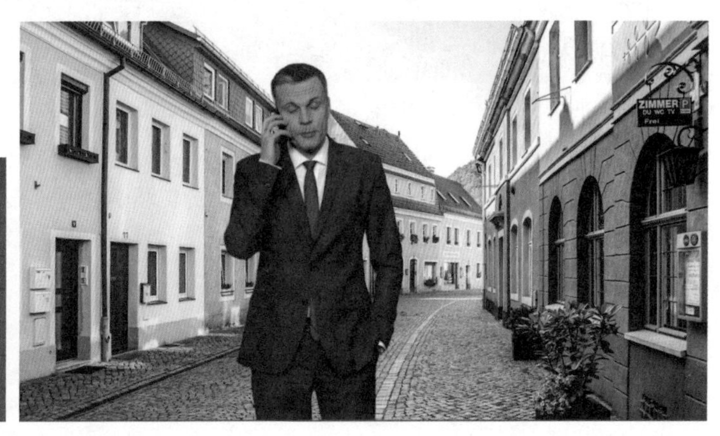

图 B06-56

- 【遮罩阻塞工具】可以理解为沿着抠像主体轮廓绘制了一个看不见的蒙版，可以对这个蒙版的大小进行放大、缩小操作，蒙版外完全透明，蒙版内不透明度为 100%。

◆ 调整柔和遮罩（Refine Soft Matte）

- 【调整柔和遮罩】的效果可以看作和【调整实边遮罩】的效果相反，为了看得更清楚，抠像方法选择【颜色范围】，简单抠除绿背景，人物轮廓周围留有明显的绿边，如图 B06-57 所示。

ZIMMER P
DU WC TV
Frei


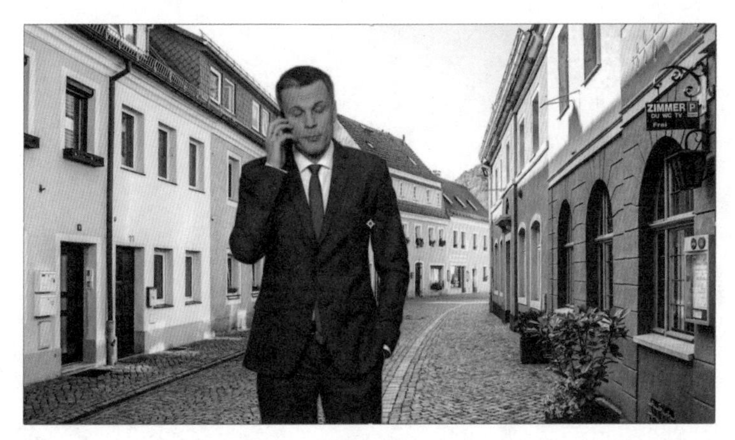

图 B06-57

● 选择图层 #1 “商务” 执行【效果】-【遮罩】-【调整柔和遮罩】命令，发现明显的绿边变得非常柔和，几乎看不见，如图 B06-58 所示。

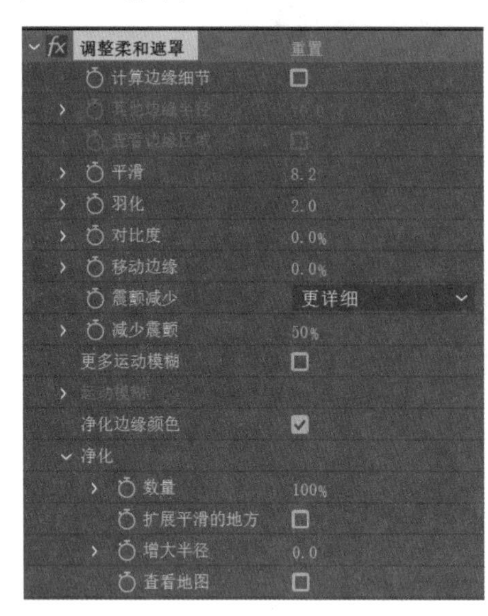

图 B06-58

◆ 简单阻塞工具（Simple Choker）

● 删除上步操作中的【调整柔和遮罩】效果，回到图 B06-53 的效果，添加【简单阻塞工具】效果，调节【阻塞遮罩】的参数值，发现随着数值的增大绿边向里收缩直至消失，如图 B06-59 所示。

图 B06-59

●【简单阻塞工具】配合抠像时可以理解为收缩或放大边缘，去除抠像时主体轮廓的背景残留。

●【简单阻塞工具】还有一个非常常用的功能，就是创作融合效果，新建项目合成，新建两个形状图层，如图 B06-60 所示。

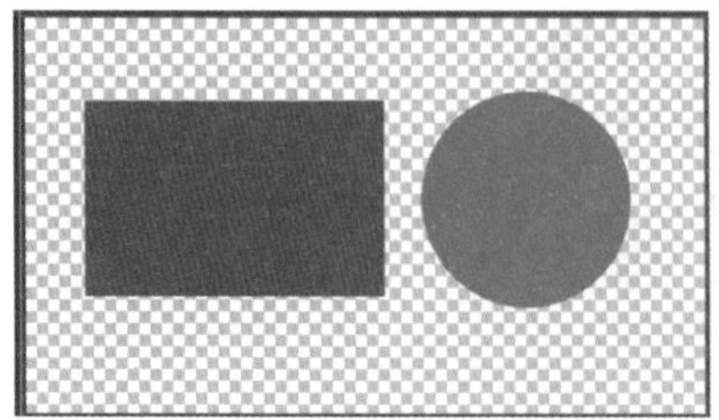

图 B06-60

● 新建调整图层，选择调整图层执行【效果】-【遮罩】-【简单阻塞工具】命令，增大【阻塞遮罩】的参数值，可以发现两个形状图层会缩小，如图 B06-61 所示。

- 此时移动两个形状图层，使它们靠近，可以发现两个图层会融合在一起，如图 B06-62 所示。

图 B06-61

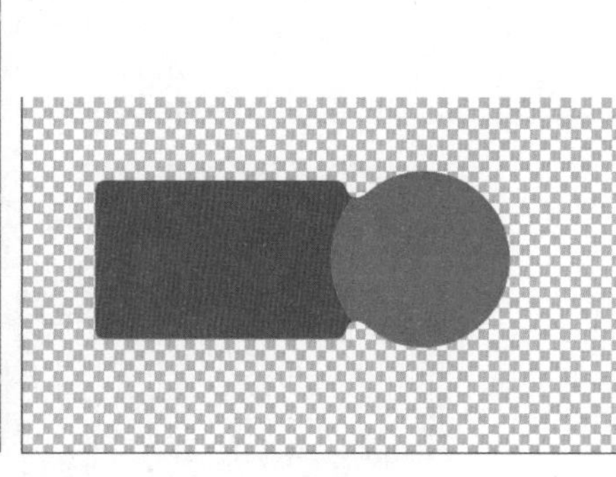

图 B06-62

- 运用这个功能制作融合动画会非常简单。

## B06.8 作业练习——融球效果

本作业完成效果参考如图 B06-63 所示。

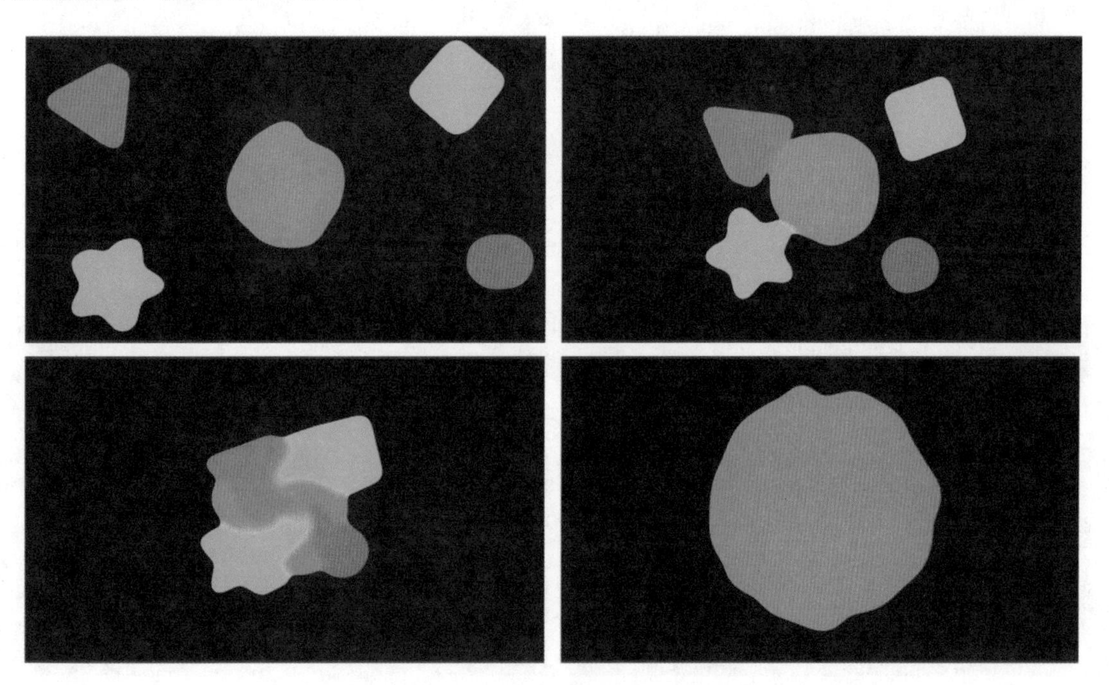

图 B06-63

### 作业思路

新建项目合成，绘制圆形、三角形、星形、正方形、圆形五个形状图层，为四周四个图形制作旋转的同时靠近中心圆的动画，并为【位置】属性创建弹性表达式（会提供）；为中心圆创建缩放动画使其包裹住四个图形，并为【缩放】属性创建弹性表达式，添加【湍流置换】效果模拟液体流动。

选择所有图层进行预合成，添加【高斯模糊】效果和【简单阻塞工具】效果，制作融合效果；添加【旋转扭曲】效果，为【角度】属性创建关键帧动画，使图层在融合的过程中沿中心旋转扭曲。

# B06.9 3D 通道

【3D 通道（3D Channel)】效果主要结合其他三维软件使用，用来处理 3D 类型文件，包括 RLA、RPF、PIC 等格式的文件。

新建项目合成，导入本课提供的素材“3D.rla”，如图 B06-64 所示。

图 B06-64

- 3D 通道提取（3d Channel Extract）：将 3D 类型的文件以灰度图或者多通道颜色来显示，作为其他效果的控件图层使用，如图 B06-65 所示。
- 场深度（Depth of Field）：模拟摄像机的景深效果，以某一个深度数值为中心的范围内清晰，范围之外模糊，如图 B06-66 所示。

图 B06-65

图 B06-66

- EXtractoR（提取器）：可以访问 OpenEXR 文件的多个图层和通道，提取相应通道信息。
- ID 遮罩（ID Matte）：3D 软件可以为场景中的元素设置不同的 ID，而 ID 遮罩可以识别 3D 类型文件中的 ID，将含有不同 ID 的元素分离开。
- IDentifier（标识符）：主要用于带有复合图层的 OpenEXR 文件，对图像中的 ID 信息进行标识。
- 深度遮罩（Depth Matte）：可以识别 3D 类型文件 Z 轴向的深度信息，根据深度设置图层的遮罩，如图 B06-67 所示。
- 雾 3D（Fog 3D）：模拟现实中的起雾效果，使雾浓度在 Z 方向具有深度不一的距离感，如图 B06-68 所示。

图 B06-67

图 B06-68

## B06.10 实用工具

实用工具（Utlity）主要用于在画面中生成一些转换效果，调整画面颜色的输入和输出设置。

新建项目合成，导入本课提供的素材“夕阳.mp4”，如图 B06-69 所示。

素材作者：Dan Duassy

图 B06-69

- 范围扩散（Grow Bounds）：即扩展范围。当图层尺寸小于合成尺寸时，先应用【范围扩散】效果，再对图层应用【波形变形】等扭曲效果就可以使【波形变形】等扭曲效果扩散至图层之外。图 B06-70 所示为【波形变形】效果受图层大小的限制，图 B06-71 所示为使用【范围扩散】后的效果。

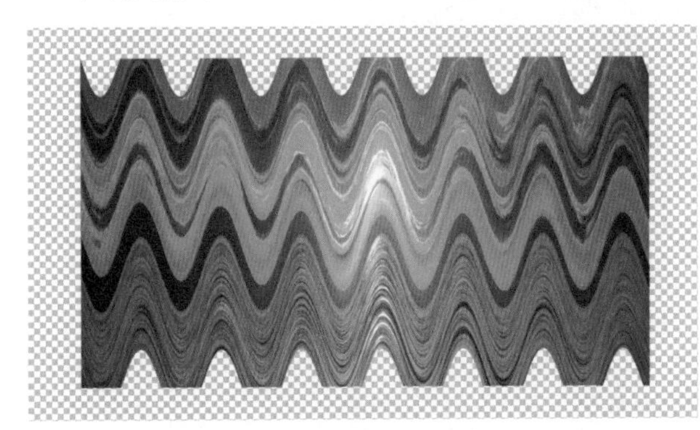

图 B06-70

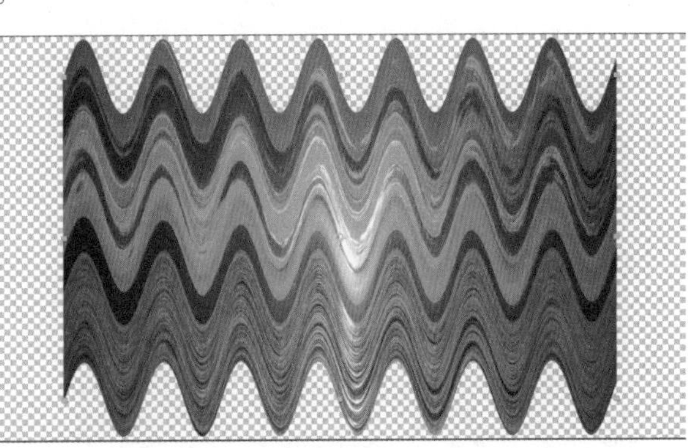

图 B06-71

- CC Overbrights（CC 亮度信息）：仅在 32bpc 工作，具体调节高光、曝光度等效果。
- Cineon 转换器（Cineon Converter）：用于不同类型文件下的颜色转换，类似于正常模式的图层与打印图像的模式切换。
- HDR 压缩扩展器（HDR Compander）：用于 HDR 图像的压缩与拓展。
- HDR 高光压缩（HDR Highlight Compression）：压缩 HDR 图像的高光值。
- 应用颜色 LUT（Apply Color LUT）：用于颜色调整和色彩管理等项目。
- 颜色配置文件转换器（Color Profile Converter）：可以把不同配置的文件转换为与之相匹配的颜色，与滤镜类似，如图 B06-72 所示。

图 B06-72

读书笔记

视频过渡是指两个不同镜头的切换过渡方式，巧妙自然的视频过渡可以让视频看起来更加流畅，一些极具创意的过渡转场设计更可以为视频锦上添花。

B07课

特效特训

转场类效果



## B07.1 过渡

过渡（Transition）也叫转场，一个完整的视频往往是由很多个视频组成的，视频与视频之间的转换与衔接就称为过渡，它使素材之间的的切换变得流畅自然。

新建项目合成，导入本课提供的素材“道路.mp4”，如图 B07-1 所示。

素材作者：Dan Dubassy

图 B07-1

- 渐变擦除（Gradient Wipe）：由图层中的深色像素开始逐渐擦除的过渡效果，如图 B07-2 所示。

图 B07-2

- 卡片擦除（Card Wipe）：将图层分割成多个矩形进行翻转的过渡效果，如图 B07-3 所示。

图 B07-3

- CC Glass Wipe（CC 玻璃擦除）：使图层产生类似玻璃的扭曲效果进行擦除的过渡效果。
- CC Grid Wipe（CC 网格擦除）：将图层分解成一定数量的网格，以网格的形状进行擦除的过渡效果，如图 B07-4 所示。

图 B07-4

- CC Image Wipe（CC 图像擦除）：与【渐变擦除】相似，但可以指定擦除通道。
- CC Jaws（CC 锯齿）：以锯齿形状将图层一分为二的过渡效果，如图 B07-5 所示。

图 B07-5

- CC Light Wipe（CC 光线擦除）：以发光效果进行擦除的过渡效果。
- CC Line Sweep（CC 线扫描）：以阶梯的形状按【线性擦除】方式擦除的过渡效果，如图 B07-6 所示。

图 B07-6

- CC Radial Scale Wipe（CC 径向缩放擦除）：使图层产生旋转缩放的擦除效果。
- CC Scale Wipe（CC 缩放擦除）：使图层产生拉伸的擦除效果。
- CC Twister（CC 扭曲）：使图层产生扭曲消失的过渡效果，如图 B07-7 所示。

图 B07-7

- CC WarpoMatic（CC 溶解）：通过图层亮度和对比度等差异而产生不同融合的过渡效果。
- 光圈擦除（Iris Wipe）：生成多种形状从小到大的擦除效果。
- 块溶解（Block Dissolve）：以像素为单位，在图层中随机逐块消失的过渡效果。
- 百叶窗（Venetian Blinds）：以指定的方向和宽度进行条状擦除的过渡效果，如图 B07-8 所示。

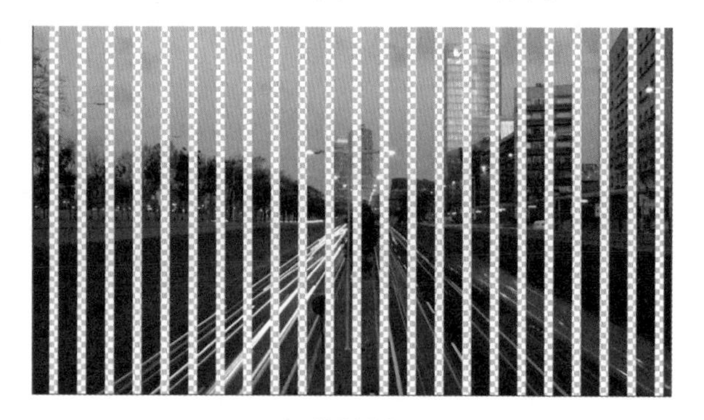

图 B07-8

- 径向擦除（Radial Wipe）：以指定点为圆心进行扇面擦除的过渡效果。
- 线性擦除（Linear Wipe）：以指定方向进行单一线性擦除的过渡效果

## B07.2 实例练习——风景视频过渡

本实例完成效果如图 B07-9 所示。

沙漠素材作者：Dan Dubassy

海洋、森林素材作者：Vreel，湖泊素材作者：Marco López

图 B07-9

### 操作步骤

01 新建项目，新建合成，命名为“风景视频过渡”，宽度为 1920 px，高度为 1080 px，帧速率为 30 帧 / 秒。在【项目】面板中导入视频素材“海洋.mp4”“湖泊.mp4”“沙漠.mp4”和“森林.mp4”，并将视频素材拖曳到【时间轴】面板上。

02 将指针移动至 3 秒处，制作第一个过渡效果，选择图层 #2“湖泊”按【[】键设置入点至当前帧；选择图层 #1“海洋”执行【效果】-【过渡】-【渐变擦除】命令，在【效果控件】面板中为【过渡完成】属性创建关键帧；将指针移动至 4 秒处，将【过渡完成】属性值调整为 100%，如图 B07-10 所示。

图 B07-10

03 将指针移动至3秒8帧处，调整【过渡完成】属性值为65%，自动添加关键帧，使湖泊显现得慢一些；配合【过渡完成】添加【过渡柔和度】关键帧，制作海洋渐渐擦除的过渡效果，如图B07-11所示。

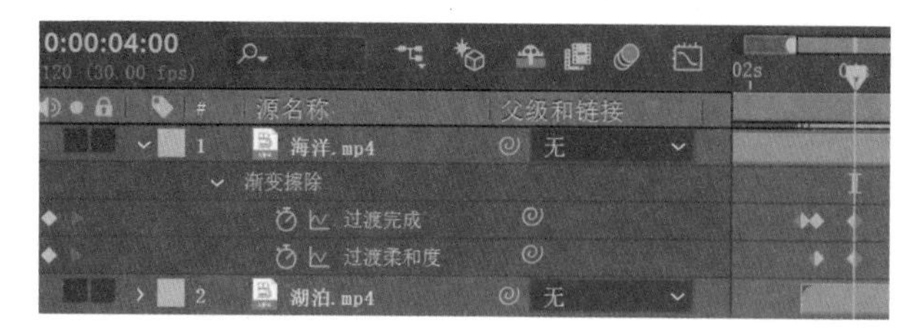


图 B07-11

04 将图层#3"沙漠"入点移动至6秒处；选择图层#2"湖泊"执行【效果】-【过渡】-【光圈擦除】命令，【点光圈】参数调整为32，为【外径】属性创建关键帧动画，制作从无到满屏的过渡效果，如图B07-12所示。

图 B07-12

05 此时过渡效果边缘有些生硬，调整【羽化】属性值，使过渡边缘柔和过渡，如图B07-13所示。

图 B07-13

06 将指针移动至9秒处，选择图层#4"森林"，按【[】键设置入点至当前帧；选择图层#3"沙漠"执行【效果】-【过渡】-【CC Image Wipe】命令，在【效果控件】面板中为【Completion】属性创建关键帧动画，并调整【Border Softness】属性值，使过渡边缘柔和，如图B07-14所示。这样风景视频过渡效果就制作完成了，播放预览查看效果。

图 B07-14

## B07.3 综合案例——动态过渡

本案例完成效果如图B07-15所示。

图 B07-15

素材作者：Marco López

图 B07-15（续）

## 操作步骤

01 新建项目，新建合成，命名为“动态过渡”，宽度为1920 px，高度为1080 px，帧速率为30帧/秒。在【项目】面板中导入视频素材“海岛.mp4”和“湖泊.mp4”，并将视频素材拖曳到【时间轴】面板上。

02 将指针移动至2秒处，制作过渡效果，选择图层#2“湖泊”按【[】键设置入点至当前帧；选择图层#1“海岛”执行【效果】-【过渡】-【线性擦除】命令，为【过渡完成】属性创建关键帧；将指针移动至2秒8帧处，将【过渡完成】属性值调整为100%，并调整【羽化】属性值使过渡效果柔和，如图B07-16所示。

图 B07-16

03 将指针移动至2秒处，选择图层#2“湖泊”执行【效果】-【过渡】-【CC Scale Wipe】命令，制作湖泊自上而下出现的效果；在【效果控件】面板中调整【Direction】属性值为0x+0.0°，调整【Stretch】属性值为30.0，并创建关键帧；将指针移动至2秒15帧处，调整【Stretch】属性值为0，作为变化结束帧，如图B07-17所示。

04 要使过渡富有动感，将指针移动至2秒处，选择图层#1“海岛”执行【效果】-【扭曲】-【放大】命令，在【效果控件】中调整【大小】属性值至1200；【放大率】设置为100，并创建属性关键帧；将指针移动至2秒10帧处，调整【放大率】属性值为200，如图B07-18所示。

图 B07-17

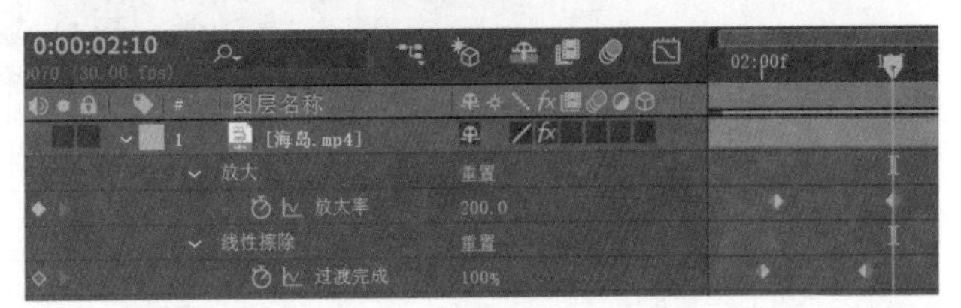


图 B07-18

05 将指针移动至2秒处，选择图层#2“湖泊”，根据上述步骤制作缩小效果，如图B07-19所示。

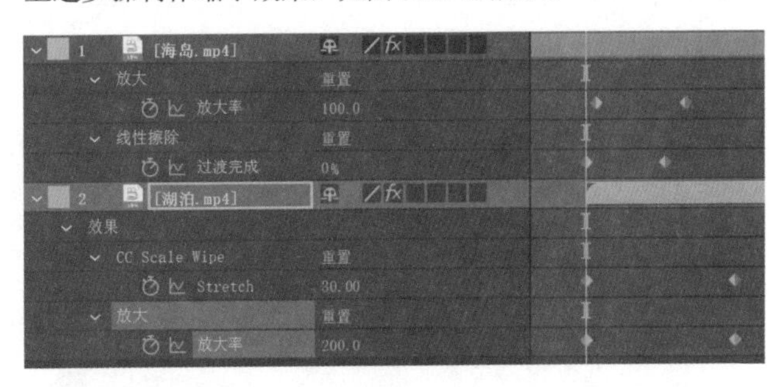


图 B07-19

06 为使过渡时色彩统一，将指针移动至1秒25帧处，选择图层#1“海岛”执行【效果】-【颜色校正】-【色调】命令，在【效果控件】面板中调整【着色数量】属性值为0%，并创建关键帧；将指针移动至2秒6帧处，调整【着色数量】属性值为100%，制作逐渐变为黑白的效果，如图B07-20所示。

图 B07-20

07 将指针移动至 2 秒处，选择图层 #2“湖泊”，根据上述步骤，制作由黑白逐渐变为彩色的效果，如图 B07-21 所示。这样风景视频动态过渡效果就制作完成了，播放预览查看效果。

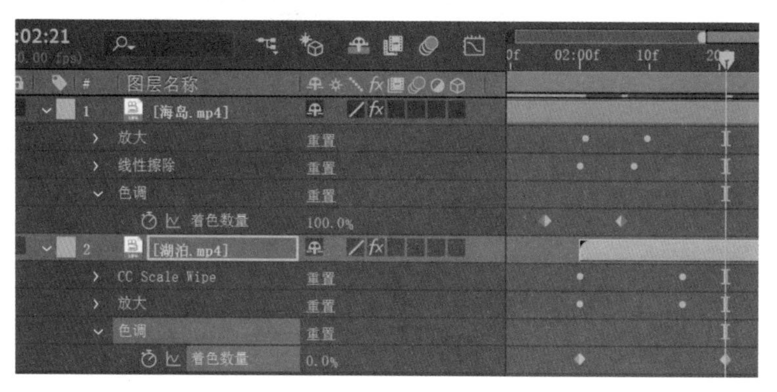


图 B07-21

## B07.4 综合案例——三维视差效果

本综合案例完成效果如图 B07-22 所示。

深山素材作者：Franz26，草原素材作者：LNLNLN

图 B07-22

### 操作步骤

01 新建项目，新建合成，命名为“三维视差”，宽度为1920 px，高度为1080 px，帧速率为30帧/秒，持续时间为12秒。合成导入本课提供的素材“丹霞.jpg”“水乡.jpg”“深山.jpg”“草原.jpg”，将“丹霞”拖曳至【时间轴】面板。

02 选择图层 #1“丹霞”开启【3D 图层】，按【Ctrl+D】快捷键复制一层，选择图层 #1“丹霞”，调节【位置】属性，使其纵向移动，并绘制椭圆蒙版，蒙版模式为【相减】，如图 B07-23 所示。

图 B07-23

03 对图层 #1“丹霞”按【Ctrl+D】快捷键继续复制两层，调节【位置】属性，使其纵向排列，如图 B07-24 所示。

图 B07-24

04 导入本课提供的素材“杂点.png”，拖曳至【时间轴】面板，开启【3D 图层】，图层混合模式改为【屏幕】，按【Ctrl+D】快捷键复制两层，调节【位置】属性，使其纵向位于“丹霞”之间。

05 新建摄像机，将指针移至 0 秒处，为【位置】和【Y 轴旋转】属性创建关键帧；指针移动到 4 秒处，调节【位置】和【Y 轴旋转】属性值，制作摄像机推镜头并转动的动画，如图 B07-25 所示，全选所有图层预合成，命名为“丹霞”。

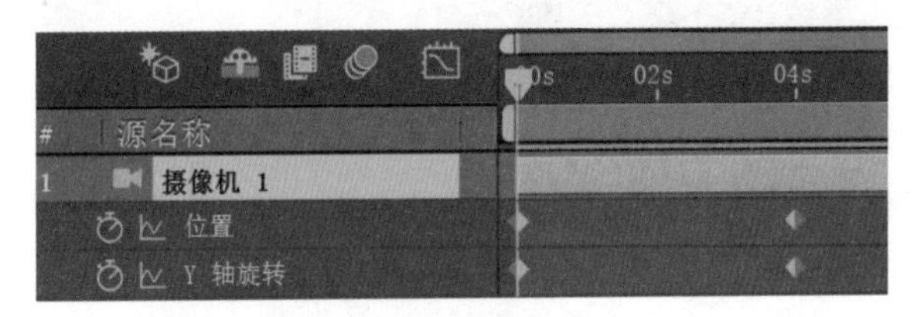


图 B07-25

06 在【项目】面板选择合成“丹霞”，连续按【Ctrl+D】快捷键复制三层，分别命名为“水乡”“深山”“草原”，将合成“水乡”“深山”“草原”拖曳至【时间轴】面板，依次进入合成内部将素材“丹霞.jpg”替换为素材“水乡.jpg”“深山.jpg”“草原.jpg”，便完成了此三张素材的动画制作，如图 B07-26 所示。

图 B07-26

图 B07-26（续）

07 分别将图层 #2“水乡”、图层 #3“深山”、图层 #4“草原”的入点设置为 2 秒 15 帧、5 秒 15 帧、8 秒 15 帧，如图 B07-27 所示。

08 选择图层 #1“丹霞”，添加【CC Light Burst 2.5】效果和【光圈擦除】效果，指针移动到 2 秒 15 帧处，为【CC Light Burst 2.5】-【Ray Length】属性和【光圈擦除】-【外径】属性创建关键帧；指针移动到 3 秒处，更改【Ray Length】和【外径】属性值，制作过渡动画，如图 B07-28 所示。

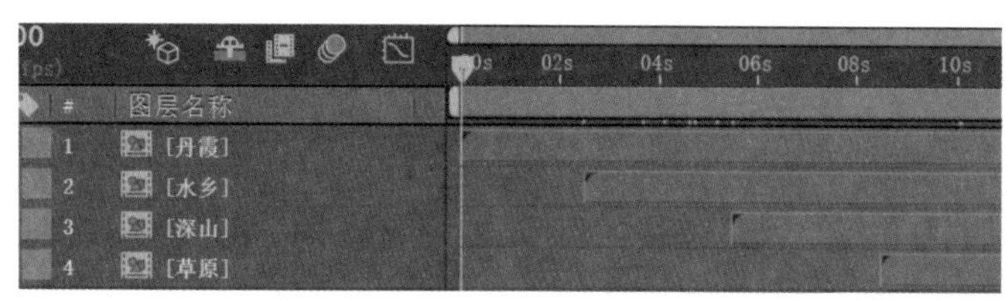


图 B07-27

图 B07-28

09 选择图层 #2“水乡”添加【CC Glass Wipe】效果，在 5 秒 15 帧到 6 秒间为【CC Glass Wipe】-【Completion】属性创建关键帧动画完成过渡，如图 B07-29 所示。

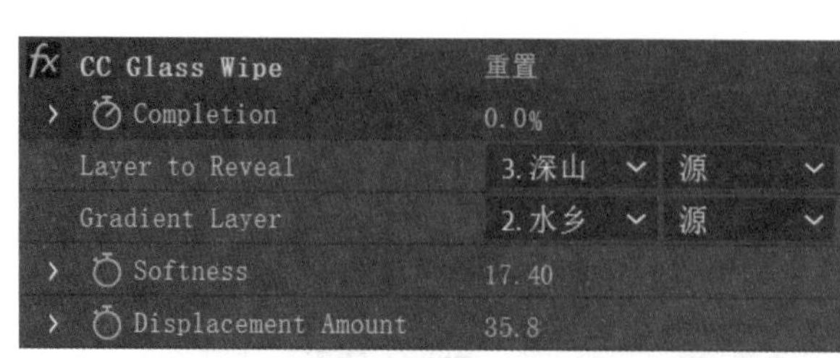

图 B07-29

10 关闭图层 #3“深山”的显示，选择图层 #2“水乡”添加【百叶窗】效果，在 8 秒 15 帧到 9 秒间为【百叶窗】-【过渡完成】创建关键帧动画完成过渡，如图 B07-30 所示。

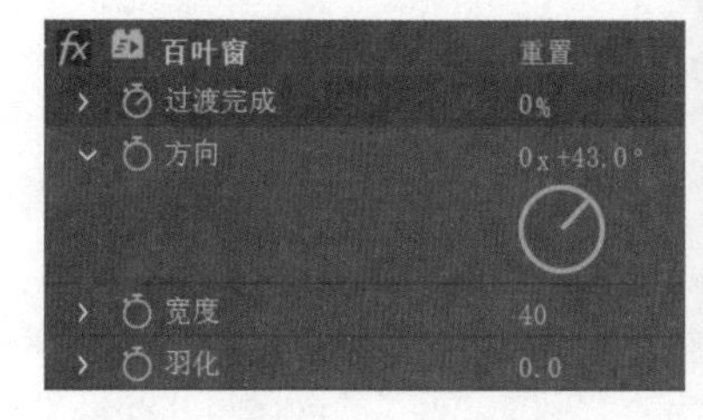

图 B07-30

11 选择图层 #2“水乡”添加【镜头光晕】效果，并为【光晕中心】和【光晕亮度】属性创建关键帧动画，选择图层 #4“草原”添加【四色渐变】效果，使画面更加丰富，如图 B07-31 所示。至此，三维视差效果制作完成，播放预览效果。

图 B07-31

## B07.5 作业练习——多边形转场

本作业完成效果参考如图 B07-32 所示。

图 B07-32

航拍海滩素材作者：Marco López

鱼素材作者：Dan Dubassy、海滩人物素材作者：Francisco Fonseca

图 B07-32（续）

### 作业思路

新建项目，导入需要的素材，在第一段视频所需转场处添加【CC Line Sweep】过渡效果，添加关键帧，制作过渡效果，新建不同颜色的纯色图层，复制效果关键帧粘贴至纯色图层，需要注意粘贴时向后移动几帧，制作错位效果。

根据上述步骤，在第二段视频所需转场处添加【CC Radial Scale Wipe】过渡效果，在第三段视频所需转场处添加【CC Jaws】过渡效果。

读书笔记

前面已经学过了表达式的概念以及基本用法，本课就来深入学习一些常用的表达式。

# B08.1 表达式语言菜单

创建表达式后，会生成【表达式语言菜单】，里面包含 19 大类，每个大类下面又包含很多表达式，如图 B08-1 所示。

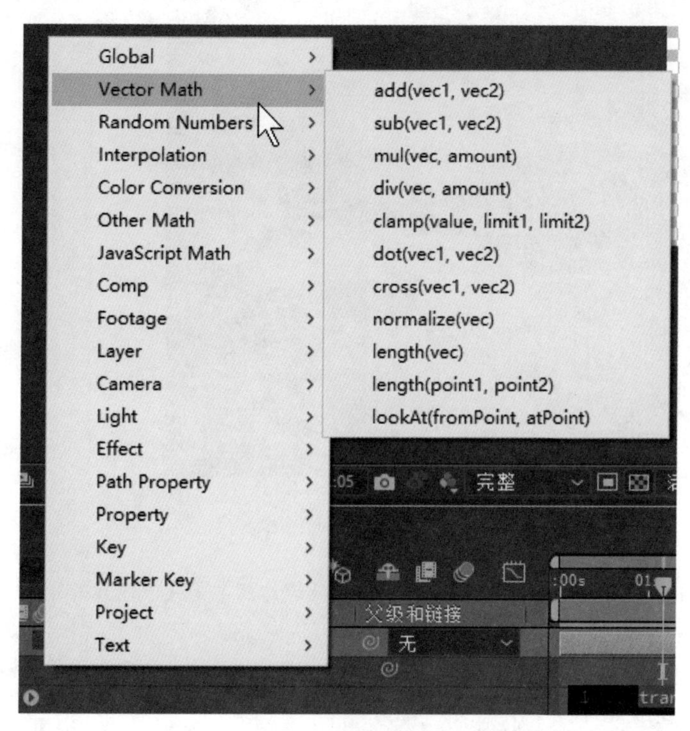


图 B08-1

- Global：全局对象、属性和方法。
- Vector Math：矢量数学。
- Random Numbers：随机数字。
- Interpolation：插值方法。
- Color Conversion：颜色转换方法。
- Other Math：其他数学方法。
- JavaScript Math：JavaScript 的数组和字符串方法。
- Comp：合成属性和方法。
- Footage：素材属性和方法。
- Layer：图层属性和方法。
- Camera：摄像机属性和方法。
- Light：光照属性和方法。
- Effect：效果属性和方法。
- Path Property：蒙版属性和方法。
- Property：属性特性和方法。
- Key：关键帧属性和方法。
- Marker Key：标志属性。
- Project：项目属性。
- Text：文本属性。

B08课

深入学习表达式

表达式应用

# B08.2 表达式控制

【表达式控制（Expression Controls）】效果可以简单地理解为控制表达式中的某个属性值，这些效果之间可以配合使用，使很多效果的实现变得更加简单。

新建项目合成，导入本课提供的素材“美景.jpg”，如图 B08-2 所示。

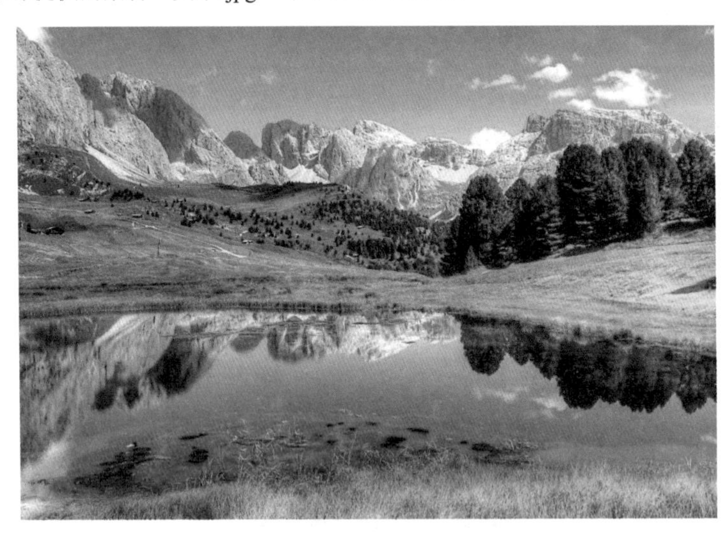

素材作者：Pixabay

图 B08-2

- 滑块控制（Slider Control）：通过【滑块控制】效果中【滑块】的属性值控制表达式，是【表达式控制】中最常用的效果，以控制【位置】属性为例讲解。

  新建空对象层，选择图层 #1“空 1”执行【效果】-【表达式控制】-【滑块控制】命令，如图 B08-3 所示。

滑块控制
重置
滑块
0.00

图 B08-3

  为图层 #2“美景”的【位置】属性创建表达式，通过关联器链接到【滑块】上，会自动生成一个表达式，如图 B08-4 所示。

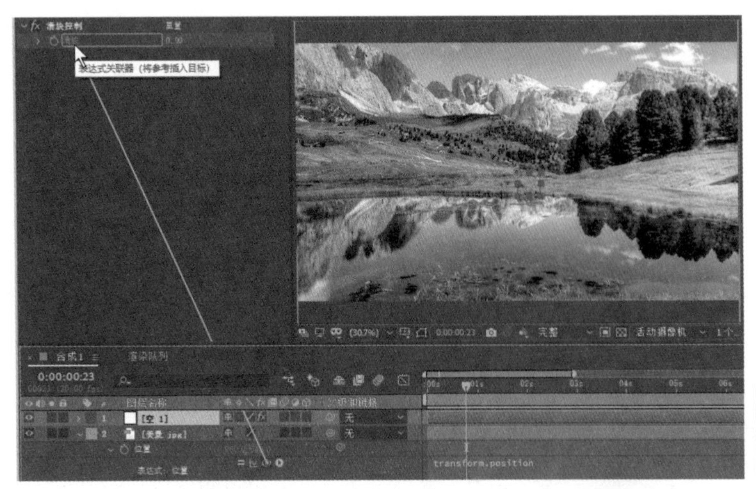

表达式关联器（将参考插入目标）
temp = thisComp.layer("空 1").effect("滑块控制")("滑块");
[temp, temp]

图 B08-4

◎ 调整【滑块】的参数值，可以看到“美景”随着数值的改变而斜向移动位置。如果想让“美景”沿着一个方向移动，只需将[temp,temp]中的某一个改为value[1]或者一个数值即可。value表示当前属性值，改为[temp,value[1]]，调整【滑块】的参数值，可以看到“美景”随着数值的改变只在X方向移动位置。

◆ 点控制（Point Control）：通过【点控制】效果中【点】的属性值控制表达式，以控制【缩放】属性为例讲解。

◎ 删除上面【滑块控制】的所有操作，选择图层#1“空1”执行【效果】-【表达式控制】-【点控制】命令，为图层#2“美景”的【缩放】属性创建表达式，通过关联器◎链接到【点】上，会自动生成一个表达式，如图B08-5所示。

```
thisComp.layer("空 1").effect("点控制")("点")
```

图 B08-5

◎ 此时更改【点控制】效果中【点】的属性值，就可以分别控制“美景”X方向和Y方向的缩放值，并不用断开【缩放】属性的链接。

◆ 角度控制（Angle Control）：通过【角度控制】效果中【角度】的属性值控制表达式。

◎ 删除上面【点控制】的所有操作，选择图层#1“空1”执行【效果】-【表达式控制】-【角度控制】命令，选择图层#2“美景”执行【效果】-【扭曲】-【旋转扭曲】命令，为【旋转扭曲】效果中的【角度】创建表达式，通过关联器◎链接到【角度控制】效果中的【角度】上，会自动生成一个表达式，如图B08-6所示。

```
thisComp.layer("空 1").effect("角度控制")("角度")
```

图 B08-6

◎ 更改【角度控制】效果中【角度】的属性值，就可以控制“美景”的旋转扭曲程度。

◆ 颜色控制（Color Control）：通过【颜色控制】效果中【颜色】的颜色来控制表达式。

删除上面【角度控制】的所有操作，选择图层 #1“空 1”执行【效果】-【表达式控制】-【颜色控制】命令，选择图层 #2“美景”执行【效果】-【生成】-【填充】命令，为【填充】效果中的【颜色】创建表达式，通过关联器链接到【颜色控制】效果中的【颜色】上，会自动生成一个表达式，如图 B08-7 所示。

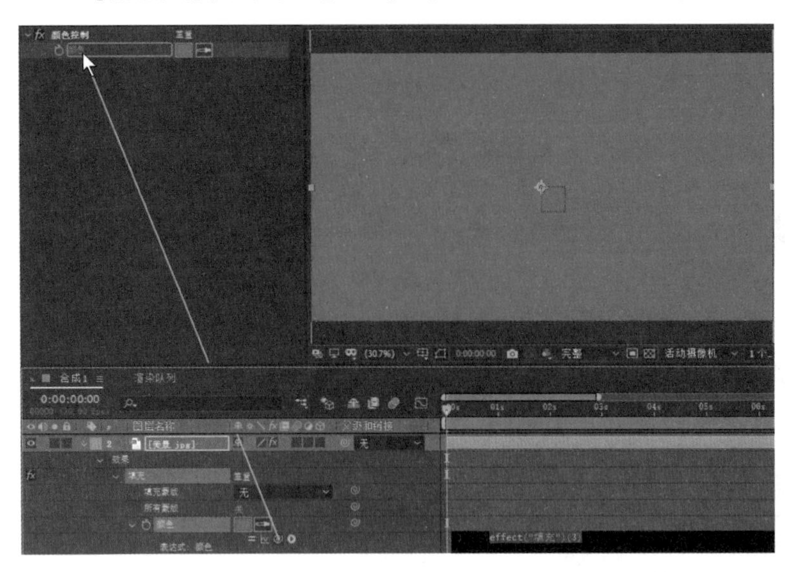


图 B08-7

更改【颜色控制】效果中【颜色】的颜色，就可以控制“美景”的填充颜色。

◆ 复选框控制（Checkbox Control）：通过【复选框】的打开与关闭控制表达式。

删除上面【颜色控制】的所有操作，选择图层 #1“空 1”执行【效果】-【表达式控制】-【复选框控制】命令，选择图层 #2“美景”执行【效果】-【模糊与锐化】-【高斯模糊】命令，为【高斯模糊】效果中的【重复边缘像素】创建表达式，通过关联器链接到【复选框控制】效果中的【复选框】上，会自动生成一个表达式，如图 B08-8 所示。

图 B08-8

控制【复选框】的开启，就可以控制【重复边缘像素】的开启。

◆ 图层控制（Layer Control）：通过一个图层的属性控制表达式。

删除上面【复选框控制】的所有操作，新建“形状图层 1”，选择图层 #1“形状图层 1”执行【效果】-【表达式控制】-

【图层控制】命令，为图层 #1“形状图层 1”的【缩放】属性创建表达式，在 transform.scale 前输入“.”，将光标移动到“.”前，通过关联器链接到【图层控制】效果中的【图层】上，会自动生成一个表达式，如图 B08-9 所示。

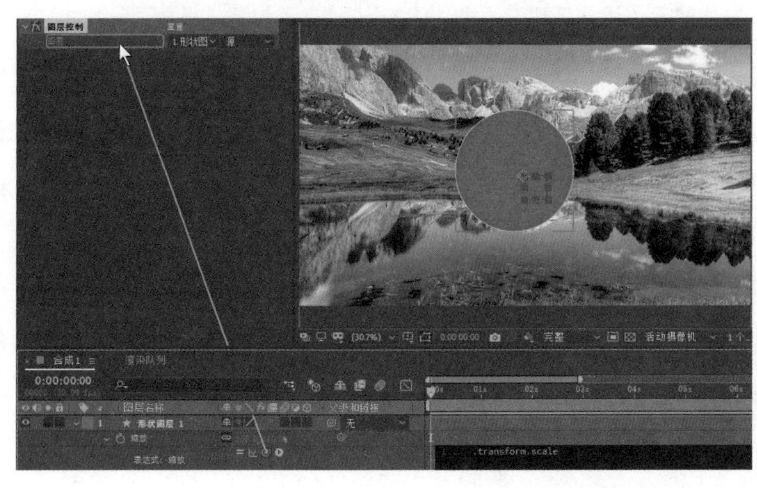

```
effect("图层控制")("图层").transform.scale
```

图 B08-9

将【图层】分别选择为【2. 空 1】和【3. 美景】，可以发现两个图层的【缩放】属性都可以控制“形状图层 1”的缩放。

- 3D 点控制（3d Point Control）：和【点控制】使用方法类似，只是多了 Z 向的控制参数，只针对三维图层。

## B08.3　综合案例——彩虹圈效果

本综合案例完成效果如图 B08-10 所示。

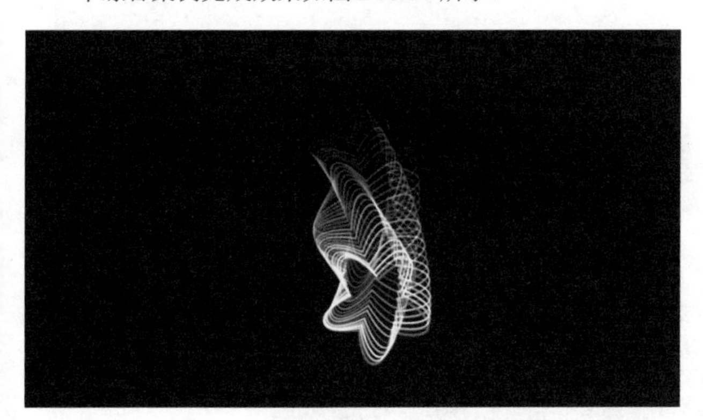

图 B08-10

### 操作步骤

01 新建项目，新建合成，宽度为 1920 px，高度为 1080 px，帧速率为 30 帧 / 秒。新建星形形状图层 1，命名为“星形”，【填充】设置为无，描边宽度设置为 5 像素，使用【锚点工具】将锚点移动到形状图层的中心，如图 B08-11 所示。

02 为图层 #1“星形”的位置属性创建表达式 wiggle (2,400)，使“星形”在【查看器】窗口做随机运动。

03 选择图层 #1“星形”，添加【残影】效果，设置参数使“星形”在运动的过程中产生拖影，如图 B08-12 所示。

图 B08-11

图 B08-12

04 继续为图层 #1 “星形”添加【发光】效果，使“星形”光感更强烈。

05 展开“星形”的属性【描边 1】，为【颜色】属性创建表达式，在【表达式语言】菜单中选择如图 B08-13 所示的随机表达式。

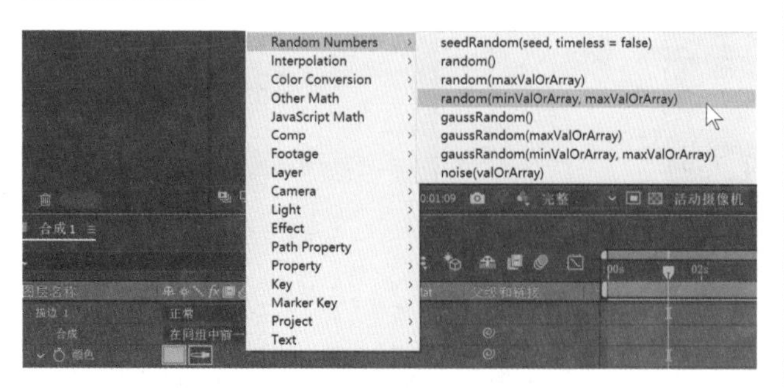


图 B08-13

06 将 minValOrArray 改为 [0,0,0,1]，将 maxValOrArray 改为 [1,1,1,1]，“星形”的颜色开始随机变化，如图 B08-14 所示。

07 为图层 #1 “星形”的【旋转】属性创建表达式 time*400，使“星形”快速循环转动；展开图层 #1 “星形”的【多边星形路径 1】属性，指针移动到 0 秒处，为【外圆度】属性创建关键帧，将指针移动到 4 秒处，将【外圆度】属性值改为 250.0%，自动创建第二个关键帧；为【外圆度】创建表达式，在【表达式语言菜单】中选择如图 B08-15 所示的循环表达式。彩虹圈效果制作完成，播放预览效果。

图 B08-14

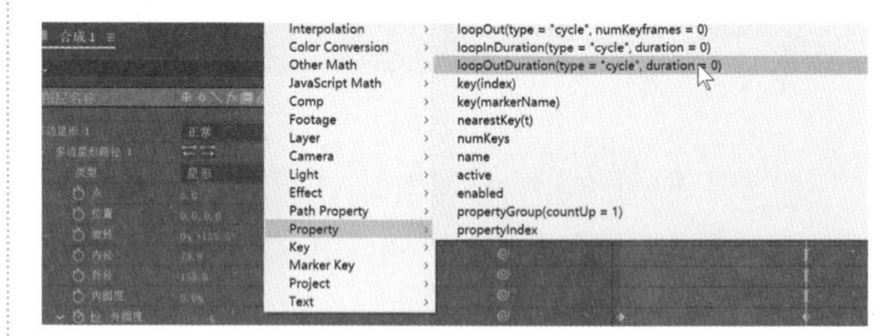


图 B08-15

## B08.4　综合案例——HUD 效果

本综合案例完成效果如图 B08-16 所示。

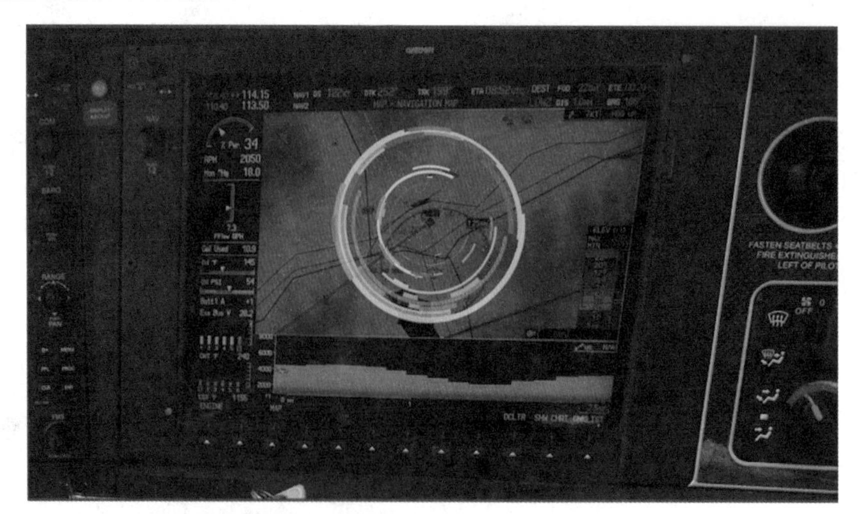

素材作者：gjeijken

图 B08-16

### 操作步骤

01 打开本课提供的项目文件“HUD 效果 .aep”，新建合成命名为“HUD”，合成宽度为 1920 px，高度为 1080 px，帧速率为30帧/秒；新建圆形“形状图层1”，【填充】为【无】，【描边】颜色为白色，如图B08-17所示。

图 B08-17

02 HUD效果有很多大小不一的圆形组成，所以要给形状图层的【缩放】属性一个随机表达式，使其大小随机。展开“形状图层1”的【缩放】属性，创建随机表达式：

```
s=random(30,100);
[s,s]
```

random(30,100)表示【缩放】的属性值在30～100随机变化，因为【缩放】的属性值是一个二维数组，所以返回类型也必须是数组[s,s]。

03 播放预览，可以发现圆一直在大小随机地不停变换，这里需要使其固定到一个随机值上不动，需要在已有表达式上再添加seedRandom表达式，并将seed改为1，timeless=false改为true，如图B08-18所示。

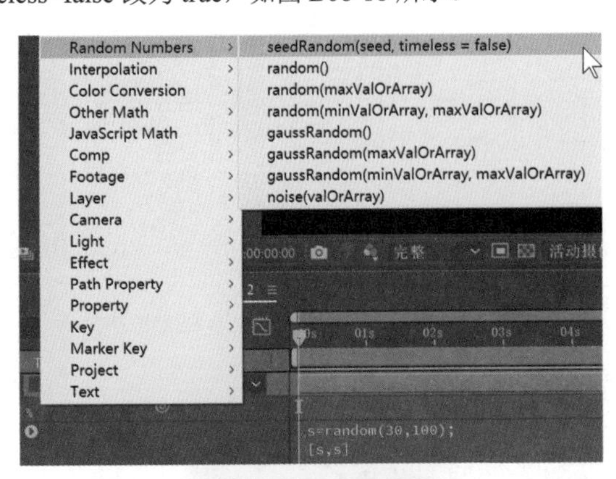


```
seedRandom(1, true)
s=random(30,100);
[s,s]
```

图 B08-18

04 选择图层#1“形状图层1”，按【Ctrl+D】快捷键不停复制，发现每复制一层就会出现一个随机大小的圆，如图B08-19所示。

图 B08-19

05 同理，此表达式可以对不同属性应用，删除复制出的图层，展开图层#1“形状图层1”的【内容】属性，为【描边宽度】创建表达式：

```
seedRandom(1, true)
random(8,15);
```

因为【描边宽度】为一个数值，所以返回类型为数值。

06 为描边的【颜色】创建表达式：

```
seedRandom(1, true)
random([0,0,0,1],[1,1,1,1])
```

07 为图层#1“形状图层1”添加【修剪路径】，展开【修剪路径1】属性，为【开始】和【结束】都创建表达式：

```
seedRandom(1, true)
random(0,100);
```

08 展开图层#1“形状图层1”的【旋转】属性，创建表达式wiggle(1,200)，使其做不规则旋转运动。

09 选择图层#1“形状图层1”，按【Ctrl+D】快捷键复制一层，展开【内容】属性，单击【虚线】右侧的+使路径变为虚线，调节【虚线】属性值到合适值。

10 全选图层#1“形状图层2”和图层#2“形状图层1”，连续按【Ctrl+D】快捷键复制，生成HUD效果，如图B08-20所示。

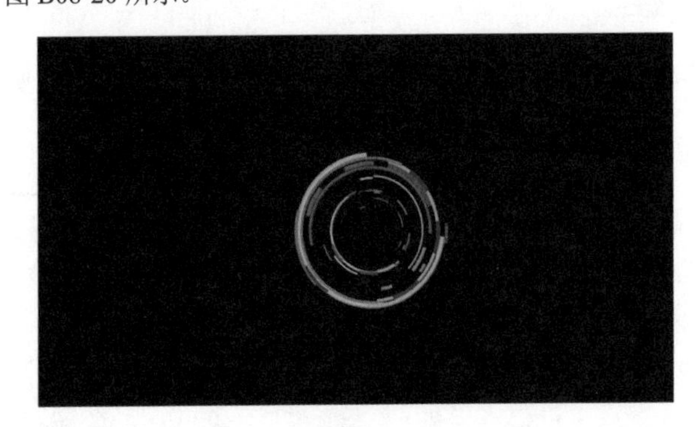

图 B08-20

11 进入“合成 1”，将合成“HUD”拖曳进去，放在最上层，调节其位置，将图层 #1“HUD”的混合模式改为【屏幕】。HUD 效果制作完成，播放预览效果。

## B08.5 作业练习——图片循环展示效果

本作业完成效果参考如图 B08-21 所示。

图 B08-21

### 作业思路

新建项目合成，导入本课提供的素材“A.jpg”和“B.jpg”，调整【缩放】属性值至合适大小，打开 3D 图层开关；新建空物体层并为其添加【滑块控制】和【3D 点控制】效果。

为“A”的【Y 轴旋转】属性创建表达式 value+index*a，为【锚点】属性创建表达式，分别受【滑块】和【3D 点】控制，并将“A”的表达式复制粘贴到“B”上。

将“A”和“B”各复制 4 层，制作倒影，调节【滑块】和【3D 点】的属性值，使“A”和“B”围成圆环，为【滑块】属性值创建关键帧动画，制作圆环打开的过程动画；新建空物体层为【旋转】属性添加 time 表达式，使其作为所有“A”和“B”的父层，制作背景。

拍摄视频素材时，因为设备限制或人为因素，偶尔会存在画面抖动、不稳定的情况，因此在后期制作过程中就需要稳定素材，以达到舒适的观感。

视频素材中动态的对象或者摄像机运动的画面都会产生大量的运动元素，After Effects 可以分析运动数据，实现运动跟踪，便于制作动态的合成和修饰。

本课就来学习稳定与跟踪的使用方法。

## B09.1 画面的稳定

After Effects 中的画面稳定是通过亮度信息和颜色信息识别出一个一个的点，在画面抖动过程中记录这些点的信息，并给这些点一个相反的位置移动来抵消它的抖动。比如它左、右抖动，After Effects 就会给它添加一个右、左抖动的关键帧来抵消抖动，这就是画面稳定的原理。

新建项目，导入本课提供的素材“啤酒.mp4”并用素材创建合成，如图 B09-1 所示。

素材作者：Mario Arvizu

图 B09-1

可以看到视频不是很稳，有轻微抖动和晃动，选择图层 #1“啤酒”，在【跟踪器】面板中单击【稳定运动】，如图 B09-2 所示。

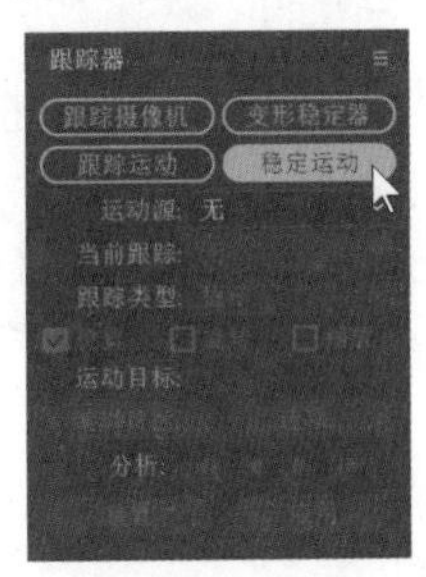


图 B09-2

【查看器】窗口会出现跟踪点 1，选中【跟踪器】面板的【缩放】复选框，【查看器】窗口会出现跟踪点 2，将跟踪点 1 和跟踪点 2 移动到水龙头的两个高光点，调整跟踪点内外框的大小，如图 B09-3 所示。

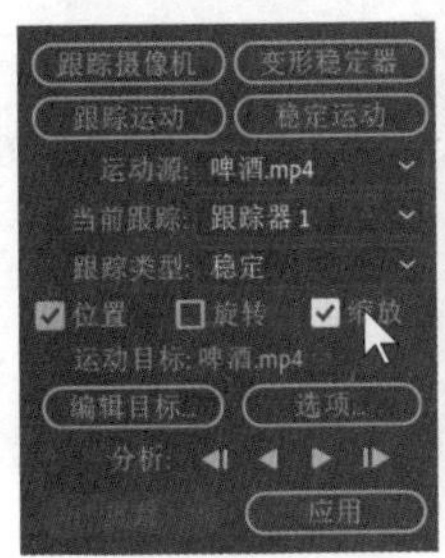

图 B09-3

B09课

# 稳定与跟踪

计算得又稳又准

将指针移动至 0 秒处，在【跟踪器】面板中单击【向前分析】按钮，如图 B09-4 所示。

图 B09-4

After Effects 会自动计算高光点的运动轨迹并生成运动路径，如图 B09-5 所示。

图 B09-5

在【跟踪器】面板中单击【应用】，会弹出【动态跟踪器应用选项】面板，【应用维度】选择【X 和 Y】，单击【确定】按钮，如图 B09-6 所示。

播放视频，发现素材已经稳定，但是播放过程中会有黑边出现，如图 B09-7 所示。

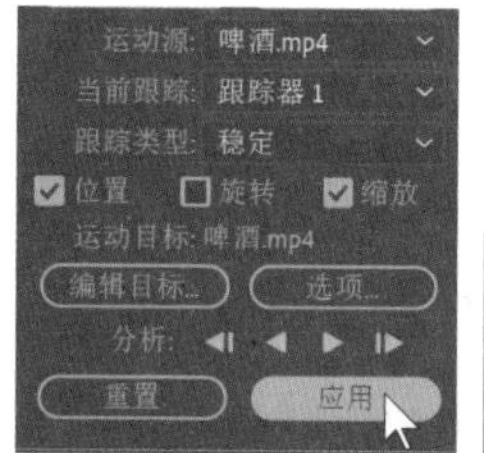

图 B09-6

图 B09-7

选择图层 #1“啤酒”进行预合成，更改预合成的【缩放】和【位置】的属性值，将黑边移出画面，稳定视频制作完成，如图 B09-8 所示。

图 B09-8

# B09.2 跟踪运动

跟踪运动就是对视频素材中的某个对象的运动特征进行计算，得到这个对象的运动轨迹，使后期添加的对象能紧紧跟随这个对象，实现自然的贴合。

## 1. 一点跟踪

新建项目，导入提供的素材“摩托.mp4”并用素材创建合成，如图 B09-9 所示。

视频中有一辆向前行驶的摩托车，制作内容为给摩托车添加尾气效果。

选择图层 #1“摩托”，在【跟踪器】面板中单击【跟踪运动】按钮，如图 B09-10 所示。

素材作者：Edgar Fernández

图 B09-9

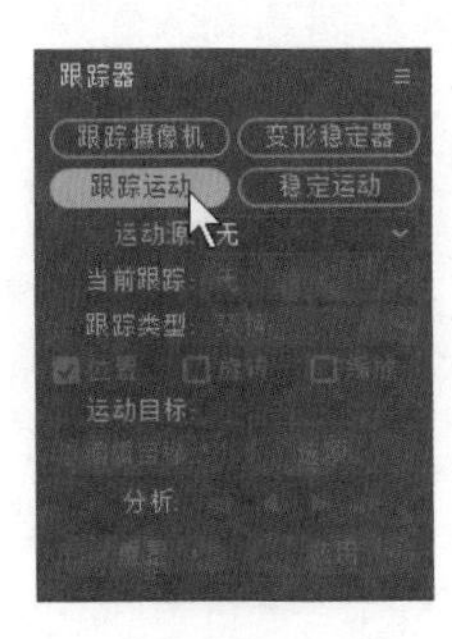


图 B09-10

此时在【查看器】窗口中心会出现跟踪点1，因为要跟踪的对象是摩托车，经过对比，摩托车的后轮毂最明显，将跟踪点1移动至后轮毂处，如图B09-11所示。

图 B09-11

将指针移动至0秒处，在【跟踪器】面板中单击【向前分析】按钮，如图B09-12所示。

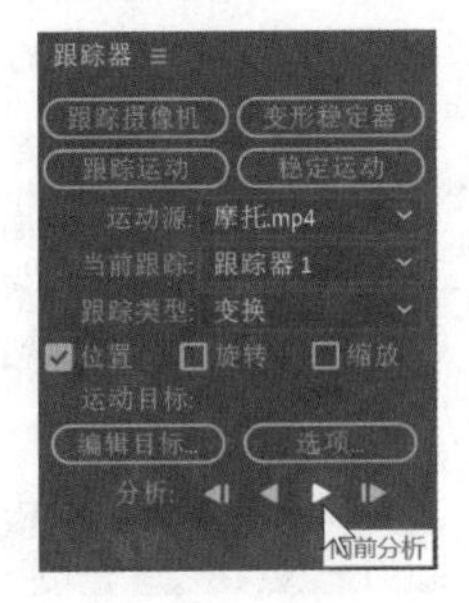


图 B09-12

After Effects会自动计算摩托车后轮毂的运动轨迹并生成运动路径，如图B09-13所示。

图 B09-13

导入本课提供的素材“烟.mp4”，拖曳至【时间轴】面板最上层，如图B09-14所示。

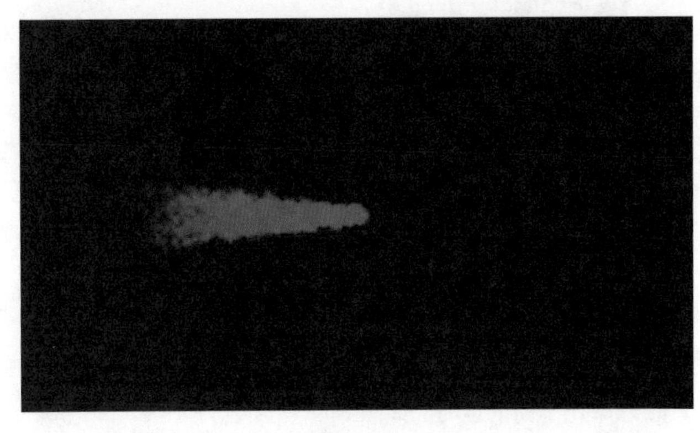

图 B09-14

选择图层#1“烟”添加【反转】效果，将混合模式改为【相乘】，调整图层属性将“烟”移动到摩托车排气管处，如图B09-15所示。

图 B09-15

双击图层#2“摩托”，激活【跟踪器】面板，单击【编辑目标】按钮，在弹出的【运动目标】对话框中将【图层】选择为【1. 烟.mp4】，如图B09-16所示。

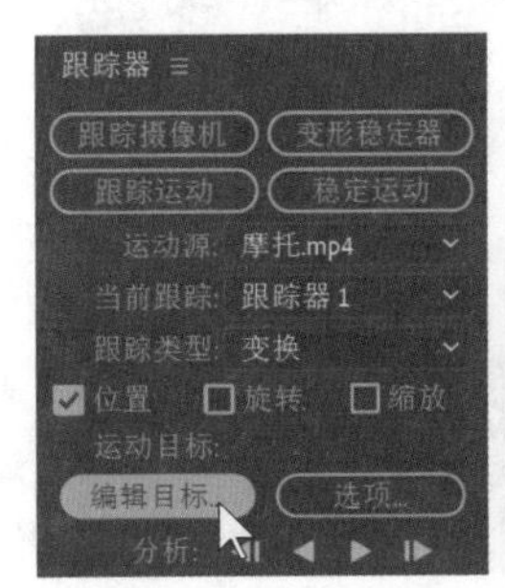

图 B09-16

单击【确定】按钮，在【跟踪器】面板中单击【应用】按钮，在弹出的【动态跟踪器应用选项】对话框中将【应用维度】选择为【X和Y】，单击【确定】按钮，如图B09-17所示。

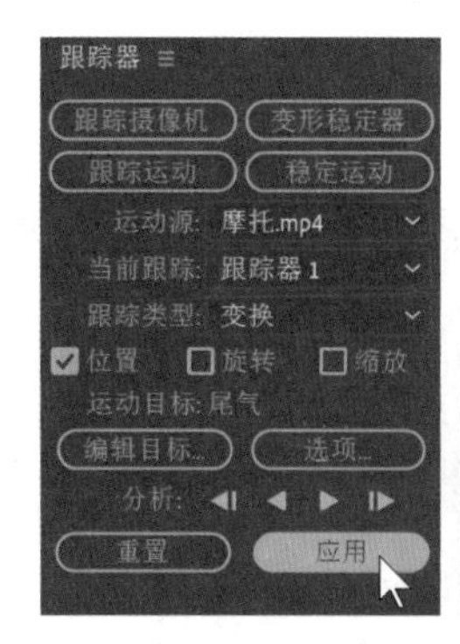


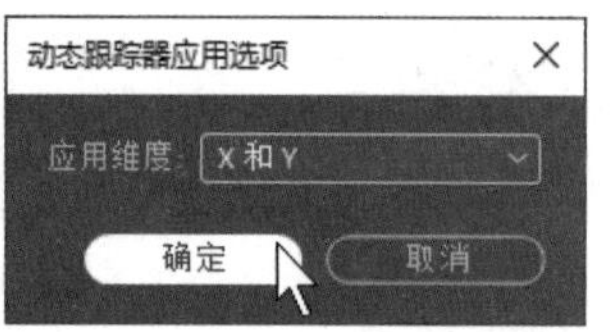


图 B09-17

摩托车尾气效果制作完成，播放视频，可以发现尾气一直跟踪摩托车向前运动，如图 B09-18 所示。

图 B09-18

## 2. 四点跟踪

四点跟踪用于跟踪更复杂的素材，因为在实际操作过程中，不是每个素材都能找到适合跟踪的单点。

新建项目合成，导入提供的素材“四点跟踪.mp4”，如图 B09-19 所示。

素材作者：Edgar Fernández

图 B09-19

制作对象紧贴火车窗户跟随火车一起运动的效果，将指针移动到 0 秒处，选择图层 #1“四点跟踪”，在【跟踪器】面板中单击【跟踪运动】，并将【跟踪类型】选择为【透视边角定位】，如图 B09-20 所示。

图 B09-20

此时【查看器】窗口中生成四个跟踪点，如图 B09-21 所示。

图 B09-21

将四个跟踪点分别移动至驾驶员右侧小窗户的四个顶点的位置，如图 B09-22 所示。

图 B09-22

在【跟踪器】面板中单击【向前分析】，After Effects 会自动计算窗户的运动轨迹并生成运动路径，如图 B09-23 所示。

图 B09-23

将指针移动到0秒处，导入提供的素材"广告.mp4"，拖曳至【时间轴】面板最上层，如图B09-24所示。

素材作者：Dan Dubassy

图 B09-24

选择图层#1"广告"，在LED广告牌上绘制蒙版，如图B09-25所示。

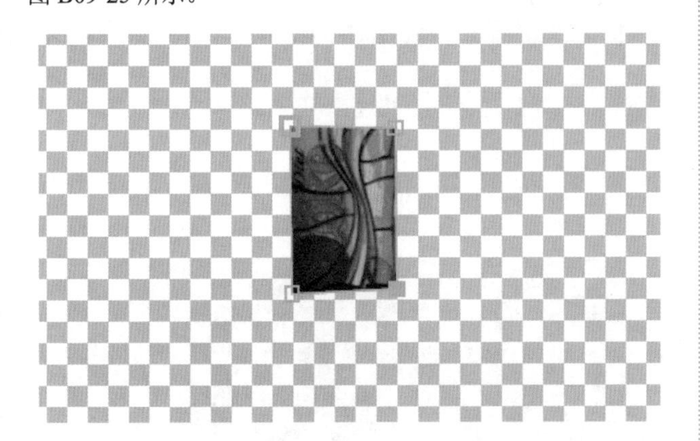

图 B09-25

调节图层#1"广告"的【缩放】属性，使广告牌放大至整个【查看器】窗口，如图B09-26所示。

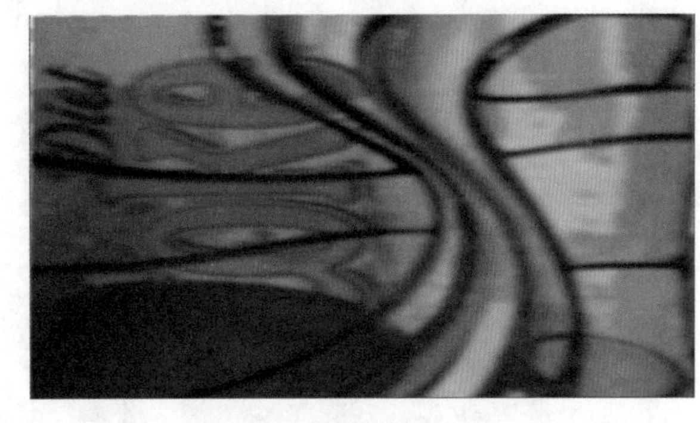

图 B09-26

对图层#1"广告"进行预合成，双击图层#2"四点跟踪"，激活【跟踪器】面板，单击【编辑目标】，在弹出的【运动目标】对话框中将【图层】选择为【1. 广告.mp4 合成 1】，单击【确定】，单击【跟踪器】面板中的【应用】。车窗广告的效果制作完成，如图B09-27所示。

图 B09-27

## B09.3 综合案例——"写轮眼"开眼效果

本综合案例完成效果如图B09-28所示。

素材作者：Ruben Velasco

图 B09-28

操作步骤

01 新建项目，新建合成，宽度为1920 px，高度为1080 px，帧速率为30帧/秒。导入本课提供的素材“眼睛跟踪.mp4”，将指针移动到6帧眼睛睁开的位置，在【跟踪器】面板中单击【跟踪运动】，选中【位置】和【旋转】复选框，【查看器】窗口会出现两个跟踪点，将两个跟踪点中心分别放在一只眼睛的内外眼角上，如图B09-29所示。

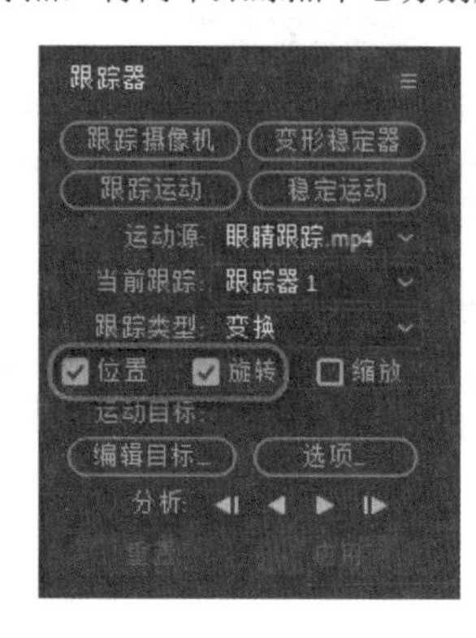

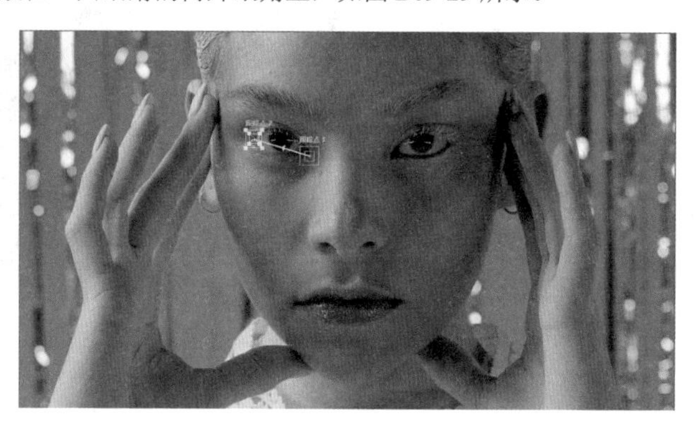

图 B09-29

02 单击【向前分析】按钮，分析完成后指针移回到6帧处；单击【向后分析】按钮，分析完成后如图B09-30所示。

03 新建空对象“空1”，单击【跟踪器】面板中的【编辑目标】，在弹出的【运动目标】对话框中将【图层】选择为【1. 空1】，单击【确定】按钮。

04 在【跟踪器】面板中单击【应用】，在弹出的【动态跟踪器应用选项】对话框中将【应用维度】选择为【X和Y】，单击【确定】按钮。

05 导入本课提供的素材“写轮眼.psd”，拖曳到【时间轴】面板最上层，【缩放】属性改为4.7,4.7%，按【Ctrl+Shift+C】快捷键预合成后移动到眼睛位置，如图B09-31所示。

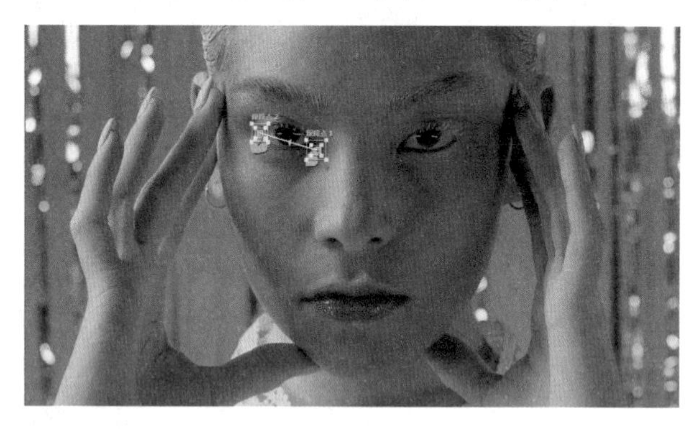

图 B09-30

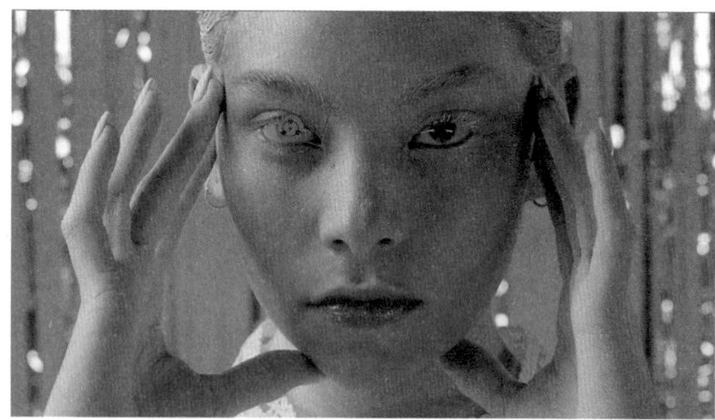

图 B09-31

06 将图层#1“写轮眼.psd合成1”作为子级链接到图层#2“空1”上，“写轮眼”便会跟随眼睛运动。

07 播放可以发现有一些帧跟踪得并不是很准确，有轻微的偏移，如图B09-32所示。此时就需要在跟丢的时间点手动调节“空1”的位置，修改关键帧使“写轮眼”处于正确位置，如图B09-33所示。这是一项比较麻烦的操作，需要耐心。

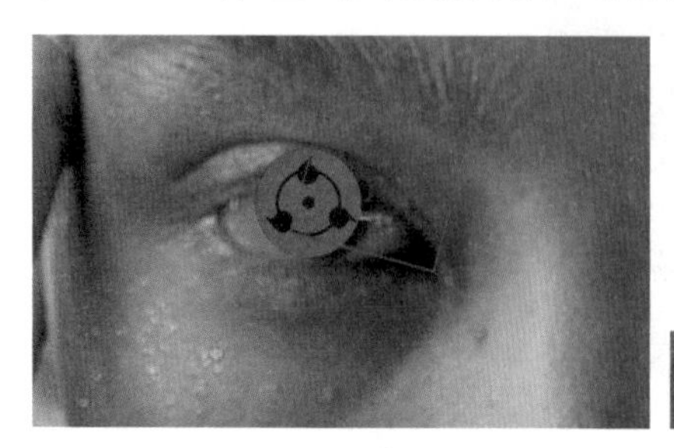

图 B09-32

图 B09-33

08 跟踪调整完毕后，双击图层 #1“写轮眼 .psd 合成 1”进入内部，为图层 #1“写轮眼”的【旋转】属性创建表达式 time*30，使“写轮眼”转动起来。

09 回到总合成，选择图层 #1“写轮眼 .psd 合成 1”，混合模式改为【叠加】，沿眼睛的轮廓绘制蒙版，【蒙版羽化】属性值改为 10.0,10.0 像素，将“写轮眼”多余的部分去除，如图 B09-34 所示。

10 为【蒙版路径】设置关键帧，为蒙版路径做动画，配合好眼睛睁开过程和后面眼睛的位置，如图 B09-35 所示。

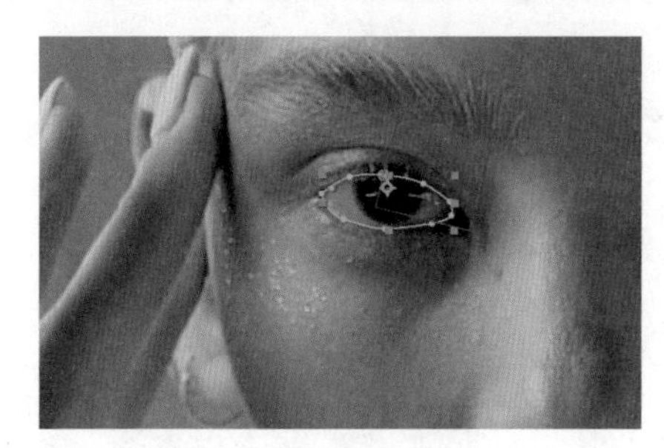

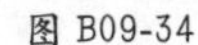

图 B09-34

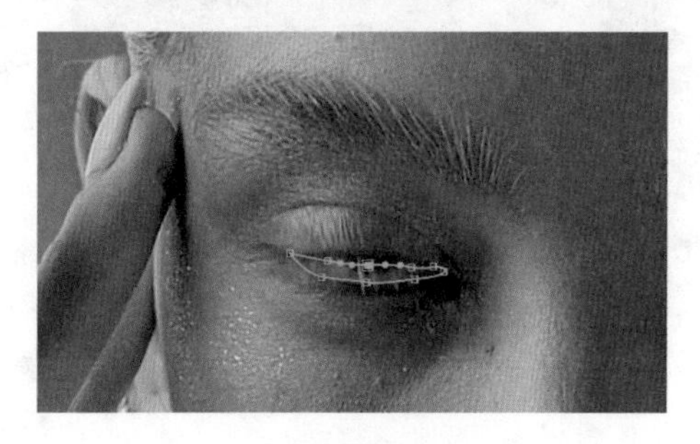

图 B09-35

11 选择图层 #1“写轮眼 .psd 合成 1”，执行【效果】-【颜色校正】-【曲线】命令，提高“写轮眼”亮度，连续按【Ctrl+D】快捷键将“写轮眼”复制两层，一只眼睛的效果就制作完成了，如图 B09-36 所示。

图 B09-36

12 右眼制作过程和左眼一样，制作完成后用蒙版将右眼抠出，至此“写轮眼”开眼效果制作完成，如图 B09-37 所示。

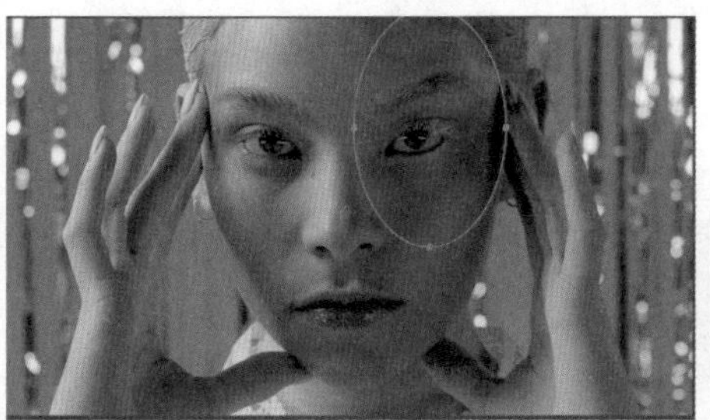

| # | 图层名称 | 模式 | T TrkMat | 父级和链接 |
|---|---|---|---|---|
| 1 | 右眼 | 正常 | | 无 |
| 2 | [写轮眼.psd 合成 1] | 叠加 | 无 | 5.空 1 |
| 3 | [写轮眼.psd 合成 1] | 叠加 | 无 | 5.空 1 |
| 4 | [写轮眼.psd 合成 1] | 叠加 | 无 | 5.空 1 |
| 5 | [空 1] | 正常 | 无 | 无 |

图 B09-37

## B09.4 综合案例——平板跟踪

在实际工作中会经常遇到跟踪点前有遮挡而导致跟踪不稳的现象，下面讲解遮挡问题的解决方法。

本综合案例完成效果如图 B09-38 所示。

素材作者：Aleksey

图 B09-38

## 操作步骤

01 新建项目，新建合成，宽度为 1920 px，高度为 1080 px，帧速率为 30 帧 / 秒。导入本课提供的素材“平板. mp4”，选择图层 #1“平板”，在【跟踪器】面板中单击【跟踪运动】，并将【跟踪类型】选择为【透视边角定位】，将四个跟踪点分别放于平板屏幕的四个顶点，如图 B09-39 所示。

图 B09-39

02 在【跟踪器】面板中单击【向前分析】按钮，在人手移动到跟踪点前面时，跟踪点明显就会跟丢，如图 B09-40 所示。

图 B09-40

03 此时 After Effects 已经无法自动计算跟踪点的运动轨迹，需要手动调节跟踪点的位置，当人手移动到跟踪点前面时，按空格键暂停向前分析，拖动指针到人手移出跟踪点的时间处，继续单击【向前分析】。

04 重复上步操作，直至除了人手遮挡时间段外其余全部分析完成；人手遮挡的几个位置没有分析，手动调节跟踪点到正确位置，需要一帧一帧地手动跟踪，必须耐心，直至人手遮挡时间段全部跟踪完成。

05 新建合成 2，宽度为 600 px，高度为 800 px；导入本课提供的素材“遛狗. mp4”，拖曳至合成 2 中，如图 B09-41 所示。

素材作者：Edgar Fernández

图 B09-41

06 回到总合成，将“合成 2”移动到“平板”下层，单击【编辑目标】，在弹出的【运动目标】窗口中将【图层】选择为【2. 合成 2】，单击【确定】按钮，单击【跟踪器】面板中的【应用】按钮；对图层 #1“平板”使用【Keylight】抠像，将平板的绿屏抠掉，平板跟踪效果制作完成。

07 第 5 步新建合成操作非常重要，如果直接将素材应用到【运动目标】，那么素材会被横向压缩，如图 B09-42 所示。

图 B09-42

# B09.5 跟踪摄像机

跟踪摄像机和跟踪运动不同，跟踪摄像机能自动识别影像而不用人为指定跟踪点，它在画面运动时跟着运动规律捕捉图像，主要作用是做摄像机反求，就是求出视频或者非实拍视频素材的摄像机路径，然后将二维或者三维物体融合到这个视频里面去完美匹配。

新建项目，导入本课提供的素材“街景.mp4”并创建合成，如图 B09-43 所示。

素材作者：Matthias Groeneveld

图 B09-43

选择图层 #1“街景”，在【跟踪器】面板中单击【跟踪摄像机】按钮，如图 B09-44 所示。

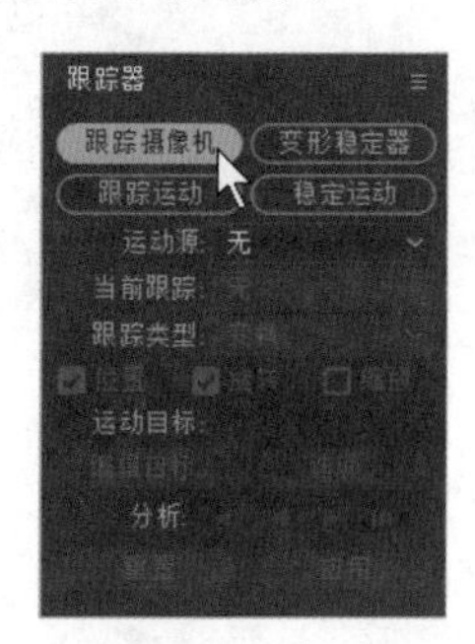


图 B09-44

【查看器】窗口中会提示“在后台分析（第 1 步，共 2 步）”，之后提示“解析摄像机”，解析完成后【查看器】窗口中会出现很多的点，如图 B09-45 所示。

图 B09-45

图 B09-45（续）

鼠标在这些点上移动，会出现一个圆盘，表示透视关系，选择不同的点会有不同的透视关系，如图 B09-46 所示。

图 B09-46

将左边墙上的卡通图像替换掉，使用鼠标在图像位置框选点，观看透视关系是否正确，如图 B09-47 所示。

图 B09-47

透视关系正确，在圆盘上右击，在弹出的菜单里选择【创建空白和摄像机】选项，如图 B09-48 所示。

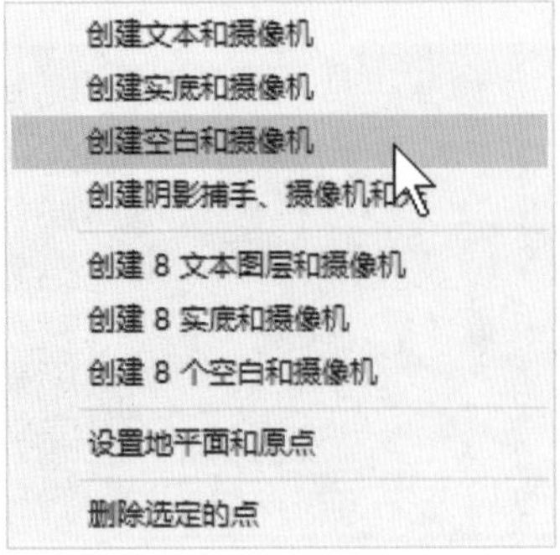

创建文本和摄像机
创建实底和摄像机
创建空白和摄像机
创建阴影捕手、摄像机和光
创建 8 文本图层和摄像机
创建 8 实底和摄像机
创建 8 个空白和摄像机
设置地平面和原点
删除选定的点

图 B09-48

导入本课提供的素材“风景.jpg”，拖曳到【时间轴】面板最上层，开启 3D 开关，将【Y 轴旋转】属性值改为 0x-71.0°，使透视关系和实际一致，如图 B09-49 所示。

素材作者：Josh Hild

图 B09-49

展开图层 #2“跟踪为空 1”的【位置】属性，复制属性值粘贴到图层 #1“风景”的【位置】属性上，“风景”会自动到卡通图像处，如图 B09-50 所示。

图 B09-50

选择图层 #1“风景”，执行【效果】-【扭曲】-【边角定位】命令，调节“风景”的四个顶点与卡通图像的顶点完全重合，效果制作完成，如图 B09-51 所示。

图 B09-51

## B09.6 作业练习——文字与实景结合

本作业原素材和完成效果参考如图 B09-52 所示。

原素材

图 B09-52

完成效果参考

素材作者：Aleksey

图 B09-52（续）

作业思路

新建项目合成，导入本课提供的视频素材，新建黑色纯色层遮挡地面以上的部分，选择“胡同”和纯色层进行预合成，执行【跟踪摄像机】操作，跟踪点就会集中在地面上。

导入本课提供的三组石头字素材及配套的影子素材，使用【轨道遮罩】及【填充】效果做影子，使石头字跟踪摄像机，并为【缩放】属性创建关键帧，做放大动画。

# B09.7 Mocha AE 跟踪插件

除了上述常规的跟踪方法，After Effects 还内置了一个更加强大的跟踪插件 Mocha AE，简称为 Mocha，接下来就讲解它的使用方法。

## 1. 启动

新建项目，导入本课提供的素材“咖啡.mp4”，使用素材创建合成；选择图层 #1“咖啡”，执行【效果】-【Boris FX Mocha】-【Mocha AE】命令，在【效果控件】面板单击【Mocha AE】效果面板中的 MOCHA 会打开 Mocha 的界面，如图 B09-53 所示。

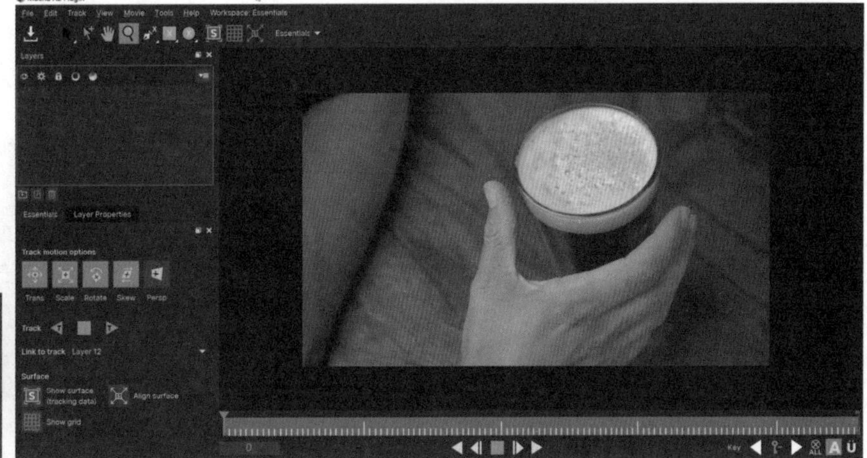

素材作者：Edgar Fernández

图 B09-53

## 2. 界面介绍

◆ 菜单栏

顶部为命令菜单栏，单击每个菜单按钮，会弹出下拉菜单，菜单栏集合了 Mocha 常用的功能和操作命令，其中包含文件、编辑、跟踪、视图、影片、帮助、工作区等，如图 B09-54 所示。

File Edit Track View Movie Tools Help Workspace: Essentials

图 B09-54

◆ 工具栏

工具栏包含了 Mocha 中常用的工具，如图 B09-55 所示。

图 B09-55

- 【保存】：保存功能，用于保存导出跟踪数据。
- 【选择工具】：用于选择绘制的跟踪区域上的顶点。
- 【插入点工具】：在跟踪区域上插入新的顶点。
- 【手型工具】：移动视图，快捷键为【X】，按住不动并移动鼠标。
- 【缩放工具】：放大或者缩小视图，快捷键为【Z】，按住不动并上下移动鼠标。
- 【创建X样条工具】：用于在画面上绘制跟踪区域，右击结束绘制，快捷键为【Ctrl+L】。
- 【创建矩形X样条曲线层】：用于创建矩形跟踪区域。
- 【创建椭圆X样条曲线层】：用于创建椭圆形跟踪区域。
- 【显示平面曲面】：绘制放置替换图层的范围。
- 【显示平面网格】：显示参考的网格线，用于观察透视关系。
- 【展开平面曲面】：将替换图层的范围扩大至整个帧。

## 3. 跟踪原理

Mocha 插件会计算绘制的跟踪区域内的颜色、亮度信息的变化，进而得到正确的跟踪数据。

## 4. 操作流程

将指针移动到合适位置，单击按钮，绘制所需要跟踪物体的形状区域，一个完整的区域为一个图层，如图 B09-56 所示。

Mocha 默认选中了跟踪【Trans（位置）】【Scale（缩放）】【Rotate（旋转）】【Skew（倾斜）】信息，最后一个为【Persp（透视）】信息，根据实际情况确定选择哪几个，如图 B09-57 所示。

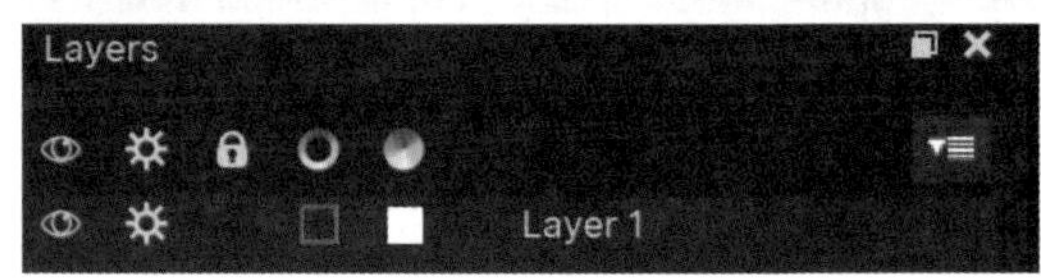


图 B09-56

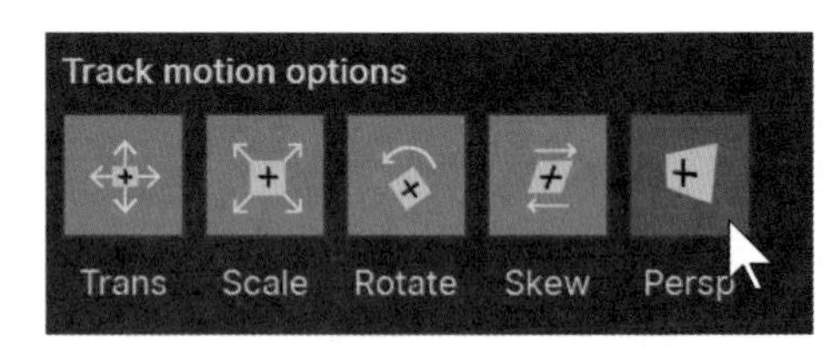


图 B09-57

选择好跟踪信息，单击【向前跟踪】或【向后跟踪】按钮，自动计算跟踪路径，如图 B09-58 所示。

图 B09-58

当 Mocha 跟踪计算完成后，单击上方工具栏里的保存工具，关闭 Mocha 界面。

回到 AE 界面，需要在【效果控件】面板中使用跟踪数据，如果要抠出跟踪区域内的画面，则展开【Matte】属性，如图 B09-59 所示。

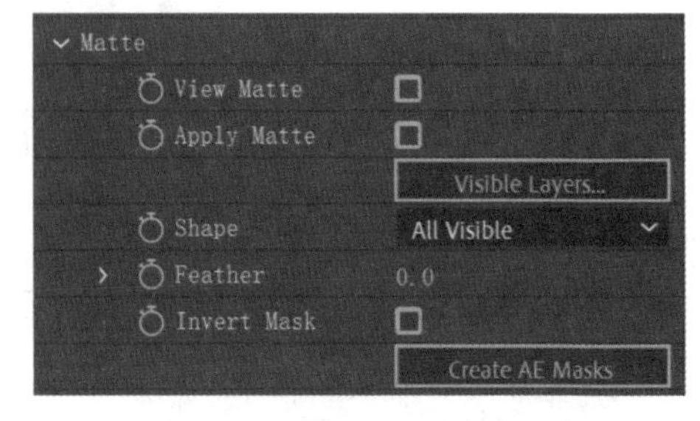


图 B09-59

- View Matte：以黑白图的形式显示跟踪区域，如图 B09-60 所示。

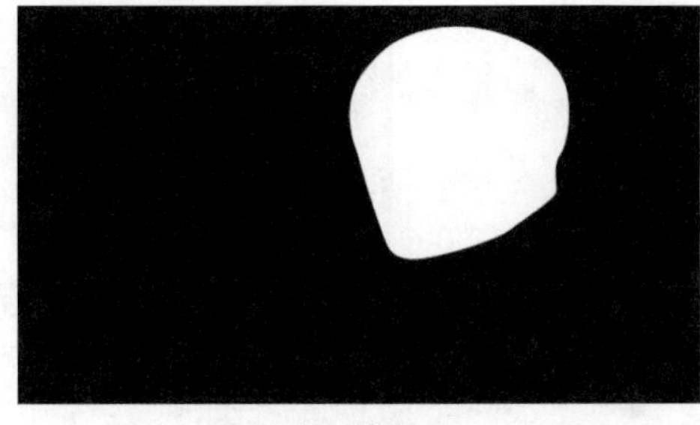

图 B09-60

- Apply Matte：单独显示跟踪区域内的画面，如图 B09-61 所示。

图 B09-61

- Visible Layers：选择可见图层。
- Shap：【All Visible】仅显示当前跟踪区域图层，【All】显示全部跟踪区域图层。
- Feather：羽化，调整羽化的大小。
- Invert Mask：反转蒙版，如图 B09-62 所示。

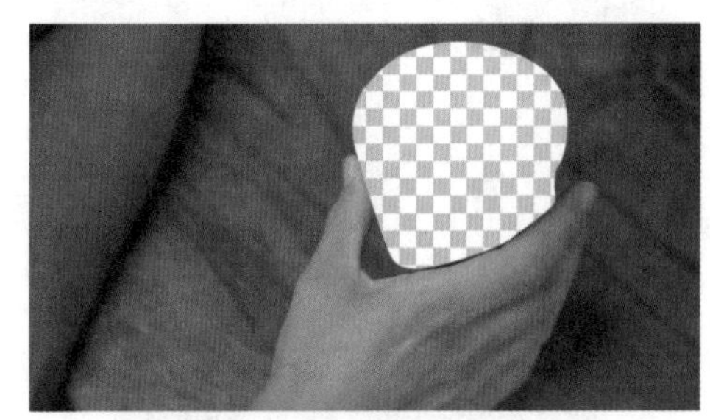

图 B09-62

- Create AE Masks：创建蒙版，单击后会在图层 #1“咖啡”上沿跟踪区域生成蒙版并生成蒙版路径关键帧，如图 B09-63 所示。

图 B09-63

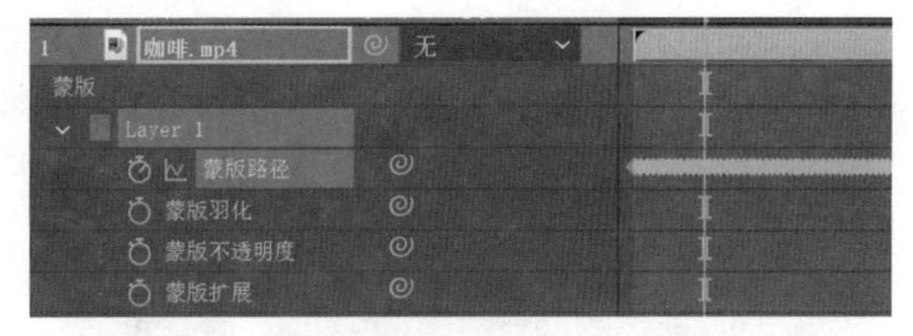


图 B09-63（续）

如果要进行跟踪操作，展开【Tracking Data】属性，单击【Create Track Data】按钮，在弹出的对话框中选择要跟踪的区域图层，单击【OK】按钮，会生成跟踪关键帧，如图 B09-64 所示。

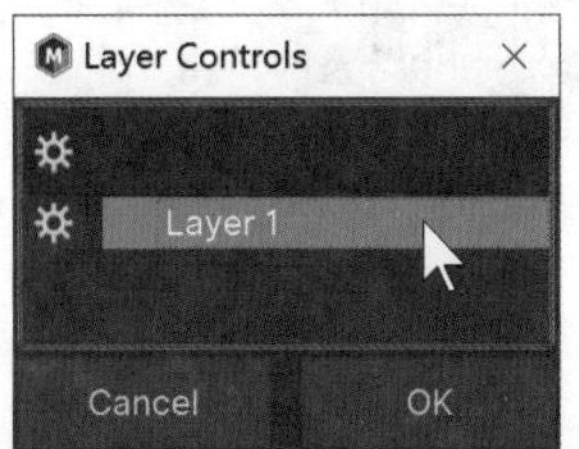


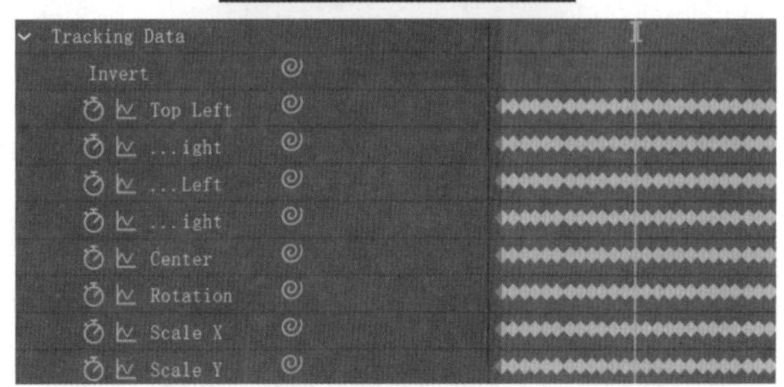


图 B09-64

将【Layer Export To】选择为要进行跟踪的图层，单击【Apply Export】按钮即可将图层跟踪到跟踪区域，如图 B09-65 所示。

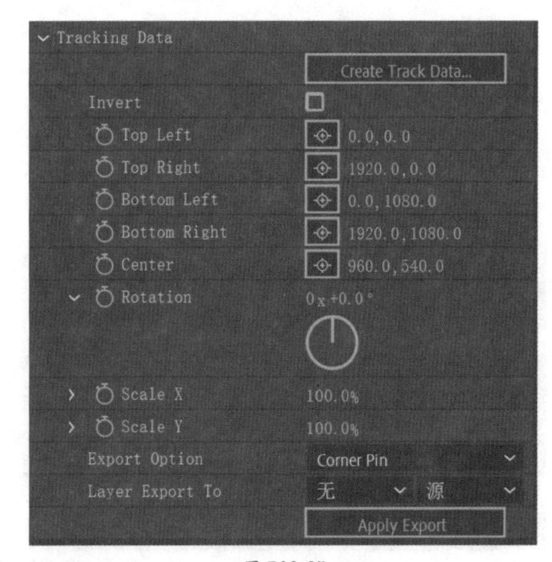


图 B09-65

## B09.8 实例练习——LED 大屏效果

本实例完成效果如图 B09-66 所示。

素材作者：Dan Dubassy

图 B09-66

### 操作步骤

01 新建项目，导入提供的素材“Mocha 跟踪.mp4”，用素材创建合成，如图 B09-67 所示。

图 B09-67

02 制作一个视频贴在立柱上方跟随立柱运动的效果，选择图层 #1“Mocha 跟踪”，执行【效果】-【Boris FX Mocha】-【Mocha AE】命令，进入 Mocha 界面。

03 单击工具栏中的【钢笔工具】，沿柱子上方绘制轮廓，要稍微大于实际要跟踪的大小，右击结束绘制，如图 B09-68 所示。

图 B09-68

04 绘制的轮廓为圆角矩形，拖曳蓝色手柄最外侧的顶点即可变为矩形，如图 B09-69 所示。

图 B09-69

05 单击上方工具栏的【显示平面工具】，会在绘制好的轮廓里生成一个蓝色矩形框，调节四个顶点到需要跟踪的边界顶点，如图 B09-70 所示。

图 B09-70

06 Mocha 默认选中了跟踪【位置】【缩放】【旋转】【倾斜】信息，还需要选中【透视】信息，如图 B09-71 所示。

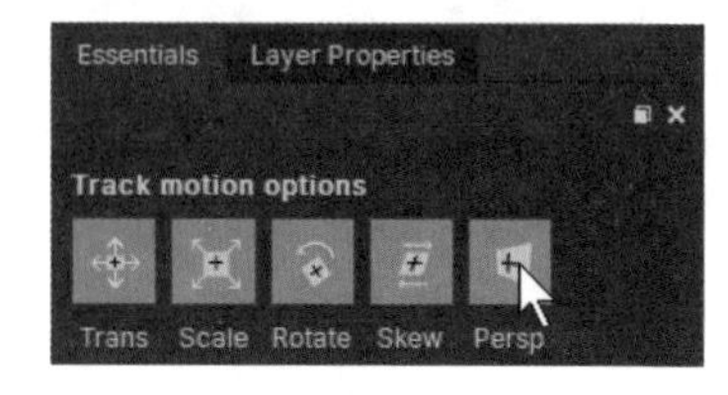


图 B09-71

07 单击【向后跟踪】按钮，系统会自动计算跟踪点，如图 B09-72 所示。

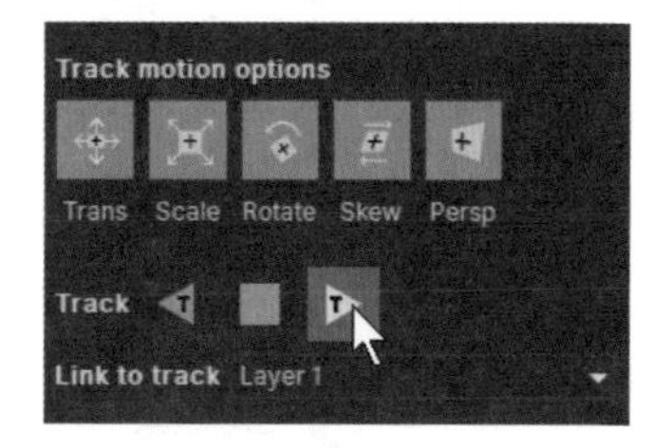


图 B09-72

08 计算完成后，单击上方工具栏里的【保存工具】，关闭 Mocha 界面；导入提供的素材“世界杯.mp4”，拖曳到【时间轴】面板中放在图层“Mocha 跟踪”上面，如图 B09-73 所示。

图 B09-73

09 选择图层 #2“Mocha 跟踪”，展开【Tracking Data】，单击【Create Track Data】按钮，弹出【Layer Controls】对话框，选择【Layer1】单击【OK】按钮，如图 B09-74 所示。

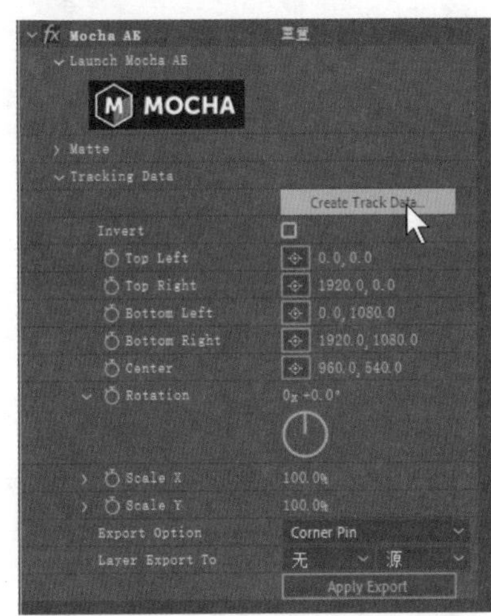


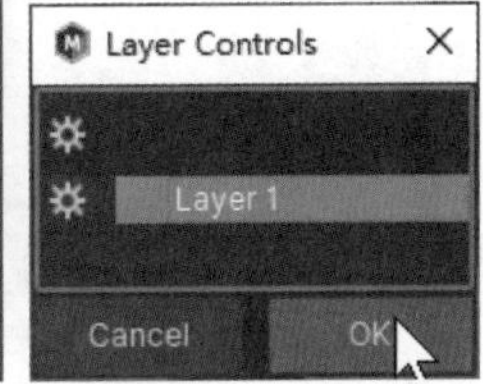


图 B09-74

10 将【Layer Export TO】选择为【1. 世界杯】，然后单击【Apply Export】按钮，素材“世界杯.mp4”会自动贴合到跟踪区域，如图 B09-75 所示。LED 大屏效果制作完成，播放视频，素材“世界杯.mp4”跟随柱子一起运动。

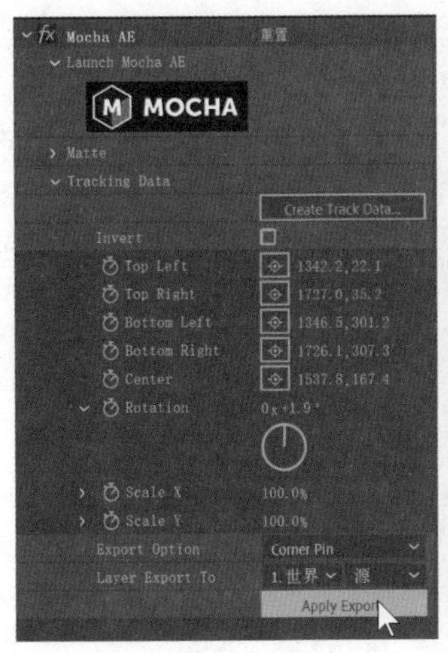

图 B09-75

## B09.9 作业练习——脸上红心跳动效果

本作业原素材和完成效果参考如图 B09-76 所示。

原素材　　完成效果参考

素材作者：Aleksey

图 B09-76

### 作业思路

新建项目合成，导入本课提供的视频素材，添加【Mocha AE】效果，打开 Mocha 界面，使用【钢笔工具】在男子脸上绘制轮廓，使用【显示平面工具】和【平面网格工具】调节透视关系，进行跟踪，导出跟踪数据。

将“红心”预合成，为【缩放】属性创建循环表达式，制作跳动的动画，并添加【发光】效果，将“红心”贴合到跟踪区域，更改混合模式。

根据上述步骤制作脸上红心跳动效果。

## B09.10 跟踪蒙版

如果想要绘制的蒙版跟随画面中运动的对象或者运动镜头中的对象一起运动，就需要用到【跟踪蒙版】功能，下面用一个“替换天空”的例子进行讲解。

新建项目，导入本课提供的素材“小瀑布.mp4”并用素材创建合成，如图 B09-77 所示。

素材作者：Francisco Fonseca

图 B09-77

要替换天空，就需要抠出天空，这里天空除了蓝色还有白色的云，如果直接进行抠像操作，山体和瀑布势必会受到影响，所以可以对山体先绘制一个蒙版从而使其不受抠像效果影响，如图 B09-78 所示。

图 B09-78

镜头是运动的，所以蒙版也要跟随镜头一起运动。将蒙版的模式改为【无】，在蒙版名称上右击，选择【跟踪蒙版】选项，打开【跟踪器】面板，将指针移动到 0 秒处，在【跟踪器】面板中单击【向前跟踪所选蒙版】，如图 B09-79 所示。

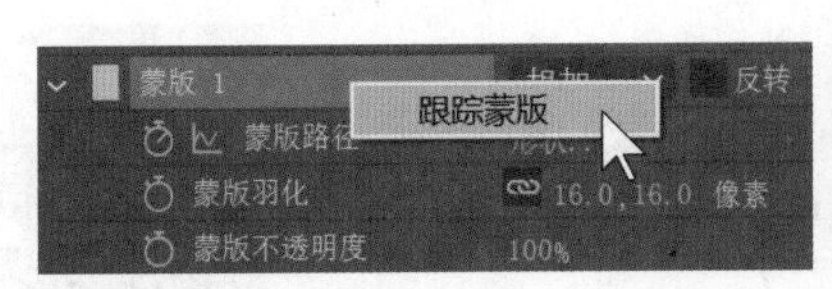

图 B09-79

此时蒙版便会跟随镜头一起运动，软件会自动计算并生成【蒙版路径】关键帧，如图 B09-80 所示。

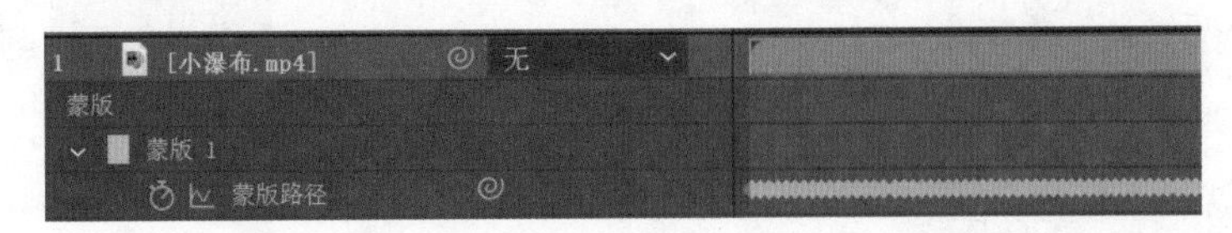


图 B09-80

选择图层 #1“小瀑布”复制一层（Ctrl+D），将上层重命名为“天空”，将“天空”的蒙版模式改为【相减】，“小瀑布”的蒙版模式改为【相加】，此时两图层相接处有一条模糊的线，将两图层的【蒙版扩展】属性值都调节为负值便可消除这条线。

选择图层 #1“天空”，添加【颜色范围】效果进行抠像操作，天空被抠除而山体没有受到影响，如图 B09-81 所示。

导入本课提供的素材“鹰.mp4”，拖曳至【时间轴】面板最下层，移动到合适位置，天空替换完成，如图 B09-82 所示。

图 B09-81

鹰素材作者：Adrian Pelletier

图 B09-82

【蒙版跟踪】不会改变蒙版的形状，但会根据画面中对象的运动来改变蒙版的位置、旋转和缩放，所以对于形状有变化的对象，【蒙版跟踪】并不适用，而且【蒙版跟踪】并不能保证蒙版会跟踪得非常完美，所以对于跟踪不准的位置，还需要手动进行调节。

## B09.11 综合案例——动态擦除效果

本综合案例完成效果如图 B09-83 所示。

素材作者：Edgar Fernández

图 B09-83

### 操作步骤

01 新建项目，导入本课提供的素材“货车.mp4”并用素材创建合成，选择图层 #1“货车”，将指针移动到 0 秒处，绘制一个方形蒙版圈住货车，蒙版模式选择为【无】，如图 B09-84 所示。

图 B09-84

02 展开蒙版属性，在蒙版名称上右击选择【跟踪蒙版】，在【跟踪器】面板中单击【向前跟踪所选蒙版】按钮，如图 B09-85 所示。

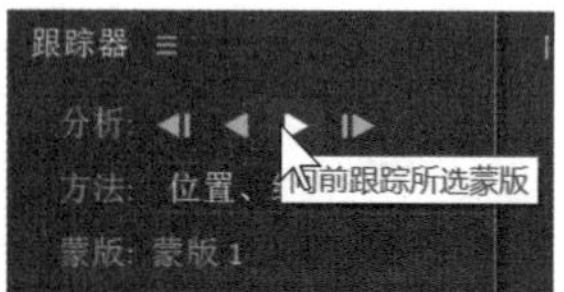


图 B09-85

03 【蒙版路径】属性会自动生成关键帧，对于跟踪不准确的地方，要手动调节，确保蒙版始终将货车及车的影子包进去。

04 执行【窗口】-【内容识别填充】命令，打开【内容识别填充】面板，如图 B09-86 所示。

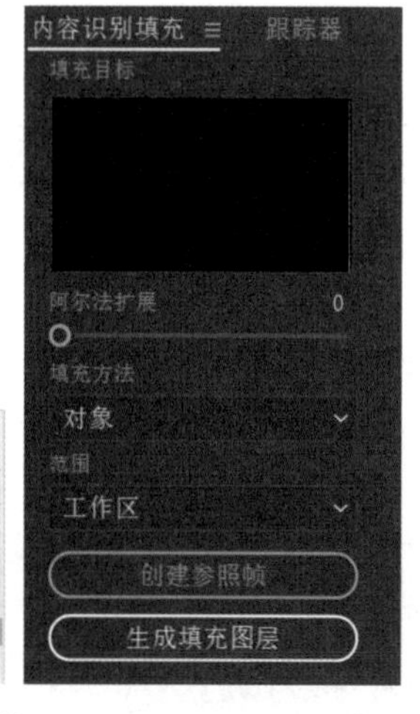


图 B09-86

05 将蒙版模式改为【相减】，在【内容识别填充】面板上单击【生成填充图层】按钮，如图 B09-87 所示。

图 B09-87

06 软件会自动计算填充内容并渲染，如图 B09-88 所示。

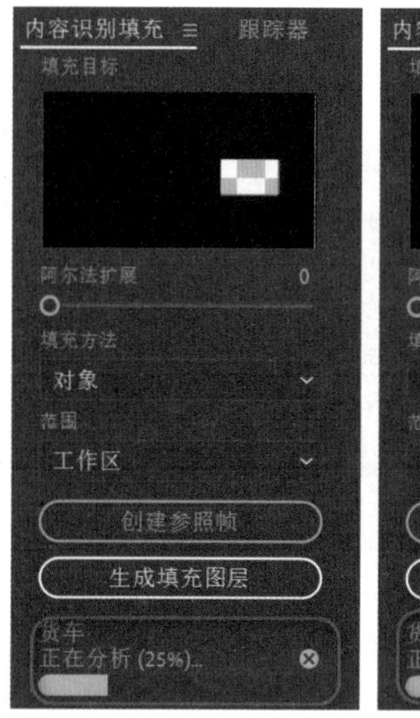


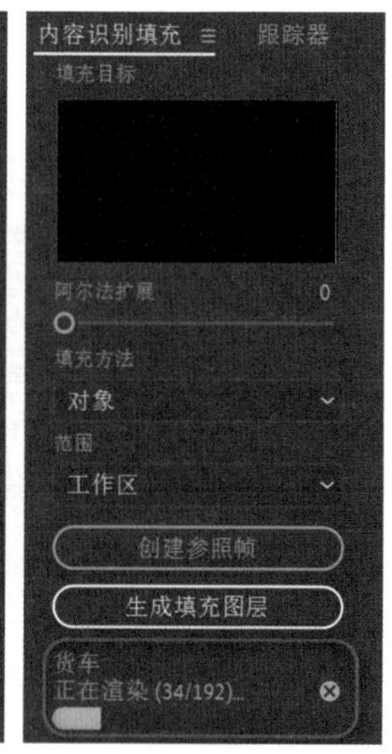


图 B09-88

07 渲染结束后会生成一个用于填充蒙版的图像序列图层，货车被擦除，如图 B09-89 所示。

图 B09-89

08 选择图层 #2“货车”复制一层（Ctrl+D），将其移动到最上层，删除蒙版，重新绘制一个大的矩形蒙版，并添加【描边】效果，如图 B09-90 所示。

图 B09-90

09 指针移动到 0 秒处，为图层 #1“货车”的【蒙版路径】创建关键帧，指针移动到 3 秒处，将蒙版移动到画面右侧自动创建第二个关键帧。动态擦除效果制作完成，播放预览效果。

读书笔记

**B10课**

**常用插件和脚本**

好用得停不下来



# B10.1 综合案例——Particular 插件制作传送门效果

本综合案例完成效果如图 B10-1 所示。

公路素材作者：Yana，草原素材作者：Edgar Fernández

图 B10-1

## 操作步骤

01 新建项目，新建合成，命名为“传送门”，宽度为 1920 px，高度为 1080 px，帧速率为 30 帧 / 秒。新建纯色层命名为“粒子”，选择图层 #1“粒子”，绘制一个圆形蒙版。

02 选择图层 #1“粒子”，执行【效果】-【Trapcode】-【Particular】命令，将指针移动到 0 秒处，选择蒙版的【蒙版路径】属性，复制并粘贴到【Particular】下的【位置 XY】属性上，使发射器位于蒙版路径上，如图 B10-2 所示。

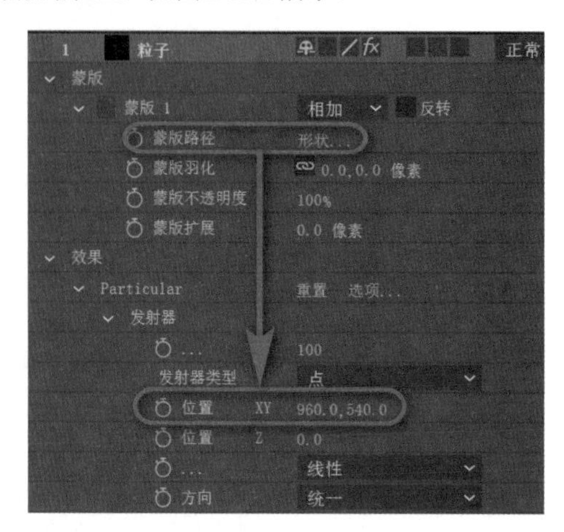


图 B10-2

03 按空格键播放，粒子会沿着蒙版路径运动，如图 B10-3 所示。

图 B10-3

04 此时粒子沿蒙版转一圈即会停止，给【位置 XY】添加一个循环表达式，使粒子沿蒙版循环运动，如图 B10-4 所示。

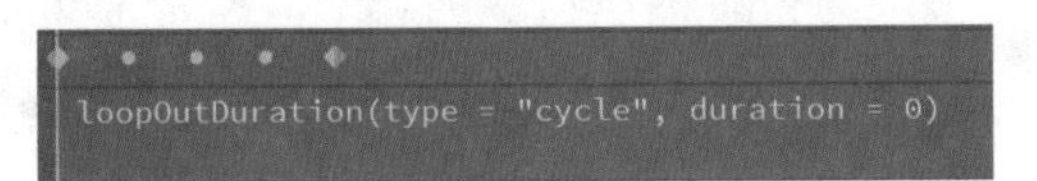

```
loopOutDuration(type = "cycle", duration = 0)
```

图 B10-4

05 目前粒子的数量太少，增加粒子的数量，将【粒子 / 每秒】改为 1000，并将【发射器类型】选择为【球形】,【发射器大小】改为 100，如图 B10-5 所示。

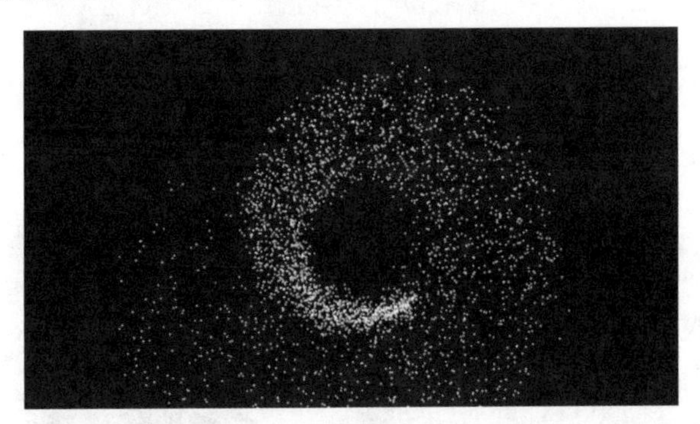

图 B10-5

06 先前出现的粒子并不会消失，将【生命 [ 秒 ]】改为 0.9，使粒子在合适时间消失，如图 B10-6 所示。

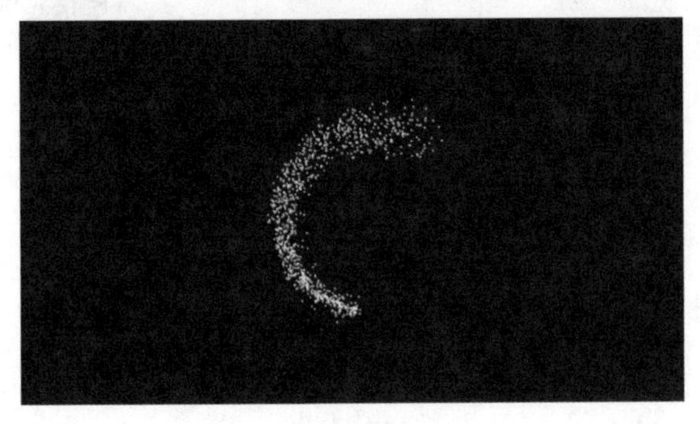

图 B10-6

07 将【辅助系统】的【发射】选择为【不断】，并将【辅助系统】下的【粒子 / 每秒】改为 200，粒子的拖尾便会出现，如图 B10-7 所示。

图 B10-7

08 彩色的粒子不是最终需要的效果，将【主体颜色】改为 100，使粒子及拖尾变成白色，并将【粒子】的【大小】改为 0，去掉拖尾顶端的粒子只留拖尾，将【辅助系统】下的【大小】改为 3，使拖尾变细，如图 B10-8 所示。

图 B10-8

09 现在粒子太密，将【辅助系统】下的【生命 [ 秒 ]】改为 0.2,【不透明】改为 16，如图 B10-9 所示。

图 B10-9

10 新建黑色纯色层，放于最下层，新建调整图层命名为“调色”，放于最上层，选择图层 #1 “调色”添加【曲线】

效果，提高【红色】和【绿色】通道曲线，降低【蓝色】通道曲线，如图 B10-10 所示。

图 B10-10

11 选择图层 #2“粒子”，连续按【Ctrl+D】快捷键复制两层，调节入点位置，使三层“粒子”首尾相接形成圆环，如图 B10-11 所示。

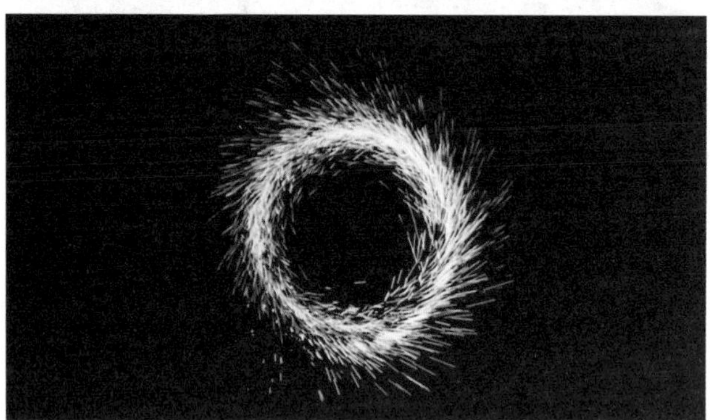

图 B10-11

12 新建合成，命名为“传送”，合成宽度为 1920 px，高度为 1080 px，帧速率为 30 帧 / 秒。导入本课提供的素材“公路.mp4”，拖曳到【时间轴】面板，添加【跟踪摄像机】，等待解析完毕后框选地面上的跟踪点创建摄像机和空对象。

13 将合成“传送门”拖曳到合成“传送”中，开启 3D 效果，混合模式选择为【屏幕】，复制跟踪生成的空对象的【位置】属性值，粘贴到“传送门”的【位置】属性上，调节“传送门”的【缩放】属性值，使其大小合适，如图 B10-12 所示。

14 微调“传送门”的【位置】属性值，使镜头向前推进的过程中视角能刚好穿过传送门，如图 B10-13 所示。

图 B10-12

图 B10-13

15 新建纯色图层，开启 3D 效果，将“传送门”的【位置】属性粘贴到纯色图层的【位置】上，调整其【缩放】属性，使其大小能遮住“传送门”；选择纯色图层绘制圆形蒙版，调节【蒙版羽化】的属性值，蒙版大小比“传送门”小一点，将纯色图层放于“传送门”下面，如图 B10-14 所示。

图 B10-14

16 导入本课提供的素材“草原.mp4”，拖曳到【时间轴】面板中，放于纯色图层下面；选择图层 #3“草原”，执行【时间伸缩】命令，将【拉伸因数】改为 50%，使其镜头向前移动的速度与素材“公路 .mp4”相近。

17 将图层 #3“草原”的轨道遮罩选择为【Alpha 遮罩“白色纯色 1”】，其便会显示在“传送门”内，如图 B10-15 所示。

⑱ 将图层 #3“草原”的【不透明度】属性改为 0%，选择图层 #6“公路”，添加【凸出】效果，将指针移动到“传送门”刚形成圆环时间处，移动【凸出中心】的位置点到“传送门”中心，调节【水平半径】和【垂直半径】，使凸出半径大小和“传送门”半径大小一致，为【凸出高度】创建关键帧，属性值改为 4.0，将指针移动到“传送门”出现三分之一处，将【凸出高度】改为 0.0，自动创建第二个关键帧，如图 B10-16 所示。

图 B10-15

图 B10-16

⑲ 将指针重新移回到“传送门”刚形成圆环处，然后向左移动 4 帧，为图层 #3“草原”的【不透明度】创建关键帧，在向右移动 6 帧，将【不透明度】属性值改为 100%，自动创建第二个关键帧。

⑳ 按空格键播放，发现镜头穿越过“传送门”后画面又从“草原”变回“公路”。将指针移动到画面变换的位置，选择图层 #3“草原”，按【Ctrl+Shift+D】快捷键拆分图层，将图层 #2“草原”的轨道遮罩选择为“无”，如图 B10-17 所示。传送门效果制作完成，播放预览效果。

| | | | | |
|---|---|---|---|---|
| 1 | [传送门] | 屏幕 | | 无 |
| 2 | [草原.mp4] | 正常 | 无 | 无 |
| 3 | 白色 纯色 1 | 正常 | 无 | 无 |
| 4 | [草原.mp4] | 正常 | Alpha | 无 |
| 5 | [跟踪为空 1] | 正常 | 无 | 无 |
| 6 | 3D 跟踪器摄像机 | | | 无 |
| 7 | [公路.mp4] | 正常 | | 无 |

图 B10-17

## B10.2 综合案例——Form 插件制作人物消散效果

本综合案例完成效果如图 B10-18 所示。

素材作者：Edgar Fernández

图 B10-18

### 操作步骤

01 新建项目，导入本课提供的素材“橄榄球.mp4”，使用素材创建合成并重命名为“消散”。

02 双击图层 #1“橄榄球”进入【素材查看器】窗口，使用【Roto 笔刷工具】将人物抠出，此过程一定要耐心细致，如图 B10-19 所示。人物抠出完成后将图层 #1“橄榄球”进行预合成操作，命名为“人物”。

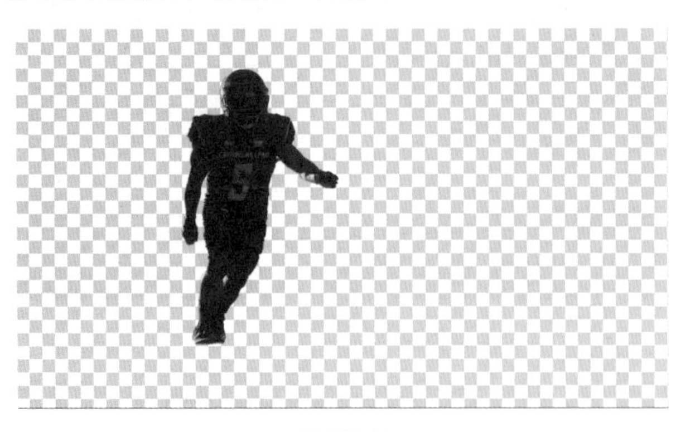

图 B10-19

03 截取素材中的几帧静帧图片，组成没有人物在的画面，预合成这几张图片，命名为“背景”，放于【时间轴】面板最下层，如图 B10-20 所示。

图 B10-20

04 新建白色纯色图层，命名为“粒子人”，选择图层 #1“粒子人”执行【效果】-【Trapcode】-【Form】命令。

05 将【Form】的【基础形态】的属性值改为如图 B10-21 所示的参数，【粒子】下的【粒子类型】选择为【发光球体】。

| 基础形态 | 网状立方体 |
|---|---|
| 尺寸 X | 1920 |
| 尺寸 Y | 1080 |
| 尺寸 Z | 0 |
| X 中的粒子 | 1920 |
| Y 中的粒子 | 1080 |
| Z 中的粒子 | 1 |

图 B10-21

06 关闭图层 #2“人物”的可见性，展开【Form】中【层贴图】下的【颜色和阿尔法】，将【Layer】选择为【2. 人物】，【功能性】选择为【RGBA to RGBA】，【对映射】选择为【XY】，可以看到人物又出现在【查看器】窗口中，如图 B10-22 所示。

图 B10-22

07 展开【Form】中的【分离和扭曲】，增大【分散】的属性值，可以看到人物直接消散，这不是最终想要的效果，重新将【分散】的属性值改为 0。

08 新建白色纯色图层，为纯色图层添加【梯度渐变】效果，为【渐变起点】和【渐变终点】创建关键帧，在第 4 秒至第 7 秒间制作画面从左向右由纯黑过渡到纯白的效果，如图 B10-23 所示。

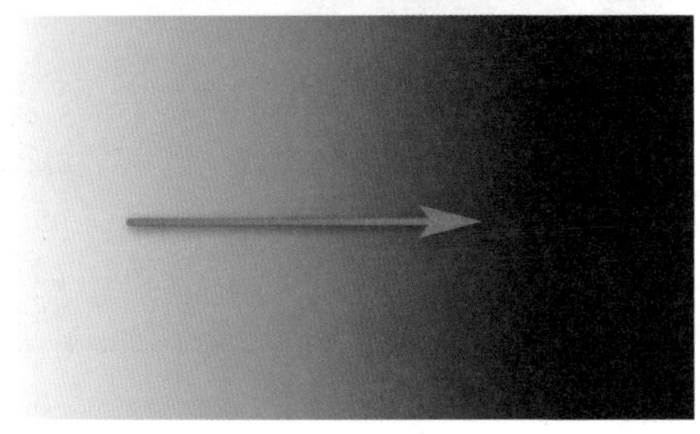

图 B10-23

09 将纯色层进行预合成，命名为“映射”，放于“人物”层下，并关闭显示。

10 展开【Form】中【层贴图】下的【分散】，将【Layer】选择为【3. 映射】，【对映射】选择为【XY】，如图B10-24所示。

图 B10-24

11 将【分离和扭曲】下【分散】的参数值改为600，按空格键播放，可以看到人物从踢的过程中开始消散，如图B10-25所示。

图 B10-25

12 此时画面中是没有橄榄球的，从【项目】面板中将素材“橄榄球”拖曳至【时间轴】面板中，放于最上层，为图层#1“橄榄球”创建蒙版动画，使蒙版向左移动的速度跟上人物从左至右消散的速度，如图B10-26所示。

B10-26

13 为【分离和扭曲】下【分散】的参数值创建关键帧动画，人物刚消散结束创建第一个关键帧，指针移动到结尾，【分散】属性值改为1600，自动创建第二个关键帧。

14 为图层#2“粒子人”的【不透明度】创建动画，使粒子最后消失。

15 选择图层#1“橄榄球”，添加【Lumetri颜色】效果，对画面进行调色，并将【Lumetri 颜色】效果复制并粘贴到图层#2“粒子人”和图层#5“背景”上。人物消散效果制作完成，播放预览效果。

## B10.3 综合案例——Element 插件制作 3D 文字展示

本综合案例完成效果如图B10-27所示。

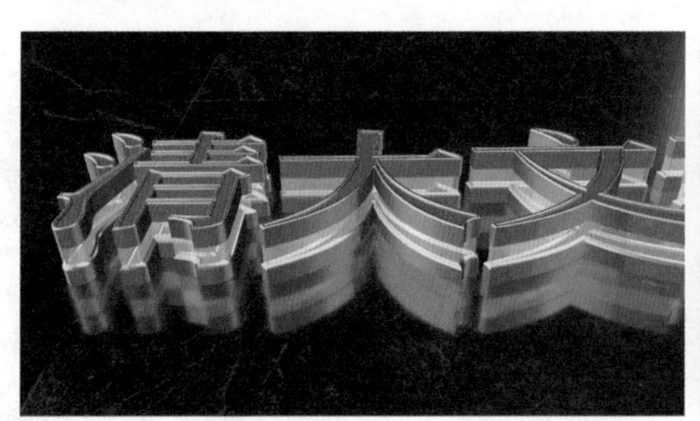


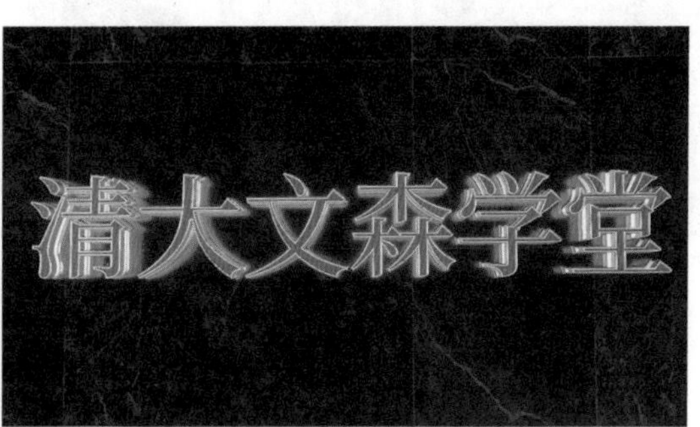


素材作者：PRAIRAT_FHUNTA

图 B10-27

### 操作步骤

01 新建项目，新建合成，命名为“3D 文字展示”，宽度为1920 px，高度为1080 px，帧速率为30 帧 / 秒。新建文本层“清大文森学堂”，新建纯色层将重其命名为“E3D”。选中图层#1“E3D”执行【效果】-【Video Copilot】-【Element】命令，在【效果控件】面板中【Custom Layers】-【Custom Text and Masks】-【Path Layer 1】选择【2. 清大文森学堂】，关闭图层#2“清大文森学堂”的可见性，如图B10-28所示。

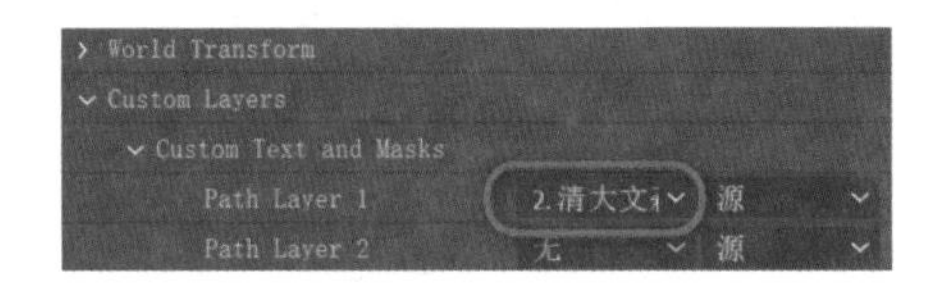


图 B10-28

02 在【效果控件】面板中单击【Scene Setup】进入Element界面，单击EXTRUDE挤压文字，单击三次，移动Z轴将文字分离。将第一和第三个挤压文字的【Bevel Copies】调整为2，如图B10-29所示。

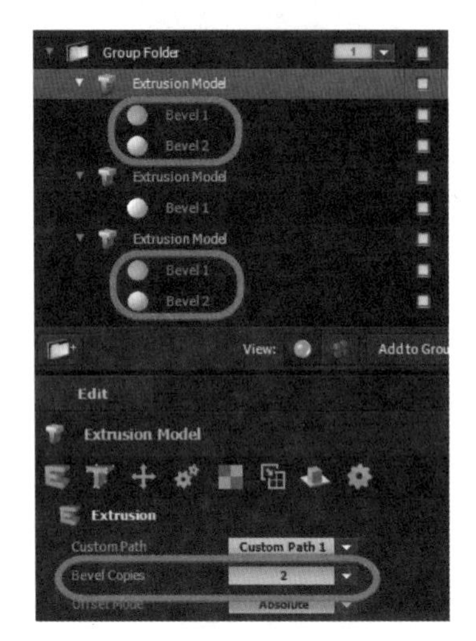


图 B10-29

03 在【Presets】面板中添加【Gold】材质给第一和第三个挤压文字的【Bevel 2】，并开启【Enable】，调整【Bevel siza】和【Bevel Segments】参数，效果如图B10-30所示。

图 B10-30

04 单击第二个挤压文字材质，调整【Advancad】-【Force Opacity】参数，并开启【Draw Backfaces】使其透明；调整【Basic Settings】和【Illumination】中的色彩和参数，效果如图B10-31所示。

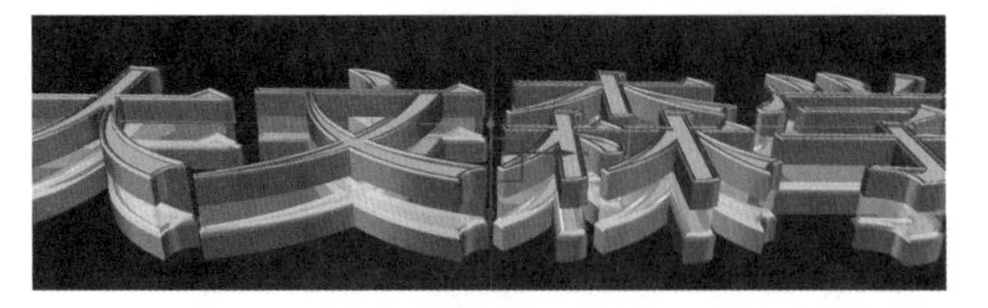

图 B10-31

05 在【Presets】面板中添加【Chrome】材质给第一和第三个挤压文字的【Bevel 1】，调整【Basic Settings】【Reflectivity】和【Illumination】中的色彩和参数，改变材质颜色和反射效果，如图B10-32所示。

图 B10-32

06 创建背景板，向【Presets】面板中添加【Black-Gloss】材质，将【Reflect Mode】-【Mode】调整为【Mirror Surface】，并开启【Disable Environment】使背景板反射文字；在【Textures】-【Diffuse】中添加材质贴图“大理石”，并调整【UV Repeat】参数；调整【Basic Settings】【Reflectivity】中的参数，调整反射效果和环境光，效果如图B10-33所示。

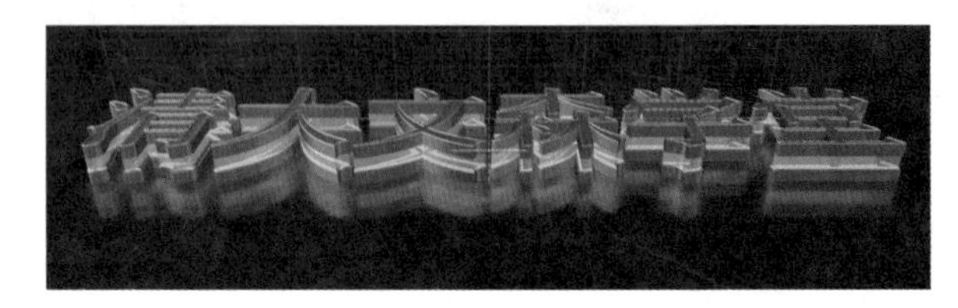

图 B10-33

07 在【Presets】面板中选择【Basic-2k-03】环境贴图，单击【OK】按钮（制作时要经常返回合成，查看制作效果），新建“摄像机”，预设选择35毫米；新建“空对象”，作为图层#2“摄像机”的父级，并打开3D开关，创建【位置】和【方向】关键帧动画，制作文字从左至右一一展示，然后拉镜头展示总体效果，如图B10-34所示。

图 B10-34

08 调整环境光强度，为环境光创建关键帧动画，在【效果面板】的【Render Setings】-【Physical Environment】中添加【Exposure】和【Rotate Environment】关键帧，效果如图B10-35所示。3D文字展示效果制作完成，播放预览查看效果。

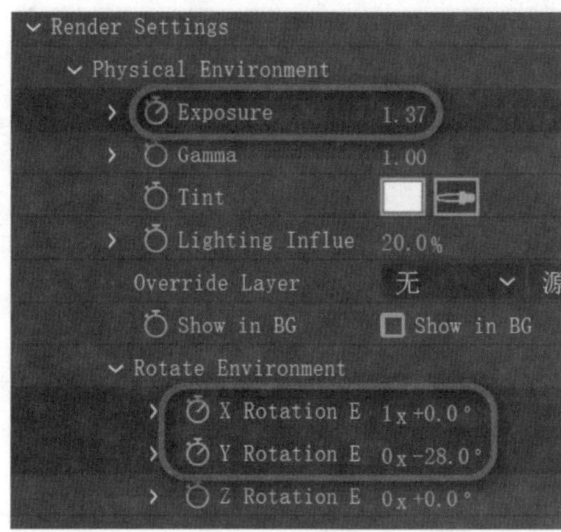


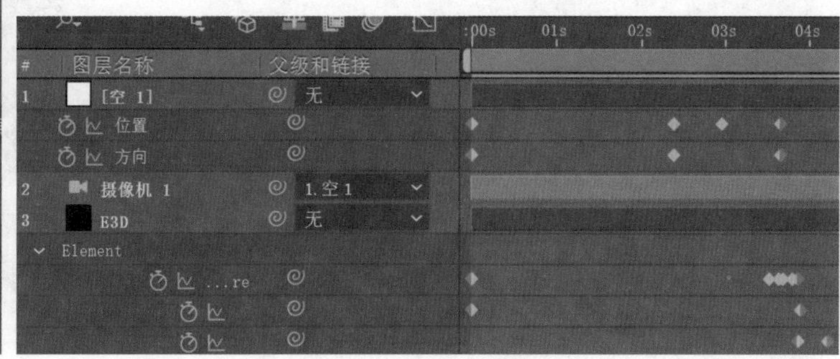


图 B10-35



## B10.4 综合案例——Lockdown 脚本制作大象皮肤彩绘

本综合案例完成效果如图 B10-36 所示。

大象素材作者：Marco López，花卉素材作者：m0STro

图 B10-36

### 操作步骤

01 新建项目，新建合成，命名为“大象皮肤彩绘”，宽度为 1920 px，高度为 1080 px，帧速率为 30 帧 / 秒。在【项目】面板中导入素材“花卉图案.jpg”和“大象.mp4”，将“大象.mp4”拖曳到【时间轴】面板上；在【窗口】单击【Lockdown.jsxin】脚本，单击【1 预合成】，自动新建预合成；选择图层 #1“大象”，单击【2 可选跟踪过滤器】，如图 B10-37 所示。

02 在【效果控件】面板中选择【Lockdown】效果，进行第三步制作，按住【Ctrl+ 鼠标左键（或拖曳鼠标左键）】在画面中创建跟踪点，按住【Alt】键单击跟踪点则可以取消跟踪点，效果如图 B10-38 所示。

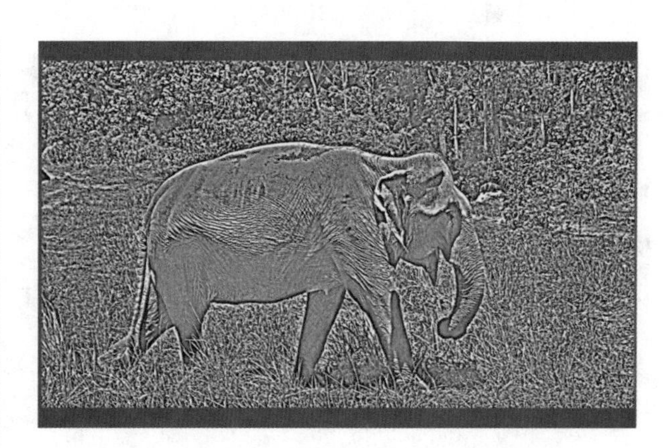

图 B10-37

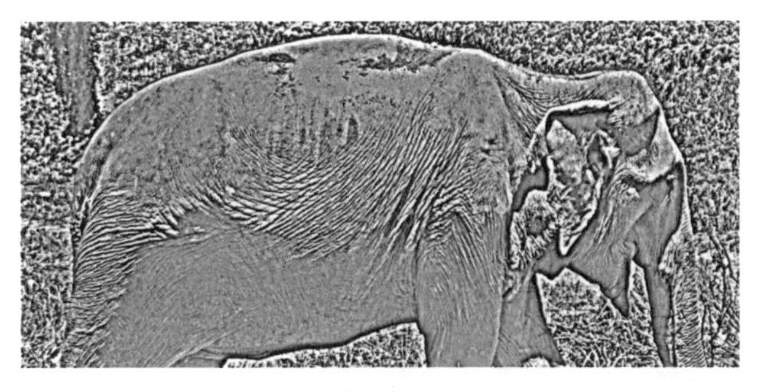

图 B10-38

03 单击【跟踪所有】，进行跟踪点运算；运算结束，选中【插入部分轨道】；单击【自动三角形网格】，生成跟踪点网格，方便观察、关闭或删除【快速方框模糊】【反转】【CC Composite】和【色阶】效果，如图 B10-39 所示。

图 B10-39

04 移动指针观察跟踪点网格效果，在效果合适的帧处单击【锁定】，生成跟踪范围，如图 B10-40 所示。

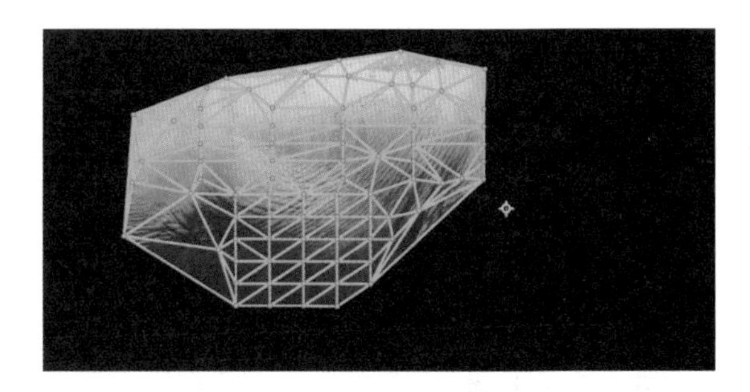

图 B10-40

05 按照步骤顺序返回【Lockdown.jsxin】脚本，单击【应用 Lockdown】，自动生成跟踪点合成“Stabilized- 大象”，双击图层 #1“Stabilized- 大象”合成，在【项目】面板中将“花卉图案.jpg”拖曳到【时间轴】面板上，选择图层 #1“花卉图案”，添加【线性颜色键】抠去黑色背景，将“花卉图案.jpg”缩放至合适大小，将混合模式调整为【柔光】，如图 B10-41 所示。大象皮肤彩绘效果制作完成，播放预览查看效果。

图 B10-41

## B10.5 综合案例——Super Morphings 脚本制作形状转换动画

本综合案例完成效果如图 B10-42 所示。

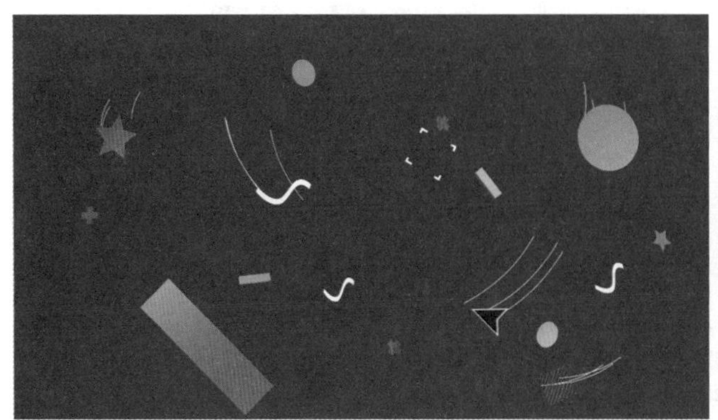

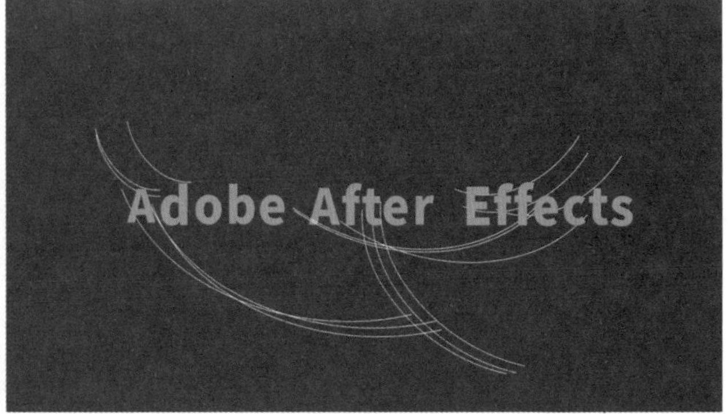


图 B10-42

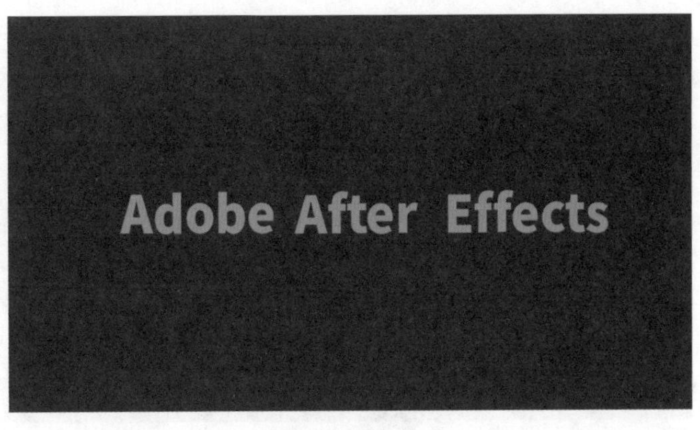


图 B10-42（续）

01 新建项目，新建合成，命名为“形状转换动画”，宽度为1920 px，高度为1080 px，帧速率为30帧/秒；按照“Adobe After Effects”单词顺序新建单独的字母的文本图层，使用对齐工具使文本图层画面居中，如图 B10-43 所示。

| # | 图层名称 | 父级和链接 |
|---|---|---|
| 5 | T f 3 | 无 |
| 6 | T f 2 | 无 |
| 7 | T E | 无 |
| 8 | T r | 无 |
| 9 | T e 2 | 无 |
| 10 | T t | 无 |
| 11 | T f | 无 |
| 12 | T A 2 | 无 |
| 13 | T e | 无 |
| 14 | T b | 无 |
| 15 | T o | 无 |
| 16 | T d | 无 |
| 17 | T A | 无 |

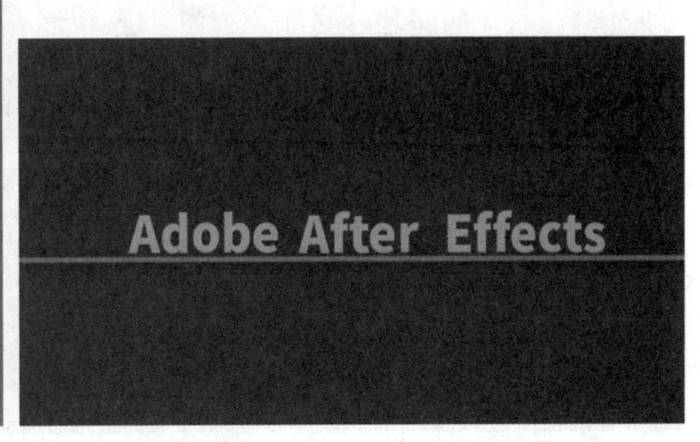


图 B10-43

02 可以根据喜好添加图形或形状，使画面丰富，需注意创建图形个数与字母个数一致，效果如图 B10-44 所示。

03 执行【窗口】-【Super Morphings.jsxbin】命令，在画面中单击图形再按住【Shift】键单击文本，将两个图层选中后在【Super Morphings】面板中单击【Morph It!】按钮（变换是由先选中的“1”变换至后选中的“2”），如图 B10-45 所示。

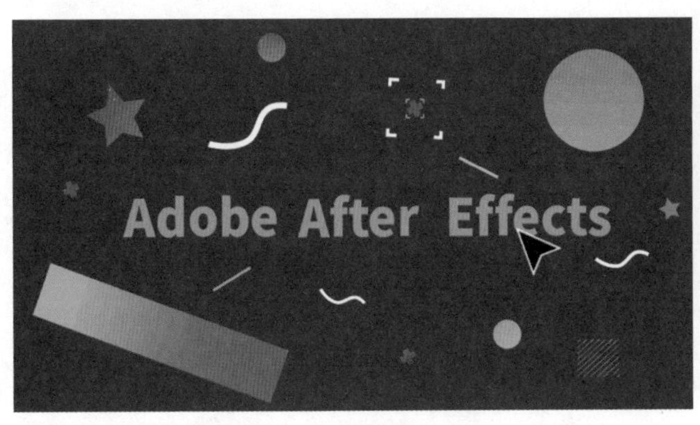


图 B10-44

图 B10-45

04 这样一个由图形“箭头”变换为字母“A”的效果就制作完成了，单击【播放】按钮▶或按空格键，查看制作效果。要想使画面变得丰富还可以给变换增加线条，单击图形“箭头”将【Count】参数改为3，单击【Trails】按钮自动创建形状图层，可以在【效果控件】面板中进行调整，如图 B10-46 所示。

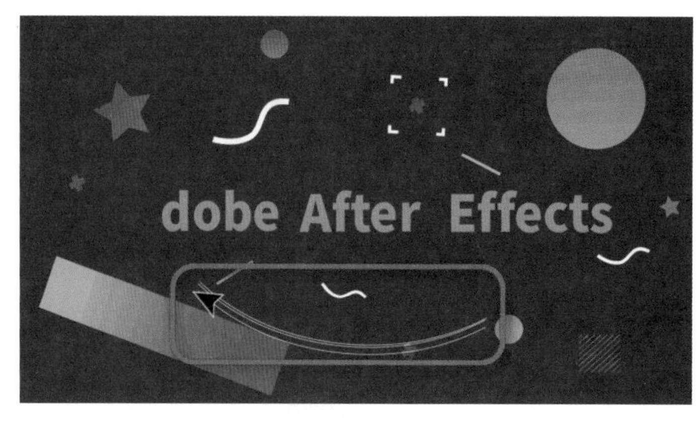


图 B10-46

05 指针不动，对剩余图层重复第 3 步操作，即可在此时间点同时完成变换，如图 B10-47 所示；按住【Shift】键依次选中所有要变化的图层后，继续按住【Shift】键单击【Morph It!】按钮就可以依次变换，如图 B10-48 所示，可以自由进行创作。形状转换动画就制作完成了，播放预览查看效果。

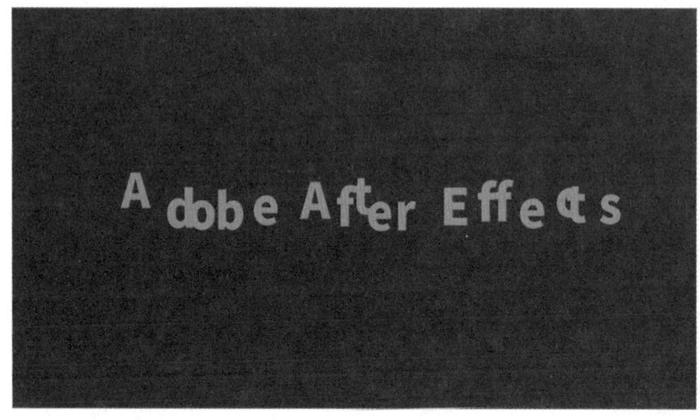

图 B10-47

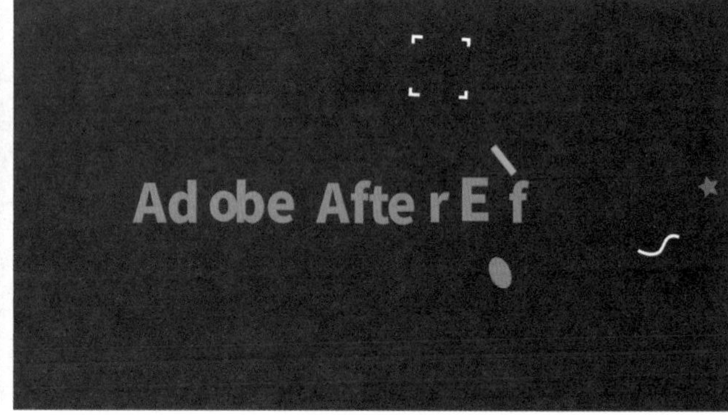


图 B10-48

读书笔记

C
实战篇
综合案例 实战演练
本篇案例综合度高，比较复杂，操作时间较长，需要学完 A 篇
和 B 篇，在熟练掌握 After Effects 的基础操作后才可动手实践。建议
读者先根据操作步骤动手实践，再扫码观看视频了解详细操作过程。
本篇应重点学习案例的思路，并举一反三，应用到实际工作中。

C01课

# 综合案例

## 制作动态海报

本综合案例完成效果如图 C01-1 所示。

素材作者：GuillaumeBell

图 C01-1

### 操作步骤

01 将“动态海报”图片导入 Photoshop，使用抠像工具对图像中的元素进行分层，可以看到图像中有“女孩”“鲸鱼”“建筑”“月亮”“云层”等元素，将它们分别抠出，“鲸鱼”部分需要将身体与鱼鳍分别抠出，方便后期制作动画。

02 抠出元素后，图像中会出现空白区域，使用【仿制图章工具】对图像中空白的地方进行填补，使图像看起来是比较完整的，抠图部分需要很有耐心，这里不详细介绍。

03 打开 After Effects，新建项目，导入“动态海报 .psd”文件,【导入种类】选择【合成 - 保持图层大小】,【持续时间】设置为 5 秒，如图 C01-2 所示。

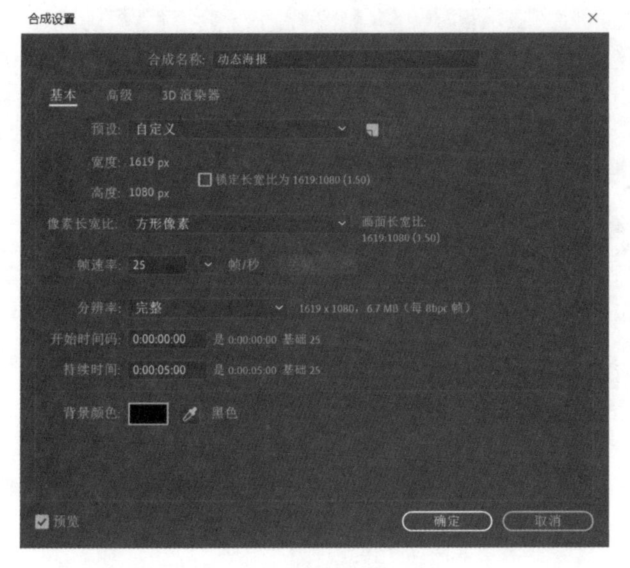


图 C01-2

04 打开合成，开始制作动画，选择“女孩”，展开【位置】属性，在 0 秒处添加关键帧，移动指针到 5 秒处，将“女孩”向右移动 20 个像素，完成位移动画。

05 图像中有 5 头鲸鱼，分别找到每头鲸鱼的鱼鳍并建立父子关系，将鱼鳍的父级指向鲸鱼的身体，方便后期制作动画。

06 选择“鲸鱼 1”展开【位置】属性，制作从左向右移动的关键帧动画，如图 C01-3 所示。

图 C01-3

07 将指针移动到 0 秒处，使用【人偶位置控点工具】（以下简称【图钉工具】）在鲸鱼的身上添加控点，如图 C01-4 所示，在 5 秒处移动控点的位置，模仿鲸鱼身体游动的效果。

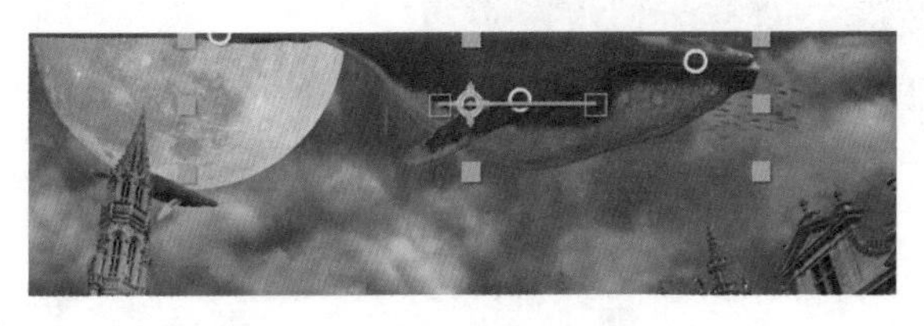

图 C01-4

08 选择“鲸鱼 1 鱼鳍”为【位置】属性添加关键帧，观察鲸鱼的身体变化，适当调节位置匹配鱼鳍原始的位置；打开图层的三维开关，按【R】键展开【旋转】属性，在 0 秒处为【Z 轴旋转】添加关键帧，在 5 秒处设置【Z 轴旋转】参数为 0x+25°，制作鱼鳍摆动的效果，第一头鲸鱼的动画就制作完成了。

09 选择“鲸鱼 2”为【位置】属性添加关键帧，制作从左向右移动动画，在 0 秒处使用【图钉工具】添加控制点，如图 C01-5 所示，在 5 秒处移动控点，模仿鲸鱼微动效果。

图 C01-5

10 选择“鲸鱼 2 鱼鳍前”添加【位置】动画，根据鲸鱼身体动作调整鱼鳍的位置；打开图层“鲸鱼 2 鱼鳍前”的三维开关，按【R】键展开【旋转】属性，在 0 秒处为【Z 轴旋转】添加关键帧，在 5 秒处设置【Z 轴旋转】参数为 0x+17°。

11 按照之前的步骤选择“鲸鱼 2 鱼鳍后”制作类似动画，第二头鲸鱼的动画制作完成，按照相同操作完成画面中的 5 头鲸鱼。

12 下面开始制作水面的效果，新建纯色层，为其添加【效果】-【杂色和颗粒】-【分型杂色】效果，调整对比度为 180.0，其他参数不变，如图 C01-6 所示。

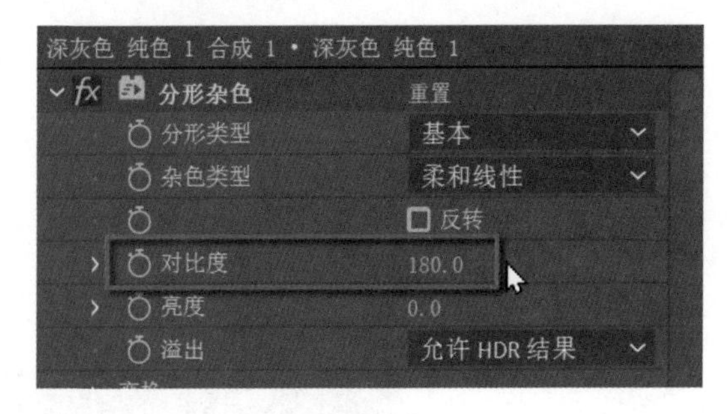


图 C01-6

13 继续添加【效果】-【扭曲】-【波纹】效果，调整【半径】参数为 100.0，移动波纹中心至图层顶部，调整【波纹宽度】为 25.0，【波纹高度】为 240.0，如图 C01-7 所示。

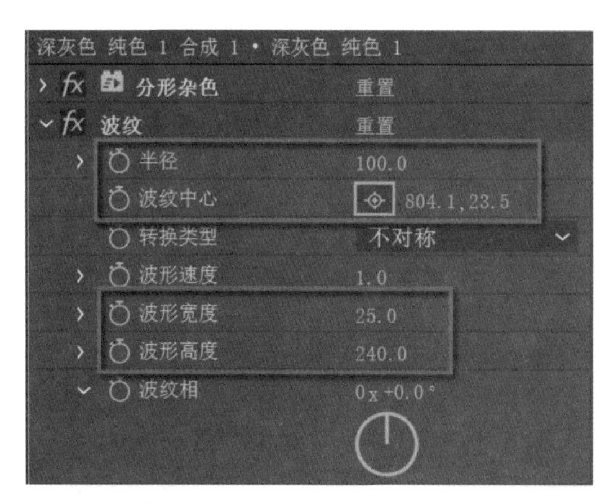


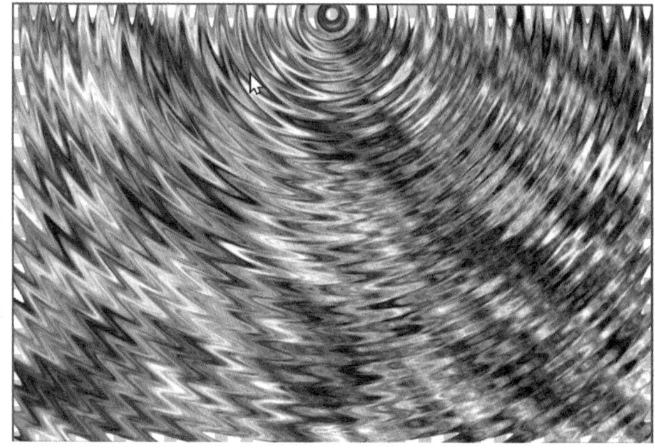

图 C01-7

14 选择纯色图层进行预合成，命名为“纹理”，该图层之后将作为置换图层使用；调整“纹理”的【位置】和【缩放】参数，如图 C01-8 所示。

15 选择图层“水”，添加【效果】-【扭曲】-【置换图】效果，【置换图层】选择【19. 纹理】，隐藏“纹理”图层，可以看到这时水面已经产生了波纹的效果，如图 C01-9 所示。

图 C01-8

图 C01-9

16 下面开始制作月亮缓动效果，选择“月亮”进行预合成，双击打开“月亮 合成 1”，使用【椭圆工具】，按住【Shift】键绘制正圆，设置填充为纯色，无描边，如图 C01-10 所示。

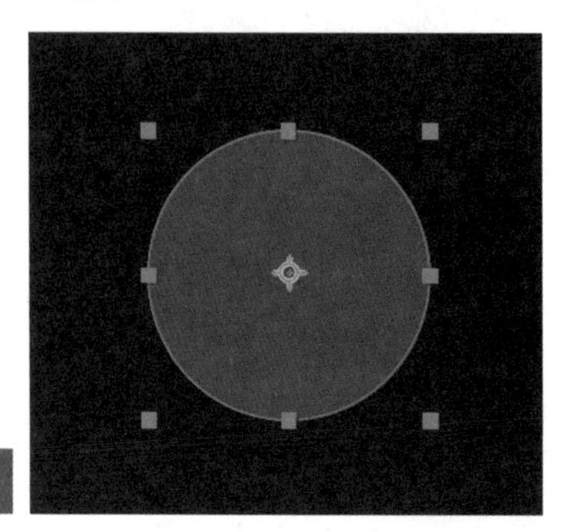

填充: 描边:

图 C01-10

17 右击图层选择【图层样式】-【渐变叠加】选项，为图层设置渐变颜色，样式为【径向】，调整位置与月亮重叠，如图 C01-11 所示。

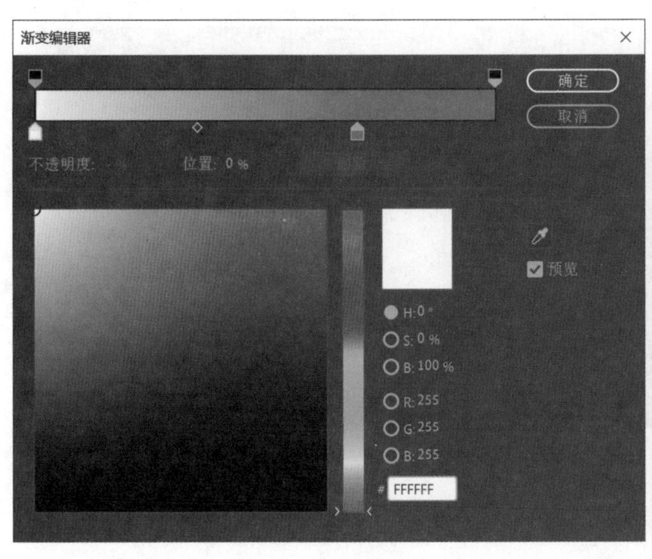

图 C01-11

18 选择“月亮”图层，轨道遮罩选择【Alpha 遮罩“形状图层 1”】，并将【缩放】属性值改为 113.0%，制作从右向左位移的动画，如图 C01-12 所示。

图 C01-12

19 选择“形状图层 1”，按【Ctrl+D】快捷键复制一层，进行预合成，将图层混合模式改为【叠加】，效果如图 C01-13 所示。

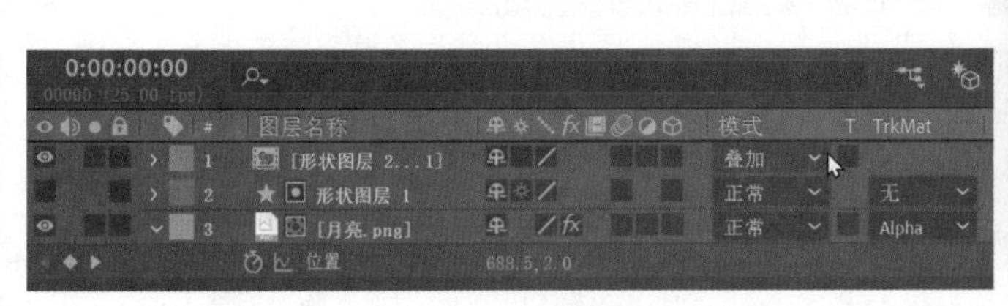

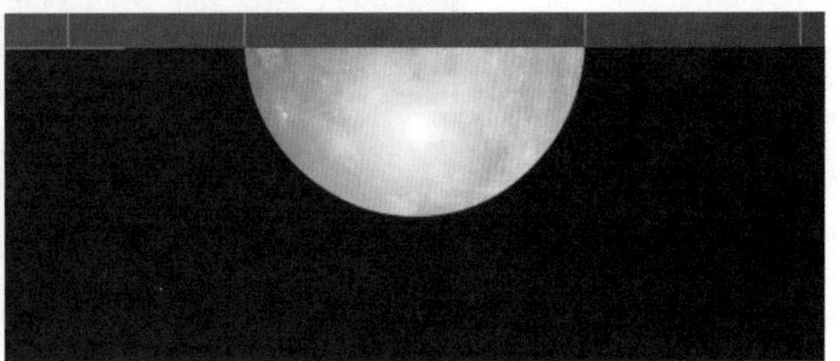

图 C01-13

20 回到“动态海报”合成，复制“月亮 合成 1”，将下层的月亮制作成月亮的光辉，添加【高斯模糊】效果，设置模糊度为 80；继续添加【发光】效果，调整发光强度为 0.4，效果如图 C01-14 所示。

21 为了使效果更加真实，将两个“月亮 合成 1”都移动到“云层”下方，调整“云层”的叠加模式为【点光】模式，最终效果如图 C01-15 所示。

图 C01-14

图 C01-15

22 下面开始制作“云层”的动态效果，选择“云层”图层进行预合成，双击进入预合成，复制“云层”图层，使用【图钉工具】在画面中添加编辑点，在5秒处向右移动控点，使画面产生模拟乌云流动的效果，如图C01-16所示。

23 最后增加细节，制作画面两侧的植物随风摆动的效果，双击打开合成“植物”，使用【图钉工具】添加控点，如图C01-17所示。

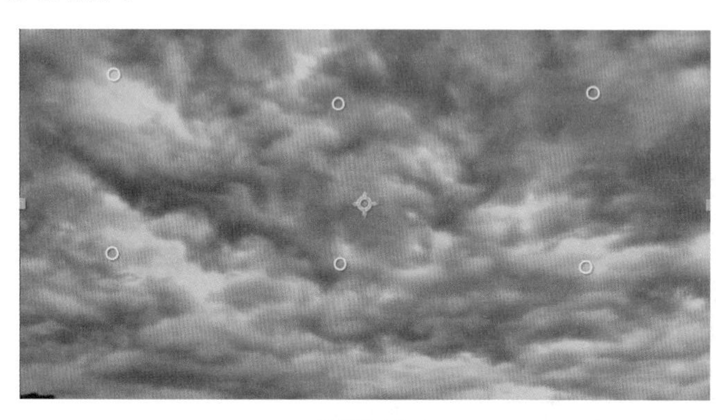

图 C01-16

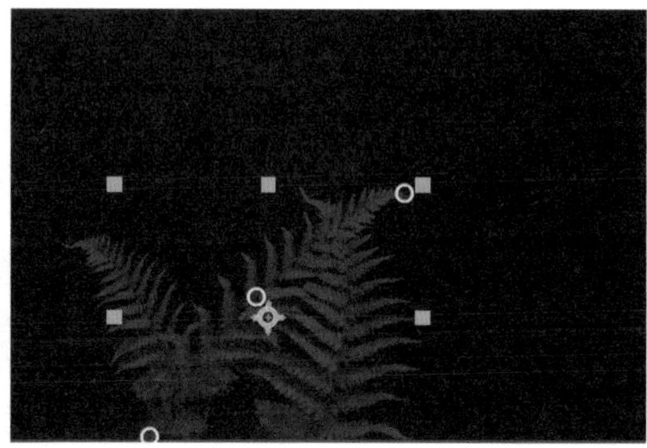

图 C01-17

24 在1.5秒左右向右侧移动控点，在3秒左右复制原始位置关键帧，然后在4秒左右继续添加关键帧，制作植物摆动的效果。用相同方法将所有植物都做成随风摆动的效果，最终效果如图C01-18所示。

图 C01-18

25 最后，新建一个调整图层并命名为“下雨”，为调整图层添加【CC Rainfall】效果，调整【Speed】参数为2000。至此，一个动态海报就制作完成了，按空格键播放查看效果。

本综合案例完成效果如图 C02-1 所示。

图 C02-1

## 操作步骤

01 新建项目，命名为“翻书动画”，导入本课提供的素材，将 3D 渲染器改为“CINEMA 4D”；新建合成，命名为“翻书”，将素材“背景.jpg”拖曳到【时间轴】面板中。使用【圆角矩形】工具绘制封皮图层，命名为“封皮上”；使用【锚点】工具将图层锚点移至封皮最左侧，如图 C02-2 所示。

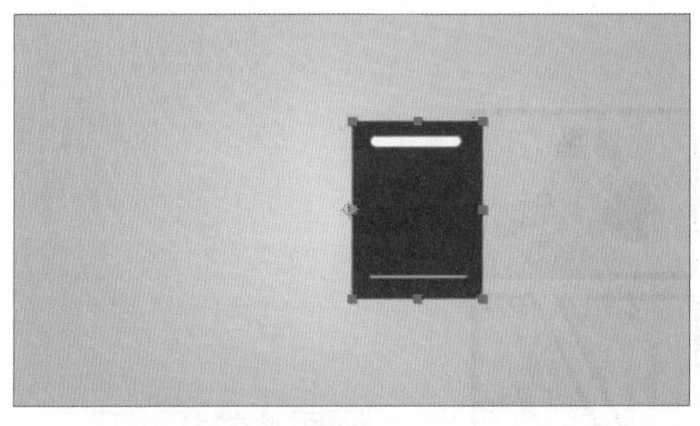

图 C02-2

02 新建文本图层“AE 教程”，将素材“AE.png”拖曳至【时间轴】面板，将其和文本图层作为“封皮上”的子级；使用【圆角矩形】工具绘制底封皮层，命名为“封皮下”，将图层 #4“封皮上”的位置移到左边，图层 #1“封皮下”的位置移到右边，同时居中对齐，并打开三维开关，如图 C02-3 所示。

图 C02-3

03 将图层 #4“封皮上”和图层 #1“封皮下”中【几何选项】下【凸出深度】的参数改为 6.0，如图 C02-4 所示。

04 新建合成，命名为“页面”，使用【圆角矩形】工具绘制书本页面，将锚点移至“页面”最左侧，打开三维开关，如图 C02-5 所示。

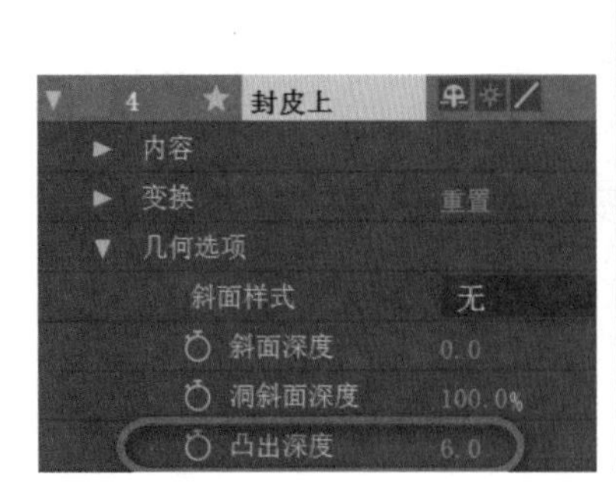


图 C02-4

图 C02-5

05 新建合成，命名为“漫画”，使用【矩形】工具绘制漫画框，将所有视频素材拖曳到【时间轴】面板上，调整大小、绘制遮罩、添加【卡通】效果和【网格】效果；新建文本图层“看！”，将素材“爆炸框.png”和素材“漫画速度线”拖曳到【时间轴】面板上，效果如图 C02-6 所示。

06 新建【摄像机】，【预设】选择 35 毫米；新建【空对象】，调整所有图层的顺序关系，将图层 #5 至 #8 作为“空 1”的子级，如图 C02-7 所示。

图 C02-6

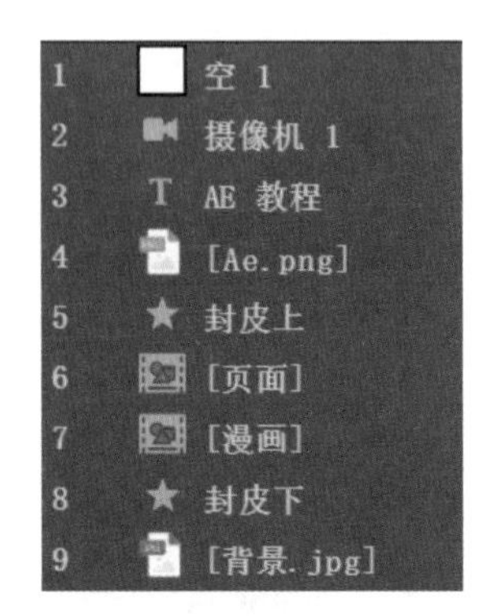


图 C02-7

07 下面开始制作翻页动画，为图层 #5“封皮上”的【Y 轴旋转】属性创建关键帧动画，并设置【缓动】，如图 C02-8 所示。

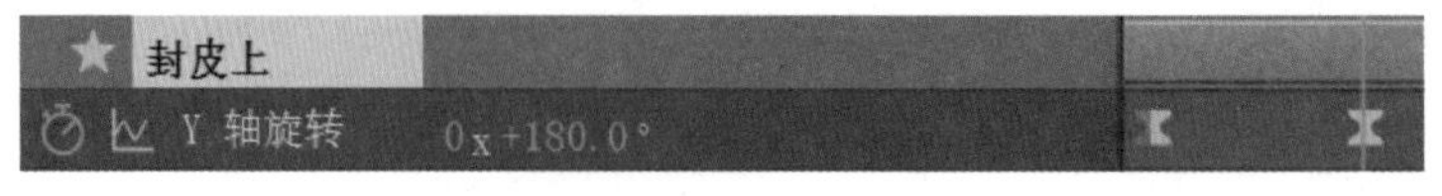


图 C02-8

08 为图层 #6“页面”的【Y 轴旋转】属性创建关键帧动画，创建【弯度】属性的关键帧动画，并设置【缓动】，如图 C02-9 所示。

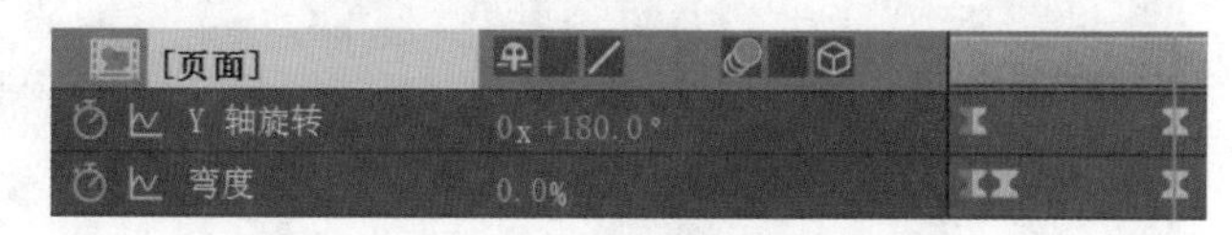


图 C02-9

09 复制 2 次图层 #6“页面”，分别往后拖曳 10 帧，重复翻页效果。

10 在图层 #2“摄像机 1”上创建【位置】和【方向】属性的关键帧动画，并设置【缓动】，如图 C02-10 所示。

图 C02-10

11 在图层 #1“空 1”上创建【位置】和【缩放】属性的关键帧动画，并设置【缓动】，如图 C02-11 所示。

图 C02-11

12 至此，简单的书本翻页动画与摄像机的运用就基本完成了，为了丰富画面，可以在书本出来之时添加一点效果。在【效果】面板中搜索【动画预设】-【Tapered Stroke】（本课素材提供）并双击，会自动生成一个形状图层。调整形状图层上路径的走向和【描边颜色】；展开形状图层【效果】属性，调整【End】参数，创建关键帧动画，如图 C02-12 所示。

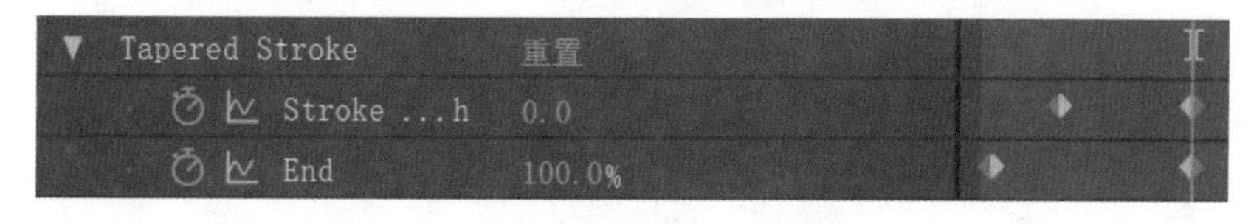


图 C02-12

13 复制 2 次图层 #1“形状图层 1”，与上一步一样，调整路径的走向、【描边颜色】和【End】参数，其目的主要是使画面丰富，如图 C02-13 所示，将所有图层打开【运动模糊】按钮。至此，翻书动画就制作完成了，按空格键播放观察效果。

图 C02-13

本综合案例完成效果如图 C03-1 所示。

图 C03-1

### 操作步骤

01 新建项目，新建合成，命名为“星球制作”，宽度为 1920 px，高度为 1080 px，帧速率为 30 帧 / 秒。新建纯色层将其命名为“球体”，选中图层 #1“球体”添加【效果】-【杂色和颗粒】-【分形杂色】效果，在【效果控件】面板中将【分型类型】调整为【动态】,【杂色类型】调整为【柔和线性】，调整【对比度】和【亮度】参数，如图 C03-2 所示。

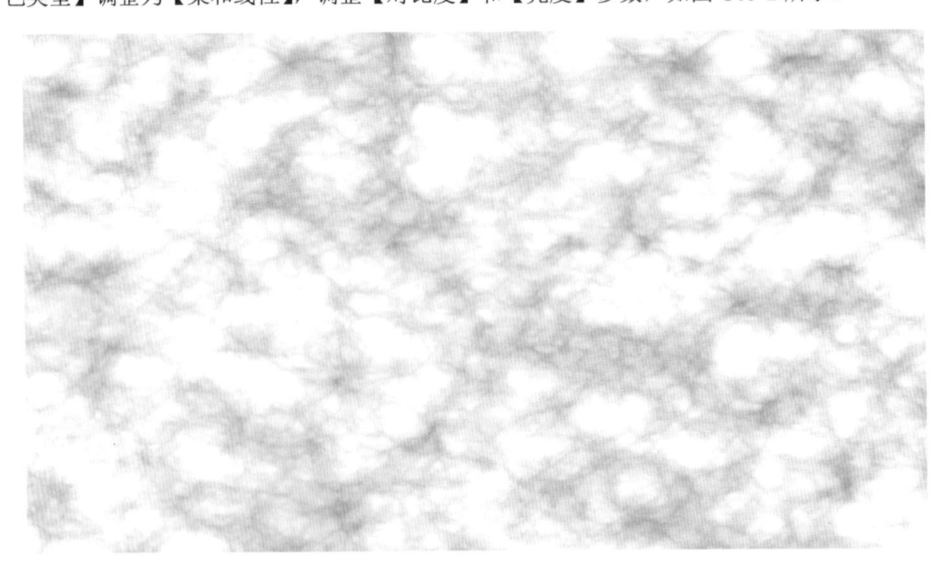

图 C03-2

02 选中图层 #1“球体”添加【效果】-【颜色校正】-【色调】效果，在【效果控件】面板中根据所需调整【将白色映射到】的颜色，添加星球主体颜色；选中图层 #1“球体”右击，在菜单中选择预合成，命名为“星球”，选择【将所有属性移动到新合成】。

03 选中图层 #1“星球”添加【效果】-【透视】-【CC Sphere】效果制作出球体，在【效果控件】面板中调整【Radius】参数，调整【Light】和【Shading】参数改变光影效果，使球形更立体；添加【效果】-【模糊和锐化】-【锐化】效果，在【效果控件】面板中调整【锐化量】参数，使星球细节更加明显，如图 C03-3 所示。

图 C03-3

04 新建纯色图层，将其命名为“星星”，颜色设置为白色，选中图层 #1“星星”添加【效果】-【模拟】-【CC Star Burst】效果，在【效果控件】面板中调整【Scatter】参数，使星星更加分散，如图 C03-4 所示。

图 C03-4

05 制作一层不同颜色和大小的星星，选中图层 #1“星星”按【Ctrl+D】快捷键复制一层，更改纯色设置（Ctrl+Shift+Y），调整所需颜色，在【效果控件】面板中调整【Scatter】和【Size】参数。

06 接下来制作太空中的星云，新建纯色图层，将其命名为“绿星云”。选中图层 #1“绿星云”添加【效果】-【杂色和颗粒】-【分形杂色】效果，在【效果控件】面板中将【分型类型】调整为【辅助比例】,【杂色类型】调整为【样条】，调整【对比度】和【亮度】参数，在【变换】中调整【缩放宽度】和【缩放高度】参数，将图层混合模式调整为【变亮】，如图 C03-5 所示。

图 C03-5

07 为星云添加颜色，选中图层 #1“绿星云”添加【效果】-【颜色校正】-【三色调】效果，在【效果控件】面板中根据所需调整【中间调】的颜色；选中图层 #1“绿星云”使用【Ctrl+D】快捷键复制一层，将上层重命名为“紫星云”，在【效果控件】面板中调整【演化】【中间调】的颜色，丰富太空背景，如图 C03-6 所示。

图 C03-6

08 全选图层 #1 至 #4 进行预合成，命名为“背景”，将图层 #1“背景”下移一层。

09 添加光效照亮背景，新建调整图层，将其命名为“光效”。选中图层 #1“光效”下移一层，添加【效果】-【生成】-【CC Light Sweep】效果，在【效果控件】面板中调整参数及选项，如图 C03-7 所示。

10 选中图层 #2“光效”，添加【效果】-【生成】-【四色渐变】效果，在【效果控件】面板中调整参数将【混合模式】设置为【颜色减淡】，效果如图 C03-8 所示。

| CC Light Sweep | 重置 |
|---|---|
| Center | 2.0,524.0 |
| Direction | 0x +92.0° |
| Shape | Linear |
| Width | 339.0 |
| Sweep Intensity | 28.0 |
| Edge Intensity | 0.0 |
| Edge Thickness | 0.00 |
| Light Color | |
| Light Reception | Composite |

图 C03-7

图 C03-8

11 突出画面中的“星球”，将“背景”整体压暗，选中图层 #2“光效”，添加【效果】-【颜色校正】-【曲线】效果，在【效果控件】面板中调整曲线。

12 在星球表面创建“光斑”，进入“星球”合成，新建纯色图层，将其命名为“蓝光斑”，添加【效果】-【杂色和颗粒】-【分形杂色】效果；在【效果控件】面板中将【分型类型】选择为【动态扭转】，【杂色类型】选择为【柔和线性】；调整【对比度】和【亮度】参数，在【变换】中调整【缩放宽度】和【缩放高度】参数；将【混合模式】调整为【相加】，如图 C03-9 所示。

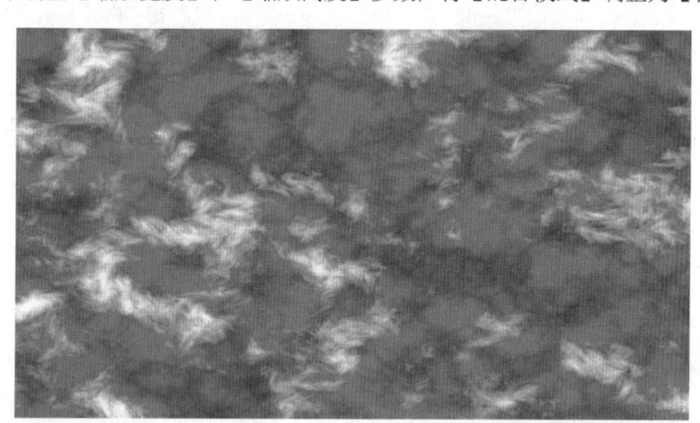

图 C03-9

13 选中图层 #1“蓝光斑”添加【效果】-【颜色校正】-【色调】效果，在【效果控件】面板中根据需要调整【将白色映射到】的颜色。

14 新建纯色图层，将其命名为“黄光斑”，根据上述步骤制作“黄光斑”，结果如图 C03-10 所示。

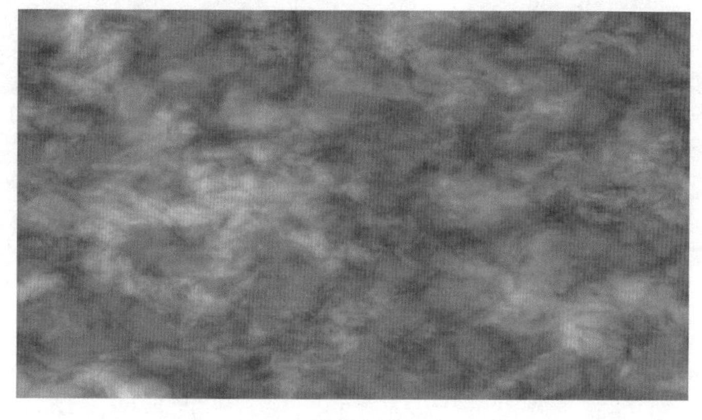

图 C03-10

15 选中图层 #1“黄光斑”，在【效果控件】-【分形杂色】-【演化】中按住【Alt】键单击码表，添加表达式 time*80，使光斑不停变换；用相同的方法为图层 #2“蓝光斑”添加表达式。

16 将图层 #1“黄光斑”和图层 #2“蓝光斑”与图层 #3“球体”建立父子关系，成为图层 #3“球体”的子级。选中图层 #3“球体”在合成起始处和结束处设置【位置】关键帧，制作从左到右的移动；将【缩放】取消链接，单独调节 X 方向参数值至画面移动时没有黑边。

17 丰富星球的层次，在“星球制作”合成中新建纯色层，将其命名为“大气”，使用【分形杂色】制作，并添加【位置】关键帧。右击在菜单中选择预合成，命名为“大气层”，将【混合模式】调整为【屏幕】；绘制和“星球”大小相似的蒙版，如图 C03-11 所示。

图 C03-11

18 现在的背景是平面的，并没有太空的纵深感。选中图层 #4“背景”添加【效果】-【扭曲】-【凸出】效果，在【效果控件】面板中将【水平半径】和【垂直半径】参数调整至合成大小，调整【凸出高度】至负数，有黑边时，调整“背景”合成设置将合成拉大，如图 C03-12 所示。

图 C03-12

19 通过摄像机制作星球从小到大的效果，新建“摄像机”并选择预设为 50 毫米；新建“空对象”，作为图层 #2“摄像机”的父级，打开图层 #1“空对象”、图层 #3“大气层”和图层 #4“星球”的三维开关。

20 将图层 #3“大气层”和图层 #4“星球”调整 Z 轴位置置于画面边缘处，如图 C03-13 所示。

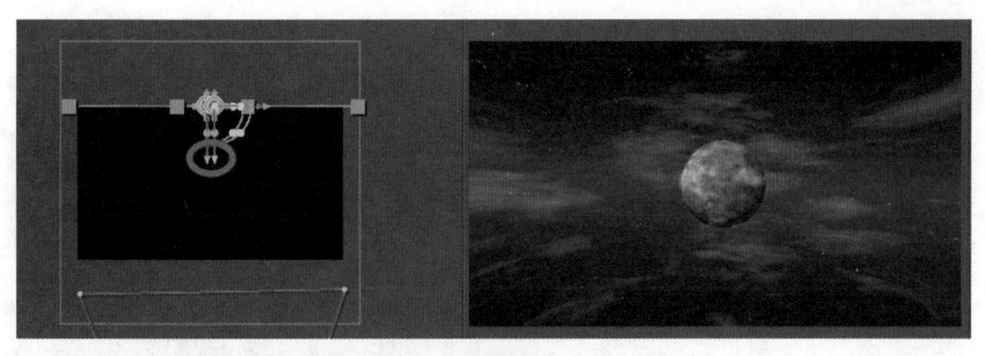

图 C03-13

21 为图层 #1“空对象”的【位置】属性添加关键帧，制作星球由远及近的效果。
至此，星球制作完成，按空格键播放，查看制作效果，如图 C03-14 所示。

图 C03-14

C04课

# 综合案例

## 冰河时代

本综合案例完成效果如图 C04-1 所示。

冰素材作者：Simon，海岛素材作者：Marco López

图 C04-1

### 操作步骤

01 新建项目，新建合成，命名为“冰河时代”，宽度为 1920 px，高度为 1080 px，帧速率为 30 帧 / 秒，持续时间设置为 6 秒。在【项目】面板中导入素材“海岛.mp4”和“冰.jpg”，将视频素材“海岛.mp4”拖曳到【时间轴】窗口上。

02 制作结冰效果，新建纯色层，命名为“冰”，选中图层 #1“冰”添加【效果】-【杂色和颗粒】-【分形杂色】效果，在【效果控件】面板中将【杂色类型】调整为【柔和线性】；调整【对比度】和【亮度】属性值，调整【变换】-【缩放】属性值，如图 C04-2 所示。

图 C04-2

03 此时画面中还没有冰的形状，新建调整图层，命名为“调整形状”，选中图层 #1“调整形状”添加【效果】-【模糊和锐化】-【CC Vector Blur】效果，在【效果控件】面板中将【Type】调整为【Constant Length】，调整【Amount】和【Map Softness】属性值，制作出“冰”的感觉，调整【Ridge Smoothness】，调整“冰层”间隙，如图 C04-3 所示。

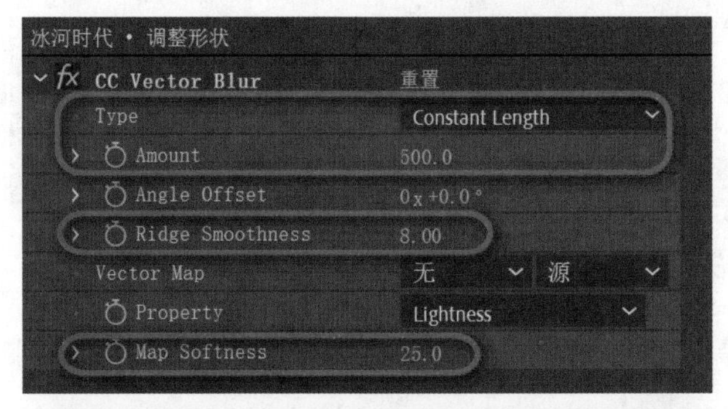

图 C04-3

04 画面中的冰上有黑色，新建“纯色层”，颜色设置为白色，在【时间轴】面板中选择图层 #1“白色 纯色 2”移动至图层“冰”下方，展开轨道遮罩栏，选择【亮度遮罩“冰”】，去除画面中的黑色，打开【切换透明网格】开关，如图 C04-4 所示。

图 C04-4

05 全选图层 #1 至 #3 进行预合成，命名为“结冰”，新建“纯色层”，颜色设置为偏蓝的白色，冰会反射些天空的蓝色。根据上述步骤，调整图层位置，选择【亮度遮罩“结冰”】，调整画面的颜色，如图 C04-5 所示。

图 C04-5

06 选择图层 #1 和 #2，创建预合成，命名为“结冰效果”。为了方便观察，关闭图层 #1“结冰效果”的可视化，图层 #2“海岛”执行【动画】-【跟踪摄像机】命令，等待完成视频分析，选取跟踪点确立透视关系，右击在弹出的菜单中选择【创建实底和摄像机】选项，建立水平和垂直方向两个实底，如图 C04-6 所示。

图 C04-6

07 选择图层 #4“结冰效果”开启可视化添加并开启三维开关，按住【Shift】键，建立父子关系，“结冰效果”成为图层 #1“跟踪实底 2”的子级；关闭图层 #1 和图层 #2“跟踪实底”的可视化，选择图层 #4“结冰效果”，调整【缩放】和【位置】属性值，使结冰效果铺满湖面，并调整【X 轴旋转】属性值，使其符合画面透视关系，如图 C04-7 所示。

图 C04-7

08 选择图层 #4“结冰效果”沿着画面中的山绘制蒙版，显示画面中的山，调整蒙版模式为【相加】，调整【蒙版羽化】属性值以调整蒙版边缘的柔和程度，如图 C04-8 所示。

图 C04-8

09 制作结冰动态效果，选择图层 #1“结冰效果”合成中的“结冰”“冰”图层，将指针移动至 4 秒处，在【效果控件】面板中添加【亮度】关键帧；将指针移动至第 0 帧，调整【亮度】属性值，使画面中不显示“冰”。冰从无到有的动态效果制作完成，返回总合成查看效果，如图 C04-9 所示。

图 C04-9

10 制作一层云雾的效果丰富画面，新建纯色图层，颜色设置为浅白蓝色，将其命名为“云雾”，添加【效果】-【风格化】-【毛边】效果，在【效果控件】面板中将【边界】属性值调整至最大，【边界锐度】属性值调整为 0，调整【复杂度】属性值，增加细节变化；建立父子关系，让“云雾”成为“跟踪实底 2”的子级，并调整属性使云雾效果铺满湖面，如图 C04-10 所示。

图 C04-10

11 将指针移动至 4 秒处，沿着画面中的山绘制蒙版，显现出画面中的山，调整蒙版模式为【相减】；将指针移动至第 0 帧调整【蒙版路径】，使画面没有云雾效果，如图 C04-11 所示。

图 C04-11

12 海洋结冰的效果制作完成，下面制作标题。新建文本层“冰河时代”并开启三维开关，调整【几何选项】和【材质选项】属性，制作出立体效果，右击选择【创建】-【从文字创建形状】选项，如图 C04-12 所示。

图 C04-12

13 要使文字富有冰的质感，将图片素材“冰.jpg”拖曳至【时间轴】面板中，选中图层 #1“冰”执行【图层】-【环境图层】命令，选择图层 #2“冰河时代轮廓”调整【材质选项】属性，增强反射效果，制作出冰的质感，如图 C04-13 所示。

图 C04-13

14 全选图层 #1 至 #3 进行预合成，命名为“标题”，开启三维开关，按住 Shift 键，建立“父子”关系，“标题”成为图层 #1“跟踪实底 1”的子级，并调整属性，符合画面透视关系将指针移动至 3 秒处，绘制蒙版，添加【蒙版路径】和【蒙版羽化】关键帧，制作文字从两边至中间显现的效果，如图 C04-14 所示。至此，冰河时代效果制作完成，按空格键播放，查看效果。

图 C04-14

C05课

综合案例

人物跑步

本综合案例完成效果如图 C05-1 所示。

图 C05-1

操作步骤

01 新建项目“绑定人物”，导入素材“人物.psd”分层素材并以素材尺寸新建合成，帧速率为 25 帧 / 秒。

02 首先将人物的各个部分建立父子关系。“右手”链接父级为“右小臂”，“右小臂”链接父级为“右胳膊”，“右胳膊”链接父级为“身体”；“右脚”链接父级为“右小腿”，“右小腿”链接父级为“右大腿”，“右大腿”链接父级为“身体”，将所有关节全部连接为一个整体，如图 C05-2 所示。

| # | 图层名称 | 模式 | T | TrkMat | 父级和链接 |
|---|---|---|---|---|---|
| 1 | 头 | 正常 | | | 8. 身体 |
| 2 | 右胳膊 | 正常 | | 无 | 8. 身体 |
| 3 | 右小臂 | 正常 | | 无 | 2. 右胳膊 |
| 4 | 右手 | 正常 | | 无 | 3. 右小臂 |
| 5 | 右大腿 | 正常 | | 无 | 8. 身体 |
| 6 | 右小腿 | 正常 | | 无 | 5. 右大腿 |
| 7 | 右脚 | 正常 | | 无 | 6. 右小腿 |
| 8 | 身体 | 正常 | | 无 | 无 |
| 9 | 左胳膊 | 正常 | | 无 | 8. 身体 |
| 10 | 左小臂 | 正常 | | 无 | 9. 左胳膊 |
| 11 | 左手 | 正常 | | 无 | 10. 左小臂 |
| 12 | 左大腿 | 正常 | | 无 | 8. 身体 |
| 13 | 左小腿 | 正常 | | 无 | 12. 左大腿 |
| 14 | 左脚 | 正常 | | 无 | 13. 左小腿 |

图 C05-2

03 然后开始移动四肢的锚点，将锚点移动到四肢各个关节活动的地方。将“右手”的锚点移动到手腕处，将“右小臂”的锚点移动到胳膊肘处，将“右臂”的锚点移动到肩膀处。设置全部四肢的锚点，如图 C05-3 所示。

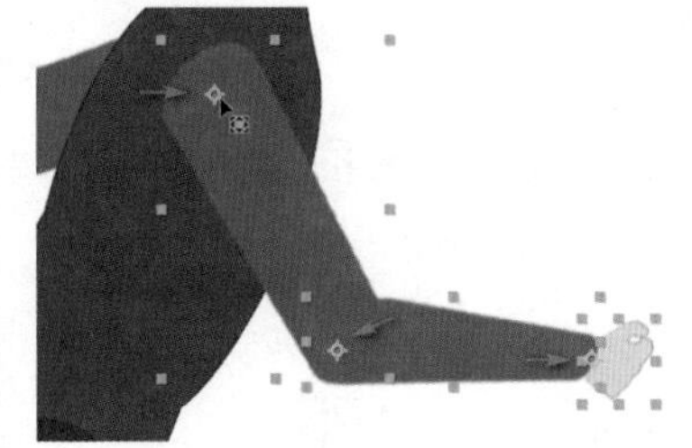

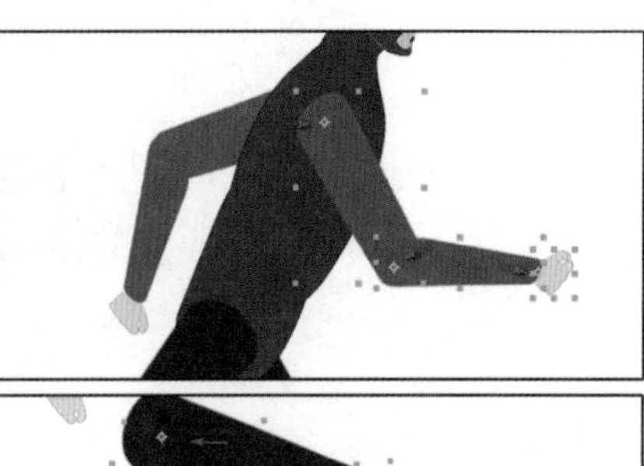
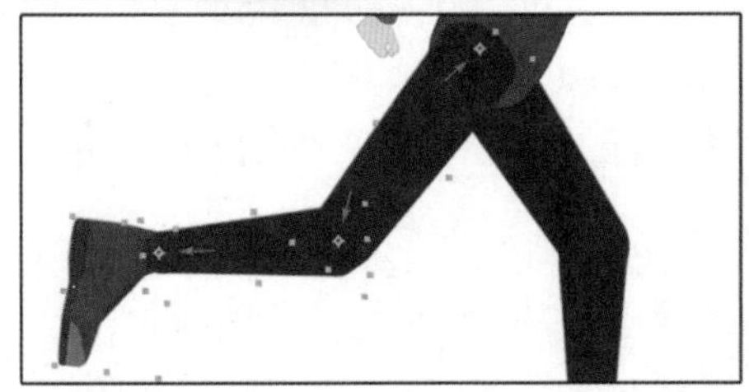
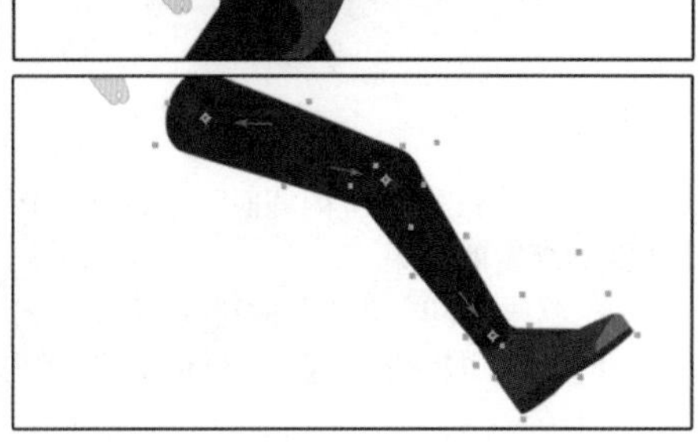

图 C05-3

04 移动完锚点后可以尝试转动手臂或者腿部，检查各个关节活动的效果，有无穿帮问题。

05 执行【窗口】-【Duik.jsx】命令打开 Duik 脚本，如图 C05-4 所示。

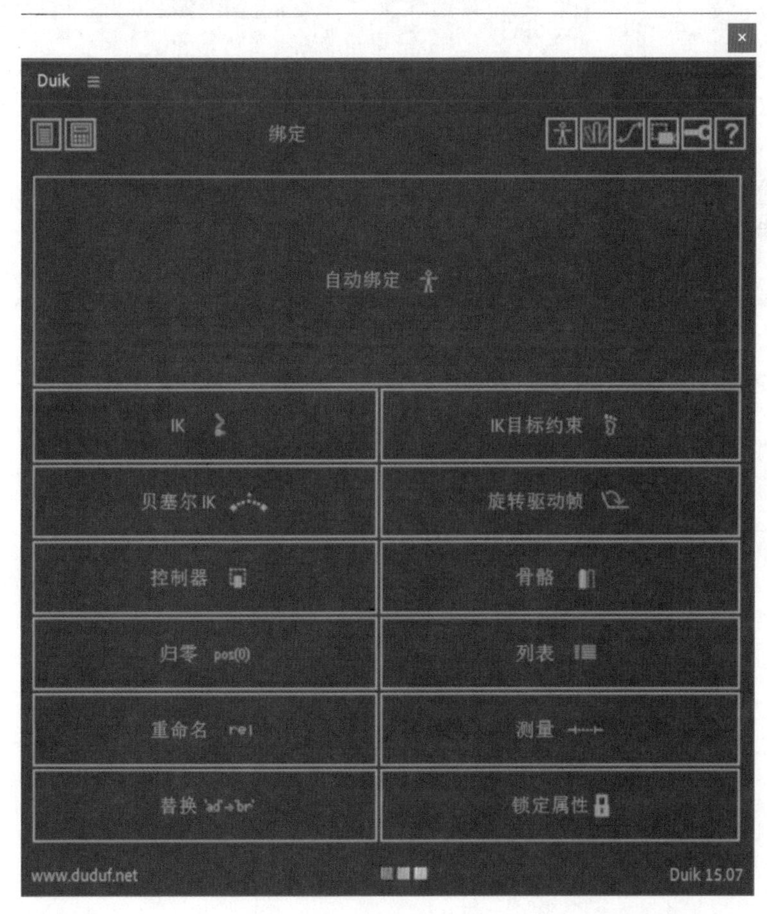


图 C05-4

06 下面开始进行人物绑定，选择图层“右手”，单击 Duik 窗口中的【控制器】，可以选择控制器样式、尺寸等属性，一般保持默认即可。单击【创建】按钮，脚本会生成一个关于“右手”的控制器，【时间轴】面板上会出现“C_ 右手”控制器图层，如图 C05-5 所示。

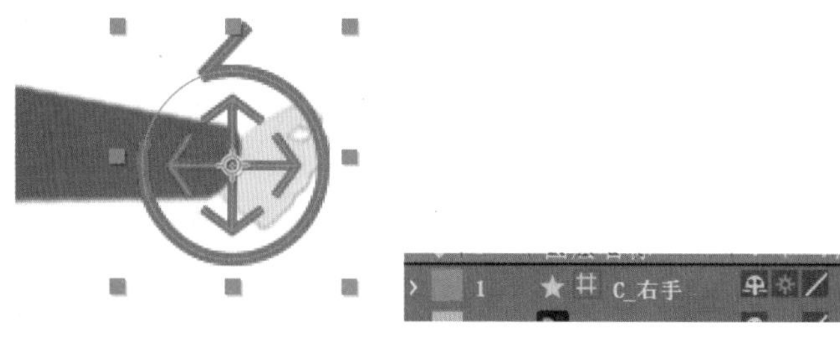


图 C05-5

07 按住【Ctrl】键的同时，依次选择图层“右手”“右小臂”“右胳膊”“C_ 右手”控制器，选择的顺序一定不要乱，否则会影响绑定的效果。

08 单击 Duik 窗口中的 IK 按钮，选择“两图层 IK 目标约束”，单击【创建】按钮，展开【效果控件】面板中的【Stretch】栏，取消选中【Auto Stretch】复选框，如图 C05-6 所示。

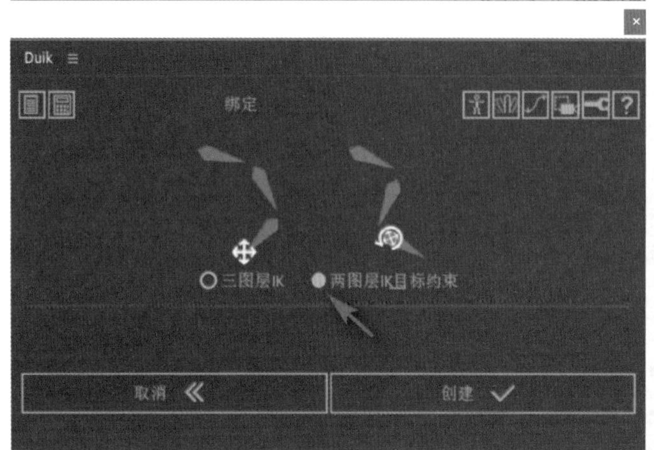


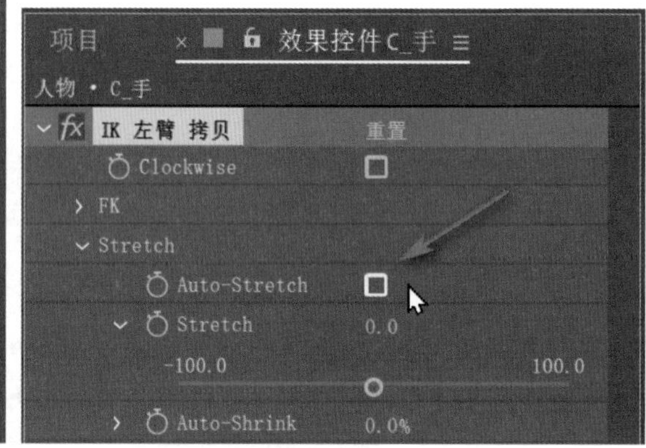


图 C05-6

这样整个右手的绑定就完成了，移动“C_ 右手”控制器图层，查看绑定效果，如图 C05-7 所示。

图 C05-7

09 重复以上步骤，将四肢全部绑定，检查绑定后的运动效果。

10 此时所有四肢图层都只需各个控制器控制，为方便查看图层，打开【时间轴】面板上的【隐藏】总开关，将所有四肢图层调整为隐藏状态，【时间轴】面板上只留下“身体”和四个控制器，如图 C05-8 所示。

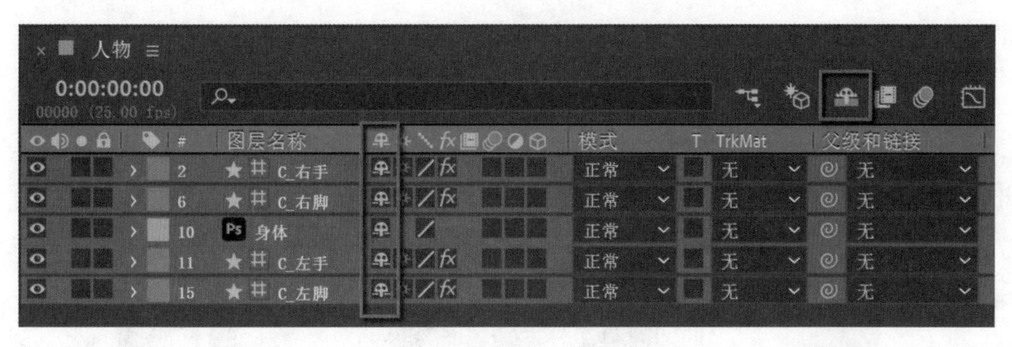


图 C05-8

11 选择“身体”图层，在 1 秒处添加【位置】关键帧和【旋转】关键帧，在 1 秒 5 帧处修改【位置】【旋转】参数，模拟身体起跑准备的姿势，如图 C05-9 所示。

图 C05-9

12 分别修改四个控制器的【位置】【旋转】参数并添加关键帧，使人物在 1 秒到 2 秒内完成起跑姿势，如图 C05-10 所示。

图 C05-10

13 选择“身体”图层，在2秒后，每隔5帧修改Y轴位置参数，模拟跑步时上下跳动的效果。

14 移动四肢控制器，模拟跑步时的动作，如图C05-11所示。

图 C05-11

15 添加关键帧时，应注意在控制器到达跑步动作两端时将关键帧设置为【缓动】，这样跑步动作就不会显得僵硬，动作更加真实，如图C05-12所示。一个从起步到跑步的人物动画就制作完成了，制作过程中需要很有耐心，不断调整控制器的【位置】和【旋转】属性，多次预览效果进行微调，才能最终达到动作自然的效果。

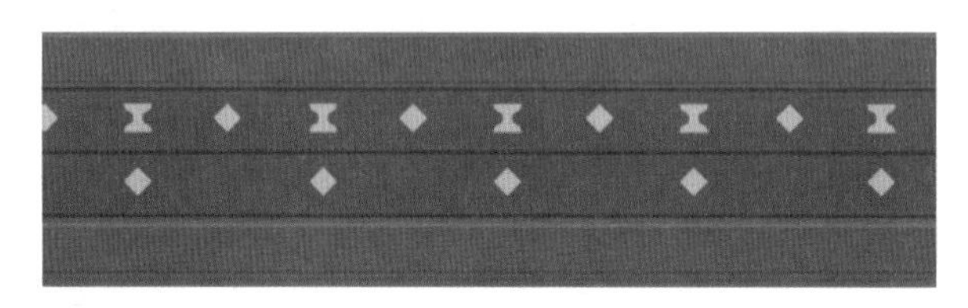

图 C05-12